面向21世纪课程教材

Textbook Series for 21st Century

动物医院临床技术

林德贵　主编

中国农业大学出版社

主　编　林德贵(中国农业大学)

副主编　潘庆山(中国农业大学)
施振声(中国农业大学)
汤小朋(中国农业大学)

参　编　(以姓氏笔画为序)
丁明星(华中农业大学)
刘　云(东北农业大学)
刘钟杰(中国农业大学)
许剑琴(中国农业大学)
孙艳争(中国农业大学)
汤小朋(中国农业大学)
李宏全(山西农业大学)
李建基(山东农业大学)
林德贵(中国农业大学)
杨泽霖(农业部畜牧兽医总站)
张海彬(南京农业大学)
施振声(中国农业大学)
夏兆飞(中国农业大学)
谢富强(中国农业大学)
韩　博(中国农业大学)
彭广能(四川农业大学)
董悦农(中国农业大学)
熊惠军(华南农业大学)
潘庆山(中国农业大学)
薛　琴(中国农业大学)

主　审　温代如(中国农业大学)

前　言

没有临床的兽医教育不是真正意义上的兽医学教育，不懂临床技术的兽医学生不是合格的兽医学生，这是世界性的兽医教育标准。

兽医临床学科的快速发展与社会经济的增长同步，尤其小动物临床医学的发展越来越快。考虑到社会需求对兽医教育水平要求的提高，而目前兽医临床课程内容设置与实际临床要求的差距，我们组织编写了《动物医院临床技术》教材，旨在加强兽医临床课程建设，满足社会对兽医临床教育内容的要求。本书是高等教育面向21世纪教学内容和课程体系改革项目(04-15)的研究成果。

编写《动物医院临床技术》的目的是将临床技术的发展和实用技术介绍给兽医专业的学生，编写的指导思想是按照动物医院的临床需要设置内容，将国外兽医临床的发展与国内兽医临床实践的内容相融合，使学生了解动物医院临床的要求和自己应当掌握的专业技能，并在临床实习中掌握更多的临床诊疗技术，以更好地服务于社会。本书也可供兽医临床工作者参考。

全国9个单位的兽医临床教授和高级兽医师参加了本书的编写工作。由于是第一版关于动物医院临床技术的教科书，又要考虑与现有临床课程教学内容的互补性，以及编写者的水平有限、时间仓促，错误与不当之处敬请指正。

林德贵

2003年4月

目　录

第一章　动物医院的管理

兽医学生在进入动物医院进行兽医临床实习之前，应当初步了解动物医院的组成、运作、管理与规定，明白动物医院的规章制度，了解常用设施的使用方法和注意事项，按照动物医院实习标准要求自己，同时注意医德的培养。

第一节　动物医院的组成部分

动物医院的组成部分概括起来不外乎硬件和软件两部分。硬件部分包括建筑物及房间内部的所有仪器设备，用品用具，药物等。软件部分包括人员、管理及规章制度等。

一、动物医院的科室分布

动物医院的科室分布是根据临床工作的需要而设定的。由于条件的不同，小型临床门诊部面积可能仅有几十平方米，而大型的教学研究医院可能有数百平方米甚至数千平方米，许多临床动物医院面积介于两者之间。不论面积大小，其功能都包括了医院入口、诊疗区域及出口。患病动物进入医院和完成诊疗后离开医院都要经过一个完整的过程，这个过程最短的可能在前台就得到解决，如咨询等。而有的过程可能很长，包括诊断、化验、处置、手术、住院及出院等。过程短的可能几分钟，长的可能数日甚至月余。随着科学技术的进步和经济的发达，人们对动物医院的要求越来越高，同时，动物疾病的复杂程度也越来越高。因此，动物医院的科室分布也越来越细化。国外大型动物医院有的单独占有一幢大楼，小的几十平方米，1 个医生和 1 名护士。此外还有一些专门出诊的移动门诊，只有医生 1 人。下面以目前国内外的大型动物医疗中心及国内最大规模的中国农业大学动物医院为例，分述科室的布局及各科室的具体作用，其中也穿插一些小型门诊的情况。

动物医院由前台入口到返回到前台由如下部分构成：

1. 前台区　电话联系、挂号、咨询、提取病例档案等。

2. 候诊区　主人和动物在这里等待接受诊疗。

3. 档案室　存放动物的病历档案、X 光片及其他文书类用品。

4. 诊室　医生对动物进行检查，诊断或简单处置区域，也是与动物主人进行交流的地方。

5. 处置室　一般外科处置病例，如污染创、化脓创、皮肤外伤、简单的整复手术、包扎等。

6. 注射室　输液、打针、灌药及注射疫苗等。

7. 重症监护室　急诊病例、危重病例需要紧急处置并进行监护。

8. 手术准备室　手术前对动物进行麻醉、剪毛、消毒等。

9. 手术室　常规手术、特殊手术等操作。

10. 住院部　对需要住院连续进行治疗和护理，需要连续监护的病例应该留在住院部治疗观察。

11. X 光拍片室　对需要拍 X 光片的动物进行拍片。

12. X 光洗片室　冲洗、观察和储存 X 光片及片盒。

13. 美容室　给动物洗澡、剪毛、药浴及美容。

14. 药房　存放药物，动物主人凭借处方拿药。

15. 临床化验室　对动物进行取样，常规化验或特殊化验。

16. 真菌分离室　真菌的分离、培养、鉴定。

17. 临床病理诊断室　对动物病理组织进行切片，检查。

18. 临床微生物学诊断室　对动物病料进行微生物学培养、分离、鉴定及药敏试验等。

19. 库房　医院常用药品、器械及某些用品的库存。

20. 病理剖检室　对病死动物进行剖检，对可疑病料进行分离培养、病理诊断等。

21. 生物有害物处置设施　处理医疗废弃物、动物组织、尸体等。

22. 医护人员午餐室　动物医院工作人员的餐厅和临时休息室。

以上是中国农业大学动物医院现有的房间布局，其中诊室又分成内科、外科、产科、中医及疫苗免疫室等。

二、动物医院的房间与应用

以上列出的各个科室在动物医院的日常工作中分别起着各自的作用，各个科室之间又相互紧密联系在一起，共同完成医院的诊疗任务。动物医院是一个整体，虽然各科室可能分布于医院建筑物的不同区域，工作人员之间可能分别忙于不同的工作，有时甚至长时间互相不见面，但每一个部门的工作和服务都与医院的整体形象和服务水平息息相关。经常有这样的现象，医院某部门的小小疏忽给动物主人造成对该医院的极坏印象。而该医院的其他医护人员都在认真地工作着，并未意识到所有医护人员的形象都受到了损害。下面分别概要介绍各科室的具体功能和应用。

（一）前台（Front desk area）　医院的前台区应该是医院的对外窗口，因为动物主人打电话来是由前台人员来接的，而且动物主人来就诊最先接触到的也是前台工作人员。回答电话的态度和接待客户的方式以及技术咨询的水平等直接影响到医院的生意。前台区域的设计一般是电话，工作台及一些办公用品。发达国家的动物医院多数都有计算机及档案管理软件系统。一般小型医院前台兼管收银。前台区要求整洁干净。前台工作人员服装举止都要专业化，给人一种熟悉专业和温暖并受到关爱的感觉。专家建议在前台处放一些植物花卉，有助于营造温和的气氛。但要切记，花卉要经常维护，保持新鲜。凌乱的植物，蔫的花草所起的作用可能适得其反。前台所需要的面积可大可小，小型门诊部的前台几平方米就可以，而大型动物医院的前台可能包括前台区域、档案室及收银等几个部分。

图 1-1 中前台医护人员正在接待客户。医护人员的背后是档案柜，每一名前台人员都有一台电脑。前台正在用电脑中的医院管理系统进行客户登记或查询。动物主人正在耐心地排队等待。通常前面的客户未办理完手续之前，后面的会自觉地在 1 m 以外等候。前台回答电话和接待客户的方式方法可能各异，但一般最好由医院负责人根据本医院的情况制定一套相对固定的模式，因为前台工作人员不一定永远固定，可能有人员变动的情况发生。有了一个模式可以保证医院服务质量的持续性。工作人员的岗位培训应制度化，对新员工的培训和继续教育都要经常进行，以确保更好地发挥医院窗口的作用。

图 1-1　美国波士顿麻省爱护动物协会动物医院的前台一角（动物主人正在排队等候

小型门诊部的前台可以很简单，一个前台工作台加一部电话即可，但工作的内容应与大医院的前台是一样的，只不过是简化了程序而已。

前台区也可以放一些宣传本医院的材料或其他有关动物保健常识类的教育材料。一般客户对医院的宣传材料信任度要比电视等广告材料的信任度高得多，因为医生的专业化程度在客户的心目中有影响(图 1-2)。

图 1-2 中国农业大学动物医院的前台

(二)候诊室(Waiting room) 候诊室是客户进入医院以后，完成了挂号，登记及其他手续之后，等待接受大夫为其动物进行诊疗的区域。候诊室可以单独设立一间或直接设在前台区。面积大小可以根据需要而定。候诊室的一般要求是：宽敞明亮，干净无异味，座位舒适。一般医院用的座椅以塑料等材料为宜，这样的材料易于清洗和消毒。地面应经常擦洗消毒，每天常规消毒至少一次以上。消毒可以用次氯酸钠(巴氏消毒液)(3%～5%)或其他无异味且对细菌病毒有杀灭作用的产品。为了让客户在候诊期间不至于感到寂寞，建议在候诊室摆放一些与专业有关的读物或介绍医院情况的小册子等。有些医院还在候诊室摆放一些杂志、报纸等供客户在候诊期间阅读。许多与兽医有关的公司、厂家等非常愿意免费提供产品宣传材料及有关动物营养、保健方面的普及教育资料。医院可以根据情况选择其中的一些内容放在候诊室。材料的摆放应整齐有序。

有条件的医院还可以在候诊室的一角安放一个电视，适当播放一些普及教育的音像资料。这样可以使客户在等待的同时得到一些有益的知识。有利于树立医院在客户中的良好形象。

目前国内动物医院通常采用人医院的系统，客户的动物按来院先后顺序接受诊疗。这种方式对客户是方便的，然而对大夫有时不很方便。比如在周末病例太多时，有些病例要等很长时间。特别是有时手术室忙不开，需要手术的病例必须等到很晚，甚至等到第二天才能手术。国外通常采用预约制，客户要事先打电话预约大夫，预约好了的如果有特殊情况不能前来就诊，需提前 24 h 电话通知医院取消预约。这样大夫就能提前了解每天要接待的病例情况，可以提前准备。国外大型动物医院的预约有时要提前 1 周或 1 个月。当然急诊可以随时就诊，但是急诊的收费要比预约的高一些。一般医院急诊病例所占比例不大，70%以上是复诊和免疫等常规病例。

医院应当有专人负责候诊室的分诊工作。在工作人员的安排下，客户按顺序就诊，井然有序。否则可能出现先来后到的情况，影响其他客户的情绪。候诊室是医院很重要的区域之一，发生在候诊室的情况有时会影响医院的正常运营。比如有的客户与医护人员的争吵或纠纷多发生于这个区域。因此，负责候诊室区域的医务人员要有处理问题的能力及水平。医院负责人应对此有充分的认识（图 1-3）。

图 1-3　中国农业大学动物医院候诊室一角

（三）档案室（Medical record room）　病历档案是医疗活动的原始记录，是医生对动物疾病的诊疗全过程按病历档案的记录要求所做的原始记载。是解决医疗纠纷的法律依据。同时，病历档案对于医生掌握患者的病史，免疫历史，用药情况等都是不可缺少的宝贵资料。对于大学的动物医院来说，病历档案的重要性就更加明显了。有了完整的病历档案系统，可以用于对病例的教学和研究，还可以用来进行流行病学的调查等。存放档案的档案室是医院的另一个重要场所。一般将档案室放在前台附近或直接安排在前台后面，这样便于前台人员查找。档案室要求干净整洁，档案摆放按通用的系统顺序(图 1-4)。关于档案的排号方法将在有关章节叙述。

图 1-4 中国农业大学动物医院档案室一角(前台工作人员正在整理档案)

(四)诊室(Examination room) 诊室是动物医院的关键组成部分之一。医生与客户的接触、问诊,对动物的临床检查,包括一些简单的处置等都在诊室里完成。有关患病动物的家庭护理,动物的保健常识等客户教育活动也在诊室里进行。客户对医院的整体印象和信赖程度可以说取决于医生和客户之间在诊室的接触和交流。因此,一个医院在管理上应该将诊室的管理列为重点之一。特别是在今天的市场经济时代尤其重要(图 1-5 和图 1-6)。

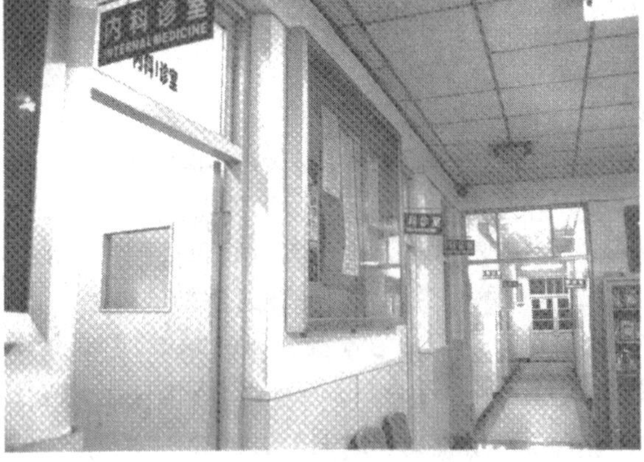

图 1-5 中国农业大学动物医院诊室外走廊

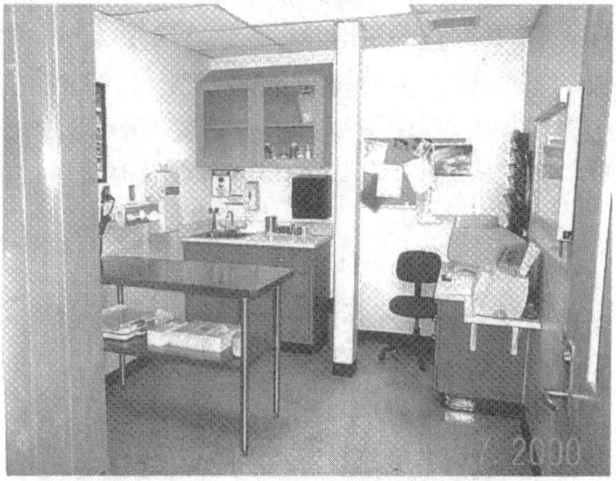

图 1-6　美国 TUFTS 大学动物医院诊室

诊室的面积不一定很大，但是诊室必备的设备、器械及用品等应尽量保持完善，以满足临诊的需要。诊室必备的物品包括诊台、污物桶、医生办公桌、临床常用物品柜、X 光观片器、检耳镜、检眼镜、洗手池等。物品柜中必备的用品包括：剪毛剪、止血钳、医用镊子、体温计、酒精棉球、碘酊棉球及常用简单包扎用品。办公桌上应备有化验单、处方签、各种协议文书及其他常用文书等。诊室应该保持干净卫生，无异味。每天应按时消毒。医生与客户之间的关系属于特殊的客户关系，隐含法律意义，所以在日常诊疗活动中应尽量保护客户的利益及隐私，这是对普通诊室的要求。大型动物医院的诊室还可以分科室，如某些特殊检查及诊断用的眼科专用诊室，皮肤病专用诊室等。这些诊室还应备有相应的仪器设备以用于特殊检查(图 1-7)。

图 1-7　中国农业大学动物医院诊室内部

（五）注射室（Injection room） 注射室是医院执行大夫处方的区域，通常在大夫开出处方后，所有的给药处置应在注射室进行，特别是注射和输液的执行。注射室护士和技术人员应当熟练掌握静脉输液、静脉注射、皮下注射、肌肉注射、穴位注射、腹腔内注射、骨髓内注射及口服给药、灌肠、钡餐等基本技术。注射室要求整洁、明亮、通风，同时要定期消毒。注射室用过的废弃物要及时清理，按生物有害物处理（图 1-8）。

图 1-8 中国农业大学动物医院注射室一角（患病动物正在接受输液治疗）

（六）处置室（Treatment room） 有条件的医院设有临床处置室，用来进行临床简单处置和不需要住院的一些病例的治疗处置等。有些医院在处置室进行疫苗注射。处置室常用于动物耳道的清理、剪趾甲、轻度外伤的清洗、缝合、拆线、导尿、放腹水、挤肛门腺、非住院病例的输液等。处置室的作用介于诊室和注射室之间。所以，许多医院将处置室的功能分散于诊室和注射室中。单设立处置室的好处在于对动物的处置不会影响诊室的诊疗工作，可以提高医生的工作效率。但是单独设立处置室要求有可用的空间。医院面积有限的可以将处置室和临床简易诊断室合并。

（七）重症监护室（Recovery room） 随着宠物数量的增多和年龄的增加，一方面动物老年病会越来越多，另一方面随着汽车数量的增加，人口向城市的集中和各种小区的建立等都会影响宠物病例的出现趋势。比如被汽车撞伤的病例会越来越多。这些老年疾病的急性发作，撞车、中毒及其他一些情况下的特殊病例到医院就诊多数属于急症、重症。处理和治疗这些疾病已经成为动物医院日常工作的一部分，特别是在较大型的动物医院更是如此。国外在积累了多年经验的基础上已经建立了动物临床急诊医学，专门讨论急症、重症的诊疗技术和知识，这方面的专著已经有多种。我国这方面也已经起步，2002 年在中国农业大学动物医院开始了小动物重症治疗和监护的工作。

重症是指病情严重而且随时可能危及生命的各种疾病。患病动物从进入医院的一刻起，随时都可能有生命危险，需要医护人员采取果断措施，及时进行抢救治疗。措施不及时或不得当可能丧失宝贵的抢救时机。这就要求医护人员平时多积累重症、急症诊疗知识和技术。

重症的抢救最好在重症监护室进行，因为这里有重症急救所需的药品、用具和器械等，包括氧气、输血、人工呼吸等用品。

当动物的病情稳定或基本稳定后可以考虑将其转移到住院处或由动物主人带回家监护（图 1-9）。

图 1-9　中国农业大学动物医院小动物重症监护室一角

（八）手术准备室（Preparation room）　手术准备室是在手术前对动物进行麻醉、剪毛、剃毛、消毒等准备工作的场所。在这里的准备工作包括两个方面的准备：一是动物的准备工作。在医生对动物的病情或生理机能状况进行了检查以后确定手术方案，然后根据动物所需手术的性质和手术种类进行相应的麻醉，如注射麻醉、吸入麻醉或局部麻醉等。二是，对动物进行剪毛、剃毛及消毒。医生的准备工作包括手术服、手术帽、口罩、手臂的清洗消毒、戴手术手套等。手术准备室的卫生条件要求基本上与手术室相同。有些医院的手术室又兼做准备室，这样的缺点在于手术室的污染可能性大，容易引起术后感染及引发一些术后并发症。

（九）手术室（Surgery room）　手术室是动物医院的重要部门之一，是医生对手术病例实施治疗的场所。动物医院的重要病例和一些急诊病例多数需要手术治疗。一个医院的水平高低很大程度上取决于医生手术的技术和手术室内的操作水平。手术室的硬件设备包括手术台、手术器械、无影手术灯、氧气设备、麻醉机、监护仪及消毒设备等。软件包括医生的手术技术，护士、技术员的技术熟练程度等。手术室要求无菌操作。因此，对手术室的定期消毒是必须的。手术室人员应该相对固定，无关人员不得进入手术室。有空调最理想，没有空调的医院应该尽量避免开门换气，以免导致室内的污染(图 1-10)。

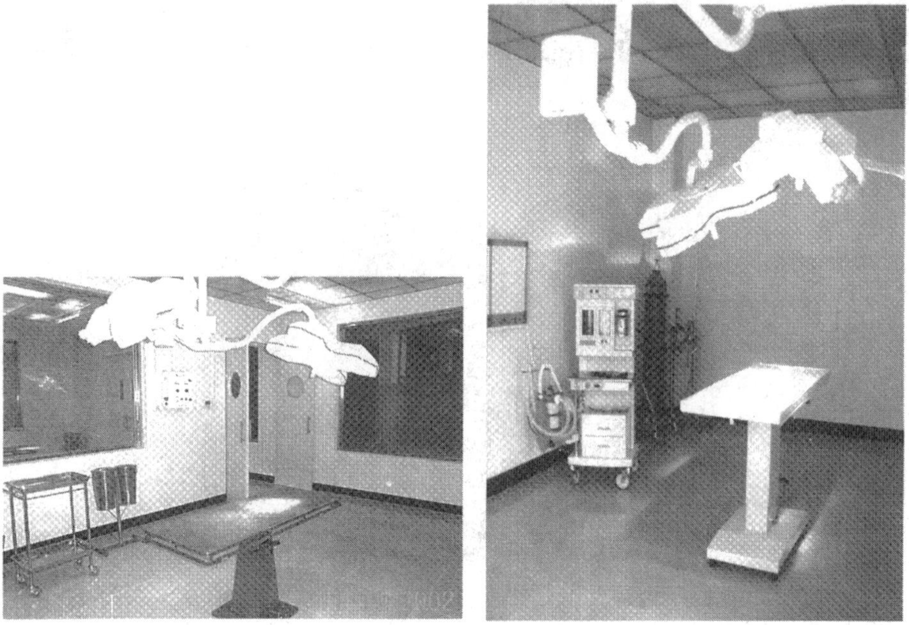

图 1-10 中国农业大学动物医院小动物手术室一角(冷光源手术灯与可升降不锈钢手术台)

（十）**住院处(Intensive care unit)** 住院处是现代化医院的必备设施之一。重症，手术后的恢复病例、疑难病例、危重病例等都需要在住院处进行治疗观察。住院处的硬件设备包括动物笼具、治疗常用药物、常用手术器械、外伤处理器械、处置台、输液、输血、输氧设备及用品、消毒用具、监护仪器、急救用品、包扎用品等。人员的配置是住院处的另外一个重要方面。住院处应该由经过训练的住院医师管理，辅助人员包括技术员、护士等配合。住院处应当 24 h 有人负责对住院动物进行治疗和护理。对住院动物的病情要定期进行检查和记录，根据病情不断调整治疗方案。动物出现病情恶化等情况时，应由主治医师确定治疗抢救方案，并由主治医师及时与动物主人联系讨论可能采取的措施及预后。国外中型以上的医院均设有住院处。

（十一）X光室（X-ray room）　X光拍片对动物疾病进行诊断越来越普遍。很多疾病的诊断依赖于X光片。因为X光片可以提供其他检查手段不可代替的信息。随着兽医影响学的发展，用X光可以诊断的疾病种类越来越多。如骨骼疾病、内脏疾病、异物、结石、肿瘤、外伤等都可以用X光进行辅助诊断。X光拍片还可以和超声波、内窥镜、心电图等结合起来应用诊断疾病。是临床上正确诊断和治疗不可缺少的有用工具之一。X光室的硬件包括X光机、X光桌、控制台等。为了便于标记X光片，还应该有铅号及标记用的字号。防护用具包括铅隔离板、防铅服、铅手套等。X光机的种类很多，动物医院常用的有便携式和台式两种。

（十二）洗片室（X-ray film processing room）　洗片室应该有上下水、洗片池、观片灯。有条件的医院应该有自动洗片机。还应该备有造影用的钡餐用品和其他造影剂等。洗片设施有：平面洗片池、竖式洗片槽、自动洗片机等。

（十三）美容室（Grooming room）　美容室不是动物医院必备设施。但是如果有条件提供美容服务对客户来讲应该是有利的，这样可以方便客户。美容室的设备包括给动物洗澡用的澡池、香波洗液、热水器、美容台和剪毛用具等。

（十四）药房（Pharmacy）　药房是医院的另一个重要部门之一。绝大多数病例经过诊断，处置后都需要用药进行治疗。因此，药房的工作很重要。药房要保持干净，整洁，药品摆放整齐，工作人员应该熟悉药品的摆放位置、不同药品的用途、用法、用量及其禁忌、副作用等。药房工作人员有责任和义务监督大夫所开药方的准确性，防止由于疏忽造成用错药等事故的发生。

（十五）化验室（Clinical lab）　临床化验室是动物医院的重要组成部分之一。各种化验是临床做出正确诊断所必须的重要手段。一般化验室应该进行的化验项目包括：血液常规检查、粪便化验、尿液化验、皮肤化验及一般细菌检查。有条件的化验室还应有血液生物化学检查、微生物分离鉴定、药敏试验、血清学检查、激素定量分析等。

第二节　动物医院的运作与管理

管理动物医院就像管理一个服务型的技术企业，懂得动物医院的运作与管理，对进行临床实习的兽医学生非常重要。动物医院分国有和私立的，规模大小不同，病例多少不一，设备和人员组成情况也有差别，但是动物医院的服务核心没有变。

在当前的形势下，管理动物医院，需要按照企业的运作方式进行。以人为本，管理是可以产生效益的，采用制度化管理而非人治是十分重要的。进入动物医院做临床实习的兽医学生，只有了解动物医院的运营方式，才能更快地进入角色，学到尽可能多的知识。

一、动物医院的规章制度

动物医院是靠制度管理的，制定科学的制度是基础。在现代动物医院中，院长是责任管理者，也是动物医院的经营者。动物医院的制度主要包括以下内容：

（一）岗位管理制度　根据临床的需要设立工作岗位，制定工作岗位服务内容和标准，分清不同岗位人员的职责。动物医院中，常设岗位包括：院长、临床兽医、会计、药房技术员、手术室技术员、化验室技术员、库房管理人员、住院处技术员、前台挂号与档案管理人员、注射室技术员、卫生管理员和保卫人员等。不同的岗位，服务标准和内容不同，因此管理内容也有一定的差别。学生在各部门进行实习时，应当首先自觉地了解岗位标准和管理制度。

（二）考勤制度　每日上班、午餐、下班、夜诊等都必须执行考勤制度。有事必须提前请假，遇到不可抗拒因素影响或者突发情况限制不能按时上班者，应当及时向院长说明。每月工作总时数必须完成，才能满勤。实习的学生必须按照动物医院的考勤规定，按时上下班。

（三）服务标准　考勤制度是考察服务时间，而服务标准是临床工作的主要指标。动物医院临床是服务行业，上帝是动物主人和动物，动物医疗服务的标准不应当低于人医院临床的服务标准，甚至应当更好。动物医院中的不同服务岗位都应当有相应的服务标准。动物和动物主人进入动物医院后，第一个迎接它们的服务者是前台服务人员，前台的服务人员应当主动、热情、有问必答，并及时礼貌地回答有关问题；进入诊室后，临床兽医是通过问诊、视诊和触诊以及必要地临床化验与检查来诊断疾病的，同时应当建立病例，这是一个合格的临床兽医必须具备的素质；而诊台的及时消毒，也是日常的工作内容；在注射室、化验室、住院处、药房等部门，也应制定相应的服务指标。服务指标的中心是使动物和动物的主人得到应有的、完善的热情服务。兽医实习学生应向教师们学习良好的技术和工作精神。

（四）财务制度　在动物医院运营中，必须建立财务制度和实行监督措施。进药、药房、财务和库房等的管理者不应当是一个人。制度上合理化和科学化，是财务管理的基础。每天的收入必须及时上交上级单位财务部门或者银行，保险柜中应急资金不应超过 300 元。

（五）分配制度　动物医院的分配原则是“按劳分配”。体现按劳分配原则是鼓励竞争和体现劳动价值，而奖励与惩罚制度一样重要。动物医院实行岗位责任制是必要的，分配制度在实施中应当综合考虑能力、服务质量和服务态度。

二、动物医院的日常工作与运行

动物医院由前台、诊室、手术室、化验室、药房、库房、会计室、住院处、注射室、图书资料室、美容室、办公室和宠物用品销售部等组成。动物医院实行院长负责制，科学管理是动物医院运行的保证。

(一)院长负责制 统一管理，责、权、利分明，动物医院院长是日常管理者，也是动物医院未来发展的设计者；院长既要管理动物医院日常工作，又要考虑动物医院的发展、行业竞争和人才(动物医院的核心)培养等问题。院长的职责就是在动物医院的制度化管理中发挥才干，使动物医院按正规化标准运行。在动物医院中，应当设立院务会，重大事情由院长与院务会成员协商解决，同时，院长的工作受到院务会的监督。公平和奉献，是一个动物医院院长的基本素质，而业务内行是必不可少的条件。

(二)岗位设置 就目前的动物医院来讲，尤其是作为培养兽医学生的动物医院，应当根据自己的规模、教师数量和病例量，设置以下部门：前台、诊室、手术室、化验室、药房、库房、会计室、住院处、注射室、图书资料室、美容室、办公室和宠物用品销售部等部门。

(三)岗位标准 只有动物医院各部门岗位的服务达到临床需要的标准，动物医院才能良好地开展工作。岗位标准的设置是根据临床需要制定的，而不是按人来定岗。

计算机管理：病例量、病例登记、病例记录、药品采购和使用情况以及临床资料共享等，都是可以从计算机网络管理中得到保证。计算机管理是动物医院管理水平提高的手段之一，很有必要性。通过计算机管理，动物医院的日常工作可以变得更加有序，许多管理不足都可以得到一定解决。

(四)科室日常工作 动物医院日常工作都必须按照各部门的服务标准来实施。在工作时间与动物主人发生争吵、吃零食、看报纸、聊天、大声说笑、睡觉、环境不卫生、工作不认真等，都是被禁止的坏习气，必须杜绝。一切与动物医院临床不相干的事情都不应当出现在临床中。

(五)药品管理 动物医院的药品分药房和库房管理两部分。药房药品的数量应当以满足临床日常需要为目的。库房应当储存一定量的药品和临床用品，同时做到防火、防潮、防盗，账目清楚，进出药物实行登记制度，有专人负责管理，并定期整理。药品应根据临床需要进行采购，保证质优价廉。

（六）人员安排 动物医院各部门的人员要有固定的安排，有各自的工作内容和工作标准。学生进入动物医院实习，必须遵守动物医院的各项规定，执行各部门的工作标准，尽快掌握各部门的工作内容。

（七）医疗纠纷 动物医院与人的医院一样，都会有临床医疗纠纷发生，这是正常的，甚至可以说是不可避免的事情。解决临床医疗纠纷是由院长负责的，各地方行政管理部门及兽医管理部门都有解决医疗纠纷的规定或办法。因此，学生在动物医院实习期间，遇到医疗纠纷，要由医生或院长来解决问题。

三、院长与兽医的责任与义务

（一）院长的责任与义务 院长管理动物医院的日常工作，完成动物医院的临床工作任务；与兽医管理部门协调，按照国家的财务制度管理；为动物医院的未来发展制定计划；不断提高动物医院兽医和技术人员的业务水平；加强服务管理和设备管理；组织并管理兽医学生的临床实习。现代动物医院的管理任务要求院长在专业水平、管理水平和思想水平上达到比以往更高的水准，应当时刻考虑本地动物医疗的发展情况，了解全国动物临床的发展水平，时刻关注并跟踪国外动物临床医疗水平和发展趋势，准备应对行业挑战；懂得国家相关政策，并牢记培养合格的兽医学生是学校动物医院最主要的任务。

（二）兽医的责任与义务 学校动物医院工作的临床兽医首先是一名教师，牢记这一点十分重要，你的言行影响着兽医学生。教师不但要教学生临床诊疗技术，更应当教书育人，为人师表，培养兽医学生良好的医德与素质，这是一名兽医教师的基本责任义务。

四、兽医专业学生在动物医院实习的要求

（一）学生实习的目的 学习临床诊断、预防和治疗的技术无疑是临床实习的最基本的要求。同时，通过临床实习，培养学生优秀的职业道德和素质更加重要。临床实习，可以将所学课本知识综合应用，将学习的专业知识服务社会，同时也是自己生存的技术。因此，遵守动物医院的规章制度、抓紧时间和机会充分学习，是兽医学生应当珍惜的宝贵机会。

（二）遵守动物医院的制度 遵守作息时间，遵守各部门的规定，按照实习要求在教师的指导下，进行临床实习，完成临床病例报告。

（三）完成临床实习的标准 兽医学生通过临床实习，应当初步掌握临床诊疗步骤、程序和方法。临床诊断病例的一般步骤包括：问诊、视诊、触诊，临床仪器化验和诊断，病例记录，处方知识和写法。诊断过程是综合利用知识的过程，是有的放矢

的过程，是知识积累和分析的过程，是治疗的基础。因此，诊断是兽医学生临床实习的基本功。如果在毕业的时候，作为一名兽医专业的毕业生，如果不会看病，可以说你的兽医文凭是不合格的。

（四）考核制度　遵守动物医院的作息时间和工作程序是基本要求。在临床实习结束的时候，动物医学院应当组织临床技能考评，结合临床实习报告，作为你的临床实习成绩。临床技能考评内容包括：诊断疾病的程序与知识、临床操作技能、处方水平和问答等方面。临床实习报告的内容以临床病例为主，分析发病原因、诊断过程、治疗措施和体会，要求有一定的病例量，也可以是某特殊病例的临床报告，但是，均要求查相关的资料，并有自己的分析和体会。

五、兽医的医德培养

（一）拥有良好的医德是临床兽医的必备条件和应有的素质　临床兽医的医德主要涉及尊重生命、爱护动物、有优秀的责任心、对工作完全投入、设身处地为动物主人着想、科学用药、合理收费、服务热情。

（二）兽医医德的培养　对兽医学生医德的培养来源于临床教师。兽医教师的言行，时刻影响着正在实习的临床学生，并对他们的言行产生非常重要的影响，兽医教师要严格要求自己。作为学生，应向教师学习良好的医德和精湛的医疗技术。

（三）培养良好医德的目的　从自身做起，多看、多听、动脑筋考虑问题。医德是临床兽医今后工作中是否成功的基础之一，是当代兽医教育不可缺少的目的。

临床兽医学是服务单位，诚信为本，技术是生存的手段，医德是成功的基础，当代兽医应当是热爱临床工作，热情服务，技术扎实的动物医生。

（施振声　林德贵　杨泽霖）

第二章　动物医院的设备

第一节　手术室设备

为了实施兽医手术，必须有一套最基本的手术室设备。它包括手术室、手术床和基本手术器械等。

一、手术室

并非每个动物医院均拥有一个特定的手术室。因此，常常需在治疗室进行手术，其前提是应有有效、减少病菌的措施、消毒、灭菌以及相应的如手术区与门诊区的隔离、确定手术日期等组织工作。对于手术繁忙的较大的动物医院而言，最好分设无菌手术室和污染手术室。无菌手术室仅用于无菌手术。手术室地板与墙壁要做充分冲洗和消毒。门窗密封良好。手术室内只放置与手术相关的主要器具。除了来自天花板的良好照明外，尚应配置专用手术灯。无菌手术室仅是为已做好相应手术准备的患畜而直接进行手术的。手术之前，手术室内使用的如鞋、手术垫、隔热薄膜等塑料或橡胶制品等，以及所有的设备与仪器，均用做彻底清洁和相关消毒。手术期间必须保持无菌状态。手术室宜配置冷热空调机，以保持手术室内适宜的温度。

二、手术床（手术台）

对于手术而言，所用的手术床均经充分消毒。做犬、猫腹腔探查术时，需用一特定的手术床，该手术床可倾斜和升降。而在做骨科手术时，尚需辅助台以固定肢体或头部等。患畜做仰卧、俯卧和侧卧保定时，可用适宜的绷带，在患畜腕关节或跗关节的近侧做一简单的活结，将肢体固定于手术床的相应部位。注意勿打死结，以便于手术结束时解开。必要时，尾部也需做妥当固定。

三、外科手术基本器械

外科手术基本器械适用大多数手术，仅在如矫形外科手术、胸腔切开术等特殊手术时，需要特殊手术器械。按照手术器械的不同用途，可将手术基本器械用于组织分离、止血和组织闭合。在眼部等特定手术时，尚需补充特殊手术器械。做组织分离时，需手术刀、腱刀、剪刀等锋利器械，以及用于夹持、张开组织的镊子、创钩、开张器等器械。做止血时，需止血钳和贯穿结扎导针。做组织闭合时，需直针、圆弯针、三菱针等缝针，肠线、丝线等缝线以及持针钳。大多数手术由其特定手术基本器械组成，例如，用于腹腔探查术时，由手术基本器械（表 2-1），配合与手术目的相应的特殊器械即可。

表 2-1 手术基本器械组成

手术器械名称	数量(把)	
巾钳	10～12	
手术刀	2～3	圆刃和尖刃各 1 把
手术剪	3	直形钝头剪、弧形尖钝头剪和剪线剪各 1 把
创钩	2	
镊子	3	手术镊子 2 把，解剖镊子 1 把
腹膜钳	6	
止血钳	10	有齿止血钳和无齿止血钳各 5 把
贯穿结扎导针	1～2	
持针钳	2	
缝针与缝线	若干	

而进行小手术时，应选择 6 把巾钳、2 把手术刀、2 把剪刀、2～3 把镊子、10 把止血钳、1 把持针钳和若干缝针与缝线。手术前，将手术器械依次分类置于手术盆中，再用布单将手术盆包好后，送高压蒸汽灭菌。也可使用市售一次性使用的、已灭菌的带缝针的缝线。敷料、手术创巾、手术衣等物品可分类置于储槽中作高压蒸汽灭菌。

完善的手术室尚应设立消毒室、准备室、洗刷室，以及用于存放麻醉呼吸机、监护仪和常用监测仪器等的存储室。

第二节 诊疗室设备

一、大动物诊疗室设备

大动物诊疗室常用于临床诊疗马属动物（如马、骡、驴）和牛，应当有足够的面积和能够满足临床诊疗需要的设备。根据不同地区经济发展和社会消费水平的现状，大动物诊疗室的设备有比较大的差别。

一般的大动物治疗室应当有以下基本的设施，包括：保定栏（六柱栏）、大动物手术台(电动或手动,一般在手术室中)、各种动物辅助性保定器(如耳夹、鼻钳、绳子等)、面垫(用于倒马或手术时铺垫在动物身体下面)、各种投药设备、产科用器械包、外科用器械包、扣诊锤、听诊器、体温表、碘酊棉球和酒精棉球、开口器和牙科用具等。

辅助设备包括:地秤、简易手术灯、输液架、药品柜、器械柜、泡手桶、自来水设施等。

条件好一些的大动物诊疗室还应当有胃导管洗胃机、真空吸引器、X 光机、B 超仪、空调和输液泵等。大动物手术室应当有固定式手术灯、吸入麻醉机、临床监护仪、固定在手术室天花板上可以悬吊动物的移动吊,配有准备室(如剃毛、消毒等)、器械室、手术人员准备室和动物苏醒后的观察室(地面铺设胶皮,墙壁装置防治动物撞击的垫子)。

二、小动物诊疗室设备

根据动物医院的规模,诊室的数量不同。诊所一般应当设立 2 个以上的诊室,将普通病与传染病分开。动物医院的诊室设置有两种:一种是根据分科就诊而将诊室设计为外科、内科、产科、中兽医、传染病和疫苗接种室等;另一种诊室是根据兽医和兽医的专长来设计的,这个诊室主要因兽医的专长而不同,成为外科和外产科、内科、眼科、寄生虫科等诊室,诊室的门上有兽医的名字,在前台接诊时分诊,或者是预约门诊,诊室的数量根据动物医院的规模和兽医的数量来设置。

规模大的动物医院的诊室数量可以达到 10 个以上,还有更加专门的诊室,例如,眼科、皮肤科、针灸科、放射科、肿瘤科等;这种动物医院一般包括国外的大型综合性动物医院,以及国内用于兽医教学的大学动物医院,如北京的中国农业大学动物医院,有 7 个小动物诊室,分为产科诊室 1 间、外科诊室 3 间、内科诊室 2 间、中兽医(包括针灸)诊室 2 间。

诊室的设计应当遵循以下原则:将普通病与传染病分开,疫苗接种室是独立的。

在动物医院的门诊大厅,设有挂号登记处,就诊动物的病例存放在前台。候诊者在大厅等候就诊。在国内的动物医院,由于目前还没有完全实行国外的预约门诊制度,因此,前台也有分诊和咨询的任务。门诊大厅一般设有动物体重秤。

先进的动物医院还应当有内部联网的计算机,分别安装在前台、各个诊室、住院处、化验室、药房和院长办公室,这是科学管理所必需的。

大动物医院有中央空调,一般的动物医院也在各个房间中安置空调设备。

一般诊疗室应备的设施应当有大夫记录病例的写字台、计算机、资料柜、不锈钢诊台、小手术等和洗手设施。根据分科的不同，诊室中还备有一次性手套、酒精棉和碘酊棉、一定数量的手术器械、眼科专用灯、临床监护仪、可移动的器械盘等。这些是临床检查所应当有的一般设施。

第三节　化验室设备

动物医院化验室的基本设备是根据临床诊疗需要而安排的，临床上常用的化验样本是血液样品、尿液样本、皮肤样本、粪便样本，主要化验细菌、病毒、真菌、寄生虫和衣原体、支原体等。根据动物医院的规模和诊疗水平的不同，动物医院的临床化验设备的多少和种类也有差别。常用的化验设备如下：

一、一般动物医院的化验仪器和设备

(1)显微镜
(2)分光光度计(7230)(生化分析用)
(3)恒温培养箱
(4)半自动或全自动生化分析仪
(5)水浴锅
(6)电热干燥箱
(7)尿 10 项分析仪(尿检)
(8)冰箱
(9)消毒锅
(10)血球自动计数仪
(11)厌氧菌培养箱
(12)微型血液振荡器
(13)离子活度计
(14)高速、低速离心机
(15)带有 15 mL 容量离心管的标准临床离心机
(16)屈光计：测定尿密度和估测沉渣(固体)总量，血浆蛋白浓度
(17)手动划记器
(18)间隔计时器(定时器)
(19)血细胞计数器
(20)火焰光度计：用于大量电解质测定
(21)血气分析仪

(22)天平

(23)细菌接种环

(24)用于分光偏振计的小杯

(25)50 mL,100 mL,500 mL,1 000 mL 的容量瓶

(26)0.3 mL,1.0 mL,2.0 mL,5.0 mL,10.0 mL 的容量管

(27)还需要试管架、吸管、染色架、移液管(大小不一)微量吸管

(28)用于自动细胞计数器的玻璃器

(29)用于火焰光度计的特殊的玻璃器

二、规模较大的动物医院常用的化验仪器

比较现代化的动物医院一般配备以下设备:

血液常规分析仪,指一般的血球分析仪,分为自动分析仪、半自动分析仪和全自动分析仪;白细胞分类有二分类、四分类等。

血液生化分析仪,分半自动和全自动分析仪。用于测量血液生化值。

离子测定仪,测定血液、尿液离子含量,包括钾、钠、氯、离子钙、锂等元素。

尿液分析仪,有 8 项、10 项和 12 项等多种尿分析仪。

比较先进的动物医院设有细菌分离培养室和相应的设备,真菌分离培养、病毒分离培养设备等。

病理诊断设备,冰冻切片设备,PCR 仪以及酶标仪等。

第四节 住院设备

动物医院住院处分为大动物住院处和小动物住院处。小动物住院处又根据动物医院的住院动物划分为若干个住院病房,常见的住院动物为犬和猫,因此,动物医院一般将住院处划分为普通病病房和传染病病房。

小动物住院处的一般设备包括:不锈钢笼具、处置台、药品柜、病例记录用品、静脉输液泵、氧气设备、地漏、洗手盆、消毒用具和空调等。

第五节 常用设备的配置

动物医院常用设施的配置一定要考虑临床实际需要、动物医院的常见病例情况、动物医院的规模和人员配备以及设备的购买费用。

一般情况下,国内主要农业大学的动物医院、合资动物医院等设备先进,作为

教学和临床服务为一体的农业大学兽医教学动物医院，在设备、面积、房间等方面有一定的需要，而社会上的动物医院或者诊所的面积是制约因素，投资的大小、实际需要和赢利压力也是考虑动物医院设备配置的基本因素。

动物医院设备的来源主要来自国内的生产厂商、医疗仪器代理商、国外医疗设备的经销商和医药公司等。当一个动物医院或者诊所需要添置或者购买医疗设备时，可以首先到设备齐全的动物医院参观，实地了解不同设备的性能和购买价格、售后服务情况和临床使用率，然后与不同的供应商联系，询价和比较。有些诊疗设备需要自己设计和寻找加工者。

作为动物医院的管理者，平时有目的地参观国内的医疗器械展览，阅读有关医疗器械的杂志是必要的，这样，在购买自己所需要的医疗设备时可以有的放矢。

（熊惠军　刘云　林德贵）

第三章 动物主人心理学与动物行为学知识

第一节 动物与主人的关系

一、大动物与畜主的关系

传统的大动物是指马、骡、驴、黄牛、水牛和奶牛等。作为经济动物，除了赛马之外，制约这些大动物在临床医疗时的问题主要还是治疗成本，因此，赛马的临床诊疗要求比其他大动物要高。因此，本节主要介绍马与人类的关系。

没有马，人类将会怎样?毫无疑问，如果没有马，我们人类就不会生活在现今的世界里。人类和马的关系可以追溯到几千年前，无论怎样强调马在过去 5 000 年人类社会发展中的重要性都不为过。在人类社会的发展过程中，马的作用比其他任何驯养动物的作用都重要。人类与马的联系可以追溯到将马作为食物的时代。然而马真正的潜能却在驯化后表现出来。马驯化后，就在农业史、运输史和战争史上扮演了十分重要的角色。

直到 20 世纪，马仍被用做交通运输的主要工具和农业生产的动力，帮助人们耕耘土地和驮负重物。而今在整个北美和欧洲的广大地区，马已经成为家庭的一员，成为人类的忠实伙伴，它带给人们无限的欢乐，奴役马匹已经成为过去。

马是群居动物，我们应当尊重它们的感情、生理以及环境的需要，任何时候，你不能也不应该逼迫马去做任何事情。与其他伴侣动物相比，和马建立良好的关系，取决于人是否能够理解马之所想。对于一个真正懂马的人来说，他永远不会粗暴的打断马儿正在做的事，而是参与到马的自然行为中去，学会理解马的身体语言，知道马在想什么，他能在充分尊重马自身的本能和自然习性的基础上，与马进行交流。

和其他动物相比，将一匹马带人人的生活将会遇到很多问题，马可以成为一个很好的伙伴，但是对于养马者来说，却是一个巨大的挑战。与马生活在一起令人愉悦，同时也有责任。与一匹马生活在一起需要做大量的工作，养马者不仅要负责每日的清扫、训练和饲喂工作，而且也要注意亲自观察马匹，了解马匹，知道马是否一切正常,是否健康快乐,如果有问题,要及时的与兽医联系。

马通过长期的进化,已经具有很好的忍耐力、速度和力量,所以马必须定期接受锻炼和训练。运动对马来说十分重要,它可以满足马的自然需求。每天花些时间让马进行运动,可以锻炼马的肌肉、视觉、听觉,丰富马的阅历,使马的生活丰富多彩。只要所做的运动有益于马的身体和思维,那么这种运动就是有价值的。通过饲喂,按时的梳理马匹以及日常的健康护理和训练马匹,可以培养马与养马者之间难以言表的亲密关系,这种亲密关系是经得起时间考验的。如果认为值得,就应做好照顾马匹的一切工作,这样才会得到马永恒的忠诚与感情,那将是无与伦比的。

二、宠物与主人的关系

我们指的宠物是伴侣动物,世界上数量最多的伴侣动物是犬、猫、观赏鸟、观赏鱼和赛马。宠物大规模出现在现代社会中并成为家庭生活中的一部分,无疑是社会经济发展和文明程度提高的表现之一,也是社会生活多样化的体现。家庭中的宠物是家庭中的一位特殊的成员,每个家庭中的主人都将宠物视为家庭的成员之一,受到照顾。现代中国家庭饲养宠物的原因很多,宠物的出现的确为千家万户的平凡生活带来了生气。

人际间情感上的依赖因素对保持身体健康的重要影响已经为人们所公认。这种对感情的依赖贯穿于人们的一生当中,同时也是人与使它具有安全感的其他物体之间产生相互关系的一个原因。除了人与人之间的相互依赖,人与周围环境中的一些物体也有感情上的依托,如伴侣动物、某个特殊地方、物体及观念等。

人与动物之间的关系形形色色,主要取决于人们不同的信仰、个性和对待动物的不同态度。很多事例表明,人和动物之间的关系类似于人与人之间的关系,就像人与人之间的关系一样,人和动物之间的感情在形式和程度上也各有不同。这种关系的类型取决于所涉及的人和动物的不同行为特性。比如,人们通常认为犬、猫等动物要比爬行类动物、鱼等容易与人建立更加亲密的关系,因为两者有着类似的“社会组织”和“交流”方式。在现代社会,人们公认的饲养宠物最重要的原因就是为了相互为伴。

三、宠物在社会生活中的作用

宠物主要是作为伴侣动物而存在于现代家庭生活当中的,饲养宠物是社会多元化生活的需要,有存在社会基础。以犬为例,儿童拥有宠物犬后,知道世界上还有弱者需要他(她)的照顾,可以减少孤独感和增加对生命的理解,因为犬要接受疫苗、驱虫、饲喂营养均衡的食品,犬的成年一般在12～24月龄期间,寿命十几年,期间的婚配、怀孕、哺乳、幼龄和老年都会出现许多与人相似的问题，包括死亡；孩子通过饲养宠物犬，从一个侧面了解生命的意义，有些知识是不易从父母的言语中明白的。为避免儿童言行过激饲养宠物也是有效作用之一，已经被世界上许多国家的社会调查所证实。

老年人退休，离开一生为之奋斗的工作岗位后，孤独感的产生是常见现象，许多离退休的老年人一下子不知道做什么事情好；加上儿女长大独立生活，老年人的生活需要新的变化，饲养宠物有助于调节老年人的生活节奏。例如，养犬后，每天早晨，老年人与犬一起定时到户外运动，晚上也一起在户外活动，白天一同在家中生活，彼此感情逐渐加深，使老年人的生活变得有节奏、有规律，适当的运动量使其身体健康，不感到孤独，使老人心情愉快，有了新的寄托，这是为什么饲养宠物犬、猫的老年人群比不饲养宠物的老年人平均寿命高的原因。

工作紧张的成年人最需要缓解工作的压力，调节情绪，成年人饲养宠物是精神调理的有效措施之一，一般开始饲养犬、猫、观赏鱼、观赏鸟、龟等宠物，新的气象和生机会随之出现在家庭中。

提倡行为不过激也是饲养宠物的目的，这个问题在世界上许多发达国家有着近 30 年的科学跟踪和比较，饲养宠物十分有益于人类的生活，可以缓解生活的压力，并使老年人的生活和活动变得有规律。

第二节 动物行为学知识

一、犬的行为发育知识

在生物学的许多领域还继续着有关遗传和环境(先天自然和后天自然)这两个相关因素对个体行为发育影响的争论，而驯化的犬的例子可能比其他任何物种都更具有说服力。由于其品种的多样性，犬的先天自然，或者说是遗传基因，或者与其他物种相比更容易被了解。这些品种是人为选择的结果，人们在进行选择时不仅要根据它们的身体构造，同时还要看它们表现出来的行为学特征。例如，波音达指示犬是因为它们天生特有的在狩猎时能够指示猎物位置的行为特征而被人为选择的，而这种行为很少见于其他品种的犬。所以说，不同品种的犬按照人们希望它们表现出的行为特征类型向着不同的方向发展。另外，也有许多行为是所有品种(或大多数品种)的犬所共有的。许多更加复杂的行为模式则主要是通过小犬成长的环境表现出来的。其中包括了小犬的成长经历和接受的训练，这就可以解释为什么同一窝小犬长大后的行为会有所不同。

(一)行为发展的阶段　新生幼犬完全依赖它们的母亲生活,但是随着身体发育,它们会变得越来越独立,并且对周围事物的警惕性也会不断提高。犬的行为发展基本上可以划分为5个阶段:新生儿期、过渡期、社会化时期、青年期和成年期。

1. *新生儿期*　新生儿期是指幼犬出生后的前2周,在这一阶段幼犬要完全依靠母犬才能生存。小犬出生时,神经系统的发育处于相对初级阶段,但与摄食、面部感觉、平衡和身体翻正有关的颅神经已经发育健全了。刚出生的小犬具有一系列可以表现其发育状况的反射。如果抓住刚出生小犬的颈部并将其提起,小犬的身体会表现屈肌优势——四肢呈屈曲状态,这种现象可能是反射胚胎时期对身体位置的适应。到4～5 d后屈肌优势逐渐减弱并最终被伸肌优势代替——四肢呈伸展状态,这一反射从新生儿期一直持续到过渡期。还有许多其他简单的脊髓反射也是这一发育阶段所特有的。当一肢受到挤压而反射性收缩时,由于交叉伸肌反射的作用,对侧肢会同时伸展。小犬在觅乳反射的作用下爬向母犬的乳头,如果在小犬的嘴边放一个杯形插手(cupped hand),可以引发其觅乳反射。这个反射动作非常强烈,在模仿母犬舔舐的动作刺激下,1只1日龄的小犬能反射性地爬出超过3 m的距离。神经系统发育健全后,这些反射逐渐减弱,一般于社会化早期(大约4周龄时)消失。在新生儿期的末期出现运步,首先是前肢,一两天后后肢也可以运步,但此时的小犬还不能支撑自身的体重。

新生儿期的小犬只能依靠母犬舔舐刺激会阴周围的皮肤反射性地排出粪和尿,进入过渡期后才会出现自主排粪和排尿。

新生儿期小犬的大部分时间都用来睡觉和吃奶。对1只比格母犬和它的1窝小犬进行的行为学研究表明:在小犬出生后的最初几天里,小犬有超过30%的时间在吃奶(1窝小犬在1 d内共有70多次),剩下的时间主要是在睡觉。新生儿期小犬睡觉时肌肉会有特征性的震颤和抽搐。只有进入新生儿末期或过渡早期以后,才能够首次记录到脑电图(EEG)的慢波活动——成年犬熟睡时的特征性脑电波活动。

2. *过渡期*　过渡期就是小犬从完全依赖母犬到能够独立的一段快速发育时期。小犬一般是从第3周开始进入过渡期,这一阶段以小犬的身体和神经系统的快速发育,特别是感觉器官的发育为代表。小犬的听力从过渡期开始发育,对突然的响亮声音有明显的害怕反应。眼睛的神经在10日龄时已经开始发育,小犬到新生儿末期会睁开眼睛,然而直到过渡期小犬才会对光线刺激和移动的物体有持续的反应。小犬在过渡期开始学会向前、向后爬行,而且开始尝试行走,能够站立,开始会从碟子里舔食牛奶。

3. *社会化时期*　社会化时期的初始阶段和早期阶段与脊髓的成熟和髓鞘形

成紧密相关。进入社会化时期后小犬各种必要的感觉器官和活动能力都进一步发育，以满足其了解周围环境并适应环境的需要。从此，小犬开始学习周围的事物，更重要的是它们开始与其他小犬、母犬以及主人接触。吃东西和睡觉不再完全占据小犬的生活，与伙伴玩耍和探索周围的世界成为重要活动。牙齿开始长出，小犬第一次能够品尝到固体食物。母犬守在小犬身边的时间逐渐变短，小犬喝到母乳的机会也就减少了。

小犬在社会化早期的行为以愿意接近新奇的事物(特别是活动的事物)为特征，这其中也包括人和其他犬。社交信号非常明显，其中包括摇尾巴、抬起前爪等姿势。在一次次的玩耍中，小犬通过积累经验学会了吠叫和控制撕咬的力度。4～5周龄的小犬在玩耍过程中经常可以观察到成年性行为的早期表现，不论雄性还是雌性的小犬在嬉戏时都会相互爬跨对方的身体并有插入的动作。同样也可以看到早期的捕猎行为模式(如突袭等)。在整个社会化时期内，玩耍变得越来越有目的性，小犬在同其他伙伴及母亲的交往中学到了哪些社交行为是可以被接受的，而哪些是不能被接受的。另外，在玩耍中形成的主从关系会帮助小犬在以后的生活中更容易接受犬之间不平等的社会地位。

社会化的早期阶段是社会关系形成的关键时期，这一阶段的每一小段经历都会对小犬以后的行为产生持久的影响。4～8周龄是小犬主要社会关系形成最为关键的时期。Fox 发现如果让一只吉娃娃幼犬和小猫崽们一起长大，开始时小犬会主动和小猫结伴而不愿接近其他吉娃娃犬。但是随着与其他犬的接触，它会很快重新建立自己的社会关系，说明特殊的种群行为不会长期被限定的早期社会经历影响。

4. 青年期 青年期是从第10周左右开始，一直到性成熟为止的一段时期。在这一阶段中，基本的行为模式没有大的变化，但是随着不断练习和肌肉系统的发育，犬的运动技巧逐渐趋于成熟。这时的小犬逐渐学会控制它们的行为，而且能够判断在特殊情况下怎样做才是合理的行为。基本的学习能力随着小犬进入青年期开始全面发育，但到4月龄以后条件反射形成的速度开始减慢，主要是因为从这时起以前的条件反射开始妨碍新的条件反射形成。虽然在青年期犬的神经系统已经发育成熟，但小犬仍然不能学会太复杂的任务，因为它们很难长时间集中注意力，而且也太容易兴奋。

户外长大的犬在12周龄左右会第一次离开窝附近的区域去探索更加广阔的世界。这个年龄的犬可以更加轻松地适应环境的变化，很少吠叫。有证据表明在家中长至12周龄的犬比14周龄以前无人喂养的犬容易训练。

在青年期出现了成年雄性犬的排尿方式(抬腿撒尿)，但个体之间出现这一特征的时间根据发育的速度和所处的环境不同有很大差异。抬腿撒尿与成年动物用气味标记领土有关,有趣的是社会等级低的动物出现抬腿撒尿的时间一般都较晚。

进入青春期的时间会影响青年期的长短。进入青春期的时间根据品种和性别不同有很大差异。公犬的青春期是一个逐渐的过渡过程。4个月大的公犬就开始对发情的母犬感兴趣,但直到七八个月时才能完全插入并完成交配。相比之下,母犬的青春期可以作为青年期和成年期的一条分界线。初情期前母犬不会对公犬“感兴趣”,而当它进入初情期后,公犬试图接近母犬,母犬也开始表现出对它们的好感与日俱增。到发情期的第10天左右,母犬可以完全接受公犬的爬跨,完成交配。

5. 成年期　青春期的出现和性成熟可以作为成年的标志,但这并不能代表其行为发育已经完成。一只犬生理方面的完全发育和身体的生长并不是完全同步的,有一些大型品种的犬要到2岁时才能完成生理发育。所以犬进入成年后都会继续学习环境当中的知识并不断在原有技能的基础上添加新的行为模式。

(二)遗传基因的影响　各品种的犬不仅形态学表现不同,而且其行为特征也不一样。某些犬表现出来的行为特征在另外一些品种的犬身上几乎完全看不到。例如,人们用边境柯利犬和工作牧羊犬放牧,它们表现出的最擅长的能力依次为搜索→跟踪→盯视→追逐,但不具备攻击和杀死猎物的能力。波音达指示犬只能确定猎物的位置并进行指示,却不会杀死猎物,为了满足特殊的需要,人们通过选育对其天生的发现并追赶猎物的行为特征进行了改良,不同品种同窝幼崽之间表现出来的社会关系也会有所不同。例如,与其他犬相比,可卡猎犬之间很少互相嬉戏打闹。另外,在争夺骨头的测试中,比格犬、可卡猎犬和喜乐蒂犬通常都能够一起分享美食,而一对贝生吉犬和硬毛猎狐㹴中一般都是雄性独自霸占骨头。因此,遗传因素和性别都会影响犬的社会关系。

对单一品种的研究表明在一些行为的表达中包含了单个基因和互作基因组(基因联合体)。一些英国可卡猎犬有一种被称为“狂暴综合征”的现象。这些犬对突然的声音和动作非常敏感。这种现象在单一颜色(全红或全黑)的可卡犬更加常见,而且具有遗传性。颜色联系和家族联系表明这种行为具有基因基础,但没有特殊的研究来进一步证明这种观点。其他与基因有关的行为问题包括杜宾犬的齿侧吸吮和柯利犬惧怕噪声的行为特征。美国阿肯色大学的研究人员人为地将波音达指示犬选育出两个品系,一个是“正常品系”,另一个是“神经紧张品系”。这两个品系不仅对紧张性刺激的反应不同,它们的神经生理学变化也有一定差异。当一个陌生人出现时,它们的心率变化显著不同,而且对神经药物的反应也不一样。这些研究表明,表型行为特征的表现(在本例中即神经过度敏感)可能是由一系列基因控制的,这些基因可能在一个多基因复合体中相互作用。只有这样才能够解释为什么对特殊行为特点进行的选择育种在一些品种会产生其他的效果,比如单一颜色可卡猎犬的“狂暴综合征”。

（三）行为的选育 在挑选具有某种特殊行为特征的犬时，选育者通常采取与选择身体特征时一样的方法。比如想要培育拥有衔回能力的猎犬时，选育者就应该让2只具有这种能力的犬交配。这种方法显然有一定的弊端，因为对这2只犬进行训练的数量和质量都会明显地影响它们的能力。由于这些混淆因子的影响，对行为特征遗传性进行的研究很少能得出结果。Reuterwall 和 Ryman（1973）计算了一群德国牧羊犬各种不同行为特征的遗传力，其中包括与人的亲切程度、自我保护的意识、勇气、经历挫折后的调节能力和对不同环境的适应能力。结果发现上述研究的这些特征都不具有加性遗传性。

Stur（1987）主持研究了德国长毛指示犬的21种行为特征之间的关系。他没有收集到任何有关这些特征遗传力的精确数据，但是他的试验结果确实能够大致描述这些行为特征之间的相关性。例如，他发现“捕猎积极性”和“枪声耐受力”是呈负相关的，很少能培育出兼备这两种特征的犬。因此，通过在其幼年时进行“枪声耐受力”试验可以相对容易地预测一只犬成年后的“捕猎积极性”，并由此判断它是否适合作为宠物来饲养。此外，对枪声的耐受程度可以作为反映捕猎能力的精确指标，并可以由此制定更科学的育种计划。

这些研究在选择犬的行为和性格方面有一定的意义，但同时也需要更进一步地研究来评价上述研究方法的可行性和不同品种特征遗传的可靠性。

（四）环境对行为的影响 小犬从出生的那一刻起就开始受到环境的影响，而且这种影响会一直贯穿它生命的各个阶段。例如，母犬的性格会对小犬造成巨大的影响，如果母犬在陌生人接近时表现出害怕并不敢向前，那么小犬也会有相同的反应。以后，即使母亲不在身边，小犬仍旧会对接近的陌生事物表现得小心翼翼和惧怕心理；相反地，如果母犬非常勇敢，则小犬的胆子也会比较大。对德国牧羊犬的研究表明母亲的行为和她的社会地位会影响小犬的行为及其以后的可训练性。

除了母亲的影响外，小犬主要的早期社会接触对象还有同窝的其他兄弟姐妹。前面已经提到，社会化时期是小犬早期社会关系形成的最重要的发育阶段。小犬在玩耍的过程中学会了什么是可以被接受的行为，并意识到自己的能力。狼的这些早期玩耍还同时有助于决定每只动物在社会阶层中的位置。8周龄时在同一窝中占统治地位的狼崽成年后通常会成为整个狼群的首领。而这种情况在驯化后的犬并不是那么明显，因为品种间不同水平的竞争打乱了其社会角色的分化。多项研究表明，犬在玩耍或争夺骨头、玩具时表现出来的从属关系并不能完全代表其将来的社会地位或身份。除了适应社会角色之外，小犬们还互相模仿某些动作。当一只小犬尝到了美味的食物或找到一个新玩具以后，其他小犬很快就会跟它一起分享。同样，它们也可以通过观察同伴的反应学会远离有害的刺激。

让小犬，特别是3～8周龄的小犬（超过这个年龄的小犬也一样）开始社会接触对于其社会关系的形成是至关重要的。家犬的这些社会关系中还包括它们与人的关系。小犬与人接触的经历多少会在很大程度上影响它们成年后对人的反应（不管是熟人还是陌生人）。从出生到14周龄一直在孤独的环境中成长的小犬长大后野性十足，难以接近。那些生长在人数有限的环境中的小犬害怕陌生人的出现，因此生长环境中都是女人的小犬就会害怕男人，而在男人环境中长大的小犬则害怕女人。与之类似，如果饲养小犬的家庭中有其他动物（如猫）存在，那么小犬长大后也会比较容易接受外来的猫；但是如果小犬在成长过程中没有接触过猫，它就不太容易会接受这个新伙伴。在英国，为盲人协会服务的导盲犬幼犬都要在志愿者家里长到6周龄大。虽然幼犬生病的几率有所增加，但是人们发现这种早年的经历会在很大程度上帮助这些小犬变成优秀的向导犬（美国人在培育导盲犬的过程中也发现了相似的结果）。否则，就会有一部分饲养和训练都很好的犬无法通过成为导盲犬的最后测试，因为他们没有自主的想法，比如当驯犬师的命令会危及它的生命时，它们也不会拒绝服从。如果小犬在导盲犬舍中待到12周再到家中饲养，那么只有30%的犬能够成为导盲犬；但如果12周前一直在家中饲养，那么它们当中就有90%能成为优秀的导盲犬。

人们在安那托利亚牧羊犬的饲养过程中巧妙地运用了这种早期社会化的研究成果。让小犬在羊群中长大，等到它成年后就可以在山上放牧羊群。牧羊犬会把自己当做羊群的一员，并率领羊群同野兽搏斗。

在宠物多少日龄时把它带回家饲养对其行为发育也是至关重要的。一般来说，把纯种小犬买回家的最佳时间是在8周龄的时候，这时正是社会化时期的最适宜阶段。然后给予良好的喂养，大多数小犬都能调教成听话的成年犬。

对犬的行为造成影响的不仅仅是其幼年的经历。犬所接受训练的数量和质量会影响它对特殊情况的反应方式。例如，一些可卡猎犬表现出来的遗传性狂暴综合征可以通过训练和行为疗法进行治疗。同样，就像人的恐惧症可以被治愈一样，犬对某些特殊对象、声音或地点的恐惧心理也可以慢慢改善。成年犬的行为无法改变的说法显然是很难成立的，但小犬确实要比成年的犬更容易接受训练和新的环境。

应该注意的是，犬所需要的训练量是根据它的品种和个体的特殊基因来决定的。枪猎犬根据其用途是用来打猎或展示分为两个不同的遗传谱系并不是偶然的。另外，在有些情况下，犬虽然接受了大量广泛的训练，但还是不能完成人交给的任务。明显的例子就是被广泛用做牧羊和服从比赛的边境柯利犬。如果让它们在加纳放牧羊群时，柯利犬却往往无法领导羊群。非洲羊的行为不同于其他品种的羊，而且极不合群,因此柯利犬也不能驾驭它们。

(五)玩耍行为的发育和作用 人们在被问及为什么要养一只犬的时候,他们的回答通常是作为伴侣、可以锻炼身体、有安全感或只是简单的为了娱乐。能与人类进行交流是犬的能力,而且它们也愿意和人一起玩耍,这就是它们如此受欢迎的原因。虽然如此,却很少有研究调查了玩耍的作用以及它对犬行为的影响。其原因之一就是任何动物的玩耍行为都很难定义。通俗的讲,玩耍就是没有任何明显作用的所有活动;然而,正如我们看到的,犬的玩耍行为却对其社会行为的发育有很大的影响。如果从哺乳动物社会行为发育和玩耍的作用的角度出发,很难清楚的定义玩耍行为,但这种行为又是实实在在地存在的。

在过渡期可以看到小犬的第一次玩耍行为,那时强烈的相互靠近的欲望开始发育,小犬开始互相玩耍性的撕咬和抓弄。随着身体的发育,它们的玩耍行为变得更加复杂,而且包含了更多新内容。我们能够观察到小犬的第一个表示玩耍的动作是抬起爪子:小犬会走近同伴或人,然后用它的前爪抓弄着开始玩耍。这种姿势逐渐演变得更加复杂,而且爪子上的力量也会逐渐增加。其中最“正规”的姿势是身体弯成弓形,犬要开始玩耍时经常采用这种姿势,通常还要叫两声以引起人们的注意。如果一只小犬想要玩耍,它会先突然猛冲向对方,然后又突然退回来(开始互相追逐),用爪子打对方的脸,有时还会舔对方的脸。在玩耍的过程中每只犬都会不断得到反映了对方的情绪的回应,这样每只参加游戏的小犬都能知道什么时候是玩耍,而什么时候是真正的攻击。犬高度程序化的玩耍姿势是一种判断其他犬情绪的方法,因此可以很容易地区分玩耍性的撕咬和侵犯性的攻击。

大多数研究动物玩耍行为的学者现在认为玩耍的主要作用是参与者能够从中提高自己的交流技巧。在孤独环境下饲养的小犬不愿意和群养的小犬玩耍,而更喜欢同相似环境下长大的小犬玩耍,这说明它们具有近似水平的交流技巧。大概单独长大的动物无法很好地理解群养小犬所采用的姿势和动作。对不同种类犬科动物的研究表明,社会化程度最高的犬和狼参加了更多的玩耍性交流,而且开始的时间也早于生活相对独立的山犬和红狐。这又一次证明了玩耍可以提高社会成员的交际水平,此外还有助于改善群体中的社会关系。

也有人认为向犬这种社会性的物种有一种与生俱来的对玩耍的需求。Bekoff反驳了这种观点,他提出:以自我为对象的玩耍(如追咬自己的尾巴或假想的袭击)是在无法进行社会性玩耍情况下的一种替代行为。而造成社会性玩耍无法进行的原因可能是缺少玩伴或其他犬对小犬要求玩耍的姿势没有回应。由于要求社会性玩耍的姿势总是先于自我为对象的玩耍出现,说明犬天生具有社会性玩耍的欲望,而这种欲望并不仅仅是为了简单的玩耍。犬(特别是小犬)的这种对社会性玩耍的欲望是它们能够较容易地与人交流的原因之一，而且可以利用这个特点在训练过程中对犬进行鼓励。

总而言之，一只犬准确的性格特征是由遗传基因（包括它的品种和直系亲属的基因）和它的生长环境共同决定的。事实上，一只犬的行为从来都不是一成不变的，成年后的经历也会继续影响并改变其行为表现。先天自然和后天自然在犬的行为发育过程中都扮演了重要角色。

二、猫的行为发育知识

猫的行为发育没有犬的行为发育过程定义得那么清楚，但也可以大致分为几个阶段。新生儿期从出生后持续到第 2 周，幼猫在此阶段的行为活动主要是吃奶和睡觉，要完全依赖母亲才能生存。过渡期是从幼猫完全依赖母亲到有一定独立能力，即从新生儿期结束到 3 周龄左右。下一个阶段在许多哺乳动物定义为社会化时期，猫也会出现这一时期，但似乎并不像群居动物（如犬）那样重要。在这一时期可以观察到幼猫与其他动物的玩耍增多了，此时让幼猫与人接触对确保它们将来可以接收主人这一点很重要。

有人认为猫的社会化时期在 9～10 周龄时结束，此时幼猫对环境的探查行为明显增多，社会群体间的相互影响开始下降。然而，有一些研究人员发现猫与其他动物的玩耍在 9～14 周龄时才达到最高点，并据此推测社会化时期可能会延伸到这段时间。各种研究的不同结果可能反映了不同环境对幼猫的影响。幼猫所处的环境相对枯燥无味时会延长社会化时期的时间。

社会化时期和性成熟之间的这段时间大致可以称为青年期。青年期的长短根据品种的不同会有所差异。如东方品种的猫比其他猫达到性成熟的时间早。猫行为特征的发育在青年期没有表现出明显变化。但随着肌肉和神经肌肉协调性的发育，幼猫的运动技巧会逐渐发育成熟。当幼猫达到性成熟后，其行为特征会有所改变，它们在青年期末期变得更加独立，成为了一只成年猫。

（一）感觉能力的发育　小猫出生时眼睛是紧闭着的，听力也非常有限。因此它在前 2 周主要依靠嗅觉、触觉和感热应来感受环境。猫和其他许多脊椎动物一样，最先发育的是触觉，而最后发育完全的是视觉。对温度梯度的辨别能力是幼猫最重要的感觉之一。新生幼猫无法对自身的体温进行生理性的调节，但却能发现温暖的地方（如母猫或其他幼猫）并向那里移动。体温的内部控制在 3 周龄时开始部分发育，但幼猫要在 7 周龄时才能像成年猫那样进行体温调节。

虽然幼猫在刚出生时就有一点嗅觉，但要到 3 周龄时嗅觉才能发育完全。嗅觉对新出生的幼猫也是至关重要的，因为它可以凭借嗅觉找到乳头的位置。幼猫出生时也具有一定的听力，但要到4周龄左右时才会发育完全。耳道在出生后的第1周内是闭锁的，但幼猫有时也会对突如其来的声响表现出吃惊。15 d后幼猫对声音的反射（如耳廓对母猫召唤的抽搐反射）表现明显，4周龄时已经可以向声源移动。幼猫能发出的声音非常有限，它们在吃奶时会发出高兴的咕噜声，但当被母亲或其他幼猫压倒或感到寒冷、饥饿时会发出悲痛的叫声。

虽然幼猫睁开眼睛的时间为出生后2～16 d，但一般情况下要到10日龄时眼睛才会完全睁开。许多视觉反射在眼睛睁开前就已经形成了。在强光刺激下的眨眼反射的发育时间具有个体差异，有的在出生前已经形成，而有的会到13日龄时才开始发育，但平均日龄为6 d。幼猫睁开眼睛以后，与视觉相关的行为就快速发育，到3～4周龄时幼猫已经能够根据视觉判断自己的方向，而且可以跟随移动的物体（如自己的母亲）。4周龄左右时幼猫形成了对深度的感觉，而且在16周龄视觉发育完全以前，幼猫视觉的敏锐程度会不断增加。

（二）身体发育和运动技巧 小犬和小猫神经肌肉协调性的发育是不一样的。如果抓住刚出生小猫的颈部并将其提起，脊椎肌肉表现出屈肌优势，身体呈屈曲姿势。我们经常可以在母猫携带小猫时看到这个反射，有人认为小猫之所以会表现出屈肌优势是保持了它在子宫里的姿势。通常小猫从出生后到青年期都会表现屈肌优势，但是在1个月左右时会有所改进，即颈部伸展而身体的其他部位继续保持屈曲姿势。而在犬则主要表现出伸肌优势，如果将4～5日龄的小犬抓住颈部提起，它的身体会呈伸展的姿势。有时在小猫也可以看到伸肌优势，但其反射过程却与小犬的伸肌反射迥然不同，小猫刚被提起时表现伸肌优势，然后很快转变为屈肌优势的姿势。

幼猫刚出生时的运动能力非常有限，但其运动技巧会随着感官能力的不断完善而相应地发育完全。在出生后的前几周，小猫只能在母亲身边爬行，寻找乳头和吮吸奶水。在1周龄内，小猫完全靠轮流收缩身体两侧的肌肉来完成爬行，爬行时身体呈左右交替的曲线。这种爬行方式主要依靠一侧身体和地面之间的摩擦力，结果是小猫在这样爬行时身体不断地左右摇摆，因为每一部分的运动都是由头部开始的。这一阶段小猫的四肢凸出于身体表面，平铺在地面上，对运动没有任何帮助。1周后肩胛部、腰带部和四肢开始发育，四肢有向躯干收缩的趋势，但小猫的腹部仍旧贴在地面上，因为这时它们的腿仍然无法支撑自身的体重。一只小猫出生时的体重为100～120 g，但1周后通常可以达到出生时的1倍。

到第2周末的时候，小猫的前腿已经可以支撑前躯离开地面。与前一阶段的爬行相比，这时的爬行运动更多的依靠了腿部的力量。一般在17 d左右小猫就可以站立，但只能摇摇晃晃地行走。运动时仍然是从头部开始，平衡感相对很差，但是四肢的协调性在此基础上逐渐发育，4 周龄时小猫已经能够离开窝一定的距离，接近 5 周龄时就可以进行短距离的跑动了。5 周龄大的小猫会尝试去做一些复杂的运动，例如，在狭窄的地方行走或在物体上保持平衡，但是其控制运动的能力在 11 周龄以前还无法完全达到成年猫的水平。

小猫运动方式的改变经历了 3 个阶段：第一阶段在头部引导下以身体肌肉组织的运动为主，产生一种摇摆的运动方式；第二阶段的运动依然是以身体肌肉组织为主，但是四肢的活动有所增加，在这一阶段腿的主要功能是支持身体站立、坐、蹲伏和行走；第三阶段时四肢可以脱离身体自主活动，例如，一只小猫可以举起一只前爪并在空中随意移动或用后爪搔自己的头。小猫的活动在出生后 9 d 内保持稳定，9～14 d 时显著增加，14～21 d 时又趋于平稳。但是这种活动数量的增加是由于头部和肢体活动的增多引起的，而与爬行和行走等行为发育无关。

猫以能够在自由下落后以脚落地而闻名，但是小猫并不具有这种能力。如果将刚出生的小猫翻倒在地，它们能够将自己的身体扭正过来——这种能力在分娩前 10 d 就已经发育完全了。小猫要到第 4 周后才会开始形成空中的翻正反射，但这种能力发育非常迅速，到第 6 周时小猫已经具备和成年猫相当的翻正能力。

出生 3 周以内幼猫的所有营养需要都是从母乳或同窝的其他泌乳母猫那里获得。最初的哺乳行为是由母猫发起的，母猫会引导小猫找到乳头，让它开始吸奶。小猫出生时就具有一些已经确立的反射，如探查温暖物体（通常是母亲或其他兄弟姐妹）和吮吸反射等。在新生儿时期，可以通过触摸小猫的嘴周围的区域来刺激发生吮吸反射，因为这样做可以让小猫把头转向刺激物体并开始吮吸。出生几天后这一反射得到改进，只接受嘴唇或乳头的刺激，此时其他物体（如人的手指）插入小猫嘴里不会再引起吮吸反射。然而，到第 3 周时小猫也会去吮吸非泌乳母猫的乳头，证明奶水并不是引起和维持吮吸反射的基本条件。

威豪宠物营养中心的研究表明，1 周龄以内的小猫平均每天吸奶的时间为 4 h，到第 2 周时减少到每日 3 h，而第 3 周后进一步降低到每日 2 h。吸奶时间的个体差异非常大，有些小猫第 1 周每天的吸奶时间要超过 8 h。但是这些研究并没有测量乳汁的摄入量，而吸奶的时间会根据乳头的出乳量降低而反射性的延长。不同的研究显示，从第 3 天开始 80%以上的小猫会使用专一的乳头，但是有些个体并不表现对某个乳头的偏爱，它们会轮流在每个乳头上吸奶。是否使用专一的乳头与一窝产小猫的数量没有关系，而且所选乳头的位置也不会像有些动物那样影响幼仔的生长率。有时，一个窝内有几只母猫同时分娩，则很少会出现专用乳头的现象，小猫由这些泌乳母猫共同喂养。

小猫在吸奶的同时经常会有踩踏的动作：它们将前爪放在乳头两侧，有节奏地不断踩踏。这样做可以在出奶量不能满足小猫的需要时刺激乳汁的流出。有时当成年猫与主人玩耍时也能观察到这样的踩踏动作，这通常被认为是猫表示满意的迹象。

小猫会在大约 14 d 时长出乳牙。第 3 周时小猫的乳牙就已经发育得很好了，然后它们就会尝试着吃固体食物。但它们对固体食物的兴趣并不大，每天吃(或尝试着吃)固体食物的时间大约只有 1 min。第 4 周时小猫每天吃固体食物的时间增加到 25 min，而到第 6 周时会进一步增加到 50 min。一旦开始吃固体食物，小猫就进入了断乳期，这时母猫也会逐渐减少喂奶的时间(通过增加离开小猫的时间或调整体位让小猫够不到乳头)。但小猫则频频试图接近母亲的乳头，断乳期对母猫和小猫来说是一个矛盾的时期，一方面母猫想减少小猫对自己的依赖，而另一方面小猫则试图维持这种依赖关系。

断乳期开始的时间会影响小猫的行为发育。早期断乳的小猫的捕猎行为比正常断乳和延迟断乳的小猫发育提前。延迟断乳的小猫的捕猎行为发育得最晚，而且往往很难成为一个好“猎手”。可见，捕猎行为的发育时间并不是固定不变的，而是根据实际需要开始的，也就是说当从母亲那里得到的食物减少时，小猫必须能够找到另外的食物来源。断乳期开始的时间也会影响小猫玩耍行为的发育。正常断乳的小猫在 8 周龄左右时，随着断乳期的结束，与同伴的玩耍减少而单独玩其他东西的行为增多。早期断乳的小猫会较早的进入这一阶段，证明单独玩耍的增多是早期独立的条件性反应。

在断乳期，正常情况下小猫会尝试母猫吃过的任何食物，并由此知道哪些食物是安全的。野猫的幼仔可以学会捕食猎物，而室内饲养的小猫正常情况下只能学会吃主人准备好的宠物食品。小猫之所以会和母猫吃一样的东西是因为它们觉得母猫非常强壮，因此如果能够让大猫吃一些特殊的食物，就可以诱导小猫也来吃这种东西。我们都知道成年猫都有各自偏爱的食物，这可能是在幼年断乳期时尝过各种食物后建立的。

猫天生就具有捕猎的能力，即使它们从来不曾为了生存去捕食猎物，但是当有类似猎物的刺激或大小适当的活动物体(如乒乓球)出现时仍然会表现出捕猎行为。但是拥有天生的捕猎能力并不意味着可以不经过训练就能成功地捕获猎物，它们也需要经过一定的训练之后才能成为好猎手。对于野猫来说，适当的捕猎行为的发育是生存的基本条件。对野猫进行的大多数研究表明，在小猫 4 周龄左右的时候母猫会把杀死的猎物带给小猫吃。母猫在叼着猎物走近猫窝时常常会发出一种特殊的叫声以吸引小猫的注意。这种声音与平时母猫呼唤小猫时所发出的叫声不同，但有人认为这是由于母猫的嘴里叼着猎物造成的，并没有叫小猫过来吃饭的特殊含义。当小猫靠近后，母猫会把猎物放在它们面前。小猫会立刻对猎物发生兴趣，如果猎物仍然活着，它们还会绕着猎物转来转去。如果小猫还没有独自杀死猎物的经验或者是在杀死猎物时受到了惊吓，通常母猫会帮助它们杀死猎物，并且鼓励小猫进行再一次新的尝试。如果小猫没能把猎物吃掉，母猫通常就会开始喂食，一旦这种行为激起了小猫的好奇心，它们还是会让小猫自己接近猎物并把猎物吃掉。如果小野猫猎到了一只猎物或大量的食物，它们会保护猎物以防被其他同伴甚至母猫抢走。它们会对着任何试图接近食物的猫咆哮，甚至还可能用爪子去挠对方。但在室内饲养的猫身上很难见到这种行为，可能是因为主人给它们提供了大量的食物，小猫很少会感觉到饥饿；也可能是因为一次给予的食物量太大，小猫无法保护整个食盆。

小猫捕猎行为的发育过程对其成年后的捕猎行为是有联系的，但这种经历并不是最基本的条件。有些小猫在没有机会接近猎物的环境里生活，长大以后也能够成为优秀的捕猎者。但是这些小猫都曾经有过捕捉“玩具”、同伴或母猫的经历，这些经历也会使小猫的捕猎行为得到同等发育，为它们将来成为好猎手打下了基础。因此，很多幼年时捕猎能力有差异的小猫在6个月后的表现都会趋于相等，但是仍然会存在一些技巧方面的差别。尽管许多研究都表明早期的经历对以后的捕猎能力确实没有影响，但也有一些例外。从来没有捕猎经历（或仅仅只学过如何捕鱼）的小猫可以像成年猫那样毫不费力的捕捉到老鼠。但是仅仅经历过捕捉野生猎物的小猫通常却很难像成年猫那样捕鱼，因为它们的反应不恰当以及对水面不熟悉。

猫主要是依靠视觉和听觉发现猎物。最初引起猫注意的可能是声音，但是最终引起猫捕猎反应的主要是与猎物大小相仿物体的移动。猫捕猎时主要有两种战略：一种是在捕猎时缓慢地行走，用耳朵去倾听，用眼睛观察，并不时地停下脚步专注于某个声音或猎物的形迹；另一种是采取埋伏的策略，在猎物经常出没的地方蹲伏并等待猎物的出现。在找到适合的地方后，猫通常会接近这个地方，双眼紧盯着一个点，比如老鼠洞的入口。然后在洞穴旁边等候，眼睛一直盯住入口，身体一动不动。猎物出现后，猫会继续等待，直到猎物离开洞穴一段距离后才发动突袭。猫捕捉到猎物以后，可能当时就地把猎物吃掉，也可能把战利品带回自己的窝。如果没能捕捉到猎物或猎物根本没有出现，它们就会换一个地方继续捕食。

对付警惕性极高和视野广阔的鸟类，有经验的猫又有另外一种策略。鸟落在某个地点后，猫就会利用一系列的技巧去捕获它。如果猎物距离自己有一定的距离，猫可能会快速移向目标并在距离较近的地方躲起来；也有可能蹑手蹑脚地向目标爬过去并尽可能利用掩蔽物掩饰自己的行动。然后在鸟的视线移向别的地方时从一处掩蔽物猛冲到另一处。如果周围的掩蔽物很少，猫就会压低自己的身体，紧贴着地面向目标潜行。在距离猎物最近的掩蔽物那里停下来观察目标，一旦鸟的视线再次离开，猫会立即发起攻击。虽然有一些猫很善于捕捉鸟类，但对于大多数猫来说很少能够成功的捉到成年的鸟。其他鸟警觉的叫声通常会提醒猎物注意到潜在的危险并逃走。另外，由于猫在捕猎前固有的等待和观察猎物的习惯，使它丧失了许多宝贵的时机，因此虽然许多鸟虽然并没有觉察到猫的存在，但是也能够幸免于难。

玩耍是一种大多数人都承认的活动，但似乎很难定义为一种行为。

玩耍可以分为3类：运动型玩耍、社会型玩耍和对象型玩耍。对小猫来说，运动型玩耍可能是社会型的，也可能是单独的，包括奔跑、翻滚、跳跃和攀爬。对象型玩耍可以定义为与其他物体的玩耍，可以是社会型的，也可以是单独的。社会型玩耍包括扭打、翻滚、同伴间互相咬着玩，但小猫经常把人的手当做玩伴(特别是当手做出适当的反应以后)。4周龄时小猫开始和同伴或母亲玩耍，到14周龄前一直持续在一个比较高的水平，在9～14周龄时小猫的社会型玩耍所占比例最大。年龄较大的小猫在一起打闹(特别是不同窝的小猫在一起玩耍时)的场面有时会演变成非常激烈的争斗。小猫在玩耍打闹时会发出叫声，而且声音的强度与打闹的激烈程度成正比。所以小猫的叫声可以从相对平静的低沉的咆哮(其中偶尔夹杂着尖叫)到高声的吼叫。

最开始小猫之间的玩耍是非常粗暴的，同伴的撕咬引起的疼痛足以导致小猫发出长声的尖叫。但是因为咬疼别的小猫后总会遭到反击，所以小猫在玩耍过程中渐渐学会了控制撕咬的力度。这一过程也相当于小犬学会控制撕咬力度的过程。小猫可以通过改变一次攻击的后半部分的动作来控制攻击的强度。我们经常可以看到一群小猫在一起时，一只小猫冲向另一只小猫，但在接触到对方之前却突然转向或跃起。协调性还没有发育好的小猫在这样做时经常会跌倒，但随着年龄的增长，神经肌肉协调性发育健全后，小猫就能很好地控制最后的跳跃了。小猫因为前腿突然停住，所以整个身体都弯成了弓形。

幼小的猫攻击时只会猛冲向对方，但长到8周龄后它们会学会在攻击时向目标潜行，并且利用掩蔽物来躲避对方的注意。在这种行为当中可以看到小猫的身体在做颤抖运动，而且由于前爪的踩踏动作，整个身体都会不断地摇摆，这种行为多见于小猫冲向目标之前；有时也可以见于成年猫的潜行过程中，但其动作幅度要小得多。

社会型玩耍通常发生在小猫之间，但有时成年猫也愿意和小猫一起玩耍。玩耍过程中有一些姿势与种间冲突时见到的动作很相似，但大多数姿势都很像成年猫捕猎时的动作。成年猫之间的社会型玩耍罕见，而且可能会导致争斗，但也能刺激对象型玩要(把同伴的身体当做玩要的对象)或捕猎行为的某些细节,如潜行、追逐、突袭。

对象型玩要包括用爪抓挠、用嘴咬物体,向物体潜近等,在小猫和许多成年猫很常见。一般认为这种玩要是猫在模仿捕猎时的某些细节,猫主人经常会给它们提供一些类似于猎物的玩具以满足猫的捕猎欲望。小猫从第6周起运动型玩要和对象型玩要的比例开始增加,到第18周时达到最高点,然后开始逐渐减少。8～12周龄的小猫的对象型玩要具有显著的性别差异,雄性小猫接近玩要对象的次数明显高于雌性小猫。但是如果将一只雄性小猫放在一群雌性小猫当中时,这种差异就没有那么明显了。对小猫玩要行为的研究突出了开始或达到最高点的时间。各种不同类型的玩要并不是绝对的,会受到许多因素的影响。

对于食肉动物来说,对象型玩要最大的作用就是可以作为捕猎练习。那些很少进行对象型玩要的小猫的捕猎技巧最终也会发育,但是对象型玩要似乎会使这些技巧早日发育完全。小猫经常会和母猫将逮回来的猎物玩要,方式与它们和没有生命的物体玩要时一样。玩要的对象也可能是假想的物体,因为我们经常可以观察到小猫自己用爪抓挠或追逐,仿佛是在和我们看不见的对象玩要。

大多数拥有2只或2只以上猫的人都会认为,虽然猫科动物行为的大致方面都相似,但其个体行为却可能截然不同,正如2个性格完全不同的人一样。但定义猫的个体行为却有一定困难,因为决定一个个体个性不同的是其全部行为特征的综合,而不是单独的某一部分行为特征。

任何物种的个体间差异都可能是由遗传基因的差异引起的,也可能是由个体所处的环境经历不同导致的,还可能是这二者联合作用的结果。在生物学、心理学和社会学的许多领域都在进行有关遗传基因和环境经历哪一个影响更为重要的复杂争论。如果一只母猫对人类非常敏感,那么就会有许多影响因素使它的孩子也同样对人类敏感。比如小猫从母亲那里通过遗传得到的敏感性状,小猫通过观察母亲的行为而学到的对人类的恐惧以及由于母猫一直不让小猫接近人而导致小猫几乎没有与人接触的经历都会成为小猫害怕人类的原因。

环境因素会影响小猫发育的速度。在开始几周每天都接受抚摸的小猫与对照组的同伴相比,身体发育更加迅速(如接受抚摸的小猫睁开眼睛的时间一般较早)。从第3周开始接受抚摸(早期抚摸)的小猫比第7周以后开始接受抚摸(晚期抚摸)的小猫长大后更愿意与人交流。而晚期抚摸与没有接受抚摸的小猫基本没有区别,早期抚摸与极早期抚摸(1周时即接受抚摸)也没有明显差异。这些数据表明小猫社会化时期的敏感阶段是2～7周龄。与之相比,对犬的研究表明它们的社会感受能力在第7周左右时达到最高。同样,把抚摸的时间从15 min增加到40 min也会使猫与人的关系更加融洽，但是也有一小部分(约15%)对接受抚摸的时间没有反应。

目前还没有人研究过遗传基因对猫的个体行为的影响，但有研究表明公猫即使不接触小猫也可以影响其后代的行为特征。虽然在上述的例子中公猫只能通过它的遗传信息影响小猫的行为，但是这些研究并没有显示行为具有直接遗传性(比如控制友善的基因无法直接遗传)，而且也不清楚其影响机制。父母的基因结合后会影响小猫的基因显型，然后间接影响小猫的行为。例如，有的主人对某种颜色的小猫非常偏爱，对它们抚摸的时间较长，这也会对它们的行为发育造成影响。因此，某种颜色公猫的后代比较温顺，只不过是因为这种颜色会影响人们对小猫的行为，即小猫的环境经历。虽然这个例子非常简单，但也足以证明动物与环境之间可能出现的相互影响的复杂性及其对动物行为表现的影响。

遗传和环境因素都会影响小猫睁开眼睛的时间。人们发现睁眼时间最重要的影响因素有母猫的年龄、小猫的性别、公猫的遗传基因以及暴露在日光下的时间。在这些因素中，公猫遗传基因的影响最大。个体的行为根据其自身情况不同也会有所变化。例如，通常对人非常温顺的母猫在临分娩时可能变得非常具攻击性。另外，如果情况有所改变，个体间的主从关系也会随之变化。例如，一只饥饿的猫在争夺食物时可能会变得非常主动，而在其他情况下则处于从属地位。

由于猫的发育和行为是遗传和环境共同影响的，因此要选择一只具有特殊行为特征的小猫是很困难的。许多人只是根据小猫的颜色、性别和其父母的行为特征选择一只非纯种的小猫。挑选一只纯种的小猫会大大增加其行为特征的可靠性，因为有些品种表现出一些独有的特征(如暹罗猫的叫声和外向的性格)。与驯化的犬相比，猫的品种特征并不是很明显。

第三节　患病动物主人的要求

一、服务

兽医的服务体现在临床诊疗技术、咨询和非技术性的服务等方面。

动物主人的要求是：正确的诊断、合理的用药、友善的服务(包括语言和动作)、适当的价格和洁净的卫生环境。

在动物医院，当患者到来的时候，应当由护士(或前台咨询人员)引导就医，挂号后，进入适当的诊室就诊，在现代化的动物医院实行分科就诊。诊室中兽医的服务包括：友好的语言，问诊，视诊，触诊，建立并记录病历，适当的耐心解释会解除动物主人的许多疑虑;根据病症的情况,进行适当的化验是必要的,应当在化验之前向动物的主人解释化验的必要性和化验对于病情诊断的实际意义;化验完成后,兽医有义务简单地将化验的结果及意义向动物主人解释,兽医简短地专业解释可以使动物主人得到理性地判断和基本明白自己的动物需要什么治疗。将化验结果和检查内容、病情判断以及可能的疑惑都记录到病历中,这是正常的程序。

合理地用药是治疗的重要环节,注意用药的梯队、用药的时间和剂量、药品的价格等,我们反对在未确诊的时候就盲目地使用药物,也不赞成过多使用新药和贵药。

注射与用药也是兽医的主要服务内容,尽管这些服务主要是兽医护士、兽医助理或者技术员完成的,但是,这些服务内容是兽医服务整体中必不可少的一环,直接影响到服务的质量和动物主人对服务的整体评价,强调整体服务才能提高兽医服务的整体质量。

二、动物医院的消毒与卫生

动物医院是临床诊疗单位,日常的消毒是制度化的,体现在医院整体的定期消毒、不同用途的房间的消毒、动物接触地点与环境的消毒等几个方面。

作为动物医院的整体,每天的早、晚各进行全面的环境消毒是日程工作的一部分,不能缺少或省略;消毒的范围包括走廊、诊室、住院部、手术室、注射室、化验室、大厅以及卫生间等。

当动物进入到一个诊疗的房间后,诊台的消毒是每个动物离开后进行一次;当动物出现排尿、排粪等行为后,立即除去粪尿并进行环境(地面)消毒是不容忽视的环节。简单地说,就是每当一个动物离开后,其接触到的诊台、注射台、手术台等部位必须立即进行液体消毒。

手术室和诊室的消毒一般采用液体喷洒消毒和熏蒸消毒相结合的办法,紫外灯照射消毒简便易行,但是要注意紫外灯消毒的时间和范围(紫外灯与被消毒物之间的距离)。

必须强调兽医本人的消毒,当接触每个动物后,兽医立即进行洗手消毒是必要的。

三、患病动物的家庭护理

在国外的动物医院中,患病动物的治疗是在动物医院中进行的,继续的治疗一般在住院处或者每天由动物主人带动物到动物医院就诊;国内的患病动物的治疗与国外相似,但是,由于有住院条件的动物医院不多,有些需要住院的动物又因为动物主人不愿意付出相应的治疗费用，加上动物主人以公费医疗的方式可以在人的医院得到有些药物，因此，在家中治疗患病动物者占多数。这样，患病动物的家庭护理是十分重要的。

家庭护理时，动物主人总是希望从兽医那里得到帮助。根据动物所患疾病的种类和病情、是否治疗和治疗持续的时间、用药途径和用药剂量等问题，兽医有责任将此详细地交代给动物的主人，使动物得到适当、及时的治疗。

详细地解释用药的时间和剂量是最重要的。尽管动物主人的责任心和耐心是不容怀疑的，但是他们毕竟不是兽医，所以，一定要强调定期复查和出现意外后立即到动物医院来的必要性和重要性，因为有些疾病治疗越早治疗效果越好。

（汤小朋　林德贵）

第四章　临床诊断技术

第一节　动物的接近

一、接近大动物的知识

（一）如何接近马　作为兽医人员，必须知道如何正确地接近马，如何才能在接近马时既不引起马的恐慌与害怕，也不让自己的人身安全受到威胁。在了解正确地接近马的具体方法之前，让我们一起来了解马的姿势语言，只有理解了马的姿势语言，才能更好的懂得正确地接近马的方法。

（二）马的姿势语言　总的说来，马表达自己姿势语言的方法不多，更不能直接用语言与人进行交流。尽管如此，马也有表达自己喜怒哀乐的方式。以下是马的几种姿势语言：

1. 注意　马静立，双眼圆睁，目光直视，双耳向前直立，转动频繁，头颈高扬，鼻翼扇动，这是马警惕注意的姿势语言。

2. 惊恐　如果马已有注意的姿势语言，而且程度深化，即双眼睁大瞪圆，狞视，双耳向后直立，头颈高扬，全身肌肉紧张、颤动，尾根紧收，身体后坐，表示马处于惊恐状态，随时准备进行反抗或逃跑。

3. 示威　马眼神凶恶，双眼目光炯视，上睑收缩，双耳向后紧贴脖颈，竖颈举头，鬣毛竖立，这是马示威性的姿势语言，表示马十分愤怒，随时可能做出啃咬，前蹄扒刨和后蹄踢蹶等伤害性的动作。

4. 急躁　马站立不安，上下不停的晃动头颈，身躯扭动，前肢刨地，鸣叫，表示马急躁不安。

5. 温顺　马眼神放松，两耳随意转动，身体各部松弛，对于接近的人或物体慢慢嗅闻，表示马处于十分平和、放松的状态。此时在人接近时马静立不动，俯首帖耳或以头轻缓触人。

6. 欢迎　马眼睛注视来人，鼻孔张大，发出一组或几组短促的声音，同时轻轻的晃动头颈，表示马高兴，对来人表示欢迎。

7. 疲劳　马头颈下垂，四肢轮休，双眼无神，表示马处于疲劳状态。

(三)正确地接近马匹 马是一种非常敏感而且反应迅速的家畜。接近马必须有正确的方法,以免受到马的攻击。

首先,要胆大心细。第一次接近生马时应先向饲养员或马主人了解马的情况,如有无咬人、踢人和扒人等恶癖,懂得哪些口令等,切不可贸然接近;接近马时要大胆、沉着,不要慌张和犹豫,否则会引起马的不安而产生踢、咬等伤害性动作;同时要心细,要随时注意观察马的表情与动作,特别要注意观察耳部和眼部的表情动作,防止其攻击。

其次,不从危险的部位接近。马的身体结构决定了马的四肢在前后方向伸展的幅度较大而且动作迅速,向两侧不仅动作幅度小而且缓慢。另外,几乎所有的人都习惯在马的左侧(俗称里手)给马备鞍和上下马。所以,接近马时正确的做法是从马的左前方,面对马的左侧,沿 45°角接近马,站到与马左肩平行的位置上。不要从马的后部,特别是后躯部接近,也不要从正面接近。

接近马时,动作应缓慢轻柔,以轻柔的声音向马示意,可以轻声呼唤马的名字。由于马多站立睡眠,突然接近会引起马的抵抗。必要时可以在马的左前侧一定距离稍等片刻,然后再接近马。

接近马时不要突然触碰马的耳、腹、肷、睾丸、蹄和肛门敏感部位。突然的触碰往往会引起马的反抗。一般来说,从上述安全路线接近马时,在手能碰到马头和颈肩的位置上暂时站住,慢慢伸出手,接近马的鼻孔,同时轻声呼唤马的名字或用轻柔友善的声音与马打招呼。这时,马会用鼻子嗅闻你的气味,以辨别来人是谁。在马琢磨来者是否危险的同时,你应仔细注意观察马的眼神变化与双耳动作。如果马眼神安详,双耳随意转动,你可以顺势将手放到马的前额或面颊上,如果马仍然没有不悦的表现,表示马已经接纳你,这时,你可以通过给马搔痒的方式进一步的靠近马匹。用手顺头、颈、肩及体躯的顺序抚摸,待其安静后,再进行其他操作。在整个触摸过程中,要随时注意马的表情,发现有敌意表情时可用口令进行安慰,必要时应及时回避,防范危险。

二、接近犬、猫的知识

1. 接近犬、猫之前首先要了解它们攻击人的习性 犬主要用锋利的牙齿咬人;猫除了牙齿咬人外,还可以用锋利的爪子抓人。所以"犬会咬人,猫会咬人和抓人",这是在临床接触犬、猫时必须随时警惕的安全观念。否则,不管你从事临床工作的时间有多久或者经验有多丰富都难免被犬、猫咬伤或抓伤。

首先,询问犬、猫的主人,了解其犬、猫的习性,是否易咬人,平时是否愿意让别人抚摸等,有一定的心里准备;其次,接近犬、猫之时还是宜从他们的前方或前侧方去接近，然后在主人或饲养员的协助下或学着主人或饲养员的声音呼唤着犬、猫的名字(如果他们有名字的话)，以温柔的方式轻轻地抚摸其额头部、颈部、胸腰两侧及背部，然后进行检查和治疗。不要以粗暴的动作或突然的刺激去接近它们，以免引起动物的惊恐、或应激、或主人的反感，甚至造成动物伤人。

2. 在接近犬、猫的过程中　应注意以下几点：

(1)不要用粗鲁的动作或方式接近犬、猫，禁忌一哄而上或围观。

(2)最好先让动物看到医生后再接近它们，若是单眼瞎的动物则从健侧接近，若是双眼瞎的动物则从头部抚摸接近。

(3)一边接近犬、猫要一边观察其反应，当其怒目圆睁、呲牙咧嘴甚至发出“呜呜”声或“汪汪”声时应特别小心。

(4)接近犬、猫时不要手持棍棒或发亮、发光或发声的器械，以免引起动物的惊恐不安。

(5)检查者的着装力求整洁朴素，要符合兽医卫生和公共卫生习惯。

第二节　临床保定技术

一、大动物的保定

本节以马的保定为主介绍大动物保定的临床知识。

(一)驻立保定　方法是将缰绳搭在马的颈部，保定者站在马的前方与马相对，两手将左右缰绳靠近嚼环处握住，两臂轻度张开，两脚叉开半步。马的位置不正或四肢不齐时，可以使其前进或后退，加以调整。

(二)普通保定　保定者站在马头的左后方，用右手距口角一掌半处将食指插入两缰之间，其他四指握住两缰，左手握住缰绳的末端自然垂下。

(三)徒手举肢保定法　徒手举肢保定法是直接用手对马进行举肢保定的一种方法。可有前肢举肢保定法与后肢举肢保定法两种。

1. 前肢举肢保定法　以提举左前肢为例进行说明。提举左前肢保定时，保定者站在马体的左前方，面向马体斜后方，右脚在前，左脚在后，用左手自马头、颈到髻甲顺序抚摸，到髻甲或肩部时，用左手抵住髻甲或肩部作为支点，再以右手顺着肩、前臂的外侧向下抚摸，直达系部。到达系部握紧后，用左手轻推马的髻甲部或肩部，使马体重心转移至对侧肢，右手迅速将其提起，使关节屈曲。此时保定者的左腿迅速前移，将马腕关节放在左大腿上，再以双手固定系部。提举右前肢时，操作方法基本与左前肢一致，只是手、脚位置相反而已。将提举肢放下时，内侧手扶髻甲或肩部,退回内侧腿,最后放开持蹄的手。

2. *后肢举肢保定法* 以提举左后肢为例进行说明。提举左后肢保定时,保定者按提举前肢抚摸要领向后继续抚摸到髋结节。以左手抵住髋结节,右手从臀部向下沿肢的外侧抚摸,直达系部。左手轻推髋关节,使马体重心转移到对侧肢上,右手及时用力将肢向前拉,使各关节屈曲。待马稍安静后,将肢引向马体后方,同时保定者左腿向前迈一步,并将后肢托起,使马的跖部抵于左大腿上或将球节放置在左腿膝部,左臂挟住马的胫部,用双手固定系部。提举右后肢时,操作方法基本与左后肢一致,只是手、脚位置相反。将提举肢放下时,内侧手扶髋结节,退回内侧腿,最后放开持蹄的手。

(四)单绳提举法 用绳代替徒手,增加机械力,节省人力。也可用于不驯服马的保定。

1. *前肢保定法* 用2.5~3 m长指头粗的细绳,可先把绳头做一活绳套,将前肢提举后,把绳套套在系部,或在站立时把绳套套在前肢上方,然后将绳套下串到系部,强行拉绳把肢举起,将绳的另一端通过鬐甲甩到对侧,经过胸下返回,缠在系部固定。或在系部绕一周后,由助手拉住绳端保持。

2. *后肢保定法* 用上述粗细、长短相似的细绳,在马站立时将绳套固定于马后肢的系部,游离端向前通过胸下以及两前肢之间,延伸到颈部,在颈部做环打结并固定。

(五)双后肢绳索固定 用指头粗细长绳(7~8 m),对折后将对折端在颈部做环打节固定,绳的两游离端通过两前肢中间,在两后肢之间穿过,然后将两游离的绳端分别从马体的左右两侧返回,返回时将游离端在马腹下同侧绳索上适当绕上数圈,使绳索在后肢的折转处形成绳环,并将绳环套到马后肢的系部,适当抽紧绳索,最后分别将绳索游离端打节固定在颈部绳环左右侧。

(六)柱栏保定

1. *单柱保定* 只是一单柱,没有栏。保定时,用一条绳索将马的颈部捆于单柱或树干上,此方法能限制马的活动,方法比较简单,又非常实用。颈部的保定绳必须打活结,而且结最好在柱或树干一侧,以便在马异常骚动时能迅速将绳解开。

2. *二柱栏保定* 是我国民间传统的保定法。二柱栏设有横梁,另有颈绳、围绳和吊带等辅助用具。保定时先将缰绳拴在横梁前的铁环上,将马的颈部用颈绳固定在前柱的右侧,取长约9 m的围绳,将围绳的铁环套在后柱的拐钉上,从左侧向前方,绕过前柱经右侧到后柱,将绳挂在后柱的拐钉上,再由右侧折转向前,绕过前柱经左侧再回到后柱拐钉上,将余绳固定在后柱上。其后再装吊带。吊带是两条特制的扁绳,有胸吊带和腹吊带两条,每一条的一端装有一铁钩。装吊带时先装胸吊带,再装腹吊带。其装法是保定者站在动物的左侧，将吊带的铁钩端从横梁上方传到右侧，在右侧助手的帮助下，从马的胸下通过到达左侧，将铁钩挂在原扁绳上，再把绳的游离端从横梁上送到右侧，由助手拉紧保持。此时保定者抓住带钩的绳向下拉，同时右侧的助手也使劲拉绳的游离端使吊带绷紧，接着助手将绳的游离端从马的胸下递给保定者，保定者将绳在鬐甲直上打结固定。同样的方法装置腹吊带。马吊的高度，应以马四肢确实负重的程度为宜。如果吊得过高，马易骚动，吊的过低，易脱钩。二柱栏保定的解除顺序，与装绳顺序相反，即解除腹吊带后，再解除胸吊带，围绳和颈绳。围绳和吊带的解除，不是装绳顺序的逆行，只是将铁钩与绳套分离即可。

3. 六柱栏保定　六柱栏的基本结构是六根柱子，柱子可以是木制的也可以是铁制的。两根门柱用于固定头颈部，前柱和后柱之间有横梁相连，用于固定体躯和四肢，同侧前后柱之间的上梁和下梁，用于装置胸带和腹带。保定时先将两前柱之间的前带装好，由后柱之间牵入马，待马进入后装上尾带(后带)，并把缰绳拴在门柱的金属环上。这样马既不能前进，也不能后退。为了防止马跳起，可以在马的鬐甲前部装置一压迫扁绳，扁绳的两侧分别固定在两侧的下梁上。为了防止马卧下，可以给马装上腹带。后柱之间横梁上的铁环是固定马尾和拴尾绳的地方。六柱栏保定的解除顺序是，先解除背带和腹带，解开缰绳和前带，马自前柱之间离开。

4. 四柱栏保定　四柱栏与六柱栏从结构上相比，少了两根门柱，但从两侧前柱各向前伸出一个臂，臂上备有铁环，供拴马的缰绳用。保定方法与六柱栏相同。

(七)鼻捻子保定　鼻捻子是一种古老的有转移疼痛的保定方法，主要用于兽医临床。鼻捻子的样式很多，其组成都是由一木制或金属制的杆与一绳制或金属链制的环形套组成。装置鼻捻子时，保定者将左手除食指以外的其余四指放入套内，右手抓杆，将左手放于马的前额，边抚摸边向下滑动，当手移至鼻端时，迅速抓住马的上唇，使左手绳套滑动到马的上唇上，右手迅速捻动杆，使绳套勒紧，放松左手，保定者双手持杆和缰绳面向前站于马左侧，与马左肩平齐。

(八)耳夹子保定　耳夹子是一个长形夹，夹在马的耳根部，其作用与鼻捻子相似。操作时，右手拇指和食指相对抓持夹的一侧，中指和无名指使夹张开。左手在马的颈侧抚摸并逐渐向上，将至耳根时，突然将耳抓住，右手持夹将夹开张，把夹装在耳根部并夹紧，左手松开，协助右手固定耳夹。

使用鼻捻子和耳夹子保定时，时间不能过长，因为长时间的压迫能使神经的敏感性降低，这样就失去了转移疼痛的效果。另外，鼻捻子和耳夹子的使用可以造成马明显的疼痛，对马的伤害较大，一般情况下尽量不要使用。

除上述保定方法外，有时还可以采用徒手抓持马颈基部的皮肤以及徒手抓持耳根的方法进行保定。徒手抓持颈基部皮肤保定的具体做法是：将马颈基部的皮肤打成褶，然后用手紧紧地抓住该褶。需要说明的是，这两种方法保定比较温和，效果不确实。

二、犬、猫的保定技术

犬、猫的保定方法多种多样，选择什么样的方法要以犬、猫的个体大小、生理特性及医生的诊治目的和主人对犬、猫的控制力等为依据。临床上常用的保定方法有：

（一）安全保定法

1. *徒手保定法*　温顺的犬、猫短时间的检查治疗可用此法。保定人员一手握住下颌部，一手握住耳后方固定头部，以防止头的左右摇动和回头伤人。也可以由主人将犬、猫的颈部夹于腋下，用手护住头部进行保定。

2. *扎口保定法（嵌口法或绷带保定法）*　用一条长 1 m 的绷带或柔软麻绳，在其中间打一个活结或双套结，套住嘴筒，结在腹侧，拉紧圈套，绳的两端经口角侧向头背两侧伸延，在耳后打结。此法适合嘴筒较长的犬，不适合于猫和北京犬。

3. *口笼（嘴套）保定法*　口笼有皮革制口笼和铁丝口笼，规格有大、中、小。保定时按照犬的个体大小选择适合的口笼给犬戴上并系牢。保定人员用手抓住脖圈，固定好头部，防止头部活动或犬用两前肢将口笼抓掉。此法仍然只适合于嘴筒较长的犬。

4. *颈钳保定法*　保定人员抓住特制的颈钳（颈钳柄长 1.5 m，钳端为两个半圆形钳嘴）张开钳嘴将犬的颈部套入后迅速合拢钳嘴，以限制犬头的活动。主要用于凶猛体型较大犬和处于兴奋状态犬的临时保定，此法安全可靠。但保定时容易造成口唇、牙齿、舌头等的损伤，应予以重视。

5. *颈部缠绕保定法*　对猫或凶猛的小体型犬进行短时的诊疗时可用毛巾缠住颈部并扭紧，或用手抓住耳后颈部皮肤，另一手握住两前肢。

6. *化学保定法*　常用 846 合剂对犬、猫进行保定或麻醉，此法安全可靠，适用于各种手术或长时间的诊疗，其参考剂量为 0.05～0.1 mL/kg，肌肉注射。

（二）站立保定　站立保定可使犬、猫的各种组织器官保持原来的体位，便于临床检查和判定患病部位。犬的站立保定最好由主人协助进行；其他人员保定时要站在犬的左侧，面向头部，一边接近犬一边温和地呼唤犬的名字，右手轻拍犬的颈部和背腰部或搔痒，以使其安静站立。猫的站立保定是将猫放于桌面上一手托住猫的颈下方，另一手放于猫的腰背部，以防猫左右摇动和俯卧。

（三）倒卧保定　依据诊疗目的的需要，常将犬、猫放倒进行俯卧、侧卧或仰卧保定。

1. 俯卧保定 在主人的协助下或一边用温和的声音呼唤犬、猫的名字，一边用细麻绳或纱布条分别系于四肢系关节上方，前后拉紧细绳使四肢伸展，并将绳子固定于保定台的四只角上，使犬、猫呈俯卧姿势。常用于输液及头背部和体侧壁、尾等部位的诊疗。

2. 侧卧保定 主人保定住犬、猫的头部，保定人员一边用温和的声音呼唤着犬、猫，一边用手分别抓住前肢的掌部和后肢的跖部，向一边搬动四肢使之侧卧，然后用绳子分别捆住两前肢和两后肢并系牢。

3. 仰卧保定 先将犬、猫的四肢用绳子或绷带拴好，一人护住其头颈部，使犬、猫的身体翻转仰卧，向四角拉紧四条绳子固定于保定台上。

（四）倒提保定（提举两后肢保定） 让犬、猫的两前肢站于地上，或请主人或助手保定头部，将两后肢向后向上提起并高于头颈部，使之倒立。常用于腹腔注射或腹底壁、股内侧的诊疗等。

三、其他动物的保定技术

（一）禽的保定 对于小型禽类如鸡、鸽等，可将其两脚夹在食指和中指之间，拇指和其余手指拢住翅膀；成年的鸡、鸭、鹅等禽类的保定，可一手抓住两翅基部，另一手抓住两脚；其他鸟类可用两手抓住鸟后，拇指压在翅膀上，手掌紧贴胸部，并将其两腿紧扣在两手交错的手指间，但保定鹌鹑时，只抓一只翅膀常易引起挣扎而造成骨折和损伤，应一下子抓住整个身体，并把翅膀紧紧扣在身上。对于大型禽类的保定，可用一只胳膊环绕禽体，另一只胳膊向下压住翅膀。但是对于鸵鸟，要先抓住其颈基部，再按住背部向下压，使之卧下。

（二）兔的保定 一手抓住颈肩部皮肤，另一手抓住背腰部皮肤或用手托住臀部，但绝不能抓提耳朵。

（三）鱼的保定 用网捕捞后以手抓住，但手必须是湿润的且不可损伤皮肤；或用湿润的毛巾或布单包裹鱼体，再用手抓住。

（四）鼠类的保定

1. 小鼠 先用手抓住其尾巴，放在能用爪紧紧抓住的物体上面，速用拇指和食指抓紧其颈部皮肤提起，再把尾巴夹在小指和手掌或第四、五指之间；或用右手抓住尾巴将小鼠提起，并使其两前肢着地，左手拇指和食指迅速捏住头顶部皮肤后将小鼠翻转，以左手无名指和小指压住尾巴及后肢，小鼠即仰卧在左手掌上。

2. 大鼠 一手抓住尾根部，另一手放在大鼠的背部和胸部，使拇指和食指在其前肘后面，然后前移并在下颌骨后的颈部抓住即可。

3. 豚鼠　先抓住肩部，两指在其前肢后面、两指在其后肢前面将其夹起，另一手托住臀部或将后肢抓住伸展。也可以左手手指夹住两前肢，右手握住两后肢将豚鼠翻转仰卧于两手掌上。

4. 仓鼠　将手握成杯状，待其进入手掌内紧抓其颈部或肩部皮肤。

5. 沙鼠　一手抓紧其尾根部，另一手托住身体。必要时可肌肉注射盐酸氯胺酮(每千克体重 40～45 mg)或安定(每千克体重 5～10 mg)化学保定。

6. 海狸鼠、毛丝鼠　先戴上厚帆布手套或橡胶手套捕捉，保定的关键是先抓住其颈部皮肤及后肢。

(五)雪貂的保定　雪貂一般不伤人，当接近时它会用鼻子闻手，此时用紧握拳头的指关节去触摸它，然后将手轻放在它肩上，用食指和拇指握住颈部其余手指握住前肢提起；也可轻轻抓住颈后部，然后抓住尾巴后拉，并将头颈及肩按住。必要时，可肌肉注射安定(每千克体重 2.0 mg)进行化学保定。

(六)水貂的保定　水貂受到干扰即回巢箱，此时要戴厚牛皮手套，一手抓住颈部，另一手抓住臀部或尾根部。必要时，可用利血平(每千克体重 0.05 mg)混入食物中或肌肉注射普吗嗪(每千克体重 2.0 mg)进行化学保定。

(七)狐狸的保定　狐狸是高度紧张的神经质动物，保定时应先将其赶回巢箱，用捕捉器夹住头部，然后抓住后腿从箱中拉出。亦可肌肉注射盐酸氯胺酮(每千克体重 10～20 mg)进行化学保定。

(八)两栖动物的保定　徒手或用网捕获保定。

(九)爬行动物的保定　可用手捕获保定或将动物放入冰箱或冰水中，动物即安静不动。将动物放入盛有 3%氟烷或甲氧氟烷的密闭容器中或皮下注射盐酸氯胺酮保定也可。

(十)蝙蝠的保定　蝙蝠多处于悬挂或蹲伏状态，保定时一手拇指和中指夹住折叠的两翼，食指压住脑后部提起，另一手的手指在其腹下轻轻托起，再从下面轻抵下颌骨使其下颌骨前伸并闭口，然后将其腿置于手中。

(十一)非人类灵长动物的保定　保定人员最好先戴上皮革防护手套，以防止猴等非人类灵长动物对人的咬伤、抓伤。保定时先抓住其肘部以上的前臂，然后反扭到背后即可。必要时，可用盐酸氯胺酮、846 合剂、眠乃宁等药物进行化学保定。

(十二)大型野生哺乳动物的保定　先将其赶于牢固的栅栏或笼舍内抓取保定。必要时可用长杆注射器、吹管、麻醉枪等工具远距离用药进行化学保定，药物可选用枸橼酸芬太尼(Fentangl Citrate，每千克体重 0.02～0.04 mg)、隆朋(每千克体重 0.4～0.8 mg)、安定(每千克体重 0.2 mg)、846 合剂、眠乃宁等。

(十三)海洋哺乳动物的保定　一般用横拦网、抛网或小箍网捕捉后进一步保定。保定海豹科动物时,一人骑在它身上,双手紧箍住颈部,另一人按压住头部。海豚和鲸保定时将其捕捉后放在泡沫材料垫上即可。人应与其保持一定距离,特别要注意尾巴甩动,以防意外。

第三节　动物的临床检查

一、体检

体检是定期对健康动物健康状态的整体评价。目前我国对动物的体检还未广泛开展起来,只是一些大城市条件较好的动物医院在开展这项业务。相信随着我国兽医医疗水平的不断提高,这项业务必定会越来越广泛地开展起来。

体检包括一般检查和实验室检查。一般检查是通过问诊、视诊、触诊、听诊及叩诊等方法及体温、呼吸和脉搏的测定对动物的整体情况做出的表观评价。实验室检查包括血、尿、粪常规,血液生化,心电图,超声波,X 射线,脑电图,肺功能,CT 等检查。通过这些检查来综合判定各种内脏器官的功能是否正常或有无发生病变的组织器官等。

二、问诊

问诊是临床诊病的第一要素。问诊的内容主要包括本次发病的时间、临床表现、病程经过、既往病史、饮食欲、大小便、体况变化、动物来源、饲喂方式及环境、行为习惯、预防接种、周围疫情、治疗用药及效果等。问诊时要依据具体情况有选择、有目的地问诊,不能泛泛地问诊。问诊得到的材料要与临床检查结果联系起来进行全面的综合分析从而找出诊断线索。

三、视诊

视诊是通过用肉眼观察动物的各种外在表现来判断动物是否正常或寻找诊断线索的一种常用临床诊断技术。视诊时要结合问诊得到的线索有目的、有重点地观察。

(一)精神状态　健康动物反应敏捷,表现灵活,眼睛明亮,双目有神,两耳常随声音而转动,见到主人或熟人摇头摆尾,十分亲近;见到生人则兴奋不安、狂叫或躲避。幼小动物活泼好动,非常可爱。

精神状态异常可表现为抑制和兴奋。

1. 抑制　轻者表现沉郁，重者嗜睡甚至昏迷。沉郁的动物双目无神或眼半闭，离群呆立，头低耳耷，神情淡漠，不愿活动，对周围冷淡，对刺激反应迟钝，不听呼唤。精神沉郁多因脑组织受毒素作用或一定程度的缺氧或血糖过低所致。嗜睡的动物重度委靡，躺卧地上，闭眼似睡，给以强烈的刺激才引起轻微的反应，常见于重度脑炎或中毒病等。昏迷是重度的意识障碍，动物卧地不起，呼唤不应，意识完全丧失，各种反射也消失，甚至瞳孔散大、粪尿失禁，给以强烈的刺激也无任何反应，心律失常，呼吸节律不齐。重度昏迷常常预后不良。

2. 兴奋　兴奋是大脑皮层兴奋性增高的表现。轻者惊恐不安，重者高声尖叫，常无目的地走动、转圈，室内外乱跑、乱冲、乱撞，甚至乱咬各种物品、咬人、咬其他动物等。

(二)营养状况　主要根据被毛的光泽和肌肉的丰满程度来判定动物的营养状况。临床上一般把营养状况分为良好、中等和不良 3 种，有的动物还包括肥胖，如犬、猪及某些野生动物等。

营养良好的动物，被毛光顺而富有光泽，皮肤富有弹性，肌肉丰满健壮，轮廓丰圆，骨不显露，使人一看就有一种舒适感。营养不良的动物，身体消瘦，毛干而粗糙，缺乏光泽，皮肤缺乏弹性，肌肉干瘪无力，骨骼显露。常见于寄生虫病、皮肤病、慢性消化道疾病或某些传染病。营养中等的动物其营养状况介于上述二者之间。肥胖的动物属于营养过剩的一类。

(三)姿势　健康动物姿势自然，动作协调而灵活，步态轻快、敏捷、迅速，有人接近时躺卧的动物立即起立。在中枢神经系统机能紊乱、某些代谢病或腹痛时，常常出现以下一些异常姿势：

1. 强迫姿势　是指动物被迫采取的异常姿势。如破伤风动物呈木马姿势；咽喉炎动物的头颈伸展姿势。

2. 不稳姿势　是指动物站立时姿势不稳。如老龄动物、体虚动物、四肢患病动物等的频频交替负重；尿潴留动物常做排尿姿势，但又无尿排出。

3. 强迫运动　常常是脑病的特殊症状。如盲目运动，单侧性脑包虫所致的转圈运动等。

4. 共济失调　是指患病动物在运动中四肢配合不协调而呈醉酒状、行走欲跌、走路摇晃等异常姿势。可见于脑脊髓的寄生虫或炎症、肢体麻痹等。

(四)被毛及皮肤　健康动物被毛光亮、平顺，不易脱落(换毛季节例外)。患病动物往往被毛粗乱，干燥无光泽，换毛迟缓(见于慢性疾病或长期消化障碍)，易脱落、易折断、局部性或全身性脱毛(见于疥癣、湿疹、皮肤真菌病或甲状腺机能减退)。新生动物秃毛，主要见于缺碘或近亲繁殖。

皮肤的视诊主要观察其颜色、有无肿胀、损伤及角化等。

皮肤颜色：正常的白色皮肤呈浅粉红色，较湿润，光滑而有弹性；有色素的皮肤则依据可视黏膜的颜色变化；猪和鸡应分别注意鼻盘和鸡冠的颜色变化。白色皮肤动物的皮色变化可表现为苍白、黄染、发绀及潮红与出血斑点（其临床意义与可视黏膜的色泽变化相同）。

常见的皮肤肿胀有水肿、气肿、血肿、脓肿、淋巴外渗、炎性肿及肿瘤等。

1. 水肿　是由于水代谢障碍而引起多量液体蓄积于组织内所致。皮下水肿，又称浮肿。触诊水肿部位呈捏粉样，指压留痕。正常情况下见于产后母畜的乳房水肿和腹下水肿，尤其是奶牛。病理情况见于慢性心衰、衰竭症及肾脏疾病等。

2. 气肿　空气或其他气体积聚于皮下组织中。触诊呈捻发音，边缘轮廓不清。

血肿、脓肿、淋巴外渗三者的共同特点是都呈局限性肿胀，与周围组织有明显的界限，不同之处在于肿胀发生的速度、肿胀的内容物、肿胀的性质及病理过程不同。这些可以通过穿刺抽取肿胀内容物的性质进行鉴别诊断。

3. 炎性肿　肿胀主要表现红、肿、热、痛等炎性症状，一般呈急性经过，后转为亚急性和慢性或进一步恶化发展为蜂窝织炎、败血症等。

4. 肿瘤　肿瘤是细胞过度增殖为特点的没有丝毫生理功能的病理性新生物。有良性肿瘤与恶性肿瘤之分，且具有生长速度快、生长不协调、对细胞增殖的控制机理缺乏应答反应、对持续存在的病因缺乏依赖性等特点。体表肿瘤常发生于皮肤组织、脂肪组织、骨组织、肌肉组织等。

此外皮肤的视诊还要注意检查有无湿疹、荨麻疹、水疱、脓包、溃疡、糜烂、痂皮及瘢痕等。

（五）可视黏膜　可视黏膜的检查主要包括眼结膜、鼻黏膜、口腔黏膜、外阴部及阴道黏膜、肛周及直肠黏膜等。主要观察其色泽变化和分泌物的性质。临床上经常要检查的是眼结膜的颜色和分泌物的性状；阴道黏膜的色泽变化及分泌物的性质对于发情配种及判定子宫卵巢疾病有重要意义；鼻漏和口腔分泌物对于判定呼吸系统和消化系统疾病有重要意义。下面主要介绍眼结膜及眼球的检查。

1. 眼结膜的检查　检查眼结膜，需将上下眼睑拨开，常用拇指和食指张开上下眼睑。检查时头部保定要可靠，以防损伤眼睛或动物咬伤检查者。

2. 观察眼结膜的颜色　一般以在自然光线下为宜，且要避免阳光直射，还要注意两眼对比观察。眼结膜的颜色取决于黏膜下毛细血管的血流量及其性质，以及血液和淋巴中胆色素的含量。大多数健康动物的眼结膜呈粉红色。病理性眼结膜的颜色可表现为潮红、发绀、苍白、黄染等。

3. 潮红　是结膜下毛细血管充血的征象，可分为弥漫性充血和树枝状充血。

弥漫性充血是结膜普遍的呈红色，见于各种热性病；树枝状充血是结膜血管高度扩张，如同树枝状，常见于脑炎及伴有血液回流障碍的心脏病。

4. 发绀　结膜呈蓝紫色，是血液内还原血红蛋白增多的结果。主要见于肺呼吸面积减少和大循环淤血的疾病，如肺炎、心脏衰弱等。

5. 苍白　结膜色淡甚至呈灰白色，是各型贫血的征象。急速发生苍白的，见于肝脾破裂、大失血等；缓慢发生苍白的，见于血丝虫及其他慢性寄生虫病或慢性内出血或其他消耗性疾病等。

6. 黄染　结膜呈现不同程度的黄色，是血液内胆红素增多的结果。见于肝炎、梨形虫病等。

7. 眼睑及分泌物的检查　眼睑的检查主要是观察其有无肿胀、增生及内外翻等。眼睑肿胀并伴有羞明流泪，是眼炎或结膜炎的特征；严重的眼结膜炎常导致睑结膜肿胀、外翻，俗称"胬肉攀睛"；眼睑内翻时由于睫毛和皮肤被毛对眼球的刺激也造成羞明、流泪、眼睑肿胀，常见于沙皮犬；第三眼睑腺增生形如一个红色的樱桃挂于眼角，俗称"樱桃眼"，常见于某些品种的犬，如北京犬、沙皮犬等；野生动物东北虎也曾见过。眼分泌物按病程发展和其性质可分为浆液性、黏液性和脓性分泌物。浆液性分泌物，可见于轻度眼结膜炎（如流行性感冒）或动物在自感痛苦时；脓性、黏稠的眼分泌物常是化脓性结膜炎的标志，常见于某些发热性传染病，如猪瘟、犬瘟热、传染性肝炎、疱疹及发热等。

8. 眼球的检查　在做眼的检查时，还应注意检查眼球、角膜、巩膜及瞳孔等的变化。

眼球突出或凹陷，前者可见于青光眼或突眼性甲状腺肿或极度呼吸困难时；后者可见于重度消耗性疾病，尤其是急性失水时，如急性胃肠炎导致剧烈腹泻、奶牛皱胃变位造成绝食、绝水时，眼球均严重凹陷于眼眶内。

眼球震颤，表现为眼球有节律的、呈垂直的或水平的回转，可见于半规管、前庭神经、小脑及脑干损伤时，特别是癫痫及脑炎。也见于某些动物麻醉初期，如马、熊科动物等。

角膜混浊、溃疡、云翳，见于某些眼病、犬瘟热、传染性肝炎等。

瞳孔扩大或缩小，前者见于严重的脑膜炎、脑肿瘤，由于动眼神经麻痹使瞳孔扩大而不再缩回，并且对光反射消失；后者见于颅内压中等程度升高时，如慢性脑膜炎、脑积水等。

（六）呼吸系统的视诊　必须让动物处于安静状态下进行呼吸的视诊检查，主要的内容包括呼吸数、呼吸式、呼吸节律及呼吸困难。

1. 呼吸数　一般是根据胸腹部的起伏动作或鼻翼的开张动作进行测定，即胸腹部的一起一伏为1次呼吸。寒冷季节也可以观察呼出的气流来测定。鸡可依肛门部羽毛的缩动而计算之。此外，呼吸数也可以根据肺部听诊或将手放于鼻孔感知气流进行测定。一般应计2 min的次数而平均之。健康动物的呼吸次数常因生理因素和外界条件变化而变动，如幼龄动物比成年动物稍多，妊娠动物比自身未孕时增多，运动后或兴奋、紧张时比安静时增多。此外，气温、湿度、季节变化也要影响呼吸变化。

2. 呼吸式　正常情况下，大多数健康动物的呼吸类型是胸腹式呼吸（或称混合式呼吸）。即在呼吸时，胸壁和腹壁的动作很协调，强度也大致相等。而犬则例外，正常时以胸式呼吸占优势。病理性呼吸式有两种：腹式呼吸和胸式呼吸。

(1)腹式呼吸，即腹壁的起伏动作特别明显，而胸壁的动作极其轻微。这提示病变多在胸部，见于急性胸膜肺炎、胸腔大量积液、马的慢性肺泡气肿等。

(2)胸式呼吸，即呼吸时胸壁的起伏动作特别明显，而腹壁的运动极微弱。见于急性腹膜炎、急性胃扩张、瘤胃臌气、肠臌气、腹腔大量积液等。

3. 呼吸节律　呼吸节律是指每次呼吸的间隔时间及每次呼气和吸气时间的长短及均等性。健康动物在安静情况下每次呼吸的时间间隔相等，呼吸有一定的深度和长度，呼气一般比吸气长一些。如吸气与呼气之比，马1∶1.8，牛1∶1.2，绵羊1∶1，山羊1∶2.7，猪1∶1，犬1∶1.64。当然在兴奋、运动、恐惧、尖叫及嗅闻等状态时，呼吸节律会发生暂时性的改变。呼吸节律的异常有吸气延长，呼吸延长，间断性呼吸，陈-施二氏呼吸，毕欧特式呼吸和库斯茂尔呼吸等。

4. 呼吸困难　其是一种复杂的病理性呼吸障碍。表现为呼吸费力，次数增多，节律异常，呼吸类型改变和可视黏膜发绀等。呼吸困难的实质是缺氧。高度的呼吸困难称为气喘。呼吸困难并不仅仅反映呼吸器官疾病，其他器官患有严重疾病时，也可出现呼吸困难，如心衰、母犬产后子痫等。呼吸困难可分为吸气性、呼气性和混合性呼吸困难。

(1)吸气性呼吸困难的特征是吸气显著延长，辅助吸气肌参与活动，并伴有特异的吸入性杂音。见于上呼吸道狭窄的疾病，如喉头水肿、咽喉炎、喘鸣症、猪传染性萎缩性鼻炎、鸡传染性喉气管炎等。

(2)呼气性呼吸困难的特征是呼气显著延长，腹部有明显的起伏动作，甚至可出现连续2次呼气现象，称“二重呼气”。高度呼气困难时，可沿肋骨弓出现“喘线”或“息劳沟”。由于腹肌强烈收缩，出现呼气时肛门突出、吸气时肛门反而陷入的抽缩运动，见于急性细支气管炎、慢性肺气肿、胸膜肺炎等。

(3)混合性呼吸困难的特征是吸气和呼气均发生困难，呼吸次数成倍增加。此为临床上最为常见的一种呼吸困难。其病因有多种，如肺原性、心原性、血原性、中毒性、神经或中枢性、腹压增高性等。

5. 鼻液的检查　健康动物几乎不流鼻液，寒冷的冬天有些动物可有微量鼻液。若流大量鼻液，则为病理现象。动物常以咳嗽、喷鼻将鼻腔和气管中的分泌物排除，或用舌头将其舐去。

鼻液是呼吸器官疾病的常见症状。在检查鼻液时，要注意其数量、性状、一侧性或双侧性，有无混杂物及其性质。如流出铁锈色鼻液常是大叶性肺炎和传染性胸膜肺炎一定阶段的特征。

（七）消化、泌尿系统的观察

1. 饮食欲　饮食欲是反映消化系统功能是否正常的一个重要而直观的指标。病理情况下，饮食欲可发生减少、废绝、亢进或异嗜等变化，但最常见的变化是饮食欲的减少或废绝。引起饮食欲减少或废绝的原因有：饲料品质不良、饲料或饲喂方式和环境的突然改变；消化器官本身的疾病，如口炎、胃肠炎、咀嚼和吞咽障碍、腹痛等；热性疾病，尤其是高热时；代谢性疾病甚至是伴有剧痛的四肢疾病等。

2. 异嗜　异嗜是食欲紊乱，喜食正常饲料成分以外的物质的病例理现象，如喜食泥土、灰渣、粪水、被毛、污物等；母猪食胎衣、食仔、咬耳、咬尾；鸡啄羽、啄肛等，多见于幼龄动物。明显的异嗜现象多提示营养、代谢障碍，尤其是矿物质、维生素、微量元素、蛋白质等缺乏或不平衡的先兆，如佝偻病、白肌病、骨软症等，此外，胃肠卡他、寄生虫或某些神经性疾病（如狂犬病、伪狂犬病及某些脑炎或中毒）也可表现异嗜现象。

3. 反刍　反刍动物在采食之后周期性的将瘤胃内中的食团反排入口腔重新进行咀嚼后再咽下的正常生理活动。这种活动通常在安静或休息状态时进行。一般在采食后 0.5～1.0 h 即开始；每昼夜进行 4～10 次，每次持续时间 20～60 min；每个返回口腔中的食团再咀嚼 30～60 次。羊的反复动作较牛、骆驼为快。反刍活动可受外界干扰而暂时中断。

反刍活动是反刍动物消化机能的重要表现，与前胃、真胃功能及整体健康状态有密切关系。反刍功能障碍可表现为出现反刍的时间推迟，每昼夜反刍次数减少，每次反刍的时间缩短，再咀嚼时弛缓无力，甚至完全停止反刍。可见于前胃弛缓、创伤性网胃炎、瘤胃积食或臌气、真胃炎、真胃变位，及其他某些全身性疾病（如中毒、生产性瘫痪）等。

4. 嗳气　也是反刍动物的一种生理现象，借以排出瘤胃内的气体，一般每小时有 20～30 次。由左侧颈部食管沟处自颈基部向上的气体移动波，同时可听到嗳出时特有音响。

非反刍动物不表现嗳气，若马出现嗳气，多提示急性胃扩张。

反刍兽嗳气增多见于瘤胃臌气的初期;嗳气减少或停止见于前胃弛缓、瘤胃积食或严重臌气、真胃疾病等。

5. 呕吐 胃内容物不自主地从胃内经贲门、食管、口腔或鼻孔反排出来的现象称为呕吐。各种动物出现呕吐都是病理现象(饱食动物在全麻初期出现呕吐则例外)。肉食动物呕吐中枢发达,最易发生呕吐,依次为猪、禽类、牛羊,马则极难发生,一般仅有呕吐动作。若马出现腹痛不安的呕吐,多提示急性胃扩张并伴有胃破裂的危险。

呕吐有中枢性呕吐和末梢性呕吐,前者主要是毒素直接刺激大脑的呕吐中枢而引起的,见于脑膜炎、脑肿瘤、大瘟热、猪瘟、氯仿或阿朴吗啡中毒等,其特征是呕吐不止或干呕。后者是由于延脑以外的其他器官受刺激后反射性引起呕吐中枢兴奋而发生的,见于咽喉炎、过食、胃炎或胃溃疡、寄生虫病等,其特征是胃排空后呕吐即停止。

6. 粪尿的视诊 主要观察排粪、排尿的姿势及动作、次数及量的多少、持续时间及性状等。

正常情况下,多数动物排粪时,背部微弓,两后肢稍前伸并张开;而犬则取近似坐下的排粪姿势。排粪次数、量与动物品种、个体大小及采食量等有关,一般草食动物多于肉食动物。排粪异常表现为便秘、腹泻或下痢、粪失禁、排粪带痛、里急后重、粪便中带有异常气味、颜色及血、黏液、寄生虫等异常混杂物、pH 值改变等。

7. 排尿异常 在病理情况下,泌尿、贮尿和排尿的任何障碍,都可表现出排尿异常,包括频尿和多尿、少尿和无尿、尿失禁、尿闭、排尿困难和疼痛。正常情况下除马属动物的尿呈乳白色混浊状,其余动物的尿为清亮、黄色或无色。尿色改变有红尿(血尿、血红蛋白尿、肌红蛋白尿药物红尿)、深黄色尿、乳白尿;尿的异常气味有氨臭味、腐臭味及丙酮味。

四、触诊

在问诊和视诊的基础上,重点对可疑的患病部位或组织器官进行触诊,也是临床判定患部及病性的一个很重要检查法。

触诊检查必须要接触动物,所以首先要将动物保定确实以保证人和动物的安全。触诊的原则是:范围由大到小,用力先轻后重,顺序由浅入深。因此分为浅触诊、深触诊和直肠检查等。

浅触诊主要是对位置浅表的患部进行触诊。浅触诊的主要内容是检查动物的体表状态,包括体表的温、湿度,弹性及软硬度,敏感性,病变性状等,如成熟的脓肿触诊柔软,水肿触诊按压留痕,急性炎性肿胀局温增高。

深触诊是利用按压触诊法、冲击触诊法和切入触诊法感知深层组织或内脏器官性状的方法。如小动物腹部触诊，瘤胃、瓣胃和真胃内容物的触诊，肝、脾的触诊检查等。

直肠检查是指将手指伸入动物的直肠内去感知骨盆腔或腹腔内组织器官性状的方法，大动物牛马等常用。如牛马子宫卵巢疾病的诊治、直肠把握子宫颈输精、怀孕诊断等。

五、听诊

听诊是指用听觉去感知动物机体在生理和病理过程中所产生的自然音响。直接听诊是用耳朵直接听取动物的呻吟、喘息、咳嗽、咀嚼等或将耳朵贴附于听诊部位进行听诊。目前常用的是借助听诊器进行听诊检查。现代科学还利用电子技术把听取的声音进行录制和放大，更有利于用声音制定病性。

听诊主要用于对心血管系统、呼吸系统和消化系统功能的检查，如心音、呼吸音、胃肠蠕动音的听诊。听诊最好在安静的环境中进行。

六、叩诊

叩诊是通过对动物体某一部位进行人为的叩击，借以引起振动而发生音响，根据产生这一音响的特性去制定动物体某一组织器官性状的方法。叩诊检查的范围很广，几乎所有胸、腹腔器官均可作为检查对象，特别是肺和胸腔的病变，叩诊检查具有很重要的意义。

叩诊可分为直接叩诊与间接叩诊。直接叩诊即用手指直接叩击动物体表，同时结合听诊检查对有些疾病即可做出诊断。如奶牛真胃变胃在左侧或右侧倒数一二肋间及其周围听叩诊结合，若听到特征性的钢管音基本上可做出诊断。间接叩诊是将叩诊板或手指放于体表，再叩击叩诊板或手指。因此有指叩诊和槌板叩诊之分，前者仅限于中、小动物的检查。

根据被叩击组织的性质不同，叩诊所听到的音响也不同，一般有浊音、清音、鼓音之分。

清音：叩诊正常肺区所产生的音响。

浊音：叩诊厚层肌肉组织及不含气的实质器官与体壁直接接触的部位时所产生的声音。

鼓音：叩诊健康牛瘤胃上 1/3（左肷部）或马体盲肠基部（右肷部）时所产生的音响。

七、特殊检查(仪器)

动物特殊检查包括X射线检查、心电图检查、超声诊断等。

(一)X射线检查 是诊断动物各科疾病最常用的方法,其方法简单易行,准确率高,对于对比度差的组织可以利用阳性造影剂及阴性造影剂加大对比度提高疾病诊断率。

X射线检查法包括透视和摄影。

1. 透视 透视是X射线检查的一种方法。由于荧光亮度低,因此透视需在暗室内进行。透视人员需要在暗室内有一个良好的视力暗适应后再进行透视,这样才能对影像进行更好地分析,找出病变。透视的优点可以转动体位,改变方向进行观察,了解器官的动态变化,如心、大血管的搏动,膈及胃肠的运动等。透视的优点:设备简单,操作方便,费用低,可立即得出结论。缺点:①荧光亮度低,影像对比度及清晰度差,难以观察密度与厚度差别较小的器官以及密度与厚度较大的部位,如头颅、腹部、脊柱、骨盆等部位;②动物接触的X射线量较长;③缺乏客观的记录,不便于复查和会诊。

2. 摄影 摄影是X射线摄影检查应用最广泛的检查方法。优点:①成像清晰,对比度及清晰度较好;②可以使密度较大或较小的病变部位显影;③动物接触的X射线量少;④可以作客观的记录,便于复查时对照和会诊。缺点:①每一张照片仅是一个方位和一瞬间的影像,为建立立体概念,常需要做正位、侧位或多个方位的摄影,以便发现病变部位;②费用比透视高。

(1)造影检查:对于缺乏自然对比结构的器官,可将密度高于或低于该结构或器官的物质引入器官内或其周围间隙,使之产生对比显影称为造影检查。引入的物质称对比剂也称造影剂。造影剂的应用扩大了X射线的检查范围。

(2)造影剂:按密度高低分为高密度造影剂和低密度造影剂。

高密度造影剂:为原子序数高、比重大的物质。常用的有钡剂和碘剂。

钡剂为医用硫酸钡粉末,加水和胶配成不同类型的钡混悬液。主要用于食管及胃肠造影。

碘剂种类繁多,分有机碘和无机碘剂2类。

将有机碘水剂类造影剂注入血管内可显示血管和器官的影像,经肾排出,可显示肾盂和尿路的影像,注入动脉及静脉可显示血管的影像。

水溶性碘造影剂有:离子型,如泛影葡胺(Urografin);非离子型,如碘苯六醇(Iohexol)、碘普罗胺(Iopromide)和碘必乐(Iopamidol)等。

无机碘制剂中,有碘化油(Lipoidol)和碘苯酯(Pantopaque)。现应用较少。

低密度造影剂：为原子序数底、比重小的气体，如二氧化碳、氧气、空气等。应用不多。

(3)造影方式：造影方式直接引入和间接引入两种方式。

直接引入包括：①口服法，如食管及胃肠钡餐检查；②灌注法，如钡剂灌肠，逆行泌尿道造影及子宫输卵管造影等；③穿刺注入法，直接或经导管注入器官或组织内，如心血管造影和脊髓造影等。

间接引入经静脉注入碘造影剂，造影剂经肾排入泌尿道内行尿路造影。

(4)检查前准备及造影反映的处理：各种造影检查都有相应的检查前准备和注意事项，必须认真准备，以保证检查结果满意和动物的安全。应备好抢救药品和器械，以备急需。

在造影剂中，钡剂较安全。造影反映中，以碘造影剂过敏较常见，有时过敏较严重。应用碘造影剂时，要注意：了解动物有无使用造影剂禁忌症，如严重心、肾疾病和过敏体质等；做好解释工作，争取动物主人合作；造影剂过敏，应有抢救过敏反应的准备与能力，严重反应包括周围循环衰竭和心脏停搏、惊厥、喉水肿和哮喘发作等，应立即终止造影并进行抗休克、抗过敏和对症治疗。呼吸困难应给氧，周围循环衰竭应给去甲肾上腺素。

3. X射线检查方法的选择原则　X射线检查方法的选择，应该在了解各种X射线检查方法的适应症、禁忌症和优缺点的基础上，根据临床初步诊断需要来决定。一般应当选择安全、准确、简便而又经济的方法。因此，应首先用普通检查，再考虑造影检查。但也非绝对，例如，胃肠检查首先要选用钡剂造影。有时两三种检查方法都是必需的，例如对于某些先天性心脏病，准备手术治疗的患者，不仅需要胸部平片，还需做心血管造影。对于可能发生一定反应和有一定危险的检查方法，选择时更应严格掌握适应症，不可滥用，以免给患者带来损失。

4. X射线机的投照参数　各种规格的X射线机的投照参数有所不同，需要在使用中不断地摸索，以便找出合适的参数。参数的设定是根据千伏(kVP)、毫安(mA)、时间(s)、距离(FFD)及投照物的厚度决定。

组织厚度与千伏、毫安秒参照表4-1。

目前进行胸部X射线拍片时多采用高千伏低毫安秒的方法进行拍摄，胸部存在较高的天然对比，主要检查肺脏。高千伏能降低一些对比度、出现较多的灰影，从而使软组织更清楚。低毫安秒也能使因呼吸运动造成的伪影降至最小程度。所需条件需自行摸索(表4-2)。

一张好的X射线片应充分显示机体内部结构的层次，应表示出这些层次的适当密度，能清晰地显示出轮廓边缘及细节，真实地反映结构的形态和大小。就是说衡量一张X射线片是否符合质量应从密度、对比度、清晰度和失真度4个方面进行考察。

表 4-1 小动物胸部摄影 FFD=100 cm

组织厚度(cm)	kVP	mAS	mA	s
5	60	2.4	30	0.08
6	60	3	75	0.04
7	60	4	50	0.08
8	60	4.5	75	0.06
9	60	4.5	75	0.06
10	70	4.9	70	0.07
11	70	3	75	0.04
12	70	4	50	0.08
13	70	4.5	75	0.06
14	70	4.5	75	0.06
15	80	4.5	75	0.06
16	80	4.5	75	0.06

表 4-2 其他部位投照千伏、毫安秒的参考值

距离为 100 cm (不加滤线器)

投照部位	厚度(cm)	kVP	mAS	mA	s
头部(侧位)	15	70	6	100	0.06
颈部(侧位)	13	70	6	100	0.06
腰椎(侧位)	10	70	5	100	0.05
腹部(侧位)	10	70	6	100	0.06
胸椎(侧位)	13	70	5	100	0.05
骨盆(正位)	10	70	6	100	0.06
前肢	5	70	3	100	0.03
后肢	5	70	3	100	0.03

(二)心电图诊断 心电图是从体表上记录下来的心脏周期的生物电变化。伴随心脏的搏动,心电图上出现一组特征波群(P.QRS.T及U)。通过对心电图各波、段和间期进行分析,可以为临床提供有关心脏疾病的重要参考资料。

1. 心肌细胞的生物电现象 心肌活动中伴有一系列的电变化,这就是心肌细胞的生物电现象,它与细胞膜内外的离子分布有关。正常的心肌细胞,膜内的正离子以钾离子为主(K^+)(其浓度为膜外的30倍左右),负离子主要为有机离子(蛋白质、糖原、肌酸)。膜外正离子以钠离子为主(Na^+)(其浓度为膜内20倍左右),负离子主要为氯离子(Cl^-),静息时膜内外离子分布处于动态平衡状态。细胞膜对不同离子有选择性的通透性，钙离子(Ca^{2+})基本上都在细胞外，极难透过细胞膜，而带负电的蛋白质则几乎完全在细胞内不透过细胞膜。

2. *心电场与体表电位* 当心肌纤维左端受到刺激而兴奋时，膜内外电位分布发生变化，膜外带负电，膜内带正电，使原来的电中性遭到破坏，形成一个正电在前，负电在后的电偶，由受刺激的左端转至右端。分隔极化部分与除极部分形成一个平面，称为除极面，即电偶的零电位面。在此除极面上个点与电偶的正负点和距离相等，因此零电位面上任何一点电位为零。

零电位面把电偶电场分为两个区，靠近正电荷一侧为正电位区，靠近负电荷一侧为负电位区。越靠近电偶正电荷的等电位面其电位越高，越靠近负电荷的等电位面其电位越低，显然，在电偶电量大小与位置发生改变时，等电位面也必然随之改变。

心脏是血液循环器官，也是“发电器官”。心脏在兴奋与恢复过程中，始终伴随着生物电的变化。为了分析方便，把心脏中的电荷模拟成一队能代表它的大电偶，称为心电偶。因此心电偶的存在，在体内必然形成电场，称为心电场。心电场在动物体的表面产生的电位成体表电位。心脏位于胸腔中，周围有大量的电解质溶液，具有导电性质。从电学性质来讲，心电偶相当于容积导体中的电偶极子。由于心脏兴奋传导过程中心电偶的大小和方向不停地变化着，因此体表电位也不停地变化若将心电图机两极置于体表的任何两点，即可记录出体表电位的变化曲线，这种曲线称为心电图。

正常动物的心电图每个心动周期可分为 5 个波，名为 P，Q，R，S，T，每个波都有一定的含义。

P 波代表心房兴奋；QRST 波代表心室兴奋和恢复过程；P 与 Q 的时间间隔代表心房兴奋到心室兴奋所需的时间；QRS 波代表兴奋由房室束蔓延到两侧心室肌细胞，使其依次发生兴奋而产生的波；ST 段与基线相平，代表整个心室都处于兴奋状态，彼此无电位差；T 波代表心室兴奋恢复过程，即 T 波代表已恢复和未恢复的心肌所发生的电位差。实际上，在 P 波之后尚有一个微小的负向波，成为 Ta 波，它代表心房兴奋的恢复过程，该波波幅很小，常被 QRS 波掩盖不易发现。

3. *心电图的检查法*

(1)导联方法。标准导联 3 个(Ⅰ，Ⅱ，Ⅲ)，加压单极肢体导联 3 个(aVR，aVF，aVL)，胸前导联($V_{1\sim6}$)。

①标准导联。

Ⅰ：左前肢接正极，右前肢接负极。

Ⅱ：左后肢接正极，右前肢接负极。

Ⅲ：左后肢接正极，左前肢接负极。

②加压单极肢体导联。

aVR：右前肢连接正极，左前肢与左后肢共同连接负极。

aVF：左后肢连接正极，左前肢与右前肢共同连接负极。

aVL：左前肢连接正极，右前肢与左后肢共同连接负极。

③胸导联中心电端连接心电图机的负极。探查电极连接心电图机的正极，探查电极放在胸前的不同位置，即 $V_{1\sim6}$ 导联。

V_1：胸骨右侧第 3 肋间，肩关节水平线下。

V_2：胸骨右侧第 4 肋间，肩关节水平线下。

V_3：胸骨右侧第 5 肋间，肩关节水平线下。

V_4：胸骨左侧第 3 肋间，肩关节水平线下。

V_5：胸骨左侧第 4 肋间，肩关节水平线下。

V_6：胸骨左侧第 5 肋间，肩关节水平线下。

(2)准确的心电图标记。心电图记录完毕后，应立即标记受检动物主人的姓名、动物的品种、性别、年龄、受检日期和导联等项目。

(3)心电图检查适应症。突然发作的呼吸困难、心动过速、心动过缓、各种心律失常、休克、晕厥、心肌梗塞、严重胸痛、药物的影响(如洋地黄对心脏的作用)、术后低血压、术前常规检查、昏迷、听诊发现心脏杂音，心脏扩大、病毒性的心肌炎、心包炎、渗出性的纤维素性心包炎、高血压、过量服用激素和利尿剂、观察心电图演变过程等。目前已经成为心内科门诊犬、猫的常规检查项目，也用于中老年犬、猫的健康查体。

(4)描记心电图的技术要求。

①电极板和电极插孔要经常清洁，若有锈蚀，用细砂纸打磨或用导电糊擦拭，现在使用一次性的电极贴在皮肤上，粘贴前将犬、猫四肢桡骨、腓骨远端和胸部肩关节水平下第 4、5、6 肋间处剪毛，充分暴露皮肤，使用酒精脱脂。

②前肢电极应置腕上伸侧，后肢电极应置于胫骨前侧，这些部位肌肉较少，可减少肌电干扰。

③避免电极导联线与电源线缠绕打结，胸侧导联线应沿着上肢摆放，减少呼吸干扰。

④记录前，让犬、猫安静，不能移动。

⑤必要时用记号笔标明胸前导联电极位置，以保证良好重复性。

⑥心电图机需有良好的接地，防止交流电干扰及漏电。

⑦打开电源，选择Ⅰ导联，预热，待记录笔平稳后再开始记录。

⑧描记后应注明姓名、日期、导联及有关情况(如深吸气、体位、是否服药等)。

4. 心电图各波段的命名及测量

(1)心电图各波段的命名。

①心电图波群(P-QRS-T)。

P 波代表心房的除极,心房激动起源于窦房结,在心电图上相当于从 P 波稍前处到 P 波结束。

P-R 段为心房复极期,通常位于等电位线上,同时也代表激动经房室结至(房室束)心室浦氏纤维。

P-R 间期代表心房除极与复极的总时间。

Q 波为心室的第一个除极波。

QRS 时限代表心室肌除极的整个时间。

ST 段与 T 波代表心室复极;其中 ST 段为心室复极早期,而 Q-T 间期代表心室除极与复极的总时间。心室机械收缩始于 T 波终末部。

②正常 P 波。P 波在心电图分析中有非常重要的价值,代表心房的除极。P 波频率及有无 P 波可以确定是何种心律,并有助于心律失常的判别。P 波的大小、形态以及与 QRS 波群的关系也有重要诊断意义。所以分析一份心电图“先找 P 波”是一条宜遵循的规则。因Ⅱ导联 P 波振幅最大,故常在Ⅱ导联进行 P 波测量和分析。

正常 P 波在Ⅰ,Ⅱ,aVF,$V_{3\sim6}$导联总是直立的,在 aVR 导联一定是倒置的,aVL 导联经常直立,但也可倒置,$V_{1\sim2}$导联 P 波可直立、可倒置,Ⅲ导联 P 波可直立、双向、低平或倒置。

③异常 P 波。

a. 肺型 P 波:常见于肺心病患者,故名肺型 P 波,其特征为高尖 P,升支与降支对称,有时被描述为“帐篷”形或“哥特式建筑”形,最大振幅≥0.25 mV,但时限不宽,一般表示右心房肥大,在Ⅰ,Ⅱ,aVF 导联最清楚。

b. 二尖瓣型 P 波:多见于二尖瓣疾患,其特征为 P 波挫折或呈双峰形,时间大于 0.10 s,Ⅰ,Ⅱ导联较清楚。P 波增宽是因为左房肥大,激动传导时间的延长。近期研究证实,窦房结至房室结旁路传导也可引起 P 波增宽或伴有切迹,切迹或双峰产生是由于双房传导的差异性。临床上急性左心衰竭和慢性缩窄性心包炎也可出现二尖瓣型 P 波。

c. 房室交界性 P 波:也称结性 P 波,通常倒置,顶端尖锐,宽度小于 0.10 s,它代表冲动逆传到心房引起的激动,在Ⅱ,Ⅲ,aVF 导联倒置,aVR 导联直立。若交界性 P 波在 QRS 波群前则 P-R 间期缩短,多数情况下 P 波融于 QRS 波群内或位于

ST 段上。

d. 先天性 P 波：多见于先天性心脏病，波形高大，略增宽，Ⅰ，Ⅱ导联振幅可达 0.2～0.3 mV，有时Ⅲ导联也可见到。一般 P 波增高表示右房扩大，P 波增宽表示左房扩大，可分为左房型、右房型和双房型。临床上可见如下，右房型：法乐氏三联症、先天性肺动脉狭窄和大血管错位等；左房型：房间隔缺损和三尖瓣闭锁等。此外先天性 P 波还可见于右房肥大、心房血氧饱和度降低和右室负荷增加，与心脏位置亦有一定关系。

e. P-R 间期：

P-R 间期的测量：从 P 波起始处至 QRS 波群起始处，如有 Q 波也可称为 P-Q 间期。P-R 间期正常范围为 0.12～0.20 s，亦受心率的影响。P-R 间期延长表示房室交界区传导减慢，为一度房室传导阻滞。

④Q 波。Q 波为 P 波后第一个向下的波。

心室首先除极的部位是室间隔，除极方向自左上指向右下，因此在 V_1 导联形成一个小 R 波，V_6 导联出现一个生理性 Q 波(q 波)，时限小于 0.04 s，垂位心时生理性 Q 波还可见于Ⅰ，Ⅱ，aVF，$V_{4\sim6}$导联。Q 波时限正常犬不超过 0.04 s，其振幅范围为Ⅰ导联 Q 波＜15%R 波，Ⅱ导联 Q 波＜20%R 波，Ⅲ导联 Q 波＜25%R 波。若不应该有 Q 波的导联出现了 Q 波，或宽度大于 0.04 s，或深度大于同导联 R 波的 1/4，视为病理性 Q 波。

⑤QS 波。Q 波之后无向上的 R 波称为 QS 波，其时限多在 0.06～0.08 s。V_1 和 aVR 导联出现 QS 波也属正常，因为 aVR 导联主波向下。重度左室肥厚及肺心病犬 $V_{1\sim2}$导联可呈 QS 型。穿壁性心肌梗塞可在面对坏死区导联产生 QS 波，其形成是由于梗塞区电活动缺失，通过梗塞留下的“电窗口”而由体表电极检出。关于遗留 Q 波问题，正常犬在不应出现 Q 波的导联上，若有小 Q 波，可能是既往病理性 Q 所遗留下的痕迹，但其宽度一般不超过 0.03 s。左房室束支传导阻滞时，若在Ⅰ，aVL，$V_{5\sim6}$导联出现这种 Q 波，往往提示心肌梗塞存在。急性心肌梗塞后多数异常 Q 波常永久存在，也有一部分逐渐消退至完全消失。

⑥R 波。R 波是 P 波后第一个向上的波，其前可以有或无 Q 波，R 波由升支、尖峰和降支组成，即 Q 波与等电位线交点为起点到与 S 波的连接处结束。若无 Q 波则以 P-R 段为等电位线，R 波两支可有粗钝或切迹，形成 2 个或 3 个尖峰，以 r′(R′)和 r″(R″)等表示。正常犬 R 波的振幅在标准导联为 0.5～1.5 mV，在 aVL 和 aVF 导联的 R 波不小于 0.5 mV，aVR 导联经常无 R 波，若有也应小于 0.4 mV。胸前导联的 R 波从 $V_{1\sim6}$导联逐渐升高，$V_{1\sim3}$导联的 R 波常为 RS 型，有时 $V_{1\sim2}$的 R 波很小，有时 V_1 导联没有 R 波，V_5 或 V_6 导联 R 波＞2.5 mV，即为高电压。R 波

高度与心肌数量成比例，所以高R波代表心室肥大。反之，心肌梗塞后，有关导联R波降低或变成QS波。胸前导联R波增高的原因：右心室肥大，见于V_1和V_2导联；左心室肥大，见于V_5和V_6导联；完全性右房室束支传导阻滞见于$V_{1\sim3}$导联；完全性左房室束支传导阻滞见于$V_{4\sim6}$导联；后壁心肌梗塞见于$V_{1\sim2}$导联；先天性右位心，见于V_1导联。R波高电压原因：除心室肥厚外，超强运动、甲亢、左或右房室束支传导阻滞和先天性心脏病等。

R波降低的原因包括，生理性：垂位或横位心；心脏病：心肌梗塞、心包炎、心包积液、心肌纤维化和束支远端阻滞等；代谢性疾病：甲状腺机能减退和肥胖；心外疾患：肺水肿、支气管炎、肺气肿、支气管扩张、肺炎、肺不张、气胸、胸腔积液及硬皮病等。

⑦S波。继R波之后第一个负向波，始于R波降支与等电位线的交点，止于其降支与ST段连接处。S波代表心室除极的终末向量。S波可见于Ⅰ和Ⅱ导联，但振幅较小，分别以SⅠ和SⅡ表示，如果SⅠ和SⅡ较深有可能是右室肥厚、右房室束支传导阻滞和电轴右偏的证据。若Ⅰ和Ⅱ导联出现深的S波，则考虑存在左室肥厚、左前分支传导阻滞和电轴左偏。在胸前导联从V_1到V_6，S波由深变浅，且$V_{4\sim6}$常无S波，因为S波代表右室面，所以右室面导联S波可较深，而左室游离面的导联，则可能无S波。右胸导联S波深度与心肌数量有关，任一导联，特别是$V_{1\sim3}$导联S波≥2.7 mV常提示左室肥厚。下壁心肌梗塞后，常在Ⅱ，Ⅲ和aVF导联上形成QS波，正常情况下所有标准导联也可无S波。需指出双室肥厚时，标准导联也可均无S波。VR导联为QS或RS型仍属正常。

⑧QRS波群。代表心室除极的全部电活动过程，从Q(R)波开始到S(R)波结束，QRS波群时限代表心室除极的整个时间。测量应选择QRS波振幅最大而且时限最宽的导联，QRS波群宽度上限为0.10 s，若≥0.12 s为完全性束支传导阻滞，有诊断价值。

a. QRS波增宽的原因：

室性异位搏动：室性早搏、室性逸搏、室性心动过速。

异常心室传导：房性早搏伴差传、交界性早搏伴差传。

室内传导延迟和阻滞：心室肥厚、电解质或药物所致(如高血钾、普鲁卡因和利多卡因等)完全性束支传导阻滞。

心室起搏心电图。

临终心电图。

b. QRS波的形态：QRS波可以是单独的Q波即QS波，或是Q和R波，R和S波，或只有R波。大小写字母对应表示振幅的高低。

c. QRS 波振幅测量：R 波从基线上缘至 R 波顶端，S 波则从基线下缘至 S 波的最下端。

⑨ST 段。ST 段是从 QRS 波群结束到 T 波开始的一段时间。若无 S 波，从 R 波的终末量起。在生理学上它代表心室复极的早期，正常应位于等电位线上，即重合于 T-P 段上，T-P 段代表心肌无电活动即静止期。正常犬任一导联 ST 段下降不应超过 0.05 mV，ST 段抬高一般不超过 0.1 mV，$V_{1\sim2}$ 导联可高达 0.3 mV，但形态不呈弓背向上形。

ST 段异常抬高原因包括：心肌梗塞、变异型心绞痛、心包炎、正常 ST 段变异和早期复极综合征。

ST 段下降的原因包括：心内膜下心肌梗塞、心肌缺血、心包炎、左室肥厚、心脏外伤、脑炎、药物(洋地黄)和电解质紊乱(高血钾)。

缺血性 ST 段下降有 3 种形态：水平形，弓背向下形和下斜形。

ST 段平直延长至 0.08 s 或 0.12 s 为可疑心肌缺血。如为上斜形即与 QRS 波夹角<80°为 J 点下降，不属异常，若为 81°～89°则近似水平形，为可疑缺血。

⑩T 波。T 波为 ST 段后出现的一个占时较长的圆钝波，代表心室复极的晚期。T 波的异常，表现在 3 个方面，即振幅、形态和方向。

T 波特征如下：①标准导联，正常情况 Ⅰ 和 Ⅱ 导联应是直立，Ⅲ 导联可直立、倒置或低平。②加压肢体导联，aVR 导联总是倒置，aVL 导联常是直立的，也可倒置、低平，若 R≥0.5 mV，T 波倒置为异常，发生于侧壁心肌梗塞、缺血或心肌劳损。aVF 导联除横位心时几乎总是直立的，倒置常可见于下壁心肌梗塞、缺血、肺栓塞或心肌劳损，但需结合临床予以诊断。③胸前导联，V_1 导联倒置者 80%为正常犬，V_2 导联倒置者 20%为正常犬。V_3 导联可倒置、可直立，视 V_2 情况，若 V_2 直立，V_3 必须直立。$V_{4\sim6}$ 导联应直立，振幅常≤1.3 mV。任何一胸前导联 T 波直立，且>1.3 mV 或不应出现的倒置均属异常，任何一胸前导联或标准导联 R 波为主时 T 波直立，且<0.1 mV，亦为异常 T 波。T 波异常多见于：心肌梗塞、心室肥厚、肺心病、完全性束支传导阻滞、心包炎、心肌炎、心肌病、电解质紊乱、代谢性疾病和药物毒性作用(洋地黄)等。

巨大 T 波：也称高耸 T 波，常出现在胸前导联，尤其 $V_{3\sim6}$ 导联。心肌缺血所引起的 T 波高耸，往往基底部增宽，同时伴有同导联 QRS 波电压减低。高耸 T 波常为急性心肌梗塞早期表现，发生于梗塞后数分钟到数小时，另外，变异型心绞痛发作时也可见到此种表现。

⑪Q-T 间期。代表心室除极与复极的总时间，其时限与心室射血时间基本一致。即从 QRS 波开始至 T 波终止。心率在 70 次/min，Q-T 间期不应大于 0.40 s。

Q-T 间期与心率、年龄和性别有关，是心电图的一个重要参数，其长短有诊断意义。

下列情况可致 Q-T 间期延长：左室负荷过重，各种原因的低血钙、低血钾，心肌梗塞，奎尼丁和胺碘酮等药物作用，长期剧烈运动、糖尿病性昏迷、尿毒症、心包炎和肺栓塞。

下列情况可致 Q-T 间期缩短：洋地黄、高血钙、高血钾、肾上腺素、缺氧、运动、迷走神经张力增高和高温环境。

(2)心率的测量。通过心电图可准确计算心率。心电图记录纸上竖线距离代表电压，横线距离代表时间。1 mV=10 mm 定标电压时，每两条横线间(1 小格)为 1 mm(0.1 mV)。两条竖线间，纸速 25 mm/s 时为 0.04 s，0.20 s 为 1 中格。

心率等于 60 s 除以 P-P 或 R-R 间隔时间(s)，例如，R-R 间隔为 0.80 s，则心率=60 s/0.80 s=75 次/min。当心律不齐时，可测量 15 cm 内 R 波(或 P 波)数，再乘以 10，例如，15 cm 内有 6 个 R 波，即 6×10=60 次/min。这种方法对 P 波或 R 波很不规则，如心房纤颤时计算心室率尤为方便。此外，也可根据 R-R 间期占几个中方格来计算，如 1 个中方格是 300 次/min、2 个中方格 150 次/min、3 个中方格 100 次/min、4 个中方格 75 次/min、5 个中方格 60 次/min、6 个中方格50 次/min。

(3)心电轴。

①心电轴基本概念。心电轴也称平均心电轴，是指整个心室除极过程中，QRS 波在额面上的偏移。下面 5 种基本波形，用于大致确定某一导联所对应的心脏部位。

a. QRS 伴负向 T 波，表示面向心脏后壁。

b. QRS 伴直立 T 波，为对应左室心外膜。

c. RS 波为过渡波形，R 波与 S 波振幅相近。

d. RS 波为对应右室壁及右室腔的图形。

e. QS 波为左室腔的波形。

一般讲，已知上述波形的 1 种，即可确定电极所对应的心脏解剖部位。即 QRs 波和 QR 波总是表示左室面，RS 和 RS 代表右室，而 RS 则表示是面向室间隔的导联。

②心电轴偏移的测定。

a. 目测法：根据导联 Ⅰ 与 Ⅲ 的 QRS 主波方向做出判断。Ⅰ 与 Ⅲ 导联 QRS 主波均向上(方向一致)，电轴不偏；Ⅰ 导联主波向上，Ⅲ 导联主波向下(背道而驰)，电轴左偏；Ⅰ 导联主波向下，Ⅲ 导联主波向上(针锋相对)，电轴右偏。

以上方法简便，一目了然。通过目测法也可大概估计电轴度数，如果 Ⅲ 导联向下波大于Ⅰ导联向上波，电轴左偏在－30°以上；如果Ⅰ导联向下波大于Ⅲ导联向上波，电轴右偏在＋120°以上，有诊断意义。

b. 振幅法：为了比较精确测定电轴度数，我们可以用Ⅰ导联和Ⅲ导联的振幅来计算，简称振幅法。首先涉及六轴系统，加压单极肢体导联的各轴线与标准导联的导联轴，同时平行向中心移动，就组成六轴系统。所有原始关系均未改变，相邻两个加压单极导联及相邻两个标准导联间的角度均为60°，因为加压单极导联正好将相邻两个标准导联的夹角平分，所以六轴系统导联轴间角度为30°。进一步将额面六轴系统用圆形表示，Ⅰ导联的右臂端为0°，顺时针为正，逆时针为负。需要指出，该设计未改变电极的方向，所谓正、负仅表示一种数学关系，在确定心电轴的方向和极性时将很有用处。振幅法是分别先算出Ⅰ导联和Ⅲ导联QRS波振幅的代数和，然后在Ⅰ和Ⅲ导联轴上分别做一垂线，两条垂线交点，与中心点连线即代表QRS电轴的方向。根据QRS与Ⅰ导联正侧的夹角也能算出电轴的角度。算出Ⅰ导联和Ⅲ导联QRS波振幅的代数和直接用查表法也可求得。

③心电轴偏移的临床意义。正常心电轴多在0°～＋90°，其正常范围为－30°～＋110°。＋30°～＋90°电轴不偏，＋30°～－90°电轴左偏（－30°～－90°为显著左偏），＋90°～＋270°电轴右偏（＋110°～＋270°为显著右偏）。心电轴显著左偏或右偏均属异常。电轴左偏常见于左室肥厚和左前分支阻滞，电轴右偏常见于右室肥厚和左后分支阻滞。电轴偏移也可受生理因素影响：正常横位心脏，如肥胖、孕妇和腹水等，电轴常左偏；正常垂位心脏，如婴儿和瘦长体形等，电轴常右偏。

5. 心电图分析　分析心电图时，应将各导联的心电图剪好，标明导联，先全面检查一下，注意有无位移、导联错误，各导联的标准电压曲线是否正确，个别导联电压有无偏高偏低现象，然后进行心电图各波的分析。在测量心电图各波及间期时应注意，测量一个向上的波，应自等电位线的上缘量至该波顶端的垂直距离，测量一个向下的波，应自等电位线的下缘量至该波低端的垂直距离。波的高度和深度，以毫伏为单位，即以该导联的校正标准电压为准，折算出各波的毫伏数作为描述波的高度或深度的单位。校正标准电压1 mV，描写笔恰好上下摆动10 mm，则每毫米相当于0.1 mV。波的时间，是指该波开始至该波终了的时间，以秒为单位，如记录纸每秒转动25 mm，则记录纸每个小格等于0.04 s。

在实际分析心电图时应注意5大重点：心搏率，节律，心电轴，肥大和梗塞。

正常的心电图PQRST波形。

（三）超声诊断　超声是指振动频率每秒在20 000次（Hz，赫兹）以上，超过人耳听觉阈值上限的声波。超声检查是利用超声波的物理特性和器官组织声学特性相互作用后产生的信息，并将其接收、放大和信息处理后形成图形，借此进行疾病诊断的检查方法。

1.B超成像基本原理与设备

(1)超声的物理特性。超声属于机械波,由物体机械振动产生。目前医学上产生和接收超声的器件通常采用压电晶体作为换能器。压电晶体具有两种可逆的能量转变效应,即在交变电场的作用下导致厚度的交替改变,从而产生声振动,即由电能转变为声能,称为逆压电效应;相反,有声波的压力变化是压电晶体两端的电极随声波的压缩(正压)与弛张(负压)发生正负电位交替变化,称为正压电效应。在逆压电效应中,压电晶体称为超声发生器,在正压电效应中,压电晶体成为回声接收器。

有声源发生的声振动在介质中传播,具有波长(λ)、频率(f)和传播速度(C)等物理参数。①频率:有声源发生超声时所决定,单位为赫兹(Herze,Hz),用于医学上的超声频率为2.5~10 MHz(兆赫),常用的是3.5~5 MHz。②声速:指超声在传播介质中单位时间内行进的距离,单位为m/s或cm/s,介质中声速的高低遵循下列规律:在固体中最快,液体中次之,气体中最慢。机体软组织中的声速与液体近似,平均为1 540 m/s;肺、胃肠道等含气脏器为350 m/s,骨与软骨约为4 500 m/s等。③波长:超声在传播中,两个相邻的位相相同的质点之间的长度,即声波在完整周期内所通过的距离。频率、声速与波长间的关系式为,$C=f\cdot\lambda$。超声在同一介质中传播时,由于声速已经确定不变,由上式可知频率越高则波长愈短;反之,频率愈低则波长愈长。

超声波在机体内传播主要具有以下的物理特点:束射性或指向性;反射、折射、散射和绕射;吸收与衰减;多普勒效应。

(2)超声成像基本原理。超声成像的基本原理和过程主要是依据上述超声波在介质中传播物理特性,其中最重要的有以下3个方面:①声阻抗特性;②声衰减特性;③多普勒效应。机体结构对超声而言是一个复杂的介质,各种器官与组织,包括病理组织均有它特定的声阻抗和衰减特性,因而构成声阻抗上的差别和衰减的差异。超声射入机体体内,由表面到深部,将经过不同声阻抗和不同的器官与组织,从而产生不同的反射与衰减。这种不同的反射与衰减是构成超声图像的基础。将接收到的回声,根据其强弱用明暗不同的光点依次显示在荧屏上,通过不同的扫查方式,便可显出机体的断面超声图像,称之为声像图。

机体器官表面有被膜包绕,被膜同期下方组织的声阻抗差大,形成良好界面反射,声像图上出现完整而清晰的周边回声,从而显出器官的轮廓。更具周边回声能判断器官的形态与大小,脏器内病变以同样的原理可显示其形态与大小。

超声经过不同正常器官和病变的内部,其内部结构的均质与否亦可构成声阻抗和衰减特性上的差异，形成无回声、低回声或不同程度的高至强回声。新近大量试验研究证明生物组织吸收衰减几乎由大分子引起，其中主要是蛋白质，含量高则吸收增大衰减也高，蛋白质中又以胶原蛋白吸收最为显著，凡胶原蛋白含量高的韧带、纤维组织等吸收更多的声能，机体组织中以水的吸收系数最小，骨骼和气体吸收系数最大。声像图中病灶后方回声的状态，在一定程度上反映了病灶本身的形态特征外，后方回声的增强或减弱也是一项不可忽视的重要指标。

(3)B 超设备。B 超是脉冲回声式，其基本工作原理为：①发射短脉冲超声，脉冲重复频率 500～1 000 Hz，或者更高；②接收放大，因机体内回声的振幅差别为 100～120 dB(10^5～10^6)，除高速数字化技术外，一般必须使用对数式放大器；③数字扫描转换技术，是任何扫查形式的超声图转换成通用的电视制扫描模式；④显示图形，以明暗不同的光点反映回声变化，并将声束顺序扫切脏器时，每一单条声束线上的光点群按次分布形成一断面二维声像图。

B 超的完整含义为超声成像(或图像)诊断仪，它包含下列 3 个含义：①回声界面以光电表达；②各界面回声振幅(或强度)以辉度(灰度)表达；③声束顺序扫切脏器时，每一单条声束线上的光点群按次分布成一切面声像图。B 超是现代超声诊断设备的核心组成部分，它主要是由超声换能器即探头和主机包括发射和接收、显示与记录以及电源等部分组成(图 4-1)。

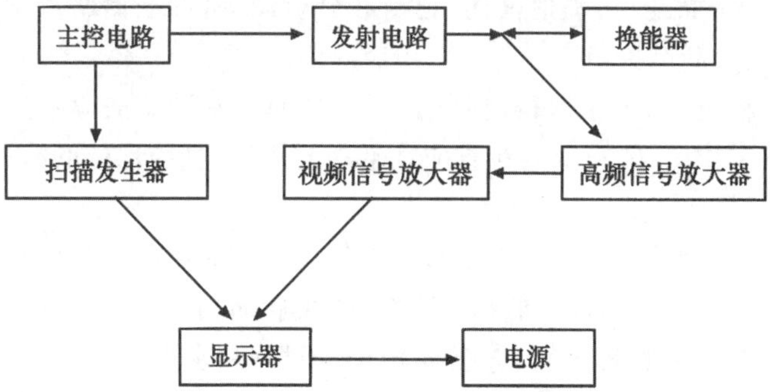

图 4-1　B 超组成与工作原理

根据成像和显示方式不同，分为静态成像和动态或实时成像以及灰阶或双稳态显示。静态成像图像展示范围较广，影像较清晰，但成像速度慢、检查时间长，现已很少使用。目前应用最为广泛者为实时(帧频大于 30 f/s)及灰阶(灰阶数＞64)

仪器。另外，根据探头与扫查方式，又分为线扫、扇扫及凸弧扫及圆周扫等，以凸弧扫的适应范围最广，但各有所长。还有根据不同需要设计的各种专用探头如经食管、经直肠、经阴道等特别的腔内探头以及为了借助声像图指导穿刺用的穿刺探头和术中探头。

2.B超图像特点　声像图是根据探头所扫查的部位构成的断层图像，改变探头位置可获得任意方位的声像图。它是以解剖形态学为基础，依据各种组织结构间的声阻抗差的大小以明（白）暗（黑）之间不同的灰度来反映回声之有无和强弱，从而分辨解剖结构的层次，显示脏器和病变的形态轮廓和大小以及某结构的物理性质。液体结构为无回声暗区。实质性结构为强弱不等的各种回声。均质性实质结构为均匀的低回声或等回声。非均质性结构为混合性回声。钙化或含气性结构则呈极强回声并伴后方声影。此外，由于成像速度快，属实时显示，可观察活动器官的运动情况。

但B超图像容易受气体和皮下脂肪的干扰，影像图像的质量。此外，由于成像显示范围较小，其展示的范围亦不像X射线CT或MRI图像那样能同时显示多器官或结构的整体关系，故仍有一定的局限性。

3.B超检查技术　在进行超声显像检查时，在方法学上必须掌握4个基本环节：①熟悉仪器的性能，正确地调节各个控纽，发挥其功能。因此，在使用仪器前必须详读有关的说明书和操作手册；②掌握一些基本操作手法和程序，以获得某些理想的规范化的图像；③全面地、正确地描述、记录和分析图像，确立诊断依据；④临床思维，综合分析提示诊断结论。

在进行超声显像检查时，为了取得清晰的图像，从而达到满意的诊断效果，必须做好检查前的准备工作，一般腹部的检查应在空腹时进行，盆腔部位的检查应适度充盈膀胱，以避免气体干扰。

超声探测时常规采取仰卧位，也可根据需要取侧卧位或俯卧位、半卧位。涂布耦合剂，探头紧贴皮肤进行扫查，常用的扫查面有：①矢状面扫查（纵切面的一种），以扫查面由前向后并与机体长轴平行；②横向扫查（横切面，水平切面），即扫查面与机体长轴垂直；③斜向扫查即扫查面与机体长轴成一定角度；④冠状面扫查（冠状切面、额状切面为纵切面的一种）即扫查面与腹壁和背部平行或与机体额状面平行。

在扫查过程中探头的手法主要有以下4种：①顺序连续平行断面法或称“编织”式扫查法：即在选定某一成像平面后，依次将探头沿该平面做多个平行的断面图，则可从各个连续的断面图像中，观察分析脏器轮廓、内部结构及病灶的整体情况。②立体扇形断面法：即定点摆动扫查法，在选定某一成像平面后，不移动探头在体表的位置,而以顺序改变探头与体表之间的角度时,可在一个立体的扇形范围内,观察分析脏器轮廓、内部结构及病灶的整体情况。③十字交叉法:即纵横平面扫查法,对某一切面呈圆形的图像为了鉴别是圆球形还是管状形结构,可采用十字交叉法的纵横切面相交予以鉴别。另外,在对病灶中心定位引导穿刺时,也可采用此法即十字交叉中心定位法。④对比加压扫查法:即用探头加压腹部观察回声有无变化,并对两侧腹部对应部位进行对比,以鉴别真假肿块。

4.B超回声的描述　超声图像是由许多像素所构成,像素的亮暗反映了回声的强弱。反映在荧光屏上从最亮到最暗的像素变化过程即从白到灰再到黑的过程称为灰度。将灰度分为若干等级,即为灰阶。机体的被测脏器与病灶的断面图像即是根据各种不同界面的灰阶强度,回声的空间范围和几何形状等来加以描述。

(1)回声强弱的命名。根据图像中不同灰阶强度将其回声信号分为:①强回声,反射系数大于50%以上,灰度明亮,后方常伴声影,如各种结石和钙化灶等;②高回声,反射系数大于20%左右,灰度较明亮,后方不伴声影,如肾窦和纤维组织等;③等回声,灰阶强度呈中等水平,如正常肝、脾等实质性器官的回声;④低回声,呈灰暗水平的回声,如肾皮质等均匀结构;⑤弱回声,表现为透声性较好的暗区,如肾锥体和正常的淋巴结的回声;⑥无回声,均匀的液体内无声阻差异的界面,即呈无回声暗区,正常充盈的胆囊和膀胱即呈典型无回声区。

(2)回声分布的描述。按其图像中点状回声分布情况分为均匀或不均匀。不均匀者有:①随机性不均,包括点状、线状和小区性分布不均;②规律性随深度递减。此外,在病灶内部的回声分布可用均质或非均质表述。

(3)回声形态的命名。①点状回声,回声呈细小亮点状;②斑片状回声,回声集聚成明亮的小片状,其大小在0.5 cm以下有清晰的边界;③团状回声,回声光点集聚成明亮的光团,有一定的边界;④环状回声,回声光点排列呈圆环状;⑤带状或线状回声,回声光点排列呈明亮的带状或线状。

(4)某些特殊征象的描述。某些病变呈特殊征象,即形象化的命名为某征,用于突出或强调这些征象的特点。常用的有“靶环征”及“牛眼征”,即在某些病灶中心呈高回声而其周围形成圆环状低回声,名晕圈或声晕。在结节外周呈1～2 mm无回声环形围绕者名“暗环”征。肝肿瘤自肝表面隆起者,即称为“驼峰”征;肝门部肝外胆管因阻塞扩张后在声像上形成与肝门部门静脉平行,且管径相近或略宽,即呈所谓“双筒枪”。肝内胆管扩张与相应的门静脉构成“平行管道”征。来自胃肠道肿瘤由其壁增厚与残腔形成的“假肾”征。乳腺内或肝内小囊肿无回声区后方回声增强所出现的“蝌蚪尾”征等。

(5)病灶后方回声的描述。在某些圆球形病灶声像图后方出现的回声,即回声增强效应和侧后声影、中心声影等。

5.B超分析与诊断　观察分析声像图时，首先应了解切面方位，以便于认清所包含的解剖结构，并注意分析以下内容。

(1)外形。脏器的形态轮廓是否正常，有无肿大或缩小。如系肿块，则其外形为圆形、椭圆形或不规则形，呈分叶状或条索状形等。

(2)边界和边缘回声。肿块有边界回声且显示光滑完整者为具包膜的证据，无边界回声和模糊粗糙，形态不规则者多为无包膜的浸润性病变。除观察边缘回声光滑或粗糙、完整或有中断等征象外，边缘回声强度也有重要区别，某些结节状或团块状肿块周边环绕一圈低回声暗圈，即"暗环"征或周边为高回声的边缘，即"光轮"征等。仔细观察病变的形态和边缘，在病变性质的鉴别以及了解肿瘤的生物学活性等均有一定意义。

(3)内部结构特征。可分为结构如常、正常结构消失、界面增多或减少、界面散射点的大小与均匀度以及其他各种不同类型的异常回声等。

(4)后壁及后方回声。由于动物体各种正常组织和病变组织对声能吸收衰减不同，则表现后壁与后方回声的增强效应或减弱乃至形成后方"声影"，如衰减系数低的含液性的囊肿或脓肿，则出现后方回声增强，而衰减系数高的纤维组织、钙化、结石、气体等则其后方形成"声影"。另外，某些质地均匀，衰减较大的实质性病灶，内部可完全表现为低回声，在声像图上酷似液性病灶，但无后壁及后方回声增强效应可做区别。

(5)周围回声强度。当实质性脏器内有占位性病变时，可致病灶周围回声的改变，如系膨胀性生长的病变，则其周围回声呈现较均匀性增强或有血管挤压移位；如系浸润性生长病变，则其周围回声强弱不均或血管走向中断。肝脓肿则在其边缘与正常组织之间出现从高回声向正常回声过渡的"灰阶梯度递减区"。

(6)周邻关系。根据局部解剖关系判断病变与周围脏器的连续性，有无压迫、粘连或浸润。如胰头癌时可压迫总胆管致肝内外胆管扩张、胆囊肿大以及周围血管的挤压移位，淋巴结或远隔脏器转移灶等。

(7)量化分析。包括测量病变所在位置、数目、范围、大小等，及应用电子游标测量其径线、面积、体积(或容量)和时矩4种基本时空度量。

(8)功能性检测。根据声像图上的形态改变、活动、搏动等进行生理学上的功能检测分析，如应用脂餐试验观察胆囊的收缩功能，空腹饮水后测定胃的排空功能及收缩和蠕动状态以及心脏的各种复杂功能等。

通过以上内容的观察分析，以达到对病变进行定位、定量和定性诊断的目的。但在诊断分析中需要注意以下事项：①对超声成像过程中某些伪回声或伪像要注意识别和避免，如多次反射或旁瓣效应所致的假界面等。②注意临床思维，不能单纯地“看图论病”。因在影像检查中常有“同图异病”或“异图同病”的表现故必须借助有关临床资料，综合分析。③注意动态观察，以了解其不同病理阶段的变化，同时注意各项影像技术的互补作用，以达到正确诊断的目的。

6. B超诊断的临床应用　B超检查由于无创伤、无痛苦、无电离辐射影响，一般无需使用对比剂便可获得机体各部位软组织器官和病变及管腔结构的高清晰度断层图像；提供解剖结构形态学信息，并能反映心血管等运动器官的重要生理功能。因此，超声诊断已广泛应用于内、外、产科等临床各科。它已成为许多内脏、软组织器官首选的影像学检查方法。尤其对肝肾等实质性脏器内局限性病变的诊断以及胆囊内微小的隆起性病变和结石的诊断均有很高的敏感性。在产科领域对早期妊娠的诊断和围产医学中的应用均有相当价值。

应当指出，超声诊断也有其局限性，由于超声的物理特性，使其对骨骼、肺和肠管的检查受到限制。声像图像表现所反映的器官和组织声阻差的改变只有一定的规律性而缺乏病原学上的特异性，需结合其他资料综合分析。

（彭广能　汤小朋　潘庆山）

第五章　临床治疗与用药

第一节　病 历 记 录

一、病历记录

病历记录(Medical records)简称病历，是患病动物的历史记载资料，其内容不但有助于对现在病情的诊断和治疗，有时对将来可预见时期内的病情等都有参考价值，动物主人和医生记不清楚的事情及用药等情况都可以从阅读病历得到。

完善的医疗体系需要有一个详细的病历记录，正确合理地利用化验结果和采取相应的治疗措施，都少不了参考患病动物的历史及以前的临床检查结果，以前动物对某些药物的反应等。此外，动物日常的食性，过敏史及有关的信息都是完整的病历不可或缺的。

一般来说，每一个就诊的动物都应当有病历记录(档案)，其目的主要有以下几个方面：

(一)医生之间的信息交流　由于有了完整的病历记录，医疗的过程就可以有连续性。当一个医生接手一个新病例时，需要对该病例的历史有所了解，这时如果能从原来的医生那里得到病历的复印件等会有很大帮助。另外，在一些较大型的动物医院，同时有几名医生接诊，医生之间互相接受病例的情况经常发生，对动物病史的了解多靠阅读病历，因为直接交谈费时，而且很多情况下是不可能的。对于一个患病动物来说，X 光片、化验结果等都属于病历的一部分。

(二)对患病动物实行正确诊疗的基础　患病动物的历史，临床检查结果，化验结果在很大程度上决定治疗方案。在完整的病历中，医生不但要记录下现行治疗措施，还可以记录将来要采取的措施，包括进一步化验及检查项目等。

(三)有效的法律文书　在日常行医过程中，有时会发生动物主人与医生或护士之间的意见分歧，也有时会出现主人对治疗结果的异议，特别是在出现动物死亡时更容易出现医患纠纷。在这些情况下，医生为了证明所作所为的合理性，必须有法律文书为证。病历档案这时便成为最有效的法律证据。国外动物医院协会对病历档案保存的要求规定：在动物死亡以后还要保留至少 2 年以上。病历作为法律文书不能更改、涂抹或假造。

(四)用于教学和研究 完整的病历是教学和研究的重要资料来源，对某一特定病例的正确治疗经验只能由大量的临床病例积累，而这样的积累没有完整的病历是不可能的。在教学医院里，学生可以通过阅读病历来了解病情的发展、医生的治疗措施及治疗效果等，许多回顾性研究需要有完整的病历系统。

此外，病历属于医院的财产，动物主人有调阅权，但不能拿出医院。动物主人有权利索取病历的复印件(包括 X 光片、化验结果等材料)。

二、病历归档系统

为了更好地利用病历档案资料，需要建立一套病历归档系统，对归档系统的最重要要求是便于查找。目前世界上通用的主要系统有按主人姓氏字母先后排列和按病历序号排列两种。按动物主人姓氏字母顺序排列的弊端在于有时会出错，因为姓氏的字母有时可以写错或记错，其结果是档案的丢失或放错地方，给利用档案带来困难；按序号排列的优点在于归档容易，查档迅速、准确。为了确保这种系统的可靠性，可以建立一套卡片系统，卡片上注明动物主人姓名和病历序号，这样万一出错，可以根据卡来查找病历。目前国外已经普及了动物医院计算机管理系统，病历序号排列系统可以与计算机系统接轨。国内在不远的将来计算机管理也会逐渐普及，因此病历的归档系统最好采用序列号系统。

(一)病历的结构和内容 病历内应该完整的记录下所有的与医疗相关的信息。国外有标准的记录方法，这种方法被称做“以疾病为中心的病例记录标准”，规模大一点的医院多采用这种形式的病历，小一些的病院则采用简便的形式。目前中国农业大学所采用的是国际通用的简便形式病历系统，病历第一页的最上方记录动物主人和动物的有关信息。

病历内容的记录页可以由一页或多页组成。随着动物年龄结构的变化，老龄动物的增加，动物的老年病也必然会增加，这样病历的页数也会增加(表 5-1)。

(二)病历的写法 目前世界上通用的病历记录方法仍然是以劳伦斯·韦德(Lawrence Weedy)于 1960 年所创立的“以疾病为中心的病历记录标准”(Problem Oriented Veterinary Medical Record POVMR)方法。这种记录法系统性强、完整，但比较繁琐。记录的内容主要包括如下几个方面：

1. *主述* 记录主人对动物病情的描述、发病时间、症状、病情的发展及主人对可能造成疾病的病因的推测等，这部分内容一般可以给出与疾病相关的关键信息。有时医生可以根据主述对疾病直接做出诊断，对不清楚的地方可以进一步问诊，内容可以纪录在案。

表5-1　中国农业大学动物医院病历档案

主　人		地址				电话	
动物名		品种		颜色		特征	
年　龄		其他				性别	
日　期	主要症状及处置					医　师	

2. 临床检查　医生根据主述对动物进行全面检查和重点检查，如果诊断明确可以直接进入治疗处置项，需要进一步检查或化验的应记录所需要的项目，待结果出来后将结果也记录于此。

3. 诊断或鉴别诊断　在完成上述各项后可以做出诊断的将诊断记录下来，如果初步诊断不止一种可能的病例应该记录可能的鉴别诊断。

4. 治疗处置措施　医生根据诊断列出治疗措施，如输液、用药、剂量、临床处置等。这一部分还要记录客户教育(医嘱)的内容以备复诊时参考。例如，饲喂方法的改变，量的改变，限制活动与否，注意观察哪些方面，如何防止疾病的恶化或复发等。

三、处方知识

(一)处方　处方是医生对动物的疾病做出诊断后所开列出的治疗方案，是医生对用药、用法、剂量及给药途径等所给出的书面指示，包括某些特殊治疗措施如手术等。医生所开列的处方具有法律意义，一般情况下，医生有义务向动物主人解释清楚处方的含义及处置的内容，包括危险性等，使动物主人充分理解所选治疗措施的道理。如果动物主人对措施有异议，应当及时与医生讨论，以便在可能的情况下做某些调整。动物主人有权拒绝接受医生所开列的处方，医生也有权拒绝按照主人的意愿开处方。

处方一般一式两份或三份。动物医院保留原件，供药房和会计用，复件用做护士或技术员给药时参照。处方也是病历档案的一部分，应长期保存。

(二)处方的结构 处方一般由以下几个部分组成。

1. *主人及动物相关信息* 这一部分的重要性在于避免用错药物，必须详细填写，日期也要详细填写，仅写月日不写年份或仅写年月不写日期等都是不规范的。

2. *处方部分* 一般用R表示(R:拉丁语 recipe 的简写，意为取药)，在R后面按先后顺序罗列所需的药物和处置措施。药物可以写学名或商品名。

所有开列的药物必须注明剂量、给药途径、用法等。

特殊药物的用法，配方须注明。

3. *签名* 在处方的末尾由主治医师签名。只有医生签名处方才生效，而且签名的医生应对处方的作用负责任(表5-2)。

表5-2 中国农大动物医院处方签样式

编号:

中国农业大学动物医院

处 方 笺

主　人＿＿＿＿＿＿　　年　月　日

动物种类＿＿＿＿＿　性　别＿＿＿　病历号＿＿＿＿

R:

＿＿＿＿＿＿＿＿

药　费＿＿＿＿＿＿　X光费＿＿＿＿＿＿

处置费＿＿＿＿＿＿　B超费＿＿＿＿＿＿

化验费＿＿＿＿＿＿　其　他＿＿＿＿＿＿

合　计:　收费人:

处方签应当编号，这样便于查找用过的处方，也可以避免处方的丢失。

4. *药袋标签* 在临床实践中，经常需要给动物主人开出药物回家用药，这种情况下应当在药物的容器,包装(药袋)等上面清楚标明下列信息:动物主人及动物信息;药物名称、数量、用量、用法;动物医院名称、电话等;有效期。

国外动物医院有管理软件,其中有自动打印标签的功能。目前国内的条件下,印刷在药袋上的表应该尽可能详细填写,这样可以避免发生用错药,同时可以减少主人对用药方法等不清楚而频繁打电话询问。

第二节 临床给药技术

一、给药技术

(一)片剂丸剂投药法 犬、猫取坐姿保定,投药者以左手握下颌,打开口腔右手以中指和食指(或镊子)夹药送于舌根部,然后快速地把手抽出,并将犬、猫嘴合上,随着吞咽动作,将药吞下。

(二)水剂、油剂投药法 注射器匙勺投药,适用于投服少量水、油剂。助手保定头部并向上倾斜,投药者以左手拇指插入嘴角边掐住嘴角向下拉,将上唇向上推,使之形成兜状口,右手持注射器(勺)将药灌入,注意防止误咽。

(三)胃管投药 适用于投服大量水、油剂。犬取侧卧保定或坐姿保定。打开口腔后装上木制开口器(中央有圆孔),然后用胃管,通过开口器中央孔插入食管,推至胃中,连接漏斗,将药液灌入。

(四)灌肠法

1. *浅部灌肠* 浅部灌肠适用于治疗直肠,或结肠便秘,炎症;食欲废绝时灌入营养剂;灌肠时,犬取站立保定,术者右手持胶管插入肛门达 8～10 cm 深,连接漏斗,将药汤灌入肠内。高举臀部,3～5 min(将犬尾夹在会阴部 3～5 min)即可。

2. *深部灌肠* 深部灌肠是一种将大量药液经肛门灌入前部肠管和胃内的方法。适用于肠套叠和排出胃内毒物。灌肠时,犬取倒立保定,术者先将灌肠器的胶管插入肛门,并向直肠内推进 8～10 cm,先灌入少量药液软化直肠内积粪,待排净积粪后再大量灌入药液,药液温度以 38℃为宜。

二、注射法

(一)皮下注射 皮下注射是将药液注射于皮下组织内经毛细血管,淋巴管吸收,进入血液。凡是等渗液,缓冲液,无刺激性的注射液及疫苗血清等,均可做皮下注射。

注射部位：选择皮肤较薄而皮下组织疏松的部位，局部剪毛、消毒后，术者左手提起皮肤使成一皱褶。右手持注射器，将针头沿皱褶的基部刺入 1～2 cm，抽拔活塞无回血后注入药液，注完后拔出针头，局部消毒。

（二）肌肉注射 肌肉内血管较多，吸收药液较快，刺激性较弱和较难吸收的药液，以及部分麻醉剂，某些疫苗可做肌肉注射。一般多选在肌肉丰满的部位，局部剪毛、消毒后，术者左手固定皮肤，右手持注射器垂直刺入皮肤肌肉内 1～2 cm，抽拔活塞确无回血后，方可注射药液，注射完毕，拔出针头，局部消毒。

（三）静脉注射 是将药液直接注射于静脉管内，使其随着血液分布全身，迅速奏效。但排泄较快，作用时间较短，主要用于大量的补液、输血或刺激性较强的药液等。主要选在前肢的臂头静脉，将犬伏卧在保定台上，助手站在犬的左侧，左臂抱住颈部，保定头颈不动，右手握住右前肢肘关节下部，同时拇指稍向内转（打止血带）使静脉显露努张。术者左手握住前肢。拇指紧贴努张的静脉，使其无法滚动，右手持注射器，在腕关节稍上方，刺入静脉。

（四）气管内注射 常用于治疗支气管炎、肺炎及肺脏驱虫。助手双腿夹住犬双后肢，右手握住犬的两前肢肘关节，左手抬起犬下颌，使其头稍后仰露出颈部气管，术者在颈腹部 3～4 气管环之间剪毛，消毒后刺入针头，回抽注射器，有大量气泡后慢慢注射药液，注射完毕后，缓缓拔出针头局部消毒。

（五）胸腔内注射 适用胸膜炎或胸腔积脓后治疗。犬取俯卧保定，一助手向前拉两前肢（握住肋骨）别移动，一助手保定后肢和颈部，在 2～3 肋间剪毛消毒，术者左手将皮肤向前方移动，右手将套管针刺入胸腔，拔出针芯，接上注射器，将药液缓缓注入，注射完毕，拔出针头，局部消毒。

（六）腹腔给药 适用腹膜炎或幼小的静脉无法给药的幼小动物，犬左侧卧保定，在耻骨前 3 cm 腹白线旁 3 cm 处剪毛消毒，用套管针或注射器针头斜进入皮下再垂直进入腹腔，缓缓推入液体，拔出针头后，用于棉球压 3～5 min，防止液体漏入皮下。

（七）椎间封闭给药 适用于急性的颈椎病、胸腰椎病，助手右臂夹住犬颈部两手抓住两后肢股阔筋膜张肌，术者把犬脊柱的毛两边分开，消毒，然后将针刺入椎间，注射药液，拔出针头，局部消毒。

（八）膀胱尿道给药 适应完固性尿路感染，在全身给药效果不明显的情况下，将消过毒的涂抹红霉素软膏的尿管，轻轻擦入膀胱，导出膀胱内尿液，待尿液导完后，将导尿管轻轻退到尿道口，将药液轻轻推入尿道和膀胱，而导尿管药液可加生理盐水冲入，缓缓拔出导尿管，尿道口涂红霉素软膏。

(九)膏类药的给药法 对于皮肤病的动物,一定把毛剃到健康的部位,把药膏涂到病变和健康交界部,然后揉药进入皮肤内。对于脓肿、皮下蜂窝织炎,一定要在最低处切开引流把软膏挤入腔内。

第三节 犬、猫针灸治疗技术

针灸疗法具有治病广泛、疗效迅速、操作安全、简便易学、便于推广等特点,正被越来越多地用于小动物临床,受到国内外兽医工作者的重视。

一、针灸基本知识

针灸包括针术和灸术两种技术。针术,又称针刺,是运用各种不同针具,对动物体表的某些穴位或特定部位施以适当的刺激,以达到治疗疾病目的的方法。灸术,又称艾灸,是用点燃的艾绒熏灼动物体的一定穴位或部位,以达到治疗疾病目的的方法。针术和灸术虽是两种不同的治疗方法,但两者常常并用,且均属外治法,故合称针灸。

(一)针灸用具 目前,在小动物临床上常用的针灸用具主要有以下几种。

1. 毫针 在小动物临床上,多选用针体直径为0.16~0.22 mm,针体长度为1.3~6.0 cm的人医针灸用毫针。毫针用于针刺位于血管以外的白针穴位。

2. 三棱针 针身呈三棱状,有大小两种类型,小动物临床常用的是小三棱针。三棱针用于针刺血管上的血针穴位。

3. 艾卷 将艾绒以草纸卷成细圆柱状,称为艾卷,是艾灸的用具。

4. 其他针灸用具 包括电针治疗机、激光治疗器、电磁波谱治疗器等。

(二)针灸前准备

1. 检查针灸用具 针刺前需根据针刺的部位、动物体型的大小和针刺的方法不同选择适当的针具,并检查有无生锈、带钩、针柄松动或弯折现象,有上述现象者,不能使用。艾灸前应检查艾卷是否有受潮现象,如果受潮,则因其不易点燃而不能使用。

2. 动物保定 为确保术者和动物的安全,保证针灸的顺利进行,应对动物进行适当的保定。犬、猫常采用网架保定。必要时,用绷带将犬嘴缚住或给犬带防咬口罩。也可以给猫和小型犬佩带伊丽莎白圈以防止其回头咬人。

3. 消毒 针刺时,应注意对穴位、针具和术者的手指消毒。一般卫生状况良好的犬,用酒精棉球对穴位进行消毒即可;卫生状况不好的犬,则应对穴位部剪毛,然后用碘酒和酒精消毒。针具一般用75%酒精消毒，必要时可用蒸汽或煮沸消毒。术者手指用酒精棉球消毒即可。

(三)针刺方法

1. 进针　有缓刺法和急刺法两种。

(1)缓刺法。又称捻转进针法，即先将针尖刺入皮下，然后再捻转进针至所需深度。适用于毫针的进针。当所用毫针较细长或穴位部皮肤较厚，不易进针时，可用套管进针法。即将比针稍短的金属或硬质塑料套管套在针体上，对准穴位，以手掌拍打针柄，使针尖迅速穿透皮肤，取下套管，再捻转进针至所需深度。

(2)急刺法。左手按穴，右手持针，用持针手的拇指和食指固定针刺深度，将针尖点在穴位中心，迅速刺至所需深度。适用于三棱针的进针。

2. 针刺角度　即针体与穴位皮肤表面所构成的角度。常用的有直刺、斜刺和平刺3种。

(1)直刺。针体与穴位皮肤表面约呈90°角刺入。适用于全身大多数的穴位，尤其是肌肉丰满处的穴位。

(2)斜刺。针体与穴位皮肤表面约呈45°角刺入。多用于肌肉较薄或靠近脏器及骨骼边缘，不宜深刺的穴位。

(3)平刺。针体与穴位皮肤表面约呈15°角刺入。多用于肌肉浅薄处的穴位以及两个或两个以上穴位的透刺。

3. 留针　毫针刺入穴位后，常在穴位内留置一段时间，称为留针。留针时间一般为15～30 min，其间每隔5～10 min可行针1次，每次2～3 min。

4. 行针　针刺达到所需深度后，可采用一定手法使患畜出现提肢、弓腰、摆尾、肌肉收缩等“得气”反应，称为行针。行针时可根据病情采用捻转、提插等方法。

5. 针刺强度　适当的针刺强度对于取得理想的治疗效果十分重要。常用的有以下3种。

(1)强刺激。进针深，捻转、提插幅度大，速度快，用力重。适用于体质较强的犬、猫。

(2)弱刺激。进针浅，捻转、提插幅度小，速度慢，用力轻。适用于老弱犬、猫。

(3)中刺激。介于强弱刺激之间。

6. 退针　在留针一定时间之后，以左手拇指、食指夹持针体，同时按压穴位，右手持针柄捻转抽出。

(四)针刺时意外情况的处理　施针过程中，一旦发生弯针、滞针、折针等情况，应沉着冷静，及时采取措施。

1. 弯针　动物骚动不安或肌肉强烈收缩，可引起弯针现象。此时，术者不应用力拔针，须待动物安静后，再轻轻捻转针体，顺针弯曲的方向缓缓拔出。

2. 滞针　针刺入肌肉后，发生不能捻转、提插的现象称为滞针，多由于局部肌肉紧张所致。此时应停针片刻，按揉局部，消除紧张，再行施针或轻轻向相反方向捻转针体将针拔出。

3. 折针　进针时应留适当长度的针身在体外，以便折针时容易拔除。若出现折针，应设法尽快拔出。如果针体全部折于体内无法拔出时，采用手术方法取出。

4. 血针出血不止　若因进针过深，刺伤动脉，或切断血管等而出血不止，应采取压迫、钳夹或结扎止血。

二、常用针灸疗法

小动物临床上常用的针灸疗法有以下几种。

(一)白针疗法　将毫针以一定的角度和深度刺入除血针外的穴位，施以一定刺激以治疗疾病的方法称为白针疗法，是临床应用最为广泛的一种方法，适用于治疗多种动物疾病。白针的操作方法如下。

1. 持针　右手拇指、食指夹持针柄以便用力，中指和无名指抵住针身，以辅助进针。

2. 按穴　针刺时，以左手切压穴位部皮肤，帮助进针，多用指切法，即左手拇指按压穴位近旁皮肤，针沿指甲边缘刺入。

3. 进针　多用缓刺(捻转)进针法。

4. 留针与行针　进针后一般留针 15～30 min。其间，每隔 5～10 min 可行针 1 次，每次 2～3 min。

(二)血针疗法　将三棱针刺入血针穴位，使之出血，以防治动物疾病的方法，称为血针疗法。在小动物临床上，血针疗法多用于中暑、中毒等的急救以及某些热性病的治疗。

1. 针刺方法　用急刺进针法，一次穿透皮肤及血管壁。

2. 泻血量　应根据患病动物体质的强弱、疾病的性质、季节和穴位特性来确定泻血量。一般体壮、急性热病可多放；体弱、慢性虚寒病应少放或不放；春季、夏季可多放，秋季、冬季应少放；颈脉穴可多放，其他穴位应少放。

3. 注意事项

(1)体质衰弱、怀孕、久泻、失血的动物，不宜放血。

(2)针刺放血后多能自行止血，若出血不止，可压迫止血，或用止血钳、止血药止血。

(3)放血后,应注意护理,以防感染。

(三)电针疗法 将毫针刺入穴位,待出现针感后,在针体上通以脉冲电流,刺激穴位的治疗方法,称为电针疗法。

1. 电针用具 主要包括毫针和电针治疗机。电针治疗机种类很多,但基本功能和构件组成相近,多数可交、直流电两用。

2. 操作方法 首先,选择2～4个穴位,穴位消毒后,将毫针刺入穴位,待得气后,将电针机导线的正、负极分别接在针柄上,由小到大地调整电针机的输出频率和电流,以动物肌肉出现节律性抽动的最大耐受量为度。每次通电持续15～30 min,每间隔3～5 min调节电流输出和频率,以防产生耐受性。电针治疗最常采用的电流是低频脉冲调制电流,波形有正脉冲和负脉冲两种。由于调制形式不同,可组成不同的波形,如疏波、密波、连续波、间断波等。治疗结束时,先将电流输出和频率开关慢慢调至零位,再关闭电源,除去导线夹,起针消毒。每日或隔日1次,5～7次为一个疗程。

3. 应用及注意事项 凡能用针刺治疗的疾病,一般均可用电针治疗,尤其对神经麻痹性疾病疗效更好。使用电针时应该注意,各旋钮先调至零位再接通电源。当因动物骚动而致导线脱落时,必须先将电流和频率调至低档,再重新接通电源。

(四)水针疗法 水针疗法,又称穴位注射,是将药物注射到穴位部以治疗疾病的方法。它是针刺和药物相结合的一种新疗法,通过针刺和药物的双重作用,达到治疗疾病的目的。此法操作简便,使用药品量小,一般为肌肉注射量的1/5～1/3,疗效显著。其适应症已从眼病、风湿症、神经麻痹,扩大到许多常见病和多发病。

1. 注射部位

(1)痛点注射。找出疼痛点进行注射。

(2)穴位注射。一般白针穴位均可使用。可根据不同的疾病,选用不同的穴位。

(3)患部肌肉起止点注射。如痛点不明显,可选择患部肌肉的起止点进行注射。

2. 药物及剂量 凡能供皮下或肌肉注射的药物,均可用于水针疗法。药物剂量应根据药物的性质、病情、注射部位以及注射点的多少加以确定。一般每2～3 d注射1次,3～5次为一个疗程。必要时,可停药3～7 d,再进行第二个疗程。

3. 注意事项 有时注射局部有轻度的肿胀和疼痛,一般1 d左右的时间自行消失,故以每2～3 d注射1次为宜。

(五)激光针灸 激光是20世纪60年代发展起来的一项技术,自20世纪70

年代开始被用于兽医临床治疗多种动物疾病。

1. 激光器　目前小动物临床使用最多的是He-Ne激光器，功率为1～40 mW，输出一种波长为632.8 nm，穿透力较强而热效应较弱的红光，主要用于照射穴位和局部组织。

2. 操作方法　根据病情选穴数个，将激光束对准穴位，距穴位5～10 cm进行照射，每穴照射5～15 min，每日1次或2次，连续7～14 d为一个疗程。操作者应戴防护眼镜。

3. 适应症　He-Ne激光照射主要用于治疗犬的椎间盘突出、神经麻痹、软组织损伤、创伤以及幼犬(猫)的腹泻等。

4. 取穴　根据病情适当选穴，一般白针穴位均可选用。

(六)艾灸　艾灸是将艾绒制成艾卷，点燃后熏灼动物体穴位或特定部位，以治疗疾病的方法。临床常用的有艾卷灸和温针灸两种方法。

1. 艾卷灸　将艾卷点燃，距穴位1～2 cm进行持续熏灼，给患病动物一种温和刺激。一般每穴灸3～5 min。

2. 温针灸　是将毫针或圆利针刺入穴位，待出现针感后，再将艾绒捏在针柄上点燃，使热力经针体传入穴位深部而发挥作用的方法，具有针刺和灸的双重作用。

(七)穴位埋线疗法　埋线疗法，又称埋植疗法，是把肠线埋植于穴位内，利用肠线对穴位的持续刺激以治疗疾病的方法。本法对犬、猫的眼病、腹泻等有较好的疗效。

1. 取穴　根据治疗的目的，选取适当穴位。如治疗眼病常用睛俞、睛明等穴，腹泻可用后海、后三里等穴。

2. 器材　半弯三棱针，封闭针头(针尖磨钝)，5 cm毫针，铬制1号、3号羊肠缝线，剪刀，持针器等。

3. 操作　取肠线1～2 cm，置于封闭针孔前端，将封闭针刺入消毒好的穴位内，再将毫针插入封闭针孔，缓慢退针，以毫针将肠线植入穴内，最后封闭针孔。可每周埋植1次。或用持针器夹持带肠线的缝针，在穴位一侧1 cm处进针，穿过皮肤、肌肉，从对侧穿出，将肠线两端剪断，轻提皮肤使肠线断端完全埋入皮下。此法可每20～30天重复1次。

4. 注意事项　应严格消毒，防止皮肤感染。埋线不应外露，以防脱落。

(八)按摩疗法　按摩，又称推拿，是术者在动物体一定部位上，运用不同手法进行按摩，以治疗疾病的一种方法。

1. 基本手法　有按、摩、推、拿、揉、打等多种手法。

(1)按法。用手指或手掌在穴位或患部按压的方法。按时应缓缓用力,反复进行。适用于全身各部,有通经活络、调畅气血的作用。

(2)摩法。用手指或手掌在患部缓缓抚摩的一种方法。抚摩时主要依靠腕力,力度仅达皮肤或皮下,多配合推法进行,有理气和调理脾胃的作用。

(3)推法。用手掌向前后、左右用力推动的一种方法,常配合摩法使用。可采用单手推、双手推、指推、掌推等法。

(4)拿法。用拇指和其他手指把皮肤或筋膜提拿起来的一种方法。可单手或双手。适用于肌肉丰满处,有祛风散寒、疏通经络的作用。

(5)揉法。用手指或手掌在患部做按压和回环揉动的一种方法。有和气血、活经络的作用。

(6)打法。又名叩击法,分掌打和棒击两种。掌打法以手握空拳,击打所治部位。棒击法多用圆木锤击打患部或穴位。应用打法时,应注意轻重变换,快慢交替。打法有宣通气血,祛风散寒的作用。

2. 按摩的应用　按摩时间一般为每次 5～15 min,每日或隔日 1 次,7～10 次为一疗程。间隔 3～5 d 进行第二个疗程。按摩主要用于治疗犬猫的消化不良、泄泻、肌肉萎缩、神经麻痹、关节扭伤等。

三、穴位

穴位,古称俞(腧)穴、孔穴、穴道,是针灸的刺激点,是脏腑经络的气血在体表汇集、输注的部位。通过经络的联系,穴位可以接受针灸的各种刺激并将其传导至体内,使内部脏腑的功能得到调整,从而起到防治疾病的目的(表 5-3 和表 5-4)。

(一)犬常用的针灸穴位

表 5-3　犬常用的针灸穴位

序号	穴名	定　位	针　法	主　治
1	人中	上唇唇沟上、中 1/3 交界处,一穴	毫针或三棱针直刺 0.5 cm	中风,中暑,支气管炎
2	山根	鼻背正中有毛无毛交界处,一穴	三棱针点刺 0.2～0.5 cm,出血	中暑,中暑,感冒,发热
3	三江	内眼角下的眼角静脉上,左右侧各一穴	三棱针点刺 0.2～0.5 cm,出血	便秘,腹痛,目赤肿痛

续表 5-3

序号	穴名	定　位	针　法	主　治
4	承泣	下眼眶上缘中部，左右侧各一穴	上推眼球，毫针沿眼球与眼眶之间刺入2～3 cm	目赤肿痛，睛生云翳，白内障
5	睛明	内眼角上、下眼睑交界处，左右眼各一穴	外推眼球，毫针直刺0.2～0.3 cm	目赤肿痛，眵泪，云翳
6	上关	下颌关节后上方，下颌骨关节突与颧弓之间的凹陷中，左右侧各一穴	毫针直刺 3 cm	歪嘴风，耳聋
7	下关	下颌关节前下方，颧弓与下颌骨角之间的凹陷中，左右侧各一穴	毫针直刺 3 cm	歪嘴风，耳聋
8	翳风	耳基部下颌关节后下方，乳突与下颌骨之间的凹陷中，左右侧各一穴	毫针直刺 3 cm	歪嘴风，耳聋
9	耳尖	耳廓尖端背面的静脉上，左右耳各一穴	三棱针点刺，出血	中暑，感冒，腹痛
10	天门	枕寰关节背侧正中点的凹陷中，一穴	毫针直刺 1～3 cm，或艾灸	发热，脑炎，抽风，惊厥
11	大椎	第 7 颈椎与第一胸椎棘突间的凹陷中，一穴	毫针直刺 2～4 cm，或艾灸	发热，咳嗽，风湿症，癫痫
12	身柱	第 3、4 胸椎棘突间的凹陷中，一穴	毫针向前下方刺入2～4 cm，或艾灸	肺热，咳嗽，肩扭伤
13	灵台	第 6、7 胸椎棘突间的凹陷中，一穴	毫针稍向前下方刺入1～3 cm，或艾灸	胃痛，肝胆湿热，肺热咳嗽
14	中枢	第 10、11 胸椎棘突间的凹陷中，一穴	毫针直刺 1～2 cm，或艾灸	食欲不振，胃炎
15	悬枢	最后（第 13）胸椎与第一腰椎棘突间的凹陷中，一穴	毫针斜向后下方刺入1～2 cm，或艾灸	风湿症，腰部扭伤，消化不良，腹泻

续表 5-3

序号	穴名	定 位	针 法	主 治
16	命门	第2、3腰椎棘突间的凹陷中，一穴	毫针斜向后下方刺入1～2 cm，或艾灸	风湿症，泄泻，腰痿，水肿，中风
17	阳关	第4、5腰椎棘突间的凹陷中，一穴	毫针斜向后下方刺入1～2 cm，或艾灸	性机能减退，子宫内膜炎，风湿症，腰部扭伤
18	百会	腰荐十字部，即最后(第7)腰椎与第一荐椎棘突间的凹陷中，一穴	毫针直刺1～2 cm，或艾灸	腰胯疼痛，瘫痪，泄泻，脱肛
19	肺俞	倒数第10肋间背中线约6 cm的髂肋肌沟中，左右侧各一穴	毫针沿肋间向下斜刺1～2 cm，或艾灸	咳喘，气喘
20	心俞	倒数第8肋间距背中线6 cm的髂肋肌沟中，左右侧各一穴	毫针沿肋间向下斜刺1～2 cm，或艾灸	心脏疾患，癫痫
21	肝俞	倒数第4肋间距背中线6 cm的髂肋肌沟中，左右侧各一穴	毫针沿肋间向下斜刺1～2 cm，或艾灸	肝炎，黄疸，眼病
22	脾俞	倒数第2肋间距背中线6 cm的髂肋肌沟中，左右侧各一穴	毫针沿肋间向下斜刺1～2 cm，或艾灸	脾胃虚弱，呕吐，泄泻
23	三焦俞	第1腰椎横突末端相对的髂肋肌沟中，左右侧各一穴	毫针直刺1～3 cm，或艾灸	食欲不振，消化不良，呕吐，贫血
24	肾俞	第2腰椎横突末端相对的髂肋肌沟中，左右侧各一穴	毫针直刺1～3 cm，或艾灸	肾炎，多尿症，不孕症，腰部风湿、扭伤
25	大肠俞	第4腰椎横突末端相对的髂肋肌沟中，左右侧各一穴	毫针直刺1～3 cm，或艾灸	消化不良，肠炎，便秘
26	关元俞	第5腰椎横突末端相对的髂肋肌沟中，左右侧各一穴	毫针直刺1～3 cm，或艾灸	消化不良，便秘，泄泻
27	二眼	第1、2背荐孔处，每侧各二穴	毫针直刺1～1.5 cm，或艾灸	腰胯疼痛，瘫痪，子宫疾病

续表 5-3

序号	穴名	定　位	针　法	主　治
28	胸堂	胸前，胸外侧沟中的臂头静脉上，左右侧各一穴	头高位，三棱针顺血管直刺 1 cm，出血	中暑，肩肘扭伤，风湿症
29	中脘	胸骨后缘与肚脐的连线中点，一穴	毫针向前斜刺 0.5～1 cm，或艾灸	消化不良，呕吐，泄泻，胃痛
30	天枢	肚脐旁开 3 cm，左右侧各一穴	毫针直刺 0.5 cm，或艾灸	腹痛，泄泻，便秘，带症
31	后海	尾根与肛门间的凹陷中，一穴	毫针稍向前上方刺入 3～5 cm	泄泻，便秘，脱肛，阳痿
32	尾根	最后荐椎与第一尾椎棘突间的凹陷中，一穴	毫针直刺 0.5～1 cm	瘫痪，尾麻痹，脱肛，便秘，腹泻
33	尾本	尾部腹侧正中，距尾根部 1 cm 处的尾静脉上，一穴	三棱针直刺 0.5～1 cm，出血	腹痛，尾麻痹，腰风湿
34	尾尖	尾末端，一穴	毫针或三棱针从末端刺入 0.5～0.8 cm	中风，中暑，泄泻
35	肩井	肩关节前上缘，肩峰前下方的凹陷中，左右肢各一穴	毫针直刺 1～3 cm	肩部神经麻痹，扭伤
36	肩外俞	肩关节后缘、肩峰后下方的凹陷中，左右肢各一穴	毫针直刺 2～4 cm，或艾灸	肩部神经麻痹，扭伤
37	抢风	肩关节后方，三角肌后缘、臂三头肌长头和外头形成的凹陷中，左右肢各一穴	毫针直刺 2～4 cm，或艾灸	前肢神经麻痹，扭伤，风湿症
38	郗上	肩外俞与肘俞连线的下 1/4 处，左右肢各一穴	毫针直刺 2～4 cm，或艾灸	前肢神经麻痹，扭伤，风湿症
39	肘俞	臂骨外上髁与肘突之间的凹陷中，左右肢各一穴	毫针直刺 2～4 cm，或艾灸	前肢及肘部疼痛，神经麻痹

续表 5-3

序号	穴名	定　位	针　法	主　治
40	曲池	肘关节前外侧，肘横纹外端凹陷中，左右肢各一穴	毫针直刺 3 cm，或艾灸	前肢及肘部疼痛，神经麻痹
41	前三里	前臂上 1/4 处，腕外侧屈肌与第五指伸肌之间的肌沟中，左右肢各一穴	毫针直刺 2～4 cm，或艾灸	桡、尺神经麻痹，前肢神经痛，风湿症
42	外关	前臂外侧下 1/4 处，桡、尺骨间隙处，左右肢各一穴	毫针直刺 1～3 cm，或艾灸	桡、尺神经麻痹，前肢风湿，便秘，缺乳
43	内关	前臂内侧下 1/4 处，桡、尺骨间隙处，左右肢各一穴	毫针直刺 1～2 cm，或艾灸	桡、尺神经麻痹，肚痛，中风
44	阳池	腕关节背侧，腕骨与尺骨远端之间的凹陷中，左右肢各一穴	毫针直刺 1 cm，或艾灸	腕、指扭伤，前肢神经麻痹，感冒
45	膝脉	腕关节内侧下方，第一、二掌骨间的掌心浅内侧静脉上，左右肢各一穴	三棱针顺血管直刺 0.5～1 cm，出血	腕关节肿痛，屈腱炎，指扭伤，风湿症，中暑，感冒，腹痛
46	涌泉（前肢）滴水（后肢）	第 3、4 掌（跖）骨间的掌（跖）背侧静脉上，每肢各一穴	三棱针直刺 1 cm，出血	风湿症，感冒
47	指（趾）间（六缝）	足背指（趾）间，掌（跖）、指（趾）关节水平线上，每足三穴	毫针斜刺 1～2 cm，或三棱针点刺	指（趾）扭伤或麻痹
48	环跳	股骨大转子前方，髋关节前缘凹陷中，左右侧各一穴	毫针直刺 2～4 cm，或艾灸	后肢风湿，腰胯疼痛
49	肾堂	股内侧上部皮下隐静脉上，左右肢各一穴	三棱针顺血管刺入 0.5～1 cm，出血	腰胯闪伤、疼痛
50	膝上	髌骨上缘外侧 0.5 cm 处，左右肢各一穴	毫针直刺 0.5～1 cm	膝关节炎

续表 5-3

序号	穴名	定　位	针　法	主　治
51	膝下	膝关节前外侧,膝中、外直韧带之间的凹陷中,左右肢各一穴	毫针直刺 1～2 cm,或艾灸	膝关节炎,扭伤神经痛
52	后三里	小腿外侧上 1/4 处的胫、腓骨间隙内,左右肢各一穴	毫针直刺 1～2 cm,或艾灸	消化不良,腹痛,泄泻,胃肠炎,后肢疼痛、麻痹
53	阳辅	小腿外侧下 1/4 处的胫骨前缘,左右肢各一穴	毫针直刺 1 cm,或艾灸	后肢疼痛、麻痹,发热,消化不良
54	解溪	跗关节前横纹中点,胫、跗骨间,左右肢各一穴	毫针直刺 1 cm,或艾灸	扭伤,后肢麻痹
55	后跟	跟骨与腓骨远端之间的凹陷中,左右肢各一穴	毫针直刺 1 cm,或艾灸	扭伤,后肢麻痹

(二)猫常用的针灸穴位

表 5-4　猫常用的针灸穴位

序号	穴名	定　位	针　法	主　治
1	人中	鼻唇沟中点处,一穴	毫针直刺 0.2 cm	休克,昏迷中暑,冷痛
2	素髎	鼻尖上,一穴	毫针或三棱针点刺	呼吸微弱,虚脱
3	开关	口角后上方咬肌前缘,左右侧各一穴	毫针向后上方平刺 1.5～3 cm	歪嘴风,面肌痉挛
4	睛明	眼内角,上下眼睑交界处,左右眼各一穴	外推眼球,毫针向眼眶与眼球之间刺入 0.2～5 cm	眼病
5	太阳	外眼角后上方凹陷处,左右侧各一穴	毫针直刺 0.5～1 cm	眼病,中暑
6	耳尖	耳尖背面静脉上,左右耳各一穴	小三棱针点刺血管,出血	中暑,感冒,中毒,痉挛,眼病
7	伏兔	耳后 1 cm、背中线旁开 2 cm,寰椎翼后缘的凹陷处,左右侧各一穴	毫针直刺 1～2 cm	颈部疾病,聋症

续表 5-4

序号	穴名	定　位	针　法	主　治
8	大椎	第 7 颈椎与第一胸椎棘突间的凹陷中，一穴	毫针直刺 2～3 cm	发热，咳喘
9	身柱	第 3、4 胸椎棘突间的凹陷中，一穴	毫针直刺 2～3 cm	咳嗽，气喘
10	脊中	第 11、12 胸椎棘突间的凹陷中，一穴	毫针直刺 1～2 cm	泄泻，消化不良
11	百会	腰荐十字部，即最后腰椎与第一荐椎棘突间的凹陷中，一穴	毫针直刺 1～2 cm	腰胯风湿，后肢麻木
12	肝俞	倒数第 4 肋间的髂肋肌沟中，左右侧各一穴	毫针向脊柱方向刺入 1～1.5 cm	胸腰部疼痛，排尿失常
13	脾俞	倒数第 2 肋间的髂肋肌沟中，左右侧各一穴	毫针向脊柱方向刺入 1～1.5 cm	脾胃虚弱，便秘，泄泻
14	次髎	第 2 背荐孔处，左右侧各一穴	毫针直刺 1～2 cm	髋部疼痛，便秘
15	后海	尾根与肛门间的凹陷中，一穴	毫针稍向前上方刺入 3～5 cm	腹泻，便秘，脱肛，阳痿
16	尾尖	尾部尖端，一穴	毫针直刺 1～2 cm	便秘，后躯麻痹等后躯疾病
17	膊尖	肩胛骨前角的凹陷中，左右侧各一穴	毫针向后下方刺入 1 cm	颈部疼痛，肩关节疼痛
18	膊栏	肩胛骨后角的凹陷中，左右侧各一穴	毫针向前下方刺入 1 cm	肩、胸部疼痛
19	肩井	肩关节前上缘的凹陷中，左右肢各一穴	毫针直刺 0.5～1 cm	肩部疼痛，前肢风湿、麻木
20	抢风	肩关节后方，三角肌后缘、臂三头肌长头和外头形成的凹陷中，左右侧各一穴	毫针直刺 1～1.5 cm	前肢疼痛、麻痹，便秘
21	肘俞	臂骨外上髁与肘突之间的凹陷中，左右肢各一穴	毫针直刺 1～1.5 cm	肘部肿痛，前肢麻木

续表 5-4

序号	穴名	定　位	针　法	主　治
22	曲池	肘窝横纹外端与肱骨外上髁之间，左右肢各一穴	毫针直刺 0.5～1 cm	前肢疼痛、麻木，发热
23	前三里	前臂上 1/4 处，腕外侧屈肌与第五指伸肌之间的肌沟中，左右肢各一穴	毫针直刺 1～2 cm，或艾灸	前肢疼痛、麻痹，肠痉挛
24	太渊	腕部桡侧缘的凹陷中，左右肢各一穴	毫针直刺 1～2 cm	腕部疼痛
25	指(趾)间	足背指(趾)间，每足三穴	毫针直刺 1～2 cm	肢体麻木，中暑，中毒，泌尿器官疾病
26	环跳	股骨头和髋部连接处形成的凹陷中，左右侧各一穴	毫针直刺 1～1.5 cm	胯部疼痛
27	汗沟	股骨大转子与坐骨结节连线与股二头肌沟的交点处，左右侧各一穴	毫针直刺 1.5～2 cm	荐骨痛，腰胯痛
28	掠草	膝盖骨下缘与胫骨近端形成的凹陷中，左右肢各一穴	毫针斜刺 1.5～2 cm	膝关节疼痛，后肢麻痹
29	后三里	小腿外侧上部，髌骨下 2 cm 的肌沟内，左右肢各一穴	毫针直刺 1.5～2 cm	食欲不振，呕吐，泄泻，后肢麻痹
30	太溪	内踝与跟腱之间，左右肢各一穴	毫针直刺 0.5～1 cm，或透刺跟端穴	排尿异常，难产
31	跟端	外踝与跟腱之间，左右肢各一穴	毫针直刺 0.5 cm，或透刺太溪穴	飞节肿痛

四、常见犬病的针灸治疗

(一)休克　由多种致病因素，如严重创伤、大失血、中毒、过敏等引起。主要表现为初期兴奋不安，心动过速，呼吸加快，体温升高，黏膜发绀，尿量减少；继而精神沉郁，黏膜苍白，口渴，呕吐，对痛觉、视觉、听觉的刺激反应迟钝，甚至完全消失，瞳孔散大，最后昏迷、甚至死亡。针灸治疗以白针、血针为主，同时采用综合性治疗措施。

1. **白针** 水沟为主穴,内关、后三里、指/趾间等为配穴。

2. **血针** 山根、耳尖为主穴,尾尖、胸堂等为配穴。

3. **艾灸** 天枢穴。

4. **配合用药** 应采用综合性治疗措施,如应用肾上腺皮质激素、抗生素、补充血容量等疗法。同时,还应根据病因进行针对性治疗。

(二)癫痫 多种原因引起的阵发性大脑功能紊乱。以突然倒地,发生强直性或阵发性痉挛,四肢伸展,全身僵硬,牙关紧闭,意识丧失为特征。针灸治疗常用白针和水针,配合西药或中药镇痫安神。

1. **白针** 水沟、天门为主穴,大椎、翳风、心俞、百会、内关等为配穴。

2. **水针** 百会、大椎、心俞、身柱等穴,注射维生素 B_1 或维生素 B_{12}。

3. **配合用药** 西药,口服或肌肉注射苯巴比妥钠或安定以缓解病情;中药,镇痫散(《中兽医治疗学》)加减。

(三)呕吐 由于胃部受寒或食入不洁食物等原因引起,或为胃肠炎或某些传染病的一个症状,零星或频繁发作。呕吐时,病犬不安,伸颈,将头贴近地面,腹肌强烈收缩,并张口做呕吐状。针灸治疗以白针为主,配合艾灸。

1. **白针** 内关、外关、后三里为主穴,脾俞、三焦俞、中枢等为配穴。

2. **艾灸** 中脘、天枢穴。

3. **配合用药** 内服或肌肉注射胃复安,有炎症者,给予抗生素以控制感染。

(四)椎间盘突出 因遗传、激素紊乱等原因诱发的椎间盘退行性病变,常发于胸腰部和颈部。前者主要表现为腰背部疼痛,弓腰,行动迟缓,不愿蹦跳;严重者,步态踉跄,两后肢拖拉或后躯麻痹,排粪、排尿困难或失禁,腹壁紧张,触摸腹壁或按压背部有疼痛反应。后者主要表现颈部疼痛,肌肉紧张,或前肢跛行;严重者,因神经麻痹而使头偏向一侧。治疗以白针为主,配合水针。

1. **白针** 胸腰部发病,在邻近病变部位的背中线及其两侧的髂肋肌沟中取穴,如身柱、灵台、中枢、悬枢、命门、肺俞、心俞、肝俞、脾俞、三焦俞、肾俞、大肠俞、关元俞、二眼等,配百会、尾根、后三里、阳辅、后跟、指/趾等穴。颈椎发病,取天门、身柱、陶道等穴。病情严重者,可在以上穴位中选 4～6 个穴位进行电针。

2. **水针** 大椎、中枢、悬枢、百会等穴,注射当归注射液或维生素 B_1。

3. TDP 患部照射,距离 20～30 cm,每次 20～30 min。

4. **配合用药** 对急性期、疼痛严重的病例,取氨苄西林 0.3～0.5 g、2%普鲁卡因 1 mL、地塞米松 2 mg、注射用水 2 mL,混匀后,分 2～3 点椎间封闭,或注入相应穴位。

(五)面神经麻痹 多由外伤等原因引起,分为双侧性和单侧性麻痹。前者主要表现为头部浅表肌肉松弛,颊周围和鼻部皱襞消失,颜面变平,耳朵及口唇下垂,眼睑反射消失,对声音刺激反应减弱,采食、吞咽困难,有涎液自口角流出;后者主要表现为患侧肌肉松弛,口、鼻、耳歪向健侧,鼻孔塌陷,唇迟缓,皮肤和黏膜无知觉。治疗以白针为主,严重者用电针。

1. 白针 锁口、开关、翳风为主穴,上关、下关、天门等为配穴。

2. 电针 取锁口、翳风,或锁口、上关等穴组。

3. 按摩 沿面神经的走向进行。

(六)桡神经麻痹 多由外伤、压迫等原因引起,分为部分麻痹和完全麻痹两种。部分麻痹时,患犬站立时无明显异常,但常以指尖负重,运动时腕、指关节伸展困难,以指尖触地。完全麻痹时,站立时患肢长于健肢,肩关节过度伸展,肘关节下沉,以指尖或指背侧着地;运动时患肢不能充分提起,前伸困难,指尖拽地而行;对疼痛刺激反应减弱或消失。治疗以白针、电针为主。

1. 白针 以抢风、前三里、郗上、外关为主穴,配肩井、肩外俞、肘俞、内关、曲池、阳池、指间等穴。

2. 电针 以抢风为主穴,配阳池、外关、六缝等组成穴组。

3. 水针 抢风、前三里等穴,注射维生素 B_1 或当归注射液。

(七)坐骨神经麻痹 常因外伤、压迫等原因引起,分为不完全麻痹和完全麻痹两种。前者,站立时跗关节以下各关节屈曲;运动时提举困难,趾尖着地。后者,站立时患肢变长,除趾关节外所有关节伸展,跟腱松弛,趾背侧着地,不能支持体重;运动时,提举困难,趾背侧着地拖行。治疗以白针、电针为主。

1. 白针 百会、环跳、后三里为主穴,膝上、阳辅、解溪、后跟、趾间等为配穴。

2. 电针 以百会、环跳、后三里、趾间等组成穴组。

(八)膀胱麻痹 多种原因引起的膀胱肌紧张度减弱或消失,以尿失禁、不随意排尿、排尿障碍等排尿异常为特征。治疗以白针为主。

1. 白针 百会、后海为主穴,配命门、肾俞、关元俞、二眼、尾跟等穴。

2. 配合用药 给予抗生素以预防膀胱炎。

(九)犬瘟热后遗症抽搐 见于患神经型犬瘟热的康复犬,主要表现为口唇、头顶部肌肉及双耳、前肢或后肢抽搐。针灸可以消除或缓解以上症状。

白针 口唇抽搐者,针锁口、开关、上关、下关、翳风等穴;头顶部肌肉及双耳抽搐者,针翳风、天门、上关、下关等穴;前肢抽搐者,针抢风、肩井、郗上、前三里、外关、指间等穴;后肢抽搐者,针百会、环跳、后三里、阳辅、解溪、后跟、趾间等穴。

(十)结膜炎、角膜炎 多因外伤、眼睑内翻、睫毛过长或灰尘、化学药物刺激等原因引起，某些传染病也可继发。结膜炎以结膜肿胀充血，疼痛，睑裂狭窄或闭锁，眼睛流出浆液性、脓性甚至伪膜样分泌物为特征；角膜炎以角膜混浊，角膜周围形成新生血管或睫状体充血，眼前房内纤维素样物沉着，角膜溃疡、穿孔，留有角膜斑翳为特征。治疗，急性者以血针为主，慢性者以白针为主，配合眼药水点眼。

1. 白针　睛明、承泣。

2. 血针　三江、耳尖。

3. 水针　承泣穴，注射青霉素、普鲁卡因、地塞米松混合液。

4. 配合用药　适当的眼药水点眼。结膜炎急性充血期，用3%硼酸液或0.1%利凡诺液洗眼、冷敷，涂布消炎眼膏。角膜炎为防止虹膜粘连，可用1%硫酸阿托品溶液点眼，或结膜囊内涂布阿托品软膏。

第四节　中药应用基础知识

中药是在中(兽)医理论指导下，用于预防和治疗各种动物疾病的药物。其主要来源于天然药及其加工品，包括植物、动物和矿物及其部分化学和生物制品。有资料表明，我国的中药资源非常丰富，种类已达12 800多种，其中药用植物11 100多种，药用动物1 580多种，药用矿物80多种，其品种之多，数量之大，居世界首位。

根据中兽医学的理论，中药防治疾病的基本作用不外乎是祛除病邪，消除病因，扶正固本，恢复或重建脏腑经络功能的协调，纠正阴阳偏盛偏衰的病理现象，使机体在最大限度上恢复到阴平阳秘的正常状态。中药之所以能够针对病情发挥上述基本作用，是由于不同中药各自所具有的若干特性和作用，也就是药物所具有的偏性。中药治病，以偏纠偏，即是以药物的偏性纠正疾病所表现出来的阴阳盛衰。

一、毒性

中药的毒性是指中药对动物体产生的毒害作用。中药的毒性与副作用不同，前者对动物体的危害性较大，甚至可以危及生命；后者是指在常用剂量时出现的与治疗需要无关的不适反应，一般比较轻微，对动物体危害不大，停药后能消失。

中药相对于西药而言，毒性小，副作用少，不易产生耐药性和有害残留是中药防病治病颇受欢迎的特点。但中药的毒性大小、副作用之多少、耐药性和残留之有无，与中药材本身的性质、用药剂量、加工工艺、处方配伍等有密切关系，其中尤以用药剂量至关重要。“用之得当硝黄谓之补剂，用之不当参芪谓之砒霜。”

在小动物临床上，已有动物主人用含有马钱子的成药治犬风湿病而致犬丧命。常有动物主人选用人用具有辛温解表发汗的中成药治犬感冒，造成犬烦躁不安、呼吸急促以致犬病情加重等，这些均可认为用药不当产生的毒副作用。

二、配伍禁忌

(一)配伍 配伍是指中药的配合应用，就是根据动物病情的需要和药物的性能，有目的地将两种以上的药物配合在一起应用。几种药物配伍成方，这不仅是动物疾病复杂多变的需要，也是改善药物性能的一个重要措施。

两味或两味以上的药物配合应用，相互之间会产生一定的配伍效应。这种效应是多种多样的，有的对动物体有益，有的则有害。将这些效应归纳为7种，称之为“七情和合”，分述如下。

1. 单行 不用其他药物辅助，单用一味药即能发挥治疗效果，如独参汤单用一味人参就能达到补气固脱的目的。

2. 相须 两种或两种以上的药物合用，能互相促进，增强疗效。如知母配黄柏能增强滋阴降火的功效。

3. 相使 两药或多药同用，有主有辅，辅药能增强主药的作用。如黄芪配茯苓，茯苓能提高黄芪补气利水的作用。

4. 相畏 一种药物的毒性或副作用，能被另一种药物减轻或消除。如生半夏、生南星的毒性能被生姜减轻或消除，故说生半夏、生南星畏生姜。

5. 相杀 一种药物能减轻或消除另一种药物的毒性和副作用。如生姜能减轻或消除生半夏、生南星的毒性或副作用，所以说生姜杀生半夏、生南星毒。由此可知，相畏、相杀实际上是同一配伍关系的两种不同说法。

6. 相恶 一种药物能减弱或破坏另一种药物的功效。如生姜恶黄芩，因黄芩可减弱生姜的温散功效。

7. 相反 两种药物同用，可能对动物体产生毒性或副作用。如半夏反乌头、甘遂反甘草等。

临床用药时，当充分利用相须、相使配伍，以使药物产生协同作用而增进疗效；当药物具有毒性或副作用时，考虑选用相畏、相杀配伍以减轻或消除药物的毒性或副作用；相恶、相反配伍抵消或减弱药物的原有功效，甚至因相互作用而产生毒性或强烈的副作用，则属于配伍禁忌，原则上应该避免配用。

(二)禁忌 在临证用药处方时，为了安全起见，有些药物或配伍关系应当慎用或禁止应用。在长期的医疗实践中，古人积累了许多有关配伍禁忌的经验，主要有“十八反”、“十九畏”、妊娠禁忌等。

1. 十八反 根据历来古文献记载，配伍应用可能对动物产生毒害作用的药物有18种，故名“十八反”。即：甘草反甘遂、大戟、海藻、芫花；乌头反贝母、瓜蒌、半夏、白蔹、白及；藜芦反人参、沙参、丹参、玄参、细辛、芍药。《元亨疗马集》中有一简单的歌诀云："本草明言十八反，半蒌贝蔹及攻乌，藻戟遂芫俱战草，诸参辛芍叛藜芦。"便于诵读记忆。

2. 十九畏　相畏药物历来认为有19种，配合在一起应用时，一种药物能抑制另一种药物的毒性或烈性，或降低另一药物的功效。习惯上称为"十九畏"。即：硫黄畏朴硝，水银畏砒霜，狼毒畏密陀僧，巴豆畏牵牛子，丁香畏郁金，川乌、草乌畏犀角，牙硝畏荆三棱，官桂畏赤石脂，人参畏五灵脂。

上述十八反及十九畏，一般均作为处方用药的配伍禁忌。在古今方剂中，有一些应用十八反或十九畏的例子。但一般说来，在临证处方时，如果没有充分的把握，相反及相畏的药物还是应该避免在方剂中配伍，以免导致不良后果。

3. 妊娠禁忌　在动物妊娠期间，为了保护胎儿的正常发育和母畜的健康，应当禁用或慎用具有堕胎作用或对胎儿有损害作用的药物。属于禁用的多为毒性较大或药性峻烈的药物，如巴豆、水银、大戟、芫花、商陆、牵牛子、斑蝥、三棱、莪术、虻虫、水蛭、蜈蚣、麝香等。属于慎用的药物主要包括祛淤通经、行气破滞、辛热、滑利等方面的中药，如桃仁、红花、牛膝、丹皮、附子、乌头、干姜、肉桂、瞿麦、芒硝、天南星等。禁用的药物一般不可配入处方，慎用的药物有时可根据病情需要谨慎应用。

三、方剂

方剂或称药方，是由单味或若干味药物按一定原则配合组成的中药制剂。由药味组成方剂后，不仅能使药物相互协调，加强疗效，而且能减少和缓和某些药物的毒性和烈性，消除不利作用；还能全面照顾、更好地适应复杂病情地需要。

(一)方剂结构　方剂不是药味的随意凑合，而是以治法为依据，按主次协调关系组成的。传统的中医药典籍将方剂的结构形象地比喻为一个国家机器。一个国家有君王、宰相、大臣等各种不同地位和职责的官吏。一个方剂中的若干药味按其主次功效也就分为"君、臣、佐、使"。君药，或称主药，是方剂中针对病因或主证起主要治疗作用的药味；臣药，或称辅药，是辅助君药以加强治疗作用的药味；佐药在方剂中大致有3种情况：一是治疗兼证或次要征候；二是制约君药的毒性或劣性；三是用做反佐，如在温热剂中加入的少量寒凉药，或在寒凉剂中加入的少量温热药，其作用在于消除病势拒药(格拒不纳)的现象。使药大多是指方剂中的引经药或调和药。

当然，"君、臣、佐、使"并不是死板的格式，君、臣、佐、使，可各有一味，也可各有几味药。有的方剂只两三味甚至一味药，其中的一两味药既是君臣药，又兼有佐使药的作用，就不必另配佐使药了。

由于药味在方剂中有主有次，其用量配比也往往有所体现。一般来说，君药用量较大，其他药味用量较小。

(二)加减化裁 在临证实践中，往往应用已有成方，但无论古方今方，常常不能一成不变地原方照用，而要根据病情做适当修改或调整。

药味加减：即根据病情的需要，将方剂中的药味适当增添或减去一些。一般情况下，药味加减后不影响方剂的主要功能，只是使它更对症而已。在另外一些情况下，由于药味加减，方剂的主要功能和适应症也可能随之改变。

用量增损：即方中的药味不变，只增加或减少某些药味的用量。用量增损之后，方剂中药味的君臣主辅关系可能会发生变化，因而整个方剂的功能和主治就可能随之改变。

方剂合并：就是将两个或两个以上的方剂合并成一个方使用，因而可以使方剂的作用更全面或更复杂一些。

剂型变化：即改变方剂的剂型。剂型改变之后，方剂的作用也发生一定的变化，主要反映在效力的大小和缓急上。一般说来，汤剂作用快而力峻，适用于病情较重或较急的患病动物；丸剂和散剂作用慢而力缓，多用于病情较轻或患慢性病的动物。

四、应用举例

中药在犬、猫等宠物上的应用非常局限。到目前为止，应用的主要目的仍停留在少数疾病的治疗和辅助治疗上。例如，用于治疗犬、猫皮肤寄生虫病(百部酊)、皮肤真菌病(白藓皮、苦参)、胃肠道疾病(维迪康、鱼腥草注射液)、传染病(双黄连、清开灵注射液、犬热安、抗病毒口服液)、肝胆疾病(茵陈蒿汤)、心肺疾病(强力咳喘灵、香丹注射液)、腰病(当归注射液)以及虚弱性疾病(北芪精口服液、黄芪注射液)等。

近几年来，随着饲养宠物的发展，发挥中西兽医各自的优势，中药和中成药治疗或辅助治疗犬、猫疾病的应用也日趋增加，并且逐步取得了一定的成果。现简要介绍于下。

(一)当归注射液

【组成】当归。

【性状】本品为浅黄色的澄明液体。

【功效】活血止痛。

【应用】临床多用于犬椎间盘突出等腰椎病的辅助治疗。

【用法】肌肉注射：犬 2 mL，猫 1 mL；或穴位注射，每穴点注射量 0.5 mL，剂量可酌情增减。

【注意】本品为纯中药制剂,保存不当可影响产品质量。使用前应检查,药液出现混浊变色等现象时禁止使用。

(二)柴胡注射液

【组成】柴胡。

【功效】解表退热。

【主治】感冒发热。

【应用】上呼吸道感染发热的表热证。

【用法】肌肉注射:幼犬 0.5～1 mL,成年犬 2 mL;幼猫 0.3 mL,成年猫 1 mL。

【注意】个别犬有过敏反应。

(三)鱼腥草注射液

【组成】鲜鱼腥草蒸馏液。

【功效】清热、解毒、利湿。本品具有抗菌、抗病毒、利尿、消炎镇痛、镇咳、解热等作用。

【主治】用于肺脓疡、痰热咳嗽、尿路感染等。

【应用】犬、猫上呼吸道感染、慢性鼻炎、急慢性支气管炎、肺炎、急慢性咽炎、急性胃肠炎、腹泻、菌痢、化脓性疾病、乳腺炎等。

【用法】肌肉注射,犬每次 2～4 mL,每日 4～6 mL;猫用量减半。

(四)黄芪注射液

【组成】黄芪(2 g/mL),为黄芪提取物的灭菌水溶液。

【药理】本品具有显著的增强心肌收缩力,保护心肌细胞作用。能扩张血管,降低血压,保护红细胞的变形能力,增强造血系统功能。降低血小板黏附率,减少血栓形成。增加肾血流量,对肾炎、肾病肾衰模型均有保护作用。能保护肝脏,防止血糖减少,防止肝脏受肿瘤药物和肝炎病毒的损害。

本品还具有抗病毒、增强肾上腺皮质功能、抗缺氧、抗辐射、升高白细胞的作用。对非特异性免疫、体液免疫、细胞免疫均有明显的调节作用,可促进正常人和肿瘤病人的淋巴细胞转化率,增强自然杀伤细胞的细胞毒作用,对干扰素系统有明显的刺激和诱生作用。

【功效】益气养元、扶正祛邪、养心通脉、健脾利湿。

【主治】心气虚损、血脉淤阻之病毒性心肌炎、心功能不全等。

【应用】犬、猫各种疾病后期体质虚弱以及病毒性心肌炎、心功能不全。

【用法】犬、猫肌肉注射,2～4 mL。

(五)双黄连注射液

【组成】金银花、黄芩、连翘。

【功效】清热解毒。

【主治】热入肺胃的里热证。

【应用】细菌性、病毒性高热。

【用法】静脉滴注:幼犬 200 mg,成年犬 600 mg;幼猫 100 mg,成年猫 250 mg。稀释于 5%葡萄糖生理盐水中。

(六)清开灵注射液

【组成】牛黄、水牛角、黄芩、金银花、栀子等。

【药理】本品所含主要有效成分为胆酸类、氨基酸类、黄芩甙、绿原酸及藏红花素等。主要作用于脑、肝、心、肺等细胞,具有清热解毒、化痰通络、镇静安神、醒脑开窍及改善脑循环、抑制病毒复制等作用。

【功效】清热解毒、化痰通络、醒神开窍。

【主治】上呼吸道感染、肺炎、急慢性肝炎等各种疾病伴有体温升高。

【应用】犬、猫各种疾病期间伴有体温升高,均可酌情应用。肺炎、呼吸道感染高热不退的里热证。

【用法】静脉滴注:幼犬 2 mL,成年犬 5 mL;幼猫 1 mL,成年猫 3 mL。稀释于 5%葡萄糖生理盐水中。

肌肉注射:幼犬 0.5~1 mL,成年犬 2~4 mL;幼猫 0.5 mL,成年猫 1~2 mL。

【功效】清热解毒。

【主治】用于犬感冒、上呼吸道感染、肺炎,可作为犬瘟热的初期及其他发热疾病的辅助治疗。

【应用】本品适用于犬的精神沉郁、食欲减退、体温升高、气喘咳嗽、结膜红肿、眼鼻有分泌物等疾病。

【用法】口服,体重 5 kg 以下,每次半支;体重 5 kg 以上,每次 1 支,每日 2 次。

(七)抗病毒口服液

【组成】板蓝根、石膏、芦根、生地、郁金、知母、菖蒲、连翘、藿香。

【功效】清热解毒、凉血。

【主治】瘟病发热。

【应用】犬病毒性感染发热、猫瘟发热。

【用法】口服:幼犬每次 3~5 mL,成年犬每次 10 mL,每日 2 次;幼猫每次 1~2 mL,成年猫每次 5 mL,每日 2 次。

(八)黄芪精口服液

【组成】黄芪。

【功效】补气健脾。

【主治】气虚血少。

【应用】各种病毒性疾病中后期气虚证。

【用法】口服:幼犬每次 3～5 mL,成年犬每次 10 mL,每日 2 次;幼猫每次 2 mL,成年猫每次 5 mL,每日 2 次。

(九)生脉饮口服液

【组成】党参、麦冬、五味子。

【功效】益气复脉、养阴生津。

【主治】气津两伤。

【应用】重病、久病体虚脉微弱,或大手术后津液亏损等虚证。

【用法】口服:幼犬每次 3～5 mL,成年犬每次 10 mL,每日 2 次;幼猫每次 1～2 mL,成年猫每次 5～6 mL,每日 2 次。

(十)维迪康

【组成】马蹄香。

【功效】行气、散寒、活血。

【主治】用于病毒性腹泻或病毒与细菌混合感染性腹泻。

【应用】犬细小病毒性腹泻或犬、猫细菌性胃肠炎等。

【用法】犬 0.1～0.5 g,猫 0.05～0.1 g。每千克体重 0.02～0.08 g,每日 2 次,口服,2～4 d。

(十一)护肝片

【组成】柴胡、茵陈、板蓝根、五味子、猪胆粉、绿豆。

【功效】疏肝理气,健脾消食。本品具有降低转氨酶的作用。

【主治】慢性肝炎及早期肝硬化等。

【用法】喂服,犬每次 1～2 片,猫 1/2～1 片,每日 2 次或 3 次,或遵医嘱。

(十二)云南白药

【组成】三七等。

【功效】化淤止血,活血止痛,解毒消肿。

【主治】用于跌打损伤,淤血肿痛,吐血、咳血、便血、创伤出血、产后淤血、胃肠出血,疮疡肿毒等。

【应用】各种体内外出血,子宫内膜炎等血虚、血淤证。

【用法】内服:幼犬每次 0.1～0.2 g,成年犬每次 0.3～0.5 g;幼猫每次 0.1 g,

成年猫每次 0.3 g。

(十三)双香排石颗粒

【组成】制乳香、青木香、肉桂、连钱草、车前子、木通、徐长卿、石韦、瞿麦、忍冬藤、滑石、冬葵子、甘草。

【药理】利尿、利胆、排石、抗炎、镇痛、抑菌、解毒等。

【功效】利水、通淋、排石、解毒。

【主治】用于石淋及排除泌尿道结石。

【应用】犬、猫泌尿道结石。

【用法】犬、猫开水冲服,每次 5～20 g,每日 2 次。

第五节 食物疗法在临床中的应用

食物疗法(食疗)是临床治疗中非常重要的组成部分,并且越来越受到临床兽医专家的重视。许多临床疾病需要从食物的成分上加以控制或者调整,使动物康复、减轻疾病症状或者延缓死亡进程。

临床常见的疾病中,慢性肾衰竭、肝病、下泌尿道疾病、肥胖、佝偻病以及手术后等情况下常用食疗措施。

一、肥胖

肥胖是宠物犬、猫的常见病,肥胖影响寿命和生活质量。肥胖的发生率:英国的小动物兽医临床病例中,肥胖犬占 25%～33%(1973,1986);猫的肥胖率:6%～12%(英国,1973)、25%(美国,1994)。判断犬肥胖的标准:用 A-型超声仪测量腰中部皮下脂肪的厚度;二元能量 X 射线吸收仪(DXA),评估身体组成情况。

肥胖的原因:在生命的某一阶段中,能量摄取量过高。

减肥食品是指低热量的犬粮,以适合食物减肥疗法。正常犬粮减量饲喂的缺点:在能量摄入减少的同时,维生素、矿物质等的摄入量也减少,而不能满足身体的需要。

二、慢性肾衰竭

慢性肾衰竭是犬、猫的常见病之一,老龄猫的发病率高,是一些肾病后期的标志。老龄犬、猫多发,渐进性过程,多数患病动物死于尿毒症综合征。

肾脏的主要功能包括:排泄,如蛋白质代谢产物;调节,如酸碱平衡;生物合成,如红细胞生成素。而只有肾脏组织的 60%以上被广泛地破坏后,临床症状才明显地暴露出来。资料表明:5岁以上的犬,22.4%有不同程度的慢性肾衰竭症状。虽然肾脏的损坏是不可逆的,但是,有效的治疗(药物治疗+食物疗法)可以起到控制作用,并延缓疾病的发展。

甲状旁腺激素(PTH)过多的影响主要包括:贫血,神经中毒,不良性脂蛋白血症,胰岛素受阻,促进软组织钙化,骨营养不良和加剧肾脏的损坏。因为肾脏细胞中有高数量的PTH受体,PTH促进肾细胞吸收钙,当肾细胞死亡后,磷酸钙沉积在肾小管腔中,使甲状旁腺机能亢进,引起肾细胞死亡,降低了肾脏对体内磷平衡调节的能力。因此,PTH的增加加重肾组织的损坏。

当血液钙、磷浓度高于磷酸钙盐的溶解度时,肾脏的软组织钙化。食物中的钙、磷对犬、猫的血液中钙、磷产生直接的影响,血钙可能低、不变或者高。低血钙的原因:高磷血症引起胃肠道吸收机能差,使维生素 D_2 量低,动物厌食,摄食减少;当血中钙、磷离子浓度高于磷酸钙的溶解度时,软组织钙化,从而损害肾脏的功能。肾脏中1-α-羟基化酶的活性被抑制,维生素 D_2 产生量下降,伴发低血钙;导致PTH的合成与释放,引发继发甲状旁腺机能亢进。

食物中钾的影响:低血钾,约占猫发病率的30%,但是,也有研究表明有一定比例的猫患高血钾,所以必须检测血钾含量。

血钠的影响:因为低钠使患慢性肾衰竭的犬丢失体液,碳酸氢根重吸收减少,可以引起代谢性酸中毒。

慢性肾衰竭的治疗:呕吐时,通过不限制饮水或补充水,来保证正常的水合作用。避免紧张,因为紧张可以引起应激反应;给予苏打纠正酸中毒;使用同化剂,给予肠道磷的结合剂;给予钙和钙三醇;口服止痛药和 H_2 受体拮抗剂,西咪替丁;补充红细胞生成素,以弥补肾脏机能障碍引起的红细胞生成素的缺乏;不用对肾脏有毒害作用的药物,减轻对肾脏的损伤;同时,制定抗高血压的治疗措施。

在慢性肾衰竭疾病的早期是氮血症阶段,可能未出现明显的临床症状;血检尿素浓度上升,可见肌苷或其他非蛋白氮化合物,但是肾脏的机能障碍已经开始。在本病的中后期,是多系统中毒综合征,疾病的程度与肾衰竭进一步发展有关;特点是出现与氮血症有关的临床症状多尿症和烦渴、厌食和体重减轻、嗜眠症、黏膜苍白和/或溃疡以及呕吐等。此时,口服磷结合剂是必要的,如氢氧化铝、碳酸铝、氧化铝等,每日30～90 mg/kg,液体效果好,胶囊或片剂也有效;醋酸铝每日60～90 mg/kg是非常有效的钙制剂,但是注意有高血钙发生的可能。若磷结合剂没有取得预期效果,则考虑补充维生素 D_2 2.5 ng/kg,同时监测血钙、血磷浓度。

在氮血症性肾衰竭的阶段,治疗时采用自由饮水,蛋白质摄入正常;限制磷,给予或不给予磷结合剂;若高血压则限制钠,供应钾,以防恶化;碱化,以维持血浆碳酸氢盐；给予威豪兽医食品或者宝路低磷中等蛋白质日粮。当处于尿毒症阶段时，可以自由饮水，但是必须限制蛋白质的摄入量；限制磷的摄入量，使用磷结合剂；碱化剂的使用可以维持血浆碳酸氢盐；供应钾，贫血严重时应考虑补充红细胞生成素；补充维生素 D_2，根据尿毒症的程度，决定给予威豪兽医食品，宝路低磷低蛋白质日粮，或者这两种食品的混合物，也可以使用宝路低磷中等蛋白质日粮。

食物中的成分要做适当的调整，涉及磷、蛋白质、钙、钠、钾、水溶性维生素、能量和脂肪的摄入量。食疗的目的是满足患者的营养和能量需求，改善尿毒症的临床症状，减少蛋白质、维生素和矿物质的紊乱，减缓肾衰竭的过程。适当限制食物中钠的含量，但是不能补钠，应当肾脏调节体内钠的平衡；猫的慢性肾功能不足与全身性高血压有关，高血压使左心肥大，神经行为异常，眼损坏，可能引起肾损坏，患尿毒症的犬摄入正常含量或者高钠时，可引起细胞外液体增多、高血压、水肿。

必须考虑能量的问题。从非蛋白质来源获得足够的能量以减轻蛋白质代谢产物对受损害肾脏的影响；提供必要的能量时，脂肪比碳水化合物强。

限制食物中蛋白质。肾衰竭的犬、猫，肾脏排泄氮和非蛋白质分解产物的能力下降(致病原因之一)，此时必须限制蛋白质的代谢产物的产生，以减少食物中磷的摄入量，降低与蛋白质有关的负担，减少多尿和烦渴的程度，减少酸性物质，缓解代谢性酸中度。此时，磷的问题十分突出，肾小球滤过率下降到正常的20%，损坏了肾脏对磷的排泄，引起高磷血症。

磷潴留引起肾脏矿物质化，造成继发性甲状旁腺机能亢进，潜在性地增加了肾脏的负担。肾衰竭增加了蛋白质或特殊氨基酸从尿道的丢失；蛋白质过低的食物不易被动物接受，易导致营养不良，犬体重下降、血浆白蛋白减少也可诱发高血压，血钙离子和胆固醇升高，建议食物中蛋白质每日每千克体重低于1.9 g。由于排尿量增加和食物摄入减少，使水溶性维生素丢失，应当加倍补充复合维生素B。

总之，食疗可以延缓患慢性肾衰竭的犬、猫的生命，提高生活质量；因为患者的症状是动态变化的，定期监测是必要的，包括：体检、脱水和体重变化；关键参数包括尿素氮、肌苷、磷、甲状旁腺激素、钾、比容、血浆白蛋白和总蛋白。根据病情决定食疗和药物治疗方案。

第六节　临床常用药物的使用说明

(一)青霉素钠-阿司匹林　青霉素部分由肾小球滤过，部分由肾小管上皮细胞向管腔液分泌，半衰期平均为40～45 min。如果与由肾小管上皮细胞分泌的阿司匹林同时应用，可以发生竞争性抑制，使青霉素半衰期延长到(72±36)min，增加青霉素的血药浓度。

两药不宜使用，以防导致青霉素超量产生不良反应。

（二）青霉素钠-细胞色素 c　细胞色素 c 为含铁盐基性结合蛋白质，在细胞呼吸过程中起着重要的作用，微量的铁可以催化青霉素的分解，使其降效。

（三）青霉素钾-氯霉素　氯霉素促进了细菌细胞壁的合成，并使细菌处于静菌期，则青霉素的杀菌作用无从发挥而被降效。

氯霉素与青霉素不宜同时应用，如临床必须使用两药时，可先注射青霉素（肌肉或静脉注射），2～3 h 后再用氯霉素。

（四）青霉素钾-盐酸普鲁卡因　青霉素钾注射用水溶解，加入普鲁卡因后生成青霉素普鲁卡因的白色结晶或白色微晶粉末，析出沉淀。

（五）青霉素钾-碳酸氢钠　青霉素钾（或钠盐）在水溶液 pH 值 6～6.5 时最稳定，如低于 5 或超过 8 时极易分解。青霉素与碳酸氢钠在同一输液中混合后，由于 pH 值升高，使青霉素分解而失去活性。

（六）氨苄西林钠-肾上腺素注射液　混合注射液不稳定，易变色。

（七）氨苄西林钠-辅酶 A　氨苄西林钠与辅酶 A 配伍，使辅酶 A 含量下降，减低疗效。

（八）氨苄西林钠-葡萄糖注射液　氨苄西林钠不宜与葡萄糖注射液使用，葡萄糖能催化氨苄西林钠水解。溶于生理盐水中静脉注射。如属必需，则应将氨苄西林钠溶解于葡萄糖注射液内立即滴用，以免放置分解。

（九）氨苄西林钠-维生素 C　维生素 C 注射液中的每一种成分，都能影响氨苄西林钠的稳定性。维生素 C 含烯二醇，具强还原性使青霉素类分解破坏而失效，混合后 30 min，其含量即下降，2 h 下降 15.4%。

临床需补充维生素 C 时可在氨苄西林钠静脉注射结束后，以维生素 C 加入葡萄糖注射液。

（十）头孢噻啶-呋塞米　头孢菌素类药物对肾脏有毒性，其中尤以头孢噻啶为甚，可引起肾小管坏死；呋塞米也能引起肾小管上皮变性。两药合用可增加肾脏毒性，不宜同时应用。

两药应分别应用，如欲合并使用，必须定期检查肾功能。

（十一）卡那霉素-呋塞米　两药合用，更易发生听力减退。

（十二）卡那霉素-磺胺嘧啶钠　卡那霉素使用其硫酸盐，水溶液呈酸性、磺胺嘧啶钠水溶液呈碱性，两者配伍将产生混浊或沉淀，不宜做静脉注射。

两药置于不同容器内先后间隔注射。

（十三）庆大霉素-头孢噻吩、头孢噻啶　增加肾脏毒性，可导致急性肾功能不全。

（十四）庆大霉素-西咪替丁 引起呼吸抑制。

（十五）庆大霉素-青霉素钾 青霉素与庆大霉素同时联合静滴，两药混合后，青霉素的β-内酰胺环可使庆大霉素失活。从而使庆大霉素的疗效显著降低。临床需使用时，可将庆大霉素肌肉注射，青霉素静脉注射。

（十六）庆大霉素-碳酸氢钠 碳酸氢钠呈碱性，庆大霉素的抗菌作用受pH值的影响，在碱性环境中抗菌作用增强。造成对前庭神经的毒性增加，并易产生对肾脏及听觉毒性。

相应减少庆大霉素剂量，或避免合用。

（十七）庆大霉素-链霉素 庆大霉素与链霉素均属氨基糖苷类抗生素，作用原理相同，同时应用可使耳蜗神经及肾脏毒性相加，特别对前庭神经影响较大，可引起听觉及前庭功能障碍。此外还表现出骨骼肌松弛作用的毒性相加和肾毒性相加。

避免任何两种氨基糖苷抗生素，如链霉素、庆大霉素和卡那霉素相互合用。

（十八）庆大霉素-维生素C 庆大霉素在pH值8.5时抗菌疗效比pH值5时约强100倍，故与酸性药物合用可降低疗效。如临床需要，可先服庆大霉素，隔2 h后再服维生素C。

（十九）庆大霉素-卡那霉素 导致听力下降，听觉障碍，少尿，肌酐上升，尿素氮上升等肾素性。应尽量避免同属氨基糖苷类抗生素合用。

（二十）氯霉素-西咪替丁 引起血小板减少。

（二十一）氯霉素-利多卡因 两药同时静脉注射，可使利多卡因血药浓度升高，导致蓄积中毒。

利多卡因注射液不宜与氯霉素注射液同时静脉注射，如确属必需，可先注射一种药物，再间隔2～3个半衰期（两药的半衰期均为2.5 h）后，注射另一种药物。

（二十二）四环素-西咪替丁 两药合用，西咪替丁抑制了胃酸分泌量，使四环素溶解与吸收减少，抗感染疗效下降，影响治疗。

两药不宜同服，需抗感染时可改用其他抗菌药物，或在服用四环素期间停服西咪替丁。

（二十三）四环素-硫酸亚铁 硫酸亚铁影响四环素类药物吸收，使疗效降低。

如果需用铁盐可于停用四环素类药物后再用，亦可改用其他抗生素或磺胺类药物。

（二十四）四环素-泼尼松 不可较长时间合用，对短期合用可加强抗炎效果，减轻组织对炎症反应，有利于对感染的控制，可引起耐四环素菌及变形菌等异常繁殖（即二重感染）。

（二十五）妥布霉素-庆大霉素 妥布霉素与庆大霉素同属氨基糖苷类抗生素，均具肾素性，严重可至肾功能衰竭。同属氨基糖苷类抗生素不可联用。

（二十六）林可霉素-红霉素 两种抗生素作用部位类同，联用并不增强抗菌作用，反而影响了林可霉素的抗菌作用，且增强其对胃肠道反应等的副作用。

（施振声 薛琴 许剑琴 林德贵 董悦农）

第六章　临床急救技术

第一节　外伤动物的抢救

外伤包括所有外部机械力所致的机体损伤。它常给机体带来全身性后果，如跛行、伤口裂开、外出血等明显的损伤。此外，外伤也可引起如膀胱破裂、脾脏破裂、横膈破裂、气胸、心肺挫伤等内伤。这些潜在性内伤仅可借助鉴别诊断措施加以排除。在小动物外伤中，约60%为多发性外伤。因此，需着重查明全身性外伤。尽早识别涉及外伤的各种组织系统，以排除和防止低血容量、低氧症、酸中毒、休克等全身性后果。有休克危险或已处于休克状态的患畜，需迅速施行急救。对功能异常的忽略或判断失误可使患畜的临床状态迅速恶化，甚至死亡。

多发性外伤的诊断基本上是急诊，借助对中枢神经系统、呼吸、肾功能等生命器官功能的简单临床检查，快速识别有生命危险的异常。除了颅骨与脊椎的骨折或脱位合并中枢神经系统、颌骨损伤和影响呼吸的肋骨骨折外，骨骼、肌肉的运动器官的损伤并非认为有生命危险。

急诊之后就是对生命器官功能异常的治疗。直至危险状况消除后，才开始全面的仪器诊断方法，如放射摄影、超声检查、实验室检查等。随后是膀胱破裂、横膈破裂、伤口、骨折等创伤的进一步治疗。

一、询问病史

为不耽误时间，应在止血、输液等实施抢救的同时，对严重外伤患畜做检查。这是“先仔细检查，后治疗”原则的一个例外。检查时，以简短的提问询问病史。如外伤的病因及其强度、发生时间、最初症状。随后的排尿状况（少尿、无尿）、出血及出血的种类、行为异常、运动异常、损伤后症状改善或恶化，是否已做镇静、麻醉、输液、施药、伤口治疗、运送医院、因其他疾病的最新治疗措施、最后一次的采食时间。在发生意外事故时，可使用平板作为担架搬运犬、猫，以避免激烈振动和脊椎弯曲等。

二、外伤诊断与抢救

外伤诊断常常是“一分钟诊断”，包括询问病史、检查感觉中枢、评价呼吸、创伤范围、出血程度与种类、检查循环功能、体温变化等。可从意识清醒程度、精神沉郁、意识丧失、过度兴奋、抽搐、神经反射(如角膜反射、眼睑反射、疼痛放射等)、瞳孔大小、眼球运动(眼球震颤)以及运动能力损伤(瘫痪、肌肉无力)等评价中枢神经系统异常。患畜惊恐、可视黏膜发绀、呼吸频率改变、呼吸类型改变(坐式呼吸、肩肘外展、肋间塌陷、腹式呼气)、张口呼吸、鼻翼展开吸气，甚至体温升高等提示呼吸困难。从可视黏膜颜色改变、毛细血管再充盈时间、脉率等评价循环功能。

影像学检查时，如胸部或腹部放射照片的清晰度降低，提示胸腔积液、腹腔积液、胸膜炎、腹膜炎等。尚应注意胸部有无气胸，横膈破裂，肋骨骨折，肺水肿，肺挫伤，肺不张，心包积液，心脏与后腔静脉的形状与充盈状况，腹部有无肾区的占位性血肿、膀胱状态、肝脾肾影像等。如腹腔内出现游离气影，则提示胃肠道穿孔。必要时做胸腹腔穿刺鉴别。腹部B超检查，应注意有无肝脾肾破裂、肾区血肿及尿道病变等。

按损伤与危险程度，可将外伤动物分为下列4类：

(一)外伤不明显患畜 应留医24 h，做常规全身检查。

(二)无生命危险患畜 此类患畜有软组织创伤、骨折或脱位。未发现体内损伤和全身性外伤后果，但必须估计到有潜在性损害。尽早输液、输氧治疗可预防低血容量、低血氧症、酸中毒及其所致的休克，明显改善预后。

(三)严重多发性外伤危及患畜 此类患畜有高度休克危险或已处于休克状态，需迅速做急救。必须做放射摄影、B超检查、心脏循环功能和实验室诊断以确定患畜状况。这是进行药物治疗、输液治疗、用暂时固定绷带保护伤口所必须的，也是决定进行手术治疗的基础。视外伤的种类、范围和部位以及涉及的组织器官、全身性后果而异，迅速进行手术治疗可以挽救生命。虽然这类急诊手术风险高，但可通过重症监测方法而减轻之。如做气管插管、尽早输氧、输液治疗、糖皮质激素治疗甚至利尿疗法等，以保护重要器官的正常功能。定期监控血压、心电图、血气参数和酸碱平衡。应给动物接上监护仪，测脉率、外周血氧饱和度和呼出二氧化碳的不间断监测，以便尽早发觉心肺抑制和及时治疗。因此，在重症监测中，监测重要器官功能与挽救生命的治疗措施紧密相连。

(四)严重损伤与不可逆多发性外伤患畜 尤其是颅骨脑外伤、脊椎脱位与骨折合并脊髓毁坏疾病。此时做神经学检查、放射摄影、心电图的急诊检查，可以提供治疗的可能性资料和易于决定是否采取安死术。如果监护仪显示急诊治疗期间临床状况恶化，急诊治疗仍不可能复活时，则明显提示已发生不可逆性器官功能损伤。

三、外伤清创术

外伤清创术，即对外伤创口周围皮肤剪毛、消毒，除去污物，切除创口内的坏死组织，扩大创口以清除创内异物、血凝块，消灭创囊、死腔，修整创缘，做必要的缝合，为创伤的尽早愈合创造条件。

(一)创围清洁 清理创围时，可用灭菌纱布覆盖伤口创面，以防异物落入创内。对伤口周围被毛做剪毛和清洁。可用3%过氧化氢除去被毛血液或分泌物，再用75%酒精和2%碘酊消毒创口周围皮肤。

(二)创口清洁 揭去覆盖伤口纱布，可用生理盐水冲洗创面，清除创面上的异物、血凝块或脓痂。切除坏死、严重污染的皮下组织。切除挫灭、坏死的皮肤创缘，形成平整的皮肤创缘，以便于缝合。对于创腔深、创底大和创道弯曲不便于从创口排液的创伤，可在创底最低处、靠近体表的健康部位做一适当切口，以利于排液。必要时做纱布条或橡皮管引流。随时止血。视创口污染情况，可用3%过氧化氢溶液、0.1%新洁尔灭溶液冲洗创腔。

(三)创口缝合 创口缝合可保护创伤不受继发感染，有助于止血，消除创口裂开，为组织再生创造良好条件。可根据创伤的受伤时间、创伤大小、创伤部位、伤后初期处理、污染程度而异，确定创口处理后是否缝合。适合于初期缝合的创伤条件是：创伤无严重污染，创缘及创壁完整，且具有生活力，创内无较大的出血和较大的血凝块，缝合时创缘不因牵引而过分紧张，不妨碍局部血液循环等。可按临床实际情况，做创伤初期密闭缝合、创伤部分缝合。甚至先用药物治疗3～5 d，待无创伤感染后再实施缝合，即延期缝合。

(四)创伤包扎 创伤包扎可保护创伤免于继发损伤与感染，保持创伤安静、保温，有利于创伤愈合。经外科处理后的新鲜创通常需进行包扎。如创内有大量脓液、厌氧性及腐败性感染创，则不必包扎。做创伤包扎时，先用灭菌纱布块覆盖创口，在用脱脂棉块包扎，最后用市售的卷轴绷带完成包扎。

(五)创伤换药 创伤绷带的更换时间视实际情况而定。换药时轻轻揭去敷料，如敷料与伤口粘连，可用生理盐水浸湿后再揭去敷料。检查伤口是否有肿胀、疼痛、波动、渗出。愈合良好的，一般不必再给予换药，术后10 d拆除缝线。如切口局部肿胀、波动、渗出，可将伤口缝合线部分或全部拆除，继续做冲洗、引流等清创处理。

第二节　呼吸困难犬、猫的抢救

呼吸困难，即伴有呼吸急促的异常呼吸障碍，表现为呼吸费力、频率加快、呼吸过度。可分为吸气性、呼气性和混合性呼吸困难3种类型。吸气性呼吸困难表现为吸气用力，吸气时间延长，头颈伸展，肘外展等，见于上呼吸道障碍时所致的上呼吸道狭窄。呼气性呼吸困难则表现为呼气用力，呼气时间延长，背部弯曲，腹部缩小等，见于肺泡弹力减退或细支气管狭窄引起气体排出受阻的细支气管炎、慢性肺气肿等。混合性呼吸困难则吸气和呼气均发生困难，见于肺炎、胸积液、气胸等。

一、病因

(一)呼吸系统疾病　见于鼻、咽、喉、气管肿胀、肿瘤、异物等所致的上呼吸道阻塞或炎症，肺充血、肺水肿、肺气肿、肺炎等肺疾病，和肋骨骨折、胸膜炎、胸积液、气胸、膈疝等使胸腔活动受限的胸腔疾病。

(二)心血管疾病　见于充血性心力衰竭、先天性心脏病以及贫血、大出血等。

(三)腹压升高　见于胃肠臌气、腹膜炎、大量腹水等。

(四)神经性疾病　见于颅脑损伤，或脑炎、脑水肿、脑肿瘤等使脑内压增高所致。

(五)中毒性疾病及过敏反应　见于一氧化碳、亚硝酸盐中毒、麻醉药物过量及过敏反应。

二、诊断

(一)询问病史　了解患犬、猫的用药史，是否接触过毒物等。如果呼吸困难发生缓慢或长期反复发作，多见于心肺慢性疾病，如先天性心脏病、肺气肿等。如果突发严重的呼吸困难，多见于急性缺氧、呼吸道异物阻塞、急性肺水肿、肺气肿、横膈破裂、急性气胸等。

(二)临床检查　除呼吸困难外，如胸部活动受阻与疼痛，提示肋骨骨折、胸膜炎、气胸；可视黏膜发绀，提示呼吸道阻塞、肺水肿、先天性心脏病；可视黏膜苍白，提示贫血、休克；可视黏膜褐色，提示高铁血红蛋白血症(亚硝酸盐中毒)；体温升高者，提示急性感染、败血症、中暑；口腔深部检查可检出咽喉阻塞；鼻孔流出大量白色、浅黄色或粉红色的泡沫状鼻液，胸部听诊有广泛水泡音，提示肺水肿；心脏听诊有心律紊乱、心杂音，提示心脏疾病。

(三)特殊检查　X射线摄片、B超检查有助于呼吸道异物、喉气管受压与狭窄、肺实质病变、肋骨骨折、横膈破裂、气胸、胸积液、大量腹水等。有条件者可做血气分析,显示低血氧症和高碳酸血症。

三、抢救

(一)病因治疗 治疗与消除犬、猫呼吸困难的原发病因。

(二)保持呼吸道畅通 检查呼吸道,清除口咽部的异物、呕吐物、分泌物等,使呼吸道畅通。必要时可做气管吸引排除呕吐物、分泌物,甚至做气管插管以保证呼吸道畅通。

(三)吸氧 吸氧是治疗呼吸困难和纠正低氧血症的一种有效措施。可选用适宜的给氧方式,如呼吸面罩、氧帐等。普通诊所亦可使用市售的“氧立得”便携式制氧器。可利用普通一次性的塑料或纸质饮水杯,在杯底中央开一小孔,插入输氧胶管制成一简易吸氧面罩。为减少氧气流失,可将患犬、猫置于一合适笼内吸氧,并在笼的周围以塑料薄膜或报纸覆盖,制成一简易吸氧帐。

(四)人工通气 人工通气是防治呼吸功能不全的有效方法,可改善通气,纠正低氧血症,减轻患犬、猫的呼吸做功和氧耗,支持呼吸和循环功能。必须做气管内插管,以确保吹入气体不进入食道而进入肺中。为避免气道漏气,使用带套囊的气管导管。套囊的充其量以刚能阻止漏气为度,注意避免气管壁受压过度、时间过长导致坏死。然后使用呼吸囊进行人工呼吸。有条件者,接人工通气机。人工呼吸频率为 8～10 次/min,每分钟呼吸量约为每千克体重 150 mL。

(五)抗感染 合理选用抗生素。如无感染的临床症状,则不宜常规使用抗生素。但危重患犬、猫,可适当选用抗生素以预防感染。原则上应根据对抗生素药物敏感试验结果来选择最有效抗生素。尚应考虑患犬、猫的全身状况及肝、肾功能状态。除采用静脉注射、肌肉注射给药途径外,还可做雾化吸入和经气管内滴入局部给药。

(六)维持循环功能稳定 呼吸困难时,低氧血症和二氧化碳潴留可影响心脏功能。如有条件,应给动物接上监护仪,做血压、心电图、脉率、外周氧饱和度和呼出二氧化碳的不间断监测,以便尽早发觉心肺抑制和及时治疗。维持体液平衡、强心、利尿,改善微循环功能。

第三节　患心脏病犬、猫的抢救

犬、猫常见的心脏疾病有心肌病、心脏增大、犬心丝虫病、动脉导管未闭、肺动脉狭窄、主动脉狭窄、心室间隔缺损、心房间隔缺损、法乐氏四联症等。

一、病史

在听取病史时，应留意与某些特定心脏病有关的年龄、品种和性别等因素。如幼龄犬的动脉导管未闭、大种犬的幼犬心脏增大；德国牧羊犬和拳师犬的主动脉狭窄，猎狐㹴和吉娃娃犬的肺动脉狭窄，德国牧羊犬、柯利犬和贵妇犬的动脉导管未闭，德国大丹犬、圣伯纳犬、阿富汗犬的心脏增大，泰国猫的心肌病；大种犬的公犬心脏增大，可卡公犬的二尖瓣闭锁不全，母犬的动脉导管未闭等。犬的使用目的也不容忽视，因为猎犬、护卫犬和赛犬有时会超负荷。

二、临床检查

临床检查时，除了可视黏膜颜色、脉搏、血压、呼吸类型、呼吸频率外，尚应注意是否因积液等引起的胸腹外形改变。心脏病后期，也许在喉部、胸下部和四肢出现水肿。必要时可做穿刺检查，以鉴别胸腔积液和心包积液。为便于心杂音的确定，可在各心脏瓣膜的心音最佳听诊点(表 6-1)听诊。必要时，可配合做 X 射线检查、超声检查、心音描记、心电图等特殊检查。

表 6-1 犬、猫心音最佳听诊点

	肺动脉瓣	主动脉瓣	二尖瓣	三尖瓣
犬	左侧第 3～4 肋间，肋骨与肋软骨结合部	左侧第 4 肋间，肋骨与肋软骨结合部略上方	左侧第 5 肋间，肋骨与肋软骨结合部	右侧第 4～5 肋间，肋骨与肋软骨结合部略上方
猫	左侧第 3～4 肋间，肋骨与肋软骨结合部	左侧第 3 肋间，肋骨与肋软骨结合部略上方	左侧第 5～6 肋间，肋骨与肋软骨结合部	右侧第 4～5 肋间，肋骨与肋软骨结合部略上方

心律不齐多是心肌的兴奋性改变或其传导机能障碍的结果，可分为：窦性心律不齐(如与正常呼吸相关的犬心律不齐)、窦房结兴奋源紊乱(窦性心动过速、窦性心动过缓)、室上性兴奋源紊乱(过早搏动、房性心动过速、心房颤动)、室性兴奋源紊乱(过早搏动、窦性心动过速)、兴奋传导紊乱(第Ⅰ、Ⅱ、Ⅲ期房室传导阻滞)等。

心杂音是正常心音以外的附加心音，可分为心内杂音和心外杂音。按心杂音的强度，将其分为六级：Ⅰ级——几乎不能听到心杂音，仅在相当安静环境下和较长时间集中精力听诊时方可听到心杂音。Ⅱ级——很轻微但又可很快听到心杂音。Ⅲ级——低声的心杂音。Ⅳ级——中度心杂音，触诊不能觉察。Ⅴ级——响亮的心杂音，触诊觉察。Ⅵ级——很响亮的、机器般的心杂音。

心力衰竭则是指在适当的静脉回心血量下，心排血量仍不能满足机体代谢的需求。除了心脏病外，高血压、肺部疾病、输血输液过量等也可导致心力衰竭。按美国纽约心脏学会原则，将心脏病患犬、猫分为4度：

Ⅰ度：正常机体活动不受限的心脏病患犬、猫。正常体力活动既不引起异常疲劳、心杂音、呼吸困难、咳嗽，也不引起喉部、胸下部和四肢等水肿的水潴留现象。

Ⅱ度：正常机体活动略为受限。安静状态下，心脏病患犬、猫无任何不适。正常体力活动可引起易疲劳、心杂音、呼吸困难、咳嗽，或水潴留现象。

Ⅲ度：正常机体活动明显受限。安静状态下，心脏病患犬、猫无任何不适。轻微正常的体力活动可引起易疲劳、心杂音、呼吸困难、咳嗽，或水潴留现象。

Ⅳ度：不能进行任何正常机体活动。安静状态下，已出现心杂音、呼吸困难、咳嗽或水潴留现象。轻微的体力活动就可以使机体严重不适。

三、抢救

Ⅰ度心脏病患犬、猫预后良好，Ⅱ度治疗下预后良好，Ⅲ度治疗下预后慎重，Ⅳ度治疗下预后不良。

（一）限制机体活动　Ⅰ度心脏病患犬、猫通常无须限制机体活动，但应避免运动过量。Ⅱ度心脏病患犬、猫仅限于日常活动或平静的快步，活动持续时间视机体状态而定。Ⅲ度心脏病患犬、猫可适当进行轻微活动，一旦出现轻度不适则必须停止。Ⅳ度心脏病患犬、猫必须绝对安静，如置于笼内安静休息。

（二）饮食　少量多餐，Ⅲ、Ⅳ度心脏病患犬、猫的食品尚需减少盐分。推荐如土豆、新鲜肉、精米、面条、人造黄油、新鲜蔬菜和水果等含钠少的食品，避免富含钠的食品如烤面包等烤制品、牛奶及奶制品、盐腌肉制品、蛋及蛋制品、海鲜、正常犬猫粮等。亦可使用市售的心脏病患犬、猫处方粮。

（三）药物治疗

1. 改善心脏的功能　可通过加强心肌收缩力、治疗心律失常、改善冠状血流量和有效作用于心脏的拟肾上腺素药，来改善心脏的功能。常用于加强心肌收缩力的药物有地高辛（Digoxin），初次剂量是每日每千克体重0.02 mg，维持剂量是每日每千克体重0.01 mg，每日分2次口服。心律失常时，可用抗心律失常药（普鲁卡因每日每千克体重2～5 mg静脉注射）或β-受体阻滞药（心得安每日每千克体重0.5～1.0 mg静脉注射）治疗。冠状血管扩张药，如硝酸甘油（Glyceroltrinitrat，每日每千克体重0.1～0.5 mg静脉注射）可改善冠状血流量。拟肾上腺素药（多巴安每分每千克体重10 μg静脉注射）亦可增强心肌收缩。

2. 治疗与预防心跳停止　心跳停止分为心搏完全停止和心室纤维性颤动两

类。前者多由迷走神经刺激、电击、心肌缺氧、中毒等引起，后者多由麻醉剂中毒、儿茶酚胺中毒所致。心跳停止急救可见心肺复苏部分。

3. *消除代谢性酸中毒* 当心脏每搏输出量减少和外周血管收缩，可诱发器官血流灌注量不足与缺氧。这可使糖原厌氧分解导致细胞内酸中毒、细胞外酸血症，即代谢性酸中毒。做酸碱平衡测定后，可用碳酸氢钠消除代谢性酸中毒。

4. *利尿* 可使用甘露醇或山梨糖醇利尿剂，以增强肾脏功能与消除水肿。

5. *手术治疗* 如动脉导管未闭、肺动脉狭窄、主动脉狭窄、心室间隔缺损、心房间隔缺损等。

第四节 过敏动物的抢救

过敏是因抗生素、X射线造影剂、血清、非特异性有刺激性药物、输血、昆虫叮咬毒素等，引起敏感机体过敏反应，大量释放组胺、前列腺素和血栓素所致。除了出现抽搐和全身症状外，常迅速呈现呼吸、循环症状。呼吸道黏膜水肿，支气管、细支气管黏液分泌大量增加。临床经过以呼气艰难，随后呼吸音粗厉、呼吸极度困难，胸部膨胀，出现窒息症状为特征。组胺释放诱发全身性低血压、血管通透性增加和大量血浆丧失。出现心肌受损和心律紊乱。其后果是心输出量减少、血管扩张、心功能不全、微循环障碍，甚至休克。原发性或继发性脑水肿可促发抽搐，这使病程更加复杂化。

抢救以针对临床症状为主，包括输氧、人工呼吸、心血管疗法、补充血容量、利尿、糖皮质激素疗法，以及抗组胺、蛋白酶抑制剂、纤维蛋白溶解剂、安定和防止受凉等。

第五节 中暑动物的抢救

中暑为日射病与热射病的总称。多发生于酷暑的夏季，可见于各种动物。患畜因暴晒于烈日而使脑血管扩张、急性充血，导致中枢神经系统机能障碍，为日射病。患畜因周围闷热环境、散热困难而使体内过热，导致呼吸系统、循环系统、中枢神经系统机能障碍，为热射病。患畜长时间在烈日下劳役、运动、急剧驱赶等，或厩舍内通风不良、过度拥挤、运动场无遮阳凉棚等，或长途运输过度拥挤、无防暑设备等，又因患畜机体缺水、过胖等诱因，均可导致发生中暑。

临床上，患畜表现精神沉郁，出汗，高热，眼结膜高度充血，口舌干燥，呼吸急促甚至呼吸困难，脉搏快而弱，后全身肌肉震颤，卧地不起，突然倒地，痉挛死亡。

因发病突然，病程急速，因做及时抢救。治疗原则是降温、维持和保护重要器官的功能。立即将患畜置于宽敞、阴凉、通风良好地方。因病情可采用冷敷头部，全身冷水浴，1%冷盐水灌肠和内服等降温措施，至患畜体温恢复正常为止。亦可用退热药复方氨基比林或安乃近等，使用强心药、输液，但在肺或脑水肿时不宜输液。

预防中暑，应注意夏天劳役时增加饮水与休息次数。厩舍宽敞、通风、清凉，并配有自然饮水设备。运输时勿过分闷热和拥挤等。

第六节　中毒犬、猫的抢救

虽然犬、猫主人时常怀疑自己的犬、猫中毒，但临床上犬、猫中毒较少见。在下述情况下，即可肯定中毒：①见到摄取毒物、毒物残留物、毒物包装残留物；②出现特定毒物中毒的确切临床症状；③中毒证据，如做呕吐物、胃冲洗液、粪、尿、穿刺物、血和部分机体组织检验，证实中毒。

有毒物质通常经皮肤、黏膜、消化道和呼吸道，也可经医疗注射进入机体，引起机体中毒。对患畜的治疗，首先应实施急救，然后是解毒、对症疗法等特定治疗。

一、急救

犬、猫中毒时的急救包括支持疗法、清除疗法以及诊断性查明中毒原因以便做特定治疗。

(一)支持疗法　即维持正常的呼吸和心血管循环功能，是在中毒发展阶段、患畜可能意识丧失时的首要任务。应做气管插管，建立静脉通道，做心电图监测，防止脑水肿，必要时做人工呼吸。此外，尚应考虑可能有外周血管扩张、休克，甚至心跳停止的可能性。

(二)清除疗法　即清除毒物，并通过去污染、清除及中和等，阻止毒物的进一步吸收。

1. *冲洗*　当毒物经皮肤吸收时，可用清水或肥皂水(敌百虫中毒时例外)反复冲洗污染部的皮毛。工作人员应注意戴手套。

2. *催吐*　当动物吞入毒物的短时间内，毒物并在胃中停留时，可口服温盐水，或肌肉注射阿朴吗啡每千克体重 2～3 mg 催吐，使进入胃的毒物排出体外。但在意识障碍、已出现心、肺、神经的毒力效应、上段消化道被酸、碱、酚等腐蚀、出血性恶病质时，禁止催吐。当毒物已被吞入机体 4 h，因毒物多已进入肠道，不能用催吐。应提取部分呕吐物，送有关机构做毒物检查。

3. *洗胃*　只有被吞入的毒物仍停留在胃中时，洗胃才有意义。如果是液状毒物(如溶剂、汽油、醚、石油等)、可产生泡沫的物质(如肥皂、洗涤剂等)、酸碱(疑胃肠穿孔)、大块毒物和有休克危险时,禁止洗胃。做气管插管,并确保气管已密闭后,将一已润滑的胃管插入胃中,反复进行洗胃。常用温盐水、浓茶水和1%苏打液等。

4. 活性炭吸附 使用植物类活性炭吸附剂,防止毒物的进一步吸收。注意活性炭对氰化物中毒无效。使用时,按犬每千克体重2～8 mg剂量,将1 g活性炭溶于5～10 mL水中。每日3或4次,连续2～3 d。灌服活性炭后30 min,再灌服泻剂。

5. 清泻 使用硫酸钠、硫酸镁、液体石蜡等泻剂,促进胃肠内毒物的排出。硫酸钠、硫酸镁的剂量为每千克体重1 g口服。液体石蜡,口服10～50 mL。注意勿使用植物油,以免毒物溶解、继续被机体吸收。

6. 利尿 利尿剂可加快毒物经泌尿道排除。在肾功能、心血管循环功能正常情况下,使用速尿、甘露醇利尿剂。速尿剂量为每千克体重5 mg,静脉注射或肌肉注射。甘露醇每小时每千克体重2 g,静脉注射。配合静脉补液以防脱水。如无尿量增加,则应停止使用。

7. 非特异性解毒剂 当犬、猫中毒时,主人可有选择性给予家用食品。如在酸、碱、重金属中毒时,灌服牛奶;酸中毒时,让动物大量饮水,必要时强行灌服;碱中毒时,用醋酸水(2匙食用醋酸加入1杯水中)或柠檬酸水中和;酚类中毒时,按每千克体重1.0～3.0 mL,喂食用油。

(三)诊断性查明中毒原因 为了下一步的特定治疗,有必要查明中毒原因。除了留下的毒物及包装残留物外,尚应询问摄入毒物的方式与量、摄入时间或接触时间、已出现的症状、甚至已采取的措施等。尚勿忽略中毒犬、猫的临床与实验室检查、毒物残留物的毒理检查以及送检物的中毒检查结果等。

中毒时,可出现以下临床症状:①兴奋、不安、肌肉震颤、精神沉郁、痉挛性抽搐、瘫痪、瞳孔反射改变、意识障碍等中枢神经症状;②食欲废绝、流涎、呕吐、胃肠蠕动增加或停止、腹泻等胃肠症状;③咳嗽,呼吸困难,舌发绀,呼吸麻痹,异常呼出气味(如酒精、汽油等);④舌发绀、黏膜苍白、心律紊乱、心动缓慢或过速、休克状态等心血管症状;⑤尿少或无尿、尿的颜色与气味改变、血尿、血红蛋白尿等泌尿道症状;⑥苍白、全身性或区域性发红、出血、发绀、黄疸、黏膜腐蚀(酸中毒时出现白色结痂,碱中毒时出现棕色结痂)和皮疹等皮肤症状。

上述临床症状,对进行不明病因中毒的初步识别与治疗有着不可估量的价值。此外,尚应注意观察早期出现的、可能危及生命的症状,以便快速而有目的地开展对症治疗。如意识丧失见于酒精、镇静剂、催眠药、精神药品、阿片类药、溶剂等中毒;抽搐见于磷酸脂、卤化物、神经安定药、烟碱、金莲花属或染料木属的种子与果实、降血钙剂(氟化物、草酸盐)等中毒;舌发绀与呼吸困难见于正铁血红蛋白结合剂(硝基苯、亚硝酸盐、有机硝酸盐、氯酸盐)、损害肺的毒物(氯气、二氧化硫、酸蒸气、氨气、硝酸气体、光气、季铵化合物)、支气管痉挛毒物(磷酸脂)等中毒;高热见于茄科(阿托品、副交感神经阻滞药)、二硝基酚、甲酚、神经安定药、催眠药、一氧化碳、麻醉剂、肌松剂等中毒;瞳孔缩小见于胆碱农药中毒。瞳孔放大见于副交感神经阻滞药中毒;皮肤黏膜腐蚀痕见于酸、碱、酚、盐、墨水等中毒。

随着中毒的进一步发展,可出现肺炎、肝肾损害。应做血常规、血液生化、酸碱平衡、尿常规检查,血、尿、粪便、毛发、胃内容物等的毒物检查,以及X射线片和心电图检查等。

一旦中毒的原因已明确,应向有关部门询问特定治疗的最新进展状况。

二、特定治疗

对中毒犬、猫的特定治疗,包括消除特定毒力效应(解毒处理)、减轻已出现的临床症状等所有措施。

(一)解毒处理 如氢氰酸中毒,用亚硝酸钠和硫代硫酸钠解毒;有机磷农药中毒,可用阿托品、氯磷定、解磷定等解毒;亚硝酸盐中毒,可用美蓝或高渗葡萄糖溶液解毒;一些金属及其化合物中毒,可用金属络合剂解毒等。但并非每种毒物均有特效解毒剂。临床上,不能单靠特效解毒处理,尚应紧密结合支持疗法和对症治疗。

(二)对症治疗 许多中毒并无特效解毒剂,因而必须针对毒力效应采取相应的措施,维持和保护重要器官的功能,增强机体的排毒、解毒能力。

(三)体外清除方法 如医学上的血液透析(人工肾)、血液灌注、血液过滤、腹膜透析、换血。但因技术设备的缘故,仅考虑腹膜透析、输血用于犬、猫中毒的治疗。腹膜透析是利用腹膜作为透析膜,血液内的水分、电解质、尿素等代谢产物可经腹膜进入腹腔,或体内所需物质可从灌注腹腔中的透析液,经腹膜进入血液,达到消除体内有毒物质,调节水、电解质、酸碱与渗透平衡的目的。当毒物及其代谢物可透析且机体摄取量可能致命时,当肾功能衰竭而不能做利尿治疗时,当为减轻心脏循环负担时,应做腹膜透析。腹膜透析时,于脐后方2～4 cm的腹正中线处插管,缓慢输入透析液。透析液中应加入抗生素和肝素,以防感染和管腔堵塞及肠粘连。透析液灌注量以每千克体重30～60 mL为宜,温度为38.5℃。透析液灌注入腹腔时间为15 min,透析液在腹腔内留置60～90 min,透析液流出腹腔时间为15 min。注意应做实验室监控。中毒时,如果不能加快肾或肾外清除,或者毒物与血浆蛋白结合率高(如香豆素),或者毒物与红细胞内结合,则可进行换血。换血时,从一侧的颈静脉或隐静脉放血,同时从另一侧的前臂头静脉或隐静脉输入等量的相合血。换血量应尽可能达到患畜机体血量的2倍,但应注意勿使用过量。

三、常见的中毒

(一)有机磷农药中毒　有机磷农药为目前农业上广泛使用的杀虫药,如敌百虫、敌敌畏、乐果等。该类农药有神经毒性,脂溶性高,经皮肤、黏膜、消化道和呼吸道进入机体内,主要抑制胆碱酯酶,引起神经生理紊乱等中毒。出现黏膜发绀、流涎、呕吐、腹泻、瞳孔缩小、呼吸困难、肌肉震颤等症状。重者昏迷、抽搐、发热、全身震颤、大小便失禁、瞳孔极度缩小、呼吸肌麻痹死亡。

治疗应立即脱离中毒环境,清除体表及胃肠道毒物,终止毒物的继续吸收。常用的特效解毒药有:抗胆碱药如阿托品,胆碱酯酶复活剂如解磷定和氯磷定。可按每千克体重0.05 mg剂量静脉注射阿托品,6 h后按每千克体重0.15 mg剂量皮下或肌肉注射硫酸阿托品。胆碱酯酶复活剂与阿托品有协同作用,如同时应用,则应减少阿托品用量。

(二)有机氯农药中毒　有机氯农药如六六六、滴滴涕等。中毒时,动物坐立不安、兴奋、狂躁,肌肉痉挛、抽搐,共济失调,发热,舌发绀、沉郁,昏迷而死亡。

治疗根据毒物进入的途径,可用清洗法、洗胃或导泻。高度兴奋者,可给予镇静剂。配合静脉输液。注意勿应用肾上腺素,否则易诱发心室纤维震颤导致死亡。

(三)砷化物中毒　砷化物如砒霜等,可由呼吸、消化道及皮肤进入体内。慢性中毒时,砷可蓄积于骨骼、皮肤及毛、蹄、角等角质组织中。急性中毒以急性胃肠炎症状为特征,腹泻、呕吐、口渴、精神沉郁、肌肉震颤。重者兴奋不安、惊厥、痉挛等,后因呼吸中枢麻痹死亡。

治疗除洗胃、催吐外,尽快使用10%的二硫基丙醇1～2 mL,间隔1～2 h做犬肌肉注射,连续3次或4次。

(四)杀鼠药中毒　杀鼠药种类很多,成分不一,其毒理效应也不一样。如安妥、磷化锌、氟乙酸钠、敌鼠钠等。

1. 安妥　可引起肺毛细血管通透性增加,造成肺水肿。出现呕吐、口吐白沫、腹泻、呼吸困难、精神沉郁、黏膜发绀、鼻孔流泡沫性血色黏液,后昏迷死亡。可用催吐、洗胃、导泄、利尿等治疗。无特效解毒药。

2. 磷化锌　进入体内与胃酸作用,产生磷化氢和氯化锌,刺激胃肠黏膜,引起胃肠炎症。发生呕吐、腹泻、腹痛,呼吸困难、肺水肿、惊厥、昏迷,衰竭。呕吐物与粪便有大蒜味,且在黑暗下发磷光。可用催吐、洗胃、导泄、输液等治疗,无特效解毒药。

3. 氟乙酸钠　可出现呕吐、腹痛、腹泻等胃肠症状,重者抽搐、昏迷、呼吸困难、紫绀，甚至呼吸、循环衰竭而死亡。治疗可按每千克体重 0.1～0.2 g 剂量肌肉注射解氟灵，首次注射 1/2 量，余下 1/2 量分成 4 次，每 2 h 注射 1 次。配合催吐、洗胃、导泄、输液等治疗。

4. 敌鼠钠　为香豆素类杀鼠药。经胃肠吸收进入血液循环到达肝脏，破坏凝血酶原的合成，延长凝血时间，增加毛细血管的脆性和通透性，造成内出血和外出血。出现精神沉郁、可视黏膜苍白，低血容量休克，呼吸困难、惊厥、麻痹死亡。应迅速做止血、维持血容量和恢复肝脏功能等治疗，重者应做输血。

5. 酚中毒　酚中毒如石炭酸、来苏儿、苯基酚、甲苯、二甲苯等。经体表或摄入中毒，散发酚的气味，恶心、呕吐、腹泻，精神沉郁、呼吸困难、循环衰竭而死亡。

治疗根据毒物进入的途径，可用清洗法、洗胃、利尿等。经体表接触中毒者，可用清水刷洗皮肤后用 10%乙醇冲洗以中和酚，后用油类敷料包扎以进一步排除酚。误食中毒者，可用清水或 5%～10%乙醇洗胃。注意乙醇不能留于胃中，以免促进酚的吸收。口服牛奶、鸡蛋清或活性炭等。配合抗休克、输液治疗。

6. 变质食物中毒　变质食物如腐败变质的肉、鱼、酸奶和其他食品等，内含组织胺、葡萄球菌毒素、沙门氏菌肠毒素和肉毒梭菌毒素，可引起机体中毒。

腐败变质的肉、鱼可因变形杆菌污染，引起蛋白质分解，产生组织胺。毒物吞食后，可突然出现呕吐、下痢、呼吸困难、瞳孔散大、共济失调、昏迷而死亡。治疗可用苯海拉明、补液、抗菌、维生素 C 等。

葡萄球菌毒素中毒可引起急性胃肠炎症状，重者出现呼吸困难、抽搐等。治疗可采用催吐、补液和对症治疗。必要时可洗胃、灌肠。

肉毒梭菌毒素可引起运动性麻痹、昏迷，甚至死亡。如在早期，可注射抗生素。对症治疗可用 0.01%高锰酸钾溶液洗胃，导泄、灌肠、补液、抗菌等。

7. 蛇毒中毒　蛇毒中毒多发生于夏、秋季节。被毒蛇咬伤部位以面部和四肢最常见。咬伤部位越靠近中枢神经或血管丰富区域，其症状越严重。蛇毒主要由毒蛋白、多肽类和多种酶组成，按其作用性质可分为神经毒、血循毒和混合毒。

(1)神经毒。如被金环蛇、银环蛇、眼镜蛇、眼镜王蛇等蛇咬伤。局部症状不明显，仅有轻度刺痛、麻木、知觉减退或消失。数小时后出现急剧全身症状，四肢麻痹无力、流涎、吞咽困难、瞳孔散大，全身抽搐、呼吸麻痹、循环衰竭而死亡。

(2)血循毒。如被蝰蛇、蝮蛇、竹叶青、五步蛇、烙铁头等蛇咬伤。局部症状明显，迅速肿胀、发硬、剧痛和灼热，皮肤紫黑、坏死，淋巴结肿大、有压痛。全身战颤，体温升高，心跳加快，呼吸困难，不能站立。鼻出血、血尿、抽搐，后心力衰竭死亡。

(3)混合毒。如被眼镜蛇、眼镜王蛇、蝮蛇等蛇咬伤，既含神经毒又含血循毒。可同时出现神经、血液和循环系统症状。眼镜蛇、眼镜王蛇以神经毒为主，故以神经症状表现突出。蝮蛇以血循毒为主，故以血液和循环系统症状突出。

一旦确认被毒蛇咬伤，应迅速采用急救措施。局部做结扎、冲洗、吸引、切开等处理，以阻止蛇毒的吸收和促进排除，防止继发感染。可用止血带、布带、绳子等在伤口上方做肢体结扎。间隔 30 min 放松结扎 1 次，每次 1～2 min，以防止局部组织缺血坏死。至全身用解毒药 3 h 后方可解除结扎。然后用清水、0.1%高锰酸钾溶液或肥皂水等反复冲洗伤口，除去毒液或可能残留的毒牙。用吸乳器、拔火罐或注射器等将伤口内的毒液尽可能吸出。应用三菱针乱刺伤口及周围红肿部，或连贯两个牙痕做直线切开，以利蛇毒排出。除局部处理外，静脉注射单价或多价抗蛇毒血清，配合输液、抗菌、利尿等治疗。注意神经毒类蛇毒中毒者忌用巴比妥类、氯丙嗪、苯海拉明等中枢神经抑制剂及箭毒等横纹肌抑制剂，血循毒类蛇毒中毒者忌用肾上腺素。

（熊惠军）

第七章　临床护理技术(临床与住院)

兽医临床工作中有些需要进行护理和监护,护理和监护的到位与否甚至会决定动物的预后,这一点越来越接近人医临床的情况。兽医护士或技术员的主要任务就是协助医生做好患病动物的诊疗和护理工作。目前国外已经有了专门的护士或技术员专科学院,培养专门的护理技术人员,而且已经制定了护士及技术员资格认证制度。动物医院在招聘技术员或护士时明确要求应聘者要有技术证书。国内也已经出现了向这个方向发展的趋势。

患病动物的护理作为一个专门领域,一方面要求护理人员经过专门训练,掌握动物正常生理机能的表现;另一方面在病理情况下的临床表现,掌握临床治疗和处理患病动物的基本技能。临床护士的另外一个很重要的任务就是将治疗过程中动物的病情发展变化详细地记录下来,以供医生参考。

第一节　犬、猫的正常生理知识

护士和技术员要了解犬、猫的正常生理机能及行为表现,要能够识别犬、猫是否健康和行为是否正常。要做到这一点,除了要细心观察以外,还要了解动物在陌生环境条件下的一些特定反应,比如紧张、恐惧等。

健康犬、猫的表现是:眼睛有神、对外界的刺激警觉、精神状态稳定。健康犬、猫会对周围的事情表现出一定的兴趣。它会对刺激做出相应的反应,比如一个晃动的物体或是打开食物罐头等。有些犬、猫喜欢与人玩耍,它会对与人玩耍表现出渴望和一定的热情,并且能够自由敏捷地走动和跑动。

动物的行为模式随着动物的年龄、种类和动物的气质、性情的变化而变化。例如,一只小犬的玩耍阶段和睡眠阶段是交替进行的,没有明显的时间规律性,但是一只成年犬则表现出有规律的活动和较长时间的睡眠。而有些犬当把它限制在犬笼中时,它会表现出特有的"警觉"本性,但是一旦取消对它的限制,它又会变得非常友好温顺。

犬通常对食物表现出极大的兴趣,当我们给它食物时,它会毫不警惕地去吃。犬的采食和饮水数量随着个体的变化而变化。因此在患病动物住院之前,询问患病动物主人患病动物的采食数量、采食种类、饮水数量等情况是非常必要的。

出院后，公犬会频繁的小便以标记自己的领地，这是正常的。然而母犬一般只是每日排尿2次或3次。健康的犬应该排尿顺利，没有不舒服的表现，同时正常的尿液应该是浅黄色并且是澄清透明的，排尿数量随个体的不同而变化。健康犬一般每日排粪1次或2次。当然也有个体差异，尤其是小犬，通常排粪要比成年犬频繁。健康犬应该排粪无不适感觉，粪便要成形，呈棕色。

健康犬的皮毛应该是干净、平滑和富有光泽的，没有明显的秃毛斑块；皮肤应该感觉柔软，没有痂和寄生虫；身体膘情适中而不是肥胖，膘情适中要与壶状腹部(大肚子)区分，这一点通过观察腹部就可以看出。

眼睛、耳朵、鼻子应该清洁没有浮肿和流出物等症状，黏膜湿润呈粉红色。外生殖器也应该清洁无浮肿和流出物，但是在发情和分娩时母畜的阴户肿胀和流出清亮甚至是带血丝的黏液则是正常的。

体温、脉搏、呼吸应该在正常范围内。呼吸运动应该节奏明显而不能是疲劳的。如果犬在休息时有明显的呼吸音或喘息音则是不正常的，不过，短头动物一般都有一点呼吸音。

通常在医院中护理条件下较难评定猫的正常表现和行为习惯。离开熟悉的环境，它们更倾向于变得比较保守、老实，偶尔也会变得好斗，拒绝进食和饮水。虽然在正常情况下猫比犬采食更加挑剔，甚至也会连续几天拒绝进食，不过在正常情况下猫对食物和饮水还是表现出一定的兴趣。所以，在猫进入医院之前询问主人关于猫的采食和饮水情况也是必要的。当一只猫住进动物医院，它的排尿和排粪习惯有可能被陌生的环境打乱，甚至有可能会拒绝使用医院提供的采食用的器具。

健康猫的皮毛应该干净、清洁、平滑并富有光泽，并且健康猫自己特别注意清洁，经常用舌头清洗自己。猫通常睡眠较多，但是它对周围的动静非常敏感，并会对打击和抚摸做出反映。小猫就像小犬一样，睡眠时间和玩耍时间交替变化。猫在睡眠时打呼噜是正常的，但是要与抽鼻子和哮喘等症状分开，后者是由上呼吸道感染引起的。同犬一样，猫的眼睛、鼻子、耳朵、嘴巴等应该是清洁的，没有浮肿和不正常的分泌物。体温、脉搏、呼吸应该在正常范围之内。

第二节　犬、猫常见临床症状及其鉴别

识别犬、猫临床症状需要有关于疾病的知识和临床经验。患病动物通常会表现出一些临床症状，这些症状对于非专业人员可能是不明显的，但是对于专业护理人员要求必须能够辨认这些症状，在一定条件下，患病动物有可能表现出多种症状，作为专业护理人员，必须知道哪些症状对于治疗可能是有用的，并且要知道每种症

状所代表的意义。

所有临床上不正常的表现和病情的变化，都应该详细的记录下来，不管它们看上去多么微不足道。因为对于医师来讲，任何一个细小的变化或症状，都有可能与患病动物疾病的治疗有关系。还有一些并发症，对于疾病的治疗也是非常关键的。患病动物的病房也是非常重要的，护理人员必须时刻注意一些传染病的情况，如猫呼吸道疾病、犬细小病毒病等，因为这些病在患病动物进入医院时可能根本就没有表现出任何症状。

通常一只患病动物最初的症状表现在它的行为变化上，例如从健康、欢快、活泼变得沉郁、痛楚、食欲下降甚或食欲废绝；也可能对食物和饮水表现出过分的欲望，出现多饮多尿；可能表现出不爱活动或者处于一种异常的姿势。这时就需要进行正规的检查以确定有无其他症状。要确定动物是否疼痛是非常难的，因为不同的动物种类和动物个体有不通的疼痛阈值。动物处于疼痛中的可能表现有：焦躁不安、叫、颤抖、气喘、体温升高等。

患病动物的眼部、鼻孔可能有分泌物，咳嗽或者流鼻涕并且呼吸的模式可能改变，体温有可能上升或者不正常，脉搏的频率和特征变化，黏膜颜色发暗、黄疸、发绀，患病动物可能会表现干燥。呕吐和腹泻可能有或无，便秘和里急后重也可能发生。也可能分泌过多的唾液和反呕。口臭往往是牙病或者肾炎的症状，同时会有明显的尿毒症。而甜味则往往是糖尿病和酮病的症状。

烦渴症（饮水过于频繁）是比较明显的一种病症，它通常伴随着多尿症（排尿过多），但是有时也会观察到饮水增加而少尿（排尿减少）的情况。如果动物的饮水/排尿发生变化，就应限制流质食物的采食。有时会出现排尿困难或者无尿的情况，必须及时治疗，以避免出现更严重的情况。尿液可能会出现血丝或者颜色发生变化（正常为浅黄色）和混浊，这些症状都应记录下来。

猫在患病的情况下会表现出许多与犬相似的症状，但是也有一些猫所特有的典型的症状。一只不舒服的或者有病的猫通常看上去精神不振，毛发竖立，也不清洗梳理自己，眼皮肿胀，不愿活动，喜欢向隅而坐卧，表情呆滞等。

虽然熟悉每种病的发病原因是重要的，但是作为一名护理人员，更重要的是区别健康和患病动物的表现症状，并能理解每种症状的意义。

第三节　日常护理规程

在患病动物的护理中制定一套适合患病动物合理的日常护理规程是非常重要的。如果有足够的护理人员，则制定一套 1 周的详细值班系统将是非常有效的，其中明确规定谁专门护理大犬，谁专门护理小犬，谁专门护理猫。它的优点在于，专门护理人员对患病动物每天的细小变化都将十分清楚，但是其他护理人员则不一定会注意到。

对于观察和记录不正常现象的重要性已经在前面讲过，通常在每天早晨清理笼具和房间，给动物做检查及在动物活动的时候做这些工作。通常把日常记录表格放在房间内或门口，这样可以随时了解患病动物的病情进展以及其他的一些相关细节。

表7-1和表7-2给出了记录表格的式样。当患病动物离开犬舍时，要注意观察患病动物的精神状态和犬舍内的一些情况。

表7-1　记录表格式样(1)

病例号：	宠物名：
主人：	种类：
地址：	品种：
	性别：
	年龄：
	体重：
电话：	住院：
单位：	出院：
家：	
主治医师：	
住院原因：	
建议：	

表7-2　记录表格式样(2)

日期				
体温				
呼吸脉搏				
进食				
饮水				
排尿				
粪便				
呕吐				
治疗				

体温、脉搏、呼吸情况，食物、饮水的情况，排粪、排尿、呕吐的情况都应当详细地记录下来，如有其他的不正常的情况，如出血等也应详细记录并报告主治医师。

对于伤病动物，治疗后应注意伤口的护理，以防感染等的发生。包扎用的石膏和绷带等也要时常检查和更换。

一、犬舍清理

先把弄脏的床舍清理干净，再用消毒药剂冲洗犬舍。宠物医院犬舍中的犬床最好的材料为报纸。因为报纸吸水性好，易隔离，便宜，易获得，易处理，不会污染伤口，同时还可以为犬舍提供一个好的背景，利于观察犬的病情进展，如尿液颜色、出血等，再加上塑料材料的床垫和毯子，会给病犬提供一个舒适的治疗环境。治疗床，一般用合成材料加上易于清洗的羊皮毯子，是非常适合治疗和清洗的。对于猫则需要提供盘子用于采食食物。

二、饲喂

饲喂需要每天定时定量，同时还要依据具体情况和医院的日常规定等，小犬、小猫、大体型的犬则需要增加饲喂次数，需要准备多种食物以满足不同个体的需要和喜好。

三、运动

多数住院治疗的患病动物每天需要有 2 次或 3 次不同形式的活动，除非它们所患疾病或者伤病要求必须卧床休息。每天患病动物运动时，要给患病动物一定的活动自由，还要防止患病动物对活动形式产生厌倦。对于犬，要让其单独活动，以防止它们之间相互打架而造成伤亡。对于整形外科的患病动物在住院治疗期间则仅限于引导运动。对于眼睛有问题或有眼炎的患病动物则不能让其参加运动，否则它们会自己伤害到自己。

对于猫，理想的运动场地为封闭式的，但是这并不是总能行得通的，因为多数猫还是倾向于在笼中不出来活动。

四、患病动物本身的卫生清洗

对于弄脏身体的患病动物的清理和管理工作，也是护理人员的护理工作的一部分。住院治疗的动物很容易被粪尿所污染，因为它们多数时间被局限于自己的笼中，并且它们的正常生活习惯已经被住院所打破了。当然，更主要的还是由于它们受伤或疾病所造成的身体虚弱使得它们行动不便所造成的。除了粪尿外，还有它们的伤病所造成的出血、呕吐、分泌物等也会对它们本身造成污染。

为了尽量保持动物的身体卫生，尽量让患病动物离开它们的住所去排粪和排尿,还可以尽可能地在笼具被弄脏之前就更换和清洗笼具。对于猫则需要提供专门的便盆并经常更换。使用商品性尿不湿也可以,它会让尿渗透到下面而上部仍然是干燥的。

应该尽可能的多给患病动物清洗身体,这对防止患病动物被尿液浸泡和伤口污染都是非常必要的。对于犬,可以用温的肥皂水或外科皮肤消毒液等擦洗皮肤,这对于患病动物伤口的恢复是非常有利的。然后要用吹风机或毛巾擦干,少量的滑石粉对干燥皮肤也是非常有益的。

如果由于伤病原因无法洗澡的话,可以用温的消毒溶液清洗被污染的局部。然后擦干。对于长毛的动物最好将凌乱的毛发修剪一下,尤其是肛门周围的毛发。

相对于犬来讲,猫通常需要较少的清理和修剪工作。猫本身特别注意清理自己,并且猫的毛发一般不是很长。对于长发的猫则需要定期的修剪以保持毛发的清洁和整洁。对于腹泻的猫要注意修整肛门附近的毛发。对于嘴部伤病的猫,比如下颌断裂,自己不能清理自己,但是它们会分泌过量的唾液使得胸部和前爪变得很脏。如果可能的话,也可以给它们洗澡,但是,通常是用消毒溶液清洗局部。清洗工作需要坚持每天进行,直到猫能够自己清理自己为止。被交通事故所伤的动物往往身上粘有油渍,可以用清洁剂清理。

很显然,所有的患病动物在病愈回到主人身边之前,都应当仔细的清洗。但是患病动物本身的清洁程度也反映了患病动物在医院中所受到的照料质量,所以作为护理人员,一定要对患病动物的清洁护理工作引起足够的重视。比如在动物经过手术或包扎后一定要注意患病动物身上不要留有血迹。

五、活动不便的患病动物的护理

这种动物一般不能站立行走,只能躺着保持一定的姿势直到病愈。这种动物包括麻醉、瘫痪动物,身上多处受伤或严重身体虚弱的动物等。对于这类动物在护理过程中需要注意的问题:

(一)粪尿处理 只要可能,就让患病动物到外边排粪和排尿,它们可能需要帮助或协助。到外边排粪、排尿的同时还可以让它们呼吸到新鲜空气和改善它们的生活环境。对于部分不能活动也不能自主排尿的动物,则需要用导管帮助其排尿。对于母犬需要安置导管和外置的集尿袋。这样有利于观察排尿的情况。有必要用含抗生素的液体冲洗导管以保证尿液的畅通。对于猫,尽管有时需要安装导尿管,但通常可以用手挤压膀胱帮助排尿。

要及时清理活动不便患病动物的粪便。有些活动不便的动物常会发生便秘,此时可采用泻剂或灌肠剂治疗。

(二)褥疮 褥疮是因患病动物常时间侧卧、皮肤受压而引起的溃疡。褥疮一般很难处理,所以要尽量采取措施避免褥疮的发生,每 4 h 翻动动物一次,用塑料泡沫或用特制的动物垫褥,可以减少褥疮的发生。一旦发生了褥疮,需要用温的消毒溶液清洗溃烂部位,然后擦干,涂上软膏以保护伤口。

(三)实质性肺炎 该病常发生于长期靠一侧身体躺卧的动物,因此每隔 4 h 翻动一下患病动物是非常重要的。

(四)饮食 对于活动不便的患病动物,一般不能自己采食和饮水,此时就需要护理人员协助其饮食。必要时还要用手一点一点的饲喂。

(五)体温 对于活动不便的患病动物,尤其是严重衰竭的患病动物,体温很容易下降,要给患病动物盖上毯子以保暖。另外,电热毯、热水袋等也可以用。铝箔或塑料泡沫等也可使动物感到暖和。

(六)物理疗法 物理疗法对于一些瘫痪或麻痹的动物是有益的。轻柔的按摩和肢体的活动会防止关节僵硬,提高血液循环,保持肌肉的活力。把手握成杯状轻叩胸部,有利于支气管中黏液的咳出。

六、呕吐动物的护理

对于呕吐的原因,在前面已经讨论过了,这里根据护理的目的,将呕吐分为两类:第一类是由代谢紊乱引起的,如肾炎、糖尿病等,这类病比较严重,患病动物食欲不振,卧床不起;第二类是由于机械原因或机体功能失调等引起的,如幽门狭窄等。这类动物外表看上去很正常,饮食也正常,但是往往吃后不久就会呕吐。

属于第一类呕吐的患病动物往往需要更加细心地照顾和护理。连续的呕吐会导致动物脱水和丢失电解质(尤其是呕吐伴随腹泻的动物)。为此,一旦发现呕吐,护理人员就要报告宠物医师。如果是连续呕吐,还要停止喂食。这时可以采用输液疗法,如用含有葡萄糖和电解质的注射液通过静脉输液。喂食也要改为流质食物,并且要少量多次。如果一次喂给大量流质食物,一样会引起呕吐。在这种情况下,应该鼓励动物采食,比如可以用大的注射器将流质食物注入动物的口中。还要特别注意,不要让动物将呕吐物或食物吸入肺中,否则会导致肺炎,甚至窒息。另外,还要注意动物笼内的卫生,勤打扫,每次给动物喂完食后,要用干净的毛巾将嘴和脸擦干净。

属于第二类呕吐的动物的护理工作主要是寻找一种合适的饲喂办法,使动物不会呕吐或反胃。但是饲喂方法对于不同的动物可能是不一样的。有时给动物饲喂像肉末等半流质的食物时可以解决问题;有时从高处,比如台阶或一个高一点的家具上饲喂动物也可解决问题。但是不论哪种方法,一般要注意,给呕吐动物喂食,要少量多次,并且尽可能是流质或半流质食物。还要注意不要让动物把呕吐物或食物吸入气管,否则容易造成肺炎或窒息。

七、体弱和年幼动物的护理

前面讲述的关于活动不便动物的护理措施,也适用于体弱和年幼动物的护理。可能要花较多的时间去照顾体弱和年幼动物的饮食,所以护理人员要有足够的耐心。同时,还要通过不断地试验和尝试来确定不同动物的饮食习惯、饮食种类,以满足不同动物的饮食需要。对于体弱动物,可能还需要护理人员给它们喂食。除了饮食以外,还要尽可能让它们到笼外去排粪和排尿,接受新鲜空气和阳光,训练它们走路,比如在动物腹下拴一条毛巾,帮助动物走路。再就是要保证动物的温暖、干燥和清洁卫生,每天给动物擦拭眼睛、鼻子、嘴等,讲究卫生对动物疾病的恢复也有益处。

幼犬、猫机体抵抗力和免疫力都比较弱,为了能让它们尽快的恢复,就需要非常细心的照顾。它们控制体温的能力较差,需要人工给它们创造一个温度恒定、温暖的环境(30℃左右),使用人工取暖设施,比较理想的是婴幼儿保育器,并且护理方便。也可用红外灯、电热板、热水袋等,在用热水袋时,注意要把热水袋用毯子或毛巾裹起来,以防烫伤动物。还需要在动物病房中挂一温度计,随时调节温度。

对于孤儿犬和猫,白天需要每2 h喂1次,晚上需要每4 h喂1次。可以使用代乳粉饲喂小犬和小猫,代乳粉在使用前用温水冲泡后,用注射器或滴管喂给小犬、小猫,如果它们不吃,可以使用胃管。

对于幼小动物可以通过轻轻的按摩外生殖器促进其排粪和排尿。另外,小犬和小猫还要每天称重以监测发育情况。

八、强饲

对于以下情况可以采取强饲:

(1)动物由于身体虚弱,没有食欲,不愿意采食的。

(2)动物由于病理原因不能采食的,如下颌骨断裂,口腔溃疡。

(3)由于口腔手术,患病动物不能通过口腔采食的。

鼓励厌食的动物去采食是非常费时的。经常有护理人员满腔热情地去帮助动物采食,结果却无功而返,尤其是猫。有些呼吸系统有问题的猫由于闻不到食物的气味,而拒绝采食,但是用气味特别浓的沙丁鱼有时能引诱猫采食。

各种各样的食物都要准备一点,有时把小块食物塞入动物的口中可以让它吞咽下去,给动物的食物一定要新鲜并且要加热。煮熟的鱼、鸡、肉,还有鸡蛋都是很好的食物。一些调味品可以用来引诱动物的食欲。

对于没有食欲的动物就需要用注射器进行强饲。强饲时，要注意少量多次，以避免食物进入气管和肺中。婴儿食物、汤、奶及其他的流质食物均可用于强饲。注意在强饲完后，要将动物的嘴、胸和爪清理干净。

如果上述方法还是不行的话，就需要采用胃导管。胃导管一般只用于身体非常虚弱的动物。一定要注意导管不能插入器官，否则容易导致窒息。如果胃导管使用次数过多，也容易造成食管和胃的溃疡。

除了胃管外，还有咽管，它是一种塑料或橡胶制品，通过手术将其从咽部植入食管或胃，由于它不通过口腔，所以，它常用于口腔手术的患病动物。但是患病动物如果有呕吐的迹象或可能，就不能使用咽管。通过咽管，流质食物可以直接到达食管或胃中，而不必担心食物会进入气管中。不同的动物每天需要 20～100 mL 液体食物，可以分 4～8 次灌入。每次灌完食物后都要用温水将管冲洗干净，以防食物将管堵死。咽管的外端有一盖子。要注意咽管周围皮肤的清洁，可以在咽管周围涂上凡士林，如果需要咽管可以在体内留置几个星期。

九、急救

重症动物得不到特殊的护理和急救有些可能会死亡。需要急救的动物也包括那些胸部疾病的动物(如胸部受伤、中毒)和昏迷的动物。这类动物需要不间断地护理。在护理过程中，护理人员需要连续监视动物的病情变化，并做记录，这样可以抓住病情的一些细小变化，为正确、及时治疗提供依据。

体温、脉搏和呼吸等指标需要每 15 min 测定一次。如果使用了颈静脉导管，还要测定中心静脉压。如果必要的话，还要进行静脉灌注或输血，以维持血压的稳定。另外，特护人员还要时刻注意胸腔是否积水，气管插管是否畅通等。

急救箱必须时刻准备好。箱内包括：气管插管。喉镜及宠物医师处理紧急情况时所需的一些药品。

常用的药品规格包括：肾上腺素 1 mL(1∶1 000)，使用时用生理盐水稀释成 1∶10 000；10%氯化钙溶液 10 mL；2%普鲁卡因 10 mL；阿托品 0.6 mg/mL 1 mL；5%碳酸氢钠 10 mL；多巴酚丁胺 250 mg 粉剂；注射用水。

另外，还需准备有输氧设备，以备遇到患病动物生命危急时输氧。如果没有输氧设备，配备一种鼓风袋也可以，它用的是空气而不是氧气，并且需要人工操作，但是在紧急情况下还是有用的，不过这种设备只做应急用，不能长期给患病动物使用。

为了临危不乱，还需制定一套急救程序以对付突发病情，这套急救程序要让所有的护理人员都掌握，并把它张贴在明显的地方。以下是一个急救程序的例子。

强心:呼救,注意时间。

保持呼吸道畅通:建立清洁的通风——气管插管。

呼吸:开始间歇通氧(IPPV)——每分钟12次100%氧气。

循环:压迫胸壁(心脏),每分钟60次。

如未见好转,配合输氧设备,由胸腔内按摩心脏。

药物:查找病因,做心电图,用药。

十、麻醉动物的护理

麻醉动物护理的要点:

(1)保持动物呼吸道畅通。

(2)防止动物受伤。

(3)保护动物的伤口。

(4)保持动物的体温。

对于安装有气管插管的麻醉动物,或在动物能够吞咽或咳嗽并能够自由呼吸之前,尽量不要挪动动物,让动物平躺,头与身体摆正,舌头向外、向一边放置。麻醉动物也需要连续观察和护理,直到确保动物呼吸道畅通,不会堵塞。动物在完全清醒之前,不要将其放入笼中,并且需要时刻注意以确保动物的良好状态。尤其对于那些有上呼吸道疾病的短头动物。

如果动物从麻醉苏醒的过程中发生呕吐时,呕吐物被吸入呼吸道,则会导致窒息。如果发现动物反呕或呕吐,则要把动物胸部垫起,而使其头和颈部向下低,把舌头向前拉,用湿的棉絮擦洗嘴部和咽部,注意不要被动物咬伤。对于猫,一定要记住,不能碰其咽部,否则会导致喉痉挛堵塞呼吸道,使用吸气泵可以有效地吸出口中和咽部的呕吐物和唾液。

在移动麻醉动物时重要的是要时刻注意动物的舌头颜色和胸部的运动。为此,在移动犬的时候要用担架或手推车,并且犬的后腿要在前方,这样后方的护理人员正好能够看到犬的舌头和胸部的运动。在移动猫时,可用金属笼。对于麻醉动物一定不能让护理人员用手或胳膊抱着,因为这样可能会压迫动物的头或脖子,同时,也不利于观察动物的舌头颜色和胸部的运动。

为了不让麻醉动物在移动和恢复过程中受伤,护理人员要细心护理。当将犬抬上移动车时,需要两个人协助,以防犬挣扎。尤其在经过门口或将其放入犬笼时,要特别小心。把犬笼中的盘子等拿出,换上比较软的垫料。

动物在从麻醉中恢复的过程中,可能行为不正常,护理人员要特别注意,不要被患病动物咬伤或抓伤。尤其在动物刚恢复时,可能比较兴奋,它们可能会乱叫乱咬,对外界刺激也比较敏感。这时最容易发生动物伤人的事情。如果真发生这类事件,要暂时把犬或猫关进笼子,时刻观察,直到动物恢复理智。在这过程中要尽量减少噪声,有必要的话可以创造一个黑暗的环境。

在移动动物的时候需用纱垫保护动物的外伤。在外科手术中常用纱布保护肢体,如果没有,也要用其他办法保护肢体。

由于麻醉动物失去了维持体温的能力,它们需要护理人员提供保暖措施,如毯子、电热板和热水袋。

十一、防止动物撕咬伤口及包扎物

虽然患病动物一般不会去撕咬伤口及包扎物,但是偶尔也会出现这种情况。经常发生在包扎物使患病动物感觉不舒服,伤口发痒或疼痛等情况下。

主要有 4 种方法可以制止这种情况的发生。

(1)伊丽莎白项圈。

(2)绷带。

(3)药物。

(4)镇静。

用伊丽莎白项圈是最可靠和有效的方法。它是一个锥形的项圈,有足够宽可以阻止动物撕咬伤口或绷带,项圈是用革或塑料制成,围绕脖子和头形成一个圆锥形筒状。注意,项圈不能太紧而妨碍动物的呼吸,也不能太松,否则动物就从项圈中脱出(或动物将前爪伸入项圈中)。伊丽莎白项圈多数是塑料的,因为塑料容易清洗,也比较结实。这种项圈可以买成品,也可以自己做,如果自己做,可以用塑料筒或塑料花盆去掉底,将底部拴上一条带子就成了。也可以用纸板和 X 片做,只是不结实。通常,在动物饲喂和运动的时候要把项圈摘掉,但是,这是要特别注意看好动物,防止出现意外。

绷带有时也用于保护动物身体上的伤口,或防止动物撕咬自己身上的伤口,尤其是动物眼部和耳部有伤时,一般用绷带把动物的前爪包扎起来,有时也可根据情况把动物身体有伤一侧的后爪包扎起来。

除了护理措施以外,宠物医师也可以对那些可能发生撕咬伤口的动物使用镇静剂。

十二、催吐的方法

有时催吐也可作为治疗措施,比如在动物不慎摄入有毒物质时,在动物麻醉前作为一个紧急途径排空动物胃中的食物的时候等。

最常用的催吐方法是给动物灌服碳酸氢钠(俗称苏打)。如果苏打不起作用的话,可以用 20～30 mL 的饱和盐溶液(具体剂量视犬的大小而定),或者用一汤勺的芥子油也可以。

十三、包扎

绷带和包扎物的应用是一项护理人员必须熟练掌握的技术。并且必须做到在没有宠物医师指导的情况下能独立完成包扎工作。绷带的应用要求既要使动物感到舒服,还要看上去非常专业。

(一)包扎作用

(1)保护作用。做完手术后包扎伤口。防止动物干扰伤口的愈合。

(2)压迫作用。压迫止血的首选方法。防止伤口的肿胀(尤其在使用止血带后)。

(3)支持作用。防止简单骨折变成复合性骨折的首选方法。固定伤口,减轻疼痛。支持软组织。

(4)保持伤口包扎物或静脉插管的位置不变。

(5)冷敷。用做扭伤或拉伤的冷敷绷带。

(二)材料

(1)填料——包扎的第一层就是大量的填料。必须注意,在包扎的着力点要多加填料,如跗关节、肘关节等。

填料的种类有脱脂棉、外科用敷料棉花等。

(2)绷带——是棉线织成的绷带,用于填料的外层。绷带非常结实,并且易固定。

(3)定型绷带——可以用于填料的底层,并且就像它的名称,它可以非常有效的定型。具体使用可以根据受伤情况使用多层定型绷带。

(4)弹力绷带——这是一种带黏性的弹性绷带。它通常作为保护性的外层并给受伤区域一种辅助性的支撑。注意使用弹性绷带时不要包扎太紧。另外,它不能直接接触患病动物的皮肤或被毛,因为这样会使患病动物感到不舒服,并可能引起皮肤溃疡。

(5)针织料筒状绷带——是一种人医用的有松紧的筒形绷带,小动物临床上也经常使用。一般是用棉线或棉线和尼龙混合材料做的。小型的可用与包扎腿、尾巴等,大型的可用于包扎胸部和腹部。可以重复使用。

(三)伤口敷料 在伤口包扎之前用的伤口敷料主要有两种:①纱布,对需要保持湿润的伤口特别有用,如烧伤、烫伤。一般要涂上抗生素类软膏等药物;②吸收剂,干敷料剂,对于化脓的伤使用该类。

(四)包扎规则

(1)包扎之前应把所需的各种用具、材料准备好,包括剪刀。

(2)先将少量的纱布松开,这有助于纱布保持均一的弹性。

(3)绷带包扎的要足够紧,否则容易脱落,但太紧会使血液流通不畅。

(4)只有在需要时用胶带把绷带粘在皮肤或被毛上。

(5)包扎结束后打平结或用胶布粘住。

(6)一般在包扎四肢部时要连趾爪一起包扎,否则易导致肢的远端肿胀。对于四肢骨折,则要将骨折部上面和下面的关节一起包扎,以防止上下关节的屈曲影响骨折的愈合。

(五)绷带的应用 包扎时保持动物的安静,通常一个人保定动物,另一个人实施包扎。如果动物焦躁不安,可以使用镇静剂。包扎所需的所有用具在包扎之前要全部准备好,放在一个干净的盘子中,包扎人员的手要清洗干净。当给动物换药时,要注意伤口不要被动物的毛发污染。

1. 耳朵的包扎 在耳朵受伤或需要动手术时包扎以阻止伤势扩大或出血。耳朵的包扎有两种方法。

(1)将两只耳朵用胶布在头顶上固定。

(2)将头部和耳朵包扎在一起。

要将两只耳朵包在头顶上,需在两只耳朵之间放上一些干敷料。然后将两只耳朵用胶布粘住。这种方法常用于耳道切除手术之后为了保持伤口的通风,或在耳道肿瘤手术后为了防止复发。有时也用于外耳炎处理后,保持耳道通风。

当将两只耳朵与头一起包扎时,要在头与耳朵之间垫上一层薄的垫子。另外,还要在脖子上也垫一个垫子。用绷带呈“八”字形将垫子和耳朵包扎牢固。最后用胶布将绷带固定住,如有必要,可以使用弹性绷带,但是注意不要包扎太紧,防止影响呼吸。

筒状纱布套可以替代普通纱布用于包扎腿部,尤其是猫的腿。在动物趾头和筒状纱布之间要垫上一点棉絮,这种纱布包扎的结实、轻便,动物也不会感觉不舒服。最后还要用胶布固定,一般不需用弹性绷带。

2. 尾巴的包扎 在动物尾巴有外伤和动手术时,一般需要包扎。但是尾巴的包扎由于重力和尾部摇动的缘故,经常脱落。因此,首先尾部包扎的绷带要轻,一般用一层胶布就够了。用一只将底部打通的塑料注射器可以很好地保护小犬的尾巴。特殊情况下需要用胶布固定注射器。

3. 胸部的包扎 当胸部受伤或插有引流胸导管时需要包扎。这时需要保护性敷料和较轻的绷带,因为它不会限制胸部的活动。一般用一层弹性绷带或定型绷带就可以。

4. 腹部的包扎　腹部一般不采用包扎的措施。有时为了保持腹部的压力以避免肿胀或出血,也可以包扎。但是腹部包扎一般比较困难,因为绷带非常容易滑脱。一旦腹部出现伤口需要包扎,需要使用一层垫料和定型绷带。把筒状绷带套在上面以防止绷带滑脱是比较有效的。

对于胸部和腹部都包扎起来的筒形包扎带,可以用两套紧身衣来做。一套从动物的头部套上,另一套从动物的尾部套上,然后再从中间缝合就可以了。

(六)罗伯特·琼斯包扎法　这种绷带对于动物肢体骨折和关节处受伤特别有用。它也需要先在受伤处先加垫棉絮和定型绷带。任何伤在包扎时都需要添加棉絮等垫料。罗伯特·约翰绷带每隔3层或4层绷带有一层定型绷带和棉絮,最后形成一个很粗的圆柱体用以定型。用这种方式包扎犬腿大约需要500 g棉絮。完成后,用手指轻弹绷带会听到共鸣声。虽然它比较大,但是它的作用相当于夹板,动物感觉会很舒服。

(七)"八"字形绷带　在需要纠正脊部或臀部骨骼错位时需要用"八"字形绷带。腿用绷带拉成弯曲形状,脚向内旋转,跗关节向外旋转。

1. 绷带的护理

(1)在动物外出活动时,要保持绷带的清洁和干燥,可以使用短袜或塑料袋将绷带包起来,但是回来后一定要摘掉。

(2)动物出院后,一定要告诉患病动物主人及时汇报患病动物的伤情,有无疼痛、异味、绷带脱落或污染、肿胀等。

(3)要防止患病动物撕咬绷带。

(4)要按照宠物医师的嘱咐按时换药。

2. 托马斯架的应用　托马斯架是用于固定犬、猫四肢的铁丝做成的支架,又叫托马斯支架。主要用于犬、猫四肢骨折的外固定,也可以用于四肢骨折内固定后的加固外固定。一般是用普通的8号铁丝。

3. 包扎物的拆除　拆除包扎物时要使用圆头剪刀,注意不要剪伤皮肤或碰到伤口。在拆除包扎物之前要将其他已污染的包扎物处理掉,剪刀要清洗和消毒,手也要清洗和消毒。

第四节　护理常用给药方法

一、用药途径的选择

用药可以通过不同的途径,具体选择何种途径,需要根据具体情况决定,需要考虑各种因素。

(一)根据药物的特性决定用药途径 根据药物说明用药是最基本和最必要的。有些药物用法不当会失去效果，如胰岛素，如果通过口腔灌服，它会被消化液分解。而另一些药物用法不当会引起危险，如硫喷妥钠(一种静脉注射的麻醉药)，如果采用皮下注射会引起皮肤脱皮。

(二)药物用法要与疾病特征相符 给患有呼吸道疾病的患病动物口服药物是不明智的。有些药物还有用药禁忌，如乙酰丙嗪不能用于有癫痫病史的动物。

(三)药物的作用产生的时间 注射用药一般比口服药的药效要快。

(四)患病动物的体温 有些暴躁、倔强的患病动物会拒绝用药。这时就要想办法给患病动物用药，例如，猫一般不会吃药片，这时可以考虑用注射的方法。

(五)畜主和医护人员的方便 如能让患病动物在家里服药就可以避免毒天 4 次带着患病动物到注射室打针的麻烦。

二、用药的方法

1. 体内用药 口服，直肠用药，非口服用药，如注射等。

2. 体外用药 包括嘴部、鼻子、眼睛、耳朵、黏膜、皮肤敷药。

(一)药物的口服

口服要的种类：片剂、胶囊、液体、半固体(如糊状或凝胶)、粉剂。

优点：

(1)口服不会通过黏膜或上皮细胞渗透，因此减少了感染的危险。

(2)主人一般可以容易地给患病动物用药。

(3)如果是注射用药，连续用药时会引起患病动物疼痛，而口服药则不会。

缺点：

(1)有药物进入气管的危险，尤其在服用液体口服药时。

(2)吸收率的变化较大。

(3)很难把握用药的剂量。

(4)有些患病动物会拒绝服用药物。

(5)有些口服药会刺激黏膜导致流涎，甚至呕吐。

给比较温顺的犬服用药片的准备工作和程序如下：

一只手放在犬口腔下颚的上方。用另一只手的食指和拇指捏住犬齿后面的嘴唇轻轻用力扳开犬的嘴。使犬的头保持向上仰的姿势。这是可以把犬的下颚向下压，把药片放在犬的舌头下面。把犬嘴闭上，犬就会把药片吞下去。如果有必要，可以轻压犬的喉咙有利于犬吞咽药片。

对于比较暴躁，不合作的犬，可以把药片放在食物或犬比较喜爱的食物(如黄油、巧克力)中,是比较有效的。粉剂可以拌入食物中喂给。

给猫服用药片时,也应把猫的头部抬高并保定好,在多数情况下,可以容易的把嘴扳开一条小缝,将药片放在猫的舌头下面,猫就会把药片吞咽下去。偶尔也需要助手抓住猫的前爪以防止猫向后退。

有时也可以用止血钳把药片放在患病动物舌头的下面,但是一般不提倡使用,因为患病动物一动就容易伤着患病动物的咽部。

通过口腔灌服液体药物一般使用注射器,并且效果也很好。首先把患病动物的头部抬高,注射器从犬齿的后面插入患病动物的口腔,将药物注入口腔。注意口腔灌服液体药物时速度要慢,以防药物进入气管。可以用手按摩喉部以利于患病动物对药物的吞咽。

(二)直肠给药　以灌肠剂或栓剂的形式通过直肠用药,虽然很少用于猫和犬,但是这种方法是可行的。栓剂一般是细长条形,把药物混入甘油或其他类似的较软的物质中合成。使用时先把动物保定好,把栓剂轻轻的塞入患病动物的直肠,如果患病动物肛门紧缩,用栓剂轻压肛门括约肌一般会奏效的。

(三)注射用药

1. 通过穿透患病动物皮肤把药物注射进体内的方法称为注射

(1)一般的注射途径有:皮下注射、肌肉注射、静脉注射。还有心脏注射、腹腔注射、胸腔注射、硬脑膜外注射、关节腔内注射等。

具体选用何种注射方法要视具体情况而定。

(2)根据药物的特性决定采用何种注射方式:有些药物可以使用任何一种注射方式,而另外一些只能通过某种方式,例如,四环素如果采用皮下注射常会发生局部反应,因此一般采用深部肌肉注射。

(3)根据所希望产生药效的速度决定采用何种注射方式:药物从用药到产生效果的时间是不一样的,它随着药物的种类和动物的品种等的变化而变化。但是一般有如下规律:静脉注射,1～2 min;肌肉注射,20～30 min;皮下注射,30～45 min。

(4)根据注射溶液的量决定采用何种注射方式:相对大量的溶液一般通过皮下或静脉注射用药,通过肌肉注射时会非常疼痛。

(5)动物的性情:对于性情不好或容易激动的动物,一般很难保定和进行静脉注射。

(6)有无助手:一般皮下注射可以一个人完成,但是静脉注射和肌肉注射一般需要有助手。

2. 注射用药的准备和技术　如果该药物盛于多次剂量瓶中,用药程序如下:

(1)首先检查药物,如果有必要,摇动瓶子以使药物混匀,然后计算使用的剂量。例如，一个瓶子装有 10 mg/mL 的药物 30 mL，而你需要注射 20 mg 该药，那么注射的体积就为 2 mL。

(2)挑选合适注射体积的消毒的注射器和针头。

(3)用酒精棉球擦拭药瓶的橡皮塞。

(4)把注射器活塞拉到 2 mL 刻度处，将针头插入橡皮塞，将瓶子倒置，将注射器活塞推到底。

(5)再把注射器活塞拉到 2 mL 刻度处，就取了 2 mL 药液。如果瓶子内外压力相差很大时，就会有药液流出或有空气进入。在给患动物注射药物之前，切记要将注射器中的空气排出。有些注射器可以多次使用，每次用完之后要将针头和针管分别放入专用的容器内清洗和消毒。

3. 皮下注射　犬、猫皮下注射最常用的部位是颈部的上方，因为这个部位神经较少，且皮肤也较松弛。此外颈侧部或肩胛骨的后部也是皮下注射的常用部位。

从选定区域捏起一块皮肤，用酒精棉球擦拭消毒(注射疫苗时除外)，然后进行皮下注射。

按照需要把患病动物保定好，把针头顺着皮肤的褶皱插入，注意不要穿透另一侧的皮肤，把注射器活塞往回拔，以确保没有刺入血管，然后将药液注入，拔出注射器。如果回拔活塞时有血液进入注射器，则表明针头刺入了血管，需要将针头拔出重新注射。

4. 肌肉注射　肌肉注射最常用的部位是股四头肌。也可以在前肢的肘上方。注意不能选臀肌区域或四肢的关节处。因为这些区域容易伤到骨头或神经。

一般需要有助手保定患病动物，另一人注射。选定注射区域，消毒，当选用股四头肌时，一只手放在后肢内侧固定肌肉，另一只手将针头刺入，回抽活塞，确认没有刺入血管，然后将药液注入。

5. 静脉注射　猫和犬静脉注射最常用的部位有前臂静脉、隐静脉、颈静脉等。有时对于麻痹或神志不清的患病动物可以用舌下静脉。一般先用剪毛剪或电动剪毛剪将注射部位的毛剪掉，用酒精棉球消毒。助手保定患病动物，用手压迫静脉的近心端，让静脉鼓起，将针头斜向刺入，回抽注射器活塞，如果有血流入注射器，表明针头已经进入血管，稳住针头，这时助手将压静脉血管的手松开，将药液注入。

注射的速度要根据药的特性决定，在将针拔出时，用一块棉球压住针头，针头拔出后再用棉球用力压迫扎过的皮肤，以防止出血和血肿。当不能确定针头已经进入血管时，千万不能注射药液，因为有些药物注射到血管外对局部有刺激性，并会造成皮肤坏死。

6. 注射器　常用注射器有玻璃的、塑料的和金属的。使用最多的是塑料注射器,买来时就是单个密封的。有各种容量的:1 mL、2 mL、5 mL、10 mL、20 mL、50 mL、60 mL。注射器的喷嘴有在中央的,也有在一侧的,后者更适合于做静脉注射用。

现在还有一种注射器叫糖尿病专用注射器,这种注射器的刻度为胰岛素的国际单位。它可以精确的注射微量的药物。近年来,有了浓度为 40 IU/mL、80 IU/mL 的胰岛素注射液。而现在又有了 100 IU/mL 的胰岛素注射液,所以注射器能不能与所使用的胰岛素的浓度相配套是非常重要的。0.1 mL、1 mL 的注射器现在也有了。

还有一种专门注射局部麻醉药的金属注射器。

针头一般是金属的或金属和塑料的,并且可以重复使用。针头有多种型号,针头直径用量规测定,量规越大,针头越好。选择针头取决于人的喜好、动物的大小、要注射的药物等。25G 针头最适合于猫和小犬,23G 和 21G 针头最适合于大犬。针与注射器必须配套。多数重复使用的针头、针管、导管、插管都是配套的。

非一次性注射器一般通过高压、蒸煮或用热蒸汽消毒。而预包装的一次性注射器一般用 γ 射线消毒。

三、局部用药

(一)局部用药指的是在体表的局部应用某种药物　包括眼睛、耳朵、鼻孔等。常用的药物有:药膏、霜、洗剂、滴剂、喷剂、洗发液、擦剂等。

1. *皮肤*　皮肤病有可能是全身性或局部的,比如在某一区域或某几区域。处理方式有:把药膏或面霜用于皮肤局部;用加药的浴液、洗发精或粉剂洗浴全身。

如果患病动物所患的疾病有可能传染给人或所用的药物对皮肤有害,在处理患病动物疾病时要戴上一次性手套。在给患病动物洗澡的时候,为了保护患病动物眼睛,最好给患病动物滴上眼药膏。

2. 眼睛　处理眼病可以使用眼药水、药膏或洗剂等。药膏应用更多一些,因为它在眼中存留的时间长,但是它使用起来不如眼药水方便。

在给患病动物用药之前,需要先把患病动物的眼睛用湿棉球清洗,如果要用眼药水,首先把患病动物保定好,把头抬高,用手拨动上眼皮和下眼皮,把患病动物的眼睛拨开,把要求的滴数滴入眼球的中央,松开手让患病动物眨眼,但是头必须仍然仰着。

如果需要使用药膏,则患病动物要如前所述保定好,以防止不小心伤到患病动物。把药膏平着从眼球的上方挤出一丝药膏,滴到下眼睑的内侧。松手让动物眨眼,这时眼泪就会将药扩散开。

如果需要使用多种药物时，要注意药物的使用顺序和使用时间。每一瓶眼药水或一只药膏只能用于某一只患病动物，千万不能混用，以防相互传染疾病。

3. 耳朵　治疗耳病最常用的药物有滴剂、洗剂。把患病动物保定好，头部抬高，把耳廓拉开，并把耳垢等清洗干净，把药膏管口伸入耳道，将药物滴入或挤入。把耳廓放下，轻轻按摩外耳道，使药物进入。等过一会儿，把动物松开后，动物可能会摇头，这时，可以在患病动物饮食或活动之前给动物局部用一些药物，以转移动物的注意力，防止患病动物去抓耳。畜主也会发现这种方法是非常有效的，在室外给患病动物用药可以避免患病动物把室内弄脏。

(二)用药记录　宠物医师提出的治疗方案和用药方法都应记录在患病动物的病历卡上。内容包括：日期、药物名称、药物浓度、用药途径、剂量、用药期。

当患病动物治疗开始的时候，这些都要记录到病历卡上。另外，会诊期间的用药情况也要记录在病历卡上。

四、灌肠剂的配制及使用

灌肠剂是用来通过肛门灌入直肠和结肠的一种液体配制品。

主要有3种情况需要使用灌肠剂：

(1)清空直肠。一种促进排泄的灌肠剂是用来治疗便秘，缓解直肠和结肠的压力，这种压力可能来自于毛球、肿瘤、前列腺肿大等。

在给骨盆或腹部拍X光片及需要在骨盆或肛门附近做手术时需要使用促进排泄的灌肠剂以清空直肠和结肠中的粪便。使用的溶液：液体石蜡，盐溶液——一汤勺盐放入1 L水中，温肥皂水，甘油溶液，橄榄油溶液，产科润滑剂，专用灌肠剂。

(2)作为辅助诊断手段。硫酸钡灌肠剂，在拍X光片时可以帮助清晰地显出直肠和结肠的轮廓，如在怀疑患病动物患有肠套叠、肿瘤及溃疡性结肠炎时用硫酸钡灌肠剂时非常有效的。

当将硫酸钡排出后，肠中的空气就会与肠壁形成鲜明的对比。硫酸钡的用量为每千克体重7～14 mL。

(3)作为用药途径。这种方法很少使用，但是可行的。

(一)使用灌肠剂的设备　灌肠剂的设备有许多种，具体选择要根据动物的种类和灌肠的原因。

(1)灌洗器。它由一根中间有一个球的橡皮软管组成。

一端是喷嘴和阀门，另一端是一个抽气泵和阀门。为了充满它两端都要侵入液体，然后把带抽气阀一端保持在溶液中，另一端插入直肠，捏动中间的球把溶液压入直肠。

(2)使用一个灌肠罐或带有一条长橡皮管的漏斗。把罐挂在高处,灌肠剂的流量可以通过夹子调节。

(3)带有喷嘴或长橡皮管的普通注射器。

(4)其他一些专用产品多是由一个袋子和一条橡皮管组成。

(二)灌肠剂的使用方法

(1)准备好所用的器具,把灌肠剂预热到体温。

(2)把患病动物保定在一个合适的地方,如易于清洗的地方。一般在室外。

(3)宠物医师最好穿上围裙,戴上一次性手套。

(4)管口和肛门周围要用凡士林等润滑。

(5)把管口插入直肠。

(6)操作人员站在一侧灌注药液,时刻注意灌注速度,防止造成肠道过度膨胀。

(7)对于犬,用药之后要让它活动一下把直肠内容物排出,对于猫,要给它提供一个猫沙盆。

(8)最后切记:用药之后要给动物清洗和擦干。

(三)用药剂量 猫和小犬的用量不超过150 mL;中等体型犬的用量为500～1 000 mL;大型犬的用量为1 000～2 000 mL。

五、局部用药

局部用药指的是热、冷、压力、药物等在身体某一部位的应用。

(一)热敷 热使得皮肤表层血管扩张,提高了患病区域的血液供应,也加速了该区域的血液循环。如热敷可加速由扭伤或拉伤形成的水肿的消除。同时热敷增加了血液白细胞的数量,因此,加速了伤口感染或脓肿的治愈。

也可以用棉絮蘸热水、热氯化钠溶液、热硫酸镁溶液等进行局部热敷。这种方式应用的热度应在患病动物能够忍受的程度之内,并且要每天热敷2次或3次。如果想热敷蹄部或尾部,则可以把患病动物的蹄部或尾部直接浸入热的溶液中。

(二)冷敷 冷的作用与热相反,它使得血管收缩,它主要用于伤口液体循环过快,冷敷的目的就是使得局部血液循环变慢。冷敷还可以减少伤口出血,减轻疼痛,降低中暑时的体温。冷敷也可以用敷布,即将冷敷料浸于冷的液体中,再将敷布用于患处或者直接将患处浸于冷水中;还可以将冰包于布中,敷于患处。

六、伤口的护理

外科伤病并不总是需要太多的护理。但是也需要每天检查伤口,以确保伤口恢复。包扎物也需要按照宠物医师的嘱咐及时更换。

感染的伤口要用注射器和温抗生素溶液冲洗。对于眼睛周围和口周围的伤口则要用稀释的碘液等刺激性小的溶液洗涤。

事故伤包括交通事故、咬伤、枪伤、划伤等，这类伤口很容易被病菌、油渍、脏物等污染，甚至伤口内含有异物，如碎片、玻璃等。最好的处理方法就是用大量的水和抗生素溶液洗涤，把异物清除，有必要的还需要进行包扎。

用稀释 20 倍的双氧水可以清除伤口的脓。它的刺激性小，并且会产生大量的泡沫，可以把伤口的脓和碎片等清除。一般每天需要冲洗 2 次或 3 次。有时还要把引流管缝到伤口中，引流管也需要定时冲洗。

化脓的伤口常伴随着表皮的脱落，用凡士林、锌软膏等涂于患处会防止这种情况的发生。吖啶黄(消毒灭菌剂)洗剂常用于处理伤口，保护皮肤。

第五节　住院大动物的护理

本节以马为例，叙述手术后大动物的护理。

俗话说“三分治疗，七分护理”，表明术后的护理对于马的恢复十分重要。

(一)一般护理　全身麻醉的马，在手术后应尽快苏醒，苏醒时间越长，发生并发症的可能性也就越大。全身麻醉未苏醒之前，应将马放置在专门的苏醒室内，最好有专人看护，等待马的苏醒，避免马在苏醒过程中发生意外，如摔伤、碰伤等。在马吞咽功能未完全恢复之前，进行气管插管的全身麻醉马，不应拔除气管内插管；没有进行气管插管的全身麻醉马，应禁止饮水、饲喂，避免误咽。对于四肢骨关节手术的马，苏醒过程中不仅要有专人看护，而且应该有辅助的站立设施，防止苏醒时意外情况的发生。另外由于麻醉会造成马体温的下降，在苏醒过程中，应注意马的保温，可以适当的给马披上马衣或毯子，防止体温过低对机体造成不良影响。对于危重病例或实施较大手术的马，在术后 24 h，应严密观察马的体温、呼吸、脉搏以及血压的变化，术后应注意评价病马水和电解质的平衡，注意早期休克、出血、窒息等并发症的发生，一旦发现异常，尽快找出原因，及时给予调整和纠正，防止病情的加重，积极促进恢复。

(二)感染的控制和预防　除手术前和手术中采取的预防和控制感染的措施外，在手术后也应继续采取预防和控制感染的措施。手术后的护理不当往往是继发感染的重要因素，因此应尽一切努力，采取一切措施防止感染的发生。具体方法有，术后继续使用抗生素以及其他的一些抗感染药物，最好在术前就进行药敏实验，对病原体有所了解，有针对性的使用抗感染药物。如果没有条件进行药敏实验，可以使用广谱抗生素。但是需要注意的是，并不是所有的手术病例都需要在手术前、手术中和手术后给予抗生素以及其他的一些抗感染药物进行感染的预防和治疗,如果手术本身为无菌手术,整个手术操作过程均属于无菌操作,机体本身也没有明显的或潜在的感染源的存在,这种情况下就可以考虑不要使用抗生素进行感染的预防。滥用抗生素一方面会导致机体菌群的紊乱,另一方面也可以导致耐药菌的增加,无论是对机体还是对环境都是不利的。

另外,应注意保持并维护病厩周围的环境卫生。保持病厩干燥,勤换垫料,及时清除粪便,采取有效手段灭蚊除蝇等是减少继发感染的有效措施。

采取有效手段,防止动物啃咬、舔拭、摩擦伤口以及及时地更换绷带和引流条等都是减少继发感染的积极可行的措施。

(三)马手术后的营养　手术后动物的营养需要也有其特殊性。一般来说,患病或/和手术后,一方面机体本身摄取的食物量会有所减少,另一方面由于损伤、感染、疼痛和应急等会导致机体对营养物质的需求量增加;疾病本身和手术的损伤,营养物质的缺乏,使机体的抵抗力下降,不仅可以直接导致创伤愈合的延迟或不愈合,而且也直接影响机体的康复,所以及时、适当地补充营养,不仅可以促进手术创伤的愈合而且能够提高机体的抵抗力,促进机体的康复。临床观察和实验证明,富含蛋白质和维生素尤其是维生素 C 的营养物质的补充,可以明显地增强机体抵抗疾病的能力并促进创伤愈合。

不同的手术,不同的个体,手术后对营养的要求也不尽相同,饲喂的方式也有差异。对于非消化道手术、术后食欲良好者,一般不要限制饲喂,但一定要防止暴饮暴食,应根据情况逐渐恢复到正常地饲喂。对于胃肠道手术者,一般于术后 2～3 d 禁止饲喂草料,可以通过静脉给予营养,3 d 后可以先给予少量优质青草,然后根据具体情况于术后 7～10 d 逐步恢复到正常的饲喂。

由于住院的大动物以马为主,因此本节主要介绍住院马的护理。对于住院马,应根据具体病例实施不同的护理。下面介绍的只是在护理中应该考虑的一些问题。

(四)水、电解质和酸碱平衡　大多数的住院病例由于厌食,草料的摄入减少,在这种情况下,马不仅需要补充足够的水分以维持正常的循环血量,而且在输入的液体中需要提供足够的钾以补充钾的摄入不足。多数危重病例都有不同程度的酸中毒现象,如果马不是因为肾衰竭、糖尿病和其他中毒性疾病,马代谢性的酸中毒常常是由于血液的灌流不足而引起。在这种情况下,努力扩充循环血量,维护心脏的功能就十分重要。另外,其他需要监测的电解质还有钙离子、磷离子、镁离子等。

(五)葡萄糖的供给　应维持动物正常的血糖浓度。败血症的马容易发生低血糖,从而引起神经功能紊乱,导致昏迷或抽搐。急性创伤病例由于抗应激作用,体内循环血液中皮质激素的含量增加,容易引起胰岛素耐受,从而导致高血糖,严重时应该应用胰岛素进行治疗。

(六)心血管系统的监测　住院马可以通过直接或间接的方法对其血压进行监测。如果动物发生低血压,可以采用增加循环血量、输氧以及镇痛等方法加以治疗。必要时应该对动物心收缩力、心率等进行评估。如果由于心律不齐引起灌流不足,并且采取输氧和镇痛等措施还不能纠正时,应该使用抗心律不齐的药物进行治疗。对于患有全身感染综合征的病例,应该对心电图进行监测,一旦发现马心收缩力下降时,应该及时使用强心药物如多巴胺等进行治疗。

(七)血液系统的监测　最常应用的测定指标包括红细胞、白细胞的记数,血红蛋白含量,血小板数量、凝血时间等血液常规检查以及血液总蛋白、白蛋白、球蛋白和肝、肾等功能指标的血液生物化学检查。只有对马的全身主要器官的功能状态有所了解后,在治疗时才能做到心中有数,有的放矢。例如,红细胞中血红蛋白主要功能是负责氧的运输,所以维持足够的血红蛋白的含量对维持机体内部氧气的运输是十分必要的。在急性贫血或全身感染综合征时,红细胞的压积(PCV)应该维持在20%以上;在慢性贫血或某些溶血性贫血,输血前允许红细胞的压积略低于20%。对于PCV大于55%的病例,除了应用液体治疗外,也可以采取放血疗法,防止红细胞在微血管的沉积以及由于血液的黏稠导致血压的上升。对于中性粒细胞减少或接受免疫抑制剂治疗的住院病例,其厩舍应与其他住院病例严格隔离,护理时最好由专人负责。接触动物之前,护理人员应仔细清洁双手,最好戴上手套,对此类病例进行的任何检查与治疗措施应做到严格无菌。需要使用抗生素的病例,最好进行药敏实验后选择敏感的抗生素进行治疗,必要时也可根据临床经验进行抗生素的选择。如果动物肝肾功能衰竭,应小心谨慎地选择治疗药物,并严格的根据动物的体重计算药物的剂量,必要时可以适当的降低药物的剂量,避免肝肾功能的进一步损伤。

(八)尿的检查　某些给予有潜在肾脏毒性药物进行治疗的病畜,每天应对病畜的尿量进行评估并进行尿液的实验室检查。在病畜出现明显的肾功能衰竭和氮血症征状之前,尿液的实验室检查如果发现有糖尿、蛋白尿或管型等,则表明动物已经存在有明显的肾小管的损伤。

(九)疼痛的控制　疼痛是许多疾病的主要征状。从生物学意义上看,疼痛是机体对危害性刺激的信号,它具有一定的防御适应意义。机体产生疼痛的同时,可引起垂体-肾上腺皮质及交感-肾上腺髓质系统的活力增强,出现心跳加快、血压增高、血糖增高等应激性反应。但是过于剧烈的疼痛,就毫无防御适应意义可言;相反,由于强烈的疼痛能迅速改变机体的高级神经活动,使中枢神经系统由兴奋转入抑制,可导致心跳减慢、血压下降、昏厥甚至休克而危及生命。所以对于有明显的剧烈疼痛的病畜，甚至某些有明显疼痛但并不剧烈的病畜，适当地给予镇痛药物是必要的。如果可能，可以在机体产生明显的疼痛感觉之前就给予镇痛药物。

(十)营养　如果动物的胃肠道功能完整或者动物的胃肠道能够耐受食物的刺激，则可以通过胃肠道进行饲喂。在通过胃肠道进行饲喂不能满足营养需求的情况下，可以通过静脉补充营养。部分病例可以通过鼻胃管或者是通过食管切开插管术给予营养。总之应采取一切有效手段满足动物的营养需求。

除上述各项外，住院马的护理人员应该是经过严格培训的有丰富经验和高度责任感的专业工作人员，不仅应有懂得马的行为、马的饲喂和马的普通用药的知识，而且应有处理住院马紧急和危急事件的一般能力。护理人员不仅要自己爱护马，喜欢马，而且在马住院期间，应该鼓励马的主人经常来院看马，与马进行积极地交流。应该知道马的生理规律，适时地给马提供一个良好的休养环境，促进马尽快康复。

(施振声　汤小朋)

第八章　手术室技术与操作

第一节　动物的麻醉技术

一、麻醉前检查与评估

在麻醉前，应对患畜做常规检查。例如，最近一次进食时间、可视黏膜颜色、毛细血管再充盈时间、皮肤弹性、体温、肺部听诊、心脏听诊及脉搏。有条件者，可做验室检查。参照美国麻醉师协会（American Society of Anesthesiologists，简称ASA）的分类，兽医麻醉风险也分为5类（表8-1）。

表8-1　兽医麻醉风险分类

分类	体　况	年　龄	病　例
ASA Ⅰ	无器官损伤正常畜	6周至5岁	去势术、结扎术等
ASA Ⅱ	轻度器官损伤患畜	3～6周、5～8岁	年幼、年长、肥胖、骨折无休克、轻度糖尿病等
ASA Ⅲ	严重系统疾病患畜活动受限但未妨碍	3 d至3周、8～10岁	贫血、厌食、中度脱水、轻度肾病、轻度心脏病、中度发烧等
ASA Ⅳ	活动受限、生命危险	3 d以下、10岁以上	严重脱水、休克、贫血、尿中毒、中毒症、高烧、重度心脏病等
ASA Ⅴ	临死患畜，难于耐过24 h		持久性心、肺、肝、肾或内分泌性疾病、重度休克、颅部大损伤、严重外伤、肺栓塞等

二、局部麻醉

局部麻醉是利用某些药物有选择地暂时阻断神经末梢、神经纤维以及神经干的冲动传导，从而使其分布或支配的相应局部组织暂时丧失痛觉。

（一）麻醉方法

1. *表面麻醉*　将局部麻醉药滴、涂布或喷洒于黏膜表面，利用麻醉药的渗透作用，使其透过黏膜而阻滞浅在的神经末梢而产生麻醉，称表面麻醉。多用于眼结膜与角膜、口、鼻、直肠、阴道黏膜的麻醉。做结膜与角膜麻醉时，可用0.5%丁卡因或2%利多卡因溶液。做口、鼻、直肠、阴道黏膜麻醉时，可用1%～2%丁卡因或2%～4%利多卡因溶液。间隔5 min用药1次。

2. *局部浸润麻醉* 将局部麻醉药，沿手术切口皮下注射或深部分层注射，阻滞周围组织中的神经末梢而产生麻醉，称局部浸润麻醉。可按手术需要，选用直线浸润、菱形浸润、扇形浸润、基部浸润等方式。常用0.25%～1%盐酸普鲁卡因溶液。注意勿将麻醉药直接注入血管，以免产生毒性反应。也可采用低浓度麻醉药，逐层组织麻醉后切开法。麻醉药液浓度小，且随切口流出或被纱布吸走，不易引起机体中毒。为减少药物的吸收和延长麻醉时间，可加入适量的肾上腺素。

3. *传导麻醉* 将局部麻醉药，注射到神经干周围，使其所支配的区域失去痛觉而产生麻醉，称为传导麻醉。该法可使少量麻醉药产生较大区域的麻醉。常用2%～5%盐酸普鲁卡因或2%盐酸利多卡因。

4. *硬膜外麻醉* 将局部麻醉药注射到硬膜外腔，阻滞脊神经的传导，使其所支配的区域无痛而产生麻醉，称硬膜外麻醉。其适应症为犬、猫的后肢手术，难产救助，尾部、会阴、阴道、直肠与膀胱的手术。但在休克、脊柱肿块与骨折、脊髓疾病、腰部感染性皮肤病时禁用。注射部位L7-S1，S3-Cy1，Cy1-2。犬、猫的硬膜外腔麻醉，以腰、荐椎间隙最为常用。犬、猫麻醉，伏卧于检查台上，动物两后肢向前伸曲并被一助手固定，腰背弓起。其注射点位于两侧骨骼翼内角横线与脊柱正中轴线的交点，在该处最后腰椎棘突顶和紧靠其后的相当于腰荐孔的凹陷部。穿刺部做剪毛、消毒后，以大约45°角向前方刺入套管针头，可感觉弓间韧带的阻力，至感觉阻力突然消失。证实刺入硬膜外腔后，抽出针芯，缓慢注入麻醉药液。常用2%盐酸利多卡因、2%卡波卡因、0.5%布比卡因。按动物枕部至腰荐部的长度，使用剂量每10 cm为0.3～0.5 mL，相当于每千克体重0.15～0.2 mL。其有效麻醉时间分别为60 min、120 min和180 min。犬、猫的最大剂量每千克体重分别为6 mL和1 mL。

（二）局部麻醉药 常用的局部麻醉药有盐酸普鲁卡因、盐酸利多卡因和盐酸丁卡因（表8-2）。

表8-2 3种常用局部麻醉药的特点比较

项　目	普鲁卡因	利多卡因	丁卡因
组织渗透性	差	好	中等
作用显效时间	中等	快	慢
作用维持时间	短	中等	长
毒性	低	略高	较高
用途	多用于浸润麻醉	多用于传导麻醉	多用于表面麻醉

三、全身麻醉

全身麻醉是利用某些药物对中枢神经系统产生广泛的抑制作用，从而暂时地使机体的意识、感觉、反射和肌肉张力部分或全部丧失。临床上，为增强麻醉药的作用，减少毒性与副作用，扩大麻醉药的安全范围，常采用复合麻醉法。

(一)麻醉前给药 给予动物神经安定药或安定-镇痛药：①使动物安静，以消除麻醉诱导时的恐惧和挣扎；②手术前镇痛；③作为局部或区域麻醉的补充，以限制自主活动；④减少全麻药的用量，从而减少麻醉的副作用和提高麻醉的安全性；⑤使麻醉苏醒过程平稳。抗胆碱药(如阿托品)主要用于：①可明显减少呼吸道和唾液腺的分泌，使呼吸道保持通畅；②降低胃肠道蠕动，防止在麻醉时呕吐；③阻断迷走神经反射，预防反射性心率减慢或骤停。

常用的麻醉药主要有：

1. 安定 肌肉注射给药 45 min 后，静脉注射 5 min 后，产生安静、催眠和肌松作用。牛、羊、猪肌肉注射 0.5～1 mg/kg，犬、猫 0.66～1.1 mg/kg，马 0.1～0.6 mg/kg。

2. 乙酰丙嗪 马肌肉注射每 100 kg 体重 5～10 mg，牛每 100 kg 体重 50～100 mg，猪、羊每 100 kg 体重 0.5～1 mg，犬 1～3 mg，猫 1～2 mg。

3. 吗啡 本品对马、犬、兔较好，但在反刍动物、猪、猫慎用。马 10～20 mg/kg 静脉注射，或 0.2～0.4 g 皮下注射。犬 2 mg/kg 皮下或肌肉注射，兔和啮齿类用 3～5 mg/kg。

4. 阿托品 马、牛为 50 mg，羊、猪为 10 mg，犬 0.5～5 mg，猫为 1 mg，皮下或肌肉注射。

(二)吸入麻醉 系指气态或挥发性液态的麻醉药物经呼吸道吸入，在肺泡中被吸收入血液循环，到达神经中枢，使中枢神经系统产生麻醉效应。吸入麻醉因其良好的可控性和对机体的影响较小，被称为是一种安全的麻醉形式，受到人们的青睐。吸入麻醉适用于各种大手术、疑难手术和危重病例的手术。常用的挥发性麻醉药有氟烷、安氟醚和异氟醚等。新型吸入麻醉剂七氟醚亦开始在临床应用。

理想的吸入麻醉剂应是其理化性质稳定，与强酸、强碱、其他药物接触时以及在加热时，不产生毒性产物。蒸气压与沸点能适用于常规蒸发器，无需昂贵的设备。非易燃易爆。在血液中溶解度低，诱导麻醉和苏醒快速，麻醉深度可控性强。对中枢神经系统的效应可很快逆转。MAC 值低，麻醉作用强，从而避免缺氧。对循环系统、呼吸的影响尽可能小，对呼吸道无刺激性。有良好的镇痛、肌松作用。体内代谢率低，无毒性。既不污染环境，也无温室效应，不破坏臭氧层。异氟醚、七氟醚和地氟醚已接近理想吸入麻醉药。

临床应用时,应先将患畜基础麻醉,做气管插管后,再进行吸入麻醉。吸入麻醉开始时,可以 2%～4%的浓度快速吸入,3～5 min 后以 1.5%～2.0%浓度维持所需麻醉深度。

(三)非吸入麻醉 系指麻醉药不经呼吸道吸入而进入体内产生麻醉效应。非吸入麻醉虽操作简便,无须特殊麻醉装置,但其麻醉药剂量、麻醉深度和麻醉持续时间不易掌握。非吸入麻醉剂的输入方式有肌肉注射、皮下注射、静脉注射、腹腔内注射、口服以及直肠灌服等。

1. **硫喷妥钠** 为超短效巴比妥类催眠药,可用于小动物的持续时间短、非疼痛性诊疗手术或吸入麻醉前的诱导麻醉。可按每千克体重 8～15 mg。静脉注射做诱导麻醉。静脉注射后 15～30 s 即可产生麻醉效应,很少见到麻醉兴奋现象。硫喷妥钠可抑制循环系统,导致血压降低。麻醉剂量时可明显抑制呼吸,过量时常可导致呼吸麻痹死亡。犬一次性静脉注射硫喷妥钠后的麻醉持续时间为 15～30 min。重复注射时,麻醉效应可因药物的蓄积作用而加强。注意勿在麻醉苏醒时静脉注射葡萄糖,以免重新进入麻醉状态。

2. **盐酸氯胺酮** 氯胺酮是一种具有良好镇痛、作用迅速的麻醉药。该药抑制大脑联络径路和丘脑新皮质系统,兴奋边缘系统,痛觉丧失,呈浅麻醉状态。但受惊扰可醒觉,并有意识反应。氯胺酮有兴奋心血管系统作用,心率加快,每分输出量增加,动脉压、肺动脉压、中心静脉压均升高。可出现呼吸暂停性式呼吸,即吸气后呼吸暂停现象。犬一次性注射氯胺酮后的麻醉持续时间为 10～15 min。麻醉剂量为:犬每千克体重 3～10 mg,静脉注射;10 mg,肌肉注射;猫每千克体重 5～20 mg,肌肉注射。临床上常与隆朋合并使用。该药禁用于肝肾功能异常、脑外伤、心脏病患畜和脊髓造影。

3. **隆朋** 隆朋(Rompun, Xylazine),2,6-二甲苯胺噻嗪,国内商品名为麻保静。具有镇静、镇痛、肌松或麻醉作用。隆朋抑制心血管系统,表现血压降低、心动缓慢合并Ⅱ期房室传导阻滞。呼吸和每分钟呼吸量可出现不同程度的减少。静脉注射后 3～5 min,肌肉注射后 10～15 min 即可出现效应。麻醉剂量为:犬每千克体重 0.3～1.0 mg,静脉注射;每千克体重 1.0 mg,肌肉注射;猫每千克体重 0.8～2.0 mg,肌肉注射;马每千克体重 0.1～1.1 mg,静脉注射;牛每千克体重 0.05～0.3 mg,肌肉注射。临床上常与氯胺酮合并使用。该药禁用于胃肠臌气、妊娠患畜,心肺、肝肾功能异常者慎用。使用者应注意,该药可经皮肤创口、黏膜被机体吸收。

4. **异丙酚** 异丙酚(Propofol),又名二异丙酚,是国际上一种非巴比妥类,作用快速,专供静脉注射用的新型麻醉药。该药是一种由 10%豆油、1.2%卵磷脂和

2.5%甘油做溶媒的1%水溶性乳剂。它在机体内代谢迅速，用药后起效快，苏醒快速，副作用小，很适用于门诊的一种麻醉剂。异丙酚具有良好的催眠和肌松效应，而无镇痛作用。异丙酚对心血管循环系统的抑制作用不明显，但可出现明显的呼吸抑制，甚至导致持续1 min的呼吸停止现象。异丙酚可用于静脉诱导麻醉。静脉滴注可用于维持麻醉，作为静脉复合全麻的组成部分。可按每千克体重4～7 mg，静脉注射作诱导麻醉，静脉维持麻醉剂量为每千克体重2～4 mg。犬一次性静脉注射异丙酚后的麻醉持续时间为10～15 min。该药无蓄积作用。

5. 速眠新　速眠新，又称846麻醉合剂，是中国人民解放军军需大学研制，由保定宁、氟哌啶醇等药物制成的复方制剂。肌肉注射推荐剂量为：杂种犬每千克体重0.08～0.1 mL，纯种犬0.04～0.08 mL，猫0.3～0.4 mL；牛、马每100 kg体重1～1.5 mL，熊、虎每千克体重3～5 mL。麻醉持续时间为40～90 min。该药的主要副作用是抑制心血管循环系统，如心动缓慢，动脉压降低，呼吸性窦性心律不齐，Ⅰ、Ⅱ度房室传导阻滞等。用药过量，呼吸频率和呼吸深度易受到明显抑制，甚至呼吸暂停。可用该药的苏醒灵(每毫升含四氨基吡啶6 mg，氨茶碱90 mg)，按每千克体重1 mL，静脉注射。

6. 犬眠宝　由静松灵、氯胺酮、强痛宁、哌利啶等药物制成的复方制剂。犬肌肉注射推荐剂量为每千克体重0.15～0.2 mL。心跳频率明显降低，但仍在正常生理范围。呼吸频率亦略降低，但脉搏血氧饱和度维持在90%以上。麻醉持续时间约90 min。也可用苏醒灵催醒。

7. 安泰酮　安泰酮(又名萨芬，Saffan)具有良好的催眠、镇痛和肌松作用，是猫的一种理想的麻醉剂。可用于持续时间短、疼痛性诊疗手术或吸入麻醉前的诱导麻醉。每毫升安泰酮含二羟孕烷二酮(Alphsdolone)9 mg和羟-5-α-孕烷二酮(Alphaxolone)3 mg。因其溶剂3 s蓖麻油，可促使组织胺释放，而不适用于犬。安泰酮视剂量而异具有不同程度的心血管抑制效应，表现为短时血压降低。对呼吸抑制微弱，无蓄积作用。猫肌肉注射剂量为每千克体重9～18 mg，静脉注射剂量为每千克体重3～9 mg。维持麻醉剂量为每千克体重2～6 mg，静脉注射。

第二节　手术室的准备

一、建立手术室的原则

手术室是外科医生利用手术方法治疗动物疾病的场所，因此手术室应尽量满足手术工作的需要。以便顺利完成手术工作。手术室的建立应立足于活动空间足够大、照明充足而柔和、通风良好、便于清洗消毒、排水顺利。

(一)手术室空间　一般来说大动物手术室以 50 m^2 左右为宜,小动物手术室为 20～25 m^2。高度在 3 m 左右。在有条件且手术比较多的动物医院,可以设计能同时容纳 2 台手术的小动物手术室。只有手术室的空间足够大才能避免工作人员活动时的相互碰撞,有利于无菌技术的执行。同时也能合理摆放诸如麻醉机、氧气瓶及监护设备,避免拥挤,有利于操作。

(二)手术室照明　手术室的采光可用自然光线、人工照明,或两者结合应用。无论采用哪种方法,都应做到光线充足柔和,避免刺眼的直射光进入手术室。

(三)手术室通风　手术室必须有良好的通风,可采用空气自然流动通风,也可采用换气机或排风设备。手术后通风换气,清洁室内空气,也有利于清洗后干燥。

(四)墙壁与地面　手术室墙壁与地面的设计应有利于清洗和消毒。墙壁平整粘贴瓷砖或涂布防水漆,这样就可以用水冲刷或用湿布擦洗。地面应铺设防滑地砖,防止人、畜滑倒。另外,手术室的房顶应平整,不能有吊灯等悬挂物,避免尘埃附着。

(五)手术室排水　在大动物手术室排水系统显得尤为重要。排水系统包括地漏、沉淀池和排水管。及时清理沉淀池,确保排水通畅。

(六)手术室温度　适宜的温度对于工作人员和手术动物都是必需的。温度应为 20～25℃。温度过高,手术人员容易出汗增加创口污染机会;温度过低,也不利于做手术,而且会使麻醉的动物保温更加困难。

(七)附设用房　在手术室旁宜有一洗手室,设有分别的或连贯的洗手池槽。根据所用的洗手方法分别备有酒精、新洁尔灭溶液的泡手桶和支架。洗手室应有挂钟一座,以便计时。此外,有条件的手术室尚应附设器械室、敷料室、灭菌室、清洁杂用室和更衣室。根据当地条件,这些附设用房可以分设,也可一室多用。

二、手术室的清洁与消毒

(一)手术室的清洁　清洁手术室是消毒前必须进行的工作。在消毒之前首先进行清扫与清洗,去除杂物和有机质等易于细菌生长繁殖的物质。清扫时应注意每一个细节,清洗地面和墙壁上的污染物,洗净手术台和器械台等器物。手术室被污染的地方和物品都要用 2%煤酚皂溶液擦洗。清洁后将门窗打开,进行通风干燥。

(二)手术室的消毒　为确保手术创不受感染,术后良好地愈合,必须随时做好手术室的消毒工作。每做完一个手术就要对手术室的地面、墙壁、手术台、器械台等进行清洗擦拭,及时消毒。地面和墙壁的消毒可用 5%石炭酸或煤酚皂或 0.1%次氯酸溶液进行刷洗或喷雾,手术台、器械台等也可以用 0.1%次氯酸溶液消毒。手术室内空气消毒可采用紫外线照射或熏蒸消毒法。紫外线的杀菌作用广泛，可以杀死各种微生物。但紫外线的穿透力很差，只能杀死物体表面的微生物，所以只能用来消毒室内空气及手术台、器械台的表面。另外，紫外线的杀菌范围在距光源 1 m 内，因此要达到较好的消毒效果，可根据手术室面积的大小放置数量不等的紫外灯，或使用移动式紫外灯，按每立方米空间 1 W 计算，设置紫外线灯的大小和数量。照射时间 0.5～2 h，低于 0.5 h 则达不到消毒目的。化学药物熏蒸消毒法最常使用福尔马林加氧化剂法和乳酸蒸气消毒法。

福尔马林氧化法：首先按每立方米空间 2 mL 40%甲醛溶液计算量取甲醛溶液放置耐腐蚀容器中，然后按每立方米空间 1 g 高锰酸钾称取药品。将高锰酸钾放入甲醛溶液后，立即发生氧化反应而产生大量甲醛蒸气，手术室密闭熏蒸 4～6 h，而后开窗通风换气。

在一般清洁工作后，打开窗户通风 1 h，按 100 m^3 空间用 80%乳酸 12 mL，倒入锅内（或再加等量的水），置于三角架上，架下点一酒精灯。待蒸发完后将火熄灭，紧闭门窗 30 min 后再打开通风。

三、手术室的规章制度

为加强手术室管理，保证手术工作顺利进行，必须有一套严密完整的手术室管理规章制度。

(1)手术室应有专人负责管理。

(2)手术所用器械设备必须随时检查其性能，使其处于良好的备用状态。

(3)工作人员进入手术室必须更换手术衣，戴手术帽及口罩。

(4)非工作人员不得进入手术室，实习或观摩人员进入手术室也须更换手术室的清洁鞋帽、衣裤和口罩。

(5)手术过程中，人员不得随意走动，不能大声喧哗。

(6)患有呼吸道疾病的人员不能进入手术室。

(7)处理化脓创不准在无菌手术室进行。

(8)手术后立即清理手术室，进行清洁消毒。

(9)每日进行常规清洁消毒，定期做大规模彻底、全面的清洁和消毒。

四、手术室设备

手术室只放置必要的用品和设备，室中央放置手术台，室顶悬挂可移的无影灯，并备有能搬动的照明立式灯。手术室内应有器械台、麻醉台、麻醉机、药品柜、敷料橱、吸引器、输液架、氧气筒等，国外的动物手术室墙壁中有氧气插孔。墙上应有挂钟1座。

手术室应当配备准备室,准备室是手术动物剪毛、消毒地房间。术部准备完毕后,再将手术动物运到手术室。

第三节 手术人员的准备及消毒

手术的成功与否在很大程度上与参加手术工作人员的准备工作好坏有密切关系,如果准备工作细致充分,即使高难度或危重病例手术也有把握成功。手术人员的准备包括思想准备和洗手消毒2个方面。

一、手术人员的思想准备

手术人员在手术之前首先组成手术小组,然后进行手术分工。手术小组由术者、助手和器械员组成。也应配备专门的麻醉人员进行麻醉实施与管理,也可增加保定助手。手术小组在术者的带领下完成以下几项准备工作:①复习局部解剖知识。手术之前(非紧急手术)整个小组应对欲手术部位的局部解剖进行详细的学习(这对血管神经分布复杂的部位尤为重要),必要时可对照解剖标本详细观察,弄清手术部位的组织层次、神经血管分布。经过复习,做到心中有数,遇事不乱。②详细了解患病动物的病灶及全身状况。可以应用各种检查手段了解病灶的性质、范围与周围组织器官的关系。患病动物的全身状况对手术结果和术后的恢复具有决定性作用,因此术前应对患畜的各项生命指征做出评估,特别是循环和呼吸功能。③制定详细周密的手术计划。根据对患畜的全面检查结果,制定出手术实施方案。手术方案一般包括如下内容:

(1)人员分工并明确每个人的职责。

(2)保定方法及麻醉方式、麻前给药。

(3)手术通路的确定。

(4)术前应做的事项,如禁食、导尿、胃肠减压等。

(5)手术方法及术中应注意的事项。

(6)可能发生的并发症及预防和急救措施。

(7)特殊药品和器械的准备。

(8)术后护理措施及术后并发症的处置。

二、手术人员的消毒

手术人员进入手术室要换穿手术室准备的清洁鞋(小动物手术室)和衣裤,戴好口罩和帽子。口罩要遮住鼻孔，帽子要盖住全部头发。剪短指甲，并除去甲缘下积垢。手臂皮肤破损或有化脓感染时不能参加手术。在皮肤皱纹内和皮肤深层如毛囊、皮脂腺等都藏有细菌。手臂消毒仅能除去皮肤表面的细菌，并不能消灭藏在皮肤深处的细菌。在手术过程中，这些细菌会逐渐移到皮肤表面，故在手臂消毒后，还要戴上消毒橡胶手套和穿手术衣，以防止这些细菌污染手术创口。

(一)肥皂刷手法 参加手术者先用肥皂做一般的洗手后，在用无菌毛刷蘸煮过的肥皂水刷洗手和臂，从手指尖至肘上 10 cm(打动物)处，两臂交替刷洗。特别注意甲缘、甲沟、指蹼等处的刷洗。一次刷完后，手指朝上肘朝下，用清水冲洗手臂上的肥皂水。反复刷洗 3 遍，共约 10 min。用无菌毛巾从手到肘部擦干手臂。

将手和前臂浸泡在 70%的酒精内 5 min。

如用新洁尔灭代替酒精，则刷手时间减至 5 min。手臂在彻底冲净肥皂和擦干后，浸入 1∶1 000 新洁尔灭溶液中，用桶内的小毛巾轻轻擦洗 5 min 后取出，待其自干。手臂上的肥皂必须冲净，因新洁尔灭是一种阳离子除污剂，肥皂是阴离子除污剂，带入肥皂将明显影响新洁尔灭的杀菌效力。配制的 1∶1 000 新洁尔灭溶液一般使用 40 次后，不再继续使用。

洗手消毒完毕后，保持拱手姿势，手臂不应下垂，也不可再接触未经消毒的物品。否则，即应重新洗手。

(二)氨水洗手法 氨水有脱脂作用，并能透入皮肤较深部，但必须在临用时配制。在 2 个无菌盆内各盛温开水(40℃左右)2 000～4 000 mL，分别加入浓氨水(10%)10～20 mL，使成为 0.05%氨水。

用肥皂做一般的洗手后，再在氨水内擦洗自指尖到肘上 10 cm 处；然后，在氨水盆内浸洗 3 min 后用无菌干毛巾将手、前臂和肘部依次擦干。

双手和手臂浸泡于酒精或新洁尔灭溶液内 5 min。

如果手术完毕，手套未破，连续施行另一手术时，可不用重新刷手，仅需浸泡酒精或新洁尔灭溶液 5 min，再穿无菌手术衣和戴手套。

(三)紧急手术简易洗手法 此法仅在来不及按常规洗手的情况下使用。用 3%～5%碘酊涂抹手及前臂，再用 70%酒精擦去碘酊。将戴上的手套上端翻折部展平后，穿上无菌手术衣，袖口留在手套腕部外面，由另一参加手术人员用无菌纱布条将袖口束紧或再戴一副手套。

(四)穿无菌手术衣和戴手套 手术衣轻轻抖开，提起衣领两角，注意勿将衣服外面对向自己或碰到其他物品及地面。将两手插入衣袖内，两臂前伸，让别人协助穿上；最后双臂交叉提起腰带向后递，仍由别人在身后将带系紧。

戴手套的方法有干戴和湿戴两种方法。干戴手套法：取出手套夹内的无菌滑石粉包，轻轻地敷擦双手，使之干燥光滑。用左手自手套夹捏住手套套口翻折部，将手套取出。先将右手插入右手手套内，注意勿触及手套外面，在用已戴好手套的右手指插入左手手套的翻折部，帮助左手插入手套内。已戴手套的右手不可触及左手皮肤。将手套翻折部返回盖住手术衣袖口。用无菌盐水冲净手套外面的滑石粉。湿戴手套法：手套内要先盛放适量的无菌水，使手套撑开，便于戴上。兽医临床上多采用湿戴法，将手套置于0.1%新洁尔灭溶液中浸泡后在泡手桶内将手套灌满消毒液，然后戴上。戴好手套后将手腕部向上举起，使液体顺前臂沿肘流下。

第四节　手术动物的准备及术部消毒

一、手术动物的准备

做好手术动物的术前准备工作对手术的成功率有很大影响，是手术过程中的一个重要组成部分。准备工作的目的是尽量使患病动物恢复体质，各项生理指标接近正常，以使动物能够耐受麻醉和手术的刺激。如为紧急的威胁动物生命的疾病则需立即手术，比如，大血管断裂、大创伤、内脏器官如肝、脾、肾破裂、胃扩张-扭转综合征等没有充裕的时间做准备工作，故要求迅速及时地做好准备工作。立即开展急救，诸如输血、输液、强心及抗休克等措施应及时跟上。如为择期手术则准备时间比较充分。应做的准备工作包括以下几个方面。

(1)进行全面的体格检查，掌握基本生命指征，全面地了解和判断病情。

(2)根据体检结果进行纠正治疗，补充营养物质，调节水盐电解质和酸碱平衡，扩充血容量，适当供给维生素K增加凝血功能，减少术中出血，维护心脏功能。

(3)适当禁食禁水。术前禁食禁水可以减少麻醉及手术当中出现问题。就小动物而言，麻醉后常出现呕吐现象，反刍动物由于麻醉后食道松弛而出现食物反流。上述现象都容易导致异物性肺炎的发生。禁食、禁水的时间依动物种类和手术的不同而有差异。反刍动物由于其巨大的瘤胃内储存大量食物，麻醉后易发生食物反流现象，所以术前最少禁食24 h，禁水12 h。腹腔手术时充满腹腔的肠管会遮挡视线，影响手术操作，所以必须禁食。小动物一般禁食12 h即可。对于病重动物需经静脉供给营养和液体，防止加重病情或造成机体脱水。

(4)灌肠、导尿。如果消化道内存留较多的食物或有臌气现象，需经灌肠进行胃肠减压。如要进行肛门或会阴部手术时，为防止粪便污染，术前要进行直肠灌肠。腹腔手术时，导尿是必须的。如进行膀胱手术则更应排空尿液，防止污染腹腔。

(5)针对不同器官的功能状况，术前应做出预测和准备。其中心脏、肺脏、肾和肝的功能好坏决定手术的成功与否。心肺功能直接影响着麻醉，因为麻醉能抑制心肺功能，减少心血输出量和肺通气量。所以需针对这些情况选择麻醉药、麻醉方式和手术体位。肝脏和肾脏是药物代谢和排除的重要器官，肝肾功能不全的病例应检查肝肾功能，评价对手术的耐受力。

二、术部的准备与消毒

（一）清洁被毛 动物被毛浓密，容易沾染污物（大动物和长毛小动物尤其明显），隐藏微生物。因此，手术前必须进行机械清洗。可先用毛刷梳理，再用肥皂水清洗术部周围的被毛。然后用剪毛剪将被毛剪短，用温肥皂水进一步清洗后用剃刀剃净。小动物也可以直接用动物专用电推子将被毛理掉即可。剃毛时应注意避免损伤皮肤。术部剃毛的范围要超出切口周围 20～25 cm（大动物），小动物因体型相差太大不可一概而论，大型或巨型犬可在 10～15 cm 的范围，中小型犬和猫等小型动物则根据具体情况而定。如有延长切口的可能，则剃毛范围需更大一些。

（二）术部消毒 术部的消毒最常用的药物是 5%（大动物）或 2%（小动物）碘酊和 70%酒精。消毒的顺序是：70%酒精第一遍涂擦脱脂，用碘酊涂擦消毒，待碘酊即将干燥时用 70%酒精将碘酊擦净脱碘。另一种消毒方法是用 1∶1 000 新洁尔灭酊涂擦 2 遍。对口腔、肛门、外生殖器，一般用 1∶1 000 新洁尔灭酊或 1∶1 000 洗必泰酊涂擦 2 遍消毒。眼结膜多用 2%～4%硼酸溶液消毒。蹄部手术应在手术前用 2%煤酚皂溶液脚浴。注意事项：①涂擦上述药液时，应由手术区中央向四周涂擦。如为感染伤口或肛门等手术，则应自手术区外周涂向感染伤口或会阴肛门处。已经接触污染部位的药液纱布，不应再返擦清洁处。②手术区皮肤消毒的范围要包括所有剃毛的范围。

（三）术部隔离 手术区消毒后，铺无菌布单。铺盖无菌布单的目的是除显露手术切口所必需的皮肤区以外，遮盖住其他部位，避免和尽量减少手术中的污染。小手术仅盖一块孔巾即可。孔巾中央有预先做好的切口，铺盖时将布单上切口的中央与皮肤预定切口中央对齐，用巾钳固定在动物身体上。对较大的手术，须铺盖无菌手术巾和其他必要的布单等。原则是除手术以外，至少要有两层无菌布单遮盖。一般的铺巾方法是：用 4 块无菌巾，每块的一边双折少许，掩盖手术切口周围，每侧铺盖一块无菌巾，只显露出切口部位。通常先铺操作者的对面，或铺相对不洁区，最后铺靠近操作者的一侧，并用创巾钳夹住交角处固定于皮肤上。无菌巾铺后，不可随便移动，如位置不准确，只能由手术区向外移动，而不应向内移动。对于大动物在某些情况下需站立手术时手术隔离巾的应用常有些不便。主要问题是固定不牢，在某些手术下（如瘤胃切开时）可使用大幅有洞创巾，也可以使用无菌一次性自粘手术帖膜。

三、手术进行中的无菌原则

在手术过程中，虽然器械和物品都已灭菌、消毒，手术人员也洗手、消毒、穿戴无菌手术衣和手套，手术区又消毒和铺盖无菌布单，为手术提供了一个无菌操作环境。但是，在手术进行中，如果没有一定的规章来保持这种无菌环境，则已经灭菌和消毒的物品或手术区域仍受到污染，引起伤口感染的可能，有时可使手术失败，甚至影响动物的生命。所有参加手术的人员必须认真执行无菌操作规则，如发现有人违反时，必须立即纠正。无菌操作规则包括：

手术人员一经洗手，手臂就不准再接触未经消毒的物品。穿无菌手术衣和戴无菌手套后，背部、腰部以下和肩部以上都认为是有菌地带，不能接触；同样，手术台边缘以下的物品也不要接触。

不可在手术人员的背后传递器械和手术用品。坠落到无菌巾或手术台边以外的器械物品，不准拾回再用。

手术中如手套破损或接触到有菌的地方，应另换无菌手套。前臂或肘部碰触有菌的地方，应更换无菌手术衣。创巾如已被湿透，其无菌隔离作用不再完整，应加盖干的无菌单。

在手术过程中，同侧手术人员如需调换位置时，应先后退一步，转过身，背对背地转到另一位置，以防止污染。

手术开始前要清点器械、敷料，手术结束时检查胸、腹等体腔，核对器械、敷料数无误后，才能关闭切口，以免异物遗留腔内，产生严重后果。

切口边缘应以大纱布垫或手术巾遮盖，并用巾钳或缝线固定，仅显露切口。

做皮肤切口以及缝合皮肤之前，需用70%酒精或0.1%新洁尔灭溶液再涂擦消毒皮肤一次。

切口孔腔器官前，要先用纱布垫保护周围组织，以防止或减少污染。

参观手术人员不可太靠近手术人员或站得太高，也不可经常在室内走动，以减少污染的机会。

第五节　手术的基本操作技术

手术基本操作是外科手术治疗疾病时的基本技能，因此，在学习和训练中必须掌握正确的要领和方法。在外科临床中，手术能否顺利地进行并成功地完成，在很大程度上取决于对基本操作的正确掌握和熟练运用。所以在学习过程中要重视每一过程，每一步骤的操作，学好理论知识；锻炼双手的稳、准、轻、巧，这样才能加快手术速度，减少术后并发症，提高手术治愈率。

手术基本操作技术包括组织分割、术中止血、组织缝合及打结。

一、组织分割

组织分割又叫组织切开，是进行手术时的第一个步骤，其目的是显露病变器官或组织。组织分割有两种方法：锐性分割和钝性分割，根据组织的不同选择使用。锐性分割需使用手术刀或手术剪对组织进行切剪，这种分割方法主要用于皮肤、筋腱、浆膜及较厚肌肉组织的分割，优点是切口边缘整齐、组织损伤范围小；缺点是出血较多、易误伤神经和大血管，故应用锐性分割时必须熟知手术部位的局部解剖。钝性分割可使用手术刀柄、止血钳等钝性器械对组织进行分离，如肌肉、皮下结缔组织、肿瘤摘除、粘连分离等。钝性分离的优点是可以预防神经和血管的意外损伤，减少出血；缺点是切口不整齐、组织破坏较多。

（一）皮肤切开法

1. *紧张切开*　当要切开的部位皮肤活动性较大时应将切开部位的皮肤绷紧，以使皮肤和其下方的各层组织切口一致。造成皮肤紧张的方法：切口较大时术者和助手用手在切口两旁将皮肤展开固定；切口较小或进行小动物手术时，术者用拇指和食指在切口旁将皮肤撑紧并固定。切割时刀刃与皮肤垂直，用力均匀地将皮肤切开，如果一刀没能完全切开，应沿着原刀痕补充运刀，注意不能造成多重切口或出现锯齿状切口。

2. *皱襞切开*　这种切开方法主要用于切开皮下分布有大的血管、神经、腺体导管部位，也用于脐疝、腹股沟疝等疝的手术治疗时的切开。切开时术者和助手在预定切口的两侧，用手指或镊子提起皮肤呈皱襞状，然后用手术刀垂直切开。

（二）皮下疏松结缔组织的分割　皮肤切开后便显露出皮下疏松结缔组织，其中分布有许多小血管，为减少出血宜采用钝性分离。先将组织刺破一小部分，再用手术刀柄、止血钳、手指或手术剪的开合进行剥离。

（三）筋膜和腱膜的分割　筋膜和腱膜由致密结缔组织构成，分割时以锐性切开为佳。方法是用刀在欲切开部位的中央做一小的切口，然后用弯止血钳在此切口上下将筋膜下组织与筋膜分开，再沿分开线剪开筋膜。若筋膜下有血管神经，则用手术镊提起筋膜，用反挑式执刀法做一小孔，插入有沟探针，沿针沟向外切开。

（四）肌肉的分割　在分割肌肉时，为减少出血、避免横断肌纤维，一般是沿肌纤维方向做钝性分离。方法是顺肌纤维方向用刀柄、止血钳或手指分离，扩大到所需长度。如果肌肉过于肥厚或腱质丰富，钝性分离难度较大或创口过小时也可横断切开。

(五)腹膜的分割 分割腹膜时多采用锐性切开,为避免伤及内脏,先用手术镊或止血钳将腹膜提起做一小的切口,利用食指和中指或有沟探针引导用手术剪剪开或用手术刀以反挑式切开。

(六)肠管的切开 肠管侧壁切开时,多做纵行切开,位置选在肠管纵带上,如系小肠或小动物的肠管则选在血管稀疏的区域。为避免切开时损伤对侧管壁,先用手术刀做一小切口,再用手术剪扩大切口。

(七)胃的切开 做胃的切开时,为防止胃内容物溢出,可先在预定切口两侧做穿透浆膜肌层的牵引线,由助手牵引提起再用手术刀切开小口,如果胃内容物较多,经此小口导出内容物,再扩大创口至所需长度。

(八)膀胱的切开 先将膀胱内的尿液导出或用注射器穿刺抽出,再由助手在预定切口两侧做成皱襞切开即可。

(九)良性肿物和囊肿的分离 良性肿物和囊肿的摘除宜用钝性分离法,可用手术刀柄、手指和手术剪的开合进行剥离。

(十)骨的分割 骨的分割器械有圆锯、线锯、骨钻、骨凿、骨钳、骨剪、骨匙及骨膜剥离器。分割骨组织时应先分离骨膜,然后在分割骨组织。

分离骨膜时,先用手术刀对骨膜行"十"字或"工"字切开,然后用骨膜剥离器分离骨膜。

分割骨组织时可根据骨的大小和形状选用骨剪或骨锯,骨组织截断后要用骨锉锉平骨段端,清除骨片和骨屑。

二、术中止血

手术出血是进行手术时经常遇到的问题,毛细血管渗血面积较大,使术野模糊,较大血管出血如不及时止血还会造成动物发生较多的失血,对动物健康不利。因此,在手术进行中必须随时止血,这样既保持了术野的清晰又减少动物失血量,有利于手术的顺利进行和动物的术后康复。

手术过程中的止血方法很多,现将临床常用的几种止血方法介绍如下。

(一)机械止血法

1. 压迫止血 压迫止血是手术过程中最常用的止血方法,常由助手在手术中随时进行,即以蘸去术野内的血液能发现较大的出血点。方法是手持纱布在术野出血处进行压迫,持续数秒或更长时间小的毛细血管出血即可止住。注意这种止血方法是用纱布进行按压而不是擦拭。

2. 钳夹止血　压迫止血无效时即可采用钳夹止血。先用纱布进行压迫去除纱布后就能看清出血点，此时立即用止血钳的尖部夹住血管断端，如果松开止血钳后再出血则留钳数分钟。钳夹方向应尽量与血管垂直，动作要准确，不能夹住过多的组织。

3. 钳夹扭转止血　为避免创口内留置过多的止血钳，可采用钳夹扭转止血法。方法是用止血钳夹住血管断端，扭转止血钳数周，然后去除止血钳。

4. 钳夹结扎止血　对于较大血管的出血这种结扎方法切实可靠。结扎方法有两种类型：

(1)单纯结扎止血：用丝线绕过止血钳夹住的血管及少量结缔组织，在打结的同时由助手松开止血钳，一旦结扣收紧即可完全放开止血钳。

(2)贯穿结扎止血：将结扎线用缝针穿过所结扎的组织，然后进行结扎，这种结扎不易脱落。常用的方法有“8”字缝合结扎和单纯贯穿结扎。

5. 创内留钳止血　出血点在创伤深部，不易结扎，此时可用止血钳夹住创伤深部的血管断端，并将止血钳留在创内 24～48 h。为了防止止血钳移动，用绷带将止血钳固定在家畜的身体上。创内留钳止血法多用于大家畜去势后继发精索内动脉大出血的止血。

6. 填塞止血　本法是深部大血管出血一时无法找到血管断端，采用钳夹或结扎止血困难时，用灭菌纱布紧塞于出血的创腔或解剖腔内，压迫血管断端以达到止血之目的。在填入纱布时必须将创腔填满，以便有足够的压力压迫血管断端。12～24 h 后取出纱布。

(二)电凝和烧烙止血法

1. 电凝止血　利用高频电流凝固组织的作用达到止血目的。电凝止血的优点是止血迅速，不留残结于组织内，但有时因凝固的组织脱落发生再次出血。使用方法是用止血钳夹住血管断端，向上轻轻提起，擦干血液，将电凝器与止血钳接触，待局部发烟即可。电凝时间不可过长，否则烧伤范围过大，影响创口愈合。在空腔器官、大血管附近及皮肤等处不可用电凝止血，以免组织坏死发生并发症。

2. 烧烙止血　利用烧烙器、电烙铁或烙铁的烧烙作用使血管断端收缩封闭而止血。其缺点是损伤组织较多，临床上多用于出血点不明确的弥漫性出血。

三、缝合技术

缝合是将已经切开、切断或因外伤而分离的组织、器官进行对合或重建其通道，是外科手术中的基本操作技术，也是创口能否良好愈合、外科治疗能否成功的关键因素。缝合的方法多种多样，应根据不同的组织、器官、手术种类、手术部位选择合适的缝合方法。

（一）皮肤的缝合

1. 结节缝合　适合于有一定张力的部位。应用这种缝合方法，即使在愈合过程中有个别缝线断裂，其他邻近缝线不受影响，不致整个创面裂开。在某些污染的创口若缝合后出现化脓也可拆除少数缝线排脓。缝合方法：于创缘一侧将针垂直刺入，从对侧相应的部位穿出，而后打结，每缝一针打一次结。针孔距创缘的距离，小动物为 0.5 mm 左右，大动物为 1 cm 左右。针距则创缘张力大小而定，一般在 0.5～1.5 cm。应注意将结打在切口一侧；进针孔和出针孔应在一条直线上；针距大小相同。

2. 十字缝合（"8"字缝合）　这种缝合方法为两个相反方向交叉的结节缝合组成，外形很像十字交叉或"8"字形。缝合时缝针从一侧进针到对侧出针，第二针平行第一针重复第一针的运针轨迹，拉紧缝线的两端在创口一侧打结。用于张力较大部位皮肤的缝合。

3. 减张缝合　用于张力较大部位皮肤的缝合，常用于大动物。这种缝合法能减少创缘的紧张性，防止缝线撕裂创缘组织。缝合时按结节缝合方式进行，但缝针的刺入点和穿出点应距创缘较远，一般为 2～4 cm。减张缝合通常与结节缝合联合进行，在两侧创缘不易对接时，先做减张缝合再做结节缝合。如若做完结节缝合，为防止因张力过大导致创口撕裂，则添加数针减张缝合。

4. 表皮下缝合　这种缝合适用于小动物表皮下缝合，在缝合部位的皮肤张力很小的情况下应用。多选用可吸收缝线。缝合在切口的一端开始，缝针刺入一侧真皮再翻转缝针刺入另一侧真皮，将结打在组织内。应用连续水平褥式缝合法在创口内做连续真皮缝合。最后缝针翻转刺向对侧真皮下打结。

5. 肌肉缝合　缝合肌肉时如果肌肉没有横断而只是纵向分离既可使用结节缝合（结节缝合方法如上所述）也可使用连续螺旋缝合。螺旋缝合的方法是：用一条长的缝线，先在创口的一端缝合打结，然后用同一条缝线以等距离做螺旋形缝合，最后留下线尾在一边拉紧打结。缝合肌肉时必须将各层分别对好，逐层缝合，绝对不能将各层交错缝合。另外，缝合肌肉时需连同筋膜一起缝合，以增强拉力。如果横断肌肉，创口裂开较大，应该在完全肌松的情况下将筋膜和肌肉一起做结节缝合或水平褥式缝合。

6. 腹膜缝合　腹膜的缝合多采用螺旋形连续缝合，这种缝合密闭性好，能避免肠管、网膜等的外露或发生切口疝。由于不同动物的腹膜厚度不一，拉力强度不同，故在缝合腹膜时或单独缝合，或连同肌肉一起缝合。马属动物的腹膜薄、拉力强度较低，腹膜应与腹横肌一起缝合；大型犬的腹膜较厚，拉力强度大，可进行单独连续缝合；小型犬和猫的腹膜宜同肌腱一起缝合。

7. 胃缝合　胃是囊状器官，其功能是储存食物、分泌胃酸和消化液。胃的容积相对较大，所以缝合以后一般不出现狭窄现象，故常采用两层缝合方式。第一层使用全层连续缝合，使两侧创缘严密对接；第二层缝合在第一层缝合的上面做只穿透浆膜层和浆膜肌层的内翻缝合。内翻缝合有垂直褥式内翻缝合(伦勃特氏缝合)和连续水平褥式内翻缝合(库兴氏缝合)两种类型。垂直褥式内翻缝合时进针点和出针点与创口垂直，拉紧缝线后两侧浆膜相对接；水平褥式内翻缝合的进针与出针都在创口的一侧且与创缘平行，然后将缝针移至对侧进针出针，拉紧缝线后两侧浆膜相对接。浆膜对接保持缝合后的创缘光滑，组织内翻，避免粘连。

8. 小肠缝合　因动物种类不同，小肠的粗细差别很大，所以在进行小肠缝合时应视肠管的粗细选择适当的缝合方式。不论采用何种缝合方法，缝合后的小肠应严密、避免管腔狭窄。缝合大动物小肠时，可做两层缝合。第一层为全层连续缝合，第二层为内翻缝合，但应尽量避免较多组织的内翻引起肠腔狭窄。小动物小肠的缝合可采用较密的结节缝合将断端严密对接，而后用大网膜包裹的方法防止渗漏和粘连。

9. 大肠缝合　大肠的管径比较粗大，内容物多为固体，所含细菌数量也比较多，因此，大肠的缝合须做两层缝合。第一层为连续螺旋形缝合或做康乃尔氏缝合，第二层只做穿透浆膜肌层的内翻缝合。大肠缝合的并发症主要是内容物泄露和感染，故必须严密缝合。

10. 子宫缝合　小动物子宫的缝合分两步进行：第一步做穿透全层的连续螺旋缝合，第二步进行穿透浆膜肌层的内翻包埋缝合。母牛子宫缝合时，首先在子宫浆膜面做斜行刺口，使第一个结埋在组织内，然后做库兴氏缝合，每一针都做斜行刺入，但是不能穿透子宫内膜。浆膜与浆膜紧密对合，缝线埋置在内翻的组织内，而连续缝合的最后一个结也要求埋置在组织内，不使暴露在子宫浆膜表面。这种缝合方法，使缝线既不留在浆膜表面也不在子宫内膜露出。所以，该法能防止缝线和打结与内脏器官粘连，特别是缝线和打结不露在子宫内膜面上，不易引起子宫内膜炎。

11. 膀胱缝合　膀胱内因积存尿液，所以对其缝合必须严密，不能有任何渗露。要做两层缝合：第一层全层连续螺旋形缝合；第二层为只穿透浆膜肌层的包埋缝合。缝线应用可吸收缝线，以免诱发膀胱结石。缝合完毕，向膀胱内注入适量灭菌生理盐水，观察有无渗露。如有渗露须补针直至严密。

12. 实质器官缝合　实质器官包括肝、脾、肾等，其中只有肝和肾脏能进行缝合。脾脏一旦破裂即行摘除。肝脏的缝合分两种情况:浅表裂创,创面无活动性出血,可用1～0号肠线做结节缝合修补,每针相距1～1.5 cm。较深裂创,可做褥式缝合。肝组织小范围缺损,可在创面填塞带蒂大网膜后,再以1～0号肠线做创口两侧贯穿缝合,缝线先穿过大网膜,再穿过肝实质。肝组织完全断裂,创面有活动性出血时,应先结扎出血血管,然后用1～0号肠线平行创缘做一排褥式缝合,最后在褥式缝合外侧用1～0号肠线做两侧贯穿缝合,对合创口。

肾脏缝合,肾组织切开后,对小的出血点,压迫止血即可,然后用手指将两瓣切开肾组织紧密对合,轻轻压迫,内纤维蛋白胶接起来,不需要肾组织褥式缝合,只需要连续缝合肾脏被膜即可。

(二)神经及肌腱的缝合

1. 神经的缝合　缝合神经时应先将神经断端进行修整、横断面要准确对合、彻底止血、清除神经鞘内和神经周围的血凝块。使用精细的缝合器械,操作轻柔,避免损伤神经组织。神经缝合依损伤的程度不同,可进行端端缝合和部分端端缝合。

(1)端端缝合。用于修复神经干完全断裂。对新鲜损伤,清创后用利刃修切神经干两断端使断面整齐,然后在神经两端的内外侧各缝一针,做固定牵引线,按2～3 mm的针距,2 mm的边距用细丝线做结节或单纯连续缝合。前侧缝合完毕后,调整固定缝线,使神经翻转180°,以同法缝合后侧。缝合后,将神经置于肌肉或皮下组织内覆盖。

(2)部分端端缝合。用于修复部分断裂的神经干。对新鲜的神经部分切割、断面整齐者,可直接做结节缝合;反之,用利刃切除损伤部分,再行部分端端缝合。对于晚期神经断裂伤,应将神经充分显露并游离出来,在健康与损伤的交界处,纵切神经外膜,将损伤与正常的神经束分开,切除神经纤维瘤或疤痕组织,把两断端对合后做结节缝合。缝合时要消除部分张力,以免断端接触不良妨碍神经再生。

2. 肌腱缝合　对破损肌腱的缝合,应先将破损的、坏死的部分切除。腱的断端应紧密连接,如果末端间有裂缝被结缔组织填充,将影响腱的功能。腱的缝合方法较多,常用白奈尔氏缝合。缝线必须埋藏在肌腱内部,以减少粘连与摩擦。组织缝合的注意事项:

(1)严格无菌操作,特别是缝线必须彻底灭菌消毒。

(2)缝合前彻底止血并将创腔内的血凝块及异物彻底清除。

(3)组织按层次进行缝合,将同层组织缝合到一起;缝合、打结不宜过紧。

(4)进针点和出针点距创缘的距离应相等且两点在一条直线上。

(5)针距大小适当、均匀。

(6)缝合皮肤应外翻,缝合内脏的管腔器官应内翻且应避免出现狭窄。

四、打结

打结是外科手术最基本的操作之一，正确而牢固地打结是结扎止血和缝合的重要环节，熟练而正确地打结，既可以结扎线松脱又能缩短手术时间。

(一)结的种类 常用的结有3种，即方结、三叠结和外科结。

1. *方结* 方结又称平结。为手术中最常用的一种，用于小血管和各种缝合时的打结，牢固而不易滑脱。

2. *三叠结* 三叠结又称加强结。三叠结是在方结的基础上再加一个结，共3个结。较牢固，结扎后即使有一道松脱也无妨。但留在组织中的结扎线较多。三叠结常用于有张力部位的缝合打结，及大血管的结扎和用肠线缝合时打结。

3. *外科结* 打第一个结时绕2次，使摩擦面增大，故打第二个结时不易滑脱和松动。此结牢固可靠，多用于大血管，张力较大的组织和皮肤缝合。

假结，在打方结时方法不对即成假结，又称斜结。此结易松脱，外科手术中不能出现此结。

滑结，打方结时，在拉紧缝线过程中，两手用力不均，只拉紧一根线，因而形成滑结。此结极易松脱，应尽量避免发生。

(二)打结方法 常用的打结方法有3种，即单手打结、双手打结和器械打结。

1. *单手打结* 为常用的一种方法，简便迅速。左右手均可打结。

2. *双手打结* 除了用于一般结扎外，对深部或张力大的组织缝合，结扎较为方便可靠。

3. *器械打结* 用持针钳或止血钳打结。适用于结扎线过短、狭窄的术部、创伤深部、某些精细手术的打结。小动物的手术多用器械打结。

(三)打结注意事项

(1)打结收线时要三点成一线，左右手的用力点与结扎点成一直线，不可成角向上提起，否则使结扎点容易松脱或结松脱。

(2)无论用何种方法打结，第一结和第二结的方向不能相同，即两手需交叉，否则即假结。如果两手用力不均，可成滑结。

(3)用力均匀，两手的距离不应离线太远，特别是深部打结时，最好用两手食指伸到结旁，以指尖顶住双线，两手握住线端，徐徐拉紧，否则易松脱。

(4)正确的剪线方法是术者结扎完毕后，将双线尾提起略偏术者的左侧，助手用稍微张开的剪刀尖沿着拉紧的结扎线滑至结扣处，再将剪刀稍微向上倾斜，然后剪断。倾斜的角度取决于要留线头的长短。

第六节　手术动物的监护与抢救

一、手术动物的监护

手术动物的麻醉事故，与患畜的年龄与健康状况、麻醉方法和外科手术等有关。监护疏忽是致死性麻醉事故的最常见原因。

手术期间，对患畜的监护范围很广。手术期间的主要关注点是手术过程，而麻醉监护常处于次要地位。如无辅助人员在场，外科医生也能成功进行手术，这是因为麻醉人员和术者通常是同一人。在很多情况下，麻醉监护由助手进行，仅偶尔由第二位兽医师负责。现代化的仪器设备如麻醉监测系统和生理监测系统可快速客观反映出机体在麻醉下的总体状况，但这些设备需要很大的投资。由于条件的限制，麻醉监护以临床观察为主。

在生命指征消失之前，通常存在一些征兆。及早发觉这些异常，是成功救治的关键。因此，麻醉监护的目的是及早发觉机体生理平衡异常，以便能及时治疗。麻醉监护是借助人的感官和特定监护仪器观察、检查、记录器官的功能改变。由于麻醉监护是治疗的基础，因而麻醉监护需按系统进行，其结果才可靠。

特别要注意患畜在诱导麻醉与手术准备期间的监护。因剪毛和动物摆放的工作令人注意力分散，许多麻醉事故就出现在这个时期。在诱导麻醉期，由于麻醉药的作用，存在呼吸抑制及随后氧不足与高碳酸血的危险。此时期的监护应检查脉搏，观察黏膜颜色，指压齿根黏膜观察毛细血管再充盈时间，以及呼吸深度与频率等。

手术期间的患畜监护重点是中枢神经系统、呼吸、心血管系统、体温和肾功能。监护的程度最好视麻醉前检查结果和手术的种类与持续时间而定。尽管手术人员不多而且仪器设备有限，但借助简单的手段如视诊、触诊和听诊，也能及时发觉大多数麻醉并发症。

（一）麻醉深度　麻醉深度取决于手术引起的疼痛刺激。应通过眼睑反射、眼球位置和咬肌紧张度来判断麻醉深度。呼吸频率和血压的变化也是重要的表现。如出现动物的眼球不再偏转而是处于中间的位置，且凝视不动，又瞳孔放大，对光反射微弱或消失，乃是高深度抑制的表现，表示麻醉已过深。

（二）呼吸　几乎所有的麻醉药均抑制呼吸，因而监护呼吸具有特别的意义。必须确保呼吸的两项功能，即患畜相应的吸入氧气和排出二氧化碳的需求。其前提是充足的每分钟通气量。首先应注意观察呼吸的通畅度。吸入麻醉时麻醉机的呼吸通路、气管内插管(或是吸入面罩)会影响呼吸的通畅度。如果麻醉技术不当,即会人为地影响动物的呼吸通畅度,继而呼吸的频率和幅度也会随之发生变化。故呼吸的通畅度、呼吸频率和呼吸的幅度都是观察的重点。若是呼吸道通畅度不好,甚至发生不同程度的阻塞时,则动物会表现呼吸困难,胸廓的呼吸动作加强。鼻孔的开张度加大,甚至黏膜发绀。观察胸廓的呼吸动作如同应用呼吸监视器那样,仅限于确定呼吸频率。借助听诊器听诊是一简单的方法,可确定呼吸频率和呼吸杂音。

可以应用潮气量表做较为准确的潮气量测量。呼吸变深、浅和频率增快等,都是呼吸功能不全的表现。如果发现潮气量锐减,继之很快会发生低血氧症。潮气量的减少,多是深麻醉时呼吸重度抑制的表现。潮气量表可以比较精确地知道潮气量减少的程度,并可测知每分钟通气量的变化。

可视黏膜的颜色可提供有关患畜的氧气供应和外周循环功能情况。这可通过齿龈以及舌部的黏膜颜色来判断。动脉血的氧饱和度降低表现为黏膜发绀。借助这种方法可粗略地判断缺氧的程度,因为观察可视黏膜的颜色受周围环境光线的颜色与亮度的影响。此外,当血红蛋白降低至 5 g/dL 时也可出现黏膜发绀。但在贫血动物因氧饱和度极低,则不会明显见到黏膜发绀。观察可视黏膜的颜色为最基本的监护,应在手术期间定期进行。

有条件者可做动脉采血进行血气分析。它可提供氧气和二氧化碳分压资料,判断吸入氧气和排出二氧化碳是否满足患畜的需求。又测定血液 pH 值和碳酸氢根以及电解质浓度,监测机体水、电解质和酸碱平衡。

二氧化碳监测仪可连续不断地测定呼出气体的二氧化碳浓度与分压。其原理是以二氧化碳吸收红外线为基础。可通过侧气流或主气流来测定呼气末二氧化碳浓度。呼气末二氧化碳浓度取决于体内代谢、二氧化碳输送至肺和通气状况。监测呼气末二氧化碳浓度变化,就能记录体内这些功能的变化。所测出的呼气末二氧化碳浓度应介于 4%～5%。如呼气末二氧化碳浓度升高,则表示每分钟通气量不足。其结果是二氧化碳积聚于血液中,导致呼吸性酸中毒。这可影响心肌功能、中枢神经系统、血红蛋白与氧的结合以及电解质平衡。监测呼气末二氧化碳浓度有助于减少血气分析次数,甚至取代之。

在吸入麻醉时,连续不断地监测吸入的氧气浓度,可以确保患畜的氧气供给,因为吸入气体混合物的组成只取决于麻醉机的功能和麻醉助手的调节。它可避免由于机器和麻醉失误导致吸入氧气浓度降至 21%以下。

近年来,脉搏血氧饱和度仪亦应用于兽医上。它依据光电比色原理,能无创伤连续监测动脉血红蛋白的氧饱和度。脉搏血氧饱和度的意义在于早期发觉手术期间出现的低氧症。也可用于评价氧气疗法和人工通气疗法的有效性。脉搏血氧饱和度在医学常规麻醉中属于最低监护。

二、循环系统

对心脏-循环系统的监控，主要是应用无创伤方法，如摸脉搏、确定毛细血管再充盈时间和心脏听诊。有条件者，可应用心电图仪监护。

摸脉搏是一项最古老、最可靠和有说服力的监测方法，可从心率、节律及动脉充盈状况评价心脏效率。可在后肢的股动脉或麻醉下的舌动脉摸脉搏。

指压齿根黏膜，观察毛细血管再充盈时间。犬毛细血管再充盈时间应不超过1～2 s。当休克或明显脱水时，毛细血管再充盈时间则明显推迟。

心区的听诊是简便易行的方法，可用听诊器在胸壁心区听，也可借助食道内听诊器听诊。首先应该注意的是心跳的频率，心音的强弱（收缩力），判断有无异常变化。血压是心脏功能的一个重要指标，但在动物测量血压有一定的困难，在马可以测量尾部（尾动脉），在犬可以测量后肢的股动脉。当然用动脉穿刺导入压力传感器的方法也可以精确测知血压，但会造成损伤，操作方法也繁琐，还需要一定特殊设备，在临床上比较少用。对外周循环的观察可注意结膜和口色的变化，以及毛细血管再充盈时间。在手术中，如果发现脉搏频数，心跳如奔马音，结膜苍白，血管的充盈度很差，是休克的表现，多由于手术中出血过多，循环的体液和血容量不足，或是由于脱水等原因。而由于麻醉的过量过深，反射性血压下降，多表现心搏无力，心动过缓。心电图的监测，可以了解生理活动的状态、心律的变化、传导状况的变化等。

对动物全身状态的观察，应注意神志的变化，对痛觉的反应以及其他一些反射，如眼睑反射、角膜反射、眼球位置等。动物处于休克状态时，神志反应很淡漠，甚至昏迷。

（一）体温的变化 由于麻醉使动物的基础代谢下降，一般都会使体温下降，下降1～2℃或3～4℃。但动物的应激反应强烈或对某些药物的不适应（氟烷）可以发生高热现象。体温的测定以肛门内测量为好。

（二）体位的变化 在个体大的动物，特别是牛，由于体位的改变，如倒卧、仰卧等姿势，可对呼吸和循环带来不利的影响。对小动物也应充分注意，或因强力保定，或因用绳索拴缚不当，以致影响呼吸。或是由于肢的压迫或牵张，而造成肢的麻痹，常见的如桡神经麻痹或腓神经麻痹等。

三、心肺复苏

心肺复苏（Cardiopulmonary Resusatation，简称 CPR）是指当突然发生心跳呼吸停止时，对其迅速采取的一切有效抢救措施。心肺复苏能否成功，取决于快速有效地实施急救措施。每位临床兽医师均应熟悉心肺复苏的过程，并在临床上定期训练。

心跳停止的后果是停止外周氧气供应。机体能首先对细胞缺氧做代偿。血液中剩余的氧气用于维持器官功能。这样短暂的时间间隔，对大脑来说仅 10 s。然后就无氧气供应，不能满足细胞能量需求。在这种情况下，无氧糖原分解、产生能量，以维持细胞结构，但器官功能受限。因此心跳停止后 10 s，患畜的意识丧失是中枢神经系统功能障碍的信号。

尽管如此，如果没有不可逆性损伤，器官可在一定的时间内恢复其功能。这一复活时间对不同器官而言，其长短不一。复活时间取决于器官的氧气供应、血流灌注量和器官损伤状况，以及体温、年龄和代谢强度等。对于大脑而言，它仅持续 4～6 min。

如果患畜在复活时间内能成功复活，经一定的康复期后，器官可完全恢复其功能。康复期的长短与缺氧的长短成正比。如复活时间内不能复活，那么就会出现不可逆性的细胞形态损伤，导致惊厥、不可逆性昏迷或脑死亡等后果。

只有迅速实施急救，复活才能成功。实施基础生命支持越早，成活率就越高。在复活时间内开始实施急救是患畜完全康复的重要先决条件。如果错过这一时间，通常意味着患畜死亡。

(一)基本检查 在开始实施急救措施前，应对患畜做快速基本检查，如呼吸、脉搏、可视黏膜颜色、毛细血管再充盈时间、意识、眼睑反射、角膜反射、瞳孔大小、瞳孔对光反射等，以便评价动物的状况。这种快速基本检查最好在 1 min 内完成。

在兽医临床上，多是对麻醉患畜实施心肺复苏。因此不可能评价患畜意识状态。眼部反射的定向检查可提示患畜的神经状况。深度意识丧失或麻醉的征象为眼睑反射和角膜反射消失。此外，瞳孔对光无反射是脑内氧气供应不足的表现。心肺复苏时，脑内氧气供应改善表现为瞳孔缩小，重新出现瞳孔对光反射。

做快速基本检查时，主要是评价呼吸功能和心脏-循环功能。如在麻醉中有记录心电图，则是诊断心律失常和心跳停止的可靠方法。但必须排除由于电极接触不良所致的无心跳或期外收缩等技术失误。

即使在心肺复苏时，也必须定期做基本检查以便评价治疗效果。

(二)心肺复苏技术 心肺复苏技术和时间因素决定心肺复苏能否成功。为了在紧急情况下正确、顺利地实施心肺复苏，应遵循一定的模式。所有参与人员必须了解心肺复苏过程，并各尽其职。只有一支训练有素的急救人员队伍，才有可能心肺复苏成功。“单枪匹马”多以失败而告终。

心肺复苏可分为 3 个不同阶段：基础生命支持、继续生命支持和成功复苏后的后期复苏处理。通常这样的基本计划已足以使急救成功，即 A. 呼吸道畅通(Airway)；B. 人工通气(Breathing)；C. 建立人工循环(Circulation)；D. 药物治疗(Drugs)。

1. 呼吸道畅通　首先，必须检查呼吸道，并使呼吸道畅通；其次，清除口咽部的异物、呕吐物、分泌物等。为使呼吸通畅和通气充分，必须做气管内插管。因呼吸面罩不合适，对犬、猫经面罩做人工呼吸常不充分。如无法进行气管内插管，则需尽快做气管切开术。

2. 人工通气　在气管内插管之前，可做嘴-鼻人工呼吸。只有气管内插管可确保吹入气体不进入食道而进入肺中。气管内插管后，可方便地做嘴-气管插管人工呼吸。使用呼吸囊进行人工呼吸，也是简单而有效的方法。尽可能使用100%氧气做人工呼吸，人工呼吸频率为 8～10 次/min。每分钟呼吸量约为每千克体重150 mL。每 5 次胸外心脏挤压，应做 1 次人工呼吸。有条件者，接人工通气机。

3. 建立人工循环　为不损害患畜，只有在无脉搏存在时，才可进行心脏按压。仅在心跳停止的最初 1 min 内，可施行一次性心前区叩击做心肺复苏。如心脏起搏无效，则应立即进行胸外心脏按压。患畜尽可能右侧卧，在胸外壁第 4～6 肋骨间进行胸外心脏按压。按压频率 60～100 次/min。可通过外周摸脉检查心脏按压的效果。心脏按压有效的标志是外周动脉处可扪及搏动、紫绀消失、散大的瞳孔开始缩小、甚至出现自主呼吸。如在胸腔或腹腔手术期间出现心跳停止，则可采用胸内心脏按压。

4. 药物治疗　药物治疗是属于继续生命支持阶段。在心肺复苏期间，应一直静脉给药，勿皮下或肌肉注射给药。如果无静脉通道，肾上腺素、阿托品药物也可经气管内施药。不应盲目做心腔内注射给药，这是心肺复苏时的最后一条给药途径。心肺复苏时所用药物如表 8-3 所示。

表 8-3　心肺复苏继续生命支持措施

适应症	治疗措施
心跳停止	肾上腺素每千克体重 0.005～0.01 mg，静脉注射或气管内给药
补充血容量	每千克体重 40～60 mL，静脉注射
期外收缩、心室纤颤、心动过速	利多卡因每千克体重 1～2 mg，静脉注射或气管内给药
心动缓慢、低血压	阿托品至每千克体重 0.05 mg，静脉注射或气管内给药
代谢性酸中毒	每千克体重 $NaHCO_3$ 1 mmol，静脉注射

除了基础生命支持和继续生命支持措施外，成功复苏后的后期复苏处理有着重要作用。后期复苏处理包括进一步支持脑、循环和呼吸功能，防止肾功能衰竭，纠正水、电解质及酸碱平衡紊乱，防治脑水肿、脑缺氧，防治感染等。如果患畜的状况允许，尽快做胸部 X 射线摄影，以排除急救过程中所发生的气胸、肋骨骨折等损伤。通过输液使血容量、血比容、血清电解质和 pH 值正常。犬的平均动脉血压应达到 12 kPa（90 mmHg）。做好体温监控。

四、预后

心肺复苏能否成功主要取决于时间。生命指征的消失并非没有异常征兆，因此可通过仔细的监控，在出现呼吸、心跳停止之前，及早识别异常征兆，及早实施心肺复苏。除了心肺复苏技术外，心肺复苏的成功率尚取决于患畜的疾病。心肺复苏成功后，应做好重症监控，防止复发。

（谢富强　熊惠军）

第九章 化验技术

第一节 血液常规化验

一、血样的采集

根据检验决定采血量。采血时可选用静脉采血或心脏采血。

静脉采血部位：马、牛和羊多选用颈静脉，犬、猫为前臂头静脉、后肢隐外静脉、隐内静脉及颈静脉等，猪多采用耳静脉，鸟类多为心脏采血。少量采血时可在耳、唇等处针刺取数滴血液。

二、血液的抗凝

自静脉或心脏采出的血液，一般可装在小试管中或带橡皮塞的抗生素小瓶中。不需要血清检验项目，如血常规检验及全血分析，应事先加入一定比例的抗凝剂。常用的抗凝剂有下列几种：

(一)乙二胺四乙酸二钠(EDTA 二钠) 为常用抗凝剂之一，其优点是对血细胞形态影响很小，可防止血小板聚集，在室温下数小时内，对血红蛋白、血小板记数、血片染色均无不良影响。通常配成10%溶液，每2滴可使5 mL 血液不凝固，但不能用于输血。

(二)草酸盐

1. 草酸钾 优点为溶解度大，抗凝作用强。缺点为能使红细胞缩小，不适用于红细胞压积容量的测定。用量：取草酸钾结晶少许(约10 mg)置于试管或小瓶中，采血 5 mL，轻轻混匀即可。或用10%草酸钾液 0.1 mL，分装于小瓶中，置烘箱(温度控制在45℃左右，不得超过80℃)干燥后备用，可使5 mL 血液不凝固。

草酸铵也可作抗凝剂，但它可使红细胞膨胀，故常常将其与草酸钾配合成合剂使用。配方为：草酸铵 6 g、草酸钾4 g、蒸馏水1 000 mL，每5 mL 血液用2 滴即可抗凝。也可取此液 0.1 mL，分装于小瓶内，在45℃烘箱中烘干备用，可使 5 mL 血液不凝固。但草酸盐抗凝血不能用于输血。

2. 枸橼酸钠(又称柠檬酸钠) 常用血沉测定和输血时用,不适用于血液化学检验。配成3.8%溶液,与要采血量1∶10比例加入。

(三)肝素 优点在于抗凝作用强,不影响红细胞的大小,对血液化学分析干扰少。但不宜做纤维蛋白原测定,其抗凝血涂片染色时,白细胞的着染性较差。常配成0.5%~1%溶液,2滴可使3~5 mL血液不凝固。

三、血常规检查

(一)红细胞沉降速度的测定 红细胞沉降速度简称为血沉,是指抗凝血加入特制的血沉管中,在一定时间内,观察红细胞下沉的毫升数。

测定血沉的方法很多,有魏氏法、温氏法、潘氏法、倾斜法、微量法等,常用的为魏氏法。

临床意义:检查血沉可以发现贫血和脱水性疾病,发现体内潜在的病理过程,在疾病过程中,定期检查血沉的变化,可了解疾病的进程。血沉可以揭示体内是否存在疾病过程,但不能单独用于临床诊断。

血沉加快:见于贫血、溶血性疾病、急性炎症、恶性肿瘤、风湿、结核、急性肾炎、急性传染病等。

血沉减慢:见于大量脱水(腹泻、呕吐、肠阻塞、大量出汗、多尿等)、肝脏疾病及心力衰竭等。

(二)红细胞压积容量(PCV)测定 红细胞压积容量(Packed cell volume,PCV)又称压积或比容,即将抗凝血装入100刻度的玻璃管中,经离心一定时间后,红细胞下沉并压紧后所占的百分比。

温氏(Wintrobe)法:一定量的抗凝全血,经规定速度和时间离心沉淀,沉下的红细胞体积与全血体积之比,即为红细胞压积。

报告方式:以红细胞层所占之百分数报告。

临床意义:红细胞压积容量增高,见于各种原因引起的脱水,造成血液黏稠,红细胞相对增加的结果。如急性胃肠炎、液胀性胃扩张、肠阻塞、胃肠破裂、渗出性腹膜炎等;通常可从PCV增高的程度估计病犬的脱水程度并粗略地估计输液量的多少。红细胞压积容量降低,见于各种原因引起的贫血。血浆颜色改变,有助于判断某些疾病。如颜色深黄,为血浆中直接胆红素或间接胆红素增加,见于肝脏疾病、胆道阻塞、溶血性疾病等;颜色呈淡红或暗红色,为溶血性疾病的特征。

(三)红细胞平均值测定 根据红细胞计数、血红蛋白测定和红细胞比积的数据,可以算出红细胞平均体积(MCV)、红细胞平均血红蛋白量(MCH)和红细胞平均血红蛋白浓度(MCHC)三项平均值,便于对贫血的形态学分类。由于三项平均值是根据红细胞数、血红蛋白和红细胞比容这三项计算出来的，故后三项必须测定准确，否则对临床帮助不大，甚至会造成错误判断。

（四）血红蛋白量　红细胞平均血红蛋白量（Mean coupuscular hemoglobin，MCH）单位为pg。

MCH＝每升血液中血红蛋白含量（pg）/每升血液中红细胞数

目前新式的电子血细胞计数仪，在计数红细胞的同时测定PCV和Hb，并通过电子计算机运算，直接显示MCV、MCH、MCHC 3个数值，不必另行计算。

临床意义：见红细胞压积容量的测定。

（五）红细胞计数　红细胞计数有显微镜计数法和电子血细胞计数仪法两种。例如，显微镜计数法：

原理：用抗凝等渗溶液，将血液稀释200倍，在专用计数板上进行计数。在此稀释液中，白细胞仍存在，但由于在一般情况下，白细胞仅为红细胞的1/500左右，故即使误将白细胞计入，其影响也很小。但如遇有红细胞很少或白细胞又很多时（如白血病）则应加以区分和扣除。

临床意义：

相对性红细胞增多：指血浆量减少，血液浓缩引起的。常见于下痢、呕吐、饮水不足等。绝对性红细胞增多：指红细胞增生所致，见于充血性心力衰竭、慢性肺气肿、肺肿瘤等。红细胞数和血红蛋白量减少，见于各种类型贫血。

红细胞形态异常：红细胞大小不均，中央区苍白，大的红细胞增多，见于营养不良性贫血。中央淡染区扩大，小的红细胞特别多，见于缺铁性贫血。红细胞呈梨形、星状，见于重症贫血。呈串线状，见于炎症和肿瘤性疾病。体积变小、着色暗，缺乏中央凹陷，见于自身免疫性和同族免疫性溶血性贫血。红细胞内含有蓝黑色大小不一的颗粒，是铅中毒的特征性表现。

（六）白细胞计数　白细胞计数，有显微镜计数法和电子血细胞计数仪法，其原理与红细胞计数大致相同，仅稀释液与稀释倍数不同。

（七）白细胞分类计数　取血液制成薄的膜片，染色后，根据不同的白细胞形态和染色特征加以区别，计算百分比，称为白细胞分类计数。近年来，国内外已有自动白细胞分类计数仪，它利用细胞学染色以电子扫描方法，或根据白细胞的生化特点、大小和各项形态学参数，经过计算机处理，自动进行分类。此类仪器价格昂贵，目前看来，准确性尚不够理想，临床上多仍采用显微镜下人工分类法。

白细胞分类：白细胞分为嗜中性粒细胞、嗜酸性粒细胞、嗜碱性粒细胞（正常时少见）、淋巴细胞和单核细胞。

嗜中性粒细胞是严重感染和炎症初期最活跃的细胞，通过吞噬作用来消灭入侵的细菌。嗜酸性粒细胞常出现在抗原-抗体反应的部位，能抑制组织胺等有毒物质的产生并有解毒作用。嗜碱性粒细胞的嗜碱性微粒具有抗凝作用。淋巴细胞与浆细胞可产生抗体，参与免疫反应。单核白细胞属于巨噬细胞，其特殊的酶系统可以对付顽强的病原体。

临床意义：

嗜中性粒细胞增多：见于某些急、慢性传染病、化脓性疾病、大手术后，外伤，酸中毒前期，烫伤等。

分析时要结合白细胞总数的增、减变化，特别是应注意核指数的变化。

$$核指数=\frac{中幼细胞+晚幼细胞+杆状细胞}{分叶细胞}$$

核指数大于0.1，称为核左移，表示未成熟的嗜中性粒细胞比例增多；反之，小于0.1则称为核右移，系分叶型白细胞比值增多的结果。

核指数的严重左移或右移，反映病情的危重或机体的高度衰竭。

如果白细胞总数增多同时核左移，表示机体处于积极防御阶段；而白细胞总数减少时核左移，则标志着机体的抵抗力降低。

分叶核的百分比增大或核的分叶增多称为核右移，可见于重度贫血或严重的化脓性疾病。

嗜中性粒细胞减少：见于病毒性疾病及各种疾病的垂危期，也可见于造血器官机能的抑制和衰竭。

嗜酸性粒细胞增多：见于变态反应性疾病（支气管哮喘、药物过敏、荨麻疹、血管神经性水肿、血清病、异体蛋白过敏等）；寄生虫病（如犬心丝虫病、钩虫病等）；某些药物的应用（如青霉素、链霉素、先锋霉素、苯妥英钠等）；某些皮肤病（如湿疹、剥脱性皮炎等）；血液病（某些恶性淋巴瘤、慢性粒细胞白血病、真性红细胞增多症、多发性骨髓瘤等）；恶性肿瘤（尤其是转移癌和有坏死灶之肿瘤）；某些内分泌疾病（如脑垂体前叶机能减退，肾上腺皮质机能减退）；急性传染病开始恢复时。

嗜酸性粒细胞减少：见于毒血症、尿毒症、严重创伤、中毒、饥饿及过劳等。

淋巴细胞增多：见于某些慢性传染病，急性传染病的恢复期，某些病毒性疾病及血孢子虫病等。

淋巴细胞减少：见于内源性皮质类固醇释放增多时，如感染、肝、肾、胰和消化衰竭，消化道阻塞，休克，外科手术，肾上腺皮质机能亢进，淋巴外渗和放射线照射时。

白细胞总数增加：一时性或症状性的称为白细胞增多症，持续性、进行性增多称为白血病。

白细胞总数减少：多数是中性粒细胞减少引起的。

中性粒细胞增多：分生理性增多、应激性增多、炎症性增多。

白细胞生理性增多主要是由于内源性肾上腺素释放入血后，使边缘池的中性粒细胞减少，二循环池中粒细胞增多，这种生理性增多在犬不常见。

白细胞应激性增多主要是由皮质类固醇增多引起的。皮质类固醇可加快骨髓释放速率，降低中性粒细胞的黏附力，并阻止中性粒细胞从血液中游走，致使循环池的中性粒细胞数增多。应激性增多的特点，是外周血中不出现未成熟的中性粒细胞，且伴有淋巴细胞减少。内源性皮质类固醇的释放增多，见于疼痛、麻醉、外科手术、创伤及肾上腺功能亢进时。外源性皮质类固醇增多，也可引起应激性反应，如长期应用类固醇治疗，在停止治疗后48～72 h仍可持续呈现其效应。应激性增多在犬常见。

白细胞炎症性增多是机体对炎症刺激的一种防御性反应。见于某些急性传染病（如炭疽、出败等），某些化脓性疾病（化脓性腹膜炎、化脓性子宫内膜炎、肺脓肿等）、某些急性炎症（肺炎、胃肠炎等）及外伤、酸中毒的前期等。

中性粒细胞减少：分过度使用性、生成减少性和循环池减少性等。过度使用性减少是骨髓释放中性粒细胞速度增加，赶不上组织的过度使用，外周血液中常出现许多未成熟的中性粒细胞，见于犬瘟热、传染性肝炎等。

生成减少性减少是由于骨髓造血机能不足所致。常见于磺胺类药物中毒、X射线和弓形虫感染等。

循环池减少性减少是中性粒细胞一时性减少，又称为中性粒细胞假性减少症。

（八）血小板计数 用尿素溶解红、白细胞而保存完整形态的血小板，直接在血细胞计数室内直接计数。健康犬为47 000（20 000～90 000）/mm^3。

血小板减少：生成减少见于再生障碍性贫血、急性白血病、放化疗时等；血小板破坏增多见于原发性血小板减少性紫癜、脾功能亢进等；消耗过多见于弥散性血管内凝血、血栓性血小板减少性紫癜。

血小板增多：原发性见于原发性血小板增多症及骨髓增生综合征等；继发性见于急性感染、急性出血及急性溶血等。

（九）网织红细胞计数

原理：网织红细胞是一种幼稚的无核红细胞，其胞浆中仍残留有嗜碱性的核蛋白痕迹，可被碱性染料在活体时染色。

【注】 网织红细胞比一般红细胞略大，故在涂片的尾部和两边分布较多，因此在计数时要兼顾到这些区域。点彩红细胞和脾切除后出现的铁粒小体（Pappenheimer),在本法均已计入,不能区别。

第二节 血液生化化验

一、血液葡萄糖测定

(一)还原法

原理:无蛋白血滤液中的葡萄糖,具有还原性,与碱性高铜混合加热后,将高铜还原成氧化低铜而呈红色沉淀,此沉淀物再被磷钼酸氧化成蓝色物质。与同样处理的标准葡萄糖管比色,而求得血糖含量。

(二)邻-甲苯胺法

原理:葡萄糖与邻-甲苯胺在加热的情况下,可产生绿色反应。与经过同样处理的葡萄糖标准液比色,即可计算其葡萄糖的含量。临床意义:

1. 增高　血糖增高是由于肝糖分解的加速或组织对葡萄糖利用的减低所致。

(1)病理性血糖增高:多见于糖尿病及内分泌疾病,如甲状腺功能亢进、肾上腺皮质功能亢进、肾上腺嗜铬细胞瘤等。

(2)暂时性血糖增高:多见于全身麻醉后、肺炎、肾炎、颅内压增高、颅脑外伤、中枢神经感染、缺氧窒息等。

2. 减低　血糖减低是由于肝糖原分解减低或组织对葡萄糖的利用增加所致。

(1)病理性血糖减低:多见于胰岛素分泌过多症、胰腺癌、胰岛细胞瘤、严重贫血、肾功能衰竭的慢性肾炎、肾上腺皮质功能减退、甲状腺功能减退、脑垂体功能减退等。

(2)生理性血糖减低:多见于长时间剧烈运动之后、过分饥饿、哺乳期等。

二、血液非蛋白氮测定

(一)消化法

原理:无蛋白血滤液内的含氮化合物被硫酸消化后转变为硫酸铵,再与奈氏试剂作用,呈棕黄色,其含量与同样处理的标准铵盐溶液比色,再计算出其含量。反应式:

$$\text{含氮化合物} + H_2SO_4 \longrightarrow (NH_4)SO_4 + H_2O$$

$$(NH_4)OH_4 + 2NaOH \longrightarrow 2NH_4OH + Na_2SO_4$$

$$2NH_4OH \longrightarrow 2NH_3 + 2H_2O$$

$$2(HgI_2 \cdot 2KI) + 2NH_3 \longrightarrow 2(NH_3 \cdot HgI_2) + 4KI$$

$$2(NH_3 \cdot HgI_2) \longrightarrow NH_2I_3 + NH_4I$$

（棕黄色化合物）

临床意义：血液的非蛋白氮就是指血液中除了蛋白质以外的其他含氮物质，主要包括尿素、尿酸、肌酸、肌酐、氨基酸、氨及胆红素等，它们都是蛋白质的代谢产物。非蛋白氮大部分由肾脏排泄至体外，如蛋白质分解代谢增加或肾脏排泄有障碍，或肝脏有严重损害时均可影响非蛋白氮的含量。

增高：亚急性肾炎、慢性肾炎、尿毒症、肾盂积水、泌尿系结核、泌尿系结石阻塞、严重烧伤、大量呕吐、腹泻、幽门痉挛、肠梗阻、血红蛋白尿、甲状腺机能亢进末期、肾上腺机能不全、前列腺肥大或肿瘤、重金属中毒等均有不同程度的增高。

降低：中毒性肝炎、胆道术后、妊娠晚期等可有降低。

（二）滴定法

原理：无蛋白血滤液中的氮化物可被次溴酸钠氧化，过多的次溴酸钠，可在盐酸与碘化钾存在的情况下，与碘置换而使碘游离，用淀粉作指示剂，以硫代硫酸钠进行滴定，由消耗硫代硫酸钠的多少，来计算血液内非蛋白氮的含量。

结果计算：

（空白滴定用去1/200 硫代硫酸钠溶液毫升数－测定用去1/200硫代硫酸钠溶液毫升数）×29.72＝毫克非蛋白氮/dL

【注】

（1）标本必须新鲜，如放置过久，可因吸收室内氨而影响结果。

（2）淀粉液须待黄色变淡时加入，如过早加入会有暂时性蓝色，易产生误差。

（3）如血液中非蛋白氮超过200 mg/dL，则可将空白、测定的脱氨基试剂加倍，进行滴定即可。

（4）脱氨基试剂中硼酸及硫酸镉可阻止葡萄糖、硫化物等干扰。

（5）本试验可使尿素氮及含氨基化合物脱氨基，故可得到与凯氏法相同的结果。含氮的吲哚化合物也可被脱氨基，但其含量甚少，临床上意义不大。

（6）计算中的29.72 的来源是：2 分子氮相当于3 分子次溴酸钠作用，而1 分子次溴酸钠可置换2 分子碘，故1 分子氮相当于3 分子碘。以硫酸钠溶液滴定碘，从用去1/200 硫代硫酸钠溶液的量可求出氮的含量：

氮原子量/3×1/200＝14/3×1/200＝0.023 3 mg(N)

标本的用量为0.1/(0.1+5)×4＝0.078 4(mL)

0.023 3×100/0.078 4＝29.72

三、血液尿素氮测定

(一)脲酶法

原理:无蛋白血液滤液内之尿素经脲酶的作用,分解成为碳酸铵,加奈氏试剂,使其显色与经过同样处理的标准管比色,求得其含量。

临床意义:血液的尿素氮是非蛋白氮的主要成分,在正常情况下约占非蛋白氮的50%。非蛋白氮含量增高时,所占的百分比亦随之增高,可达80%或更多,故临床上尿素氮增减的各种情况与非蛋白氮相似。

(二)二乙酰一肟法

原理:血浆中的尿素,在氯化铁一磷酸溶液中与二乙酰一肟和硫氨脲共煮后,而呈红色,与同样处理的标准液比色,可测出血浆中尿素氮的含量。

四、血液肌酐、肌酸测定

原理:无蛋白血滤液内的肌酐与碱性苦味酸盐作用,生成黄色的苦味酸肌酐,然后与经同样处理的肌酐标准液比色,而求得其含量。

无蛋白血滤液内的肌酸经酸和高热的处理后转成为肌酐,测定其肌酐及由肌酸转成肌酐的总含量,再减去原有的肌酐量,乘上肌酸转换因数1.16即得肌酸量。

临床意义:肌酐是较易由肾脏排出的含氮物质,增高可见于急性肾炎及排尿有障碍,如慢性肾炎。血肌酐增高,则预后不良。减低可见于肌萎缩。

肌酸主要存在于肌肉组织中,在血液则主要存在于红细胞中。增高可见于肌肉或肾脏严重损伤。尿闭时亦可增高。

五、血清总蛋白、白蛋白及球蛋白测定

(一)酚试剂法

原理:血清中的白蛋白、球蛋白均含有带酚基的酪氨酸基因,可与酚试剂中的磷钨酸作用,产生蓝色的化合物。先将血清中总蛋白沉淀,再将球蛋白分离,得白蛋白液,将总蛋白、白蛋白液与同样处理的酪氨酸标准液比较,得出总蛋白、白蛋白的含水量,从而换算出球蛋白的含量,及计算白蛋白与球蛋白的比值。

【注】

(1)白蛋白与球蛋白所含的氨基酸量不同,因此以酪氨酸换算的因数亦不同,一般总蛋白换算因数为16,白蛋白换算因数为16.6。

(2)如酚试剂使用过久而带绿色时,可加溴数滴,煮沸数分钟则酚试剂可恢复

鲜明的黄色。

(3)白蛋白与球蛋白的比值，以球蛋白为1折算。

(4)10%氢氧化钠溶液及酚试剂的量与显色深浅关系极大，故所加入的量必须准确。

(5)蒸煮酚试剂加入溴后，因溴气有毒，必须在通气处进行。

(6)23%硫酸钠溶液低温时将析出结晶，使浓度减低，沉淀蛋白能力减弱。故室温低时最好置于温箱内保存，或加温溶解后使用。

(二)双缩脲法

原理：蛋白质中的肽键，与碱性酒石酸钾/钠/铜作用，产生紫色反应(即双缩脲反应)。根据颜色的深浅，与经同样处理的蛋白标准溶液比色，即可求得血蛋白质的含量。

结果：

(1)以光密度读数查曲线表，即得总蛋白及白蛋白的克每分升。

(2)总蛋白－白蛋白＝球蛋白(g/dL)。

(三)溴甲酚绿法

原理：在中性缓冲液里，溴甲酚绿与白蛋白结合。其结合可使光电比色计在波长615 nm 情况下，光密度读数下降，其下降程度与白蛋白的含量成正比。同时用双缩脲法测定总蛋白，以总蛋白减去白蛋白，便得出球蛋白数值。再从白蛋白与球蛋白的数值求其比值。

临床意义：

总蛋白增高：重症脱水(严重的腹泻、呕吐)、水分摄入障碍的失水、糖尿病、酸中毒、休克等。

总蛋白减低：长时间重度蛋白尿的各种肾病、肝硬化腹水、营养不良、重度甲状腺功能亢进、中毒、大量出血及贫血等。

白蛋白增高：严重腹泻、呕吐、饮水不足、烧伤造成脱水及大出血等，由于血浆浓缩而白蛋白相对增高。

白蛋白减少：

(1)白蛋白丢失过多：肾病综合征时由于大量排出蛋白而使白蛋白极度减少，另外严重出血，大面积烧伤，胸、腹腔积水等亦可致白蛋白减少。

(2)白蛋白合成功能不全：慢性肝脏疾病，如肝硬化使合成蛋白的功能减弱。恶性贫血及感染等。

(3)蛋白质摄入量不足：营养不良、消化吸收功能不良、妊娠、哺乳期蛋白摄入量不足等。

(4)蛋白质消耗过大:糖尿病及甲状腺功能亢进,各种慢性、热性、消耗性疾病,感染,外伤等。如蛋白量补充不足,消耗过多使白蛋白减低。

球蛋白增高:肝硬化、丝虫病、多发性骨髓瘤、肺炎、风湿热、细菌性心内膜炎、活动期结核病等。

六、血清胆红素测定

原理:血清内的游离胆红素与重氮试剂接触后,不立即发生红色反应。如加入苯甲酸钠—脲,乙醇或甲醇后才呈红色的偶氮胆红素,此反应称为间接反应。

当游离胆红素在肝内与葡萄糖醛酸结合成葡萄糖醛酸酯后,即能立即与重氮试剂结合而产生偶氮胆红素而呈红色。此反应称为直接反应。

显色后与标准液比色以求得总胆红素含量。

临床意义:

胆红素定性试验:直接反应阳性常见于阻塞性黄疸、肝胆疾患所致黄疸。溶血性黄疸则为直接反应阴性而间接反应强阳性。如肝细胞损害时,多数呈双相反应。

胆红素增高:见于溶血性黄疸及各种溶血性疾病,胆道阻塞,肝脏疾患,各种中毒性肝炎,传染性肝炎、肿瘤、肝胆寄生虫病等。

胆红素减低:再生障碍性贫血及各种继发性贫血。

【注】

(1)脂血标本和溶血标本均会影响结果,故不宜进行测定。

(2)如进行目测比色,则试管的口径应要求一致。

七、血清直接和间接胆红素测定

原理:直接胆红素能与重氮试剂立即作用;而间接胆红素在甲醇液中,在30 min内与重氮试剂能完全反应。由总胆红素减去直接胆红素,即为间接胆红素。

临床意义:溶血性黄疸,无肝细胞损害时,直接胆红素一般正常或低于间接胆红素的25%。如胆汁滞留时,直接胆红素常较间接胆红素先升高或恢复正常。用于轻微肝损害的检查较敏感。但对鉴别肝或肝外阻塞性黄疸并不十分可靠。

【注】

(1)在黄疸极深时,可用生理盐水将血清稀释2倍或3倍,再做测定,将结果乘以稀释倍数。

(2)血液不能溶血。

八、血液氯化物测定

原理:无蛋白血滤液或血清中的氯化物,以S-二苯胺脲为指示剂,用标准硝酸汞溶液滴定，过量的汞离子与指示剂作用形成紫蓝色的络合物，由消耗的硝酸汞标准液的用量来推算氯化物之含量。

临床意义：

(1)正常值：

全血：以氯化钠计：450～530 mg/dL

以氯计：270～300 mg/dL

血清：以氯化钠计：580～620 mg/dL

以氯计：340～380 mg/dL。

(2)氯化物增加：氯化物排出量过少或摄取量过多。如急性肾小球炎无尿者、少者，心力衰竭伴有浮肿，原发性高血伴有肾脏病者，食入食盐过多输入生理盐水过多。

(3)氯化物降低：氯化物丢失量过多或摄取量减少。消化道(呕吐或腹泻)、尿道、汗腺中排出体外的氯化物过多，烫伤、烧伤从皮肤渗出而机体失去大量氯离子，而降低血浆化物浓度，或引起肾小球重吸收功能障碍的各种肾病、阿狄森氏病及严重糖尿病等。

【注】

(1)所用之器械必须洁净，不含氯化物。

(2)氯化物在血细胞中及血清中之含量不一致，应用全血测定时，标本固则不能进行测定。

(3)如以血进行测定时，则吸血清 0.2 mL，加蒸馏水 1.8 mL，加入指剂后进行测定。

计算：用去硝酸汞毫升数×0.5×100/0.2＝ mg/dL(NaCl)

或：用去硝酸汞毫升数×0.303×100/0.2＝mg/dL(N)

九、血清钾、钠测定(火焰光度计法)

原理：每种元素在无光火焰中，都会发出该元素特有的光谱。钾的火焰为深红色，波长为768 nm。钠的火焰为黄色，波长为589 nm。当这些元素经燃烧后，所激发射出的光谱线，经滤光板选择分离后照射在光电池上，产生电流，而在检流计上得到读数。这种元素含的越多则这束光线越强，检流计上的读数则越大。与同样处理的标准溶液比较，可求出标本中钾、钠元素的含量。

十、血清钾测定(四苯硼钠快速比浊法)

原理：血清中钾离子与四苯硼钠作用，生成不溶性的四苯硼钾，其浊度与钾离子之含量成正比,故可从其浊度和经同样处理标准液比浊,求出其含量。

临床意义:

增高:肾上腺皮质功能不全(血清钾增高,而尿钾减低);排尿困难,尿闭,少尿,尿毒症;组织缺氧;呼吸障碍休克;循环衰竭、严重脱水等。

减低:长期饮食中钾盐缺乏,大量无钾盐的补液,严重呕吐腹泻,胃十二指肠引流、肠瘘等失钾过多。

钾离子在红细胞内的含量比细胞外含量约高20倍,所以溶血标本不能进行血清钾测定。

十一、血清钠测定(焦性锑酸钾法)

原理:加入过量的焦性锑酸钾溶液,与血清中的钠作用生成沉淀,以标准硫代硫酸钠滴定剩余的焦性锑酸钾,求得血清中钠的含量。

临床意义:

增高:血钠增高在临床上甚少见。主要是脑下垂体嗜铬细胞瘤、肾上腺皮质腺瘤或腺体增生及醛固酮增多症。

减低:主要是氯化钠排出量增加,如肾上腺皮质功能减低。还有肠道阻塞、幽门痉挛所致的严重呕吐,胃肠瘘管,出汗过多、长期腹泻、慢性肾小球性肾炎尿毒症、糖尿病、酸中毒等。

十二、血清钙测定

(一)EDTA 滴定法

原理:络黑T(Eriochrome black T)指示剂,当pH值为7.4～13.5时呈蓝色,可与钙离子结合成紫红色的络合物。此络合物很不稳定,当与乙二胺四乙酸(EDTA)作用时,钙离子可与乙二胺四乙酸结合成稳定的不溶性络合物,而使络黑T恢复原来的蓝色。与标准钙溶液进行同样操作处理,通过计算,求得钙离子之含量。

临床意义:血钙增高:常见于甲状腺增生,腺瘤,骨肿瘤,多发性骨髓瘤,急性骨萎缩,充血性心力衰竭,真性红细胞增多症,维生素D治疗后,慢性肾炎尿毒症。

血钙减少:常见于甲状旁腺功能减低,维生素D缺乏或吸收不良,软骨症,阻塞性黄疸,妊娠晚期及哺乳期等。

(二)光电比色法

原理:血清中钙离子在碱性环境中,与核固红作用,生成红色化合物。经与同样方法处理的钙标准液比色,算出血清中钙的含量。

【注】

(1)本法可进行尿钙测定,在测定血清钙时,标本轻度溶血及胆红素含量在4 mg/dL以下者,不受影响。

(2)本试验所用的蒸馏水,必须煮沸以后才可使用。

(3)每次试验均要做标准管。

(4)本法血清钙之正常值为9～10 mg/dL。

十三、血清(浆)总铁结合力测定

原理:向一定的血清中加入一定量的铁,使血清中的输铁(转铁)蛋白(Transferrin)全部与铁结合达到饱和。过剩的铁用轻质碳酸镁吸附除去,然后按测定血清铁同样的方法测定铁的含量并算出总铁结合力及饱和度。

临床意义:动物体摄入的铁经吸收后,与一种β_1球蛋白(输铁蛋白)相结合而送至全身。在正常情况下,输铁蛋白与铁结合的仅占总量的1/3,此量即为血清(浆)铁;而未与铁结合的部分所需的铁量,称为未饱和铁;输铁蛋白与铁结合的总量,称为总铁结合力,血清铁与总铁结合力之比,称为血清铁饱和度。

缺铁性贫血,总铁结合力增高,超过400 μg,未饱和铁结合力亦增高,但血清铁及铁饱和度均减低。而长期发热、肝硬变、肾病、再生障碍性贫血以及严重饥饿等,总铁结合力常减低。血清铁量升高而铁结合减低,可能是由于血红蛋白合成缺陷而致贫血。

十四、血清铜测定

原理:以三氯醋酸除去血清的蛋白后,无蛋白血滤液中的铜离子与二乙基二硫代甲酸钠作用呈黄色,以焦磷酸钠除去铁离子的干扰。最后以戊醇抽提,再与同样处理的标准溶液比色,求出铜的含量。

临床意义:感染性疾病、结核病、风湿性疾病,血清铜含量可增高。某些恶性肿瘤血清铜含量可增高,故其铁/铜值小于1,这种情况(铁/铜值小于1)应考虑是否由于肿瘤阻塞。

十五、血清镁测定

原理:血清中的镁离子,在碱性溶液中,与钛黄染料结合,生成红色沉淀。与经同样处理的标准溶液比色,可求得血清中镁离子的含量。

临床意义:

增高:常见于肾功能衰竭、严重脱水、黏液性水肿、镁剂进量过多或给法不当等。

减低：常见于长期胃肠液丢失、低蛋白血症、甲状腺或甲状旁腺功能亢进、醛固酮增多症等。

十六、血清无机磷测定

原理：无蛋白血滤液中的无机磷与钼酸铵结合，生成磷钼酸，再以抗坏血酸还原成蓝色化合物，与经同样处理的标准液比色，求出磷的含量。

结果计算：

测定管光密度读数/标准管光密度读数×0.02×100/(0.5/6×3)=mg/dL(P)

简式：R/S×8=mg/dL(P)

增高：主要见于甲状旁腺机能减低、食入过量维生素D、多发性骨髓瘤、骨折修复期、肾脏病酸中毒等。

减低：主要见于甲状旁腺功能亢进、骨软化症、胰岛素过多症、糖尿病、某些肾小管变性的疾病、肠内磷吸收不良等，妊娠期亦可稍低。

【注】

(1)血液中的磷主要以4种形式存在：无机磷、磷酸酯、磷酸酯类及核磷脂。无机磷主要存在于血浆及血细胞中，磷酸酯及磷酸酯类主要存在于血细胞中，磷酸酯能水解转酸酯(同时亦破坏血清酶的作用)，使其不致影响无机磷的含量测定。

(2)测定标本应用血清，如用血浆进行测定，则每毫升标本内草酸钾含量不可超过2 mg，因过量的草酸盐抗凝剂，能使其不易显色。

十七、血清谷-丙转氨酶测定

谷-丙转氨酶是对肝脏疾病的诊断、病变程度的估计和疾病治疗前后对比的一项较为重要的检验项目。

谷-丙转氨酶是动物体内的一种比较重要的酶。这种酶存在于各脏器，主要在肝脏。正常时血清中谷-丙转氨酶的含量很少，当肝脏患有疾病而处于病理状态时，肝细胞受到破坏，肝细胞中的谷-丙转氨酶则大量释放至血清中，因而使血清中的谷-丙转氨酶含量升高。这种情况在急性肝炎期尤为显著。所以可从谷-丙转氨酶的含量(或称活力)来估计肝脏的病变程度。

十八、血清谷-草转氨酶测定

原理:血清中的谷-草转氨酶作用于门冬氨酸及α-酮戊二酸组成的基质,产生草酰乙酸及谷氨酸。

临床意义:

显著增高:见于各种急性肝炎、手术后、药物中毒性肝细胞坏死。

中度增高:见于心肌炎、肝癌、肝硬化、慢性肝炎。

轻度增高:见于肌肉炎、胸膜炎、肝炎、肾炎等。

十九、诊疗室设备

(一)大动物诊疗室设备

(1)保定栏(六柱)

(2)大动物手术台(电动或手动)

(3)各种动物辅助性保定器,如耳夹、鼻钳

(4)各种投药设备

(5)产科用器械包

(6)外科用器械包

(7)洗胃机、真空器

(8)开口器、牙科用具

(9)叩诊锤

(10)胃导管

(二)小动物诊疗室设备 诊疗室根据兽医院规模可设1至数个,也可分为内科、外科、传染病疫苗接种室等诊室。一般诊疗室应备的设施:

(1)诊疗台

(2)体重秤(电子秤或台秤均可)

(3)五官检查设备

二十、化验室设备

(一)仪器和设备

(1)显微镜

(2)分光光度计(7230)(生化分析用)

(3)恒温培养箱

(4)半自动或全自动生化分析仪

(5)水浴锅

(6)电热干燥箱

(7)尿10项分析仪(尿检)

(8)冰箱

(9)消毒锅

(10)血球自动计数仪

(11)厌氧菌培养箱

(12)微型血液振荡器

(13)离子活度计

(14)高速、低速离心机

(15)带有15 mL容量离心管的标准临床离心机

(16)屈光计:测定尿比重和估测沉渣(固体)总量,血浆蛋白浓度。

(17)手动划记器

(18)间隔计时器(定时器)

(19)血细胞计数器

(20)火焰光度计(用于大量电解质测定)

(21)血气分析仪

(22)天平

(23)细菌接种环

(24)本生氏灯

(25)用于分光偏振计的小杯

(26)50 mL、100 mL、500 mL、1 000 mL的容量瓶

(27)0.3 mL、1.0 mL、2.0 mL、5.0 mL、10.0 mL的容量管

(28)其他:还需要试管架,吸管、染色架、移液管(大小不一)微量吸管

(29)用于自动细胞计数器的玻璃器

(30)用于火焰光度计的特殊的玻璃器

(二)化学物品药物及各种供应品

1. 红细胞和白细胞稀释液的准备

(1)浓盐酸或冰醋酸

(2)氯化汞

(3)硫酸钠

(4)氯化钠

2. 血液染色法

(1)粉状瑞氏,吉姆萨氏,利什曼氏染色剂

(2)粉状新配制的亚甲蓝染液

(3)磷酸氢二钠、磷酸二氢钠、95%乙醇

(4)纯乙醇(无丙酮)

(5)纯白甘油

3. 细菌染色剂可以成品的形式购买(血液化学试剂盒,化学物品和其他供应品)

(1)准备好的试剂盒和化学物品

①准备好的化剂盒

a. 碱性磷酸酯酶

b. 转氨酶:GOT(谷氨酸草酰乙酸转氨酶)
GPT(谷氨酸丙酮酸转氨酶)

c. 脂酶血清

d. 淀粉酶血清

e. 肌酸酐血清

f. 血液尿素氮

g. 钙

h. 葡萄糖(葡萄糖氧化酶及其他技术)

i. 胆固醇

j. 凝血酶原时间

k. 胆红素

l. 其他

②需要准备和购入的化学试剂及标准液

a. 氰化正铁血红蛋白试剂

b. 氰化正铁血红蛋白标准液

c. 稳定的钨酸

d. 双缩脲试剂——总蛋白和白蛋白/球蛋白的比例测定试剂

e. 酚四溴酞磺酸钠

f. 酚红

③其他试剂

a. NaOH 溶液

b. NaCl

c. Na_2SO_4

d. 乙醚

e. OT-气溶胶

f. 苦味酸

g. 三氯乙酸

h. 氯化汞

i. Na_2CO_3

j. 酚酞

k. 对二甲氨基苯甲醛

④其他

a. 丙二醇

b. 伊红染料

c. 苏木紫

d. 伊红

e. 肖氏染剂

f. 乳白蓝

(2)红菌学培养基;用于分离的培养基;对于特殊微生物分离,除了血琼脂,兽医人员还有可能使用下列选择性培养基中的一种或多种。

①链球菌属:苯乙醇琼脂

②葡萄球菌属:110 培养基(含7.5%NaCl)大豆亚碲酸盐培养基

③李司忒氏菌属:胆汁七甙琼脂

④丹毒丝菌属:含叠氮钠和结晶紫的血琼脂

⑤沙门氏菌属:亚硒酸盐肉肠SS 琼脂,麦康基氏琼脂,煌绿琼脂,去氧胆酸盐琼脂,亚硫酸铋琼脂

⑥布鲁氏菌属:Base 培养基(含1∶200 000 浓度龙胆紫)

⑦弯曲杆菌属(弧菌):硫醇培养基

⑧真菌:萨布罗氏甘露醇培养基

(3)用于细菌鉴别的培养基

①糖类:用于细菌鉴别的糖类数目决定于种类和种属,4 种基本糖类为:葡萄糖、乳糖、麦芽糖、蔗糖,其他:水扬甙、甘露醇、菊粉、海藻糖 山梨糖醇、木糖、棉子糖、甘油、甜醇、戊五醇、鼠李三糖、糊精。

②MR-VP 培养基

③硝酸盐还原(减少)培养基

④动力培养基

⑤石蕊乳

⑥尿素肉汤

⑦三糖琼脂或ligler 铁琼脂

⑧吲哚生成琼脂

⑨用于凝固醇实验的血浆

⑩用于研究室明胶液化的培养基

⑪用于串珠反应实验的培养基

⑫O-R 培养基

⑬脱羧酶base 含赖氨酸、氨酸、精氨酸

(4)用于血清学检测

①布鲁氏菌抗原、抗血清或card-test 设备

②钩端螺旋体抗原:在检测钩端螺旋体抗体时,最好购买包含多种钩端螺旋体的抗原

③沙门氏菌群的抗血清

(5)用于生活性检测的化学物品

①还原硝酸盐、醋酸、磺胺酸、N-N-二甲基L-萘胺

②吲哚检测,二甲苯,对二甲氨基苯甲醛,盐酸

③甲基红检测:甲基红,乙醇(95%)

④伏-普二氏反应检测,氢氧化钾,肌酸

(6)用于抗生素敏感性检测

①可处理的替代培养皿(装有检测所需的培养基)

②无菌肉汤管(用于分离后菌的生长)也可用于无菌盐水管(用于器官的悬浮)

③无菌拭子

④抗生素敏感性盘

⑤敏感性盘调剂器

⑥钳(镊)(陈旧的可用火焰处理)

(7)其他供应品:

①10%福尔马林

② 抗凝剂:如EDTA 草酸盐,柠檬酸盐等,主要根据需要及血液收集管收集的适量抗凝剂的情况选取

③蒸馏水

④渍油

第三节 尿液化验

一、尿液的采集和保存

通常使用清洁的容器在动物排尿时直接接取尿液，也可使用塑料或胶皮制接尿袋固定在雄性动物阴茎的下方或雌性动物外阴部以接取尿液。必要时可进行人工导尿。

尿液采取后应立即检查，如不能及时检查或送检时，可加入适量的防腐剂以防止尿液发酵和分解。但不可在做细菌学检查的尿液中加入防腐剂。常用防腐剂及用量如下：

(一)甲苯 按尿量加入0.5%～1%的甲苯，使在尿液表面形成薄膜，防止细菌发育，检验时吸取下层尿液。

(二)硼酸 按尿量的1/400加入。

(三)甲醛溶液 100 mL 尿液加入3～4 滴，甲醛能凝固蛋白质，不适做尿中蛋白质和糖的检查。

(四)樟脑末 加入微量。

(五)麝香草酚 100 mL 尿液加入0.1 g，但蛋白质试验易出现假阳性反应。

(六)氯仿 按尿量的0.5%加入，但不适蛋白质、血红蛋白及胆红素的检查，如使用则在试验时加温除去。

二、尿的物理学检查

(一)混浊度 即透明度。将尿液盛于试管中，通过光线观察。马、骡尿正常时混浊不透明，其他动物如牛及肉食动物新排出的尿澄清透明，无沉淀物。马尿若变透明，除因饲喂精料过多或重役外，常是病理现象，如纤维素性骨营养不良。牛和肉食动物的尿若变混浊，常见于肾脏和尿路疾病时，尿液中混入黏液、白细胞、上皮细胞、坏死组织片或细菌等的结果。尿液混浊原因的鉴别方法如下(为确证尿液混浊原因，最好将尿沉渣进行显微镜检查)。

(1)尿液过滤后变透明时，是含有细胞、管型及各种不溶性盐类。

(2)尿液加醋酸产生泡沫而透明时，是含有碳酸盐；不产生泡沫而透明时，是含有磷酸盐。

(3)尿液加热或加碱而透明时，是含有尿酸盐；加热不透明而加稀盐酸透明时，是含有草酸盐。

(4)尿液加入乙醚,振摇而透明时,是脂肪尿。

(5)尿液加20%氢氧化钾或氢氧化钠而呈透明胶冻样时,是混有脓汁。

(6)尿液经上述方法处理后仍不透明时,是含有细菌。

(二)尿色 正常尿的尿色是由尿中尿胆素的浓度决定的。一般马尿呈黄色,牛尿呈淡黄色,猪尿水样无色,犬尿呈鲜黄色。当尿量增加时,尿色变淡;尿量减少时,则尿色变浓。尿液变红而混浊见于泌尿系统出血;尿色红而透明见于溶血性疾病;尿色红褐色见于肌红蛋白尿;尿色金黄而透明见于犬的胆红素尿;尿色为乳白色见于尿内含有大量的脓细胞和无机盐类。内服或注射大黄、安替比林、芦荟、刚果红等药物时,可使尿色变红;台盼蓝和美蓝可使尿色变蓝;核黄素和痢特灵可使尿色变黄,不可误认为是病理现象。

(三)气味 动物尿液中存在挥发性有机酸,因此具有特殊的气味。在病理状态下常发生改变,尿液有氨臭见于膀胱炎或膀胱积尿时;尿液有腐败臭见于膀胱、尿道有溃疡、坏死或化脓性炎症时;牛酮血病和产后瘫痪时,尿中含有大量酮体而有丙酮味。

(四)比重

1. 比重计法 将尿振荡后放于比重瓶内或量筒内,如液面有泡沫,用乳头吸管或吸水纸除去,然后用温度计测尿温并做记录;将尿比重计小心浸入尿液中,不可与瓶壁相接触;待尿比重计稳定后,读取液面半月形面的最低点(有些比重计是读取尿的半月面上角)与尿比重计上相当的刻度,即为尿的比重数。

2. 折射仪法 根据折射仪的使用说明测尿比重。

3. 临床意义 比重增高:见于热性病、犬下痢、呕吐、糖尿病、急性肾炎、心脏衰弱及渗出性疾病的渗出期。比重减低:见于慢性肾小管性肾炎、酮血病、尿崩症、渗出液的吸收期以及服用利尿剂之后。

三、尿液的化学检查

(一)酸碱度测定(pH值) 尿液的酸碱度主要取决于饲料的性质和使役的强度。植物性饲料中所含有机酸的盐类和一些碱类物质,在代谢过程中主要形成碱,故草食动物在生理状态下的尿呈碱性反应;肉食动物由于食物中的硫和磷被氧化为硫酸和磷酸,形成酸性盐类,故尿呈酸性反应,杂食动物由于饲料内含有酸性及碱性磷酸盐类而呈两性反应。

检查尿的酸碱度常用广泛pH试纸法。将试纸浸入被检尿内后立即取出,根据试纸的颜色改变与标准色板比色,判定尿的pH值。草食动物的尿变为酸性,见于牛酮血病、饥饿、大出汗、纤维素性骨营养不良、消耗性疾病及一些热性病。肉食动物尿液变为碱性，或杂食动物的尿呈强碱性，见于剧烈呕吐、膀胱炎或膀胱尿道的组织崩解等。

（二）蛋白质检查 健康动物尿中仅有微量蛋白质，一般方法不能检出。检验尿中蛋白质时，被检尿必须澄清透明，对碱性尿和不透明的尿，需经过滤或离心沉淀或加酸使之透明，如向被检马尿内加入10%醋酸而使马尿液酸化透明。

尿中检出蛋白质，要区分是肾性蛋白尿还是肾外性蛋白尿。肾性蛋白尿见于肾炎、肾病变；肾外性蛋白尿见于膀胱炎和尿道炎等。同时，结合临床症状和尿沉渣检查，判定患病部位。此外，某些急性热性传染病（如流感、腺疫、传染性胸膜肺炎、马传贫、猪丹毒、犬瘟热、牛恶性卡他热）、急性中毒或慢性细菌性传染病（如坏疽、结核、副结核）以及血孢子虫病等，均可出现蛋白尿。

1. 蛋白质定性试验

(1)试纸法。

原理：蛋白质遇溴酚蓝后变色，并可根据颜色的深浅大致判定蛋白质含量。

操作：取试纸浸入被检尿中，立刻取出，约30 s后与标准比色板比色，按表9-1判定结果：

表9-1 试纸法

颜色	结果判定	蛋白质含量（1 000 mg/dL）	颜色	结果判定	蛋白质含量（1 000 mg/dL）
淡黄色	—	＜0.01	绿色	＋＋	0.1～0.3
浅黄绿色	＋（微量）	0.01～0.03	绿灰色	＋＋＋	0.3～0.8
黄绿色	＋	0.03～0.1	蓝灰色	＋＋＋＋	＞0.8

【注】 试纸的淡黄色部分不可用手触摸，干燥密封保存；被检尿应新鲜；胆红素尿、血尿及浓缩尿可影响测定结果；尿液pH值超过8时可呈假阳性，应加稀醋酸校正pH值为5～7后测定。

(2)煮沸加酸法。

原理：蛋白质加热后凝固变性而呈现白色混浊。加酸使蛋白质接近其等电点，促进凝固并溶解磷酸盐或碳酸盐所形成的白色混浊，以免干扰结果的判定。

操作：取酸化的澄清尿液约半试管（酸性及中性尿不需酸化，如混浊则静置过滤或离心沉淀使之透明），将尿液的上部用酒精灯缓慢加热至沸。如煮沸部分的尿液变混浊而下部未煮沸的尿液不变，则待冷却后，原为碱性尿的，加10%硝酸液1～2滴，原为酸性或中性尿的，加10%醋酸液1～2滴，如混浊物不消失，证明尿中含有蛋白质，如混浊物消失，证明是磷酸盐类。

结果判定：(—)不见混浊，阴性；(+)白色混浊，但不见颗粒状沉淀；(++)明显的白色颗粒混浊，但不见絮状态沉淀；(+++)大量絮状混浊，但不见凝块；(++++)见到凝块和有大量絮状沉淀。

(3)磺基水杨酸法。

原理：蛋白质与磺基水杨酸离子结合，生成不溶解的蛋白质盐析出沉淀。

操作：取酸化尿液5 mL 置试管中，加5%磺基水杨酸液数滴或加磺基水杨酸甲醇液(磺基水杨酸20 g，加水至100 mL，再与等量甲醇混合)2～3 滴；3～5 min 后，显白色混浊、有沉淀为阳性反应，不混浊为阴性反应。

【注】 本法灵敏度高，但易出现假阳性，最好与煮沸法对照观察。当尿中有尿酸、酮体或蛋白质存在时，出现轻度混浊而呈假阳性反应，但加热后混浊即消失，而蛋白质所生成的混浊加热后不消失。

2. 蛋白质定量试验

(1)双缩脲比色法。

原理：用钨酸沉淀尿中的蛋白质，双缩脲法定量测定。

试剂：0.075 mol/L 硫酸，15 g/L 钨酸钠溶液，双缩脲试剂(将1.5 g 硫酸铜和6.0 g 酒石酸钠分别溶于50 mL 和100 mL 蒸馏水中，两种溶液混合，加蒸馏水至700 mL，加 100 g/L 氢氧化钠 300 mL 混匀，静置，使用上清液)，蛋白标准液50 g/L。

操作：取24 h 留存的尿液，记录总量，取其中10 mL 尿，2 500 r/min 离心5min 或 用滤纸过滤；用上层尿液做蛋白定性试验，若尿蛋白定性为+～++，于10 mL 刻度离心管中加尿液5 mL，若为+++～++++，则在管中加尿液1 mL 及蒸馏水4 mL；加0.075 mol/L 硫酸2.5 mL 混合；加15 g/L 钨酸钠溶液2.5 mL，充分混合，静置10 min；离心沉淀5 min，倾去上清液，将试管倒置于滤纸上沥干液体，保留沉淀；加生理盐水到1 mL 刻度，混合，使沉淀的蛋白溶解，即为测定管。混合后，37℃水浴 30 min，波长 540 nm 处比色。以空白管调零，读取各管吸光度(A)(表9-2)。

表9-2　双缩脲比色法操作表　mL

	测定管	标准管	空白管
生理盐水	—	—	1.0
50 g/L 蛋白标准与生理盐水1∶20稀溶液	—	1.0	—
上述测定管	1.0	—	—
双缩脲试剂	4.0	4.0	4.0

计算：24 h 尿中蛋白量＝$A_{测}/A_{标}\times50\times0.05$/测定管尿量(mL)×24 h 尿总量(mL)/1 000。

参考值 0～120 mg/L(24 h)。

(2)苦味酸法。

原理：在酸性溶液中，苦味酸与蛋白质作用而形成沉淀，用沉淀物的多少表示蛋白质含量。

器材、试剂：先将 1 g 苦味酸溶于温蒸馏水 80 mL 中，冷却后加入 2 g 柠檬酸，溶解后加蒸馏水至 100 mL，过滤，储于棕色瓶中备用。尿蛋白计。

操作：

①用上述试剂酸化尿液使之透明。

②测定尿比重：如比重在 1.010 以上，蛋白质沉淀不完全沉底，结果偏高。一般尿比重在 1.008 左右为宜。例如，尿比重为 1.024，欲将其变为 1.008 时，可把尿比重的小数除以希望比重的小数，其商即稀释倍数。即 24÷8＝3，将尿稀释 3 倍，则稀释的比重即为 1.008，然后测定结果乘以 3。

③把混合均匀的被检尿加至尿蛋白计的"U"刻度处，再加试剂至"R"刻度处。加塞后，将蛋白计轻轻颠倒混合约 10 次，勿使产生泡沫。然后将蛋白计于室温下静置 24 h 后读数。如为稀释的尿液，将读数乘以稀释倍数。读数为每 1 000 mL 尿中含蛋白质的克数，除以 10 即得蛋白质/dL。

【注】 碱性尿不易产生沉淀，且有时产生二氧化碳使沉淀物上浮，因此尿液必须酸化；室温应在 18℃以上，否则盐在尿中不溶解，也可发生沉淀；尿中的肌酐、树脂类等也可形成沉淀，影响结果。

3. 蛋白检查

原理：蛋白在碱性溶液中遇硫酸铜则出现红紫色的呈色反应。

操作：取尿约 5 mL，加醋酸 2～3 滴酸化，再加饱和食盐水 2 mL(盐析蛋白质)，煮沸，趁热过滤，除去蛋白质；在溶液中加入 20%苛性钾液 3～5 滴，振荡混合，沿管壁小心地重积 0.1%硫酸铜 2 mL 于其上。

判定：在两液接触面上形成紫色环者，证明尿中有蛋白质。

临床意义：蛋白在组织细胞剧烈崩解时出现于尿中，见于纤维素性肺炎、肺坏疽、脓毒血症、恶性肿瘤、恶性腺疫、白血病以及烧伤等。只有蛋白大量出现或在不含蛋白质的尿中出现时才有诊断意义。

4. 尿中血液及血红蛋白检查　血尿是伴有肾功能障碍性疾病以及肾盂、输尿管、膀胱和尿道损伤的重要症候。常见于肾破裂、肾恶性肿瘤、肾炎、肾盂结石及肾盂炎、膀胱结石及膀胱炎、尿道黏膜损伤、尿道结石、尿道溃疡和尿道炎。此外，许多传染性疾病，如炭疽、犬瘟热等，可发生肾性血尿。血尿静置或离心沉淀后有红色沉淀，显微镜检查有红细胞。

血红蛋白尿是因红细胞崩解后，血红蛋白游离在血浆中随尿排出所致。见于新生幼龄动物溶血病、焦虫病、锥虫病、大面积烧伤以及氟化物、四氯化碳中毒等。血红蛋白尿呈红褐色，但静置后无红色沉淀，显微镜检查无红细胞。

(1)邻联甲苯胺法。

原理：血红蛋白中的铁质有类似过氧化酶的作用，可分解过氧化氢，放出新生态氧，使邻联甲苯胺氧化为联苯胺蓝，而呈绿色或蓝色。

试剂：1%邻联甲苯胺甲醇溶液（0.5 g 邻联甲苯胺溶于 50 mL 甲醇中，储于棕色磨口瓶中），过氧化氢乙酸溶液（冰乙酸 1 份，3%过氧化氢 2 份，混合后储于棕色磨口瓶中）。

操作：取 1 支小试管，加入 1%邻联甲苯胺甲醇溶液和过氧化氢乙酸溶液各 1 mL，再加入被检尿液 2 mL，呈现绿色或蓝色为阳性，保留原试剂颜色为阴性。

判定：根据显色的快慢和深浅，用符号表示反应的强弱：(+ + + +)立刻显黑蓝色，(+ + +)立刻显深蓝色，(++) 1 min 内出现蓝绿色，(+) 1 min 以上出现绿色)，(—)3 min 后仍不显色 。

【注】 试验用器材必须清洁，否则易出现假阳性反应，过氧化氢要新鲜。尿中盐类过多，妨碍反应的出现时，可加冰醋酸酸化后再做试验。必要时可用尿的醚提取液进行试验，即取尿液10 mL，加冰醋酸2 mL，醚5 mL，充分混合，吸取上层醚液做试验。

(2)匹拉米洞法（氨基比林法）。

原理：在血红蛋白的触酶作用下，匹拉米洞被氧化为一种紫色的复合物。

操作：取尿 3～5 mL 置于试管内，加入5%匹拉米洞酒精液与50%冰醋酸等量混合液1～2 mL，再加3%过氧化氢液1 mL，混合。

判定：尿中含多量血红蛋白时呈紫色；含少量时，经 2～3 min 呈淡紫色。

5. 肌红蛋白检查

原理：在确定是色素蛋白后，利用硫酸铵对大分子量的血红蛋白起作用，而对小分子量的肌红蛋白不起作用的盐析法，将两者区分开。

操作：用邻联甲苯胺法或匹拉米洞法证明尿中含有色素蛋白时，再用本法鉴别是血红蛋白或肌红蛋白。

用10%醋酸液将尿液pH 值调至 7.0～7.5，3 000 r/min 离心 6 min；取上清尿液 5 mL 于小烧杯中，缓缓加入 2.8 g 硫酸铵，达到80%的饱和度溶解后，用定性滤纸过滤，滤液应清澈，转入小烧杯，再加入 1.2 g 硫酸铵，边加边搅拌（此时达到饱和)，转入离心管以3 000 r/min离心10 min。若有肌红蛋白存在，在硫酸铵沉淀上层有微量红色絮状物，用水吸管吸去上清液，然后吸取红色絮状物于离心管中，3 000 r/min离心10 min，再吸去上清液，于沉渣中加入1%邻联甲苯胺乙醇溶液2滴及3%过氧化氢液3滴，若出现绿色或蓝色为阳性，若不显色为阴性。

临床意义：肌红蛋白尿见于马麻痹性和地方性肌红蛋白尿病、白肌病以及重剧肌肉损伤等。

6. 酮体检查

(1)罗斯(Ross)氏法。

原理：丙酮与亚硝基铁氰化钠作用，呈红紫色反应。

试剂：Roos氏试剂(亚硝基铁氰化钠1 g，硫酸铵100 g，混合后在乳钵内充分磨细，保存于褐色瓶中)，28%浓氨水。

操作：取被检尿5 mL于试管中，加Roos氏试剂1 g，振荡溶解，沿管壁加浓氨水1 mL重叠其上，静置。如有丙酮和乙酰乙酸时，则在两液接触面上形成高锰酸钾样紫红色环。

判定：(+++) 20 mg/dL以上，立即显色；(++)15～20 mg/dL，10 min后显色；(+)10～15 mg/dL，20 min后显色；(±)5 mg/dL，紫红色不鲜明。

(2)氯化高铁法。

原理：乙酰乙酸与氯化高铁接触后，产生紫红色反应。

操作：取新鲜酸化尿约5 mL于试管中，加10%氯化高铁液0.5 mL(以尿中磷酸盐类完全沉淀为度，切勿多用)，滤去所生成的沉淀，于滤液中加10%氯化高铁液约1 mL，如有乙酰乙酸存在，液体显紫红色(葡萄酒色)。

【注】 该法检验乙酰乙酸的灵敏度不如亚硝基铁氰化钠法。因此，亚硝基铁氰化钠法检查丙酮为阴性时，不必再做乙酰乙酸检查；尿液必须新鲜，放置过久时乙酰乙酸变为丙酮，试验呈阴性。

临床意义：尿中酮体增多见于牛酮血症、前胃弛缓等；脂肪分解代谢增强，如糖尿病、产后瘫痪，绵羊妊娠病和驴妊娠不食症时，尿中酮体也增多。此外，长期饥饿、衰竭症、恶性肿瘤、磷中毒和氯仿或乙醚麻醉时，尿中酮体也增多。

7. 葡萄糖检查 动物正常尿中含葡萄糖极微，一般方法不能检出。糖尿有生理性糖尿和病理性糖尿两种。动物采食含糖量高的饲料或因恐惧兴奋，可发生生理性糖尿，但多为暂时性的，妊娠母马和母牛尿中含糖，也属生理现象；病理性糖尿见于糖尿病、狂犬病、产后瘫痪、神经型犬瘟热、长期痉挛、头盖骨损伤、脑膜脑炎和脑出血等。

(1)试纸法。尿糖单项试纸附有标准色板(0～2.0 g/dL，分5种色度)，可供尿糖定性及半定量用。试纸为桃红色，应保存在棕色瓶中。

操作：取试纸一条，浸入被检尿内，5 s 后取出，1 min 后在自然光或日光灯下，将所呈现的颜色与标准色板比较，判定结果。

【注】 尿样应新鲜；服用大量抗坏血酸和汞利尿剂等药物后，可呈假阴性反应，因本试纸起主要作用的是葡萄糖氧化酶和过氧化氢酶，而抗坏血酸和汞利尿剂可抑制酶的作用；试纸在阴暗干燥处保存，不得暴露在阳光下，试纸变黄表示失效。

(2)碱性铜法。

原理：葡萄糖含有醛基，在热碱溶液中能将硫酸铜还原为氧化亚铜，而出现棕红色的沉淀物。

试剂(碱性铜试剂)：先将分析纯柠檬酸钠 173 g、无水硫酸钠 100 g 放于 700 mL 蒸馏水中加热溶解，再另将分析纯硫酸铜 17.3 g 溶解于 100 mL 蒸馏水中，然后将其慢慢倾入已冷却的前液中，不断搅拌并加蒸馏水，使总量至 1 000 mL，过滤后储于棕色瓶内。

操作：取碱性铜试剂5 mL 于试管内，加热煮沸(颜色不改变且冷却后无沉淀方可应用，否则试剂失效，应重新配制)；加入尿液 0.5 mL(切不可过多)，在火焰上煮沸 1～2 min，边煮边摇动，保持沸腾状态，但应防止液体喷出试管外；冷却后观察结果，根据颜色变化用符号或文字报告，制定标准如下(表 9-3)：

表 9-3　碱性铜法

试液变化情况	糖含量(1 000 mg/dL)	符号
试剂仍清晰呈蓝色(如有多量尿酸盐存在，则有少许蓝灰色沉淀)	无糖	—
仅在冷却后有少量浅绿色沉淀	微量，0.5 以下	+
煮沸约 1 min 后，显少量黄绿色沉淀	少量，0.5～1	++
煮沸约 15 s，即显土黄色沉淀	中等量，1～2	+++
开始煮沸时，即显多量红棕色沉淀	多量，2 以上	++++

【注】 如尿内含多量蛋白质，应先加醋酸使尿酸化，煮沸过滤，除去蛋白质后再进行试验；非糖而具有还原性的物质，如水杨酸、匹拉米洞、水合氯醛、大量抗坏血酸及链霉素注射后，可使本试验呈阳性反应；尿内含多量尿酸盐时也有还原作用，可干扰结果判定，应将尿置冰箱内使尿酸盐沉淀，滤去后再做试验。

8. *尿胆红素检查(Harrison 法)*　对黄疸的分析有意义。溶血性黄疸为阴性，肝性黄疸为阳性，胆管阻塞性黄疸为强阳性。

原理：用氯化钡吸附尿液中胆红素后，加酸性三氯化铁试剂，使胆红素氧化成胆绿素而呈绿色反应。

试剂：酸性三氯化铁试剂(Fovchet 试剂)(三氯乙酸 25 g，加蒸馏水少许溶解，再加入三氯化铁0.9 g，溶解后加蒸馏水至100 mL)，100 g/L 氯化钡溶液或氯化钡试纸(将优质滤纸裁成10 mm×80 mm 纸条，浸入饱和氯化钡溶液中数分钟后，置室温或37℃温箱内待干，储于有塞瓶中备用)。

操作：5 mL 尿液中加100 g/L 氯化钡溶液3～5 滴，离心或用滤纸过滤后取离心沉淀物或过滤在滤纸上的沉淀(上清尿液可进行尿胆原检查)，加入Fovchet 试剂数滴，呈绿色、蓝色者为阳性，不显色者为阴性。或将氯化钡试纸条不少于30 mm 的部分浸入被检尿样中，5～10 s 取出带沉淀的试纸条，平铺于吸水纸上，吸去多余的尿液，在浸没尿液的沉淀物上加Fovchet 试剂2～3 滴，呈绿色、蓝色为阳性。色泽深浅与胆红素含量成正比。

【注】 水杨酸盐、阿司匹林可与Fovchet 试剂发生假阳性反应；Fovchet 试剂不能多加，以免生成胆黄素而不显色，呈假阴性；尿液应及时检查，胆红素在阳光照射下易分解；本法敏感度较高(0.9 μmol/L 至0.05 mg/dL 都能查出来)。

9. 尿胆原检查(改良 Ehrlich 法)

原理：尿胆原在酸性条件中与对二甲氨基苯甲醛反应生成红色化合物。

试剂：对二甲氨基苯甲醛试剂(80 mL 蒸馏水中加对二甲氨基苯甲醛2 g，混合后缓缓加入20 mL 浓盐酸，混合后试剂由混浊变透明，储于棕色瓶中)，100 g/L 氯化钡试剂。

操作：被检尿中若有胆红素，则取氯化钡试剂1 份加被检尿4 份混合后离心，胆红素被氯化钡吸附，上清液为不含胆红素的尿液；取不含胆红素的新鲜尿液2 mL，加入对二甲氨基苯甲醛试剂0.2 mL 混合，静置10 min 后观察结果。

结果判断：强阳性(＋＋＋)：立即呈深红色；阳性(＋＋)：静置10 min 后呈樱桃红色；弱阳性(＋)：静置10 min 后呈微红色；阴性(－)：静置10 min 后，在白色背景下，从管口直观管底，不呈红色，经加温后仍不显红色。

临床意义：尿胆原增加常见于肝炎、实质性肝病变、溶血性黄疸、胆道阻塞初期；尿胆原减少见于肠道阻塞、多尿性肾炎后期、腹泻、口服抗生素药物(抑制或杀死肠道细菌)。

10. 尿黑色素检查　在黑色素瘤时，尿中排出一种无色的黑色素元。尿中检出黑色素元表明黑色素瘤已向脏器转移。

(1)取尿液5 mL，加10% 氯化高铁液1 mL，当尿变为暗褐色或黑色时，表明有黑色素存在。

(2)Thromahlen 氏试验。取新鲜尿5 mL，加亚铁氰化钠溶液(亚硝基铁氰化钠结晶一小粒,加蒸馏水10 mL)0.2 mL,40%氢氧化钠溶液0.5 mL,充分混合,再加33%醋酸溶液3～5 mL混合。尿液呈暗绿色或蓝色表明有黑色素元存在。

11. *尿液检验试纸(试带)法* 目前市售尿液检验试纸(试带)品种较多,以尿8项(8A)尿液检验试纸较为常用。它是在一块长条比色板上附有8种检测试纸段,把被检尿液涂于各段试纸上,在规定时间内呈现不同颜色,与标准色板比较,能将尿中8项被检物分别测定出来,这8项被检物是pH值、蛋白质、潜血、葡萄糖、尿胆原、酮体、尿胆红素、亚硝酸盐。

四、尿沉渣显微镜检验

(一)尿沉渣标本的制作和镜检

1. *标本制作* 用新鲜尿液制作,以免管型和细胞成分破坏或消失。一般采用离心沉淀法。取新鲜尿液5～10 mL于沉淀管内,1 000 r/min离心沉淀5～10 min;倾去或吸去上清液,留下0.5 mL尿液;摇动沉淀管,使沉淀物均匀地混悬于少量剩余尿中;用吸管吸取沉淀物置载玻片上,加1滴5%卢戈氏碘液(碘片5 g,碘化钾15 g,蒸馏水100 mL),盖上盖玻片即成。在加盖玻片时,先将盖玻片的一边接触尿液,然后慢慢放平,以防产生气泡。

2. *标本的镜检* 镜检时,将集光器降低,缩小光圈,使视野稍暗,以便发现无色而屈光力弱的成分(透明管型等);先用低倍镜全面观察标本情况,找出需详细检查的区域后,再换高倍镜仔细辨认细胞成分和管型等。检查时,如遇尿内有大量盐类结晶遮盖视野而妨碍对其他物质的观察,可微加温或加化学药品,除去这类结晶后再镜检。

3. *结果报告* 细胞成分按各个高倍视野内最少至最多的数值报告,如白细胞4～8/个高倍;管型及其他结晶成分:按偶见、少量、中等量及多量报告,偶见是整个标本中仅见几个,少量是每个视野见到几个,中等量是每个视野数十个,多量是每个视野的大部甚至布满视野。

(二)无机沉渣检查 尿中无机沉渣是指各种盐类结晶和一些非结晶形物,且酸性尿和碱性尿的无机沉渣有所不同(图9-1)。

1. *碱性尿中的无机沉渣*

(1)碳酸钙。草食动物尿,尤其是马尿的正常成分,其结晶多为球形,有放射条纹,大的球形结晶为黄色,有时可见磨石状、哑铃状和十字形无色小晶体,或无色、灰白色无定型颗粒,加醋酸生成CO_2气泡而溶解。草食动物尿中缺乏碳酸钙时,尿液变为酸性,如无明显饲养因素的影响,则为病态;若动物尿中重新出现碳酸钙,表示疾病好转。

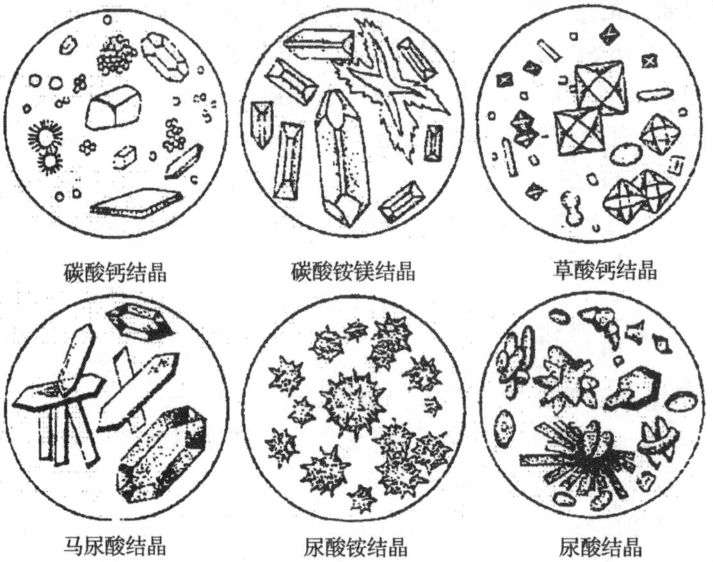

图 9-1　尿中无机沉渣

(2)磷酸铵镁。结晶为无色、两端带有斜面的三角棱柱,或为六面或多角棱柱体,偶尔呈雪花状或羽毛状,易溶于醋酸中,但不产生气泡,不溶于碱性液和热水中。新鲜尿中出现磷酸铵镁是尿液在膀胱或肾盂中受细菌的作用,尿素被分解发酵产生氨,氨与磷酸镁结合生成的,见于膀胱炎和肾盂炎。但注意,尿样放置时间过久,可因发酵而产生磷酸铵镁。

(3)磷酸钙。常见于弱碱性尿中,也见于中性或弱酸性尿中。多为单个无色三菱形结晶,呈星状或针束状,排列成禾束。也可形成无色不规则、大而薄的片状物,此时尿液面形成一层薄膜。磷酸钙溶于醋酸及盐酸(不产气),而不溶于碱液。将尿液加热时,磷酸钙沉淀增多。磷酸钙结晶多量出现时,对诊断尿潴留、慢性膀胱炎等有一定意义。

(4)马尿酸。马尿的正常成分,结晶呈棱柱状或针状,不溶于盐酸及醋酸,溶于氨水及酒精。动物服用苯甲酸及水杨酸制剂后,尿中马尿酸结晶增多。

(5)尿酸铵。黄褐色球状结晶,表面布满刺状突起。在盐酸及醋酸中分解,形成菱形锭状结晶,在氢氧化钾中能溶解产生氨。加热溶解,冷却后又析出结晶。新鲜尿中出现尿酸铵结晶,表明有化脓性感染,如膀胱炎、肾盂炎。

2. 酸性尿中的无机沉渣

(1)草酸钙。常见于酸性尿中,有时也见于中性或碱性尿中。结晶为无色而屈光力强的四角八面体，有两条对角线呈西式信封状，晶体大小相差甚大。少见的形态为无色哑铃状、球状和各种不同的八面体。溶于盐酸，不溶于醋酸。见于各种动物的尿中，犬尿中尤为多见。

马在慢性肾炎和某些代谢病时可大量出现，新鲜马尿中出现多量草酸钙结晶还应考虑结石。

(2)尿酸结晶。因有尿色素附着而呈黄褐色，有锭状、块状、针状及磨石状等。加热也不溶于水及酸，但能溶于碱液中。多见于肉食动物尿中，草食动物尿中含量极少。当肾脏机能不全，不能生成氨以中和尿中酸性物质时，可形成尿酸结晶。草食动物见于发热、传染病及寄生虫病时。

(3)硫酸钙。尿中少见，仅见于强酸性尿中，为无色细长棱柱状或针状结晶，聚积成束，常排列成放射状，有时为块状，与磷酸钙结晶相似。在酸及氨水中均不溶解。一般无临床意义。据报道，草食动物在胃肠炎及内服硫酸钠后，尿中出现硫酸钙结晶。

3. 尿中少见的特殊结晶(图 9-2)

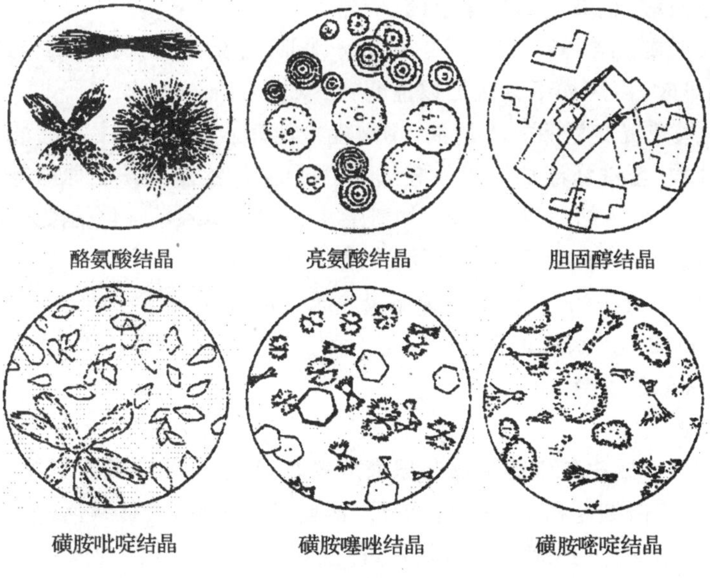

图 9-2　尿中酪氨酸、亮氨酸、胆固醇及磺胺结晶

(1)酪氨酸。黑黄色纤细状结晶，呈中央细而两端宽广的束状或簇状。常与亮氨酸同时出现。溶于氨水、盐酸及碱液中，不溶于酒精、醚和醋酸。在重剧神经系统疾病、肝脏病及慢性前胃弛缓引起中毒时，尿中出现酪氨酸结晶。

(2)亮氨酸。淡黄色球形结晶，具有同心性放射条纹，像木材的横锯面，折光力很强。易溶于酸及碱，不溶于酒精和醚。在急性肝脏病、磷及二硫化碳中毒、严重代谢障碍等时，尿中可出现亮氨酸结晶。

(3)胱氨酸。极为少见，为无色、折光性很强、边缘清晰的六角形板状结晶，单独或多数相聚存在。蛋白质代谢障碍时，尿内有过量胱氨酸出现，呈结晶状沉淀，是结石形成的诱因。风湿症及肝脏病有时也可见到胱氨酸结晶。

(4)胆固醇。尿中少见，长方形、四方形缺一角的透明薄板状结晶。溶于醚、氯仿及热酒精。遇碘及硫酸可变为蓝、绿或红色。见于肾脂肪营养不良、肾淀粉样变性及肾棘球蚴等病。

4. 尿中磺胺结晶　服用磺胺类药物后，易在尿中形成结晶，尿中大量出现磺胺结晶时，有可能在肾盂、输尿管形成沉淀，发生损伤，是磺胺中毒的预兆。

(1)氨苯磺胺。游离的氨苯磺胺结晶为透明的长柱形。乙酰氨苯磺胺结晶为透明成束的粗叶状。乙酰基磺胺噻唑有两种状态：一种像中间紧捆的麦秆束或圆球状，另一种为六角形的结晶片。乙酰基磺胺嘧啶呈琥珀色，像一束麦秆状，其束偏于一端，结构不对称；也有呈暗色球形的。

(2)磺胺吡啶。结晶形态不一致，可为矛头形、船形或花瓣形等。当疑为磺胺结晶而辨认困难时，可用如下方法加以证明：

方法1：尿液沉淀后除去上清液，用酸性冷蒸馏水(蒸馏水中加醋酸少许)洗涤结晶2次或3次，至洗涤液加尿胆原醛试剂(见肝功能检验的尿胆原检查)后不再显色为止。将洗涤后的结晶置试管中，加蒸馏水1 mL、10%氢氧化钠液2～3滴，再加尿胆原醛试剂3～4滴，如呈黄色，证明为磺胺类结晶。

方法2：取普通白纸一小片，将一端浸入尿中使之湿润，滴加20%(V/V)盐酸液1滴，呈橙黄色为磺胺类结晶。

(三)有机沉渣检查

1. 血细胞

(1)红细胞。尿中红细胞形态与尿液放置时间、浓度和酸碱度有关。新鲜尿中的红细胞形态比白细胞稍小，正面呈圆形，侧面呈双凹形，淡黄绿色；浓缩尿及酸性尿中的红细胞常皱缩，边缘呈锯齿状；碱性尿和稀薄尿中的红细胞呈膨胀状态；放置过久的尿中的红细胞往往被破坏，只显阴影。健康动物尿中一般无红细胞，当肾小球通透性增大时，血液中的蛋白质、红细胞可进入尿中，尿蛋白试验阳性并有红细胞。尿中出现红细胞不仅要考虑上述原因，还应考虑肾脏、输尿管、膀胱或尿道的出血。

(2)白细胞和脓细胞。尿中的白细胞主要指形态和机能改变不大的分叶核中性白细胞，比红细胞大；在新鲜尿中容易识别；在酸性尿中较完整，加10%醋酸酸化细胞核更清晰；在碱性尿中常膨胀而不清晰。白细胞变为富有颗粒或结构模糊并常聚集成堆的，称脓细胞。注意区别脓细胞与上皮细胞，尤其是肾上皮细胞，前者加醋酸后可见到1至多个小圆核，而上皮细胞仅有一个较大的圆形核。正常动物尿中仅有个别白细胞而没有脓细胞，肾脏和尿路炎症（肾炎、膀胱炎），或脓肿破溃流向尿路时，尿中可见多量白细胞或脓细胞。

2. 上皮细胞

（1）肾上皮细胞。多数呈圆形或多角形，轮廓明显，散在或数个集聚在一起，比白细胞约大1/3，有一个较大的圆形核，细胞质内有小颗粒。肾上皮细胞发生脂肪变性时，可在细胞质中见到屈光的脂肪颗粒。肾小管病变时，肾上皮细胞可大量出现。

（2）尾状上皮细胞。呈梨形或梭形，比脓细胞大2～4倍，有一个圆形或椭圆形的核。该细胞来自肾盂、尿路和膀胱黏膜的深层。尿中出现时，表明尿路黏膜有炎症。

（3）扁平上皮细胞。细胞大而扁平，核小而圆，细胞边缘稍卷起，有时几个集聚在一起，易与其他上皮细胞区别。该细胞来自膀胱或尿道黏膜的表层，大量出现表明膀胱、尿道黏膜表层有炎症。但这种细胞也来自阴道黏膜的浅层，所以母畜尿中大量出现这种细胞时，要加以具体分析（图9-3）。

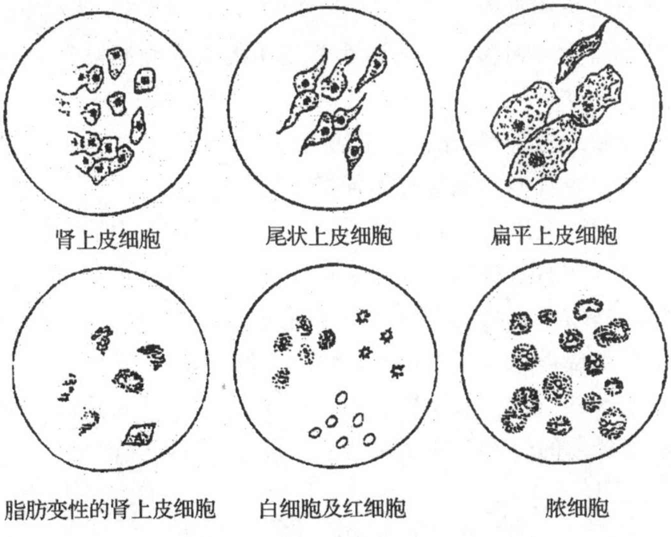

图9-3 尿中有机沉渣

3. 管型(尿圆柱) 肾脏发生病变时,肾小球滤出的蛋白质在肾小管内变性凝固,或变性蛋白质与其他细胞成分黏合而形成管型(图 9-4)。

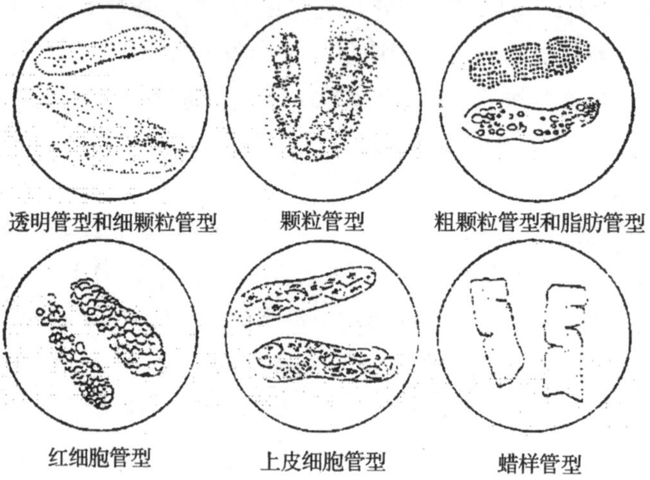

图 9-4 尿中有机沉渣

(1)透明管型(玻璃样管型)。构造均匀,无色半透明。见于轻度肾脏疾病或肾炎的晚期,也见于发热和肾淤血等。

(2)上皮细胞管型。由蛋白质与肾小管脱落的上皮细胞黏集而成。见于急性肾炎。

(3)白细胞或脓细胞管型。此种管型内充满白细胞或脓细胞并常混有上皮细胞或红细胞,即所谓混合管型。见于肾盂肾炎、急性肾炎。

(4)红细胞管型。在透明或颗粒管型内有多量红细胞。见于肾脏出血性疾病。

(5)颗粒管型。在透明管型内有许多粗大或细小颗粒,可能是肾小管脱落的上皮细胞破坏变成的颗粒,也可能是蛋白质凝固的颗粒。颗粒管型较透明管粗而短,因混有色素,呈黄色或褐色。见于肾小管较严重的损伤。

(6)蜡样管型。一般较粗,末端往往折断呈方形,边缘常有缺口,屈光度强,颜色较灰暗,肾小管有严重的变性和坏死时出现。常见于重剧慢性肾炎。

第四节 粪便化验

粪便检验用于诊断寄生虫病和了解消化器官的功能、有无炎症、出血或其他病理改变,作为临床诊断的参考。必须采集新鲜而未被尿液污染的粪便(最好于排粪后立即采取没有接触地面的部分),盛洁净容器内,必要时可由直肠直接采取。采集粪便应从粪便的内外各层采取,最好立即送检,或置阴凉处或冰箱内待检,但不宜加防腐剂。

一、粪便物理学检验

(一)颜色　粪便颜色因饲料种类、内服药物及病理情况而不同,鉴别要点如表9-4所示。

表9-4　粪便鉴别

颜色	饲料或药物	病理情况
黄褐色	谷草、大黄	含有未经改变的胆红素
黄绿色	青草、甘汞	含有胆绿素或产色细菌
灰白色	白陶土	阻塞性黄疸、犊白痢、仔猪白痢
红色	高粱壳、红色甜菜、酚酞	后部肠管或肛门部出血
黑色	木炭末、铋或铁剂	前部肠管出血

(二)气味　健康马、牛、羊的粪便无难闻的臭味,猪粪较臭。当消化不良及胃肠炎时,由于肠内容物的腐败发酵,粪便有酸臭或腐败臭,出血多时有腥臭味。

(三)异常混合物

1. 黏液　正常粪便表面有极薄的黏液层。黏液量增多表示肠管有炎症或排粪迟滞,肠炎或肠阻塞时黏液往往覆盖整个粪球,并可形成较厚的胶冻样黏液层,类似剥脱的肠黏膜。

2. 伪膜　随粪便排出的伪膜是由纤维蛋白、上皮细胞和白细胞所组成,常为圆柱状。见于纤维素性或伪膜性肠炎。

3. 脓汁　直肠内脓肿破溃时,粪便中混有脓汁。

4. 粗纤维及谷粒　消化不良及牙齿疾病等时,粪便内含有多量粗纤维及未消化谷粒。

5. 血液　胃肠出血、炭疽、出血性肠炎、出血性败血症、猪瘟、犬瘟热及犬细小病毒肠炎、马血斑病及氟化物中毒等,粪便中含有血液。但肉食动物食鲜肉或舔创伤后,粪便中因混有血红蛋白而呈红褐色,不能视为异常混合物。

6. 粪便中常见寄生虫　有蛔虫、绦虫体节、马蝇蛆、犬和猫的肝片吸虫等。

二、粪便化学检验

(一)酸碱度测定 草食动物的粪为碱性，有的为中性或酸性；肉食及杂食动物喂一般混合性饲料时，粪为弱碱性，有的为中性或酸性；但当肠内蛋白质腐败分解旺盛时，由于形成游离氨而使粪呈强碱性反应，肠内发酵过程旺盛时，由于形成多量有机酸，粪呈强酸性反应。

1. *试纸法* 取粪2～3 g于试管内，加中性蒸馏水8～10 mL混匀，用广范围试纸测定其pH值。

2. *试管法* 取粪2～3 g于试管内，加中性蒸馏水4～5倍，混匀。置37℃温箱中6～8 h，如上层液透明清亮，为酸性(粪中磷酸盐和碳酸盐在酸性液中溶解)；如液体混浊，颜色变暗，为碱性(粪中磷酸盐和碳酸盐类在碱性液中不溶解)。

(二)潜血试验

原理：同尿的血红蛋白检查。

操作：取粪便2～3 g于试管中，加蒸馏水3～4 mL，搅拌，煮沸后冷却(破坏粪便中的酶类)；取洁净小试管1支，加1%联苯胺冰醋酸液和3%过氧化氢液的等量混合液2～3 mL，用1～2滴冷却的粪悬液，滴加于上述混合试剂上。如粪中含有血液，立即出现绿色或蓝色，不久变为乌红紫色。也可取联苯胺粉末少量，加入冰醋酸及3%过氧化氢液适量，滴加于处理过的粪便混悬液中进行试验。

结果判定：(＋＋＋＋)立即出现深蓝或深绿色；(＋＋＋)0.5 min内出现深蓝或深绿色；(＋＋) 0.5～1 min出现深蓝或深绿色；(＋)1～2 min出现浅蓝或浅绿色；5 min后不出现蓝色或绿色。

【注】 氧化酶或触酶并非血液所特有，动物组织或植物中也有少量，部分微生物也产生相同的酶，所以粪便必须事先煮沸，以破坏这些酶类；被检动物在试验前3～4 d，禁食肉类及含叶绿素的蔬菜、青草等；肉食动物如未禁食肉，则必须用粪便的醚提取液做试验(取粪便约1 g，加冰醋酸搅成乳状，加乙醚，混合静置，取乙醚层)。

临床意义：阳性见于出血性胃肠炎，马肠系膜动脉栓塞及牛创伤性网胃炎，犬钩虫病等。

(三)蛋白质检查

原理：利用不同的蛋白质沉淀剂，测定粪中黏蛋白、血清蛋白或核蛋白，以判断肠道内炎性渗出的程度。

操作：取粪3 g于研钵中，加蒸馏水100 mL，适当研磨，使成3%粪乳状液；取中试管4支,编号放在试管架上,按表9-5操作及判定结果。

表9-5　蛋白质检查　mL

项目	试管号			
	1	2	3	4
3%粪乳状液	15	15	15	15
试剂	20%醋酸液 2	20%三氯醋酸液 2	7%氯化高汞液 2	蒸馏水 2
混合后静置24 h,观察上清液透明度,与对照管比较。				
结果判定	透明———…有黏蛋白 混浊———…无渗出的血清蛋白	透明———…有渗出的血清蛋白或核蛋白	透明———…有渗出的血清蛋白或核蛋白 红棕色——有粪胆素 绿色——有胆红素	对照管

临床意义:正常动物粪中蛋白质含量极少,对一般蛋白沉淀剂不呈现明显反应;当胃肠有炎症时,粪中有血清蛋白和核蛋白渗出,上述蛋白试验可呈现阳性反应。健康动物粪便中没有胆红素,仅有少量的粪胆素;在小肠炎症及溶血性黄疸时,粪中可能出现胆红素,粪胆素也增多;阻塞性黄疸时,粪中可能没有粪胆素。

(四)有机酸测定

原理:粪中的有机酸以及其他酸或酸性盐类能使粪便呈酸性反应,但用过量氢氧化钙中和时,有机酸与钙形成溶于水的有机酸钙,而其他酸或酸性盐与钙形成不溶于水的钙盐;加入三氯化铁水溶液使之形成絮状物而沉淀,过滤分离,除掉有机酸 以外的酸或酸性盐;加酚酞指示剂,用0.1 mol/L 盐酸液滴定,中和过剩的氢氧化 钙;再以二甲氨基偶氮苯为指示剂,仍用0.1 mol/L 盐酸液滴定,当盐酸把有机酸钙中的有机酸置换完毕后,多余的盐酸使指示剂变色,即为滴定终点。根据消耗0.1 mol/L 盐酸的量,间接推算有机酸的量。

操作:取粪10 g,加中性蒸馏水100 mL 混匀;加入30%三氯化铁液1 mL,1%酚酞酒精液40～50滴,再加氢氧化钙粉末2 g,此时粪混悬液呈红色;放置5 min 后过滤,取滤液25 mL,用0.1 mol/L 盐酸液滴定至淡玫瑰色(pH=8.7);滴加 0.5%二甲氨基偶氮苯酒精液10滴,此时被检液呈黄色;以0.1 mol/L 盐酸液滴定至黄色消退,变成橘红色为止;记录0.1 mol/L 盐酸液的消耗量。

计算:滴定25 mL 滤液消耗盐酸液的毫升数×4=100 mL 滤液中有机酸的滴定单位。

正常值:健康马每10 g 粪中有机酸为5～14滴定单位。

临床意义：粪中有机酸含量可作为小肠内发酵程度的指标，含量增高，表明肠内发酵过程旺盛。马消化不良时，粪中有机酸含量可达12～14滴定单位或以上。

（五）氨测定

原理：氨为弱碱，用强酸直接中和时，无适当的指示剂，不能直接滴定。当加入甲醛后，放出盐酸，再用标准氢氧化钠液滴定，可间接推算出氨的含量。

操作：取新鲜粪10 g，加蒸馏水100 mL，混合后过滤；取滤液25 mL，加中性甲醛液5 mL（甲醛液50 mL，加蒸馏水50 mL，加1%酚酞酒精液2滴，用0.1 mol/L 氢氧化钠滴定至微红色），加1%酚酞酒精液10滴；用0.1 mol/L 氢氧化钠液滴定至淡玫瑰红色；记录0.1 mol/L 氢氧化钠液的消耗量。

计算：滴定25 mL 滤液消耗氢氧化钠液的毫升数×4＝100 mL 滤液中氨的滴定单位。

正常值：健康马每10 g 粪中含氨0.5～2滴定单位。

临床意义：粪中氨的含量可作为肠内腐败分解强度的指标，氨含量增高，表明肠内蛋白质腐败分解旺盛，形成大量游离氨。胃肠炎时，粪中氨含量显著增多，可达2～3滴定单位或以上。

三、粪便显微镜检查

（一）标本的制备 取不同粪层的粪便，混合后取少许置于洁净载玻片上或竹签直接挑粪便中可疑部分置于载玻片上，加少量生理盐水或蒸馏水，涂成均匀薄层，以能透过书报字迹为宜。必要时可滴加醋酸液或选用0.01%伊红氯化钠染液、稀碘液或苏丹Ⅲ染色。涂片制好后，加盖片，先用低倍镜观察全片，后用高倍镜鉴定。

（二）饲料残渣检查

1. *植物细胞* 粪中常多量出现，形态多种多样，呈螺旋形、网状、花边形、多角形或其他形态。特点是在吹动标本时，易转动变形。植物细胞无临床意义，但可了解胃肠消化力的强弱。

2. *淀粉颗粒* 一般为大小不匀、一端较尖的圆形颗粒，也有圆形或多角形的，有同心层构造。用稀碘液染色后，未消化的淀粉颗粒呈蓝色，部分消化的呈棕红色。粪中发现大量淀粉颗粒，表明消化机能障碍。

3. *脂肪球和脂肪酸结晶* 脂肪滴为大小不等、正圆形的小球，有明显折光性，特点为浮在液面、来回游动。脂肪酸结晶多呈针状，苏丹Ⅲ染色呈红色。粪中见到大量脂肪球和脂肪酸结晶为摄入的脂肪不能完全分解和吸收（如肠炎）或胆汁及胰液分泌不足。

4. 肌肉纤维　常呈带状，也有呈圆形、椭圆形或不正形的，有纵纹或横纹，断端常呈直角形，加醋酸后更为清晰，有的可看见核，多为黄色或黄褐色。在肉食动物粪中为正常成分。肌肉纤维过多时，可考虑胰液或肠液分泌障碍及肠蠕动增强。

（三）体细胞检查（图 9-5）

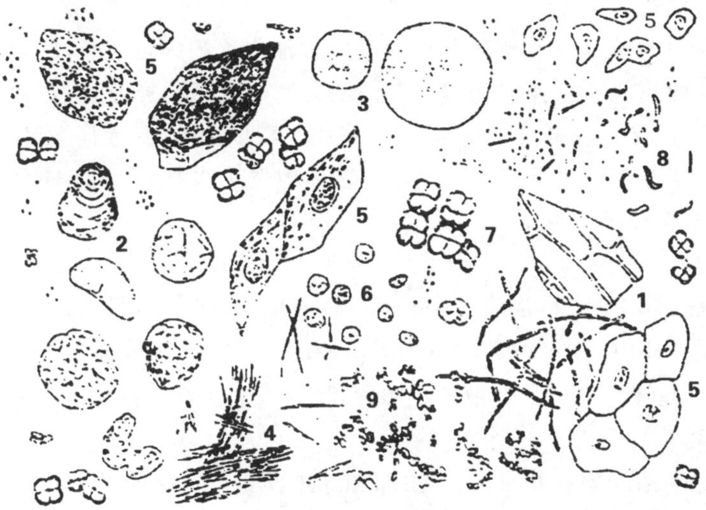

图 9-5　粪便的显微镜检验所见

1. 细胞　2. 淀粉颗粒　3. 脂肪球　4. 针状脂肪酸结晶　5. 上皮细胞
6. 白细胞　7. 球菌　8. 杆菌　9. 真菌

1. 白细胞及脓细胞　白细胞的形态整齐，数量不多，且分散不成堆。脓细胞形态不整，构造不清晰，数量多而成堆。粪中发现多量的白细胞及脓细胞，表明肠管有炎症或溃疡。

2. 吞噬细胞　比中性粒细胞大 3～4 倍，呈卵圆形、不规则叶状或伸出伪足呈变形虫样；胞核大，常偏于一侧，圆形，偶有肾形或不规则形的；胞浆内可有空泡、颗粒，偶见有被吞噬的细菌、白细胞的残余物；胞膜厚而明显。常与大量脓细胞同时出现，诊断意义与脓细胞相同。

3. 红细胞　粪中发现大量形态正常的红细胞，可能为后部肠管出血；有少量散在、形态正常的红细胞，同时又有大量白细胞时，为肠管的炎症；若红细胞较白细胞多，且常堆集，部分有崩坏现象的，是肠管出血性疾患。

4. 上皮细胞　可见扁平上皮细胞和柱状上皮细胞。前者来自肛门附近，形态无显著变化；后者由各部肠壁而来，因部位和肠蠕动的强弱不同而形态有所改变。

上皮细胞和粪便混合时一般不易发现，多量出现且伴有多量黏液或脓细胞时均为病理状态，见于胃肠炎等。

四、粪便中寄生虫卵检查

（一）虫卵检查法

1. 直接涂片检查法　在载玻片上滴一些甘油与水的等量混合液，再用牙签或火柴棍挑取少量粪便加入其中，混匀，夹去较大的或过多的粪渣，使玻片上留有一层均匀的粪液，以能透视书报字迹为宜。在粪膜上覆以盖玻片，置显微镜下检查。检查时应顺序地查遍盖玻片下的所有部分。若体内寄生虫数量不多，粪便中虫卵就少，有时难以查出虫卵。

2. 集卵法

(1)沉淀法。取粪便5 g，加清水100 mL以上，搅匀，40～60 目筛过滤，滤液收集于三角烧瓶或烧杯中，静置沉淀 20～40 min，倾去上层液，保留沉渣，再加水混匀，再沉淀，如此反复操作直到上层液体透明后，吸取沉渣检查。特别适用于检查吸虫卵和棘头虫卵。

(2)漂浮法。适于检查线虫卵、绦虫卵和球虫卵囊。取粪便10 g，加饱和食盐水100 mL，混合，通过 60 目铜筛，滤入烧杯中，静置 0.5 h，则虫卵上浮；用直径 5～10 mm的铁丝圈，与液面平行接触以蘸取表面液膜，抖落于载玻片上检查。或者取粪便1 g，加饱和食盐水 10 mL，混匀，筛滤，滤液注入试管中，补加饱和盐水溶液使试管充满，上覆以盖玻片，并使液体与盖玻片接触，其间不留气泡，直立 0.5 h 后，取下盖玻片，覆于载玻片上检查。在检查比重较大的猪后圆线虫卵时，则可先将猪粪按沉淀法操作，取得沉渣后，在沉渣中加入饱和硫酸镁溶液进行漂浮，收集虫卵(图 9-6)。

以上沉淀或漂浮法，均使液体静置，待其自然下沉或上浮。但有些方法则将以上粪液置于离心管中离心，借助离心力加强和加速其沉或浮的过程。

（二）虫卵计数法　虫卵计数法是测定每克动物粪便中的虫卵数，以此推断动物体内某种寄生虫的寄生数量，有时还用于使用驱虫药前后虫卵数量的对比，以检查驱虫效果。虫卵计数受很多因素影响，只能对寄生虫的寄生量做大致判断。影响因素首先是虫卵总量不准确，此外寄生虫的年龄、宿主的免疫状态、粪便的浓稠度、雌虫的数量、驱虫药的服用等很多因素，均影响虫卵数量和体内虫体数量的比例关系。虽然如此，虫卵计数仍常被用为某种寄生虫感染强度的指标。虫卵计数结果，常以每克粪便中卵数表示(简称e.p.g)。

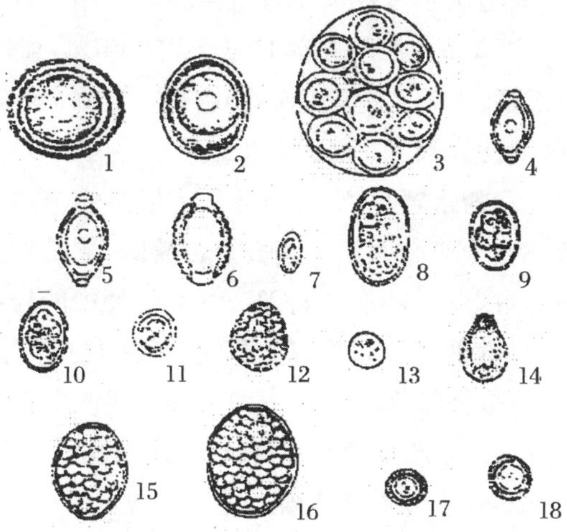

图9-6　犬体内的寄生虫卵

1. 犬蛔虫卵　2. 狮蛔虫卵　3. 犬复孔绦虫卵　4. 毛细线虫卵　5. 毛首线虫卵　6. 肾膨结线虫卵　7. 血色食道虫卵　8. 犬钩口线虫卵　9. 巴西钩口线虫卵　10. 美洲板口线虫卵　11. 犬胃线虫卵　12. 裂头绦虫卵　13. 中线绦虫卵　14. 华枝睾吸虫卵　15. 并殖吸虫卵　16. 抱茎棘隙吸虫卵　17. 细粒棘球绦虫卵　18. 泡状带绦虫卵

1. **斯陶尔氏法**　在一小玻璃容器(如三角烧瓶或大试管)的56 mL 和60 mL 容量处各做一个标记;先取0.4%的氢氧化钠溶液注入容器内到56 mL 处,而后再加入被检粪便溶液升到60 mL 处,加入一些玻璃珠,振荡使粪便完全破碎混匀;用1 mL 吸管取粪液0.15 mL,滴于2~3 张载玻片上,覆以盖玻片,在显微镜下循序检查,统计虫卵总数(注意不可遗漏和重复)。因0.15 mL 粪液中实际含有粪量是0.15×4/60=0.01 g。因此,所得虫卵总数乘100 即为每克粪便中的虫卵数。适用于大部分蠕虫卵的计数。

2. **麦克马斯特氏法**　本法是将虫卵浮集于一个计数室中记数。计数室是由二片载玻片制成。为了使用方便,制作时常将其一片切去一条,使之较另一片窄一些。在较窄的玻片上刻以1 cm 见方的划度2 个,尔后选取厚度1.5 mm 的玻片切成小条垫于两玻片间,以环氧树脂黏合。取粪便2 g 于乳钵中,加水10 mL 搅匀,再加饱和盐水50 mL。混匀后,吸取粪液注入计数室,置显微镜台上静置1~2 min 后,在镜下计数1 cm^2 刻度中的虫卵总数,求2 个刻度室中虫卵数的平均数,乘以200 即为每克粪便中的虫卵数。只适用于可被饱和盐水浮起的各种虫卵。

3. 片形吸虫卵的计数法　移取羊粪10 g 于300 mL 容量瓶中，加入少量1.6%氢氧化钠溶液，静置过夜。次日，将粪块搅碎，再加入1.6%氢氧化钠溶液到300 mL 刻度处，摇匀，立即吸取此粪液7.5 mL 注入到离心管内，1 000 r/min，离心2 min，倾去上层液体，换加饱和盐水再次离心，再倾去上层液体，再换加饱和盐水，如此反复操作，直到上层液体完全清澈为止。倾去上层液体，将沉渣全部分滴于数张载玻片上，检查统计虫卵总数，以总数乘以4，即为每克粪便中的片形吸虫卵数。

牛粪中片吸虫卵计数的操作步骤基本同上，但用粪量为3 g，加入离心管中的粪液量为5 mL，最后计得虫卵总数乘以2，即为每克粪便中虫卵总数。

4. 临床意义　马线虫卵数达到每克粪便中500 枚为轻度感染，800～1 000 枚为中度感染，1 500～2 000 枚为重度感染。羔羊还应考虑感染线虫的种类，每克粪便中含2 000～6 000 枚虫卵认为是重度感染；每克粪便中含虫卵1 000 枚以上，即认为应给以驱虫。牛每克粪便中含虫卵300～600 枚时，即应给以驱虫。牛每克粪便中的片形虫卵数达100～200 枚、羊达300～600 枚时即应考虑其致病性。

第五节　皮肤化验

皮肤的常规化验项目包括：皮肤表面刮取物的检查，被毛检查，过敏原实验，皮肤微生物检查等。

取皮肤表面的刮取物一般是检查细菌、真菌以及外寄生虫的虫卵等，如果要检查皮肤脓疹的微生物，需要从脓疹中抽取脓汁染色，然后做显微镜检查。真菌的检查需要结合镜检和真菌的分离培养结果，外寄生虫及虫卵的检查在显微镜下进行。

皮肤过敏原的检查与结核病检查相同，做皮内反应试验，国外有专门的试剂。

如果怀疑蠕行螨感染，在刮皮肤取样时，应当将皮肤挤皱(因为蠕行螨在毛囊中)，然后刮皮取样更准确。

活组织检查(冰冻切片)是先进的动物医院皮肤样本检查的有效手段之一。

(一)临床真菌诊断与鉴定

1. 实验室诊断　用于真菌感染诊断的实验室方法包括组织中生物体的检查，培养分离致病菌和应用免疫技术或病理学识别宿主特异反应。

2. 标本的采集　在浅部真菌病中，通过角蛋白的直接镜检获得真菌感染的证据。用一把结实的钝头手术刀刮擦皮损部位，从皮损处取材，使癣屑收集到玻片上以便立即检查。如果标本要邮寄，可以放入折叠的纸包中。临床经验决定了最合适的取材部位，但是对于一个蔓延的皮损，可以选择活动的外周，因为这里最可能包含存活的真菌成分。如果是水疱，疱顶常含有丰富的菌丝。对于毛囊炎，当菌丝在别处少见时，在四肢或面部毛发的根部可以查见菌丝。

有些部位的被毛可以用一把扁平的镊子拔除，受感染的毛发容易从毛囊中拔出，但是使用一把钝手术刀片刮取被毛更好，因为受感染毛发的残余部位是被包埋的。在炎性疼痛的皮损处（脓癣）取样比较困难，采集标本的惟一方法是用一根湿润的拭子擦拭感染区，用这种方法可获得阳性培养，但是阴性结果并不排除感染。

如果样品保持干燥，则包裹在纸包中的皮肤、毛发和爪甲的样品在几个月内仍适合用于分析。

用湿润的脱脂棉拭子取自黏膜的样品应当立即进行分析或放入转移培养基中。深部感染痰、渗出物、体液、活检等用无菌容器收集，操作时应当尽可能的快。

（二）组织中真菌的观察 将角蛋白样品置于10%～30%的KOH溶液中，在不染色的情况下直接进行检查，使样品物质充分软化以便形成一薄层细胞是至关重要的；为了加速角蛋白尤其是甲的软化，必须稍微加热，通过控制样品的光量和改变扫视玻片的焦距，可以观察到真菌的成分。皮肤癣菌的菌丝是分隔的，其宽度很规则，菌丝可以分裂为关节孢子。如果毛发受到感染，孢子的大小、排列以及在伍德氏灯光下发荧光的能力将有助于对皮肤癣菌菌种做出鉴定。

根据直接镜检时的形态，常可怀疑有其他真菌存在并且可以与皮肤癣菌区分开来，这些真菌有各自的特征。使用派克染色（等体积30%的KOH和派克永久蓝/黑墨水）特别有助于发现花斑癣鳞屑中的真菌，因为马拉色氏菌立即呈蓝色。这种方法对发现甲中的一些皮肤癣菌致病菌也是有用的，相比之下，皮肤癣菌在染色的几个小时后能显示颜色。

在检验前，痰应当先用NaOH或N-乙酰半胱氨酸和二硫苏糖醇消化。

对于湿的致病性标本，特别是体液，采用钙荧光白（Calcofluor white）可以提高许多真菌的检出率，但是这项技术需要在显微镜上配置荧光装备。

黏膜涂片也可不染色进行检查，或者通过加热固定在玻片上，用革兰氏染色或者过碘酸－席夫（PAS）染色法染色。对于脓液、渗出物和体液可以通过离心器并在沉淀物中检查是否存在酵母或菌丝。根据怀疑的疾病，可以用不染色法，或者革兰氏、PAS、果莫里乌洛托品-银（GMS）、吉姆萨或黏蛋白卡红染色法。对于隐球菌病，当检查脑脊液时还应当包括背景景色染色，如用苯胺黑或印度墨汁涂片。从活检标本切下的部分应当采用上述合适的方法染色。

（三）培养方法 以沙堡氏配方为基础的一种简单的葡萄糖-蛋白胨琼脂培养

基适合于大多数致病真菌的培养，许多真菌学家也喜欢采用4%麦芽浸膏的琼脂培养基。葡萄糖-蛋白琼脂培养基比较常用。

沙堡氏葡萄糖琼脂培养基可以从专业的商业公司购买。由于真菌菌株的形态可以根据培养基的具体来源而改变，因此为了减少培养条件的变化，建议每次都从同一家供应商购置培养基。佩特里培养皿很适合于真菌的培养，并且使用来鉴定的菌落形态学的特征能够得到充分的发育。

当处理来自呼吸道感染的物质和培养物时，如组织胞浆菌病，使用大螺旋帽的瓶子和适合的内容物极其重要，因为这些病菌需要采用富含营养的培养基，如脑心浸液(BHI)琼脂进行培养，同时为了证明真菌的双相型性质，应当将真菌置于26℃和37℃的两种温度下进行培养。

将毛发、皮屑或小段的爪甲放于琼脂上，并压入表面内以便与培养基有良好的接触。活检物质应研磨或者切成小片。对于血液培养，推荐使用双相介质的开孔培养瓶。

皮肤癣菌复原的最宜温度为26～30℃，但是念珠菌、曲霉、结合菌等也可以在37℃温度下孵育。孵育时间随菌种而改变，皮肤癣菌需要7～14 d生长期，而其他真菌长得更快些，如曲霉或柱顶孢霉以及酵母，在1周内即可做出鉴定。相比之下，取自皮下组织和系统感染性的标本培养，根据所怀疑的疾病应当孵育4～12周。这种长时间的孵育要防治培养基的脱水，因此在标准的直径为9 cm的佩特里培养皿中用25～30 mL培养基倒入碟中铺成一层较厚的培养基，并采取措施保持恒温器中的湿度，这时可以附加一个储水器或者将培养皿密闭在盒子内。

(四)真菌的鉴定 真菌是按照其形态学特征进行鉴定，而很少根据其生理学特征进行鉴定。肉眼可见的一些特征，如菌落的质地、表面颜色和培养皿背面上可见色素的产生可以作为鉴定的依据。

在显微镜下检查真菌时，可挑出一部分培养物放在载玻片上，再滴上一滴乳酸酚棉蓝染液。有些真菌可用苏格兰胶带条检验，将一条胶带压贴在菌落表面，然后置于玻片上的一滴染液上直接观察，这样揭示孢子如其在原位时一样的排列。玻片培养基将给出这种特征的永久性标本，制备标本时，在置于玻片上的琼脂块的每一面上进行接种，并加一块玻片盖片。在一个湿盒中孵育后，菌种生长充分时，弃去琼脂块，将在在玻片和盖玻片上生长的环制成染色的标本。

(五)血清血检查 血清学测试对浅部真菌病的诊断没有价值。检测抗体应答或循环抗原的各种方法可以用来帮助诊断和检测深部真菌感染的发展。

(六)新真菌的诊断技术 新技术与方法包括一些分子生物学技术及微生物学技术，如聚合酶链反应(PCR)法诊断念珠菌、曲霉感染及卡氏肺囊虫肺炎；用免疫诊断性抗原测定法结合放射学结果进行曲霉的早期诊断来代替真菌培养法可能对诊断具有更大的帮助。

日本Jichi医学院的Obayashi医生设计用G-TEST法进行有效的真菌诊断的方法。除了接合菌以外，所有的真菌细胞膜上都含有(1→3)-*β*-*D*-葡聚糖，而细菌、病毒等微生物及动物(包括人)的细胞成分和细胞外液都不含(1→3)-*β*-*D*-葡聚糖。因此，在有机体或者其他体液里发现有(1→3)-*β*-*D*-葡聚糖成分，是一个诊断深部真菌感染的有效依据。G-TEST是用从马角蟹里提取的凝固酶因子即葡聚糖G因子与(1→3)-*β*-*D*-葡聚糖进行反应。研究发现从各种致病性真菌抽提出来的多糖或有深部真菌感染的患者的体液都与G因子呈阳性反应。

真菌基因发生突变的原因尚不清楚，可能与真菌外环境的诱导及滥用抗真菌药物有关。这两种机制可单独起作用或者共同起作用，导致真菌在各种不同的水平对各种结构各异、相互没有联系的抗真菌药物产生程度不同的耐药性。

第六节　穿刺液化验

一、胸、腹腔液的物理学检验

(一)漏出液

1. 颜色与透明度　一般为无色或淡黄色，透明，稀薄。

2. 气味与凝固性　无特殊气味，不易凝固，但放置后可有微细的纤维蛋白凝块析出，仅有少量沉淀。

3. 比重　比重在1.015以下，测定方法同尿比重测定。

(二)渗出液

1. 颜色与透明度　颜色与透明度一般为淡黄、淡红或红黄色，混浊或半透明，稠厚。

2. 气味与凝固性　无特殊臭味，易凝固，在体外或尸体内均能凝固。

3. 比重　比重在1.018以上，标本采取后，为避免凝固，应迅速测定。

二、胸、腹腔液的化学检验

(一)浆液黏蛋白试验

原理：浆液黏蛋白是一种酸性糖蛋白，等电点pH 3～5，在稀释的冰醋酸液中可产生白色云雾状沉淀。

操作：在15～25 cm大试管中加蒸馏水50～100 mL，加冰醋酸1～2滴，充分混合后加穿刺液1～2滴。如穿刺液下沉，径路显白色云雾状混浊并直达管底，为阳性反应，是渗出液；无云雾状痕迹或微有混浊，且中途消失的为阴性反应，是漏出液。

（二）蛋白质定量 穿刺液的蛋白质定量方法与尿液的蛋白质定量方法相同。但尿蛋白计仅能测定较少量的蛋白质，故测定穿刺液蛋白质时应做10倍稀释后进行。蛋白质含量在4%以上为渗出液；蛋白质含量在2.5%以下为漏出液。

三、胸、腹腔液的显微镜检验

胸、腹腔液的显微镜检验主要在于发现和辨识其中的有形成分，以鉴别穿刺液的性质。在某些情况下，对确定胸、腹腔积液的病因有重要意义。

操作：取新鲜穿刺液于盛有EDTA-Na_2抗凝剂试管中，抗凝剂的量同血液抗凝方法一样，离心沉淀，上清液分装于另一试管；取1滴沉淀物于载玻片上，覆以盖玻片，在显微镜下观察间皮细胞、白细胞及红细胞等；须做白细胞分类时，则取沉淀物做涂片，染色镜检，其方法同血液学白细胞分类法相同。

结果判定：

漏出液：细胞较少，主要是来自浆膜腔的间皮细胞（常是8～10个排成一片）及淋巴细胞，红细胞和其他细胞甚少；少量红细胞常由于穿刺时损伤所致，多量红细胞则为出血性疾病或脏器破损所致；大量的间皮细胞和淋巴细胞见于心、肾等疾病。

渗出液：细胞较多，中性白细胞增多见于急性感染，尤其是化脓性炎症；在结核性炎症（结核性胸膜炎初期），特别是反复穿刺时，中性白细胞也增多；淋巴细胞增多见于慢性疾病，如牛慢性胸膜炎及结核性胸膜炎等；间皮细胞增多为组织破坏过程严重之症。

四、胸、腹腔液检验的临床意义

（一）辨证病性 穿刺液是漏出液时，为非炎性病变，主要来源于循环障碍；如是渗出液，则为炎性病变所致。穿刺液呈红色或红褐色，是混有血液或血红蛋白，常为出血或损伤性疾病；呈褐色或褐绿色，有腐败臭味，为腐败性疾病；呈乳白色，放置后液面有酪块状物，是混有大量脂肪所致，常为淋巴管破裂之症（表9-6）。

（二）确定诊断 例如，腹腔穿刺液中混有饲料片，是胃破裂；混有尿液，有尿臭味，是膀胱破裂；穿刺液浓厚黏稠，则是子宫破裂。

（三）判定预后 例如，在腹痛病过程中，腹腔穿刺液由淡黄色透明而变为红色时，往往是继发肠变位；如混有饲料片，酸性反应，有特异酸臭味，则是胃或肠破裂，预后不良;在胸膜疾病过程中,穿刺液如由浆液性转变为腐败性时,也多为预后不良之症。

表9-6 漏出液与渗出液的鉴别

项目	区分	
	漏出液	渗出液
性质	非炎症性产物,呈碱性	炎性产物,呈酸性
颜色	无色或淡黄	淡黄,或淡红,或红黄
透明度	透明、稀薄	混浊或半透明,浓稠
气味	无特殊气味	有的有特殊臭味
比重	1.015以下	1.018以上
凝固性	不凝固或含微量纤维蛋白	在体外或尸体内均易凝固
黏液蛋白试验	阴性	阳性
蛋白定量	2.5%以下	4%以上
细胞	含有间皮细胞、淋巴细胞及少量中性粒细胞、红细胞	含多量中性粒细胞、间皮细胞和红细胞

五、脑脊髓液的物理学检验

(一)颜色 最好利用背向自然光线观察。正常脑脊髓液为无色水样。

1. *淡红色或红色* 可能是因穿刺时的损伤或脑脊髓膜出血而流入蛛网膜下腔所致。如红色仅见第一管标本,第二、三管红色逐渐变淡,可能是由于穿刺时受损伤所致;如第一、二、三管标本呈均匀的红色,则可能为脑脊髓或脑脊髓膜出血;脑或脊髓高度充血及日射病时,脑脊髓液可呈淡红色。

2. *黄色* 存在变性血红蛋白等所致,见于重症锥虫病、钩端螺旋体病及静脉注射黄色素之后呈黄色。

(二)透明度 观察时应以蒸馏水作对照。正常脑脊髓液澄清透明,如蒸馏水样;含少量细胞或细菌时,呈毛玻璃样;含多量细胞或细菌时,混浊或呈脓样,是化脓性脑膜炎的征兆。

(三)气味 健康动物的脑脊髓液无臭味,但室温下长久放置时可有腐败臭味。脑脊髓液有剧烈尿臭,为尿毒症的特征;新采取的脑脊髓液发臭腐败,见于化脓性脑脊髓炎。

(四)比重

(1)用特制比重管,于分析天平上先称0.2 mL蒸馏水的质量,再称0.2 mL脑脊髓液的质量,则脑脊髓液的比重=脑脊髓液的质量/蒸馏水的质量。

(2)如脑脊髓液的量有10 mL时,可采用小型尿比重计直接测定其比重。健康马脑脊髓液的比重为1.000～1.007,牛为1.006～1.007。腰椎穿刺所获得的脑脊髓液较颈椎穿刺的比重为大。比重增加见于化脓性脑膜炎及静脉注射高渗氯化钠或葡萄糖液之后。

六、脑脊髓液的化学检验

(一)蛋白质检查

1. 蛋白质定性试验(硫酸铵试验)

原理:脑脊髓液中球蛋白遇饱和硫酸铵液,即失去溶解性而发生混浊。

操作:试管中加脑脊髓液1 mL、饱和硫酸铵液1 mL,充分混合,静置4～5 min后判定结果。

结果判定:(++++)显著混浊,(+++)中等度混浊,(++)明显乳白色,(+)微乳白色,(—)透明。健康马脑脊髓液硫酸铵试验为微乳白色(+)。

2. 蛋白质定量试验(磺基水杨酸法)

原理:脑脊髓液中的蛋白质和磺基水杨酸作用形成沉淀,与标准蛋白质浓度比浊,求得蛋白质的含量。

试剂:3%磺基水杨酸液(如出现颜色,应重新配制),标准蛋白质储存液(将正常动物血清用微量定氮法准确测定其蛋白质含量),标准蛋白质应用液(取标准蛋白质储存液用0.9%盐水稀释)。

操作:取小试管3支,按表9-7操作。

表9-7

项目	试液		
	测定管	标准管	空白管
被检脑脊髓液	0.5	—	—
标准蛋白质应用液	—	0.5	—
0.9%盐水	—	—	0.5
3%磺基水杨酸液	4.5	4.5	4.5

将上述液颠倒混匀,放置5～10 min。以空白管校正光密度到0点,用波长500 nm或绿色滤光板行光电比浊。如测定管加入磺基水杨酸后产生絮状物而不便于比浊时,应另取脑脊髓液用0.9%盐水做2～4倍稀释后,如前操作,在计算时乘以稀释倍数。

标准曲线绘制:取无溶血或胆红素不增高的健康动物新鲜血清,用微量定氮法准确地测定其总蛋白含量,作为脑脊髓液蛋白质定量测定的标准液。并用0.9%氯化钠液将蛋白质浓度稀释成4 g/dL(例如,血清总蛋白质量测定为7 g/dL,则吸取血清4 mL,加入氯化钠液3 mL,即稀释成为4 g/dL)。将上述含蛋白质4 g/dL 的血清分别在试管中用0.9%氯化钠液做10,20,40.80 及160 倍稀释,则每管相当于脑脊髓液总蛋白质的浓度分别为400,200,100,50 及25 mg/dL。取洁净试管6 支,按表9-8 操作:

表9-8 mL

项 目	试 液					
	1	2	3	4	5	空白管
不同蛋白质浓度(mg/dL)的稀释血清	(400) 0.5	(200) 0.5	(100) 0.5	(50) 0.5	(25) 0.5	—
0.9%氯化钠液	—	—	—	—	—	0.5
3%磺基水杨酸	4.5	4.5	4.5	4.5	4.5	4.5

脑脊髓液与试剂混合后放置5 min,以空白管校正光密度到零点,用绿色滤光板光电比浊,分别读取各管光密度。以各管的光密度读数为纵坐标,已知蛋白质浓度为横坐标绘成标准曲线。

临床意义:健康动物脑脊髓液仅含有微量蛋白质(40 mg/dL 以下),血脑屏障的通透性增大时,脑脊髓液中蛋白质增多,且多为球蛋白,见于中暑、脑膜炎、脑炎、败血症及其他高热性疾病。但马的破伤风、慢性脑水肿及牛产后瘫痪时,脑脊髓液中蛋白质含量可能在正常范围。

(二)葡萄糖检查

原理及操作:同尿中葡萄糖测定。

注意事项:葡萄糖测定应在标本采取后立即进行,否则由于细菌或白细胞的作用而分解,影响测定结果。如不及时测定,应在每2 mL 脑脊髓液内加福尔马林1 滴,并保存在冰箱内。

临床意义:脑脊髓液的含糖量取决于血糖的浓度、脉络膜的渗透性和糖在体内的分解速度。血糖含量持续增多或减少时,可使脑脊髓液内含糖量也随之增减。健康动物脑脊髓液的葡萄糖含量在40～60 mg/dL。含糖量增多不常见;含糖量减少见于化脓性脑膜炎、重度过劳、血斑病及产后瘫痪。

(三)氯化物测定

原理及操作:同血清中氯化物测定。如脑脊髓液混浊或含血液,应离心沉淀,取上清液测定。

临床意义:脑脊髓液中氯化物的含量略高于血清,健康动物为650～760 mg/dL(按氯化钠计算)。氯化物显著增加见于尿毒症(850～980 mg/dL)、麻痹性肌红蛋白尿病(850～980 mg/dL)及媾疫(780～810 mg/dL)等;氯化物减少见于沉郁型脑脊髓炎。

七、脑脊髓液显微镜检验

(一)细胞计数 在采集做细胞计数的脑脊髓液时,按每5 mL脑脊髓液加入10% EDTA-Na_2抗凝剂0.05~0.1 mL,混合后备检。

1. 白细胞计数 取小试管1支,加冰醋酸龙胆紫稀释液0.38 mL(龙胆紫0.2 g,冰醋酸10.0 mL,蒸馏水加至100 mL);用血红蛋白计吸血管吸取、摇匀的脑脊髓液0.02 mL加入稀释液内,振荡混合,脑脊髓液为20倍稀释;取20倍稀释的脑脊髓液,滴入血细胞计数板上的2个计数池中,于显微镜下计数10个大方格(每个计数池计数5个大方格,容积共为1 mm^3)内的白细胞数。每立方毫米脑脊髓液内白细胞数为10个大方格内的白细胞数乘以稀释倍数(20)。

2. 红细胞计数 用毛细吸管吸取摇匀的脑脊髓液少量,滴1滴于血细胞计数池内,计数5个大方格内的细胞数(包括红细胞及白细胞),结果乘以2,即为每立方毫米脑脊髓液的红、白细胞数;用另一毛细吸管,先吸入冰醋酸并轻轻吹去,再吸取混匀的脑脊髓液少量(此时红细胞已被破坏而白细胞未破坏),滴入计数池中,计数5个大方格中的白细胞数,结果乘以2,即为每立方毫米脑脊髓液内的白细胞数。红、白细胞数减去白细胞数即红细胞数。

【注】 应于采样后1 h内做细胞计数,否则细胞可被破坏或与纤维蛋白凝集成块而影响准确性。如穿刺中损伤血管而使脑脊髓液含有多量血液时,一般不适宜做白细胞计数。

健康动物脑脊髓液中的细胞数,每立方毫米为0~10个,大多数为淋巴细胞,除穿刺引起损伤外,一般不含红细胞。细胞数增多,见于脑膜脑炎等。

(二)细胞分类

1. 瑞氏染色法 将白细胞计数后的脑脊髓液立即离心沉淀10 min,将上清液倒入另一洁净试管,供化学检验用,把沉淀物充分混匀,于载玻片上制成涂片,尽快在空气中风干;然后滴加瑞氏染色液5滴,染1 min后,立即加新鲜蒸馏水10滴,混匀,染4~6 min,用蒸馏水漂洗,干燥后镜检,可以区分出中性粒细胞、嗜酸性粒细胞、淋巴细胞和内皮细胞;内皮细胞较大,接近方形或不正圆形,呈淡青至青灰色,胞浆宽阔,核较大,形态不规则,与血片中的单核细胞差不多;正常时淋巴细胞占60%~70%。

2. 临床意义 中性粒细胞增加见于化脓性脑膜炎、脑出血等,表示疾病在进行;淋巴细胞增加见于非化脓性脑膜炎及一些慢性疾病,一般表示疾病趋向好转;内皮细胞增加见于脑膜受刺激及脑充血等。

第七节　微生物学检查

一、病料的采取、保存及送检

(一)病料的采取　尽快剖检死亡动物并按病原体在体内分布的不同,采取病变最明显的脏器以及怀疑含有病原微生物的内容物、渗出物等病料,装入灭菌容器中,并塞好瓶口。不同的病料应分别装入不同的容器,不可混装。采取病料的一切器具均应事先灭菌。

1. 胃及肠管　将胃表面烧烙后切开,取胃内容物,注入灭菌试管中。将有明显病变的肠段两端结扎后切下,放入灭菌容器中,或烧烙肠管表面后,切开肠管采取内容物置灭菌试管内。也可去掉肠内容物后,用棉签蘸取病变部位的肠壁黏液,放入灭菌试管中。

2. 实质脏器及淋巴结　采取约 2 cm^3 的组织块或淋巴结,分别装入灭菌的培养皿、大试管或广口瓶中。

3. 心血　用灭菌注射器或移液管吸取右心室的血液注入灭菌试管中,如心脏表面已被污染,应消毒后再吸取血液。

4. 脓汁　开放性病灶时,可用棉签蘸取脓汁,放入灭菌试管内;深部病灶时,用注射器抽取深部的脓汁,注入灭菌试管或小瓶中。

5. 胆汁　烧烙胆囊表面后切开一小口,用注射器或移液管吸取胆汁,注入灭菌试管内。

6. 含有芽孢菌的病料　可将病料直接涂于玻片上,待其干燥后送检。

7. 小动物或胎儿　将其整个包裹在数层不透水的油纸或油布中,装入木箱内。

(二)保存　不能立即送检的病料应妥善保存。细菌病料要放入灭菌液体石蜡中或30%甘油磷酸盐缓冲液中(含有肠道菌病料)4℃保存。

(三)送检　采取病料后最好立即送检。在容器上贴上标签,填写病料送检单,用装有冰块的保温瓶送检。

二、细菌形态学检查

(一)不染色标本的检查

1. 悬滴检查法　用白金耳取少量灭菌生理盐水加到盖玻片中央,再取少量被检菌培养物,于生理盐水中混匀(液体培养物可直接取1滴检查)。在凹形载玻片的凹窝周围涂上凡士林,然后将加有被检菌液的盖玻片翻转,使液滴向下正好置于凹形载玻片的凹窝中，轻轻按压盖玻片，使与凡士林粘紧。用普通光学显微镜或暗视野显微镜、相差显微镜检查。

2. 压滴检查法　取细菌培养液或细菌悬液1滴，置于载玻片中央，加盖玻片后显微镜下检查(加盖玻片时应缓慢放下，避免产生气泡)。

(二)染色标本的检查

1. 涂片及染色

(1)涂片。液体材料(如液体培养物、血液、渗出液等)可用白金耳直接取，于洁净载玻片上均匀涂布成适当大小的薄层；固体材料(如菌落等)应于载玻片上先加1滴生理盐水，然后钓取材料少许，在滴加的生理盐水中混匀后涂布；组织脏器材料，用灭菌器械取一小块组织脏器，用其新鲜切面在载玻片上压印或涂抹成薄层。

(2)干燥。室温下自然干燥。必要时，可将载玻片涂抹面向上，在离火焰较远处烘干。

(3)固定。脏器和血液涂片可用甲醇等固定，一般固定3～5 min。其他涂片常用火焰加热法固定，即将涂片涂抹面向上通过火焰3次，以载玻片触及皮肤感到热而不烫为度。

(4)染色。滴加染色液于涂片上，使其覆盖整个涂抹面，染色的时间视涂抹材料的厚薄和染料的性质而定，有时需加热，以加强染料的着色力。

(5)水洗。染色完毕，用细小的水流将染料洗去，至冲下的水没有颜色为至。

(6)干燥。自然干燥或用吸水纸吸干。

(7)镜检。用油浸镜观察细菌的形态、大小、结构、排列及染色特性。

2. 常用染色方法

(1)美蓝、石炭酸复红染色法。在干燥、固定后的细菌涂片上滴加碱性美蓝染色液染色1～2 min，或用10倍稀释的石炭酸复红液染色1～2 min。用美蓝染色的菌体为蓝色，石炭酸复红染色的菌体为红色。

(2)革兰氏染色法。将已固定的细菌涂片用草酸铵结晶紫染液染色2～3 min，水洗；滴加鲁格氏液助染1～2 min，水洗；用95%酒精脱色至不见紫色脱落为止，水洗；用10倍稀释的石炭酸复红液染色1～2 min。镜检革兰氏阳性菌呈紫色，革兰氏阴性菌呈红色。

(3)荚膜染色法。雷比格尔氏染色法：在干燥涂片上滴加2%～3%福尔马林龙胆紫液染色20～30 s，镜检菌体为深紫色，荚膜为淡紫色；希司氏染色法：在干燥涂片上滴加1%龙胆紫液加温染色1 min，倾去染液，用20%硫酸铜水溶液冲洗，干燥后镜检，菌体为深紫色，荚膜为淡紫色。

(4)鞭毛染色法。莱佛逊染色法：将钾明矾或钙明矾饱和水溶液20 mL、20%鞣酸水溶液10 mL、蒸馏水10 mL、95%酒精15 mL、碱性复红饱和酒精溶液3 mL在使用前按顺序混合(保存期1周)，滴加在干燥涂片上染色10 min，镜检鞭毛和菌体均染为红色；卡沙列-吉尔二氏染色法：在乳钵中加入60%酒精10 mL，再依次加入鞣酸10 g、氯化铝18 g、氯化锌10 g、碱性复红7.5 g，研磨以加速溶解，然后再加入30 mL 60%酒精，用蒸馏水按1∶4稀释后过滤，滴加到涂片上，2 min后加石炭酸复红液染色5 min，镜检鞭毛和菌体均染为红色。

(5)芽孢染色法。孔雀绿-沙黄染色法：在干燥涂片上滴加5%孔雀绿水溶液加温染色3～6 min，水洗，再用0.5%沙黄水溶液复染30～60 s，镜检芽孢染成绿色，菌体为红色。缪勒氏染色法：将干燥涂片用5%铬酸处理2～5 min，水洗，干燥，滴加石炭酸复红液加温染色2～3 min，冷却后水洗，用2%盐酸酒精脱色5～10 s，水洗，滴加碱性美蓝液复染1～3 min，镜检芽孢染为红色，菌体为蓝色。

三、细菌培养

(一)需氧菌分离培养法

1. *平板划线分离培养法*　常用细菌分离法的方式很多，可按习惯选择应用。其目的是将被检材料做适当稀释，使细菌生长成独立存在的单个菌落，根据菌落性状进行鉴别和纯培养，防止形成菌苔。具体操作方法如下(图9-7)：

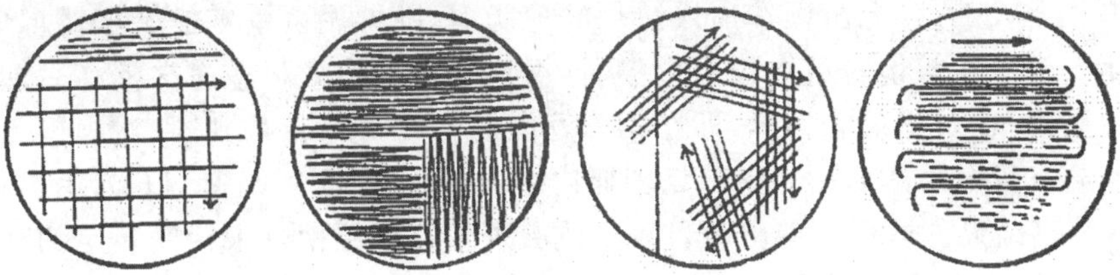

图9-7　平板划线培养法

(1)用玻璃铅笔在培养皿底部的一处注明病料名称、培养日期。

(2)右手持白金耳，酒精灯火焰灭菌，冷却后取被检材料或菌液少许；左手持平皿培养基，以食指为支点，用拇指和无名指将皿盖推开一空隙(不要开得过大，以免空气进入而污染培养基)，将取有材料的白金耳插入平皿中，在培养基边缘轻轻涂布一下。

(3)烧灼白金耳，以除去残存的被检物，冷却后再伸入平皿内，轻轻地自涂病料处开始，按图9-7方式进行划线分离，注意防止划破培养基。

(4)划线完毕后，烧灼白金耳灭菌，将培养皿倒置于37℃温箱培养18～24 h后观察。

2. *斜面划线培养法* 右手持白金耳经火焰灭菌，待凉，蘸取病料一小块，左手固定好斜面培养基试管，在酒精灯火焰上方，用右手的小手指挟住棉塞，轻轻将其拔去；将蘸有病料的白金耳直插入试管内凝结水的部分，轻轻摇晃白金耳，把病料放在凝结水内；用此白金耳由下向上以蛇形曲线在斜面上划线至斜面上端；取出白金耳，在火焰上烧灼灭菌，试管口也以火焰灭菌，塞好棉塞，放在37℃温箱中孵育。此法的缺点是不易出现单个菌落，对细菌的识别带来一定的困难，不太适于从病料中直接分离培养用。

3. *斜面稀释培养法* 取普通斜面培养基3支，在管壁上注明病料名称及管号(每种病料需3支培养基)；按斜面划线培养法蘸取病料一小块，放在第一管斜面培养基的凝结水内，轻轻振荡结合；用白金耳自第一管斜面培养基内蘸取凝结水，移至第二管斜面的凝结水内，共移三白金耳，移完后，轻轻振荡，再按上法由第二管向第三管移三白金耳；两手持斜面培养基平放，并将上部稍向下斜，使凝结水自斜面的一侧由底部向上部流动，当凝结水流至培养基上部时，立即将培养基向对侧倾斜，使凝结水由一侧流向另一侧。这样，整个斜面都布满一层凝结水；将培养基直立于试管架上，放37℃温箱中孵育。此法由于病料递次稀释，又采用流动凝结水的方法，因此在第二、三管斜面上常出现单个菌落。

4. *平板倾注分离培养法* 取普通琼脂一管加热熔解，冷至50℃左右时，取被检物1～1.5 mL，以无菌操作加入熔化的琼脂内，随即用两手掌搓转振荡混匀(防止发生气泡)(如被检材料中细菌数多时，可预先将被检病料做递次稀释后加入熔化的琼脂内，也可用琼脂稀释，即在第一管内混匀后，移1 mL到第二管，再由第二管移到第三管等)，然后倾入灭菌培养皿内制成平板，凝固后倒置37℃温箱内培养，24 h后观察结果。适用于细菌数目较少或必须依靠深层菌落来帮助鉴定细菌种属标本的培养，此外还可根据接种标本和所生长的细菌菌落数，估计一定量检验标本内的细菌数，还可从血液琼脂深层菌落所发生的溶血现象，帮助识别溶血性链球菌的型属。

5. *加热分离培养法* 将固体被检物用生理盐水做5～10倍稀释(液体或液体培养物可不稀释)，于80℃温水中10 min，杀灭非芽孢菌；用白金耳蘸取上述溶液，按划线接种法接种在适宜的培养基上，孵育24 h后，就可分离出芽孢菌。

6. *增菌分离培养法* 如被检材料中含菌量较少，用以上几种方法不易分离到细菌时，可先行增菌培养。将病料直接接种在普通肉汤培养基或血清肉汤培养基内，经18～24 h孵育后，再移植到其他适宜培养基内，以分离单个菌。

(二)厌氧菌分离培养法

1. *加组织培养基分离培养法* 在液体培养基内加入肝、肾、心、脑、肉渣等作为还原性物质，吸收游离氧。常用的有肝片肝汤、肝片肉汤、肉汤渣(疱肉)等培养基。在加有动物脏器的培养基内，其中半胱氨酸的SH基为强还原剂，故可用做厌氧菌培养。在肉渣汤培养基内，有不饱和脂肪酸可吸收氧气，同时，其中的谷胱甘肽可使氧化还原势减低，故常用于厌氧菌的培养。培养时应将培养基在接种前加热煮沸15～30 min，取出后立即放入冷水内冷却，以驱除残存氧气。如在培养基表面加一层灭菌液体石蜡，杜绝空气进入，则效果更佳。

2. *焦性没食子酸法*　将被检材料按常法划线接种于相应的琼脂平板培养基上，取焦性没食子酸1 g，夹于两层灭菌棉花或纱布中，置于一洁净玻璃板上或放在反转的培养皿盖子上，加10%氢氧化钠液1 mL于焦性没食子酸纱布上，立即将培养皿底层覆盖于玻璃板上，周围用溶解好的石蜡凡士林混合物涂封，使内外空气隔绝；将培养皿置37℃温箱中培养48 h后观察结果。

(三)二氧化碳培养法

1. *蜡烛法*　将接种好的培养皿放入有盖的大玻璃缸内(如圆形标本缸)，取蜡烛1支在缸内点燃，烛火需距缸口10 cm，盖好缸盖，周围涂凡士林密封缸盖，缸内氧消耗完后蜡烛自灭，此时缸内约含10%的二氧化碳。将此缸置37℃培养。

2. *硫酸-碳酸钠法*　将被检材料接种于培养基后放入能够密闭的缸中；按容器体积称取碳酸钠(每升容器加碳酸钠0.24 g)放入试管或青霉素小瓶中，再向其中加入10%硫酸(每升加4 mL)，使与碳酸钠混合；迅速盖紧缸盖，用凡士林密封缸口，移入37℃温箱中培养。

3. *盐酸-碳酸氢钠法*　将培养物放入带盖封玻璃缸内，再放入一个小烧杯；烧杯中先加8.4%碳酸氢钠液，再加30倍稀释盐酸液，通常每100 mL容器，加入上述溶液各4.5 mL，可使缸内产生10%的二氧化碳；发生反应后立即加盖密封，放37℃温箱中孵育。

四、细菌培养基上菌落性状的观察

(一)固体培养基上菌落性状的观察

1. *大小*　用毫米表示，不足1 mm者为露滴状菌落，1～2 mm者为小菌落，2～4 mm者为中等大菌落，4～6 mm或更大者称为大菌落或巨大菌落。

2. *形状*　外形有圆形、不整形、树根形、葡萄叶形等。

3. *边缘*　有整齐、锯齿状、网状、树叶状、虫蚀状、放射状及卷发状等。

4. *表面性状*　有平滑、粗糙、皱襞状、蜗旋状，甚至有子菌落等。

5. *隆起度*　有隆起、轻度隆起、中央隆起；反之为略扁平、陷凹或堤状等。

6. *颜色及透明度*　有无色、灰白色及产生各种色素者；有无光泽、透明、半透明及不透明等区别。

7. 硬度　有黏液状、脂状、干燥或湿润等。

(二)液体培养基内培养性状的观察

1. 混浊度　有强度混浊、轻度混浊以及保持透明;均等混浊或混有颗粒、絮片或丝状生长物。

2. 沉淀　试管底部有无沉淀,及沉淀物是颗粒还是絮片样等。

3. 表面　培养基表面是否形成菌膜,有无附着管壁的环。

4. 是否产气

(三)高层培养基上培养性状的观察

1. 发育程度　检查有无细菌生长,发育最好的深度如何。

2. 发育状态　呈线状生长、树枝状生长或试管刷样生长。

3. 表面性状　明胶完全液化、不液化、漏斗状液化、袋状液化等。

4. 是否产气

五、细菌生化性状的检查

细菌生化性状检查必须用纯培养菌进行,否则易出现错误结果。检查的项目应根据诊断的需要适当选择。

(一)硫化氢试验

1. 醋酸铅琼脂法　将被检菌以穿刺法接种于含醋酸铅培养基或双糖含铁培养基中,37℃培养24 h,穿刺线呈现黑色者为阳性。

2. 醋酸铅试纸法　用一条长4～6 cm,宽约1 cm的滤纸条,浸渍在10%～20%醋酸铅液中,100℃干热烘干,夹在已接种细菌的试管棉塞间,如产生硫化氢,则滤纸条呈棕黑色,即为硫化氢检查阳性。

3. 微量快速法　取一大白金耳的被检菌,悬浮于盛有0.1 mL 0.1%盐酸半胱氨酸溶液的试管内,管口棉塞间夹一条醋酸铅试纸(注意切勿与试剂接触),于37℃温箱内,每15 min观察1次,直至1 h,当试纸呈褐色至黑色时,则表示阳性。

(二)靛基质试验

1. 欧-波二氏法　将被检菌用蛋白胨水培养基培养3～5 d,于培养物内加入用对二甲氨苯甲醛1 g、95%酒精95 mL、浓盐酸20 mL配制的试剂0.5～1 mL,如该菌能产生靛基质,则二液接触处变成红色(阳性),不能形成者为淡黄色(阴性)。试验时所用培养基必须不含糖类,以蛋白胨水培养基为最好。

2. 微量快速法　蘸取被检菌一大白金耳,于色氨酸试剂内制成浓厚悬液,在37℃水浴中保温1 h后,加入Kovac's靛基质试剂(对二甲氨苯甲醛5 g,加入75 mL

戊醇中，50℃水浴中徐徐加热溶解，冷却后加入25 mL浓盐酸，保存于棕色瓶内)，混合，若上层呈淡红色为阳性。

(三)伏-普氏试验(V.P试验)

1. *硫酸酮法* 将被检菌在葡萄糖蛋白胨水中培养4 d后，加入等量用硫酸酮1 g、浓氨水40 mL、10%氢氧化钾液960 mL配制的试剂，混合静置10～30 min后，如呈红色即为阳性，保持黄色为阴性。主要用于鉴别大肠杆菌与产气杆菌，前者为阴性，后者为阳性。

2. *贝立脱氏法* 将被检菌培养物2 mL置于一试管中，加入1 mL 6%α-萘酚酒精液，0.4 mL 40%氢氧化钾液，混匀，37℃放30 min，呈红色者为阳性。主要用于鉴别大肠杆菌与产气杆菌，前者为阴性，后者为阳性。

(四)甲基红试验(M.R试验) 将被检菌培养在葡萄糖蛋白胨水中，37℃培养2 d，取部分培养液加0.02%甲基红酒精液数滴，阳性反应呈红色，阴性者为黄色。如为阴性，继续培养4～5 d再试验。

(五)糖发酵试验 利用内装倒立小发酵管的糖培养基(以B.G.P为指示剂)接种被检菌，待其发育后，观察培养基中指示剂颜色的变化。如细菌能分解某种糖类产酸，则培养液由紫色变为黄色；如不分解糖，则仍呈紫色；如分解后产气，则在小管内积有气泡。糖发酵试验也可用固体或半固体培养基进行，如双糖培养基等；如细菌能分解培养基中的糖，则可使培养基局部变色；如用高层穿刺接种，产气时可将培养基裂开。

(六)硝酸盐还原试验 将被检菌接种于硝酸培养基中，37℃培养4～5 d，向培养物内加入甲液0.2 mL(氨基苯磺酸0.8 g，5 mol/L醋酸100 mL)，乙液0.2 mL(α-萘胺0.5 g，5 mol/L醋酸100 mL)，若硝酸盐被还原则呈红色反应，阴性者不变色。试验时应以一支不接种细菌的培养基做对照，当对照管阴性时，才能判定。

(七)美蓝还原试验(细菌脱氢酶的测定)

1. *试管法* 取被检菌的18 h肉汤培养物，经pH 7.3磷酸盐缓冲液洗涤后，再用该缓冲液制成悬液；取试管3支，每管加1∶30 000倍美蓝水溶液0.5 mL，于第一管和第三管中各加菌液1 mL，第二管加缓冲液1 mL，37℃水浴中15 min；第一管和第二管各加0.1 mol/L琥珀酸钠液2 mL，第三管加缓冲液2 mL；每管加液状石蜡0.5 mL，覆盖于液面上；置37℃水浴中，每5 min观察1次，记录美蓝变白时间，共观察2 h。第一管变白，即是对相应底物琥珀酸钠的脱氢酶阳性，不变色为阴性；第二管、第三管为对照管，应不变色。

2. *简易法* 于5 mL肉汤培养基中加入1%美蓝液1滴，将被检菌接种于培养基中，在37℃下培养18～24 h，观察结果。完全脱色为阳性，绿色为弱阳性，不变色为阴性。

(八)尿素酶试验

1. *常规法* 将被检菌接种于含有酚红指示剂的尿素培养基中,37℃温箱中培养24～48 h后观察结果;如细菌能分解尿素,则培养基因产碱而由黄色变为红色。常用于肠道细菌的鉴别。

2. *微量快速法* 将0.4%酚红液加入10%尿素液中,其量为尿素液量的0.6%,在4℃冰箱内保存,试剂的颜色应是黄色,如为淡红色,则表明尿素已被破坏,应废弃不用。取一灭菌试管,加入上述试剂0.2 mL,并加入一白金耳被检菌,于37℃保温10～30 min后观察结果,如呈淡红色表示阳性。常用于肠道细菌的鉴别。

(九)牛乳凝固与胨化试验 通常使用石蕊牛乳(或紫乳)培养基进行试验。细菌如能发酵乳糖产酸,酸量多时则牛乳变红(或变黄),引起酪蛋白的沉淀或凝固,凝块松软、胶样、不收缩,在碱液内完全溶解。

有些细菌产生类似凝乳酶的酶,酪蛋白在这种酶的作用下凝固,其后数小时凝块收缩,析出澄明灰色乳清,凝块坚实,不因碱的作用而分解。产生凝乳酶的细菌常有分解蛋白质的作用,由此产生碱性物质,培养物变成碱性,石蕊牛乳变蓝(紫乳呈深紫色)。

酪蛋白分解(有时不先凝固)称为胨化,表现为牛乳逐渐变清,一般石蕊牛乳变蓝。

试验时应设对照管,培养中逐日观察,持续2周。

(十)明胶液化试验

1. *常规法* 将被检菌穿刺接种于明胶培养基内,放20℃条件下孵育7 d,每天观察结果,如细菌液化缓慢可延长观察期;对在37℃条件下才能生长的细菌,则可将培养基放于37℃中培养,观察结果时应先将培养基放在冰箱或冷水中30 min后再观察,若再不凝固即已液化,并须识别液化的形状,如层状、管状、囊状、皿状及漏斗状。

微量快速法(明胶酶试验) 取蛋白胨水2 mL,加温至37℃,用白金耳蘸取菌液,并在上述蛋白胨水中制成浓厚悬液;然后加入一块木炭明胶圆片(经甲醛硬化处理),放37℃水浴中,通常在1 h内看到液化现象。

(十一)淀粉水解试验 接种被检菌于含有1%可溶性淀粉的琼脂平皿上,37℃培养1～2 d;然后向菌落周围滴加碘液(碘化钾0.2 g,蒸馏水30 mL),数分钟后倾出碘液,观察菌落变化,具有形成淀粉水解酶的菌落周围无蓝色环,无淀粉水解酶的细菌菌落周围呈蓝色。

(十二)马尿酸钠水解试验 将被检菌接种于马尿酸钠培养基中,放37℃温箱中2～4 d;取培养液0.8 mL,加入0.2 mL 由氯化高铁($FeCl_3 \cdot 6H_2O$)1.2 g、2%纯盐酸水溶液10 mL 配制的试剂,立即混合,经10～15 min 后观察结果;如管内存在经久不消失的沉淀,则马尿酸钠已分解为苯甲酸,即是水解试验阳性(马尿酸钠与试剂相遇时,也发生沉淀,但经数分钟后再溶解)。应注意加入试剂的量必须十分准确,如试剂量过多,则苯甲酸铁沉淀也能重新溶解,同时需有对照试验。在鉴别链球菌上具有重要意义。

(十三)肉渣消化试验　将试验菌按常规法接种于庖肉培养基内,用蜡笔在培养基管壁外的肉渣上缘画一横线作为标记,于37℃孵育数日,观察管内肉渣的高度有无变化,以判定肉渣是否已被部分消化。肉渣消化试验用于芽孢菌的鉴别。

第八节　药敏试验

各种致病对不同的抗菌药物的敏感性不同,同一细菌的不同菌株对不同抗菌药物的敏感性也有差异。由于抗菌药物的广泛应用,耐药菌株也随之增加,因此测定细菌对抗菌药物的敏感性,正确使用抗菌药物,对于兽医临床治疗工作具有重要意义。

药敏试验的方法很多,但一般常用的是纸片扩散法和稀释法。

一、纸片法

本法是将含药物纸片贴敷在接种细菌的琼脂平板上,抗菌药物在琼脂内向四周扩散,其浓度呈梯度递减,因此在纸片周围一定距离内的细菌受到抑制,培养后形成一个抑菌圈,其直径大小与药物浓度的对数呈负相关,即抑菌圈直径越大,则最小抑菌浓度(MIC)越小。本法快速、简便,临床应用也最普遍。但由于纸片含药浓度、培养基、细菌接种量、孵育时间及判断标准等试验条件不尽一致,结果也常有差异。在兽医临床上,关于药敏试验方法的标准化尚未统一。人医多采用Kirby-Bauer(K-B)纸片扩散法,主要适用于生长较快的需氧菌和兼性厌氧菌的药敏测定。根据试验中所测得抑菌圈的大小,可推断该菌株的MIC;同时参考常用剂量时血清和其他体液中的药物浓度,划分纸片法药敏试验结果的判断标准。

(一)培养基　用灭菌的适合试验菌生长的琼脂培养基制成平板备用。常采用Mueller-hinton(MH)琼脂。

MH 琼脂(pH 7.2～7.4),倾注成厚度为4 mm 的平板。临用时,半开盖平板,倒置于35℃温箱10～20 min,使表面干燥。链球菌或其他较难生长的细菌可在上述培养基中加入5%脱纤维羊血。MH 琼脂可购买,也可自制。

【注】 MH琼脂制作：牛肉(作肉浸液用)300 g；酪蛋白水解物17.5 g；可溶性淀粉1.5 g；琼脂17 g；水1 000 mL。将牛肉去脂、肌腱绞碎后，加水1 000 mL，浸泡于搪瓷桶内，置冰箱中16～20 h(冬季寒冷时可放于室内，待牛肉中水溶性营养成分充分浸溶出来)；煮沸30 min，冷却后以纱布过滤；再加入上述其他成分，矫正pH值至测试菌最适宜的pH值，经高压蒸汽121℃15 min灭菌后备用。

若培养基不加琼脂则为MH肉浸液，可用于药敏试验试管稀释法。

培养基在4℃冰箱中可保存2～3周。

(二)抗生素纸片 现有商品供应或按规定自制。

【注】 含药物滤纸片制备方法：

(1)将质量较好的滤纸用打孔机制作成直径6 mm的圆片，每100片放入一小瓶中，高压灭菌(103.4 kPa 20 min)，取出后置于烘箱内60℃烘干，分装于灭菌小瓶内。

(2)用适当溶液溶解抗菌药物。如金霉素、土霉素、四环素在酸性溶液中溶解度高，常用pH 3.0 PBS溶解后，再以pH 6.0 PBS稀释。青霉素钾盐较钠盐水溶液稳定，并以pH 6.0 PBS配制为好。链霉素、卡那霉素、庆大霉素等以pH7.8 PBS稀释。磺胺类药物以蒸馏水或pH 8.2 PBS稀释等。可先配成浓度100倍的原液，然后按每种抗菌药物的纸片含药量加于纸片中，例如，先配1 000 μg/mL的浓度溶液，取1 mL加于100片纸片中，干燥后，每片纸片的含药量为10 μg。

(3)用无菌操作法将加有抗菌药物的纸片置冰箱内浸泡1～2 h，然后将浸有抗菌药液的纸片摊平在培养皿中，于37℃温箱内保持2～3 h，即可干燥。也可放在干燥器内，用真空抽气机抽干，一般需要18～24 h。

(4)将抗菌药干燥纸片，用标准敏感菌株进行试验，其抑菌圈大小符合标准时即可使用。

(5)将已干燥的纸片分装于小瓶内，密封瓶口(或将小瓶放于干燥缸内)，在4℃温度条件下可保存数月。

(三)被检菌液的制备与接种 挑取同类型的菌落4～5个，接种于4～5 mL肉浸液内，置35℃孵育4～6 h。使其达到或超过1.5亿个/mL麦氏(McFarland)比浊管浓度。加入灭菌生理盐水或肉浸液，使其浊度与标准管一致(采用自然光线和透字法肉眼比浊)。然后，取灭菌棉拭浸蘸菌液，涂布接种于琼脂表面，重复3次，每次换一个方向，使菌液均匀分布。盖好平皿，放置5 min，待平板表面水分吸后，贴抗菌纸片。

使用眼科镊子或专用分放机将纸片放在平板上。各纸片中心相距24 mm，纸片距平皿边缘约15 mm。盖好平皿，置35℃孵育16～18 h，观察结果。记录抑菌环直径。

【注】 麦氏标准浊度管配制如表9-9所示。

表9-9　麦氏浊度管制法

项　目	试管(口径相等)									
	1	2	3	4	5	6	7	8	9	10
10 g/L 氯化钡(mL)	0.1	0.2	0.3	0.4	0.5	0.6	0.7	0.8	0.9	1.0
1%纯硫酸(mL)	9.9	9.8	9.7	9.6	9.5	9.4	9.3	9.2	9.1	9.0
相当细菌数(亿个/mL)	3	6	9	12	15	18	21	24	27	30

注:浊度管加塞,室温暗处保存,用前混匀,每6个月配1次。

(四)结果判定　有效药物可在纸片周围出现一圈不长菌的区域,称抑菌圈。抑菌圈越大,表示药物抑菌作用越强,即此菌对该药敏感度越高。分别测量各药物纸片抑菌圈的直径(以毫米表示),判断其敏感性。试验时可同时以有效抗菌药物作对照,借此可测知待测药物与某一已知抗菌药抑菌作用近似。如采用MH培养基,可按美国国家临床实验室标准委员会(National Committee for Clinical Laboratory Standards,NCCLS)公布的抑菌环标准。若用肉浸液琼脂或其他培养基时,此标准可供参考。

二、稀释法

稀释法有试管稀释法和琼脂稀释法。

(一)试管稀释法　试管稀释法是将抗菌药物做不同浓度的定量稀释,然后与被测菌株作用,测定抗菌药对细菌的最小抑制浓度(MIC)。肉汤稀释法测定药物对细菌生长的MIC时,可将肉眼无细菌生长各管分别移种至不含抗菌药物的平皿,过夜培养后,菌落计数不超过5个的相应肉汤管中的药物浓度,即是药物的最低杀菌浓度(MBC)。稀释法可以精确测得药物最低抑菌浓度,但需耗费较多材料、人力和时间。

1. 抗菌药物原液的配制　每一种抗生素的储存液应为2 000 μg或U/mL,磺胺类药物为20 000 μg/mL。抗生素的初稀释剂通常用灭菌蒸馏水。然而某些抗生素必须用其他溶剂做初步溶解。一些药物还应需新鲜配制(如青霉素)。

注射用的抗生素以无菌手续用灭菌水配制,溶解后直接分装于灭菌小瓶中即可。若为非无菌配制的抗菌药物,应用玻璃器滤过除菌后,再分装灭菌干燥小瓶中。标明药物名称、浓度、配制日期,于-20℃保存。每次用时取一小瓶。

2. 培养基　一般营养要求不高的细菌可用MH液体培养基。链球菌等可用含2.5~5 g/L葡萄糖的肉浸液或0.5%兔血的MH液体培养基。

3. *被测菌液* 生长较快的细菌，取经6 h孵育的肉汤培养物，用肉汤培养基调配细菌浓度，使菌液浓度约为9×10^{8}cfu/mL，用时再用肉汤做1×10^{-3}稀释。供作磺胺类药物试验的菌液应做1×10^{-7}稀释。生长缓慢的细菌，如链球菌等，可取经18 h孵育的培养物，菌液浓度约为3×10^{8} cfu/mL，用时再以肉汤做1×10^{-1}稀释。

4. *操作方法* 按每次试验实际需要量，取灭菌小试管(13 mm×100 mm)排列于试管架上，按表9-11所示加培养基，第1管1.9 mL，其余每管1.0 mL，然后加抗菌药物储存液，第1管0.1 mL，混匀后吸出1.0 mL至第2管中，依次递增稀释，最后一管不加药物作为对照。每管加入经适当稀释之试验菌液0.05 mL，摇匀，置37℃孵育18～24 h取出，观察结果(表9-10)。

表9-10 抗生素试管稀释法药敏试验

项 目	试 管									
	1	2	3	4	5	6	7	8	9	10
培养基(mL)	1.0	1.0	1.0	1.0	1.0	1.0	1.0	1.0	1.0	1.0
抗菌药物原液	1.0	1.0	1.0	1.0	1.0	1.0	1.0	1.0	1.0	弃去 –
试验菌液(mL)	0.05	0.05	0.05	0.05	0.05	0.05	0.05	0.05	0.05	0.05
抗菌药含量(μg或U/mL)	100	50	25	12.5	6.25	3.12	1.56	0.78	0.39	–
磺胺类含量(μg/mL)	100	500	250	125	62.5	31.2	15.6	7.8	3.9	–

注：一般抗菌药物稀释到第9管已足，青霉素类可自第9管后再递增稀释第2管，其含量类推。

5. *结果判断* 抗菌药物最高稀释度能抑制细菌生长者，该管的浓度即为该菌对此药物的敏感度，即MIC。

(二)琼脂稀释法 琼脂稀释法是将不同剂量的抗菌药物，分别加入融化并冷至45℃的定量琼脂培养基中，混匀，倾注成无菌平板，即为含有药物浓度递减的培养基。接种幼龄菌于该培养基上，经培养后观察被检菌的生长情况，最低药物浓度抑制细菌生长者为该菌的最低抑菌浓度。琼脂稀释法试验结果易判定，重复性好，适宜工作量大的实验室采用。但不能进行最低杀菌浓度的测定。

1. *方法* 用灭菌吸管吸取不同浓度、相同容量的待测药液2.5 mL放于灭菌空平板内，依次加入融化后冷却至45℃左右的MH琼脂，其最终体积为25 mL，立即混匀，待凝固后，即成含药量不同的琼脂平板。

取已校正浓度的待检菌液(1×10^{8} cfu/mL)，接种于含药琼脂的表面(接种前平板必须干燥)，操作时从最低浓度的琼脂开始接种，使每滴约 2 μL 菌液，每一接种点的液滴直径为 5～8 mm，勿使移动，待接种点干燥后，再将平板翻转置于 35℃孵箱内，孵育 16～24 h，观察结果(接种时可以使用定量毛细吸管、1 μL 定量接种环或多头接头器)。

2. 结果 不出现菌落的琼脂平板上的最低药物浓度为其最低抑菌浓度，结果可用药物的浓度或几何滴度表示。若超过抑菌终点仍有数个明显菌落，应考虑试验菌的纯度而予以复试，如仅为单个菌落，可予以忽略，判定时应注意：①薄雾状生长不算；②小于 5 个菌落不算；③若在数个平板上呈拖尾或跳管生长等现象，应该重做。

三、中草药敏感试验

中草药药敏试验方法很多，可采用平板打洞法及试管稀释法。

(一)平板打洞法

1. 药液 应根据药物的耐热性，有无挥发性物质等不同性质，分别以水浸(煎)或醇浸法提取，最后药物浓度为100 g/dL、50 g/dL、25 g/dL；注射液可用其原液，或做适当稀释。

2. 培养基 药液肉浸液或肉膏液琼脂，或血液琼脂。

3. 菌液 菌液与抗菌药物敏感试验试管稀释法相同(不做稀释)。

4. 方法 于直径 9 cm 灭菌培养皿中加菌液 1 mL，然后注入已溶化冷至 45℃的琼脂培养基20 mL，立即旋转混匀，待琼脂凝固后，用外径6 mm 的灭菌玻璃管或铜管于平板上打 4～5 个洞，并取出洞内培养基。于每个凹洞内滴加药液0.05 mL。置 37℃孵育 18～24 h，取出观察结果(量取抑菌环直径，判断药物抑菌效果)。

(二)试管稀释法

1. 药液 药液与平板打洞法制备方法相同，药物最后浓度为 100 g/dL。

2. 培养基、菌液 培养基、菌液与抗菌药敏感试验试管稀释法相同。

3. 方法 可按表 9-11 进行。于第 1 管加入培养基 1.6 mL，其余每管 1.0 mL，然后取药液0.4 mL 加入第1 管中，混匀后吸出1.0 mL 至第2 管，依次递增稀释，最后一管不加药液作为对照。每管加入经适当稀释之试验菌液 0.05 mL，摇匀，置37℃孵育 16～18 h，取出观察结果。

4. 结果判断 药物最高稀释度管中细菌不生长者，即为该菌对药物的敏感度，可按药物稀释度或含药量(mg/mL)报告。某些中草药色泽较深，肉眼不能辨明者，可取出一接种环移种琼脂平板上，经37℃孵育过夜后观察有无菌落生长而加以区别。

表 9-11 中草药试管稀释法药敏试验

项 目	试管									
	1	2	3	4	5	6	7	8	……	对照
培养基 (mL)	1.9	1.0	1.0	1.0	1.0	1.0	1.0	1.0		1.0
中草药液	1.0	1.0	1.0	1.0	1.0	1.0	1.0	1.0		—
试验菌液 (mL)	0.05	0.05	0.05	0.05	0.05	0.05	0.05	0.05	……	0.05
药物稀释度	1:5	1:10	1:20	1:40	1:80	1:160	1:320	1:640	……	—
含药量 (mg/mL)	200	100	50	25	12.5	6.25	3.12	1.56		—

四、影响药敏结果的因素

许多因素都可影响药敏试验的结果。为使药敏试验的结果准确可靠、重复性好，与其他兽医院或地区的试验结果具有可比性，并能迅速反映出细菌耐药性变迁情况，必须采用标准的药敏试验材料，并按标准化的药敏试验方法进行。

（一）培养基 琼脂平皿内培养基厚度为4 mm。培养基内应尽量避免有抗菌药物的拮抗物质，如钙、镁离子能减低氨基糖甙类的抗菌活性，胸腺嘧啶核苷和对氨苯甲酸能拮抗磺胺药和TMP的活性。目前推荐用MH培养基。

（二）菌接种量 细菌接种量应恒定，如太多，抑菌圈变小，能产酶的菌株更可破坏药物的抗菌活性。细菌量多时可显著影响药敏结果。

（三）质控菌 为保证每次试验结果准确可靠，在试验中应同时用标准敏感菌株作为对照菌，与受试菌同时进行试验。如测金葡菌药敏时，用金葡菌$ATCC_{25923}$作对照；如测革兰氏阴性杆菌药敏时用大肠杆菌$ATCC_{25922}$作对照。

（四）抗菌药物 药敏试验中应根据不同受试菌选择适宜的抗菌药物。

（五）中草药药敏试验 除上述影响因素外，药物产地、采集时令、泡制方法等均可影响抑菌效果。其抑菌有效成分尚未完全阐明。不同试验方法所获结果也不尽相同。

各种中草药制剂的pH值不同，大多偏酸，不同pH值的中草药液其抑菌力是有差异的，以pH7.0左右抑菌力最强。中草药多含有鞣质，药物经明胶等除去鞣质后仍表现有较强的抑菌作用，但抑菌作用略低于未去鞣质者，说明鞣质也具有一定的抑菌或协同作用。

五、药敏结果判断标准及临床意义

通常采用三级划分制。

(一)敏感　当一种细菌引起的感染,用某种药物常用量治疗有效,这种细菌即对该药高度敏感,即常规用药时达到的平均血药浓度超过对细菌MIC 的5 倍以上。

(二)中度敏感　当细菌引起的感染仅在应用高剂是抗菌药物时才有效,或者细菌处于体内抗菌药物浓缩的部位或体液(如尿、胆汁、肠腔等)中时才被抑制,这种细菌对该药仅呈中度敏感。常规用药时过到的平均血浓度一般相当于或略高于对细菌的 MIC。对于毒性较小的药物,或适当加大剂量仍可望获得临床疗效。

(三)耐药　药物对某一细菌的药敏高于药物在血或体液内可能达到的浓度时,有时细菌能产生灭活抗菌药物的酶,则不论其MIC 值大小如何,仍应判定该菌为耐用药。如产青霉素酶的金葡菌即应认为该菌对青霉素耐药。

第九节　其他化验技术

一、钩端螺旋体检验

(一)显微镜检查　暗视野活体检查法。将脏器病料制成悬浮液,取1 滴滴于洁净载玻片上,并盖上盖玻片;于暗视野集光器上加1 滴常水,使载玻片与水滴接触,调正光源后,用400 倍扩大检查。如无暗视野集光器,可将普通显微镜的集光器取下,打开顶盖,在其透镜上放一圆形黑纸片,其大小要比集光器透镜小2.5～3 mm,盖上顶盖,安放在显微镜上,即成自制的暗视野集光器。装好后观察是否合适,纸片过大,进入光线太少,视野便暗,不易发现菌体;纸片过小,视野亮度太大,同样不易发现菌体。总之,应达到视野背地发黑,而活动的钩端螺旋体发亮。暗视野检查时,需用强光源灯,如果光源太弱,便不易看到或看不清钩端螺旋体,要求使用低压强光灯泡(6～8 V)。

在暗视野显微镜下观察时,钩端螺旋体为细长有回旋的螺旋体,末端弯曲呈钩状,螺旋细而密,每微米约有两个螺旋,振幅约为0.5 μm,故在暗视野中观察时形如一串闪亮的珍珠,长6～15 μm,宽为0.2～0.4 μm。具有活泼的运动性,能进行各种形式的运动,其中段较硬,两端柔软,故多沿中轴迅速扭动。

检查血液标本时,应注意与血细胞原生质丝相区别。血细胞原生质丝较粗,有的较长,其折光、粗细不一,两端无钩,呈平散状,无螺旋结构,能随液体流动相方向前进，但无自主性。标本发生溶血时较为多见。

(二)染色标本检查法(媒染染色法)

1. 染色液的配制

(1)媒染液。鞣酸1 g、钾明矾1 g、水溶性苯胺蓝0.25 g、20%乙醇100 mL，充分溶解后放置过夜，用滤纸滤过即成。

(2)染色液。石炭酸复红1份，碱性美蓝液1份，等重混合后滤过即成。

2. 染色方法

(1)血液涂片(涂层应薄)，自然干燥，火焰固定。脏器制成悬浮液，以500～800 r/min离心10～20 min，弃去沉淀，将上层液再以3 000 r/min 离心30～60 min，取沉淀物涂片。

(2)加媒染液媒染5 min后，水洗。

(3)加染色液染色2 min后，水洗，干燥，镜检。镜下所见钩端螺旋体呈紫红色，红细胞呈淡红色。

二、犬心丝虫检查

(一)显微镜直接检查法 静脉采血，加EDTA-Na_2抗凝，取此抗凝全血1 mL于离心管中，加2%甲醛溶液9 mL，混合5次，待5 min后，红血球全部溶血，并同时使其幼虫致死而固定，1 500 r/min 离心10 min，弃上清液，取沉渣于载玻片上，加1滴美蓝染液(1∶1 000)后加盖玻片，先以低倍镜检查幼虫的存在，然后换高倍镜观察幼虫的形态。犬丝状幼虫易着色，体长218～320 μm，宽小于6 μm，呈直体直尾，带状头。注意与隐藏棘唇线虫的微丝蚴、细胞原生质丝的区别(图9-8至图9-10)。

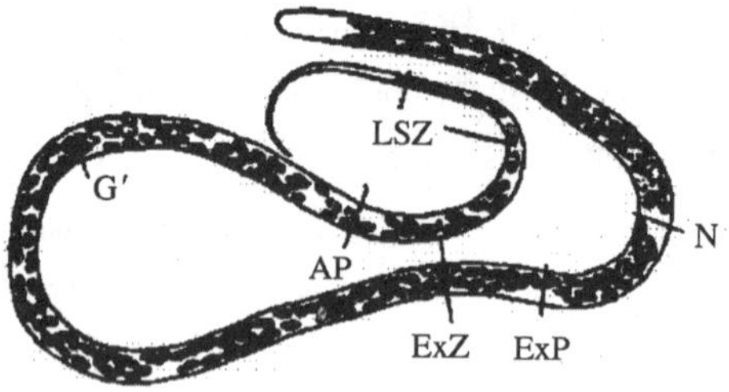

图9-8 犬丝状成虫

AP. 肛孔 ExP. 排泄孔 ExZ. 排泄细胞

G′. 第一生殖细胞 LSZ. 末尾细胞 N. 神经环

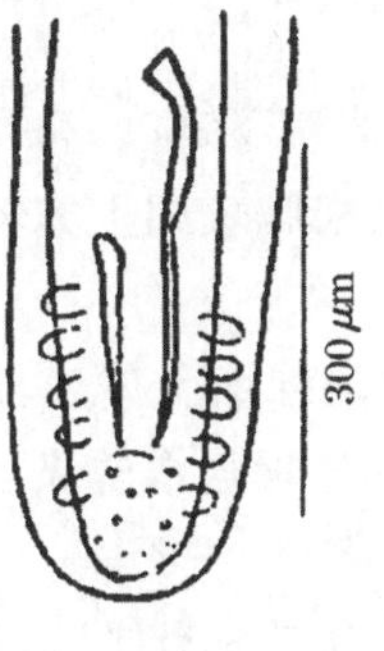

图 9-9　雄虫尾部、腹面

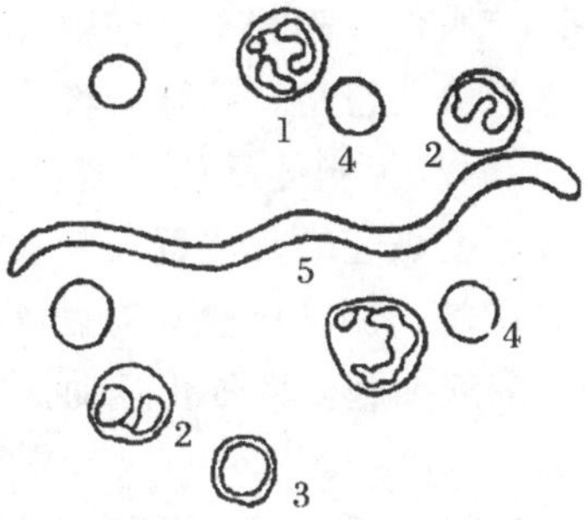

图 9-10　犬丝状虫幼虫与血细胞比例
1. 分叶核白细胞　2. 嗜酸性粒细胞　3. 淋巴球
4. 红细胞　5. 犬丝状虫幼虫

(二)酶联免疫吸附方法

(1)从2～7℃冰箱中取出犬丝状虫酶联免疫吸附(ELISA)试剂盒，于室温平衡10 min。被测样品为全血、血清及血浆。先将被检样品摇匀，取试剂盒中专用吸管吸取被检样品2滴于专用试管中，打开抗体试剂瓶，垂直滴入样品管中5滴抗体试剂；盖上样品管盖子，颠倒混合3～5次；将检验盒平放于桌面上，然后将样品管中样品全部倒入检验盒的样品孔，样品在检验盒内自由地流经结果显示窗，然后到达启动显示圈(0.5～2 min，视样品黏稠度而定)；样品刚流到启动显示圈时，立即按下检测启动按钮，6 min 后显示结果。

(2)结果判断。

①阴性反应(即无犬丝状虫存在)：只有最上边的阴性对照点显蓝色。

②阳性反应(即有犬丝状虫存在)：只有右边的弱阳性检测点显蓝色，表示弱阳性；右边弱性检测点及左边强阳性检测点同时显蓝色，表示强阳性。

③试剂质量控制：只在一边的质量控制孔显蓝色，此时提示试剂保存不当而失效，应换新试剂盒重新检验。

三、附红细胞体检查

(一)鲜血悬滴镜检　采静脉血1滴于载玻片上，加等量生理盐水稀释(减低血浆黏度，避免红细胞重叠)，在400～600倍显微镜下先找到红细胞，待血液流动停止后观察；附红细胞体呈环形、球形、短杆状、哑铃状或星状闪光小体附着于红细胞表面，单个或成团寄生；严重感染病例红细胞光镜下犹如布满突起的蓖麻球状或菠萝状，暗视野下如同齿轮状；血浆中的附红细胞体呈游离状，常做摆动、扭转、翻滚、上升、下降等运动，但一附着于红细胞，即停止运动。

（二）**血涂片染色镜检** 静脉血涂片后，常规瑞氏染色后光镜下观察；可见红细胞呈淡紫红色，附红细胞体呈淡天蓝色，有宝石样光彩，在红细胞表面上宛如一粒粒镶嵌在红宝石上晶莹的蓝宝石。

（三）**制动试验** 制动试验同鲜血悬滴镜检制样；观察到附红细胞体后，滴加1滴0.1%碘液，附红细胞体即停止运动，不被碘着色，用PBS或生理盐水洗涤后也不能恢复活动力。

（四）**活力试验** 活力试验同鲜血悬滴镜检制样；观察到附红细胞体后，滴加1滴5%醋酸或1%盐酸，可观察到红细胞破裂溶血，但附红细胞体并不因红细胞破裂而活力受到影响，相反却表现得更为活泼，运动速度加快、范围增大，这一点可同其他血液寄生微生物相区别，具有一定的鉴别诊断意义。

（刘云　林德贵　丁明星　李宏全）

第十章　动物医院畜禽剖检技术

动物尸体剖检是指运用病理学知识检查尸体的病理变化，来研究疾病的发生、发展的规律。在临床实践中，通过尸体剖检，一是可以检验生前对疾病的诊断是否正确，及时总结经验，提高诊断工作水平，长期积累尸体剖检资料可为各种疾病的研究提供重要的数据；二是对一些群发性疾病如传染病、寄生虫病和中毒病，可通过剖检少数畜禽及早做出诊断后对其他畜禽迅速采取有效防治措施。

第一节　尸体剖检应注意的问题

尸体剖检前应先询问病畜生前病史及疾病流行情况，包括了解临床化验、检查、诊断和治疗情况。应仔细检查尸体体表特征，以及天然孔、黏膜、被毛、皮肤有无异常，需要特别指出的是调查流行病学和检查体表后，如果怀疑是烈性传染病如炭疽时，禁止剖检，要及时上报政府有关部门。除此之外，为了有序地进行剖检，应注意做好以下工作。

（一）剖检时间　尸体剖检应在动物死后越早越好，一般不超过24 h，尸体放置过久，容易腐败分解，难以区分是生前病变还是死后变化，给诊断带来困难。此外，剖检最好在白天进行，因为在灯光下，一些病变颜色（如黄疸、变性等）不易辨认。

（二）剖检场地的选择　为了便于消毒和防止病原扩散，尸体剖检，特别是因传染病而死亡的尸体，应在有一定设备条件的病理剖检室内进行。如条件不允许，在野外剖检时，应选择地势较高、环境干燥，离居民区、畜舍、水源和交通要道较远的地方进行，挖一个2 m深坑，剖检后将尸体、内脏连同污染的土层投入坑内，再撒上10%石灰水、3%～5%来苏儿等消毒药，然后用土掩埋。在解剖室内剖检，可用焚烧的办法处理尸体及污染物。

（三）尸体的运送　尸体搬动前，应用浸透消毒液的棉花团将尸体天然孔及穿透创进行堵塞和包扎，尸体表面用消毒液喷洒，运送尸体的车辆及其他工具都要严格消毒，污染的土层及草料等均应进行消毒处理。

（四）尸体剖检的器械和药品准备　尸体剖检最常用的器械有解剖刀、外科刀、镊子、剪刀、骨剪、骨锯、骨凿，磨刀棍、磨刀石等，剖检常需的消毒液有0.1%新洁尔灭,3%来苏儿、0.2%高锰酸钾等,另外为了对病变组织做切片检查,应准备10%福尔马林药液。

(五)剖检人员自身防护 剖检人员应有自我防护的意识,剖检时应穿工作服,并外罩橡皮或塑料围裙,戴乳胶医用手套,穿胶靴戴口罩,在剖检时如不慎造成外伤应立即消毒包扎,换人继续剖检,如有血液或渗出物溅入眼内应用2%硼酸水冲洗。

(六)剖检操作 在剖检过程中,剖检者应保持清洁和消毒,常用清水冲洗手和器械上玷污的血液、脓汁或其他渗出物,未经检查的脏器不宜用水冲洗,以免改变原有的色彩,在采取某一脏器前,应先检查与该脏器有关的各种联系是否异常,摘下的器官在未切开之前,先称重量,再测长宽和厚度,切脏器的刀剪应锋利。切脏器时,要由前向后,一刀切开,不要向上向下挤压,更不易做拉锯式的切法,切未经固定的脑和脊髓时,应先使刀口浸湿,然后下刀,否则切面粗糙不平。剖检后,剖检者双手先用肥皂水洗涤,再用消毒液浸泡,最后用清水冲洗,剖检器械和衣物都要消毒和洗净。

第二节 尸体剖检记录和尸体剖检报告

(一)尸体剖检记录 尸体剖检记录是作尸体剖检报告的重要依据,也是进行科学分析研究的原始科学材料之一。记录应在施行剖检手术的同时进行,由剖检者口述另有专人记录,记录的顺序应与剖检顺序一致,记录要力求完整、详细,重点详写,次点简写,如实地反映尸体的各种病理变化。完整的剖检记录,应包括各系统器官的变化,缺一不可,对病变的描述,要客观地用通俗易懂的语言来表达,切不可用病理学术语来代替病变的描述,用词要明确,不能用含糊不清的语言,现就根据描述的范围加以简述:

1. *位置* 指各脏器位置异常表现,脏器彼此间或脏器与体壁间是否有粘连等,如扭转可用顺时针、逆时针扭转120°、180°来描述。

2. *大小、重量和容积* 力求用数字来表示,一般用厘米、克、毫升单位,也可用实物比喻,如针尖大小,米粒大小、黄豆大、蚕豆大、鸡蛋大等,不可用肿大、缩小、增多、减少等主观判断术语。

3. *形状* 一般用实物比拟,如圆形、椭圆形、菜花样、葡萄样、结节状等。

4. *表面* 指脏器表面及浆膜面的异常表现,可用绒毛样、絮状、云雾状、虎斑状、大理石样、光滑、粗糙等来描述。

5. *颜色* 单一的颜色可用鲜红、淡红、苍白等词描述,复杂的可用紫红、灰白、黄绿(这些复合词,前者表示次色后者表示主色)等来形容,对器官的色泽,也可用发光或晦暗来描述,表示病变或颜色的分布情况,常用散在、弥漫性、块状、点状分布等。

6. 湿度 一般用湿润、干燥。

7. 透明度 一般用清亮、混浊、透明、半透明等。

8. 切面 常用切面外翻、平滑、微突、结构不清、血样物或泡沫状物渗出等。

9. 质度和结构 常用坚硬、柔软、脆弱、胶样、水样、粥样、干酪样、肉样、砂粒样,颗粒样等词。

10. 气味 常用腥味、恶臭、腐败味等。

11. 管状结构 常用扩张、狭窄、闭塞、弯曲等。

12. 正常与否 对于眼观正常器官,一般不用正常无变化等名词,因为大体病变不明显,组织病理不一定无病变,通常用无肉眼可见病变来概括。

(二)尸体剖检报告 尸体剖检报告内容分为4个部分

1. 概述 记载畜主,剖检动物品种,性别、年龄、特征、死亡时间、剖检时间、剖检地点、剖检人及临床摘要。临床摘要包括发病经过、主要症状、治疗经过以及有关的流行病学材料和实验室各项检查结果。

2. 剖检所见 以尸检记录为依据,按尸体所呈现的病理变化的主次顺序进行详细客观的记载,剖检时所做的组织学检查、微生物学和寄生虫学检查也要记载。

3. 病理解剖学诊断 根据所见病理变化,进行综合分析判断病理变化的主次,用病理学术语对病变做出诊断。

4. 结论 根据病理解剖学诊断,结合生前临床症状及其他有关资料,找出病变之间的内在联系,病变与临床症状之间的关系,做出结论性判断,阐明动物发病和致死的原因,提出防治建议。如根据大体病变不能明确死因,可提出建议做其他化验检查等。

第三节 尸体变化

动物死亡后,受体内存在着的酶和细菌的作用以及外界环境的影响,逐渐发生一系列的死后变化,包括尸冷、尸僵、尸斑、血液凝固、尸体自溶与尸体腐败,正确地辨认尸体变化,可以避免把某些死后的变化误认为生前的病理变化。

一、尸冷

尸冷是指动物死亡后,尸体温度逐渐降低至与外界环境温度相等的现象,下降的快慢受尸体大小、自身状态和周围环境的影响，在死后的最初几小时下降速度快，以后逐渐变慢，通常在室温条件下，每小时下降1℃，尸冷检查有助于确定死亡时间。

二、尸僵

动物死亡后，最初由于神经系统麻痹，肌肉失去紧张力而变松弛柔软，但经过很短时间后，肌肉即收缩变僵硬，四肢关节不能伸屈，使尸体固定于一定的形态，这种现象称为尸僵。尸僵一般在动物死后1～6 h 开始发生，先从头部肌肉开始，以后顺序是颈部、胸部前肢、腰部和后肢，经 10～24 h 发展完全，在死后 24～48 h 后尸僵开始消失，尸僵出现的早晚、发展程度以及持续时间的长短，与外界因素和自身状态有关，环境温度高时，尸僵出现较早，解僵较速，寒冷时则出现较晚，解僵较迟，肌肉发达动物尸僵出现要明显，此外尸僵和生前疾病有一定联系，例如，死于破伤风或番木鳖碱中毒的动物，尸僵发生快而明显，死于败血症的动物尸僵不显著或不出现。

三、尸斑

动物死后，由于心脏和大动脉血管的临终收缩及尸僵的发生，将血液排挤到静脉系统内，并由重力作用，血液流向尸体的低下部位，使该部血管充盈血液这种现象称为尸斑坠积，一般在死后 1～1.5 h 即可出现，尸斑坠积部组织呈暗红色，指压该部退色，并且这种暗红色的斑可随尸体位置的变更改变。随着时间的延长红细胞崩解，血红蛋白溶解在血浆内，并通过血管向周围组织浸润，使周围组织染成紫红色，这种现象称为尸斑浸润，一般在死后 24 h 出现，这种变化在尸体位置改变时也不会消失。动物的尸斑在倒卧侧皮肤可以看到，成对的内脏器官如肾肺等，则卧下的一侧尤为明显，尸斑应与动物生前的充血和出血造成的病变相区别。

四、血液凝固

动物死后血液停止流动而发生凝固，死后血液凝固快时，血凝块呈一致暗红色。在血液凝固较慢时，血凝块分成明显两层，上层为主要含血浆成分的淡黄色鸡脂样血凝块，下层为主要含红细胞的暗红色血凝块，如在心脏大血管内发现此现象提示有可能生前心力衰竭。死后血液凝固形成的血凝块表面光滑而有光泽，质度柔软并富有弹性，游离在血管腔内，而生前血管内形成的血栓常见表面粗糙，质脆无弹性并与血管壁粘连。血液凝固的快慢与死亡原因有关，由败血症、窒息及一氧化碳中毒等死亡的动物，往往血液凝固不良。

五、尸体自溶与尸体腐败

尸体自溶是指体内组织受到酶(细胞本身的溶酶体、胃液和胰液中的蛋白分解酶)的作用而引起自体消化过程。自溶现象最明显的是胃和胰脏,胃黏膜自溶表现为黏膜肿胀、变软、透明,极易剥离或自行脱落和露出黏膜下层,有时可波及肌层和浆膜层造成死后穿孔。尸体腐败是指尸体组织蛋白由于细菌作用而发生腐败的现象,参与腐败的细菌可来自体内(主要是消化道)也可来自体外。在腐败过程中,体内的化合物可分解产生大量气体,有氨、二氧化碳、硫化氢、甲烷、氮等。尸体腐败可表现为几个方面。

(一)死后臌气　这种现象在胃肠道尤其是大肠内表现最为明显,尸体腹部高度臌气,腹围增大,肛门突出,死后臌气应与生前臌气相区别,后者由于压迫横膈而造成胸内压升高,使静脉回流受阻而呈现淤血,尤其是头颈部明显,而死后臌气无上述变化。

(二)内脏器官腐败　肝、肾、脾内脏器官腐败也可产生大量气体,肝脏发生较早,体积增大,肝被膜下出现气泡,质度变软,切面呈海绵状,可以挤出大量混有泡沫的血水,肾脏和脾脏也可出现此变化。

(三)尸绿　组织分解产生大量硫化氢与血红蛋白产生的铁形成硫化铁,致使腐败组织呈污绿色。

(四)尸臭　尸体腐败过程中产生大量带恶臭的气体,如硫化氢、己硫醇等,致使腐败的尸体有特殊恶臭,尸体放置时间越久,存放尸体的周围环境温度越高,尸体产生的臭味越重,另外死于败血症和有大面积化脓性炎症的动物尸体腐败较快且明显。

第四节　动物尸体剖检方法

为了全面系统地检查尸体内所呈现的病理变化,尸体剖检应按照一定的方法和顺序进行,考虑到各种动物解剖结构特点、疾病的规律性及剖检方式的简便和效果,剖检方法和顺序依具体条件和要求有一定的灵活性,常规的剖检顺序是由体表开始次及于体内,通常从腹腔开始次及于胸腔,再及其他。

一、外部检查

外部检查是在剥皮之前检查尸体的外表状态。外部检查对于疾病的诊断常可提供重要线索,还可为剖检方向给予启示,有的还可作为判断病因的重要依据(如口蹄疫、炭疽、鼻疽、痘等)，所以做外部检查要全面、认真、系统。外部检查包括以下几个方面。

(1)检查动物品种、性别、年龄、毛色、体态特征等。

(2)营养状态，根据动物肌肉发育、皮肤和被毛状态来判断，瘦弱动物尸体皮下脂肪极少，肋骨、脊椎、髋结节、坐骨结节、胸骨等都显著突出，皮肤缺乏弹性，被毛粗乱无光泽，眼窝下陷。严重瘦弱动物尸体，脂肪被浆液浸润变为胶冻样，根据动物营养状态一般可推断动物是急性死亡还是慢性消耗性疾病死亡。

(3)天然孔可视黏膜检查，注意检查眼结膜、鼻腔、口腔、肛门、生殖器可视黏膜颜色，着重注意黏膜色泽变化。黏膜苍白是内出血或贫血的征象；黏膜紫红色是淤血的标志，提示要注意循环系统疾病；黏膜黄染，可能是黄疸，应注意肝、胆、胆管以及血液中病原体的检查；可视黏膜出血，可能是传染病或中毒性疾病的症状之一。检查天然孔黏膜时，要注意天然孔有无分泌物、排泄物及其性状、数量、颜色、气味等。

(4)体表检查，首先观察动物尸体是否对称，脊柱有无弯曲，四肢有无变化，其次注意皮肤及被毛，观察被毛的光泽度，皮肤厚度、硬度及弹性，有无脱毛、褥疮、溃疡、脓肿、创伤、肿瘤、外寄生虫等，同时注意检查皮下有无气肿和水肿，气肿时患部隆起，指压有捻发音且有气泡逃逸感。如果不是尸体放置时间过长引起腐败，就要考虑严重肺气肿、胃肠破裂、关节外伤及厌气菌感染等。皮下水肿时患部也隆起，触诊有捏粉样硬变且有波动感，全身性皮下水肿，通常是由贫血、营养不良、慢性心肾肝脏疾患、慢性传染病、严重寄生虫感染引起，而炭疽、恶性水肿等传染病，能引起局部皮下炎性水肿。

(5)尸体变化的检查，根据尸体变化，检查尸冷、尸僵、尸斑、血液凝固和尸体腐败，有助于判定死亡时间、位置，并与病理变化相区别。

二、内部检查

尸体内部检查的方法，对不同品种的动物剖检方式略有不同，通常包括剥皮和皮下检查、体腔剖开、内腔器官的采出和检查等。

(一)剥皮和皮下检查　为了检查皮下病理变化，在剖开体腔以前应先剥皮，对腹部严重膨胀的尸体，可用放气针穿刺，将大部分气体排出之后再开始剥皮。

剥皮的方法：使尸体仰卧，从下颌正中线开始切开皮肤经颈部、胸部、沿腹部白线向后切开，切至脐部、乳房或阴茎时，向左右分为两线绕开这些器官后再合并为一线，经肛门和阴门时各做环形切线再合并一直切到尾根部，尾部一般剥皮，仅在尾根部切开腹侧皮肤，于第一尾椎或第三至第四尾椎处切断椎间软骨，使尾部连在皮上。四肢的剥皮可从系部开始做一轮状切线，沿屈腱切开皮肤，前肢至髋关节，后肢至飞节，然后切线转向四肢内侧与腹正中切线垂直相交。头部剥皮将第一道切线从颌间向两侧翻转将上下唇、鼻翼、眼睑和外耳部连在皮上一起剥离。剥皮时要拉紧皮肤，刀刃切向皮肤与皮下组织结合处，只切割皮下组织，不要使过多的皮肌和皮下脂肪留在皮肤上，也不要割破皮肤。

中小动物剖检时，通常不进行剥皮或只剥胸腹部皮肤充分暴露胸腹腔即可，某些传染病的尸体为了防止疫源扩散也不进行剥皮。

皮下检查：在剥皮过程中要注意检查皮下有无出血、水肿、脱水、炎症、脓肿和寄生虫等病变，并观察皮下脂肪组织的多少、颜色和性状，还要注意体表淋巴结特别是下颌、肩胛、腹股沟淋巴结的检查，观察其形态、色泽、大小、硬度、切面形象等情况，淋巴结的髓样肿胀是各种传染病和中毒时常可见到的变化。

肌肉的检查：注意肌肉的丰瘦、色彩和有无病变，正常的肌肉为红褐色并有光泽，因窒息而死的肌肉呈暗红色，肌肉发生变性时则色彩变淡且无光泽，败血症和中毒时，肌肉内见淤斑或淤点；恶性水肿或气肿疽时，部分肌肉中有大量气体、浆液和出血性浸润并常有坏死性变化；切开肌肉也可能发现各种寄生虫的囊胞或结节。

中小动物尸体剖检，均采取仰卧方式，切断前肢与胸部的肌肉连接，向外下方压开使前肢稳定，切断耻骨连合，向外下方压开后使后肢稳定，从而保持仰卧位。大动物剖检方法通常是侧卧，马是右侧卧位，牛是左侧卧位，为了便于内脏的检查与取出，需将剖检侧的前后肢切离，切离的方法是将前肢或后肢向背侧牵引，切断内侧肌肉、关节囊和结缔组织，再切离其外、前、后3方面肌肉即可取下。

(二)腹腔的剖开和腹腔脏器的视检　马、牛等大动物腹腔的剖开，先从肷窝部肋骨至剑状软骨为第一切线，再从肷窝沿髂骨体至耻骨前缘为第二切线，切开腹壁肌层和脂肪层，用刀尖将腹膜切一小口，以左手食指和中指插入腹腔内，手指的背面向腹内弯曲，使肠管和腹膜之间有一空隙，将刀尖夹于两指之间，刀刃向上沿上述切线切开腹壁，被切离的剖检侧腹壁呈三角形翻落而暴露出腹腔。中小动物腹腔剖开，一般取仰卧位，先用剪刀从耻骨部开始向前剪开腹壁，并向左右剪开使腹腔暴露。

暴露腹腔后应立即进行腹腔视检：内容包括：①腹腔液的数量和性状；②腹腔内有无异物；如气体、血凝块、胃内容物、脓汁、寄生虫等；③腹膜、胸膜和气囊的性状，是否光滑、有无出血及纤维素渗出等；④腹腔脏器的位置有无异常；⑤横膈有无破裂等。

(三)胸腔的剖开和胸腔脏器的视检　剖开胸腔前，需用刀切除切线部的软组织，大动物胸腔剖开的方法有两种：一种是将横膈的左(右)半部从左(右)肋部切下，在肋骨上下两端切离肌肉并做两切线，用锯锯断肋骨两端，即可将胸腔全部暴露；另一种是用骨剪剪断近胸骨处的肋软骨，用刀逐一切断肋间肌肉分别将肋骨向背侧扭转，使肋骨小头周围的关节韧带扭断，一根一根的分离，最后使胸腔露出。

中小动物胸腔剖开可在剖开腹腔后用刀或骨剪沿两侧肋软骨向前剪开使胸腔暴露。

暴露胸腔后方立即进行胸腔视检：①胸腔液的容量和性状；②胸腔内有无异常物，如气体、血液、脓汁等；③胸膜的性状，检查有无出血、充血、肥厚和粘连；④肺脏的色彩、体积、纵隔和纵隔淋巴结、食道、静脉、动脉有无变化；⑤心脏的视检，心包有无增厚，心包积液的数量和性状等。

(四)腹腔脏器的采出

1. 小肠的采出　两手握住大结肠的骨盆曲部，将大结肠向腹腔外前方引出，再将小结肠全部拿到腹腔外的背部，剥离十二指肠结肠韧带，在十二指肠与空肠之间做双重结扎，从中间切断，以左手握空肠断端向自己身前牵引使肠系膜保持紧张，右手持刀从断端开始，靠近肠管切断肠系膜，一直切至回盲系膜处，进行双重结扎，从中间切段取出小肠，在分离肠系膜过程中，应注意肠系膜和淋巴结有无异常变化。

2. 小结肠的采出　先将小结肠还纳于腹腔内，把直肠内粪便向前挤压，在直肠起始部做一结扎，于结扎后方切断直肠，然后由直肠断端向前分离后肠系膜至小结肠前端，在十二指肠韧带处结扎小结肠，切断后取出小结肠，在此过程中，应对后肠系膜和直肠浆膜进行检查。

3. 大结肠和盲肠的采出　先检查前肠系膜动脉根部，用手触摸有无寄生虫性动脉瘤，再检查结肠的动静脉和淋巴结，然后将上、下结肠动脉，中盲肠动脉和侧盲肠动脉自肠壁分离，在距肠系膜根30 cm左右处切断，并将其断端交由助手向背侧牵引，剖检者以左手牵引小结肠和回肠的断端，以右手剥离附着在大结肠上的胰脏，然后将大结肠和盲肠同背部连接的结缔组织一一分离，即可将盲肠和大结肠全部取出。

4. 脾脏的采出　左手抓住脾头向外牵引，使其各部韧带保持紧张，切断脾肾韧带、脾膈韧带、脾胃韧带和脾的动静脉，然后将脾同大网膜一并采出。

5. 胃和十二指肠采出　应先检查胃的外观、胰管及输胆管的状况，胰管和胆管有异常时，可将胃、十二指肠和胰脏留待与肝脏同时采出，胰管和胆管无异常时，可先切断食道末端，将胃牵引，切断胃肝韧带，肝十二指肠韧带，输胆管、胰管、十二指肠系膜以及十二指肠与右肾间韧带，使胃与十二指肠一同采出。

6. 肾脏和肾上腺的采出　先观察肾脏的动、静脉，输尿管和有关的淋巴结有无变化，然后先取左肾切断和剥离其周围的浆膜和结缔组织，切断其输尿管和血管，采出肾脏，右肾用同法采出。肾上腺可与肾同时采出也可单独采出。

7. 肝脏和胰脏的采出　先检查与肝脏相连系的门脉和后腔静脉，注意有无血栓形成，然后切断肝脏与隔膜相连的左三角韧，再切断圆韧带、镰状韧带、后腔静脉和冠状韧带，最后切断右三角韧带，采出肝脏。胰脏可先于肝脏采出，也可一同采出。

中小动物腹腔器官的采出，可先由横膈处切断食管，再由骨盆腔切断直肠，将胃、肠、肝、胰、脾一并采出，分别检查。

(五)胸腔脏器官的采出

1. 心脏的采出　在心包左侧中央部做十字形切口，露出心脏，检查心外膜的性状，沿心脏的左纵沟左右各1 cm处切开左右心室，检查血量及其性状，再用左手拇指和食指伸入心室切口，将心脏提起，检查心底部各大血管之后切断，取出心脏。

2. 肺脏的采出　首先切断纵隔膜的背侧部，再切断纵隔膜后部，然后在胸腔入口切断纵隔，在气管轮上做一切口，用左手食指伸入切口牵引气管，可将肺脏采出。

(六)口腔及颈部器官的采出　先将刀插入口腔，由口角向耳根，沿上下臼齿间切断颊部肌肉，再在第一臼齿的前方锯断下颌支，然后将刀尖伸入颌间，把附着于下颌支内面的肌肉全部切断，最后切断冠状突周围的肌肉与下颌关节的囊状韧带，握住下颌骨断端用力向后上方提举，即可将颌骨取下，口腔显露，左手牵引舌头切断与其联系的所有软组织和舌骨支，分离咽、喉头、气管、食道周围的肌肉和结缔组织，即可将口腔和颌部的器官一并采出。

对于采取仰卧剖检的中小动物尸体，口腔器官的采出也可由下颌支内侧切断肌肉，将舌从下颌间隙拉出，再分离其周围的联系，切断舌骨支，即可将口腔器官整个分离，然后再按前面所述分离颈部器官。

(七)骨盆腔器官的采出　骨盆腔脏器的采出法：一种方法不打开骨盆腔，只伸入长刀，将骨盆中各器官各自与其周壁分离，分离后取出；另一种方法是先锯开骼骨体，然后锯断耻骨和坐骨髋臼支，除去锯断的骨体。切断直肠与骨盆腔上壁的结缔组织，母畜还要切断子宫和卵巢，再由骨盆腔下壁切离膀胱颈、阴道，在肛门、阴门做一圆形切离，即可取出盆腔器官。

(八)颅腔的剖开与脑的采出　沿枕寰关节横断颈部，取下头颅，然后分离颅顶和枕骨髁部附着的肌肉将头放平，沿颞骨窝缘横锯额骨，距前锯线往后2～3 cm处，再锯一平行线，从颞骨窝前缘联系的中点至两颞骨上缘各锯一线，然后由颧骨弓至枕骨大孔左右各锯一线，锯完后，再用骨凿撬去额窦部两条锯线间的骨片，将凿子伸入锯口内，用力揭开颅顶，露出脑，然后用手术刀切离硬脑膜，切断脑底部的神经，细心的取出大脑、小脑、延髓和垂体。

(九)鼻腔的剖开和检查　将头骨距正中线0.5 cm处纵行锯开，把头骨分成两半，其中一半带有鼻中隔，用刀将鼻中隔沿其附着部切断取下，检查鼻中隔、鼻道黏膜的色泽、外形、有无出血、结节、糜烂、溃疡、穿孔、炎性渗出物等，必要时可在额骨部做横行锯线，检查颌窦和鼻甲窦。

(十)脊椎管的剖开和脊髓的检查　先切除脊柱背侧棘突与椎弓上的软组织，然后用锯在棘突两边将椎弓锯开，用凿子掀起已分离的椎弓部，即露出脊髓硬膜，再切断与脊髓相连的神经，切断脊髓的上下两端，即可将分离的那段脊髓取出。检查脊髓的外形、色泽、质度，并将脊髓横切，观察切面上的灰质、白质和中央管有无病变。

(十一)采出脏器的检查　脏器的检查是尸体剖检的重要环节，也是病理学诊断的重要依据，因此对各脏器的检查要认真细致，脏器的检查最好在采出的当时进行，因为采出放置过久由于受周围环境的影响，脏器会失去原有的湿润度和色泽。但是边采出边检查的方法，在实际工作中也常感不便，因为对胸腹腔脏器的概况了解不多的情况下检查，特别是大小肠的检查会花很多时间，又会影响重点检查，通常情况腹腔、胸腔器官采出后就要进行检查，检查后，再按需要检查其他部分。检查要有重点，所谓重点是指与动物发病和致死原因有关的病变。重点检查完毕后又要照顾一般性的全身检查。

下面按腹、胸、颈部脏器的顺序说明检查方法。

1. *胃和十二指肠的检查*　先观察其大小，浆膜面的色泽，有无粘连，胃壁有无破裂及穿孔，然后用剪刀由贲门沿大弯剪至幽门，胃剪开后检查内容物的分量、性状、含水量、气味、色泽、成分、寄生虫等，然后倾去胃内容物，检查胃黏膜性状，注意有无肿胀、发炎、出血、溃疡、肥厚等。

十二指肠的检查和胃的检查基本一致。

2. *小肠和大肠的检查*　先检查肠道浆膜面的色泽，有无粘连，肿瘤、寄生虫、结节等，然后剪开肠管。剪开的方法：小肠、小结肠和直肠沿肠系膜附着部剪开，盲肠沿纵带由盲肠底剪至盲肠尖；大结肠由盲结口开始，沿大结肠纵带剪开，在剪开时，随剪随检查，注意肠内容物的数量、性状、气味、有无血液、异物、寄生虫等，除去肠内容物，检查肠黏膜的性状，观察有无肿胀、发炎、出血、溃疡等病变。

3. *脾脏检查*　先检查脾门部的血管和淋巴结，测量脾脏的长、宽、厚度，称其重量，观察其形态和色泽，被膜的紧张度、有无肥厚与瘢痕形成及有无破裂现象等。用手触摸脾的质度（坚硬、柔软、脆弱），然后，从脾头至脾尾做一纵切，观察脾髓的色泽和滤泡，脾小梁的状态，有无结节、坏死、梗死和脓肿等，然后用刀背刮切面，检查脾髓的质度。患败白症的脾脏，常显著肿大变软，包膜紧张，切面外翻，结构模糊，流出多量煤焦油样血液；慢性炎症时，增生现象明显，而炎性充血和渗出不显著，因其质度坚实，外形虽肿大，但切面平滑，滤泡显著增生时，其轮廓明显；萎缩的脾脏被膜收缩肥厚，脾小梁粗大而明显。

4. 肝脏的检查 先检查肝门部对动脉、静脉、胆管和淋巴结进行详细检查，然后观察肝脏的形态、大小(长、宽、厚)，称其重量，检查色泽，被膜的紧张程度及有无出血点，寄生虫结节和坏死灶等，最后切开肝脏，观察切面的色泽、含血量、肝小叶间结构是否清晰，切面是否隆突，有无脓肿，坏死等。

肝萎缩时边缘锐薄，肝肿大时，则边缘钝圆，切面外翻；肝硬化时，质度坚硬切面可见有间质增生的灰白色条纹。急性淤血的肝脏，其静脉怒张，含多量紫红色血液，肝小叶中央部呈暗红色；慢性肝淤血时，切面呈槟榔样花纹。

5. 胰脏的检查 检查胰脏的大小、色泽和质度，然后沿胰腺的长径做切面，检查有无出血、寄生虫和坏死等变化。切开胰管，检查腔的内容和管壁的性状。

6. 肾脏的检查 首先检查其大小、形态、色泽和质度，然后由肾的外侧面向肾门部切开，切至仅留少许软组织联系为止。先检查肾的包膜，正常时包膜菲薄透明，易剥离，且表面光滑。包膜剥离后，检查肾的表面的色泽，有无出血、梗死、变性等病变，然后检查切面皮质和髓质的厚度、色泽、境界部血管的形态及组织结构纹理等，正常时肾皮质呈暗红色，缺血时则颜色变淡，肾小球在阳光照射下呈灰色小体。在病态情况下则发生异常，显著淤血情况下，呈紫红色，发生颗粒变性或脂肪变性时呈灰黄色；肾小球充血时表现许多较大的红点，肾小球肾炎时，视充血的明显与否呈灰色或红色颗粒状；最后检查肾盂，注意其容积，有无积尿、积脓、结石等，检查其黏膜的性状，必要时检查输尿管和膀胱，注意有无结石，膀胱充盈度，尿液色泽和性质，以及黏膜有无充血、出血、水肿、坏死、溃疡等变化。

此外，肾脏发生贫血、梗死或发生脓毒败血症时，病变明显可见；水肿严重的肾脏，在切面可流出多量透明液体，液体流失后有轻度下塌现象。

7. 肾上腺的检查 检查其形态、大小、色泽和质度，然后横切，检查皮质和髓质的厚度和色泽及有无出血、坏死等病变。

8. 心脏的检查 先进行外部检查，观察心脏纵沟，冠状沟的脂肪量和性状，有无出血，心外膜有无出血和炎性渗出物；然后切开心脏检查心腔，沿左纵沟左侧的切口，切至肺动脉的起始部，再沿左纵沟右侧的切口，切至主动脉起始部，将心脏翻转过来，沿右纵沟的左右两侧大约1 cm 处做一平行切口，切至心尖与左侧切口相连接，再通过房室口切至左、右心房，经过上述步骤，心脏全部剖开。

切开心脏的过程中，注意检查心脏中血液的含量，正常时，左心室空虚，右心室有少量凝血，心脏中出现的血凝块，是动物心脏徐徐停止搏动的象征；有紫黑色的血凝块，说明动物是心脏骤停而死亡，检查心内膜的色泽、光滑、透明度和有无出血，各个瓣膜、腱索是否肥厚、有无血栓形成和组织增生或缺损等病变。检查心肌的色泽、硬度、有无出血和变性，正常的心肌呈暗红色，色彩均匀而有光泽；发生急性营养不良变化的心肌，色彩变淡呈灰黄色，切面浓淡不均，呈斑纹状，脆弱易碎。

9. 肺脏的检查　先检查肺的体积和外形，肺膜的色泽、光滑和边缘的状态，然后用手触摸各肺叶中有无硬块、结节和气肿，有病变处切开检查切面，然后用剪刀顺着气管和支气管剪开肺脏检查支气管壁的厚度、黏膜的性状、有无炎症或寄生虫以及渗出物或异物等，最后将左右肺叶做纵切和横切，检查各切面的色泽、含血量和有无炎症、结节，以及肺实质、间质、支气管和血管的变化。

10. 舌、咽喉、气管、食道的检查　检查舌黏膜，注意有无外伤、溃疡等，纵切或横切舌肌，检查其结构。

检查咽喉部的黏膜和扁桃体，注意有无发炎、坏死或化脓。

剪开食道，观察黏膜的状态，食道壁的厚度，有无局部扩张和狭窄，食道周围有无肿瘤、脓肿等病变。

剪开喉头和气管，检查喉头软骨、肌肉和声门有无异常，气管黏膜有无病变或病理性附着物。

11. 骨盆腔脏器的检查　膀胱的检查，观察其大小，蓄尿量及色彩，浆膜和黏膜有无出血、炎症、结石等。

雌性动物检查阴道和子宫时，先观察子宫大小、子宫体和子宫角的形状，用剪刀伸入阴道，沿其背中线剪开阴道、子宫颈、子宫体直至左右两侧子宫角的顶端，检查这些器官和黏膜的性状、内容物的性质；输卵管的检查一般采取触摸，必要时剪开，注意有无阻塞，管壁厚度，黏膜状态；卵巢的检查注意其外形大小、重量和色泽等，然后做纵切检查黄体和滤泡的状态。

12. 脑的检查　先观察脑膜有无出血、淤血，正常脑膜透明平滑、湿润有光泽，然后检查脑回和脑沟的状态，如有脑水肿积水、肿瘤或脑充血等病变时，脑沟内有渗出物蓄积，脑沟变浅，脑回变平。用手触摸脑实质的质度，感觉是否变硬或变软。最后做脑的内部检查，纵行切开大脑，先用水浸湿过的脑刀伸入脑沟中，自前而后，由上而下，一刀经过胼胝体、松果体、四叠体、小脑、蚓突、延脑，将脑切成两半，检查脉络丛的性状及侧脑室有无积水。然后横切脑组织，注意脑质的色泽和质度，有无出血、坏死、包囊、脓肿、肿瘤等病变。

脑垂体的检查:先检查其重量、大小,然后行中线纵切,观察切面的色泽、质度、光泽和湿润度等。

13. 肌肉关节的检查　肌肉的检查通常只对肉眼观察有明显变化的部分进行,注意其色泽、有无出血、变性、坏死及脓肿等。

关节的检查通常只对有关节炎的关节进行,切开关节囊检查关节液的含量、性质和关节软骨表面的状态。

14. 骨和骨髓的检查　骨的检查主要对骨组织发生疾病的病例进行,先进行肉眼观察,再进行硬度检查。

骨髓的检查,对与造血系统有关的疾病极为重要,可将长骨沿纵轴锯开,注意骨干和骨端的状态,红骨髓和黄骨髓的分布等。

第五节　犬、猫的剖检技术

一、犬、猫尸体剖检方法

犬、猫剖检常取背卧位,先切断肩胛骨内侧和髋关节周围肌肉,使四肢摊开。然后沿腹壁正中线切开剑状软骨至肛门之间的腹壁,再沿左右最后肋骨纵切腹侧壁至脊柱部,这样腹腔脏器全部暴露。此时应检查腹腔脏器的位置和有无异物。然后由膈处切断食管,由骨盆腔切断直肠,将胃、肠、肝脏、胰脏、脾脏一起采出,分别检查。也可按脾、胃、肠、肝、肾的次序分别采出。

胸腔器官的采出方法:用刀或骨剪切断肋软骨和胸骨连接部,将刀伸入胸腔,划断脊柱左右两侧的肋骨与胸椎连接部的胸膜和肌肉,然后将双手伸入胸腔,往外侧掰压左右侧胸壁肋骨,则肋骨与胸椎的关节自行折裂而暴露胸腔。可将心、肺和气管一起采出。

口腔和颈部器官的采出方法:剥去下颌部和颈部皮肤后,用刀切断两下颌支内侧和舌连接的肌肉,左手指伸入下颌间隙,将舌牵出,剪断舌骨,将舌、咽喉和气管一并采出。

骨盆腔和颅腔剖检与大动物相同。

二、肉眼检查

除按家畜的剖检程序进行检查外,还应注意犬、猫疾病的病理变化特点。

(一)体表检查　检查有无眼分泌物及眼分泌物的性质;眼结膜色泽,有无肿胀、溃疡;角膜有无混浊、溃疡、穿孔;眼球是否下陷。鼻端是否变粗糙、角化;鼻腔内有无浆液性、黏液性、脓性分泌物或出血。肛门周围有无粪便污染;足底有无角化变硬;皮肤被毛有无脱落、外伤、肿胀、结节或硬块,腹部皮肤有无水包性或脓包性皮炎;皮肤是否缺乏弹性;皮下是否水肿;下颌淋巴结、颈淋巴结、腹股沟淋巴结等体表淋巴结大小和硬度。

(二)口腔检查 检查口腔黏膜的色泽及有无外伤、溃疡;齿龈有无出血点;有无舌苔,舌黏膜有无溃疡,舌质地有无改变。

(三)咽喉检查 检查黏膜的色泽,扁桃体有无肿大、坏死,咽及咽与食管交界处有无异物。

(四)食管检查 剪开食管,检查食管有无病理性扩张或狭窄等。

(五)胸腔脏器检查 首先检查胸腔有无积液或渗出物;心包膜内有无炎性渗出物;心脏纵沟、冠状沟的脂肪量和性状;心脏大小、色泽有无改变,心外膜有无出血。打开心腔,检查心内膜色泽,有无出血,瓣膜是否肥厚;心室有无血凝块;心肌的色泽、硬度等。

检查肺脏的大小、肺胸膜的色泽及有无出血和炎性渗出物;各肺叶有无硬块、结节和气肿;剪开气管和支气管,检查其黏膜的性状,有无出血和渗出物;横切左右肺叶,检查切面的色泽和血液量的多少,有无炎性病变、寄生虫结节等。检查肺门淋巴结的性状及其剖面色泽;胸腔大动脉的硬度、弹性,注意观察其内膜有无带白色的小线条或斑点,是否粗糙、肥厚,有无钙化灶及其他变化。胸腔食管有无异物。

(六)腹腔检查 腹腔有无积液;脾脏的大小、硬度、边缘的厚薄及脾淋巴结的性状,被膜的性状和色泽;脾髓的色泽,脾小体、脾小梁的性状。肝脏的大小,被膜的性状,边缘的厚薄,实质的硬度和色泽以及肝淋巴结、血管及肝管的性状;肝切面的血量、色泽,切面是否隆起,肝小叶的结构是否清晰,有无脓肿、结节及坏死灶等。胆囊壁是否水肿、增厚。注意肾脏的大小、硬度,肾表面的色泽、平滑度,有无疤痕、出血等变化,被膜是否容易剥离,切面皮质和髓质的色泽,有无淤血、出血、化脓和坏死,切面是否隆突,以及肾盂、输尿管、肾淋巴结的性状是否改变。胰脏的色泽、硬度及有无出血。肾上腺注意检查外形、大小、色泽和硬度有无改变,皮质、髓质的色泽及有无出血变化。

(七)胃的检查 胃的大小,有无扭转;胃浆膜面的色泽,有无粘连,胃壁有无破裂及穿孔;胃内容物的量、性状、气味等,有无异物;胃黏膜的色泽是否改变,有无水肿、出血、溃疡等。

(八)大肠和小肠的检查 注意肠管有无扭转、套叠、钳闭、绞窄和肠闭结;肠管浆膜的色泽,有无粘连、肿瘤、寄生虫结节;肠系膜淋巴结的性状;检查肠内容物的量、性状、气味，有无异物、寄生虫等；肠黏膜厚度，有无出血、坏死或增厚，淋巴小结的性状；膀胱的大小、色泽是否充盈，膀胱内有无结石，黏膜有无出血；卵巢、子宫的大小，子宫内有无脓性物质，子宫内膜有无出血、坏死。

（九）脑和脊髓检查 打开颅腔，检查硬脑膜和软脑膜有无充血、淤血和出血；切开大脑，查看脉络丛的性状和脑室有无积水；横切脑组织，查看切面有无出血或坏死；打开各段椎管，检查脊髓硬膜有无充血、出血、胶样浸润；剪开硬膜，查看硬膜下腔有无出血及纤维素性渗出物；颈、胸、腰段椎间盘是否向椎管内突出。

（十）肌肉、关节和骨骼检查 检查骨骼肌的色泽、硬度，有无变性、结节、脓肿及萎缩。切开关节，检查关节滑液的量和性质，观察骨端和骨干状态以及红骨髓与黄骨髓的分布，同时注意骨密质与骨疏质的状态。

以上各内脏器官、组织在做大体检查的同时，应分别切取存有病变的组织块，放入10%甲醛溶液或其他固定液中，以备做组织学检查之用。

第六节 病料的采取和送检

在尸体剖检中，有些病变只凭大体剖检肉眼观察难以做出明确诊断，需要采取病理材料做切片进行组织学观察或微生物学的检查，有些情况还要做毒物试验。

（一）病理组织学检查材料的采取和送检 病理组织切片能否完整的如实的显示原来的病理变化，在很大程度上取决于材料的选取、固定和寄送。因此，要求注意如下几点。

(1)采取病理材料要选择病变显著部分或可疑病灶，取样要全面又要有代表性，在同一块组织中，要包括病灶及其周围正常组织，且应包含器官重要结构部分，如肾脏应包含皮质、髓质和肾盂。胃肠应包括从黏膜到浆膜的各层组织，且应能看到淋巴滤泡。大脑应包括灰质和白质。在较大而重要病变处，可多取数块组织以代表病变各阶段的形态变化。

(2)切取组织块所用刀剪要锋利，切取时必须迅速而准确，勿使组织受到挤压和损伤，以保持组织完整。对柔软菲薄或易变形的组织如胃、肠、胆囊、肺以及水肿的组织，为了防止在固定当中发生弯曲、扭转而变形，可在切取后先放在纸片上，再将纸片与组织一同放于固定液中。也可将整段肠管剪下，不加冲洗和挤压，直接投入固定液中。水分的接触可改变其微细结构，所以组织在固定前勿使沾水。

(3)组织块的大小通常长、宽各为1～1.5 cm，厚度为0.4 cm，为了使组织切片的结构清楚，切取的组织块应立即投入固定液中，固定的组织越新鲜越好。尸检采取标本时，也可先切取稍大的组织块，待固定几个小时后，在取出修整切小、切薄。

(4)类似的组织块数量较多时，应分别固定以防混淆，或切成不同形状以利辨认。固定液要有足够的数量，相当于被固定组织体积的5～10倍。

(5)固定完全和修整后的组织块，需要寄送时，用浸渍固定液的脱脂棉包裹，放置于广口瓶或塑料袋内，并将其封固，瓶外裹以油纸或塑料纸，然后用木盒包装即可邮寄送检。

(二)微生物学检验材料的采取和送检　采取化验用的材料，越新鲜越好。否则会影响化验结果的准确性。采取病料的种类，可根据流行病学和尸体剖检后初步诊断疾病种类而定，如急性败血症疾病可以采取心血、脾、肝、肾等器官；有神经症状的可采取脑、脊髓及周围神经；慢性疾病可采取病变部位的材料，如坏死组织、脓肿及渗出液等。

采取材料应无菌操作，所用取材料的器械要消毒灭菌，选取的材料应是未与外物接触的部分，若暴露在空气中或已经用手接触过，可用烧红的金属片先在器官表面烧烙后取深部的材料，放入无菌的器皿中。

要送检肠内容物，可将肠管两端结扎，剪下一段肠管直接送检。胃内容物可置于灭菌的玻璃瓶内送检。血液涂片或组织触片经固定后，可在玻片之间用火柴棒隔开包扎好后即可送检。

(三)毒物检查材料的采取和送检　对可疑中毒而死的动物，可采取胃内容物或连同胃一起送检，装入清洁的容器内，注意不要与化学药剂接触。有些情况需要送检肝、肾、脑、骨等器官来分析某种元素是否超标。

(丁明星　孙艳争)

第十一章　常见临床病例分析

一、犬、猫心肺疾病

（一）肺炎

肺炎（Pneumonia）是肺炎实质的炎症。临床上以发热、呼吸障碍、叩诊出现散在或广泛性的浊音区、听诊有啰音或捻发音为主要特征。老龄、幼龄犬、猫及体弱的犬、猫易发。

【症状】　病初，体温通常升高到40℃左右，脉搏和呼吸次数增加。呼吸增数的同时，节律改变，以腹式呼吸为主，并表现出所谓的“唇形呼吸”特征。食欲下降或废绝、精神沉郁或嗜眠。流鼻液，先为浆液性，后为黏液性或脓性，有时可见到铁锈色鼻液。咳嗽，常为短粗的浅咳。可视黏膜潮红或轻度发绀。病初局部肺泡呼吸音增强，有湿啰音及捻发音，随病程发展，肺泡呼吸音减弱直至消失，但肺泡呼吸音消失区周围的肺泡呼吸音增强，肺泡呼吸音消失区叩诊出现浊音区，如果病变部位较深或较小，可能不易发现。

【实验室检验】

血液常规检验：白细胞总数升高，嗜中性粒细胞的比例升高，并伴有核左移现象，多见于细菌感染引起的肺炎或病毒性肺炎继发细菌感染以后。嗜酸性粒细胞增加，多见于变态反应性肺炎、犬丝虫病。白细胞总数减少，伴有核右移，多提示预后不良。

X射线摄片检查：是诊断肺部疾病有效的方法。通常取侧位和背腹或腹背的两个方向拍摄。一些肺炎片的特征如下：

（1）侧面像主要以前叶腹侧阴影度增加以及其他部位不规则的阴影度增加，多见于支气管肺炎等。

（2）单个或多个肺叶均一的阴影度增加，多见于大叶性肺炎、肺叶捻转、异物性肉芽肿、肿瘤等。

（3）弥漫性、大叶性间质阴影度增加，多由间质性肺炎、败血症、毒血症、肠道内寄生虫幼虫的移行等引起。

(4)支气管及血管的结构弥漫性阴影度增加,多由肺循环增强、慢性支气管炎等引起。

(5)后叶边缘部阴影度均匀性增加,多由血栓栓塞性肺炎,细菌性心内膜炎、脂肪栓塞、心功能不全、血液凝固障碍等引起。

(6)以后叶及其边缘部界限明显或不明显为主的单发或多发结节性不定型阴影,多由肉芽肿性肺炎、结核、肺吸虫等引起。

(7)单叶或多叶均一的阴影度增加,多由肺不张、动脉或支气管完全阻塞、外伤等引起。

【诊断】 根据临床症状、实验室检验结合X射线摄片检查即可做出诊断。

【治疗】 本病在加强营养,改善护理的同时,宜采取抗菌消炎、止咳化痰、制止渗出、促进渗出物的吸收和排除及相应的对症治疗等措施。

(1)抗菌消炎:青霉素每千克体重4万~6万IU,肌肉或皮下注射,每日2次;头孢拉啶或头孢唑啉钠20~40 mg/kg,肌肉或皮下注射,每日2次;拜有利注射液0.1 mL/kg,肌肉或皮下注射,每日1次或2次。也可选用甲硝唑注射液10~100 mL或盐酸四环素按每千克体重5~11 mg,每日1次静脉注射。还可选用庆大霉素,庆大-小诺霉素,丁胺那霉素等。如为久居空调房间导致的军团菌性肺炎,可以口服红霉素片,每次0.25~0.5 g,每日3次或4次,重症者可静脉注射红霉素,每次1~2 g,每日2次,一般用药2~3 d后体温可恢复正常,但仍应继续用药2周。也可以口服给药,阿莫西林每千克体重20~30 mg,每日2次或3次。

(2)止咳化痰:对于刺激性咳嗽剧烈的犬、猫。可以肌肉注射可待因,每次5~10 mg,每日2次或3次,也可选用必嗽平或乙酰半胱氨酸等其他止咳化痰药物。

(3)制止渗出:可用10%葡萄糖酸钙溶液缓慢静脉注射,每次10~20 mL,每日1次。

(4)促进渗出液的吸收和排出:可用利尿剂,如速尿等。

(5)真菌性肺炎可选用两性毒素B静脉注射,犬的用量每千克体重为1.8 mg,7 d为一疗程,中断7天再治一疗程。

(6)支持疗法:静脉注射5%葡萄糖氯化钠溶液适量,每日1次或2次,静脉注射复方氨基酸适量,每日1次;也可以给患病犬、猫营养膏或专门处方食品,以补充机体必需的营养物质。

(7)对症治疗:高热者,可静脉输双黄连或清开灵等退烧药物,每日1次或2次。出现气急、紫绀等现象的缺氧犬、猫,可使用人用便携式输氧袋,从鼻导管给氧。

患病犬、猫一旦出现呼吸衰竭、肾功能衰竭等致命性并发症时,可施行安乐死。

(二)心力衰竭

心力衰竭(Heart failure)不是一个独立的疾病,它是多种疾病过程中发生的一种综合征。临床上表现为心肌收缩力减弱,心脏排血量减少,静脉回流受阻,动脉系统供血不足,全身血液循环障碍等一系列症状和体征。心力衰竭也可以由心包炎、心包液渗出、瓣膜口闭锁不全或狭窄所引起。临床上心力衰竭可分为左心衰竭和右心衰竭,但任何一侧心力衰竭都可影响对侧。

【病因】

心脏负荷加重:后负荷(收缩期负荷)加重的原因为主,肺动脉瓣狭窄或体、肺循环动脉高压;前负荷(舒张期负荷)加重常见于心脏瓣膜闭锁不全等。

心肌发生病变:由各种病毒(如犬瘟热、犬细小病毒)、寄生虫(如犬恶心丝虫、弓形虫),细菌等引起的心肌炎;因硒、铜、维生素 B_1 等营养元素缺乏引起的心肌梗塞等。

心包疾病:如心包积液或积血,使心脏受压,心腔盈不全,引起冠状循环供血不足,而导致心力衰竭。

治疗:治疗时过快或过量的输液以及不常剧烈运动的犬、猫突然运动量过大(如长途奔跑)等引起。

先天性心脏畸形:由一些先天性心脏畸形(如动脉导管未闭、法乐氏四联症等)引起。另外心肌突然遭受剧烈刺激(如触电、快速或过量静脉注射钙剂等)。心肌收缩抑制(如麻醉引起的反射性心跳骤停或心动徐缓)等。

【症状】 左心衰竭时主要呈现肺循环淤血,由于肺脏毛细血管内压升高,可迅速发生肺间质或肺泡水肿和心搏出血量减少。重病犬、猫表现为呼吸加快和呼吸困难,听诊肺部有各种性质的啰音,并发咳嗽等。

右心衰竭时主要呈现体循环障碍(全身静脉淤血)和全身性水肿。早期可见肝、脾脏肿大,后期由于腹水使腹围扩大,腹水及肿大的肝脏压迫膈肌引起喘息。偶尔可见胸水。胸水或腹水呈淡黄色、橘黄色或粉红色,轻度混浊。蛋白含量(20～30 g/L),比重 1.018～1.020。

充血性心力衰竭通常是由左心或右心衰竭发展而来,其特征性症状是肺充血、水肿或腹水。临床表现为呼吸困难、咳嗽、轻微运动或兴奋即疲劳,腹围增大,精神沉郁,食欲废绝,体重减轻,黏膜淤血或苍白,毛细血管充盈缓慢,偶尔黏膜发绀。

【诊断】 根据病史、临床症状、心电图和 X 射线检查即可做出诊断。心力衰竭及其严重程度的诊断可以参照表 11-1。

表 11-1 心力衰竭及其严重程度的诊断要点

项目	亚临床症状	中度临床症状	重度临床症状	急性临床症状
心率	加快	加快	心动过速	升至 280 次/min
缩期杂音（左）	二尖瓣（3 级）	二尖瓣（4 级）	二尖瓣（4～5 级）	二尖瓣（4～5 级）
心脏扩张（左）（右）	存在	存在	存在	存在
心律不齐（左）（右）	偶然存在	偶然存在	存在	频繁
肺水肿（左）	无	运动后有	中度	长期
呼吸困难（左）	运动后有	运动后加重	长期	长期
咳嗽（左）	运动后可加重	运动后偶尔有	长期	长期
啰音（左）	无	偶尔	频繁	经常
腹水（右）	无	罕见	经常	经常
肝脏肿大（右）	罕见	偶尔	频繁	经常
静脉扩张（右）	无	无	偶尔	频繁
缺氧（左）（右）	无	无	偶尔	偶尔

注：（左）为左心衰竭，（右）为右心衰竭。

【治疗】 去除病因，减轻心脏负荷，增强心脏机能，改善缺氧的状况，限制钠的摄入等是本病的治疗原则。

（1）减轻心脏负荷：让患病犬、猫保持安静，避免过量运动，必要时，可使用镇静剂，如肌肉注射安定注射液或硫酸吗啡（每千克体重 1～2 mg）。患病犬、猫所处环境应当通风良好、凉爽、氧气充足，避免高温缺氧的环境。适当限制食盐的摄入量。必要时进行静脉穿刺放血 100～200 mL（大型犬），以减轻右心前负荷。肌肉注射速尿每千克体重 2～4 mg 利尿，以促进水肿消退，减轻前负荷。

（2）增强心肌收缩力，改善心脏功能：用毛花强心丙注射液加入到 10～20 倍 5%葡萄糖溶液中缓慢静脉注射，必要时 4～6 h 后再用 1 次。也可应用洋地黄毒甙（每千克体重 0.033～0.11 mg），每日 2 次，口服，或以每千克体重 0.006～0.012 mg（全效量）静脉注射，然后以全效量的 1/10 维持。应用洋地黄类药物必须注意，因感染、发热引起的心动过速而无心力衰竭的病犬、猫不宜使用，可采用抗生素控制感染。部分或全部房室传导阻滞则为禁忌症。

（3）改善缺氧状况：有条件者可以用鼻导管输氧。

（4）应用血管扩张剂，减轻心脏后负荷：如氢化可的松等皮质激素等。

（5）对症疗法：纠正酸碱平衡失调和电解质紊乱，使用 ATP、辅酶 A、细胞色素c、维生素B_6和葡萄糖等能量合剂作为辅助治疗。

(6)处方食品：现在已经有一些宠物食品公司生产专门用于心脏病的处方食品，可以配合药物进行使用。

二、犬、猫肾病

肾功能衰竭(Renal failure)是指肾组织发生的急性功能不全或肾衰竭或肾单位绝对数减少所致的临床综合征。可分为急性肾功能衰竭和慢性肾功能衰竭。

(一)急性肾功能衰竭

急性肾功能衰竭(Acute renal failure)又称急性肾功能不全，是指由多种原因造成的急性肾实质性损害而导致的肾功能抑制。临床上以发病急剧、少尿或无尿、代谢紊乱和尿毒症等为主要特征。

【病因】

(1)肾前性急性肾衰。由于血液入肾前发生流通障碍而造成急性缺血而引起肾衰，引起肾前性急性肾衰的因素有：

①血容量降低：见于各种原因所致的体液丧失，如大出血、剧烈呕吐、腹泻、大面积烧伤、利尿剂使用不当或败血症所致的有效循环血量不足，血容量减少，休克等。

②心源性休克：见于各种心力衰竭时心输出量减少。

③药物、麻醉或脊髓损伤等诱发的低血压。

④某些过敏性休克时，入肾小球动脉端的血压低于8 kPa，肾小球滤过作用濒临停止，尿量极少并含少量蛋白质，继而发生肾衰。

(2)肾性急性肾衰。由肾脏本身急性病变引起，多见于急性间质性肾炎和急性肾小管球坏死，以及肾脏病变所致的急性局部缺血，偶见于严重的腹部创伤性双侧肾脏破裂。由于大部分肾小管基底膜损伤，溶解以至坏死，所产生的管型与细胞碎片阻塞肾小管，尿液被重新吸收而使血氮增多，引起肾衰。

(3)肾后性急性肾衰。因尿液排出肾脏受阻所致。多见于双侧输尿管或尿道阻塞，如结石、肿瘤等。由于尿液排出受阻，而肾脏仍正常泌尿，使尿液积聚，导致肾小管、肾小球内压力过高，不仅使肾小球滤过受阻，尿中积聚代谢产物，也可造成肾小管破裂或坏死，因而发生急性肾衰。若一侧输尿管阻塞，尚可见肾盂积水。

【症状】　急性肾功能衰竭的临床表现可分3期。

(1)少(无)尿期。多数病例此期可持续15 d左右。患病犬、猫在原发病症状的基础上，排尿明显减少或无尿。由于水、盐及代谢产物排泄障碍，而出现水肿、心力衰竭、高钾血症、低钠血症、代谢性酸中毒、氮血症，且易发生感染等。

(2)多尿期。若能渡过少尿期，则尿量开始增加。水及氮质代谢产物潴留依然显著，由于钾排出过快而发生低钾血症，有些犬、猫出现心力衰竭，后肢瘫痪等症状。患病犬、猫多死于该期，亦称危险期。耐过者，水肿开始消退，症状逐渐好转。

(3)恢复期。经过多尿期后，尿量逐渐恢复正常。但由于患病犬、猫体力消耗严重，表现肌肉无力、萎缩等。恢复期的长短，取决于肾实质病变的程度。严重病例，肾小球滤过功能长期不能恢复，可转变为慢性肾衰。

【实验室检查】

(1)尿液检验。少尿期的尿量少，尿比重初期高于 1.025，尿钠浓度高，尿中可见红细胞、白细胞、各种管型及蛋白质。多尿期的尿比重降低，尿中可见白细胞。

(2)血液检验。白细胞总数及中性粒细胞比例增高。血中肌酐、尿素氮、磷酸盐、钾含量升高，血清钠、氯及二氧化碳(CO_2)结合力降低。

【诊断】 根据发病史、临床症状、实验室检查结合液体补充试验、肾造影、超声波或 X 射线检查结果可做出诊断。

(1)肾造影。急性肾衰时，造影剂排泄缓慢，根据肾显影情况可判断肾衰程度。肾显影慢，逐渐加深，表明肾小球滤过率低；显影快而不易消退，表明造影剂在间质及肾小管内积聚；显影极淡，表明肾小球滤过几乎停止。

(2)超声波或 X 射线检查。可确定肾后性梗阻。

(3)液体补充试验。给少尿的犬补液 200～1 000 mL 后，静脉注射速尿，若仍无尿或尿比重低，可认为急性肾功能衰竭。

【治疗】 本病宜以积极抢救，防止休克和脱水，及时补液，纠正酸中毒和减缓氮血症为治疗原则。

(1)少尿期治疗。治疗原发病并纠正高血钾和钠、水潴留。

①饮食疗法。给予高糖、低蛋白、富含维生素且易消化的食物或给予专门的处方食品。

②纠正脱水、电解质和酸碱失调。若高钾血症严重，可静脉注射 0.9%等渗盐水或乳酸林格氏液，每千克体重 10～20 mL；若伴酸中毒，可静脉注射碳酸氢钠，每次 10～15 mL ，每日 1 次或 2 次；除补液外，尚可用10%葡萄糖溶液 30 mL 加1 IU 胰岛素，按每千克体重 1 mL 静脉注射或按每千克体重 0.5 mL 口服。

为防止发生败血症，肌肉注射氨苄青霉素或先锋霉素 5、6 号 20～40 mg/kg，每日 2 次。也可以应用喹喏酮类抗生素。

为防止休克，可肌肉注射地塞米松(0.4～0.8 mg/kg)，每日 1 次或 2 次。

当重金属中毒时，应尽早投予二巯基丙醇每千克体重 4.4～6.6 mL，肌肉注射，间隔 4～6 h 1 次。

当尿路阻塞时，应设法排除阻塞的原因。

(2)多尿期治疗。多尿期开始时，常为尿毒症高峰，仍需按少尿期治疗，随尿量渐多，水肿消退，转入多尿期治疗，主要应适当补钾，可按血钾浓度让病犬、猫按每千克体重 50～100 mg 口服钾盐，并据尿量的 1/3 补液，使多尿期延长。血浆非蛋白氮下降后，增加食物中蛋白质。也可肌肉注射丙酸睾丸素，每 2～3 d 用药 1 次。

(3)恢复期治疗。随着尿量的增多，电解质也大量丢失，此期应注意测定血液和尿液中的电解质浓度，及时补充丢失量。血尿素氮为 20 mg/dL 可作为恢复开始的指标，此期应注意营养，加强护理并适当锻炼使之早日康复。

(二)慢性肾功能衰竭

慢性肾功能衰竭(Chronic renal failure)是指承担肾功能的肾单位绝对数减少，不能维持机体环境的相对平衡所致。临床上以出现各种代谢紊乱为主要特征。

【病因】　慢性肾功能衰竭多由急性肾功能衰竭转化而来。

由于遗传性或先天性肾病发展而来，常见品种有拉萨狮子犬、中国狮子犬、金毛猎犬、撒摩揶犬、波斯猫等。

【发病机理】　各种疾病引起的肾小球滤过率下降，约有 75%肾单位进行性破坏是慢性肾衰产生的原因。由于肾脏排泄和调节机能失常，蛋白质分解产物积聚血中导致氮血症，若无其他症状，称肾功能不全期，随着血浆非蛋白氮积聚，高达 100 mg/dL，并出现酸碱平衡紊乱，即为尿毒症期，继而发生全身性疾病。

【症状及诊断】　患病动物体重下降，被毛粗乱，失去光泽，表现整体营养不良。继尔出现精神抑郁、倦怠、脱水、食欲下降或厌食。一些动物常因尿毒症的加重而频繁呕吐，呕吐与采食无关。有时患尿毒症的犬可能同时发生呕吐和腹泻，但猫则较少见。如果动物患有严重的尿毒症，其呼出气带有氨气味，出现口腔溃疡、舌炎、胃炎或牙齿脱落、口臭。也可能出现神经系统的症状，如嗜眠、困倦、生活习惯改变、肌肉痉挛、昏迷或惊厥。

肾衰的后期，触诊肾脏，肾脏变小、变硬，而且肾脏表面不规则。犬、猫的正常肾脏是第二腰椎长度的 2.5～3.5 倍。

对患病犬、猫，应密切注意肾功能变化，监测每天饮水量、排尿量和尿液与血浆中尿素氮与肌酐化，低于 30∶1 时应引起警惕。

本病根据临床发展过程可分 4 期，如表 11-2 所示。

表 11-2 慢性肾功能不全分期及有关指标

项目	病期			
	Ⅰ期	Ⅱ期	Ⅲ期	Ⅳ期
肾小球滤过率	>50%	50%～30%	30%～5%	<5%
尿量	正常	多尿	少尿	无尿
电解质 Na	正常	有时降低	多降低	降低
电解质 K	正常	正常	有时降低	升高
电解质 Ca	正常	正常	降低	降低
电解质 PO_4	正常	正常	升高	升高
酸-碱平衡	正常	正常	酸中毒	酸中毒
其他	血中肌酐及尿素氮轻度升高	轻度脱水、贫血、心力衰竭等	中至重度贫血、血中尿素氮可高达 130 mg/dL 以上	呈现尿毒症多种临床症状，尤其是神经症状，尿素氮可高达 200～250 mg/dL

【治疗】 慢性肾衰的肾脏损害是不可逆的，故治疗原则为控制病程发展，恢复代偿，延长生命。

(1)加强护理。减少食物中的蛋白质的比例，但要给予高生物价蛋白质；降低食物中磷的含量，最好给予专门用于肾衰的处方食品。

(2)纠正水与电解质平衡紊乱。按脱水程度予以补液，多给饮水，失钠多者可用3%高渗盐水静脉注射。有水肿及血压高者限制饮水和摄盐量。尿少时限制钾的摄入，而尿多者适当补钾。

(3)纠正酸中毒。除补液可用乳酸林格氏液(每日每千克体重 40～50 mL 静脉注射)和碳酸氢钠外，尚可每日 4 次口服碳酸氢钠，每次每千克体重 50 mg。并可用氢氧化铝凝胶止呕，每日 3 次，按每千克体重 0.6 g。

(4)对慢性尿毒症并伴缺钙和肾性骨病者，给予活性维生素 D_3 和钙制剂，如碳酸钙，每日按每千克体重 100 mg，分 2 次或 3 次口服。

(5)对于严重贫血的病例，可以给予同化激素(如康复龙、庚酸睾酮或丙酸睾酮等)或促红细胞生成素。

(6)对食欲不振或废绝者，可肌肉或皮下注射复合维生素 B 或安定。

(7)对症治疗。有感染者给予抗生素；出现抽搐、昏迷等神经症状者，可直接向腹腔内注射苯巴比妥溶液(常规则减半)，但禁用镁盐；为促进患病犬、猫恢复代偿，可用腹膜透析疗法。

三、犬、猫肝病

(一)犬、猫肝病总论

1. 肝脏的正常肝功能

(1)加工食物中氨基酸、碳水化合物、脂肪和维生素。

(2)代谢激素和药物。

(3)合成蛋白质、糖和血凝因子。

(4)储存维生素和矿物质。

(5)把氨基酸转换成尿素。

(6)吞噬血中颗粒物质。

(7)把内源性废物分泌进入胆汁。

肝脏可以通过蛋白质合成碳水化合物,把糖转换成脂肪并储存起来,蛋白质分子间也可进行转换,具有许多生物学作用。

肝可作为一种排泄器官来代谢药物和激素。由肝脏排泄的胆汁含有许多肝代谢物质,胆汁在肠中通过脱胆盐作用乳化脂肪,减少废弃物(如胆红素、过量胆固醇和铜)。

2. 犬、猫肝病　犬、猫肝脏疾病是非常重要的,因为肝脏执行许多重要的功能。在不同病因的作用下肝脏发生不同程度的疾病,其生理功能发生一系列的改变,从而严重影响着动物的健康情况(表 11-3)。

表 11-3　肝基本功能和肝病时功能的改变

功　能	改变后的功能
生成胆盐	脂肪和脂溶性维生素吸收障碍
排除胆红素	血清胆红素浓度升高
皮质类激素(糖皮质激素、醛固酮)代谢	库兴氏综合征表现、钠滞留、低钾血症
药物代谢	药物代谢能力下降,白蛋白合成减少,血浆药物结合减少。呈现药物毒性反应
碳水化合物代谢	糖原分解和合成损伤,可形成低糖血症
通过氨基酸、乳酸和甘油合成葡萄糖并储存糖原	糖摄取和释放受损,糖耐受曲线异常

续表 11-3

功能	改变后的功能
脂肪代谢;脂蛋白合成、循环及胆固醇排出	脂蛋白合成受损,血浆胆固醇浓度改变
蛋白质代谢(蛋白质脱氨基作用)	肝性脑病、昏迷、死亡
由氨基酸合成尿素	血氨浓度升高
血浆蛋白合成	血浆蛋白浓度下降(特别是低蛋白血症)、腹水
合成血凝因子	凝血时间延长
维生素和矿物质储存	肝内脂肪和水溶性维生素缺乏
血液流通及血中病菌和颗粒物质的清除	结肠内病菌或其他大分子抗原物质暴露机会增加

【病因】 遗传性(门脉旁路)、肝中铜滞留、药物、中毒、胰腺炎、库兴氏综合征、营养不良、寄生虫、外环境应激、癌症、创伤和传染病(如细菌、病毒和真菌)。

【诊断】 根据临床症状可进行肝病实验室检查,如血液检查、X 射线检查、超声波检查、活组织检查。

(1)丙氨酸氨基转移酶(ALT)。丙氨酸氨基转移酶是肝主细胞产生的一种酶,肝细胞损伤或死亡时血中 ALT 水平升高。病毒感染、休克、药物等均能引起肝细胞损伤,血中 ALT 活性升高。确切的诊断需用肝活组织检查。

(2)天门冬氨酸氨基转移酶(AST)。天门冬氨酸氨基转移酶是 ALT 类似的一种酶,但对肝病没有特异性,因为肌肉可产生 AST,在其他条件下血中 AST 也会升高。在多数情况下 AST 与 ALT 按 1∶1 的比例增高。

(3)碱性磷酸酶(ALP)。碱性磷酸酶是胆管、小肠、肾、胎盘和骨骼产生的一种相关酶。血中 ALP 水平升高,特别是 ALT 和 AST 活性正常或轻度升高是可怀疑胆管疾病。胆管阻塞或胆管其他疾病(如原发性硬化性胆管炎)时血中 ALP 明显升高。

(4)γ-谷氨酰转肽酶(GGT)。γ-谷氨酰转肽酶与 ALP 一样由胆管产生,胆管疾病时血液中 GGT 活性升高。ALP 和 GGT 同时升高时,胆管有疾患。病毒感染、药物等引起血中 GGT 活性升高。

(5)胆红素。胆红素是老化红细胞破解的主要产物,由肝清除。胆红素在肝中通过螯合作用而被修饰,分泌进入胆汁,进入肠道,在肠中部分胆红素被重吸收。当胆红素生成增加,肝吸收减少,螯合作用降低,肝中分泌减少或胆管阻塞时血中胆红素水平升高。肝吸收减少或螯合作用降低时,血液中非直接胆红素水平升高;肝中分泌减少或胆管阻塞时,血液中直接胆红素水平升高。许多不同的肝脏疾病会引起血中胆红素水平升高。在急性肝病中，肝细胞的分泌功能遭到破坏，血中胆红素水平升高。在慢性肝病中，血清胆红素水平通常是正常的，直到大量肝组织受到损伤并出现肝硬化的时候才出现异常。胆管阻塞或硬化性胆管炎时，ALP、GGT、胆红素水平升高。

(6)白蛋白。白蛋白是血液循环中的主要蛋白，由肝脏合成并分泌到血液中。肝功能低下时，血液白蛋白浓度降低。在慢性肝病中血液白蛋白浓度是正常的，但肝脏出现严重损伤或肝硬化时，其水平发生改变。营养不良、某些肾病或其他少见情况下，血中白蛋白浓度也会下降。

(7)凝血时间。与血凝相关的许多因子在肝脏中合成，当肝功能严重异常时其合成和分泌功能下降。血中凝血因子浓度降低时，血液凝固时间延长。慢性肝病时，凝血时间通常正常，但肝脏出现严重病变或肝硬化时凝血时间延长。急性肝病时，患者凝血时间延长。维生素 K 缺乏或某些药物也可引起凝血时间延长。

(8)血小板记数。血小板是参与凝血的最小的血细胞。在某些肝病例中，脾脏肿大但进入肝脏的血流减少时，导致大量血小板在脾脏中“抵押”。慢性肝病出现肝硬化时血中血小板数下降。在其他许多疾病条件下，血小板数也会下降。

(9)血清蛋白电泳试验。在电泳试验中可分离出血清中主要蛋白，并且能够测定其浓度。主要测定的蛋白有 4 种：白蛋白、α-球蛋白、β-球蛋白、γ-球蛋白。血清蛋白电泳试验是诊断肝病的有用方法。肝硬化时，白蛋白含量下降，γ-球蛋白含量上升；某些类型的自体免疫性肝炎，γ-球蛋白含量明显上升。α-1-抗胰岛素缺乏时，α-球蛋白含量下降。

【临床症状】　犬、猫肝病临床症状表现为多样性，主要有厌食、体重下降、腹部膨大、黄疸和肝性昏迷。然而这些临床症状没有肝胆管疾病的特异性，因此必须鉴别诊断具有同样症状的其他器官的疾病。临床症状与肝损伤的程度及预后无相关性。犬、猫肝病晚期表现为腹水、肝细胞功能丧失引起的代谢性脑病、后天性门体循环旁路形成、出血。

【肝病治疗】

(1)肝病治疗时需要注意肝功能衰竭的并发症。肝性脑病、腹水、胃肠溃疡、凝血病、感染和内毒素血症。

(2)支持疗法。用饮食疗法来维持肝内代谢平衡，纠正和预防营养不良，减少肝负荷，避免肝毒性和神经毒性物质的产生。

(二)胆道闭锁

肝内细胞分泌胆汁。胆汁由胆固醇、胆盐和体内垃圾组成，包括胆红素。肝内管状结构和细小肝管构成肝向小肠排泄胆汁的排泄系统。胆汁有助于消化过程。胆道闭锁是胆汁排泄系统的缺失或闭锁。

胆道闭锁是生后不久产生的一种渐进性炎症过程。最常见的病例为肝外胆道闭锁。白细胞浸润胆管，导致胆管损害，并且可能完全消失。胆汁在肝内淤积，快速引起肝细胞的损伤。肝组织的进一步损伤会导致肝硬化。

【病因】 原因不明，自体免疫机制可能部分的解释发生过程。最近研究表明病毒感染可引起胆道闭锁。

【诊断】 病史调查极为重要。胎儿刚生后正常，过2～3周后形成黄疸。胎儿皮肤和眼黄染，粪便色浅，尿色深，肝肿大，腹部膨大，体重下降。

(1)血液检查：胆红素升高。

(2)超声波检查：胆道细小或缺失。

(3)胆道放射性染色检查：可观察到胆道的异常情况。

(4)穿刺针活体组织检查。

(5)剖腹探查：最为准确的一种诊断方法。

【治疗】

(1)去除闭锁胆管并在胆汁排泄部位把肝脏直接连接到小肠上，此小肠的剩余部分与其他的肠道连接形成“Y”形。

(2)肝移植。

(3)并发症。

①胆管炎：肠内细菌进入胆管引起。

②门脉高压：小肠和脾到肝的静脉压升高，引起出血、凝血、胃和食道静脉扩张变脆、体腔积液。

（三）肝硬化

肝硬化在解剖学上表现为广泛的肝结节和纤维化。肝结节和纤维化损坏肝正常结构，影响肝内血液的流通。另外，肝硬化使肝不能行使其正常的生化功能。

由肺到左心室的含氧血液被泵到体内所有的组织，称为体循环。组织内的血回流到右心，并泵到肺部摄取氧释放出二氧化碳，然后流回左心，此过程称为肺循环。肠和脾内血在回流到右心之前要流经肝脏，此过程称为门脉循环，血液流进肝内的大血管称为门静脉。血液经过肝后进入肝静脉，再到后腔静脉，到右心。肝脏也直接接收由心到肝的动脉血。在食道、胃、小肠和直肠处门脉循环与体循环的静脉血相连通，在正常情况下，血液很少从门脉循环回流到体循环(图11-1)。

1. *胆红素分泌* 肝脏是胆汁形成的地方。胆汁包括胆盐、脂肪酸、胆固醇、胆

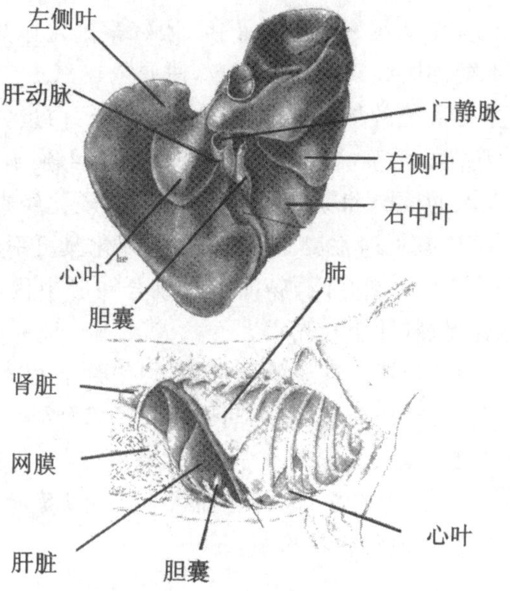

图 11-1　肝的正常结构和体位

红素和其他物质。胆汁成分在肝脏内合成，修饰并分泌到肝小管内。肝小胆管逐步形成较大的分支状胆管网，最后汇合成总胆管，胆汁通过总胆管进入小肠。胆红素源于老化红细胞。肝细胞从血液中吸收胆红素，并把胆红素修饰成水溶性形式，分泌进入胆汁。

2. 肝生化功能　肝具有许多生化功能。血凝因子在肝内合成；白蛋白、血中主要蛋白也在肝内合成并从肝中分泌；胆汁成分在肝中被修饰和/或合成；许多体内代谢反应在肝内进行，包括胆固醇代谢、蛋白质和脂肪代谢；药物和毒素也在肝内被代谢。

3. 发病机理　毒素、炎症、代谢紊乱和其他病因引起肝细胞损伤，进一步会导致肝硬化。损伤的和死亡的肝细胞被纤维组织代替，肝组织被纤维化。肝细胞以异常的方式再生形成肝结节，其周围为纤维组织。肝整体结构的改变最终导致肝内血流量下降。

肝内血流量下降及门脉循环中血液回流可引起严重的并发症。血液回流进入脾脏时引起脾肿大现象，在多数情况下血小板数下降会导致异常出血。如果门脉压升高，血液回流进入体循环，胃食道和直肠部静脉血管曲张，胃和食道血管破裂时引起大量出血，最后死亡。门脉高压、其他激素、代谢和肾异常会引起腹水和外周组织水肿。

肝硬化时肝细胞分泌胆红素的能力下降，胆红素进入血液，引起黄疸、皮肤和眼睛的异常黄染。水溶性胆红素可进入尿液，使尿色加深。

肝硬化时肝脏生化功能的异常会引起数种并发症：白蛋白水平下降加重腹水和外周水肿；药物代谢能力改变，需重新考虑药物剂量问题；血凝因子形成减少，出现异常出血；甘油三酯、胆固醇和糖代谢紊乱；早期肝硬化经常引起胰岛抑制和糖尿病；后期或严重肝功能衰竭时血糖含量降低；肝硬化又可引起脑部的异常，肝硬化时肠道血液流经肝脏的功能受阻，肠内吸收成分在肝中代谢下降，导致肝性脑病，严重时患者出现昏迷、脑肿胀和死亡。

肝硬化另外可引起其他器官系统的异常。肝硬化时免疫功能下降，容易引起继发感染；腹水引起腹膜炎；肾功能下降；晚期形成肝肾综合征。

【临床症状与诊断】　皮肤和眼睛异常黄染，黄疸，尿色加深，腹水及外周组织水肿，消化不良，消瘦，无力，精神沉郁，神经症状为其主要症状。如果出现上述的异常情况和并发症时，肝硬化通常容易诊断。

【病因】

(1)病毒感染。

(2)慢性自身免疫性疾病。

(3)遗传性代谢病(如血色素沉着)。

(4)慢性胆管疾病。

(5)慢性充血性心功能衰竭。

(6)寄生虫感染。

(7)脂肪肝。

(8)药物和毒素引起。

【治疗】　肝硬化具有不可复性，只能减缓或阻断其病程。去除药物和毒素会阻断病程。代谢性疾病的治疗通常有效。病毒感染时可用干扰素，自体免疫性肝炎可采用泼尼松治疗。

并发症处理：腹水和外周水肿时可利用利尿剂；病菌感染时应用抗生素；凝血不良时采用维生素 K。严重病例采用肝移植术。

（四）肝性脑病

犬、猫肝性脑病(HE)是由于肝功能下降，鸟氨酸循环障碍或肝周门脉血管旁路引起的中枢神经系统的一种复杂的代谢紊乱病，肝代谢和降毒的功能受损，门脉血液中成分未发生改变直接进入体循环，肠道中降解的许多毒性物质，如氨、氨基酸(特别是芳香族氨基酸、苯丙氨酸、酪氨酸和色氨酸)、短链脂肪酸、硫醇和各种生物胺、吲哚和粪臭素,没有被肝代谢而引起肝性脑病。氨被星状细胞代谢成为谷氨酸盐,认为在肝性脑病的病程变化过程中氨具有很重要的整合作用。谷氨酸盐快速聚集使细胞内通透性增加,引起脑水肿、脑部充血和颅内压升高。谷氨酸盐、短链脂肪酸、芳香族脂肪酸和硫醇是 Na^+/K^+ ATPase 抑制剂。其他理论认为肝性脑病的病理机制包括血浆氨基酸代谢变化引起单氨酸类神经递质传递的紊乱;谷氨酸盐调控的兴奋性氨基酸神经递质与 γ-氨基丁酸调控的抑制性氨基酸神经递质间不平衡;脑内源性苯二氮样物质浓度升高。

【病因】

(1)急性肝功能衰竭,发生于任何年龄的动物。毒物损伤、代谢紊乱、创伤、热休克、传染病、肝叶梗塞等为常见病因。

(2)慢性肝功能不全(如慢性肝炎、肝硬化、肝胆管肿瘤等)和后天性门脉系统旁路。中年犬或老年犬常发病,表现为体重下降、精神沉郁、厌食、胃肠道症状、多饮和多尿。门脉高压时会补偿性地形成弯曲的旁路血管,并连接到后腔静脉。很少发生肝外旁路系统。

(3)先天性门脉系统异常(通常为肝内和肝外单条通路,与门脉高压无关)。肝周旁路使肠内血液直接进入中枢神经系统、后腔静脉或奇静脉。先天性肝外旁路通常为门静脉或它的一个分支,如左胃静脉、脾静脉、前或后肠系膜静脉,或胃十二指肠静脉。肝内门脉系统的异常在犬上不常见。此病常发于不到 1 岁的幼犬。此病与犬品种有关。症状表现为厌食、精神沉郁、体重下降、多饮多尿、黄疸和腹水。

急性肝功能衰竭表现为血中丙氨酸氨基转移酶和总胆红素活性明显升高,血清碱性磷酸酶活性变化不一。慢性肝病或肝硬化表现为丙氨酸氨基转移酶和总胆红素变化不一,血液碱性磷酸酶明显升高。先天性门脉旁路时动物肝酶正常或轻度升高。肝功能损伤时会出现低蛋白血症、低白蛋白血症、低糖血症、低胆固醇血症和血凝时间延长。肝内磺溴酞钠滞留时间延长,血液尿素氮水平异常低,血氨浓度经常升高,禁食(如 12 h)和食后(如 2 h)血清总胆酸(TSBA)值是肝功能衰竭的敏感指标。研究表明禁食后犬 TSBA 高于 20 μm/L,食后 TSBA 高于 25 μm/L 时表明有肝疾病。

【症状】 肝性脑病的神经症状主要是精神沉郁或倦怠,不愿活动或做转圈、低头、运动失调;有的癫痫发作或突发狂躁不安,震颤;有的定向障碍、凝视、失明、昏迷不醒。多数患犬尚表现为多尿、烦渴、厌食、腹水、生长迟缓、呕吐、腹泻、消化不良、膀胱结石、肾肿大;病犬对镇静药、麻醉药耐受性降低。

天性门静脉异常所致的肝性脑病,上述症状不一定完全具备。肝硬变、肝肿瘤和中毒引起的进行性肝脏疾病，常表现为共济失调，痴呆和昏迷，并表现明显的厌食、腹泻、消瘦、黄疸和腹水。

【诊断】 主要以神经症状和血液学检查来确诊。除常规肝功能检查项目，还可结合肝活组织穿刺、尿素循环酶分析以及脑电图检查等，但应注意同其他脑病区别。

【治疗】 以支持疗法为主。在饲料中限制蛋白质和脂肪摄入量，以减少氨的产生和减轻肝脏负担。口服广谱抗生素，适量硫酸镁或硫酸钠(5～25 g)灌服以清理胃肠，杀菌。适量补液以扩充血容量、维持酸碱平衡、防止碱中毒，同时又能促进肾脏排泄氨，以纠正氮血症和降低肠肝氮循环。治疗过程中，要严格禁忌使用镇静剂、麻醉剂，以免加重病情。具体如下：

(1)改变饮食。减食富含蛋白的食物，如肉和鸡蛋。饲喂干酪每天每千克体重2 g，并配以易消化的含糖食物(如大米等)，保证维生素量(维生素B、维生素A、维生素C、维生素D、维生素E和维生素K)。

(2)饲喂乳果糖。犬每8 h 2.5～15 mL，猫每8 h 1～3 mL。乳果糖能够明显的降低结肠内容物的pH值，从而大大地减少氨的形成和吸收以及其他含氮类毒素的量。

(3)去除中毒剂。用灌肠剂和/或泻药清洗肠道；应用抗生素，如新霉素(20 mg/kg，口服，每日2次或3次)。

(4)支持疗法。维持体液，纠正酸碱平衡。

(5)门脉旁路采用手术疗法。

(6)进行有效的预防和控制。

(五)犬慢性进行性肝病

1. *肝脏功能* 肝脏是动物存活所必需的很重要的器官之一，它与体内600多种代谢功能有关，其中最重要的是蛋白质(包括白蛋白和参与凝血的蛋白)的合成、糖代谢、胆汁的合成与分泌、维生素和矿物质的储存、毒物的去毒作用、药物代谢、血中细菌和其他病原的清除。

2. *慢性进行性肝病* 慢性进行性肝病是在数月以上发生的恶化病情。潜在病因主要是慢性肝病，包括细菌感染、癌症、自体免疫性疾病、肝内重金属聚集(如铜)、摄入毒物(如黄曲霉毒素)或长期服药。经常得不到明确的病因。不管病因如何，但病程都是相似的，肝脏受到长期的炎性刺激。肝功能受到严重危害时，其他系统也会受到影响，表现出明显的临床症状。机体具有保护肝脏的功能，因此当表现出明显的临床症状时，肝脏已受到严重损害。对肝脏炎症的控制主要取决于病的进程。在早期如果采用适当的治疗措施，肝脏能够修复再生，因此早期的诊断和治疗对肝脏疾病非常重要。肝脏正常解剖结构和生理功能的理解有助于了解肝病的病理变化。

(1)肝解剖结构、生理和病理变化。肝位于腹腔膈与胃之间，是一个大的器官。某些犬肝脏占整体重的5%～10%，与其他器官一样，肝也接收动脉血，然而肝只接收25%的动脉血，其他75%的血液来自于门静脉。门静脉血与动脉血相比含氧量和氧分压低。如果门静脉血流动受阻时，静脉血液会回流。肝细胞为肝的主要功能细胞，与肝内许多代谢过程有关，因此肝细胞必须易与血液接触。在结构上，每个肝细胞都邻近肝窦小管。肝窦小管类似于其他器官的毛细血管。血液从门静脉进入肝窦小管，从而保证肝细胞与血液的充分接触。

门静脉血来源于腹腔中胃肠道、胰腺和其他器官。由于肠道血液流经肝脏，所以在血中有营养物质和其他物质。血液由门静脉进入肝脏，其中营养物质在肝中被储存或加工，糖、蛋白质与脂肪的代谢和肝有密切的关系。病菌抗原、毒素或其他吸收物质和残渣物质通过肝脏而排泄。枯否氏细胞与循环血液中白细胞的功能一样，它与肝功能密切相关。如果肝功能受到损害或肝供血改变，肝细胞功能下降，机体对疾病的敏感性会增加。尽管枯否氏细胞的功能非常重要，但其过度激活会导致疾病。

(2)炎症与肝脏疾病。肝脏大部分疾病都伴随有炎症，因此动物表现为发热、食欲不佳、恶心、呕吐。引起炎症的病因是各种各样的，但对肝脏的影响是相同的。炎症时肝细胞受到损伤，细胞酶类被释放进入血液，血液中SALT、SAST、SAP、GGT活性升高。酶活性高低不能说明肝脏损伤的严重程度或损害是否引起肝功能衰竭，只能说明肝脏中是否存在炎症或损伤。成功的治疗取决于血液中这些酶的活性是否下降。肝功能试验包括肝合成能力(如白蛋白、尿素氮和凝血蛋白)和物质代谢(胆酸、氨和药物)能力。炎症控制对治疗肝脏疾病非常重要，如果炎症得不到控制肝脏会被继续破坏。尽管肝脏具有较好的再生能力，但再生肝细胞排列紊乱，使血液不能充分与肝细胞接触。炎症继续进行时，结缔组织会代替正常肝组织，肝脏变小、变硬。肝硬化不可复。

(3)门体循环旁路(PSS)。门静脉压低，且不能忍受高压。肝中纤维组织形成时，进入肝内的血受到的阻力加大，随着时间的延长门体循环旁路形成。

尽管门体循环旁路是后天性肝病的后遗症，但常见于犬先天性发育形成异常。胎儿发育期间所需营养直接通过胎盘来自于母体，营养物质已经被加工而不需要肝的进一步代谢，小肠处于非功能状态，流经肝脏的门脉血可旁经肝脏。动物出生没有吃东西之前肝脏不需接收从小肠中来的血液，出生后正常旁路自动关闭，使来自于小肠的门脉血进入肝脏。然而某些病例中，旁路不能自动关闭，这样新生动物门脉血旁经肝脏。另外，发育异常时也可形成旁路结构。肝中血液供应不足、营养缺乏，肝脏萎缩变小。

(4)肝病伴发症。

①体重下降：肝脏纤维化时，门脉血流受到较大的阻力，结果使血流旁经肝脏，肝脏接收营养物质减少，特别是由胰腺分泌的物质具有刺激正常肝生长的功能。先天性病变时，由于缺乏刺激肝细胞增殖的信号物质，肝脏比正常小得多。后天性病变时，肝中纤维化组织使肝脏变小。肝合成某些物质的能力下降，体内其他器官受到影响，例如，动物肌肉松软、被毛粗糙、伤口愈合不良。此病治疗可采用饲喂高质量的蛋白食物，但不能提供过多的蛋白物质。

②凝血时间延长：肝病时，肝合成凝血蛋白的能力下降，使凝血时间延长。

③胃肠溃疡和出血：肝脏疾患时，肝脏不能有效的代谢激素类物质，使胃酸分泌增加，进而促进胃肠溃疡的形成。服用抑制胃酸分泌的药物(如雷尼替丁)来降低胃十二指肠溃疡的发病率及胃肠道出血。

④腹水：肝供血不足时会传递信息至肾脏，使肾脏滞留钠与水，总血容量升高，然而变小的肝脏不能处理增加的血流量，这样过量体液在腹部积聚。肝脏合成白蛋白能力下降，血流中白蛋白浓度下降，加重腹水。尽管腹水具有非致命性，但它会使动物感到不舒服，严重时会影响呼吸功能。饮食中限制盐类物质，服用利尿剂有一定的疗效。

⑤黄疸：肝病时，肝脏加工胆红素的能力下降，胆红素在血液中积聚，进入组织并聚集形成黄疸。

⑥肝性脑病：肠道内产生的毒素通过肝脏排除。肝脏严重损伤时，其解毒功能下降，大量肠道毒素物质进入血循环，并通过血脑屏障进入大脑，出现“肝性脑病”的异常行为，表现为徘徊、失明、沉郁、异常叫唤和惊厥。饲喂低蛋白食物、抗生素和乳果糖有一定效果。

⑦药物代谢损伤：体内大部分药物和毒素物质通过肝脏排除。肝细胞能够代谢脂溶性药物形成水溶性药物而随尿液排除。通常某些药物的代谢产物能够引起肝脏疾病。这些代谢产物是有活性分子，如果不能及时排除会损伤周围组织，因此肝细胞被损伤。代谢过程中活性代谢产物能够与大分子物质结合形成非活性的水溶性更强的物质。肝病时，结合过程受到影响，对组织的损伤加大。N-乙酰半胱氨酸和酰苷酰硫胺有一定疗效。

⑧血清胆酸升高：肝脏能够形成、分泌和加工胆汁。肝功能异常时血清中胆酸浓度升高。大多数肝病下，胆汁郁积，胆酸分泌受到抑制，胆酸漏进肝细胞周围，引

起炎性反应。

3. *炎症控制与抗炎药* 肝脏长期暴露于细菌、毒素或药物时会引起炎性反应,治疗需用抗生素来控制肝和肠道中的病菌。活组织检查可确诊肝脏中是否有细菌感染,确定采用什么抗生素。慢性肝炎时需用抗炎药来降低炎性反应(糖皮质激素、咪唑硫嘌呤、秋水仙碱),但抗炎药并非常规用药。首先,一些炎性细胞并非对抗炎性药物起反应;其次,抗炎药具有副作用,能够抑制免疫系统;第三,某些抗炎药的代谢产物对肝有致病作用。

【临床症状】 主要症状有发烧、厌食、呕吐、腹泻、腹水、水肿、体重下降、出血和黄疸。

【治疗】

(1)止吐:胃复安、氯丙嗪。

①控制腹水:速尿、安体舒通。

②控制胃酸分泌:甲腈咪胍。

③控制胃肠溃疡:乳果糖。

④控制感染:新霉素、泰乐菌素等。

(2)控制炎症:糖皮质激素、*s*-腺苷甲硫氨酸、秋水仙碱、D-青霉胺。

(3)限制重金属积聚。

(4)药物和毒素:N-乙酰半胱氨酸、*s*-腺苷甲硫氨酸。

(六)犬传染性肝炎

犬传染性肝炎(ICH)是由犬Ⅰ型腺病毒引起的一种高度接触性病毒疾病,主要影响肝和其他器官。它在家养犬和野犬科动物(狼、山狗和狐狸)之间传播,与人的肝炎无相关性,其症状范围广,由缓和到严重主要包括恶心、呕吐、食欲下降、黄疸、粪便色浅和腹部膨大。

肝是一个很重要的器官,它执行着体内许多重要的功能,主要包括:血液蛋白质、脂肪和凝血物质的合成;以糖原的形式储存能量以满足血糖的需要;储存脂溶性维生素和铁;脱去药物和化学性物质的毒性;分泌胆汁进入肠道帮助消化;从血液中过滤有害细菌。任何形式的肝功能紊乱都不可忽视,表现出各种临床症状,因此需要立即治疗。

犬直接接触感染动物或污染物体(如食物或粪便等)而感染 CAV-1,另外还可以从呼吸、虱子、蜱和蚊子的途径传播。接触病毒 4～7 d 后病毒在体内繁殖并通过粪便、唾液和尿液向体外排毒,所以在早期具有高度传染性。病毒从扁桃体移行到淋巴结,然后进入血液,在血液中持续 8 d 后,最后进入肝、肾、眼睛和其他器官并引起严重的细胞损伤。

动物具有正常免疫功能时能够产生抗体来抵抗病毒,然而病毒能在肾中持续存在8个月,随尿液向体外排放,对其他动物具有高度危害性。未免疫的小犬易感,但各种年龄的犬都能感染。

犬急性传染性肝炎的病程为1周,需要到医院就诊。犬表现为高热、呕吐和腹泻,然后出现精神沉郁和拒食。肝脏疼痛肿胀挤压胃,眼睛对光线敏感性增高而流泪。其他症状包括扁桃体炎、喉炎、齿龈、舌和鼻子苍白、淋巴结肿大、眼睛白带发黄。犬传染性肝炎急性期表现为鼻腔和肠道出血,血样呕吐物和血样腹泻,肝损伤漏出液进入腹腔使腹部增大,方向感丧失、惊厥、昏迷和死亡。犬急性传染性肝炎病程一般为5 d,有时未免疫小犬在没有表现出临床症状之前数小时内死亡。值得庆幸的是大多数病例都是温和性的,犬只表现为发热、沉郁和食欲下降,但在2 d之内能有所好转。大约1/4的犬表现出急性传染性肝炎的症状,通常6月龄以下的犬,其一只或两只眼睛角膜有云雾状而呈现“蓝眼”症状,这是由于抗体与病毒在眼中结合引起的。眼内层炎症和液体的聚集使眼更加阴暗,有时“蓝眼”症状能持续6个月,有时能造成永久性的损伤(如青光眼)。

犬恢复以后,肝脏能够自行修复,但肾脏中仍存在病毒,易引起感染。恢复后犬不会再次感染。

诊断取决于病史、临床症状、生理检查和实验室检查,如尿液分析和血液检查。采用ELISA电泳试验可检测出病毒。

犬传染性肝炎的治疗无特异的方法,主要采用支持疗法,包括静脉输液、输血、灌肠、禁食、应用抗生素、滴眼药来减轻炎症。发病早期可采用禁食的方法,以后给予小量、多次的易消化食物。维生素C和顺势疗法有一定的效果。饲喂肉、鸡蛋、豆类、谷类和生食品有助于犬体力的恢复。

因为犬传染性肝炎能引起严重的器官损伤,所以应注射疫苗。CAV-1和CAV-2疫苗都能预防此病和犬窝咳病。怀孕犬在怀孕期间能够通过胎盘屏障把抗体传递给小犬,小犬出生后能够通过乳汁而获得抗体。疫苗能够防止95%的12月龄或12月龄以上的犬发病。首先在10周龄的时候注射第1针疫苗,然后在第14周龄时注射第2针,以后每年注射1次。

(七)肝吸虫病

犬、猫的肝吸虫病主要有华支睾吸虫和后睾吸虫。此吸虫寄生于胆囊和胆管内,引起胆汁排泄障碍、胆管炎、胆囊炎及全身黄疸为特征。

【病原】 华支睾吸虫,虫体扁平、柔软、半透明,呈葵花子状,前端狭小,后端钝圆,一个咽呈球形,有两个吸盘,口吸盘大于腹吸盘。虫体长 1～2 cm,宽 0.2～0.5 cm,两条盲肠很长,可达虫体末端,两个睾丸呈树枝状,在虫体后端呈前后排列。卵巢呈分叶状于睾丸前部,睾丸和卵巢之间有一个大的受精囊,卵黄腺位于虫体两侧,生殖孔位于腹吸盘前缘。虫卵黄褐色,卵壳厚,大小约 29 μm×17 μm,形似灯泡,内含毛蚴。后睾吸虫,虫体长 0.7～1.2 cm,宽 0.2～0.3 cm,新鲜虫体呈淡红色,体表光滑,食道短,两侧盲肠达虫体后部,口吸盘和腹吸盘等径,睾丸呈裂状分叶,排泄囊从睾丸中间通过。卵巢小,位于虫体的后 1/3 处,卵黄腺于两侧。虫卵大小 26 μm×11 μm,有卵盖,排出的卵内含有毛蚴。虫体形状似华支睾吸虫。

【生活史】 两种吸虫生活史大致相同,虫卵随粪便排出体外,落入水中或被雨水冲入到水中,被第一中间宿主淡水螺吞食后,毛蚴在淡水螺的消化道中孵化,然后进入螺的淋巴系统发育为胞蚴、雷蚴和尾蚴。尾蚴脱离螺体后落入水中,被第二中间宿主淡水鱼或虾吞食,然后侵入第二中间宿主的肌肉、鱼鳃和鳞片中,发育为囊蚴。当猫食入第二中间宿主时,囊蚴在猫的十二指肠中破囊而出,经总胆管进入胆管,也可经血液到达胆管,在胆管内发育为成虫。虫体阻塞胆管,刺激胆管及胆囊形成全身性黄疸及胆管炎和胆囊炎。

【致病作用及症状】 虫体寄生于胆管及胆囊中,机械性的刺激胆囊及胆管黏膜,引起胆管壁变厚、发炎,影响胆汁排泄,导致消化功能紊乱。临床上出现呕吐、腹泻。大量虫体寄生时,可使胆管阻塞,使胆汁排泄受阻,胆汁在体内集聚形成全身性黄疸,先以可视黏膜出现,如眼结膜、口腔黏膜,几天后可见全身皮肤变黄。由于虫体寄生时间较长,长期刺激肝脏胆管,可使肝细胞变性、结缔组织增生、肝硬化。腹外触诊时可以感觉到质地较硬增大的肝脏。据临床死亡剖检的病例可见,肝脏可达正常肝脏的 2～3 倍,且表面凸凹不平,质地坚硬。临床上还可见到精神沉郁,病初食欲逐渐减少到不食,继之呕吐、腹泻、脱水,可视黏膜及皮肤发黄,尿液呈橘黄色。

【诊断】 在本病流行区,有以生鱼虾喂犬、猫的历史;临床上出现消化不良、下痢、消瘦、贫血、黄疸、水肿等症状时,可疑为本病。采用水洗沉淀法或甲醛乙醚沉淀法进行粪便检验,发现虫卵即可确诊。

【治疗】

(1)首选药吡喹酮,每千克体重 0.05 g,首次口服后隔 5～7 d 再服第 2 次。

(2)丙硫苯咪唑,每千克体重 10 mg,口服,每日 1 次,连服 2～3 d。

(3)全身性疗法:消炎、补充能量、补液。庆大霉素每千克体重 1 万 U,每日 2 次。三磷酸腺苷(ATP)10 mg、辅酶 A 50 U、5%葡萄糖 30～50 mL,混合静脉注射。有呕吐的猫可应用止吐药,胃复安每千克体重 1.5 mg 肌肉注射。

【预防】 在流行地区,对犬、猫进行全面检查和治疗。吡喹酮,用量为每千克体重每次 50～75 mg，口服。或六氯对二甲苯，口服量每千克体重 50 mg，每日 1 次，连用 10 d。或丙硫咪唑，口服量每千克体重 30 mg，每日 1 次，连用 12 d。

在疫区禁止以生的或未煮熟的鱼虾喂养犬、猫，鱼塘应改用牛粪为肥料。禁止在鱼塘边盖猪圈或厕所。疫区应消灭淡水螺。

四、犬、猫胰腺炎

急性胰腺炎是指胰腺及其周围组织被胰腺分泌的消化酶自身消化的化学性炎症。急性胰腺炎的变化范围较大，轻者为不累及其他器官、无并发症及自限性疾病；重者胰腺出血、坏死、多器官功能衰竭、出现并发症，危及生命。犬比猫多发。

【病因】 胰腺炎多发生于肥胖动物，小型犬；食物中营养成分不平衡，脂肪含量过高，蛋白成分过低；暴饮暴食引起胰液分泌过度旺盛，食后呕吐导致十二指肠内压力增加，致使十二指肠液反流，激活的蛋白酶、胆汁和细菌进入胰导管；任何引起高钙血症的原因（如甲状旁腺肿瘤、维生素 D 过量等）均可使胰液分泌增加和促进胰蛋白酶原激活。

药物引发的胰腺炎。可能引发胰腺炎的药物有：硫唑嘌呤、肾上腺糖皮质激素、噻嗪类利尿剂和四环素等。

【发病机理】 各种病因引起的急性胰腺炎虽致病途径不同，但却具有共同的发病过程，即胰腺各种消化酶被激活所致的胰腺自身消化。正常胰腺分泌的消化酶有两类：一类为具有生物活性的淀粉酶、脂肪酶等；另一类为不具活性的酶原，如胰蛋白酶原、糜蛋白酶原、激肽酶原等。酶原以胰酶颗粒的形式存在于腺泡细胞内，外裹一层磷脂膜与胞浆隔绝。各种蛋白酶原进入十二指肠后，在肠肽酶的作用下，首先激活胰蛋白酶原，形成胰蛋白酶。胰蛋白酶一旦形成便启动各种酶原活化的级联，使各种胰消化酶原被激活。在正常情况下，胰腺血液循环充沛，胰腺腺胞和腺管中含有一种胰蛋白酶抑制物质，同时在血清中的 α-1-抗胰蛋白酶、抗糜蛋白酶等，均可激活胰蛋白酶的活性，使胰腺分泌的各种酶原进入十二指肠之前，不被胰蛋白酶所激活。这是一种使胰腺免受自身消化的生理性防卫作用。

胰腺在各种致病因素的作用下，其自身的防卫作用被削弱，同时由于胆汁或十二指肠液反流入胰管，胰消化酶原被激活，即导致胰腺自身消化的病变过程。其中起主要作用的消化酶是磷脂酶 A、弹力蛋白酶和肠肽酶等。磷脂酶 A 使卵磷脂转变成具有细胞毒的溶血卵磷脂，引起胰腺组织的坏死；弹力蛋白酶可水解，破坏血管壁的弹力纤维，造成胰腺出血和血栓形成；激肽酶可使血中激肽原转变为激肽和缓激肽，导致血管扩张和血管壁通透性增加，引起微循环障碍、休克、胰腺水肿及蛋白渗出;脂肪酶参与胰腺及周围脂肪坏死、液化作用。上述各种消化酶的作用相互影响,彼此促进,造成胰腺及临近组织的病理变化。消化酶与坏死组织液有可通过血液循环、淋巴管途径输送到全身,引起全身脏器损害,成为出血坏死型胰腺炎的多种并发症和致死的原因。

【症状】 急性胰腺炎的临床症状各种各样,但无特有症状。呕吐通常发生在暴饮暴食或吃入脂肪性食物之后。呕吐物初为食物,随呕吐的持续呕吐物变为白色至黄色或咖啡色黏液,有饮欲,但饮水后很快又吐出。由于持续呕吐且不能进食则很快出现脱水,表现为皮肤弹性降低。腹部疼痛:腹肌紧张、触诊右前腹部敏感,不能安静、表现为“祈祷”姿势。发热或无热。精神沉郁、极度虚弱、心跳加快、肝肿大。腹泻、腹胀、黄疸,有的犬四肢抽搐。多发性、非瘙痒、多液性皮肤损伤。

【诊断】 根据病史、临床症状及临床检查。

实验室检查:急性胰腺炎时,血清中的淀粉酶和脂肪酶含量明显增高,但淀粉酶升高与胰腺炎的严重性并不一致;淀粉酶的含量在发病的 3 h 内升高,6～8 d 恢复正常。白细胞增多,严重者出现核左移。血比容增高,尿素氮增高。

影像学检查:放射学检查见右前腹部密度升高、对比模糊、粗糙。胃左移、降十二指肠右移。幽门和十二指肠近端的夹角变宽。横结肠后移。超声检查可见胰腺普遍增大、光点增多、轮廓与边界不清楚。

【治疗】 抑制腺体分泌,止痛止吐,抗感染,纠正水盐代谢紊乱;禁食禁水,给予全身性补液,补充营养如葡萄糖、复方盐水、氨基酸等;抑制腺体分泌,皮下注射阿托品 0.02 mg/kg,每日 2 次;止痛止吐,杜冷丁 2～4 mg/kg,肌肉注射;胃复安 1～2 mg/kg,肌肉注射;抗菌消炎,选用庆大霉素、四环素、恩诺沙星(拜有利)等广谱抗生素,也可静脉注射甲硝唑,地塞米松。

五、神经系统的疾病

(一)脑积水

脑积水(Hydrocephalus)是由于脑脊液流动受阻,吸收减少或生成过多,脑室和蛛网膜下腔积聚大量脑脊液,致使脑室扩张、颅内压升高的一种慢性脑病。临床上以意识障碍、知觉和运动异常等为特征。

【病因】 脑积水有先天性和后天性两种。

先天性脑积水主要与中脑导水管缺陷、蛛网膜颗粒异常、小脑发育不全等有关。胚胎发育期间受到母体内传染性因素侵害以及中毒性、物理性等病理因素的影响，或缺乏营养，特别是缺乏维生素 A，也可引起本病的发生。先天性脑积水较少见，但有时可见于幼犬、羔羊、犊牛、幼驹或其他哺乳动物。

后天性脑积水由脑膜脑炎、脑肿瘤、脑充血、蛛网膜下出血、囊虫（多头蚴、棘头蚴、囊尾蚴）等导致脑脊液流动受阻而引起。脑脊液生成过多，仅见于脉络膜乳头状瘤。

此外，在肺脏、心脏、肝脏的慢性疾病以及消化不良和慢性脑膜脑炎的过程中，异常代谢产物增多，脑组织肿胀，也可导致脑室积水。

【症状】 脑积水多为慢性经过，其症状表现与颅内压升高的程度、脑组织受压的部位等有关。临床上可出现：①意识障碍：精神沉郁，嗜睡，呆立，痴呆，癫痫发作。②感觉迟钝：皮肤敏感性降低，轻微刺激无反应；听觉障碍，微弱的声音不引起任何反应，但有较强的音响时，往往引起高度惊恐和战栗；视力减退。③运动障碍：无目的地向前行进，或做圆圈运动，间歇性痉挛，后躯麻痹。

随着病情的发展，可伴随出现心动徐缓、节律不齐和肠蠕动减弱。

先天性脑积水除可出现上述症状外，还表现颅顶呈半球形，骨缝和囟门开放。有的两眼均向内侧斜视，视力模糊，颅骨尤其是额骨显著隆起。

本病的病情发展缓慢，往往持续数年，很少痊愈。使役过重、饲喂精料过多、消化不良等，可使病情加重。

【诊断】 脑积水应根据病史、临床症状、X 射线检查等做出诊断。先天性脑积水头颅 X 射线检查可见开放的骨缝和囟门（注意有些健康幼龄动物也有囟门开放），头盖骨皮质薄，颅穹窿呈毛玻璃样外观。后天性脑积水 X 射线光检查无明显异常。对脑积水病例做超声波检查，可见脑室扩大。

另外，脑电图（EEG）、计算机断层扫描（CT）和核磁共振成像技术（MRI）对本病的诊断也有一定的参考价值。

【治疗】 目前尚无特效疗法。应加强护理，降低颅内压，促进脑脊液吸收，以缓解病情。药物治疗可试用皮质激素、利尿剂等药物。皮质激素可增加脑脊液的吸收，降低脑脊液的产生。但对于先天性脑积水，长期使用皮质激素的疗效较差。利尿剂也可减少其产生，长期应用可引起全身电解质平衡失调。对于怀疑感染的病例应给予抗生素治疗。

另外，可应用手术治疗，主要采用脑室—静脉或脑室—腹腔排液方法。

（二）脑膜脑炎

脑膜脑炎（Meningoencephalitis）是指脑膜和脑实质的一种炎症性疾病。以伴有一般脑症状、灶性脑症状和脑膜刺激症状为特征。本病多发生于犬、猫、马，或发生于猪、牛和羊等动物。

【病因】　动物脑膜脑炎由感染性和非感染性因素引起。

(1)感染因素。①病毒感染:见于犬瘟热病毒、犬副流感病毒、狂犬病病毒、伪狂犬病病毒、犬疱疹病毒、犬细小病毒、猫传染性腹膜炎病毒、猫免疫缺陷病毒、马传染性脑脊髓炎、牛恶性卡他热、猪瘟、鸡瘟、流行性乙型脑炎等。这些病毒沿神经干或经血液循环进入神经中枢,引起非化脓性脑炎。②细菌感染:李氏杆菌可经口腔损伤处侵入,并沿头部神经干进入神经中枢。链球菌、葡萄球菌等可经头部邻近部位感染(如眼炎、内耳炎、颌窦炎、腮腺炎)蔓延或其他部位感染(如心内膜炎、子宫蓄脓、褥疮)经血液转移引起继发性化脓性脑膜脑炎。③寄生虫感染:动物感染弓形虫、犬新孢子虫、脑包虫、马蝇蛆、马圆线虫幼虫时,可出现神经症状。④霉菌感染:如新型隐球菌、荚膜组织胞浆菌,在机体免疫低下时偶尔可发生感染。

(2)非感染性因素。

①中毒:氟乙酸钠、杀鼠剂、汞、铅、食盐中毒等,均见有非化脓性脑炎的病理变化。②颗粒性脑膜脑炎(炎症性网质细胞增多症):为犬的一种特发性疾病,是引起犬脑膜脑炎的常见病因。本病多发生在1～8岁的雌性玩赏犬,如哈巴犬、马尔济斯犬、约克犬。③免疫性疾病:由免疫反应引起的脑膜脑炎,对类固醇药物治疗敏感。④其他:创伤、肿瘤等。

【症状】　常表现体温升高,食欲不振,结膜充血,心律异常。神经症状大体上可分为一般脑症状、灶性脑症状和脑膜刺激症状。①一般脑症状表现为兴奋,烦躁不安,惊恐,意识障碍,不认识主人,捕捉时咬人,无目的地奔走,冲撞障碍物。有的以沉郁为主,头下垂,眼半闭,反应迟钝,肌肉无力,甚至嗜睡。②灶性脑症状与炎性病变在脑组织中的位置有密切的关系。大脑受损时表现行为和性情的改变,步态不稳,转圈,甚至口吐白沫,癫痫样痉挛。脑干受损时,表现精神沉郁,头偏斜,共济失调,四肢无力,眼球震颤。炎症侵害小脑时,出现共济失调,肌肉颤抖,眼球震颤,姿势异常。炎症波及呼吸中枢时,出现呼吸困难。③脑膜刺激症状表现感觉过敏,抚摸身体时嚎叫,颈部僵直。

犬瘟热的神经症状则常见嘴角、头部、四肢、腹部单一肌群或多肌群出现阵发性的有节奏的抽搐。

一般脑炎死亡率高,偶尔恢复也容易留下后遗症。

【诊断】　根据症状和病史可做出初步诊断。脑脊液检验有助于进一步确诊。由于颅内压升高,脊髓穿刺时脑脊液混浊,容易流出。细菌性脑膜脑炎时,脑脊液中蛋白质含量和白细胞数目显著增加。颗粒性脑膜脑炎时,脑脊液中除蛋白质含量和白细胞数目增加外,可见大的退形发育样单核细胞,在哈巴犬还可见嗜酸性粒细胞增多。化脓性脑膜脑炎时,脑脊液中除中性粒细胞增多外,还可见病原微生物。

另外,脑脊液血清学试验有助于确定特定的病原;CT 和 MRI 能够较好地确定脑部器质性病变。

【治疗】 应加强护理、降低颅内压、抗菌消炎、对症治疗。

首先将患病动物置于黑暗、安静的环境中,尽可能减少刺激。给予易于消化、营养丰富的流质或半流质食物。为降低颅内压、防止脑水肿,可静脉注射 25%～50%葡萄糖、20%甘露醇或 25%山梨醇。对细菌性感染,应早期选用易通过血脑屏障的抗菌药物,如头孢菌素、磺胺、氯霉素、氨苄青霉素等。对病毒性感染没有直接有效的药物。对免疫反应引起的脑膜脑炎,肾上腺糖皮质类药物有较好的疗效。颗粒性脑膜脑炎可使用糖皮质类药物和放疗药物合并治疗。当有高度兴奋,狂躁不安时,可使用镇静剂,如苯巴比妥或氯丙嗪。当心脏衰弱时,可用樟脑、安钠咖等强心剂。

(三)肝性脑病

肝性脑病(Hepatic encephalopathy)是由于肝脏疾病所引起的一种中枢神经系统机能障碍综合征。

【病因】 目前发现主要有 3 种类型的肝脏疾病可以导致肝性脑病。

(1)肝脏实质广泛损害。如肝炎、脂肪肝、肝硬化、肝肿瘤等。肝实质损伤,尤其是急性肝坏死和慢性肝病晚期,肝脏的代谢机能减退,氨、吲哚、巯基乙醇、短链脂肪等代谢产物在血液中堆积。

(2)门脉系统短路。主要为先天性的。这种异常可出现在肝内,多见于大型犬种;门脉系统短路也可出现在肝外,且多见于小型犬种。后天性门脉系统短路,见于严重的肝脏疾病(如慢性肝炎、肝硬化),由于旁系血管长期受门脉高压而形成短路。

由于门脉分流,部分门脉血液不经肝脏而直接流入后腔静脉,正常由胃肠道吸收的有毒物质未经肝脏解毒而进入体循环。

(3)先天性尿素循环酶缺乏。氨代谢为尿素的过程受阻,致使血液中氨大量蓄积。

【症状】

(1)肝机能异常。表现为食欲不振,体重减轻,生长停滞,烦渴,异嗜,呕吐,腹泻。血清总蛋白含量降低,采食后血清胆汁酸和血氨升高。酚磺溴酞钠排泄半衰期延长(>5 min)。急性肝坏死病例,血清肝特异性酶活性升高。动物对镇静剂、麻醉剂等药物耐受性差。伴有门脉高压或严重低蛋白血症时,出现腹水、腹围胀满。猫还可出现明显流涎。

(2)神经症状。多在大量食入肉、肝脏等高蛋白食物后出现。常见的神经症状有精神沉郁，行为异常，运步缓慢，步样踉跄，异常鸣叫，沿墙壁行走，肌肉震颤，转圈运动，癫痫样发作，痴呆，昏睡以至昏迷，视力障碍。先天性门静脉异常所致的肝性脑病，多在6月龄后出现症状。

(3)泌尿系统症状。肾脏肿大，多尿。有的伴有泌尿系统尿酸铵结石，并出现血尿、蛋白尿，尿沉渣检查多见尿酸铵结晶。

【病理剖检】 肝脏肿大或萎缩，或发生纤维变性，肾脏肿大，脑多无异常。

【诊断】 主要通过病史、临床症状和实验室检查做出诊断。血管造影术可确定门脉系统短路的部位和血液分流程度。

【治疗】 为减少肠道氮代谢产物的吸收，以减轻肝脏的负担，可限制食物中蛋白质和脂肪的摄入量。如有神经症状，建议用抗癫痫药，如溴化钾。为抑制消化道细菌分解蛋白质产生过量的氨，使用氨基糖苷类抗生素，如新霉素，口服或灌肠。适量补液，并配合维生素(维生素 B_1、维生素 B_2)治疗。补液可以扩充血容量，促进肾脏排泄氨类代谢产物。对于门脉短路，特别是肝外门脉短路病例，可行门脉矫正术，闭合门脉侧支。对尿素循环酶缺乏病例，尚无有效治疗方法。

(四)热射病和日射病

日射病(Sun stroke)是指在炎热季节，日光直接照射动物头部，引起脑膜充血和脑实质急性病变，导致中枢神经系统机能严重障碍的现象。热射病(Heat stroke)指在潮湿闷热环境中，动物机体产热多而散热少，体内积热，引起的严重中枢神经系统紊乱的现象。在临床上日射病和热射病统称为中暑。本病以体温显著升高、呼吸和循环障碍、神经症状为特征。本病是犬、猪、马、牛、羊、鸭等在炎热季节中易发生的疾病。

【病因及发病机制】

(1)日射病。因动物长时间受强烈日光的直接照射，日光中的红外线透过颅骨直接作用于脑膜和脑实质，引起血管扩张、充血、水肿，甚至出血；紫外线损伤脑神经细胞，引起炎症反应和组织蛋白的分解。因而，脑脊液增多，颅内压增高，中枢神经机能紊乱，机体新陈代谢异常，出现自体中毒，心力衰竭，呼吸浅表，痉挛抽搐，昏迷，死亡。

(2)热射病。因环境温度过高，湿度过大，通风不良，机体产热和散热平衡失调，体内积热过多，氧化不全的中间代谢产物大量蓄积，导致自体中毒、组织缺氧、脑脊液增多，出现心肺机能衰竭，静脉淤血，黏膜发绀，终因窒息和心脏麻痹而死亡。

(3)体质肥胖、长期休闲、缺乏锻炼、劳役过度、心脏衰弱、饮水不足等也可促进本病的发生。

【病理变化】 日射病和热射病病例的脑及脑膜血管均出现淤血和出血点；脑脊液增多，脑组织水肿；肺充血和肺水肿；胸膜、心包膜和肠系膜有淤血斑及浆液性炎症。

【症状】 突然发病，体温急剧升高，呼吸急促，黏膜潮红，心跳加快，末梢静脉怒张。由于脑、脑膜充血和水肿，可出现一般脑症状。有的精神抑郁，站立不稳，卧地不起，陷于昏迷。有的神识扰乱，兴奋，不安，癫狂冲撞。随着病情的急剧恶化，出现心力衰竭，脉搏快而弱，静脉淤血，黏膜发绀。伴发肺充血和肺水肿时，张口伸舌，呼吸浅表，口、鼻喷出白沫或血沫。有的突然倒地，肌肉痉挛、抽搐，昏迷，以至急性死亡。

轻症病例，如治疗得当，很快好转。有严重脑症状的，因并发脑出血、水肿，大多预后不良。

【诊断】 根据临床病症，结合发病情况和病因分析，易做出确诊。

【治疗】 应加强护理、促进降温和对症治疗。立即将患病动物移到阴凉、通风处，保持安静，多给清凉饮水。降温疗法：降温是治疗成败的关键，可采用物理降温或药物降温。物理降温：可用冷水冲洗身体，用酒精擦拭体表，用冰块或冰袋冷敷头部，还可用冷盐水灌肠，促进散热；药物降温：可使用氯丙嗪，体温降至接近正常时，应停止降温，以防体温过低，发生虚脱。对心力衰竭者可适当使用安钠咖、洋地黄制剂。伴有肺水肿者可静脉给予地塞米松、高渗葡萄糖溶液等。确定伴有酸中毒时，可静脉注射碳酸氢钠溶液纠正。

（五）癫痫

癫痫（Epilepsy）是由于大脑某些神经元异常放电引起的暂时性的脑机能障碍，临床上以反复发生短时意识丧失、强直性与阵挛性肌肉痉挛为主要特征。按病因可分为原发性和继发性两种：原发性癫痫又叫真性癫痫（True epilepsy）或自发性癫痫（Spontaneous epilepsy），继发性癫痫又叫症候性癫痫（Symptomatic epilepsy）。犬癫痫发病率比其他动物高，且多为继发性。

【病因】 原发性癫痫是由于大脑组织代谢异常，皮层或皮层下中枢受到刺激，导致兴奋与抑制失调而引起。有人认为其与遗传因素有关。

继发性癫痫通常继发于：①脑器质性病变：如脑膜脑炎、脑积水、脑血管疾病、脑内肿瘤、脑震荡或挫伤疾病的经过中；②传染病和寄生虫病：如犬瘟热、狂犬病、弓形虫病、猫传染性腹膜炎病；③代谢失调：如低血糖、低血钙、肝功能低下、氮质血症、维生素缺乏；④中毒：一氧化碳、铅、汞、有机磷农药等中毒；⑤其他：肠道寄生虫（如绦虫、蛔虫、钩虫等）、外周神经损伤、过敏反应等也能反射性地引起癫痫发作

(称反射性癫痫)。另外,极度的兴奋、恐惧和强烈的刺激,也能促进癫痫的发作。

【症状】 癫痫发作有3个特点,即突然性、暂时性和反复性。按临床症状,癫痫发作主要可分为大发作、小发作和局限性发作。

(1)大发作。大发作是最常见的一种发作类型。原发性癫痫的大发作可分为3个阶段,即先兆期、发作期和发作后期。先兆期表现不安、烦躁、点头或摇头,鸣叫,躲藏暗处等,仅持续数秒钟或数分钟,一般不被人所注意。发作期意识丧失,突然倒地,角弓反张,先肌肉强直性痉挛,继之出现阵发性痉挛,四肢呈游泳样运动,常见咀嚼运动。此时瞳孔散大,流涎,大小便失禁,牙关紧闭,呼吸暂停,口吐白沫。一般持续数秒钟或数分钟。发作后期知觉恢复,但表现不同程度的视力障碍、共济失调、意识模糊、疲劳等。此期持续数秒钟或数天。癫痫发作的时间间隔长短不一,有的一天发作多次,有的数天、数月或更长时间发作一次。在间歇期,一般无异常表现。

(2)小发作。在动物极为少见。通常无先兆症状,只发生短时间的晕厥或轻微的行为改变。

(3)局限性发作。肌肉痉挛仅限于身体的某一部分,如面部或一侧肢。

原发性癫痫多数不能根治,继发性癫痫疗效与其原发病有关,如原发病能彻底治愈,癫痫或许可以停止或逐渐减轻,否则预后不良。

【诊断】 可根据反复发生的暂时性意识丧失和强直性及阵挛性肌肉痉挛为特征的临床表现做出诊断。但要做出明确的病因学诊断,仍需要进行全面系统的临床检查。原发性癫痫患病动物的中枢神经系统和其他器官无明显病理学变化。

【治疗】 癫痫发作时,应尽可能使患病动物安静,避免外界刺激,防止机械性损伤。对于原发性癫痫,为了减少发作次数和缩短发作持续时间,可选用苯巴比妥进行治疗。如治疗效果明显,1周后应减少用量。如治疗效果不理想,可适当增加剂量,或另加一种抗癫痫药物,如溴化钾、普里脒酮、苯妥英钠、安定。应避免突然停药或突然调换药物。对于继发性癫痫,在对症治疗的同时,应积极治疗原发病。

(六)昏迷

昏迷(Coma)是由于大脑、脑干的机能或结构受损而出现的一种无意识状态。见于重剧脑病和其他引起脑功能严重紊乱的疾病,通常是病情危重的信号。

【病因】 可分为先天性和后天性。先天性昏迷可见于缺脑回畸形、先天性脑积水等。后天性主要继发于:①代谢性疾病:肝性脑病、肾上腺皮质机能减退、糖尿病、低血糖、甲状腺机能减退、尿毒症、缺氧、酸碱平衡及电解质紊乱、中暑、高脂血症、维生素B_1缺乏等;②脑部炎症:犬瘟热病、狂犬病、猫传染性腹膜炎、细菌及真菌感染等引起的脑膜脑炎;③化学物质或药物中毒:乙二醇、铅、巴比妥类、乙醇、伊维菌素等；④心血管疾病：高血压病、心肌病、细菌血栓、脑局部缺血等；⑤其他：脑创伤、脑肿瘤、癫痫等。上述病因可导致脑水肿、颅内压升高、脑疝的发生，进而可引起昏迷。脑水肿可引起颅内压的升高、脑血液灌注减少及脑组织细胞缺氧。细胞缺氧又可加重脑水肿，还可能导致脑膨大和脑疝的形成。

【症状】 动物昏迷，对外界刺激无反应。此外还表现原发病的症状。原发病症状比较复杂，因其病变部位不同而异。大脑受损时，可出现癫痫症状，瞳孔缩小或无改变，对光照有反应，眼球转动，陈-施二氏呼吸。中脑受损时，可出现呼吸过快，转动头部时眼球缺乏相应的反应。瞳孔缩小或扩大，对光照无反应。延髓受损时，可出现呼吸不规则，心律紊乱。

【诊断】 根据临床症状容易做出诊断。但确定病因及病变部位则需要进行神经病学检查、实验室检查等。

【治疗】 主要是对症治疗和对原发病的治疗。

（七）脑震荡和脑挫伤

脑震荡和脑挫伤(Concussion and contusion of brain)都是由于颅骨受到暴力的直接或间接作用，颅内脑组织发生的损伤，以昏迷、反射机能减退或消失等脑机能障碍为特征。但两者在脑损伤的严重程度上不同。脑震荡是由于脑组织受到过度震动，出现短暂的意识丧失，但脑组织无肉眼可见的病变。脑挫伤则可见脑组织肉眼病变。

【病因】 主要由于冲撞、蹴踢、角斗、跌落、打击、各种火器伤或强力空气冲击波的震动等引起。交通事故引起的也较多见。

【症状】 由于脑震荡的程度与脑挫伤的部位和病变不同，临床表现也不一样，但均是在受伤后突然发病，出现一般脑症状或灶性脑症状。

(1)脑震荡。轻度脑震荡表现站立不稳，踉跄倒地，失去知觉，片刻后又清醒过来，或者短期内乃至长期呈现某些脑症状。较重病例，则倒地后昏迷，知觉和反射减退或消失。瞳孔散大，呼吸缓慢，有时喘鸣音，大小便失禁。心跳加快，心律不齐。猪可能发生呕吐。经过几分钟或数小时后苏醒，反射兴奋性恢复，肌肉抽搐和收缩性增强，眼球震颤，抬头巡视四周，经多次挣扎后站立。病情重剧者，瞬间倒地，立即死亡，或者于短时间内死亡。

(2)脑挫伤。除呼吸、脉搏及知觉、运动和反射机能变化等外，由于脑组织受到不同程度的损害，脑循环障碍，脑组织水肿，甚至出血，可发生痉挛、抽搐、麻痹、瘫痪、间或癫痫，并因损伤的部位不同而出现某些灶性症状，如大脑皮层颞、顶叶运动区受损时，动物向患侧转圈。若小脑、小脑角、前庭、迷路受损，则运动失调，或身向后仰滚转，有时头不自主地摇摆。当脑干受损时，体温、呼吸、循环等生命中枢受到影响，并且意识异常，运动障碍，角弓反张，四肢痉挛，眼球震颤，或斜视，瞳孔散大、无反应。大脑皮层和脑膜受到损害时，周期性兴奋发作，呈现癫痫状态。当硬脑膜出血形成血肿时，脑组织受压迫，出现意识障碍，偏瘫，感觉消失，瞳孔散大，一侧或两侧失明，听觉障碍。若蛛网膜下出血，立即出现脑神经症状。

【诊断】 根据病史、发病原因和临床症状进行诊断。脑震荡，一般都是在受到外界暴力冲击下突然昏迷，或伴发痉挛，而无明显的灶性脑症状，除少数病情重剧，迅速死亡外，多能于短时间内或逐渐地苏醒过来。而病情重剧者，具有一定的灶性脑症状，但仍需应用X射线摄影，才能确诊。若硬脑膜出血，形成血肿，则出血侧的瞳孔散大，视觉障碍。蛛网膜出血时，脑神经症状明显，脑脊液中含有血液。

【治疗】 加强护理，防止脑出血，降低颅内压，促使病情好转。

对于陷于昏迷的动物，多铺垫草，使头部垫高，保持安静，防止褥疮。

对于已发生脑挫伤的动物，应冷敷头部，并可使用止血药物，如止血敏、安络血、维生素 K_3 等，防止脑出血。

降低颅内压，防止脑水肿，可使用25%～50%葡萄糖溶液、20%甘露醇或25%山梨醇静脉注射。也可应用双氢克尿塞、氨茶碱等药物利尿。

当动物发生痉挛、抽搐或兴奋不安时，可应用苯巴比妥钠、盐酸氯丙嗪、安乃近、安溴注射液等。

促进脑细胞功能恢复，可酌用细胞色素c，三磷酸腺苷，25%葡萄糖溶液等。

（八）脊髓挫伤与震荡

脊髓挫伤与震荡(Concussion and contusion of spinal cord)是因强烈外力引起脊髓组织的损害。脊髓组织受到明显损害的称为脊髓挫伤，损害不明显的称为震荡。由于脊髓受到损害，传导径路被阻断，临床上以感觉障碍、截瘫以及病理性反射为特征。

【病因】 多由奔跑、跳跃时扭闪、高处坠落、滑跌、撞击、枪击或钝性物体打击、不正确的保定引起颈或腰背部肌肉的强烈收缩等引起。

骨骼疾病和骨组织代谢紊乱（如脊椎炎、骨质疏松症、骨软病、妊娠后期或高产乳牛泌乳期、老年及营养不良、慢性氟中毒），极易受到外界不良因素的影响，发生椎骨骨折，引起脊髓挫伤。

【症状】 由于脊髓受损害的部位和程度不同，临床症状也不一样。脊髓损伤常可分为脊髓部分损伤和横贯性损伤。

(1)脊髓部分损伤。

①脊髓腹角(其中有运动神经细胞核)受损害时,发生运动障碍、弛缓性麻痹及其所支配的肌肉萎缩。若传导径路受到破坏,则感觉机能消失,肌肉反射性收缩障碍,协调作用丧失。

②脊髓背角受到损害时,则相应的肌群感觉机能完全消失。如果仅背角受损害,初期感觉过敏,相应的效应肌群发生反射性痉挛收缩;其后因传导机能被中断,则感觉和运动完全麻痹,反射机能消失。

(2)脊髓横贯性损伤。

①颈部脊髓受损害时,四肢麻痹,呈现瘫痪;膈神经与呼吸中枢联系中断,呼吸停止,立即死亡。如果部分受损,前肢反射机能消失,全身肌肉抽搐或痉挛,大小便失禁,或便秘和尿闭。有时可能引起延脑麻痹,咽下障碍,脉搏徐缓,呼吸困难以及体温升高现象。

②胸部脊髓受损害时,则引起损害部位的后方麻痹和感觉消失,腱反射亢进,有时后肢发生痉挛性收缩。马往往于腰窝和股部出汗,前肢痉挛性强直,呼吸与脉搏疾速。

③腰髓前 1/3 受损时,臀、后肢、尾的感觉和运动麻痹。腰髓中 1/3 受损时,股神经运动核受到损害,膝与腱反射消失;股四头肌麻痹,后肢关节不能保持站立。若腰后部受损,则坐骨神经所支配的区域(尾和后肢)感觉和运动麻痹,大小便失禁。

有时由于暴力作用,在脊髓受损害部位的后方,因中枢传导径受到瞬间的刺激,引起一时性肌肉痉挛。如果脊髓膜发生广泛性出血,其损害部位附近,呈现持续性或阵发性肌肉收缩,感觉过敏。若是脊神经受到刺激,则躯干的大部分和四肢的肌肉发生痉挛,特别是前肢更为明显。

【诊断】 根据病史、病因、脊柱损伤情况和相应的临床症状做出诊断。必要时进行脊椎 X 射线检查或脊髓造影检查确诊。

【治疗】 对脊髓损伤的病畜,避免脊柱屈曲、伸展或扭转,移动病畜时要十分小心,疼痛不安者可使用镇静剂或镇痛剂。必要时采用适当的方法固定,以限制损伤部位的活动。

对于脊柱骨折或脱位造成的脊髓受压,临床表现严重瘫痪和进行性神经机能障碍时,应尽快手术。通过椎板切除,取出骨片,清除血凝块,解除脊髓的压迫。

防止脊髓水肿,可静脉注射 20%甘露醇。还可使用皮质激素。

对脊髓损伤性排粪排尿障碍病例,可以实施膀胱内插入导尿管导尿及温水灌肠,以排出积尿及粪便。对长期躺卧的病例,应将其放在软垫上,并常改变体位,防止发生褥疮。

（九）脊髓炎和脊髓膜炎

脊髓炎(Myelitis)是指脊髓实质的炎症。脊髓膜炎(Spinal meningitis)是指脊髓软膜、蛛网膜和硬膜的炎症。两者可单独发生，也可同时发生。临床上以感觉、运动、反射机能障碍和肌肉萎缩为特征。本病多发生于犬、马和羊。

【病因】

(1)传染病：多见于犬瘟热、狂犬病、伪狂犬病、破伤风、弓形虫病、全身性真菌感染、脑脊髓丝虫病狂犬弱毒疫苗注射之后，或继发于脓毒症、败血症等。

(2)细菌毒素或有毒物质中毒：如曲霉菌、麦角菌、镰刀菌污染的霉败饲料，黧豆、萱草根等有毒植物中毒。

(3)机械性损伤：脊椎骨折以及踢伤、冲撞、跌倒等引起脊髓的损伤。

(4)诱因：如感冒、受寒、过劳、佝偻病、骨质疏松症、椎间盘突出症。

【症状】 本病的征兆为四肢疼痛，肌肉震颤，不愿活动，容易疲劳。随着病情的发展，临床症状较为复杂，可出现运动、感觉、反射等机能障碍症状。

(1)运动障碍：脊背强硬，步态强拘，肌肉痉挛、抽搐，随之后躯发生不全麻痹或完全麻痹。

(2)感觉障碍：感觉出现过敏、减弱或消失。感觉过敏时，触及脊背会引起大声鸣叫。感觉减弱或消失时，对各种刺激的反应丧失。

(3)低级神经中枢机能障碍：当支配膀胱、直肠和生殖器官的低级神经中枢机能发生障碍，初期发生尿闭、便秘、阴茎勃起，后期发生大小便失禁、阳痿。

(4)反射机能障碍：病变脊髓所支配的皮肤、肌肉和肌腱反射机能亢进或减弱，以至完全消失。

以脊髓膜炎为主的病例，由于脊髓背根受到刺激躯体某一部位出现感觉过敏；还可由于脊髓腹根受到刺激出现背、腰和四肢姿势改变，甚至步态改变，如头向后仰、弓背、四肢伸直、行走时紧张小心和步幅缩短。

以脊髓炎为主的病例，初期也可出现感觉过敏，疼痛不安。由于脊髓病变部位和范围不同，临床表现也不尽相同。①局灶性脊髓炎：一般只呈现患病脊髓节段所支配区域的皮肤感觉减退和局部肌肉营养不良性萎缩，对感觉刺激的反应消失。②横贯性脊髓炎：由于传导途径被阻断，发生感觉、运动和反射机能障碍。初期不全麻痹，数日后陷入完全麻痹。横贯性脊髓炎若发生在颈部脊髓，前后肢出现麻痹；若发生在胸腰部脊髓，坐骨神经、膀胱和直肠括约肌麻痹，形成截瘫，不能站立，拖着两后肢行走；若发生在荐部脊髓，尾部麻痹和大小便失禁。③蔓延性脊髓炎：由于炎症沿脊髓长轴蔓延，运动和感觉障碍由躯体的后方向前方波及(上行性)或由前方向后方波及(下行性)。如果炎症蔓延至延髓,即发生吞咽困难,心律不齐,呼吸障碍,甚至突然窒息死亡。④散布性脊髓炎:在脊髓各部发生许多散在的大小病灶,临床上表现各种各样的运动和感觉障碍。狂犬病病毒引起的脊髓炎多属于此类。

此外,传染性因素引起的脊髓炎,通常伴有体温升高。慢性脊髓炎时,因神经麻痹,肌肉出现营养不良性萎缩。

【诊断】 脊髓炎和脊髓膜炎的诊断可根据病史和脊髓机能障碍的临床表现做出诊断。

【治疗】 应消除病因、消散炎症、促进神经机能恢复、防止褥疮和肌肉萎缩。应使患病动物保持安静,限制活动,减少对脊髓刺激。对细菌性感染可选用青霉素、氨苄青霉素、先锋霉素Ⅴ或先锋霉素Ⅵ、磺胺等。对于病毒性感染引起的可应用相应抗血清或免疫球蛋白,还可使用干扰或抑制病毒的药物,如干扰素、三氮唑核苷等。为消除炎症,配合使用肾上腺糖皮质激素,如氢化可的松、地塞米松,还可内服碘化钠或碘化钾。炎症的初期可用冰袋冷敷炎症部脊柱,急性炎症消退后改为温敷。为了促进神经机能恢复,改善神经营养,可使用维生素 B_1、维生素 B_2、辅酶A、三磷酸腺苷等,还可使用通经活血的中药。为了兴奋脊髓,增强其反射机能可用0.2%硝酸士的宁溶液皮下注射。为防止褥疮发生和肌肉萎缩,可经常进行肌肉按摩或电针治疗。在麻痹部位,涂擦刺激剂如樟脑酊、松节油等,也可用红外线或超短波照射、热敷等,以促进血液循环。

(十)外周神经损伤

外周神经损伤(Injuries of peripheral nerves)由各种原因引起外周神经干、神经束或神经纤维的震荡、挫伤、受压、牵张和断裂等,导致其支配区域的功能减弱或丧失。

【病因】

(1)外力作用:如打击、撞击、挤压、枪伤、骨折、跌落硬地、过度伸展。

(2)肿瘤压迫:神经干或其周围肿瘤。

(3)医源性损伤:如手术切割、髓内针穿刺、绷带或夹板压迫、刺激性药物注入神经干或其周围。

(4)中枢神经疾病:如脑炎、脑创伤性损伤、脑血肿、脊髓炎。

(5)附近组织炎症蔓延:如咽、中耳或外耳的炎症向面神经的蔓延。

(6)其他:犬的自发性的单侧或双侧面神经麻痹,可能是因甲状腺机能不全引起。

【症状】 由于外周神经损伤的程度不同,其临床表现不一样。神经干的震荡,无肉眼可见的病变，仅呈现一时性神经麻痹，症状很快消失。神经干挫伤，受伤神经干仍保持解剖学上的连续性和神经纤维的完整性，但神经内可发生小溢血和水肿或神经纤维变性，临床上表现反射机能减弱，该神经干所支配的肌肉机能减退或消失或出现神经过敏。神经干受压，表现为神经组织的退行性变性，其支配的组织发生麻痹。神经受牵张时，神经的完整性保持正常，但支配的组织发生部分麻痹。神经干断裂时，神经机能完全丧失，其支配的组织完全麻痹，肌肉逐渐萎缩。感染性疾病也可引起神经纤维组织水肿、变性，甚至断裂，其支配的组织发生部分或完全麻痹。

不同的神经干受损，临床表现也不同。常见的外周神经损伤有以下几种：

(1)面神经麻痹。面神经麻痹可分为中枢性和末梢性两种。前者多由脑病和传染病引起，后者多因浅表性面神经分支受到压迫或其附近炎症蔓延引起。

末梢性面神经麻痹多是单侧性的，自发性的也多为单侧性的。病侧耳不能自主运动，原来竖直的耳朵下垂或歪斜，眼睑下垂，眼睑反射消失。面部不对称，鼻向健侧歪斜，病侧鼻孔塌陷，唇弛缓。

中枢性面神经麻痹多为两侧性的，除上述症状和原发病的症状之外，因两侧鼻孔塌陷，通气不畅，呼吸困难。上下唇麻痹，采食与饮水也受到影响，并发生吞咽障碍，有时出现流涎。因副交感神经受损，常伴发干性角膜炎。

(2)三叉神经麻痹。当三叉神经完全麻痹时其分布区域感觉完全丧失，呈现咀嚼障碍。眼神经麻痹时，额部至耳根无感觉，眼睑和角膜反射消失。当上颌和下颌神经麻痹时，颜面、鼻梁、颊部、嘴唇、口腔黏膜和舌黏膜感觉丧失，口腔开张，下颌下垂，舌伸出口外，口吐泡沫，采食和饮水困难。

(3)桡神经损伤。桡神经分布于肘、腕和指的伸侧，桡神经的感觉神经分布到前臂的前外侧和前肢趾部的背面。肘关节处的桡神经损伤，动物运步时腕关节和趾关节屈曲，不能伸展，患肢负重时以趾关节的背面触地。肩关节处的桡神经损伤，患肢的肘关节不能伸展，患肢不能负重。

(4)臂神经丛损伤。第 8 颈神经和第 1 胸神经根撕脱时，桡神经、正中神经和尺神经功能受损，各关节呈屈曲状，患肢不能负重，严重时患肢趾背着地，拖曳前进。若皮肌神经根受损，在前臂内侧远端(腕关节上方)可测出一狭长条状区域感觉减退或缺失。当腋神经受累时，前臂外侧面呈现感觉迟钝或缺失；第 7 颈神经和第 1 胸神经区域的损伤，动物同侧胸皮肌反射丧失，还可出现霍氏综合征(Horner's syndrome：由于颈交感神经麻痹，表现瞳孔缩小，第 3 眼睑向外突出，眼裂缩小，眼球向眼睑内陷落)。

(5)坐骨神经损伤。坐骨神经分布在后肢大腿后面的肌肉内，并起屈曲膝关节和伸展髋关节的作用。坐骨神经干下行分胫神经和腓神经，支配膝关节以下肌群。坐骨神经损伤时，膝关节以下感觉受到损害，但肢或趾内侧感觉（受股神经支配）可存在。跗关节和趾关节不能屈曲或伸展，膝关节可伸展，但不能屈曲，跟腱弛缓，运步困难。站立时，患肢几乎系部着地。病程稍长，则大腿和膝关节后方肌肉萎缩。

【诊断】 根据病史、病因以及运动和感觉缺陷所表现临床症状进行诊断。电生理检查（常用肌电图和诱发电位检查）对确定外周神经损伤及其范围有一定作用。

【治疗】

(1)消除病因。如整复骨折和切除肿瘤，消除对神经的压迫。

(2)兴奋神经，促进神经功能恢复，防止肌肉萎缩。可应用针灸或电针疗法、穴位注射、按摩或其他物理疗法（如红外线照射、低频脉冲电疗）等，调节神经功能，促进血液循环；使用硝酸士的宁药物，兴奋脊神经；进行适当运动，防止肌肉萎缩，改进肢体功能。

(3)手术治疗。必要时可施手术疗法，如神经吻合术、神经松解术等。

六、犬、猫皮肤病

1. *犬、猫皮肤病的分类* 犬、猫的皮肤病是常见的临床疾病，临床发生率高，动物主人可以亲眼看到治疗效果，治疗效果与诊断有密切的关系；临床上将犬、猫的皮肤病分成16种，包括：寄生虫性皮肤病，细菌性皮肤病，真菌性皮肤病，病毒性皮肤病，与物理性因素有关的皮肤病，与化学性因素有关的皮肤病，皮肤过敏与药疹，自体免疫性皮肤病，激素性皮肤病，皮脂溢，中毒性皮炎，代谢性皮肤病，与遗传因素有关的皮肤病，皮肤肿瘤，猫的嗜酸性肉芽肿和其他皮肤病。

2. *犬、猫皮肤病的影响因素* 因为皮肤病与季节因素、环境因素、动物品种与个体因素、化验因素、临床用药因素、遗传因素等有关，因此属于比较复杂的临床疾病。

3. *临床常见问题* 临床上常遇见以下几种情况：几只犬的皮肤症状相似，但是，对1只犬有效的治疗方法和药品，对另一只犬无效；3岁的犬第一次患皮肤病，诊断为细菌，治疗效果不好；病犬在别的动物医院或者诊所看过多次，病情未见好转，怎么接着治疗；怎么评价各种各样“新药”的药效？长期用药的注意事项包括什么等。

诊疗皮肤病失败的主要原因：皮肤病治疗失败的原因主要有：没有与犬的主人充分地沟通，尤其忽视了问诊；没有做必要的化验手段，或者化验者业务水平与经验欠缺，而正确的化验诊断是治疗的基础；任何有经验的兽医都会犯“错误”，过于相信自己的经验；专注于用药而忽视诊断；对于患病时间长的病例，治疗期间没有定期进行必要的化验；对皮肤病治疗认识不充分，不了解不同类型的皮肤病疗程长短不同，例如，治疗脓皮病时至少需要用药3周以上的时间。

4. *皮肤病的诊疗特点*　需要仔细调查病史，记录分析病程，比较用药结果，做必要的化验，根据化验结果、结合临床症状综合判断，需要有皮肤病的分类知识，有临床诊疗经验，有一定的药理知识，有足够的耐心。

考虑到犬、猫皮肤病的特点，在诊疗过程中问诊是第一步，调查病史是非常重要的一环，包括：以往病史的调查，诊断结果，是否与病犬接触，生活环境（家里地面和室外环境），用药后动物的症状变化，是否做过化验，结果如何？掌握皮肤病的一般规律是非常必要的。生长期犬的瘙痒常提示：传染性因素，如癣、蠕形螨、跳蚤、疥螨等；2岁以后出现瘙痒：首先考虑过敏；中老年犬的初发性皮炎：病灶是否对称？内分泌紊乱最常见；中老龄犬的皮肤继发感染包括细菌、真菌、螨虫等；要分清原发病和继发病。

皮肤病的初期症状一般可以提示病原。在观察病处部位后，对临床症状应做详细地记录，同时注意有重点地考虑问题，如先瘙痒，后皮肤肿痛，考虑过敏；先肿痛，后过敏，考虑脓皮病；先皮屑，后脓肿，考虑真菌、洗发问题，此时，细菌可能是继发性的；先红疹，后脓疹，考虑蠕形螨和脓皮病；出现断毛时，首先考虑真菌，然后是营养问题。季节因素是必须考虑的因素。每年高温、闷热气候下皮肤出现红疹，首先考虑螨虫；秋天，犬的皮肤上出现散在性红疹、少量皮屑时，不能忽略跳蚤；尤其要在犬的被毛上寻找蚤粪（跳蚤存在的证据）；过节时犬突然出现皮肤红疹，不能排出食物过敏的可能性。

调查是否存在犬之间的传染：是否与病犬接触过？尤其是患疥螨、跳蚤、虱子、真菌等地患病犬、猫；环境情况如何？有无病犬经过或是否常去病犬活动过的地方；是否近期做过美容？美容后是否与皮肤病的发生时间相巧合；病犬是否来自于或者生活在养犬场、宠物店等地方；一家多只犬中，已经有一只患皮肤病，尔后其他犬发生传染。品种性因素必须考虑，因为许多皮肤病与某些种类的犬有关。例如，沙皮犬、北京犬、腊肠犬等易患蠕形螨病；大麦町等品种的犬易患疥螨病；而脓皮病多发生在以下情况下：3～6月龄的幼犬（幼犬脓皮病），北京犬、德国牧羊犬、大丹犬、马士提夫、罗威纳犬的四肢关节外部的皮肤上黑色，皱起的增厚皮肤内有（皮疹）；治疗蠕形螨之后，症状没有完全消失。

5. *常见皮肤病的临床诊疗特点*　临床常见的慢性皮肤病包括：昆虫叮咬性皮炎：跳蚤等，叮咬后约15 min出现丘疹性痂样反应；特异性皮炎——遗传性的、对环境中抗原易感导致IgE抗体增多的疾病。80%的病犬病初症状与季节有关，但是许多犬常年患病，爪部、面部、腹下部和会阴部为主；自我抓伤，继发脓皮病和脂溢性皮炎；也可能仅见外耳炎症状。食物不耐受严重的、非季节性瘙痒，肾上腺皮质激素治疗无效；接触性过敏。用药后的提示：驱螨虫一个疗程后，症状减轻，但是红疹、脓疹没有完全消失，应当考虑是否存在其他病原，尤其是细菌性继发感染；治疗7 d细菌后，有效，但是停药则复发，提示深部脓皮病发生的可能性大，也可能与临床用药不完全、或者治疗时间短有关；治疗散在性红疹与皮屑，效果见好，但是犬到处抓挠皮肤，没有特定部位，应当考虑外寄生虫的问题，尤其不能忽视跳蚤等；圈状脱毛，用抗真菌药有效，但是几天治疗后，复发或者病患部被毛没有长出来，与长毛时期、药物作用等有关。

使用抗生素有效者，细菌应当是主要的病原菌，但是可能不是惟一的病原微生物；使用抗菌香波有效的病症，意味着有脓皮病，但是可能存在其他病原；皮肤无变化，瘙痒减轻的病犬。

对于脓皮病治疗后复发的病例，一般考虑潜在性疾病、过敏、内分泌紊乱、免疫缺陷、蠕形螨感染、慢性免疫抑制（肾上腺皮质激素治疗后）等情况。引起犬脓皮病的主要致病菌是中间型葡萄球菌；脓皮病分表层、皮肤浅层和皮肤深层脓皮病等几种。一定要注意有些脓皮病与真菌、外寄生虫叮咬、内分泌失调等多种皮肤病一起发生，因此，在确诊的基础上一同用药是必要的。深层脓皮病的用药时间要长，一般需要 2～3 周，有些病例需要更多的时间。顽固性脓皮病在治疗前应做细菌分离培养和药敏试验。

病变部位往往提示一些有用的信息：四肢末梢、耳尖、尾尖脱毛，皮屑多，应当主要考虑真菌问题；头顶部皮肤、下唇部皮肤、眼部皮肤出现红疹、脓疹，背部、腹下部红疹，应当主要考虑蠕形螨和细菌性皮肤病；脓疹与蠕形螨和细菌性感染关系密切；全身散在性红疹的发生与外寄生虫的关系最大；而幼犬的腋下、股内侧红疹与幼犬脓皮症和蠕形螨感染有关。

在治疗过程中，可能出现一些临床问题。用药后减轻，但是皮疹顽固存在，说明治疗的时间不够，或者病原不止一种；药物中是否有激素，犬的主人是否按照用药的要求次数执行，环境因素，用药的时间长短等都影响治疗的效果。

正确判断化验结果十分重要，临床兽医相信化验结果的正确性，但是应当说明的是，检查的部位是否合适，动物患病时间、与疾病的病程，化验者的经验，被检查的犬是否配合取样（尤其需要刮出血时，犬或犬主是否同意），化验部位的病灶是新的和陈旧性的，化验者的操作是否适宜等因素都制约着化验结果的准确性。

根据临床的实际需要，进一步诊断在很多情况下是必要的，内容涉及：细菌的分离培养，真菌的分离培养，WOOD'S 灯暗视野照射检查（预热 5 min）真菌，药敏试验，活组织检查以及抗原抗体反应等。

皮肤取样化验时，部位和皮肤病灶的新旧、是否消毒、皮肤刮取的深度等，也是影响化验准确性的因素。而这些内容，正是兽医专业的学生进行临床实习所要掌握的内容之一。

皮肤病治疗的药物在不断地进步和发展，但是确诊病原一定要先化验，因为有些皮肤病是多种病因同时或者先后存在，如果不进行化验，无法做到对症治疗，也就很难取得理想的治疗效果。

七、犬、猫产科疾病

临床常见的产科疾病包括：流产，阴道增生与脱出，子宫脱出，假孕，难产，胎盘滞留，子宫内膜炎，产后子宫出血，产后抽搐症，子宫蓄脓，子宫扭转，雌性生殖器官肿瘤(如卵巢肿瘤和子宫阴道肿瘤)，雄性生殖器官肿瘤(包皮一阴囊皮肤肿瘤，包皮一阴茎扩散性、柳性肿瘤，睾丸肿瘤，前列腺肿瘤)，嵌顿包茎，公犬不育症和乳房炎等。犬、猫产科疾病如下：

(一)流产

各种原因所致的妊娠中断，包括胚胎被母体吸收及产出死胎与未足月的胎儿等统称流产。

【病因】 生殖细胞缺陷：老化的精子和卵子受精，胚胎的生长发育可能发生异常，大多数于发育早期死亡，卵子异常，胚浆缺损和染色体异常也是早期流产的重要原因。

母体内环境异常也是早期流产的重要原因。母体内环境异常：妊娠期激素失调，多由于孕激素不足，若黄体形成不足，于 2～5 周流产，黄体消退过早，于 6～7 周流产，7 周以上流产多由胎盘机能不足所致。胎盘结构或胎儿本身异常，母体营养不良或年龄较大等亦可造成流产。传染因子：布氏杆菌、埃希氏大肠杆菌、副伤寒杆菌、葡萄球菌、疱疹病毒等感染，亦可见弓形虫及某些病毒，白血病病毒等感染。

创伤：腹部受到损伤、碰撞、冲击等都能发生流产，医疗错误，全身麻醉、大量出血，手术、服入过量泻剂，驱虫药，利尿药，注射某些可引起子宫收缩的药物(毛果云香碱槟榔碱或素角制剂)，误给大量堕胎药(如雌激素和前列腺素)和忌用的药物，注射疫苗等，均有可能流产。

【症状】 病犬腹部努责，排出活的或死的胎儿，但在大多数病例看不到流产的过程及排出的胎儿，经常只能看到阴道流出分泌物。除此而外，尚可见到引起流产的原发病的症状，如犬瘟热，猫瘟毒血症和败血症等症状。

【诊断】 依据临床症状，结合病史，用药史，通过实验室检查，包括红、白细胞计数，布氏杆菌和弓形体的血清学检查，阴道前部或阴道内分泌物的微生物培养来确定。

【治疗】 首先密切观察病犬，若已出现中毒和休克先兆，则需及时输液，补糖，根据体温和血象变化，可预防性注射抗生素，对胎儿已全部排出，胎膜未分离子宫出血的病犬，注射催产素药物，借以促进子宫复旧。

【预防】 配种前进行健康检查，布氏杆菌检查为阴性，甲状腺功能正常，应该进行预防接种。疫苗均已接种过，无异常反应方可进行配种，有条件时尚可在怀孕期间多次测定血孕酮含量，这样可为及时采用药物防治提供依据避免再次发生流产。

（二）阴道增生与脱出

母犬在发情时，阴道黏膜都有不同程度的增生或充血，如果增生过度，长时间不消退，就会发生阴道脱出。偶尔在妊娠末期发生。

【病因】 由于新陈代谢紊乱，激素不平衡，导致阴道黏膜过度增殖，当阴道黏膜增殖的程度大大超过阴门黏膜增殖的程度时，阴道外翻，转为脱出，而且脱出的部位多为阴道松弛，会阴网状组织弛缓和腹内压升高，努责过强所造成的。妊娠期饲养管理不良，缺乏运动，也是引起本病重要原因。

【症状】 阴道部分脱出的患犬，初期阴道黏膜外露，站立时可纳入阴道。若脱出时间过久，脱出部位增大。犬站立也不能还纳阴道，若脱出部位接触异物擦伤则可引起黏膜出血或糜烂，阴道全部脱出的患犬，整个阴道翻于阴门外，呈红色球状物露出，如脱出时间过长则黏膜发紫，水肿，发热，表面干裂，裂口中有渗出液流出。犬阴道平滑肌肿瘤与此症状相似，但外露部分较硬，与发情无关，多见于老龄犬。

【治疗】 阴道部分脱出，脱出的阴道黏膜仍保持湿润状态，未受损伤，亦未被粪便，泥土玷污，局部涂沫红霉素较膏后，加以整复即可。阴道全脱不能回纳的，要求采取阴道整复和固定的方法，首先垫高后躯和臀部，用1%新洁尔灭清洗消毒，除去坏死组织，涂润滑油，将脱出的阴道向阴门内托送，将阴道整复原位。为防止再脱出可做阴门缝合固定。

（三）子宫脱出

分娩后，子宫部分或全部反转脱出阴道内或阴门外，称子宫脱出。

【病因】 常发生于分娩之后，尤其难产之后。产后子宫弛缓、韧带松弛是发病原因，再加上怀孕期运动不足，胎儿过大，胎水过多或子宫过度扩张而使子宫松弛；产中产后，产道过分刺激，剧烈努责，腹压升高等情况下引起发病。

【症状】 犬的子宫脱出多发于分娩后几小时内，也有少数在分娩后2～3 d发生。初产和经产母猫在产后48 h内，都可发生子宫全部或部分脱出。表现不安，精神异常，腹壁紧张，过度努责等。阴道触诊可触及脱出的子宫，完全脱出的子宫在阴门外形成一个囊状物，开始黏膜呈红色或深红色，随时间的延长颜色渐渐变暗发紫，并出现水肿。

【治疗】 用刺激性小的消毒液(新洁尔灭)清洗子宫，除去异物和淤血，脱出部分水肿严重的可用2%明矾，溶液浸润收敛。

经阴道整复还纳，浅麻后，提高后躯，用手指推回脱出的子宫，同时用另一手从腹壁上把子宫向前方拉。

完全脱出或脱出严重淤血，水肿的犬，不易经阴道整复，可在下腹的正中线部剪毛，消毒，切开一小口两指从腹腔内拉回子宫，这种做法容易整复且不损伤脱出的子宫，整复后投与全身抗生素和子宫收缩剂。

脱出的子宫严重损伤的可进行卵巢子宫切除术。

(四)假孕

假孕是犬发情而未配种或配种而未受孕之后，全身状况和行为出现妊娠所特有的变化的一种综合征，多于发情后2～3个月这一时期。

【病因】 犬排卵后，无论受孕与否，排卵的卵泡都能形成存在时间较长的黄体，并持续分泌孕酮，黄体可维持70～80 d之久，由于孕酮含量与怀孕时相同，而且持续发挥作用因而引起一些母犬出现类似怀孕期的症状。

【症状】 主要症状是乳腺发育张大并能泌乳，行为发生变化。母犬如自己吸食本身分泌的乳汁，或给其他母犬生产的狗崽哺乳，泌乳现象能持续2周或更长。行为变化包括设法搭窝，母性增强，表现不安和急躁。阴道中经常排出黏液，腹部扩张增大，触诊腹壁可感觉到子宫增大，其直径也变粗。此外，据报道，假孕母犬多数出现呕吐，腹泻，多尿，喜欢饮水，有厌食或贪食等现象。

【诊断】 根据配种史和进行全身检查可确诊。在腹壁触诊困难或触诊不到子宫，配种史不全的母犬，可于发情42 d后进行X射线拍片，或发情后27～57 d进行超声诊断。对发情后2～3个月出现精神抑郁，腹部膨胀增大的病例，为了同子宫颈紧闭的子宫蓄脓做鉴别，亦可利用B超和血象进行区别诊断。

【治疗】 目前尚无特效疗法，一般采用对症和支持疗法进行治疗，如对乳腺加强护理，应用安定剂等。肌肉注射睾酮，可使症状缓解等。

（五）难产

难产是指胎儿的正常分娩受阻，临床上出现产程延长，没有外力帮助而分娩困难或不能分娩。

【病因】 内分泌失调、妊娠后期，尤其是分娩前的雌激素、前列腺素或垂体后叶、催产素的分泌失调，以及孕酮过多。子宫对上述激素反应减弱。

母体硬产道发育不全、狭窄，直径较小，极易发生阻塞性难产。软产道异常常见于单角子宫，阴道狭窄或畸形。

母体营养不良及贫血使子宫收缩无力，母体运动不足，使幼犬过度肥胖。

胎儿多时，正常产出几个胎儿后，子宫肌和腹壁肌疲劳。胎儿过大，胎位不正，分娩期延长等继发性产力不足。

短头品种犬有的发生原发性阵缩微弱。

【诊断】 病史：详细询问病史时应确定难产的情况，这十分重要。询问内容包括初产还是经产，如为经产犬，则注意是否发生过难产，配种日期及有关犬配种资料，本次分娩的启动时间，阵缩频率及强度；已经产出狗崽数和胎盘数，开始分娩到最后一个胎儿产出的经历时间等。

【临床检查】 观察努责的强度和频率，腹部触诊可以查明子宫的大小和紧张度，有多少胎儿和骨盆腔内有无胎儿；产道检查，子宫颈是否张开及产道内有无胎儿等，如果存有胎儿，尚可确定胎儿的位置及胎位，以及胎儿是否成活。

【诊断难产需注意的几个问题】

（1）阵缩和努责持续时间及强度正常，开始分娩后 20～30 min 尚未排出胎儿者，很可能为难产儿，尚在产道内未产出，而胎盘已分离时，胎儿可能窒息死亡。犬如从阴道内流出绿色分泌物，表明胎盘已分离，且绝大多数是阻塞性难产。

（2）阵缩及努责微弱，经 2～3 h 未见胎儿娩出，通常为原发性子宫收缩无力。

（3）产出一个胎儿后，经过 4 h 以上无继续分娩的迹象，说明子宫收缩无力，亦可能是只怀一个胎儿，分娩就此结束。

（4）有全身症状。

（5）怀孕期延长，超过 70 d 者，虽然胎儿仍然活着，但通常不能正常产出。

（6）阴门有异常分泌物及出现难产的迹象及原因。

【治疗】

（1）胎位正，产道通，宫颈全开者，用药物疗法助产，注射催产素或前列腺素进行催产；子宫未开放禁用催产素，以防子宫强直性收缩而破裂。

（2）胎位不正或已死胎时，用消毒的镊子或钳子小心伸入产道或宫腔内助产或夹出死胎。

(3)产道受阻,子宫肌无力或经药物助产无效,有全身性疾病并伴全身性反应时,立即做剖腹产。

(六)胎盘滞留

分娩分3个阶段,即开口期,胎儿排出期,胎盘排出期。最后一个胎儿产出后,超过一定的时限,胎盘未排出,称为胎盘滞留,本病不常见,只偶尔发生。

【病因】 胎盘滞留同难产和子宫收缩无力往往有关;长期哺乳的母犬亦常发生本病,胎盘长久滞留也可能是胎盘附着区内的子宫壁发生坏死所致。

【症状】 产后有大量的分泌物从阴门排出,呈暗绿色甚至黑色。在正常情况下,只排出少量绿色分泌物,而且产后数小时立即停止排出。如果产后排出绿色分泌物或黑色分泌物达几个小时以上,即认为是胎膜滞留。触诊腹壁能明显感到子宫分节肿胀,胎盘滞留时间稍长,会出现全身症状,如体温升高,脉搏、呼吸增数,精神委顿,食欲减退或废绝等,如不及时进行治疗,往往继发败血性子宫炎或毒血症,导致病犬在4～5 d死亡。

【诊断】 分娩时仔细观察排出的胚膜是否与胎儿数目相符,为早期诊断胎盘滞留最有效方法,对产后数小时,阴门仍有大量的分泌物排出的母犬应触摸腹部,如查出子宫分节肿大,有条件的可通过B超检查,即可确诊。

【治疗】 注射催产素使子宫收缩有利于胎盘的排出。在胸壁上从胸部开始向骨盆区连续按摩5～10 min,也可促使胎盘排出。

部分胎盘滞留时,将包有消毒纱布的止血钳插入阴道加以旋转抽出,有时也可将胎盘取出。胎盘滞留超过12 h以上病例,应向子宫内灌注抗生素,防止感染,如出现全身症状的犬要及时补液和摘除子宫。

(七)子宫复旧不全

子宫复旧是分娩后子宫各层逐渐收缩,而使子宫的形状和大小在一定时期内恢复到原来的(怀孕前的状态)的过程。如果子宫不能恢复到原来正常大小。质地松弛,子宫内膜蜕变再生过程延迟,就叫子宫复旧不全。

【病因】 真正的原因不清楚,但子宫收缩无力和子宫疲劳可能是引起此病的主要致病因素,临床上见到病例,一般是产后子宫收缩发生障碍的多数子宫腔内潴留有胎水、胎膜碎片或残留物。

【症状】 精神尚好,但有不安或焦虑表现,体温正常,食欲良好,阴门排出分泌物亦正常,腹部触诊可触到未复位的子宫,它较正常的粗大,但质地轻柔,若为部分子宫角未复旧，则依子宫腔内聚积的液体量多少，局部有不同程度的肿胀，质地亦各不相同。

子宫复旧不全时，子宫内潴留的渗出物为血液，胎盘及其残片等，在体温正常情况下，可迅速分解，其分解产物被吸收后，经乳排出，可引起哺乳小犬患病，表现烦躁不安。不停叫喊和生活力不强。

【治疗】 治疗的原则是促进子宫内容物排出，提高子宫肌的紧张性和防止感染。治疗时，应将小犬同母犬临时隔离。对此病多采用子宫内疗法，即应用细导管将药液送入子宫内。为了防止感染，可用四环素等广谱抗生素。促进子宫收缩可用催产素。

(八)子宫内膜炎

子宫内膜炎由于分娩时或产后发生细菌感染而导致炎症，为子宫内膜炎。

【病因】 胎儿死亡，腐败，胎膜滞留，助产器械污染，或操作不慎均可导致子宫感染，致病菌多数是溶血性葡萄球菌、链球菌、变形菌、埃希氏大肠杆菌以及棒状杆菌等。尚可见于产后子宫复旧不全及长毛品种会阴不洁，过度交配或人工授精消毒不严所致，阴道上行感染亦可诱发本病。

【症状】 急性子宫内膜炎，体温升高至 39.8～40.5℃。呼吸加快，精神不振，食欲减退或废绝，呕吐、腹泻、甚至脱水，泌乳量下降，拒绝哺乳。阴道中流出大量灰暗或暗红色黏稠分泌物，伴有恶臭。腹部触诊可触知松弛子宫，继发腹膜炎时，疼痛而拒绝触诊，实验室检查时，白细胞数明显增高或显著减少；白细胞数增高时，绝大多伴有核左移。

慢性子宫内膜炎，体温、呼吸正常，食欲稍减，持续或间歇从阴门流出渗出物，并混有血液，病犬性周期紊乱或屡配不孕。

【治疗】 消除炎症，恢复子宫机能。

(1)清除异物，子宫颈开放者，用生理盐水加抗生素冲洗子宫，同时用催产素等使子宫收缩加速内容物排出。

(2)根据临床症状纠正水及电解质平衡紊乱，必要时静脉输液，全身应用抗生素。

(3)慢性子宫内膜炎病例进行长期抗生素治疗，无效者摘除子宫及卵巢。

(九)产后子宫出血

【病因】 胎盘附着部位的子宫复位不全时，产后长时间内生殖道会排出血液，但这种情况往往被人们忽视。分娩时助产不当或施行剖腹产术者，引起子宫黏膜损伤或者强行剥离胎盘也可导致产后子宫出血。

【症状】 病犬全身情况良好,阴门外观正常,阴道黏膜亦正常,小犬健康。在病犬躺卧处,可见到排出带血分泌物,产道检查可见到阴道腔内积有血凝块及血清样分泌物。

【治疗】 应用麦角新碱和钙制剂及子宫内投入抗生素进行治疗,但对产后长时间出血的病犬,收效不大。对这样的病例,可用孕酮治疗,对采用上述治疗无效的,可考虑采用子宫切除术。

(十)产后搐搦症

产后搐搦症又名产后癫痫或产后抽风,是一种以低钙血症为特征的代谢疾病,其特征是突然发生全身骨骼肌强直性痉挛。

【病因】 缺钙是导致发病的主要原因,产后大量钙质进入乳汁,引起母犬血钙浓度急剧降低,难以维持神经肌肉正常兴奋所致。

【症状】 多为突然发病,表现为全身阵发性抽搐,四肢游泳状划动,抽搐时间长四肢僵直,人工无法使其屈曲,张口伸舌呼吸,口吐白沫,个别犬因舌伸出口外无法缩回而咬伤,血流不止、走路摇晃、站立不稳、进而卧地不起。每次抽搐约15 min,全身灼热,体温升高 40～41.5℃(个别体温正常);在整个病程中,精神较好。

【治疗】 采用补糖、补钙、加上消炎解热等综合治疗。

(1)补液补糖盐水和葡萄糖酸钙混合静脉注射(根据病情和犬的体型确定剂量)输液时要缓慢,速度稍快会引起呕吐,并肌肉注射苯巴比妥钠控制痉挛和惊厥。也可用维丁胶钙,肌肉注射。

(2)消炎降温:青霉素,肌肉注射。

【预防】 分娩前后,要严格规定食谱,供给含有适量钙、维生素 D、矿物质平衡的日粮。泌乳期应给予高能量的食物,同时要多晒太阳。

(十一)子宫蓄脓

子宫蓄脓是子宫内储留大量脓汁并伴有子宫内膜囊,泡性增生的疾病。按子宫颈开放与否可分为闭锁和开放两种类型,多见老龄犬,少见于猫。

【病因】 内分泌因素,此外因性黄体激素长期持续作用于子宫内膜,引起子宫内膜囊泡状增生是本病的主要原因。

细菌感染,当子宫内膜囊泡状增生和血中黄体激素持续较高浓度时,子宫对感染的抵抗力降低,使大肠杆菌及其他的菌(如葡萄菌、链球菌、季形菌和沙门氏菌等)大量繁殖,引起急性子宫内膜炎。

【症状】 发病常在发情后期，病情严重与否视子宫颈开放程度，所处发情周期阶段，子宫感染微生物的程度，病程长短和子宫及外生殖器官损伤情况而定，患病的犬、猫精神委靡不振，厌食，体温急剧上升，慢性积脓时体温无变化，严重中毒体温降低，食欲不振甚至废绝，呕吐、脱水、闭锁型导致病倒腹围增大，子宫角胀满，触诊可以触及子宫呈开放型，有的病例阴道流出大量灰黄和红褐色脓液，有强烈腥臭味。

【实验室检查】 血检时见幼稚型嗜中性粒细胞(杆状)数量增多。白细胞数增多的犬、猫，一般是子宫颈紧闭，子宫已发生感染者。临床上也偶见白细胞数正常，血象也正常，但子宫异常膨胀扩大，通常，这种病犬的子宫尚未受到感染，其内容物为清亮的类似黏液的液体，这种情况称子宫积液或子宫积水。

【诊断】 根据临床症状和实验室检查结果即可做出诊断。有条件的可以用B超，X射线来确诊。

【治疗】

(1)外科疗法。尽早实施卵巢子宫摘除术是本病最好的根治方法。但有一部分患病的犬、猫不适合手术。因此要选择适当的时期，做好术前治疗，改善体液电解质失衡状态，然后再进行手术，这样的治愈率较高。

(2)内科治疗。应用广谱抗生素进行全身治疗，对于开放型病例可进行子宫冲洗再给予宫缩药以促进脓液的排出。闭锁型病例严禁使用宫缩药，以免子宫破裂。宫缩药可用催产素，肌肉注射或静脉注射。内科治愈的病例在下次发情后还有复发的可能，应引起注意。

(十二)子宫扭转

子宫扭转是整个怀孕子宫围绕自身纵轴发生的扭转，多发于临产时，也可发生在怀孕末期的任何时间。犬多于猫，本病易与正常分娩的迁延性分娩相混淆。

【病因】 犬、猫为多胎动物子宫呈“丫”字形，宫体稍短子宫角狭长，两个子宫角游离于腹腔，位于腹底壁，依靠其他内脏和腹壁支撑，其解剖结构是造成子宫扭转的基础，此外，分娩初期或怀孕末期，胎水不是子宫壁松弛而造成扭转的诱因。妊娠后期，由于两侧子宫角内的胎儿分布不均匀，在母体、体位突然变化或胎儿重力的作用下，极易使游离的两子宫角移位而发生扭转。

【症状】 患病犬、猫精神沉郁，喜卧不愿活动、饮食欲废绝、眼结膜暗红，并呈树枝状充血、鼻镜干燥、腹部膨大、腹壁呈暗红色，扭转部紧张而有弹性，触之有痛感。指检，产道内干涩、缺乏润滑感、子宫颈紧张、有牵拉感、并有较多的皱襞。

【诊断】 根据病史和临床症状可以诊断。但要注意，应与正常分娩和分娩延迟相鉴别，正常分娩的犬猫，子宫和腹壁呈规律性收缩，数小时内即可产出胎儿，指检产道湿润，子宫颈没有明显的皱襞，分娩延迟、孕犬精神尚好、饮食多正常、无明显的腹痛。

【治疗】 全麻。手术是治疗本病的基本手段，可以使子宫复位，但坏死的子宫应予切除。术后给予抗生素治疗。

（十三）卵巢肿瘤

犬卵巢原发性肿瘤不多见。在对犬作例行健康检查时，偶尔发现有些病例，其引起原因可能是内分泌紊乱。卵巢上存在肿瘤的常见症状是持续或长久性发情，阴道经常排出分泌物。在发生囊性子宫内膜增生或子宫蓄脓的患犬，由于腹腔积液而腹部明显增大，治疗此病可采取卵巢子宫摘除术。肿瘤即使是良性的，也有可能通过淋巴管转移，因此在进行手术过程中应详细检查腹腔内各组织器官，发现有异常变化时应全部摘除，手术后用5-氟脲嘧啶和磷酰胺作为辅助治疗。

卵巢继发性肿瘤中常见是卵巢腺瘤（浆液囊腺瘤、假黏液囊腺瘤）它生长在卵巢体腔上皮，多发生于未生育过的老龄母犬，采用卵巢子宫切除术进行治疗，效果良好。

卵巢浆液囊癌是犬卵巢所患最严重的一种肿瘤。常见症状是腹腔积水，这些积水不是因为内分泌紊乱而引起，而是由于癌细胞在腹腔内扩散的结果，进行腹水细胞化学检查可见玫瑰花样细胞，或腺癌所特有的戒指图案样细胞。特点是生长速度快。向肝肺等处转移。因此，进行局部手术的摘除只能缩小肿块，延缓病情，若用笨丁酸氮芥磷酰胺，5-氟脲嘧啶等抗癌药物治疗，再辅以利尿剂（速尿等）可暂时控制向腹膜扩散。

卵巢生长的非性卵胞瘤类似于睾丸精细胞瘤时是一种恶性瘤常常转移到淋巴结，肾和肝，可用长春新碱和磷酰胺治疗，但预后不良。

（十四）子宫和阴道肿瘤

纤维瘤和平滑肌瘤：老龄犬多发，症状是，阴门外突出一块凸起物，里急后重、便秘。恶变情况类似于平滑肌肉瘤和纤维肉瘤一般在局部扩散，有时尚可通过血浆和淋巴管扩散。

治疗：手术切除可以完全治愈，生长于子宫内应实施卵巢子宫切除术。对于发生扩散的病例，除采用手术切除外，还可以进行放射性治疗。

脂肪瘤：阴道脂肪瘤生长缓慢，多发生于阴道腔中，亦可出现阴道腔外，生长在阴道腔内大多数有一肉柄，腔外生长者，则会使会阴部突出，应用细小针头穿刺确诊。

治疗：手术切除效果较好。因而脂肪瘤多发生于肥胖的母犬，使体重减轻可防复发或产生新的瘤体。

（十五）包皮和阴囊表皮肿瘤

包皮和阴囊都可发生各种皮肤瘤和腺瘤：阴囊上最多见的是肥大细胞瘤和黑色素瘤。腹股沟部发生溃疡性病变大多数是肥大细胞瘤。

【症状】 包皮和阴囊局部温度升高、肿胀疼痛。根据肿瘤的类型，发生转移与转移到的脏器种类，出现不同的全身症状。穿刺采样做活组织检查即可确诊。

【治疗】 可施行阴囊部分切除术。怀疑已发生扩散时，应将腹股沟淋巴结一同切除。口服大剂量的泼尼松和抗组织胺类药物能缓和症状。用阿糖名甙、苯丁酸氮芥和长春新碱综合治疗，亦可使病情减轻，改善全身症状。

（十六）包皮和阴茎扩散性花柳性肿瘤

【病因】 本病的特点是在交配期间传播扩散，患犬细胞内只有57～62个染色体（正常犬为78个染色体）不论品种年龄均有易感，性活动强烈的青年犬患病尤多。

【症状】 包皮和阴茎上的扩散性花柳性，肿瘤的表面状况和特性视病情和个体情况不同而有所不同。本病初期生殖器为充血性小豆疹，接着呈小叶状或菜花样的脆弱肿瘤，直径可达6 cm左右，肿瘤偶尔可转移到肝和眼部，在有些病例中，肿瘤可能自行萎缩或消失，但大多数是持续存在，直到死亡。

【治疗】 可施行手术切除或放射疗法。放射疗法只可作为手术后或转移病症的辅助疗法。配合应用长春新碱氨甲喋呤环磷酰胺4～8周后，可能有效。但肿瘤清除后，尚需须继续应用数周。

（十七）睾丸肿瘤

睾丸肿瘤：多发于7岁以上的犬，它分3种类型：足细胞瘤、间质性细胞瘤和精原性细胞瘤。睾丸在腹腔中（隐睾）比在阴囊中易发肿瘤，特别易发生足细胞瘤。

足细胞瘤：由曲细精管营养细胞突变而来，当这些细胞转变肿瘤细胞时可触及睾丸中有硬块。通常是两侧睾丸同时发生病变或者与精原细胞瘤、间质细胞瘤同时发生足细胞瘤的患犬约有25%出现纤维化的现象。

足细胞瘤大多数为良性，约有10%以上病例可能发生恶变，在确定摘除睾丸（特别是隐睾）之前应进行全面检查，肿瘤常转移到腹股沟下淋巴结，肺、肝、脾、胰腺等处。去势后4～6周出现雌性化现象，仍不消失时，应怀疑尚存有未被发现的转移瘤体，这种瘤可用磷酰胺或氨甲喋呤治疗。

精原细胞瘤：由曲细精管生精细胞突变而来的，瘤体较小直径不到2 cm，因而难以触摸到，约有1/3的病例，可能发生一侧睾丸肿瘤，在这种情况下才可发觉。偶尔可以见到有脱毛和雌性化的症状。将两侧睾丸全部摘除，有望治愈，但化疗效果不佳。

间质细胞瘤：由间质细胞发展而来，这种肿瘤没有激素缺乏的临床症状，体积较小而且很少发生转移，因此在临床上很难确认，一旦确诊后去势可以治愈。

前列腺肿瘤：最常见是腺癌，大多数发生在8岁以上的犬，恶性肿瘤可以广泛扩散并且侵害尿道，膀胱和骨盆，有时可造成肾盂积水和输尿管积水，检查前列腺，穿刺液和膀胱造影可以确诊，但往往在诊断出来之前已发生转移，去势后肌肉注射雌二醇可使病情暂时缓解。应用雌激素无效时，可改用磷酰胺和5-氟脲嘧啶配合治疗。一般预后不佳。

（十八）嵌顿包茎

阴茎从包皮腔伸出后不能缩回到原来正常位置者，称为嵌顿包茎。

【病因及症状】 轻度的嵌顿包茎的发生原因可能与某种刺激因素有关，或者由某一刺激因素直接引起的。此病常发生于交配之后，由于龟头后面的包皮孔狭窄，使阴茎呈半勃起状态，持续充血竖直而不能消退，不能缩回原来的位置。长时间不能缩回，使阴茎更加充血肿大再加上病犬常舔吮阴茎露出的部分，常常引起创伤，若不及时治疗可能导致尿道阻塞，使阴茎腐烂坏死。

【治疗】 治疗的原则是及时将阴茎整复。根据阴茎暴露包皮外的时间长短及阴茎损伤的范围和程度，整复前对阴茎的局部处理有所不同。

首先将患犬全身麻醉，用肥皂水清洗阴茎包皮。轻度的阴茎肿胀和水肿，可用高渗葡萄糖溶液或尿素冷溶液清洗患部，多次反复清洗，可减轻阴茎的肿胀和水肿。然后在阴茎上涂布润滑剂，送回到包皮内。

不能将阴茎送入包皮腔内或有严重创伤时，需将包皮切开进行整复。先用生理盐水把包皮和阴茎清洗干净，再用硼酸溶液清除腐烂坏死组织。有撕裂伤时，需加以缝合并进行止血。包皮在腹面切开，切口长度以能顺利整复为度，阴茎被送入包皮腔内后，将切口缝合，对阴茎严重损伤或肿胀时间稍长的病例，应在膀胱内插入导尿管，让它置留2～3 d，包皮孔需用荷包缝合法缝合，以防阴茎脱垂，待炎症消退后拆线。为防止阴茎发炎和粘连，定时涂擦红霉素软膏。

（十九）公犬不育症

本病是公犬达到正常配种年龄不能正常交配或交配正常却不能使母犬怀孕的疾病。

【病因】 有先天性障碍，如隐睾、睾丸发育不全等。生殖系统疾病，主要有睾丸炎、尿道炎、包皮过长。营养不良及衰老，也有机能障碍，主要是性欲低下，阳痿不举。

【症状】 公犬过于肥胖或瘦小，配种时不愿爬跨，阴茎不能正常勃起，或者滑精，表现未经交配，公犬精液自动泄出。有的公犬虽能正常交配，但多次交配却不能使母犬受孕，镜检精子畸形，存活时间短。

【治疗】 确诊后主要治疗原发病和去除病因，先天性发育不全者应淘汰，必要时应用睾酮，孕马血清，促性腺激素治疗。

（二十）乳房炎

乳房炎是一个或多个乳头的炎症过程，可分急性、慢性及囊泡性乳房炎，多发于产仔后的哺乳期。

【病因】 急性乳房炎则幼仔抓伤或咬伤后葡萄球菌、链球菌、大肠杆菌等感染所致，也有的体质下降，毒素内侵损伤乳房所引起。

慢性乳房炎则乳导管闭锁，乳汁滞留刺激乳腺而发生囊泡状乳房炎与急性乳房炎相似，但乳腺增生可形成囊泡样肿。

【症状】 多发生于哺乳期，表现发热、精神不振、乳房红肿、硬实并有温热疼痛感，乳汁减少或停止。拒绝哺乳，病初乳汁稀薄似脓性乳房炎时，乳汁脓样，内含黄絮状物或血液。慢性乳房炎全身症状不明显，一个或多个乳区变硬，会挤出水样分泌物。

【治疗】 发生乳腺炎后立即隔离幼仔，按时清洗乳房并挤出乳汁。局部早期冷敷，急性期后热敷。按摩患处。外涂鱼石脂制剂，也可进行局部封闭。肌肉注射已烯雌酚以减少乳汁分泌，对有感染者应用抗生素进行全身治疗。

八、犬、猫内分泌疾病

（一）尿崩症

犬 ♂ 7岁

主诉：近1周该犬总表现渴，见水就喝，量大增，尿量较前增加数倍、尿频，限制饮水，尿量不减，食欲尚可。

【检查】 精神尚可、营养状态中等、可视黏膜淡、皮肤弹性稍差。检查时主动排尿、量大、透明无味。

【尿检】 比重 1.002、葡萄糖(－)，酮体(－)，蛋白(－)。

【分析】 临床常见引起尿量增加，疾病有糖尿病——具有多饮多尿外，同时具有多食、体重减轻、尿糖、酮体出现，尿比重增加。

间质性肾炎，初期尿多，后期减少，尿检具有蛋白，红细胞、白细胞及肾上皮细胞。

尿崩症，大量饮水，大量排尿，低比重尿。

【结果】 尿崩症。

【治疗】 垂体性尿崩症，鞣酸加压素肌肉注射 0.02～0.1 μg/kg，隔 2～3 d 给药 1 次，注意用量过大可引起水中毒和氮质血症。肾性尿崩症应用氯磺丙脲每千克体重 3 mg，每日 1 次，注意防止低血糖出现。

(二)甲状腺功能亢进

犬 ♂ 5 岁

【主诉】 数月来食量增大，排便次数增加，多饮多尿，眼球突出。

【检查】 精神尚可，营养状态较差，双眼较正常凸起，触甲状腺两侧对称性弥漫性肿大，腺体质软，有弹性。听诊，心音节律不齐。生化检查，各项指标无异常。尿检查正常。

【分析】 具有糖尿病的三多一少症状，但血糖正常，尿中葡萄糖、酮体均为阴性。可排除糖尿病，临床触诊甲状腺呈弥漫性肿大，并伴有双眼凸起。

【结果】 甲状腺功能亢进。

【治疗】 复方碘甘油 0.2～0.4 mL，口服；碘化氢糖浆 1.0 mL，口服；两种药均为每日 1 次，连用 3～10 d；丙基硫尿嘧啶 0.1 g，口服，每日 2～6 次，连用 2～6 周，然后按每日0.1～0.2 g 的量维持。

(三)甲状腺机能减退

犬 ♀ 5 岁

【主诉】 数月来全身掉毛严重，被毛变稀，腰背侧远端尤为严重。毛色变浅、痒不明显、不喜运动、吃食稍少。2 个月前一块皮肤剪去背毛，至今未长出。

【检查】 精神稍差，头、尾四肢被毛尚可，躯干被毛稀少，背侧较下腹更明显。被毛无光泽，皮肤增厚，有散在色素沉着，有油腻感。

【血检】 甲状腺素(T_4)12 mg/L。

【分析】 引起全身性脱毛疾病有:激素性脱毛,皮肤左右对称性脱毛(见雌激素过剩症)。甲状腺机能减退性脱毛,脱毛部位以远端背侧和尾近端明显,皮肤增厚、干燥或油腻,血检 T_4 值低。

【结果】 甲状腺机能减退。

【治疗】 左旋甲状腺素钠每千克体重 0.02～0.04 mg,口服,每日 1 次。

(四)雌激素过剩症

犬 ♀ 5岁

【主诉】 该犬发情结束后(未交配)约 2 个月又有发情症状,外阴肿胀,有血排出。皮肤对称性脱毛。吃喝正常。

【检查】 精神尚可,皮肤左右对称性脱毛,两侧肋软部为严重,头部和四肢末端无脱毛现象,脱毛处皮肤有少量色素沉着,外无明显病变。外阴部肿胀,阴道流出分泌物,乳房增大。

【血检】 大量红细胞。

【分析】 根据具有发情症状的内分泌性皮肤病这一特点,诊断为雌激素过剩症。

【治疗】 手术摘除卵巢、子宫是最有效治疗方法。为了抑制子宫内膜增生,制止子宫出血,可应用黄体酮每日 10～15 mg,或人绒毛膜促性腺素每日 100～150 IU。为促进被毛生长,给予甲状腺激素。

(五)雌激素减少症

猫 ♀ 2岁

【主诉】 该猫 8 个月前做子宫卵巢摘除术,近 2 个月脱毛严重,痒不明显,吃、喝、运动均正常。

【检查】 精神尚可,双侧胸、腹部对称性脱毛,脱毛处皮肤未见病变。皮肤厚度、弹性正常。

【分析】 对称性脱毛,脱毛处皮肤未见病变,其他未见异常病症,做卵巢摘除后发生,该为雌激素减少症。

【治疗】 应用已烯雌酚每次 0.2～0.5 mg,口服,也可用孕马血清促性腺激素或人绒毛膜促性腺激素。

（六）雌激素缺乏性尿失禁

猫 ♀ 1.5岁

【主诉】 前2个月做卵巢、子宫摘除术，一切正常，约2周来逐渐出现排尿失禁。其他未见异常。

【检查】 精神尚可，膀胱蓄少量尿液，挤压膀胱有收缩力。

【血、尿检】 各项指标正常。

【分析】 如泌尿系统炎症、血尿检可见炎症反应指标。触诊膀胱未充满，有收缩力，排除膀胱麻痹。根据术后出现尿失禁，诊断为雌激素缺乏性尿失禁。与手术无关，主要是内分泌平衡失调导致的骨盆肌张力降低引起。

【治疗】 应用雌激素治疗。己烯雌酚二磷酸酯，每日0.1～1.0 mg。

九、泌尿生殖系统疾病

（一）急性肾炎

急性肾炎又称急性肾小球肾炎(Glomerulonephritis)，是指主要侵害肾小球(包括肾小管及间质组织)的急性炎症性病变。犬、猫均可发生，以母犬多见。

【病因】 主要原因是感染和中毒。感染性因素包括某些传染病经过，如流感、犬瘟热、结核病、弓形虫病以及链球菌感染等，其发病机理主要是由于细菌、及病毒其毒素对肾脏产生直接刺激致病，或与肾小球毛细血管基底膜中的黏多糖结合形成抗原，此抗原刺激机体产生相应抗体，反复感染时，发生抗原—抗体反应，导致肾小球发生变态反应性炎症。

中毒性因素又可分为内源性毒物，如胃肠道炎症、肝炎、肺炎、腹膜炎或组织损伤产生的毒素和组织分解产物；外源性毒物，如采食有毒植物、霉菌毒等，毒素经肾排出时，可导致本病发生。

此外，机械性损伤、膀胱炎、肾盂肾炎、子宫内膜炎及麻痹性肌红蛋白尿病等常继发本病。

【症状】 患病初期，犬、猫精神沉郁，食欲减退，体温升高。肾区疼痛敏感，拒绝检查，背腰弓起，步态强拘。严重病例，可见眼睑，胸腹下、四肢下端及阴囊等处出现浮肿。

病初尿频但尿量少，而后逐渐减少甚至完全不排尿(尿闭)。肾性动脉压增高，严重的出现蛋白尿，尿沉渣中见有上皮管型、透明管型、颗粒管型及数量不等的肾上皮细胞、红细胞、白细胞、病原菌等。血中非蛋白氮含量明显增高,可达正常值的10倍以上。重症后期,常出现尿毒症。患病犬、猫衰弱无力,昏睡乃至昏迷,全身肌肉痉挛,消化机能严重障碍、呕吐、顽固性腹泻、呼吸困难,甚至呼出气中带有氨味。

【诊断】 根据具有感染或中毒的病史,肾区疼痛敏感、肿大、少尿或无尿、蛋白尿、尿沉渣中出现管型、上皮细胞以及动脉压增高等临床特征,可以确诊。

【治疗】 对该病的治疗原则是消除炎症,抑制免疫反应,利尿消肿,对症治疗。

抗菌消炎:青霉素,肌肉注射,2.5万U/kg,每日2次,连用1周。也可肌肉注射或静脉注射氯霉素、卡那霉素、庆大霉素等。磺胺类药物与抗菌增效剂如二甲氧苄氨嘧啶并用,可提高疗效。

免疫抑制疗法:可选用肾上腺皮质激素,如肌肉注射地塞米松,犬0.25~1.0 mg,每日1次,猫剂量减半;另外,可使用醋酸可的松、醋酸强的松龙、氢化强的松龙等,用量,可按0.5~1.5 mg/kg,肌肉注射或静脉注射,每日1次。

有明显水肿时,应用利尿剂,如速尿2~4 mg/kg,口服或肌注射;口服双氢克尿噻,20~60 mg,每日2次。

此外,应根据病情对症治疗,如强心、止血、纠正酸中毒和促进机体蛋白合成等。饲养上则应给予高营养,易消化的低蛋白、低盐和高糖食物,有水肿者应限制饮水。护理上应将患病犬、猫置于温暖、干燥、通风和阳光充足处。

(二)间质性肾炎

间质性肾炎(Interstitielle nephritis)是指肾脏间质组织发生弥散性或局灶性炎症,以慢性病例多见。主要临床表现为皮肤水肿、体腔积水和慢性氮血症性尿毒症,肾间质结缔组织增生、肾实质萎缩、肾体积缩小、质地坚硬。

【病因】 间质性肾炎与机体慢性感染和中毒有关,如常继发于钩端螺旋体症、犬传染性肝炎等传染病和某些慢性中毒病过程中,也常继发于其他慢性肾脏疾病。

【症状】 患病犬、猫逐渐消瘦,血压升高,脉搏数增加,第二心音增强。后期则眼睑、胸前、腹下或四肢末端出现浮肿,甚至体腔积液。尿量不定,尿中有少量蛋白质,尿沉渣中有肾上皮细胞、管型及少量红细胞、白细胞。血中非蛋白氮含量增高,最终可导致慢性氮血症性尿毒症,表现倦怠、消瘦、瘙痒、抽搐及出血倾向,甚至死亡。

【诊断】 根据感染,中毒病史以及肾体积缩小,质地坚硬等临床特征和尿液检查确诊。

（三）肾病综合征

肾病(Nephrosis)是指以肾小管上皮细胞弥漫性变性、坏死为主要病理特征的一组非炎性肾脏疾病症候群。临床表现严重蛋白尿、明显水肿、低蛋白血症和高血脂。

【病因】 主要发生于某些传染病的过程中，如犬瘟热、结核病等；其次是某些有毒物质的侵害，如重金属、霉菌毒素、过量驱虫药、磺胺药等；体内的有毒物质，如消化道疾病、肝脏疾病、蠕虫病、大面积烧伤和化脓性疾病等病程中产生的毒素。此外，休克、脱水、大失血及急性心力衰竭、肾脏局部缺血等也可引起本病。

【症状】 易被原发病症状掩盖，其一般症状与肾炎相似，只是不排血尿，尿沉渣中无红细胞及红细胞管型。轻者，尿中可见少量蛋白质和肾上皮细胞。重症病例，呈现消化障碍，逐渐消瘦、衰竭或贫血，严重时胸、腹腔积液。尿量减少，因含大量蛋白质而比重增高，尿沉渣中有大量肾上皮及透明、颗粒管型。

血液检查，血清总蛋白量减少，而总胆固醇量增加，后期尿素氮水平升高。

【诊断】 全身水肿，严重蛋白尿，尿沉渣中见肾上皮细胞，透明、颗粒管型，无红细胞和红细胞管型。

根据临床特征，可与肾炎相区别而确诊。

【治疗】 治疗原则在于消除病因、改善饲养、利尿消肿。

药物治疗，主要是针对原发病。感染引起的，可选用抗生素或磺胺类药物；对于中毒，则采用相应的解毒措施。为消除水肿，可应用利尿剂、脱水剂，如速尿：10 mg/kg，每日 1 次或 2 次，连用 2～3 d，口服、肌肉注射或静脉注射。

也可选用酰唑胺、双氢氯噻嗪、甘露醇(0.25～0.5 mL/kg)、山梨醇等脱水剂。

口服地塞米松 0.5～2.0 mg/kg 或环磷酰胺 0.2～0.4 mg/kg，以抑制自身免疫抗体的产生。

若出现酸中毒，宜用 11.2%乳酸钠 0.3 mL/kg，静脉注射。禁用 $NaHCO_3$。为增加血容量可静脉注射 6%～10%右旋糖酐 10～20 mL/kg，或静脉注射血浆。

同时，应补充足够的蛋白质。为防止水肿加剧，必须限制饮水和食盐的摄入。

（四）肾盂肾炎

肾盂肾炎(Pyelonephritis)是指肾盂黏膜和肾实质因细菌感染而引起的一种急性化脓性疾病。多为化脓性肾盂肾炎。临床以发热、肾区敏感、脓尿和尿沉渣中见有肾盂上皮、肾上皮等为特征。雌性犬、猫多发。

【病因】 多为化脓性细菌经泌尿道上行至肾盂引起感染，包括肾棒状杆菌、葡萄球菌、大肠杆菌、化脓性棒状杆菌、链球菌、绿脓杆菌、肠炎沙门氏菌等。机械性刺激，如肾结石、肾寄生虫。内服具有强烈刺激性的药物(松节油等)以及尿潴留时氨的刺激，也可引发本病。

【症状】 患畜常有体温升高、精神沉郁、食欲减退、呕吐、腹泻等明显的全身症状。

肾区触诊可感知肾体积增大，敏感性增高。常有排尿姿势，但排尿困难，尿液混浊，含有黏液、脓液和大量蛋白质。尿沉渣检查，有大量脓细胞、红细胞、白细胞、肾盂上皮细胞、肾上皮细胞、少量管型以及磷酸铵镁和尿酸铵结晶，尿液直接涂片可见病原菌。

血检可见嗜中性粒细胞增多，出现核左移现象。

慢性肾盂肾炎多为亚临床症状，病程数月至数年，最终衰竭而死。

【诊断】 根据临床特征可以确诊。

【治疗】 治疗原则是抑菌消炎，促进尿液和炎性产物的排出。抗菌消炎用药前最好先进行尿液细菌培养和药敏试验，以选择效果最好的抗微生物药。青霉素每千克体重6 000～12 000 IU，分 2 次肌肉注射，连用 8～15 d。还可配用卡那霉素、庆大霉素、先锋霉素。磺胺类药则以磺胺异噁唑、磺胺-5，6-二甲氧嘧啶为好。

尿路消毒：应用呋喃妥因(呋喃坦啶)，口服每日 0.012～0.015 g/kg，分 2～3 次服。

口服氯化铵等尿的酸化剂对本病的治疗有益，犬 0.3～1.3 g，每日 3～4 次，但勿与磺胺类药物合用。

改善饲养管理，给予高蛋白、易消化的饲料和清洁饮水是必要的。

(五)肾衰竭

肾衰竭(Renal failure)是指功能性肾组织发生急性功能不全(称为急性肾功能衰竭)或因其功能长期严重丧失，肾单位绝对数减少(称为慢性肾功能衰竭)所导致综合征。

1. *急性肾功能衰竭*(Acute rental failure) 急性肾功能衰竭，简称急性肾衰，是在肾缺血、肾中毒等致病因素作用下，引起肾小管变性坏死所表现的一种综合征，临床以少尿、无尿、酸碱平衡失调和尿毒症为特征。

【病因】 按致病部位不同可分为肾前性、肾性和肾后性 3 方面的因素造成。

(1)肾前性因素包括严重脱水、大失血、创伤、烧伤、休克以及胆红素、血红蛋白、肌红蛋白释放过多，电解质平衡失调等。

(2)肾性因素主要有各种感染、中毒等因素，造成急性肾脏病变引起局部急性缺血、肾小管基底膜坏死、肾血管阻塞等，从而导致本病。

(3)肾后性因素主要是尿路急性梗阻,如两侧输尿管结石、血凝块阻塞、尿酸盐或磺胺结晶等阻塞,前列腺肥大等。

【症状】 整个病程可分为3个阶段。

(1)少尿期:主要表现为排尿量显著减少,甚至无尿,尿中有蛋白质、红细胞、白细胞和各种管型,尿比重降低。由于水、钾潴留、代谢产物蓄积,引起代谢性酸中毒、高钾血症、尿毒症、心力衰竭、血压升高,易发生感染。

(2)多尿期:患病犬、猫经过一段时间的有效治疗后尿量增多而进入多尿期、降低血钾,少尿期各种症状均进一步加重,患病犬、猫多在此期死亡。耐过者进入恢复期。

(3)恢复期:排尿量逐渐恢复正常,各种症状减轻或消除,但过程缓慢。若肾小球功能迟迟不能恢复,则常转变为慢性肾衰(少数病例可因肾小管上皮和基底膜破坏严重,再生和修复不全而转变成慢性肾机能不全)。

【诊断】 根据临床症状,尿液检查和血液检查的特征变化进行诊断。

【治疗】 抑菌消炎,抗过敏。因感染导致的急性肾衰,应迅速投以大剂量、多种抗生素协同应用,同时使用肾上腺糖皮质激素,如可的松等。

利尿。常用噻唑利尿药,如双氢克尿噻、氯噻唑,该类药物易吸收,显效快,作用强而持久,毒性低。此外还可肌肉注射或静脉注射速尿。

纠正高血钾症。使用高渗葡萄糖溶液与胰岛素,一般按葡萄糖3 g,胰岛素1 U配合,静脉注射。应用钾离子对抗剂,如10%葡萄糖酸钙液静脉注射。禁用含钾药物。纠正酸中毒,补充$NaHCO_3$溶液。

解除水中毒。使用脱水剂,如20%甘露醇或山梨醇0.5～2.0 g/kg,快速静脉注射。缓解尿毒症,可采用腹膜透析疗法。

2. 慢性肾功能衰竭(Chronic renal failure)　慢性肾功能衰竭又简称慢性肾衰,是肾功能严重丧失、肾单位绝对数减少引起的机体内环境平衡失调和严重代谢障碍的疾病。

【病因】 多由急性肾衰转化而来,亦见于多种肾病的晚期,如肾盂肾炎、肾淀粉样变、慢性尿路阻塞、先天性疾病、肾小球肾炎和肿瘤。

【症状】 早期烦渴、多尿,有时呕吐。当持续数周、数月或更长时间,可见厌食、体重减轻、脱水、口腔溃疡、呕吐和腹泻。最后阶段严重的脱水、呕吐、抽搐和昏迷导致死亡。如出现贫血,则黏膜苍白。继发骨营养不良者,可见掉牙,上、下颌骨变形,或病理性骨折。患晚期肾病者可发现肾脏变小,且不规则;或在患肾肿瘤、肾盂积水的动物中发现肾肿大。

【诊断】 可根据血尿素氮、血肌酸酐和无机磷水平升高以及临床症状进行诊断。

【治疗】 治疗可参照急性肾衰，并对症治疗，应用雄激素可促进机体蛋白合成，抑制蛋白分解，缓解氮质血症症状。

（六）尿毒症

尿毒症(Uraemia)是指因肾功能衰竭，体内代谢产物和其他有毒物质在体内蓄积，所引起的机体中毒综合症。

【病因】 尿毒症是肾功能严重衰竭的表现，其病因主要与引起泌尿器官疾病，尤其是引起各种肾脏疾病的因素有关。

【症状】 由于继发各组织器官损害，因此临床症状也复杂多样。神经系统的中毒现象为精神极度沉郁、衰弱无力、意识紊乱、知觉减退、昏睡或昏迷，肌肉颤动或抽搐。循环系统则表现为血压升高、心脏扩大，晚期可出现心包炎。消化系统症状有食欲减退或废绝、呕吐、腹泻、消化道出血、口中有尿臭味等。

呼吸浅而快，呼吸困难，呼出气有氨味。

皮肤弹性降低，干皱，有氨味，并发生瘙痒。

血液检查见尿素氮含量明显升高，CO_2 结合力下降，血钙水平下降，并有高钾、磷、镁血症，高血脂和贫血现象。

尿沉渣中见有红细胞、白细胞和各种管型。

【诊断】 根据临床症状、肾病病史，结合血、尿检查以及肾功能检查，可以做出诊断。

【治疗】 治疗原则是加强饲养管理，治疗原发病，纠正电解质平衡紊乱和酸中毒，缓解高氮血症，并对症治疗。

积极治疗引起尿毒症的原发病。

对有脱水现象或尿量减少者，应及时输以生理盐水或葡萄糖溶液。发生酸中毒时应静脉注射 $NaHCO_3$ 溶液或乳酸钠溶液。为缓解高氮血症可注射苯丙酸诺龙、丙酸睾丸酮等雄性激素，或用不含钙的液体进行腹膜透析疗法。

对有兴奋、惊厥等症状的可给予氯丙嗪、苯巴比妥钠等镇静剂、抗惊厥等。

（七）膀胱炎

膀胱炎(Cystitis)是指膀胱黏膜表层乃至深层的炎症。临床的疼痛性尿频及尿沉渣中见有大量膀胱上皮、脓细胞、红细胞为特征。以母犬、猫常见，多由感染引起。

【病因】 细菌感染主要包括化脓杆菌和大肠杆菌，其次是葡萄球菌、链球菌、绿脓杆菌、变形杆菌等，经血液或尿路感染。

邻近器官的炎症如肾炎、阴道炎、输尿管炎、子宫炎等均可蔓延至膀胱引起炎症。

理化损伤如导尿管过粗过硬、插入操作不当、损伤膀胱黏膜。膀胱结石、某些寄生虫、尿潴留时的分解产物，以及松节油等强烈刺激性药物均可引起膀胱炎。此外，糖尿病及机体免疫功能降低时，亦可诱发本病。

【症状】 主要表现排尿异常、尿液变化、疼痛性尿淋沥等症状。尿频、排尿时疼痛不安，且尿量少，尿液混浊，尿中常混有黏液、血液、脓液、纤维蛋白或坏死组织片。尿沉渣中含大量红细胞、白细胞、脓细胞、膀胱上皮细胞和磷酸铵镁结晶，并有大量细菌，尿潴留时病畜呻吟，公畜阴茎频频勃起，母畜阴门频频开张。当从腹壁触摸膀胱时，有疼痛反应。

【诊断】 根据痛性尿频、尿液混浊和尿沉渣中有大量膀胱上皮、白细胞、脓细胞、红细胞，可做出诊断。

【治疗】 防腐消毒。进行膀胱洗涤。导尿管排出膀胱内积尿后，用温生理盐水反复冲洗，再直接注入抗生素于膀胱内，消毒药可用1%～3%硼酸液、0.1% $KMnO_4$液、0.02%呋喃西林液。

抑菌消炎。硫酸庆大霉素 4 mg/kg，肌肉注射，每日 2 次。

口服或肌肉注射氯霉素，40 mg/kg，每日 2 次。肌肉注射青霉素 10 mg/kg，每日 4 次。在使用青霉素、四环素、呋喃妥因时，投以氯化铵 20～80 mg/kg，每 12 h 1 次，可使尿液酸化，并增强抗菌药物的抗菌作用。在应用磺胺药时，投以 $NaHCO_3$ 0.5～2.0/次，每 12 h 1 次，可使尿液碱化，可增强磺胺类药物的作用，并能减轻磺胺药对尿路产生的不良反应。

出血严重的病例，可使用全身止血药，如止血敏，5～15 mg/kg，肌肉注射，每日 2 次；肌肉注射安络血 0.2 mg/kg，每日 2 次。

(八)膀胱破裂

膀胱破裂(Bladder rupture)是指膀胱壁发生破裂、尿液流入腹腔所引起的以排尿障碍、腹膜炎、尿毒症和休克为特征的膀胱疾病。

【病因】 通常继发于尿潴留。腹部受到撞击，按压常可导致发生膀胱破裂；尖锐异物刺伤，如骨盆骨折，较硬的导尿管导尿时，操作不当，均可引起膀胱紊乱性损伤。

【症状】 连续数日不见排尿。患病犬、猫排尿动作消失，疼痛不安。下腹部增大下沉。触诊腹壁有波动感，腹腔穿刺，有大量淡黄色带氨味的液体流出。进而可出现呕吐、腹痛、颤抖、昏睡、昏迷等腹膜炎、尿毒症和休克的症状。

【诊断】 根据有损伤、尿路阻塞等病史，典型临床症状以及腹腔穿刺和膀胱充气造影，可以确诊。

【治疗】 一经确诊，立即进行剖腹术和膀胱裂口缝合术，疗效确实。

（九）膀胱麻痹

膀胱麻痹(Bladder Paralysis)是指膀胱肌丧失收缩力，尿液不能随尿道排出而潴留于膀胱内。临床以不能随意排尿，膀胱充盈，无疼痛表现为特征。

【病因】 多继发于脊髓的炎症、损伤、出血、肿胀以及脑与脑膜的炎症。支配神经损伤时，因其调节膀胱逼尿肌的机能丧失而引起膀胱麻痹，大量尿液潴留。膀胱炎等疾患时，也可造成逼尿肌收缩力减弱或丧失。

【症状】 症状随病因类型而不同，但触诊膀胱，均高度充盈。脊髓性麻痹，排尿反射减弱或消失，膀胱充满时才被动排出少量尿液；并发膀胱括约肌麻痹时，则排尿失禁，触或按压膀胱空虚，导尿管极易插入。

脑性麻痹时，在膀胱内压超过膀胱括约肌紧张度时，才排出少量尿液。按压膀胱时尿呈细流状喷射而出，停止压迫排尿即止，导尿管插入困难。

末梢性麻痹时，病畜虽频作排尿姿势，但只有少量尿液或无尿液排出。触诊无疼痛表现，按压膀胱时可被动地排出尿液，导尿管易插入。

【诊断】 根据临床症状，腹部触诊及尿道探查可做出诊断。

【治疗】 为防止膀胱破裂，须排出膀胱积尿，可进行导尿。

为提高膀胱逼尿肌的收缩力，可皮下注射硝酸士的宁 0.2～0.6 mg/次，每日或隔日 1 次。皮下注射甲基硫酸新斯的明 0.2～1.0 mg/次，每日 2 次。也可口服乌拉坦碱 2.5～20.0 mg，每日 2 次或 3 次，连用 10 d。

电针疗法，效果较佳。一极置于腰部(百会穴)，另一极置于会阴部(后海穴)，每日 1 次或 2 次，每次 20 min。

为防止尿路感染，可使用抗生素、呋喃妥因等抗微生物药。

（十）尿道炎

尿道炎(Vrethritis)是指尿道黏膜的炎症。是犬、猫常发的泌尿系统疾病。临床上以排尿困难、导尿管插入疼痛、尿液混浊和混有黏液、脓液等为特征。

【病因】 主要是尿道细菌感染。如导尿操作粗暴、尿结石时的机械刺激及药物的化学刺激导致黏膜损伤后继发细菌感染。邻近器官的炎症也可蔓延至尿道，引起尿道炎。

【症状】 病犬、猫频频排尿，但排尿困难，尿液呈断续状排出。公畜阴茎勃起，母畜阴门不断开张，有黏性或脓性分泌物自尿道口流出。尿液混浊，混有黏液、血液或脓液。

有时排出坏死、脱落的尿道黏膜。尿检有大量尿路上皮、白细胞、红细胞、脓细胞。触诊阴茎肿胀、敏感，视诊见尿道口红肿。探诊尿道，动物疼痛不安，导尿管难以插入。

【诊断】 根据临床特征可以做出诊断。

【治疗】 清除病因、抗菌消炎和尿道防腐。

为避免刺激尿疲乏，可行膀胱插管手术，经插管排尿。尿潴留而膀胱高度充盈的，可施行尿道造口术或膀胱穿刺术。

（十一）前列腺炎

前列腺炎（Prostatitis）是指因感染引起的前列腺的炎症性病变。临床的发热、前列腺敏感疼痛、尿频及血尿等症状为特征。常见于成年公犬。

【病因】 多继发于泌尿系统感染。病原菌可经血或淋巴途径转移至前列腺，主要病原菌为葡萄球菌、链球菌、大肠杆菌、变形杆菌及化脓棒状杆菌等。

【症状】 患病犬体温升高，精神沉郁，食欲减退，里急后重，排尿频繁、血尿。直肠指检时表现疼痛，并可感知前列腺肿、热、疼痛，脓肿时还有波动感。尿检可见白细胞、红细胞、脓细胞和病原菌。急性病例血检，可见白细胞增多。

【诊断】 根据前列腺肿大、排尿情况以及血、尿检查，可以做出诊断。

【治疗】 治疗原则是抗菌消炎，切开排脓和对症治疗。

对前列腺脓肿，在脓肿成熟时，手术切开排脓，或施行前列腺摘除术。

（十二）尿石症

尿石症（Vrolithiasis）是指尿中的盐类在肾脏、膀胱和尿道中形成的矿物质凝聚结构，刺激、损伤尿路黏膜，引起尿路阻塞的一种疾病。临床以排尿困难、阻塞部位疼痛和血尿为特征。多发生于老龄犬、猫。

【病因】 至今尚未完全阐明，但与下列因素有关，如饲喂高钙饲料、饮水不足、甲状腺机能亢进、尿液 pH 值改变、维生素 A 缺乏以及尿路感染发炎等因素都可促进尿结石形成。

尿结石主要在肾脏中形成，转移至膀胱后可在膀胱中继续增大。

犬、猫尿结石成分多为磷酸盐。另外，还有胱氨酸盐、草酸盐、尿酸盐和碳酸盐。磷酸盐结石形成于碱性尿中。

【症状】 表现排尿异常。排尿量减少，排尿困难或不排尿。

根据结石产生的不同部位,可分为:

肾结石:主要表现血尿、肾区疼痛、排尿困难及尿检有红细胞、白细胞、脓细胞、肾上皮细胞和肾盂上皮细胞等肾盂肾炎的症状。

输尿管结石:急性剧痛、呕吐、双侧输尿管同时阻塞时出现尿闭。

膀胱结石:排尿频繁、血尿、触诊膀胱敏感,若结石阻塞于膀胱颈部,则排尿困难、尿闭、膀胱充盈、疼痛。

尿道结石:努责频频,做排尿状,但排尿困难,尿液断续或滴状流出,有时有血尿。完全阻塞时则尿闭。

【诊断】 根据临床症状可以做出诊断。X 射线和 B 超检查可以确诊。

【治疗】 原则是排除结石,并对症治疗。

对于沙砾状结石,可行尿道或膀胱冲洗术,方法是导尿管插入尿道或膀胱,注入清洁液体,反复冲洗。

手术治疗:对于保守疗法不能治愈的尿石症,可施行尿道造口或膀胱切开术,将结石取出。

(十三)猫泌尿系综合征

猫泌尿系综合征,简称 FVS,是指因尿路存在结石,或结晶塞子,刺激尿路黏膜发炎,造成尿路阻塞所引发的以频尿、少尿、血尿乃至无尿为主要临床表现的综合征。

FVS 是猫的一种常见多发病,常发生于青年猫,尤以波斯猫发病率为高。

【病因】 普遍认为与食物有关。主要是尿结石、微结石和结晶的形成及其所致的尿路炎症和阻塞。食物中镁含量高、饮水量少、食物干燥、食物中碱过量等因素均可促进尿石的形成,从而诱发本病。

【症状】 由于该病症是由于单一或多种结石症所致,因而症状与尿石症基本一致。

【治疗】 关键是排除结石。外科方法包括按摩法、导尿管插入法和尿道切开术、尿道造口术等。

主要是使用化结石和排结石的药物,酸化尿液,增大尿结石的液解离,从而使之溶解排出。常选用药物有二盐酸乙二胺、消旋蛋氨酸、抗坏血酸、氯化铵和酸性磷酸钠等,但多只适用于早期患畜。对症治疗,主要是解除膀胱膨胀,防止膀胱破裂,并进行抗感染治疗。

十、犬、猫肌腱疾病

(一)肌肉的外科病理

每一块肌肉都是由肌细胞和结缔组织两部分构成的。肌细胞细而长,所以也叫肌纤维,是肌肉组织的最小单位。肌纤维先组成小肌束,再由许多小肌束组成较大的肌束,最后组成肌肉。包围在整块肌肉外表面的结缔组织形成肌外膜。肌外膜向内深入,将整块肌肉分成大小不同的肌束,称肌束膜。肌束膜又向肌纤维之间伸入,包围着每一条肌纤维,称肌内膜。肌内膜、肌束膜、肌外膜都是由结缔组织组成,是肌肉的支持组织,其中有少量脂肪组织,神经、血管、淋巴管都由肌束膜等进入肌肉内。

动物在运动时,每一个动作并不是单独一块肌肉在起作用,而是许多肌肉相互配合的结果。在一个动作中起主要作用的肌肉称为主动肌,起协同作用的肌肉称为协同肌,而产生相反动作的肌肉称为对抗肌。有些肌肉只是参与固定躯干或肢体近侧部分起固定作用,称为固定肌。

肌肉收缩时肌纤维缩短变粗,其长度可缩短 25%～50%,如反复收缩,肌肉就出现疲劳,如收缩超过了其生理范围,肌纤维就发生损伤,临床上叫做肌肉剧伸,严重时称为断裂。

(二)肌炎

按炎症变化分为实质性肌炎、间质性肌炎、化脓性肌炎、纤维性肌炎和骨化性肌炎。按临床经过分为急性肌炎和慢性肌炎。

肌纤维受到损伤而引起的炎症叫实质性肌炎,只是肌间的结缔组织炎症称为间质性肌炎,这两者常常是同时引起炎症。由于受到机械性损伤,肌肉内血管的渗透性发生改变,肌间出现水肿,如某些毛细血管发生断裂,肌肉内发生出血。肌肉纤维或发生部分断裂,或发生变性,从混浊肿胀到玻璃样变性,白细胞可从血管游走到损伤的病灶内。如微生物侵入时,则炎症增剧,白细胞及肌组织出现渐进性坏死,在蛋白分解酶的作用下发生溶解,形成局限性化脓过程,临床上称为化脓性肌炎。

如只是单纯的损伤或部分肌纤维断裂,则由新的结缔组织所代替,肌肉失去了其正常结构和机能,如结缔组织在肌内增殖较多,称谓纤维性肌炎。在纤维性肌炎基础上,钙化或骨化,称谓骨化性肌炎。纤维性肌炎和骨化性肌炎都是慢性肌炎。

（三）肌肉萎缩

肌肉萎缩是临床上各种疾病的一种症候。有时为个别肌群的萎缩有时则全身肌肉发生萎缩，后者见于创伤衰竭、慢性中毒以及某些传染病的经过中。

肌肉萎缩可能是单纯性萎缩，也可能是变性性萎缩，前者只是体积缩小，肌结构没有变化，每个肌纤维仍保持其结构，不过只是肌束变薄变小而已。变性性萎缩除肌束体积减小外，肌纤维结构也发生改变，肌细胞发生变性，横纹消失，部分肌组织被脂肪和结缔组织所代替。

1. *外伤性肌肉萎缩* 这是肌肉直接或间接受到外伤、挫伤、剧伸、断裂而引起的，肌纤维或某些肌束发生解剖学或生物化学的改变，最后肌细胞萎缩，部分为结缔组织或脂肪所代替。

2. *废用性萎缩* 骨、关节、腱和腱鞘的慢性疾患以及骨折后长期装石膏绷带都可引起某些肌肉的废用性萎缩。废用性萎缩是由于肌肉长期不能充分活动或不活动，致使血液和淋巴的正常循环和同化异化过程发生破坏。

3. *神经病理性萎缩* 中枢和末梢神经的疾患都可引起萎缩。由于神经系统和肌肉之间的联系发生破坏，其间的正常传递发生障碍，致使血液循环和肌肉的同化作用和异化作用破坏，因而肌肉出现萎缩。

4. *局部贫血性肌肉萎缩* 肌肉长期受外力压迫或营养血管发生栓塞引起。

（四）肌肉病

肌束或肌群的功能发生协调性破坏叫肌肉病。

肌肉病有时只在某一组拮抗或协同肌束之间的机能发生协调上破坏，有时则许多肌群肌束之间的协调发生障碍。

每个肌束的收缩频度、强度和顺序性发生改变，因而某些肌肉发生过度紧张，某些肌肉则过度弛缓。过度紧张和弛缓都对肌肉的新陈代谢有着不同的影响，肌肉病不但有临床上的机能障碍，而且也有肌肉内的生物化学变化。

（五）腱和腱鞘的外科病理

肌肉的两端一般有规则的致密的结缔组织构成的腱。腱纤维借肌内膜直接连接肌纤维的端部或贯穿于肌腹中。腱不能收缩，但具有很强的韧性和抗张力，其纤维伸入到骨膜和骨质中，使肌肉牢固地附着于骨上。

腱在通过骨突起和关节处具有增强活动的腱鞘包在腱外，有腱系膜将腱和腱鞘连接起来，神经、血管、淋巴管通过腱系膜出入腱组织。腱鞘内有腱鞘液，病理过程时，腱鞘液增多。

1. 腱断裂　腱断裂常见于肌腱移行部、腱的抵止点，腱通过骨突起的部位。有时也在腱鞘内断裂。

不全断裂时，在断裂处的疏松结缔组织内呈浆液性水肿，腱间有小的溢血，腱纤维肿大呈发暗的灰红色，由断裂的腱纤维回缩形成的缺损处常常有凝血块填于其中。完全断裂时，腱纤维完全离断、断端很不整齐，断裂处有血管和淋巴管同时断裂，断端被血液浸润，结缔组织水肿。

断裂的腱之间，以血凝块填充作支架，经过结缔组织增殖，逐步机化。腱断端周围由于炎症关系，常和周围的组织粘连在一起。

2. 腱炎　由于某种原因使腱的收缩超过其生理范围而引起腱炎。

急性无败性腱炎时，皮下结缔组织呈血液浆液性浸润，腱内结缔组织中的小血管和淋巴管断裂，腱内有溢血和淋巴液外渗，腱可明显增粗，腱纤维失去原有光泽而变成红灰色，腱纤维也可能有不同程度的断裂。

如腱组织损伤面积较大，局部新生的结缔组织广泛增生，代替了原来的腱组织，腱变得坚硬、肥厚，丧失了固有的弹性，临床上称慢性纤维性腱炎。最后由于结缔组织瘢痕收缩，腱变短缩，甚至软骨化或骨化，所谓骨化性腱炎。

腱开放性损伤发生感染时，可引化脓性腱炎。化脓性过程常常表现为炎性渗出和白细胞浸润，最后可引起腱组织坏死。

盘尾丝虫在腱寄生时引起寄生性腱炎，虫体被血流带到束间结缔组织内，引起慢性炎症。在寄生虫侵袭的部位、呈微黄红色胶冻状，局部明显的充血，血管也变厚，腱体积增粗。有时在局部形成小脓肿，其中含有虫体，慢性病灶可有钙沉着。

3. 腱鞘炎　急性浆液性腱鞘炎时，腱鞘明显增大，充满黏稠的、混浊的浆液性腱鞘液，其中含有血源性细胞及脱落的滑膜内皮细胞，滑膜绒毛充血，并有小的溢血。在上述腱鞘液中含有纤维素时，叫浆液纤维素性腱鞘炎。纤维素很多时则叫纤维素性腱鞘炎。如腱鞘被微生物感染，引起化脓性过程时，叫化脓性腱鞘炎，此时腱鞘壁嗜中性粒细胞浸润，腱鞘壁的炎症症候剧烈，肿胀明显，腱鞘壁的滑膜呈微红黄色，腱鞘内充满脓性分泌物、脓汁中有时混有纤维蛋白块。

慢性浆液性腱鞘炎时，腱鞘壁由于滑膜下结缔组织增生而增厚，滑膜的绒毛也增多，腱鞘内含有大量浆液性透明微黄色腱鞘液，其中混有黏液，有时在其中有纤维蛋白小块或绒毛脱离形成的游离小体，小体呈微黄色，具光泽。在慢性腱鞘炎过程中，有时由于增生的绒毛和纤维蛋白使腱鞘与腱粘连，此时腱的活动受到限制。有的在腱鞘组织中钙盐沉着，腱鞘变得很硬，影响腱的功能。

十一、犬、猫骨关节疾病

（一）骨折

骨的完整性或连续性中断时称为骨折。

【病因】

(1)直接暴力。骨折发生在暴力直接作用的部位。例如，车祸撞击，造成骨盆或股骨骨折。

(2)间接暴力。暴力通过传导、杠杆或旋转作用发生骨折。如奔跑、从高处跌落造成桡尺骨远端骨折、肱骨髁上骨折等。

(3)肌肉拉力。肌肉突然猛烈收缩，可拉断肌肉附着处的骨质，如鹰嘴突、跟骨和胫骨结节等骨突的牵拉性骨折。

(4)骨骼疾病。某些骨的疾病如骨恶性肿瘤、骨髓炎骨质疏松和骨质软化等都可以使骨质松软变脆，强度下降，易在正常应力下骨折。

(5)积累性劳损。长期、反复、轻微的直接或间接伤力，可集中在骨骼的某一点上发生疲劳性骨折。

【分类】

(1)闭和性骨折。骨折处皮肤或黏膜完整，不与外界相通。

(2)开放性骨折。骨折附近的皮肤或黏膜破裂，骨折处与外界相通。耻骨骨折引起的膀胱或尿道的破裂，均为开放性骨折。

(3)不完全骨折。骨的完整性或连续性仅有部分中断。如裂缝骨折(骨裂)和青枝骨折。

(4)完全骨折。骨的完整性或连续性全部中断，管状骨骨折后形成远近两个或两个以上的骨折段，在X射线片上可见骨折线。有以下几种类型：①横骨折：骨折线几乎与骨纵轴垂直。②斜骨折：骨折线与骨纵轴斜交。③螺旋骨折：骨折线呈螺旋形。④粉碎性骨折：骨碎裂成两块以上。⑤嵌插骨折：发生在长管骨干骺端坚质骨与松质骨交界处。骨折后，坚质骨嵌插入松质骨内。可发生在股骨颈。⑥压缩骨折：松质骨因压缩而变形，如椎骨。⑦骨骺分离：通过骨骺的骨折。骨骺的断面可带有数量不等的骨组织。

【骨折段的移位】 大多数骨折均有移位，其发生因素有：①暴力的大小、作用方向和性质；②肢体远端的重量；③肌肉牵拉力，此种力量经常存在，可因疼痛而增强；④搬运及治疗不当。

有5种不同的移位，临床上常合并存在。

(1)成角移位。两骨折线之轴线交叉成角，以角顶的方向称为向前、向后、向内或向外成角。

(2)侧方移位。远侧骨折端移向侧方。一般以近端为基准，以远段的移位方向称为向前、向后、向内或向外侧方移位。

(3)缩短移位。缩短移位又称重叠移位。骨折段互相重叠或嵌插，骨的长度因而缩短。

(4)分离移位。骨折段在同一轴线上互相分离。

(5)旋转移位。骨折段围绕骨之纵轴而旋转。

【症状与诊断】

(1)全身情况。多发性骨折、骨盆骨折、脊椎骨折和严重的开放性骨折，动物常因广泛的软组织损伤、大量出血、剧烈疼痛或并发内脏损伤而引起休克的发生。一般骨折后体温正常，开放性骨折动物出现体温升高时应考虑感染的可能。

(2)局部情况。

畸形：骨折段移位后，受伤体部的形状改变。

异常活动：在肢体没有关节的部位，骨折后可有不正常的活动。

骨摩擦音或骨摩擦感：骨折断端互相摩擦时，可听到骨摩擦音或感到骨摩擦感。

以上3种情况只要发现其中之一即可确诊，但是在嵌插骨折和裂缝骨折时可能见不到上述3种情况，需经X射线检查。

疼痛与压痛：骨折处均感疼痛，在移动肢体时疼痛更剧。触诊时局限性压痛。

局部肿胀与淤斑：骨折时骨髓、骨膜和周围软组织内的血管破裂出血。在闭合性骨折周围形成血肿，在开放性骨折血液可经创口流出。软组织也因受伤而发生水肿，患肢显著肿胀。皮肤紧张发硬，使骨折部位不易摸清。

功能障碍：骨折后由于肢体内部支架的断裂和疼痛，使肢体丧失部分或全部活动功能(嵌插骨折和裂缝骨折等不完全骨折仍可有部分活动功能)。

以上三项可见于新鲜骨折，也可见于软组织损伤及炎症。但有些骨折，必须用X射线摄片检查才能确诊。

骨折的X射线检查：诊断骨折由病史和临床症状不难确诊，但X射线检查对于了解骨折的具体情况有重要的参考价值。X射线检查能显示临床检查难于发现的损伤和移位，如不完全骨折、体内深部骨折，脱位时伴有小骨片撕脱或斜骨折的骨折面反叠等。X射线摄片时需包括正、反侧位，并需包括邻近关节。有时还要加拍健侧相同部位以进行对比。

【治疗】 治疗骨折的目的是去除骨折处的不稳定外力，使骨折断端直接或间接连接。治疗方法包括外部夹板或石膏固定、内固定（如髓内针、接骨板、骨螺钉、金属丝等）或用外固定器固定。

选择外固定或内固定的依据是骨折类型和动物种类、医生的专业技能、设备条件、动物主人的经济承受能力及术后护理环境等因素。外固定常用于肘和膝关节以下微小错位的骨折；髓内针用于保持轴向平直，预防弯曲，应用多根髓内针还能减少旋转力；接骨板和骨螺钉用于对抗骨折处的牵拉力，并使肢体迅速恢复功能。骨螺钉也可用于骨碎块连接，提供抵抗旋转的稳定性；金属丝可以单独用于骨的连接，也可配合其他用具使用。外固定器固定是一种用于消除骨折牵拉力的通用稳定技术，它的应用可经开放技术获得解剖整复或经闭合技术减少软组织的损伤，促进自然生物愈合。

(1)骨折的急救。

①一般处理。凡是有骨折可疑的动物，均应按骨折处理。一切动作要谨慎、轻柔、稳妥。尽量少搬动物。闭合性骨折有穿破皮肤，损伤血管、神经的危险时，应尽量消除显著的移位，然后用夹板固定。

②止血、处理伤口。绝大多数的创口出血，用绷带压包扎后即可止血。在大血管出血时，可用止血带。若骨折端已戳出创口，并已污染，但未压迫血管神经时，不应立即复位，以免将污物带进创口深部。可待清创术将骨折端清理后，再行复位。

(2)整复与固定。根据骨折的部位和严重程度，选择合适的整复固定时间和方法。如果骨折处的肿胀非常明显，应待肿胀减轻后再进行整复固定。

①闭合性整复与固定。用于新鲜较稳定的四肢闭合性骨折，多用于前肢肘关节以下、后肢膝关节以下的骨折。术者手持近侧骨折段，助手纵轴牵引远侧段，保持一定的对抗牵引力。根据其变性或 X 射线检查所见骨折的形态及移位情况，做旋转、屈伸使骨折矫正复位。若四肢骨折肌肉强直收缩、整复困难时，可将动物仰卧于手术台上，将患肢垂直悬吊，利用身体的自重产生对抗牵引力，使移位或重叠拉开，进行整复。已整复的骨折用小夹板或托马斯支架固定。固定时必须内衬脱脂棉做固定垫，特别是在两端必须用棉花将固定物与皮肤隔开，以免损伤皮肤。固定物的绑扎应松紧适度，太松失去固定作用，导致骨折再发生移位；绑扎太紧导致肢体回流不畅而产生压迫性溃疡，甚至肢体坏疽等不良后果。

②开放性整复与固定。多用于前肢肘关节以上、后肢膝关节以上的骨折。由于这个部位肌肉丰满，上粗下细以及骨折后重叠以为比较严重闭合性整复及外固定比较困难，故常做开放性整复和内固定。切开整复是将骨折处的软组织切开，在直视下进行整复，然后进行内固定。为防止感染，手术之前局部剃毛消毒，术中严格按

无菌要求操作。由于骨折可发生于不同部位，故手术径路及固定方法都各有不同。术者必须熟悉局部解剖及各种内固定技术。将骨折整复后，根据骨折性质及部位，选用髓内针、接骨板、骨螺钉、钢丝等进行固定。严重粉碎性骨折及有较大的骨缺损，可从股骨大转子、髂骨翼和胫骨结节取自松质骨移植，以提供细胞成分、骨小梁和促进骨折愈合的生化刺激因子。内固定后应根据情况做辅助性外固定。

【术后护理】

(1)术后每天做临床观察，然后以周和月为间隔做检查。评估肢体功能、创伤愈合、全身状况、外固定器及内固定物的状况。

(2)每隔 3～6 周做一次 X 射线检查，评估骨折愈合及内固定物的稳定情况。

(3)如果遵循手术原则，还要具有高质量的围手术期护理，包括营养、治疗、伤口护理、正确使用抗生素。

(二)颅下颌骨骨病

颅下颌骨骨病是一种非肿瘤性、增生性骨病。主要侵害生长期动物的下颌骨和鼓室大泡。

【病因】 由于本病只发生于几个特殊品种，故认为有遗传作用，但病因仍不清楚。

【病理】 在动物的生长期，骨组织的吸收与沉积呈周期性交替进行，保持动态平衡，从而完成骨的生长发育。发病动物则出现双侧对称性正常层状骨吸收，沿骨内和骨膜表面沉积编织状(不成熟)骨。最终编织骨被成熟骨取代，但很少恢复骨的正常结构。

【症状】 有些病例表现为非对称性，多发于 3～10 月龄的更犬，有口腔不适感病史。继而出现咀嚼困难、体重减轻、脱水；可能出现间歇性发热；下颌肿大，有时触诊疼痛。

【诊断】 根据可疑性临床症状、临床检查、动物品种及病史做初步诊断。典型的颅骨 X 射线征象：下颌骨和鼓室大泡双侧对称性骨性增生。组织学检查显示无序性骨沉积和骨吸收的非炎性变化。

【治疗】 无特异疗法，病犬生长到 12 月龄后则骨增生停止(骨成熟)。发病期间可采取对症疗法：阿司匹林或类固醇可减轻疼痛和口腔不适感；喂流食以减少咀嚼运动和疼痛；对于不能采食的动物，可用咽切开或胃切开术，置管供给营养；严重渐进性动物可实施安乐死。

（三）肥大性骨营养不良

肥大性骨营养不良是青年大型犬和巨型犬长骨干骺端的发育性疾病。发病年龄多在2～8个月，临床特征为长骨远端（桡尺骨、胫）肿胀、温热和疼痛。

【病因】 确切的发病原因尚不清楚。但有如下几种学说：①维生素C缺乏，包括摄入不足和合成利用效率低下；②矿物质添加过剩；③营养过剩，长期饲喂高蛋白、高热量的食物；④有人认为与感染有关。

【病理】 长骨的干骺端血液供应紊乱，导致不能骨化或骨化延迟；干骺端骨小梁骨折、发炎、坏死，致使局部骨质吸收；骨膜下出血诱发钙盐沉着，发生外骨膜成骨。

【症状】 常两肢对称发病表现为双侧对称性长骨远端肿大，跛行；严重的病例站立困难；触诊患部温度升高、有骨压痛；多数病犬体温升高。

【诊断】 因运动系统疾病均有跛行症状，故用X射线检查是非常必要的，且具有鉴别意义。本病的典型X射线征象为：在干骺端出现一条平行生长板的低密度带；外骨膜骨化，呈点状、块状或串珠状，严重者干骺端粗大密度很高。血液学变化：正常或白细胞轻度增多。

【治疗】 由于病因不清，故尚无特异疗法。矫正或避免饮食失衡，不要过多的添加矿物质。常采用对症疗法：止痛，阿司匹林每千克体重10～25 mg，每日2次或3次；强制休息；严重病例用软垫保护膝部，应用液体支持疗法。本病可自行恢复，出现骨骼变形时可做成角畸形矫正术。

（四）桡骨和尺骨发育不良

桡骨和尺骨不能同步生长引起的发育异常，原因在于近端或远端生长板受损。临床上表现为前肢缩短、弯曲、外旋，肘和腕关节半脱位，常继发骨关节炎。

【病因】

(1)骺板受损。创伤、不良发育或骨化、骨折异常愈合（桡骨和尺骨骨性粘连）。

(2)本病常发于软骨营养不良品种的犬，如斗牛犬、巴哥犬、腊肠犬、巴塞特犬和京叭犬。

【病理】 桡骨、尺骨的同步生长是前肢正常发育的基础。每个骨的生长均有两个骺板进行，桡骨是前肢的主要负重骨，约60%的长度由远端骨骺生成；尺骨有85%的长度由远端骨骺生成。大多数犬在4～8月龄时骨骺生长加快，至9～11月龄时减慢。尽管每个骨骺的生长速度不同，但对骨和关节生长的一致性不应受限制。任何一个骨骼的生长发生变化，都会伤害临近的骨骼和关节。桡骨和尺骨是一对骨，必须在同一状态下生长。当某一骨的骺板延缓生长或骺板提前闭合，就会引起相应长骨的纵向生长迟缓或发育停止，导致桡骨或尺骨弯曲变形，相邻关节脱位或发生变性性关节疾病。

【症状和诊断】 大多数犬表现为不同程度的跛行、关节痛和肢体变形。有创伤引起的病例常为单侧性，发育性疾病为双侧性的。

尺骨远端骺板提前闭合：由于锥状骺板发生细胞挤压性损伤导致生长失衡是最常见的。变短的尺骨限制桡骨生长，出现严重的前肢变形。表现为桡骨前弯、外转位、变短、腕外翻和肘关节半脱位。X 射线检查显示：尺骨远端骺板钙化，桡骨呈弓状向前弯曲。尺骨骨干缩短、较直，横径可增大。桡、尺骨间隙增大，桡腕关节及臂尺关节间隙增大，关节骨对位不良。

桡骨远端骺板提闭合：此种情况不常出现，有部分（不对称）闭合或全部（对称性）闭合。

部分闭合主要发生在后外侧骺板，表现为腕外翻；全部闭合则桡骨变短，肘和腕关节异常连接，尺骨后弯。X 射线检查显示：桡骨远端骺板钙化，桡骨干失去正常的弧度变直，桡腕关节的关节间隙增大，肘关节半脱位。

【治疗】

手术治疗：手术治疗的目的是使桡骨、尺骨和肘、腕关节重新恢复正常排列位置，以维持肢体的正常功能，防止发生变性性关节炎。

(1)尺骨远端骺板闭合。在肘关节正常的情况下，行部分尺骨远端切除术及游离脂肪植入，以减少对桡骨生长的束缚，术后用绷带支持。

(2)桡骨远端部分闭合。切除闭合骺板，植入游离脂肪；桡骨切开术同时用外固定器牵引，以保持肢体长度和肘的连接；桡骨远端骺骨干固定术。

(3)对称性桡骨远端骺板闭合。桡骨中段骨切开术和外部固定器牵引以保持肢体长度及肘的连接；尺骨远端部分切除术矫正肱骨尺骨异常连接。

（五）苏格兰折耳猫骨营养不良

本病是一种可遗传性疾病，主要侵害本品种的纯种猫。本病的主要特征是骨变形，涉及的骨骼包括：尾椎骨、掌骨、跖骨和指骨。

【病理】 骺板软骨内骨化紊乱，跖骨的第二骨化中心侵害神经和肌肉。

【症状】 尾变厚、短、不能弯曲，前肢和后肢跛行，爪变短，爪和跖掌骨性肿胀并影响到腕、跗和指关节。

【诊断】 X 射线片显示尾锥、掌骨、跖骨和指骨异常，掌骨和跖骨外生骨疣，跗、腕关节变性。

【治疗】 去除侵害软组织的外生骨疣，腕和跗关节固定术减轻关节疼痛。

（六）骨髓炎

骨髓炎是骨及骨髓的化脓性炎症。主要是细菌感染所致。

【病因】

(1)外源性感染。开放性骨折创口污染，穿刺伤，附近软组织感染的传播，骨折内固定导致的感染。

(2)血源性感染。主要发生幼龄犬、猫，由自身其他部位的化脓性病灶经血液循环转至骨组织后引起的感染。

【病理】 骨髓炎的发生起源于细菌的生长繁殖和宿主的抵抗力失衡，细菌侵入骨组织引起血液淤滞、炎性细胞聚集、释放分解酶和骨坏死。在骨髓炎的发展过程中，主要表现为骨质吸收坏死和增生两种病理反应。在急性阶段，以炎性坏死和骨吸收为主，形成局部脓肿和死骨；在慢性阶段增生反应明显，病灶周围增生的骨质将死骨包围。

【症状】 患部热、痛、肿胀，患肢严重跛行；体温升高，精神沉郁；中性粒细胞增多、核左移、血沉加快。久不好转者则局部皮肤破溃向外排脓。

【诊断】 X 射线检查见软组织肿胀、骨皮质破坏溶解、不规则的骨膜反应性增生，出现高密度的死骨片。长细针对病灶进行抽吸，做活检或细菌学检查能准确的找出感染地微生物的来源，并确定适当抗生素治疗。血液学检查显示急性白细胞增多或由慢性炎症导致的贫血。

【治疗】 全身应用大剂量抗生素，控制感染扩散，预防败血症出现。阿莫西林-克拉维酸，22 mg/kg，口服，每日 3 次；头孢唑啉，20 mg/kg，静脉注射、肌肉注射、皮下注射，每日 4 次；恩诺沙星，15 mg/kg，口服，每日 2 次；甲硝哒唑，15 mg/kg，口服、肌肉注射，每日 2 次。庆大霉素，6 mg/kg，静脉注射、肌肉注射、皮下注射，每日 2 次。

软组织清创、冲洗、引流，如有死骨需手术取出死骨；若系骨折内固定引起的感染且固定物已经松动应将其取出，如果需要再植入新的固定物保持骨折的稳定。

对于慢性骨髓炎则坚持全身用药和局部处理。

（七）犬全骨炎

犬全骨炎是大型犬发生的一种自发性、自限性骨病，多发于 5～12 月龄的幼犬。病变集中在长骨的骨干和干骺端，以髓腔内骨质增生和骨膜下新骨形成。

【病因】 病因不明，可能与遗传有关。大型品种的犬，特别是德国牧羊犬易感；

一过性骨局部供血异常、变态反应、代谢异常、寄生虫迁徙和病毒感染后的自身免疫反应可能是本病的诱因，也有人认为是一种应激反应。

【病理】 犬全骨炎主要是脂肪骨髓的疾病，病程为周期性经过。涉及骨髓中脂肪细胞的变性退化、基质细胞增殖和膜内化骨。然后病变开始消退，髓腔内的骨小梁逐渐消失，脂肪骨髓再生。

【症状】 大型和巨型品种的犬多发，年龄5～12月龄，德国牧羊犬尤甚，公犬更易发病。无创伤史而突然发病；前肢较后肢多发，常一肢或多肢同时发生；跛行在间隔一定时间后一肢转到其他肢体；呈周期发作，18～20月龄后逐渐痊愈。病犬一般不发热，但可因疼痛不适而影响食欲；触诊患肢无温热感，肌肉不萎缩，但有骨压痛。

【诊断】 X射线检查是诊断本病的惟一方法，X射线征象表现为：早期，骨髓腔密度增高，骨小梁模糊，病变多位于骨营养孔附近。中期，骨髓腔内出现单个或多个斑片状致密骨影，骨影边缘模糊或清楚，多个骨影可融合成大片骨影；骨皮质内侧表面粗糙、向髓腔内增生、骨外膜下新骨呈光滑均质型或层面型增生。后期，炎症开始消退，髓腔内的骨影逐渐消散，但骨髓腔的密度仍比正常的高，骨皮质比正常厚。

【治疗】 没有特殊的治疗方法，本病可以自愈。对症疗法：阿司匹林，10～25 mg/kg，口服，每日2次或3次；强的松，0.5 mg/kg，口服，每日1次或2次。限制活动，强制休息。

（八）肥大性骨病

本病为一种双侧对称性四肢远端硬固肿胀和广泛性骨膜骨化为特征的继发性骨病。常继发于肺部疾病和胸内疾病，故又叫肺性肥大性骨病。

【病因】

(1)继发于肺的新生物，如原发性的和继发性的肺病变；慢性肺病，如慢性支气管肺炎、支气管阻塞、肺结核和肺脓肿等。

(2)某些胸腔病变，如恶心丝虫病、旋尾线虫病(食管肉芽肿或肿瘤)、肋骨肿瘤和细菌性心内膜炎有时也可继发肥大性骨病。

【病理】 本病的发病机理尚不清楚。可能由于肺部病变时刺激胸膜，引起迷走神经和肋间神经的反射，使四肢远端外周血流增加。这些过多的血液氧合不足，结果造成局部被动性充血和组织缺氧，刺激骨膜增殖和新骨形成。

【症状】 中、老年动物多发，四肢突然或逐渐发生跛行，四肢远端有对称性、非水肿性硬性肿胀。患部温热、有压痛。有些病例有呼吸道症状，如咳嗽、呼吸困难，也有的病例有摘除肿物病史。

【诊断】 临床症状有助于诊断。肢体变粗，触诊患部有温热感、压痛。X 射线检查见四肢长骨、尤其是掌(跖)骨上出现双侧肢对称的骨膜骨化阴影，早期在第二、五掌骨跖上，以后则逐渐波及整个四肢长骨上。骨膜骨化阴影呈典型的栅栏形或花边形，骨内膜及骨髓腔无异常。胸部 X 射线片可能发现肺部或胸腔的病变。

【治疗】 主要目的是治疗原发病，如手术切除肺或胸部的肿瘤、肉芽肿，药物治疗恶心丝虫病。一旦原发病被控制或痊愈，骨膜骨化的阴影会迅速消退，一般需 3～4 个月。不能切除肿块时可做单侧迷走神经切断术，阻止与增加外周循环有关的可疑性神经血管反射。抗炎镇痛药减轻末梢肢体不适感：阿司匹林，10～22 mg/kg，每日 2 次；泼尼松，0.25～5 mg/kg，口服，每日 2 次。如为转移性新生物则很难治愈，可考虑实施安乐死。

(九)营养性继发性甲状旁腺机能亢进

营养性继发性甲状旁腺机能亢进是由于饲料或食物中钙的绝对或相对含量不足、血钙浓度降低、甲状旁腺素分泌过多所引起的一种以骨组织进行性脱钙为主要病理变化的代谢性骨病。

【病因】 食物单一，如饲喂纯肉或单纯谷物日粮。

【病理】 甲状旁腺分泌的甲状旁腺素具有调节钙磷代谢和维持血钙浓度的作用，甲状旁腺素通过动员骨组织的分解吸收增加血钙，通过抑制肾脏对磷的重吸收降低血磷。甲状旁腺素的分泌受血钙浓度的负反馈调节。当单纯饲喂肝或肉时钙少磷过剩，血钙降低，因此刺激甲状旁腺素分泌增多，促使骨重吸收及加快钙向细胞外液转移。骨钙量减少导致变形、骨折和结构支持功能降低。

【症状】 3～4 月龄的小猫最易发病。初期外观正常，随病情的发展则出现不愿活动、喜卧，跛行、腹围增大，骨变形，腰荐部凹陷、骨盆狭窄，严重者长骨或椎骨自发性骨折，后躯轻瘫。

【诊断】 依据临床症状，饮食情况可做出初步诊断。实验室检查结果：血清磷、血清碱性磷酸酶、甲状旁腺素水平升高，血钙可能正常或降低。X 射线检查可见：全身骨骼密度降低，严重者骨密度近似于周围软组织密度；骨皮质薄如线状，骨髓腔变宽，可见骨干病理性骨折。

【治疗】 矫正饮食，添加钙制剂，初期皮下注射维丁胶钙或输注葡萄糖酸钙；限制运动，防止骨折；已出现骨折的应做固定支持。

(十)恶性骨肿瘤

骨的新生物是恶性的,对骨组织产生严重的破坏。可分成原发性和转移性两种类型。原发性骨肿瘤主要起源于骨组织、软骨组织和骨内纤维组织,少数起源于血管、骨髓成分及其他组织。转移性骨肿瘤是由其他组织或器官的恶性肿瘤转移至骨组织。原发性骨肿瘤包括骨肉瘤,约占骨肿瘤的80%,软骨肉瘤约占10%,纤维肉瘤和血管肉瘤约占7%。

骨肉瘤的易发品种为大型犬,德国牧羊犬的发病率最高,易发年龄在1～15岁,平均年龄为7.5岁;猫的易病年龄在1～20岁,平均10岁,易发于四肢长骨约占80%,发病部位多在桡骨远端、臂骨近端,18%位于中轴骨。猫的扁骨为易发骨骼。

骨肉瘤生长迅速,它可表现为生长极多的肿瘤骨,即成骨型;也可以是骨溶解破坏,即溶骨型;也有成骨与溶骨同时存在的混合型。

【症状与诊断】　主要的症状是疼痛,由疼痛而致跛行。初始轻微,间歇发作,以后可变得严重而持续。早期患部无明显变化,逐渐出现肿胀、温热和压痛;关节活动受限,免负体重;精神沉郁,机体状况极差。X射线检查显示:病变多在骨的一端,软组织肿胀、密度增加;骨皮质溶解破坏、密度降低,形状不规则,边缘不清楚(溶骨型)。在成骨型的病例则表现为均匀的骨化影,呈斑片状,范围较广,早期骨皮质完整,以后也被破坏,骨膜增生明显,软组织肿块中多有肿瘤骨生成,但无骨小梁结构,骨膜增生形成骨膜三角。多数为溶骨与成骨同时存在的混合型,在溶骨性破坏区内和软组织肿块中可见较多的肿瘤骨,密度不均、形态不一,肿瘤周围常见程度不一的骨膜增生。

【鉴别诊断】　骨肉瘤与骨髓炎的早期骨质变化相近,到严重期也有许多X射线征象相近,因此是一个鉴别难点。一般而言,骨肉瘤无急性发作病变相对比较局限,呈渐进发展,速度较快,采取间隔一定时间进行X射线复查的办法有助于鉴别。经7～10 d后骨髓炎的病变变化不一定显著,但骨肉瘤的病变一般显著恶化。骨肉瘤和骨髓炎的临床表现及实验室检查结果也有显著不同,对抗生素治疗的反应也不同,这也是鉴别诊断的重要依据。

【治疗】　骨肉瘤的预后极差,由于动物在有临床表现的时候,病变已发展到较严重程度,可能出现转移,治疗后会复发或出现其他器官的转移性肿瘤。治疗可考虑手术切除或截肢,术后进行化疗;不能手术切除的部位用化疗或免疫疗法及放射疗法。

（十一）无菌性股骨头坏死

无菌性股骨头坏死又叫累-卡-佩氏病(Legg-Calve-perthes disease)，是一种先天性股骨头骨骺缺血坏死性病变。小型犬多发，发病年龄多在生长末期，5～8 月龄为高发期。

【病因】 关于本病的发病原因尚不清楚，有人发现曼彻斯特更犬(Manchester teriers)具有隐性遗传倾向。可能为慢性损伤，由损伤或炎症引起的髋关节液增多，使关节内压力增高，影响股骨头血供；股骨头骨骺的先天性缺陷，骨骺血管脂肪栓塞，内分泌紊乱等。

【病理】 主要为股骨头骨化中心的缺血坏死。正常情况下，骨化中心的骨细胞依靠血供维持营养，血管必须穿过骺板才能达到骨化中心。不明原因所致的骨骺和干骺端血管梗塞，导致骨骺缺血后，骨细胞和骨髓细胞随即死亡，骨化中心停止生长。但因骨骺软骨的营养来自关节液，故关节软骨正常生长并比正常的厚。随病程的进展，新生血管从周围组织长入坏死的骨化中心，吸收死骨、生成新骨，进行重建。在重建过程中，由于正常的生物力学作用于新生骨上，导致股骨头和股骨颈塌陷。长期力的作用可使新骨再吸收，形成纤维肉芽组织，此时股骨头易发生畸形，诱发骨关节炎。

【症状】 早期症状不明显，随病情发展出现单肢或双后肢跛行；活动髋关节时出现疼痛反应，关节活动范围减小；患肢股部肌肉萎缩。

【诊断】 早期 X 射线征象为骨骺密度不一致，出现散在的低密度透射线区；后期骨骺变形、股骨颈增厚、关节间隙增宽；严重病例表现为股骨头塌陷、骨折、碎裂；同时伴有髋臼缘骨赘出现等骨关节炎征象。

【治疗】 股骨头未出现畸形的犬可施行保守疗法：阿司匹林，口服，10～25 mg/kg，每日 2 次或 3 次；强制休息。

股骨头出现畸形者施行股骨头和股骨颈切除术，如为双侧，每侧手术间隔时间为 4～6 周。

（十二）先天性髌骨内脱位

先天性髌骨内脱位是年轻动物的髌骨从滑车沟向内侧脱出。可分为四级，最轻者表现为髌骨偶尔滑出且能复位，最重的则为完全性永久脱位。

【病因】 先天性髌骨内脱位只发生于小型品种的犬，如博美犬，发病原因不十分清楚，有人认为是遗传性的，在不良环境和营养因素的影响下则显现出来。可能与下列因素有关：①股骨呈异常前倾；②股四头肌发育不良，导致股内肌群和股外肌群之间的力不平。

【病理】 髌骨位于股四头肌内，与股骨的滑车沟构成关节。髌骨脱位导致整个后肢发生解剖异常，青年犬发展为成角畸形和扭转畸形，随着生长而脱位加重，成角畸形更明显。继而出现股骨滑车变浅、髋内翻、膝内翻等继发症。由于异常生物机械力及髌骨和股骨滑车关节软骨的破坏，则发生继发性变性性关节疾病。

【症状】 髌骨内脱位侧时，根据其严重程度，临床表现有间歇性或慢性跛行，或呈现三脚跳。膝关节屈曲，趾尖向内，小腿向内旋转，股四头肌群向内移位。髌骨脱位的严重程度可分为四级：一级脱位，间断性发病，发病时表现为三脚跳，可自行复位。触诊时髌骨可以人为脱位，但放开后又自行回到原位。二级脱位，髌骨在膝关节屈曲时或人为使之脱后保持脱位状态，直到膝关节伸展或人为复原，表现为三脚跳或免负体重。三级脱位，髌骨持续性脱位，不能人为整复。人为活动膝关节时有疼痛反应。四级脱位，多为双侧性，出现严重的骨变形，病者不能完全伸展膝关节。髌骨与内髁形成关节。

【诊断】

(1)临床检查时可人为地将髌骨脱位。

(2)X 射线检查：侧位片见髌骨与股骨髁重叠；正位片见髌骨向内侧移位；在膝关节屈曲下的水平位投照时，可观察滑车沟的深度和髌骨的位置。

【治疗】

一级脱位：一般只是暂时或偶尔出现跛行，不继发变性性关节炎，不需外科矫正治疗。

二级脱位：需外科治疗，手术方式包括关节囊叠盖(在脱位对侧)、筋膜减张切开(在脱位侧)、滑车成形术、胫骨结节外侧移位术。

三级脱位：需要上述的几种方法联合应用。

四级脱位：需做股骨或胫骨扭转位矫正法切骨术和多重手术矫正脱位，矫正无效时可做截肢或关节固定术。

(十三)髋关节发育不良

髋关节发育不良的特征是髋关节发育不完善，初表现为关节不同程度的松弛，后期股骨头从关节窝部分脱出(半脱位)或完全脱出，最终引起髋关节的变性性骨关节病。

【病因】 本病是一种先天遗传的多因素参与的疾病，下列因素被认为与该病的发生有关：

(1)遗传因素，该病多发生于大型犬，但德国牧羊犬的发病率最高，具有极强的遗传倾向，遗传率大于0.25。

(2)营养过剩，能量水平过高及食物中钙的百分比增加，使生长加快、体重增加，也有助于该病的发生。

(3)生物力学因素，髋关节周围的肌力有助于股骨头保持在髋臼内，维持关节稳定。一旦这些肌力减弱或过强就会导致髋关节不稳定。

(4)其他如滑液过多、宽部肌肉肌纤维萎缩等均有可能是致病因素。

【病理】 髋关节发育不良的初期表现为骨骼生长过快，与肌肉发育不一致，逐渐发生关节不稳至半脱位。关节囊松弛，囊壁增厚，关节周围的肌肉痉挛，造成疼痛。继发于髋关节不协调和半脱位而出现骨病变如股骨颈增粗、骨赘生成和髋臼硬化。

【症状】 多发生于大型犬，特别是德国牧羊犬。5～8月龄开始出现症状，多呈两侧发病，表现为后肢抬起困难，运动后尤甚。行走时跛行或身体左右摇摆。患犬常呈腹卧位，后肢向后伸展。触诊髋关节松弛，运动时可听到关节内有声音。髋关节周围肌肉萎缩。

【诊断】 X射线检查是活体诊断的惟一方法，确诊率达90%以上。X射线检查时采用标准投照体位，即将患犬仰卧前肢向前牵拉固定，后肢充分伸展、后拉，两膝内旋使两股骨平行，髌骨正位于滑车沟上方，固定后肢。X射线中心指向两髋关节连线的中点。

X射线检查所见：关节间隙增宽，股骨头变扁变平，髋臼变浅；髋臼与股骨头关节软骨下骨质增生；髋臼缘骨质增生；股骨颈增粗变形，表面不规则；关节半脱位或脱位；股骨颈角度增大或减小。

【治疗】

(1)非手术治疗：给予非类固醇抗炎药，阿司匹林，10～25 mg/kg，口服，每日2次或3次；氯咔唑丙酸有效，副作用较少，2.2 mg/kg，口服，每日2次。限制活动。

(2)手术治疗：

①三联骨盆切开术，适用于10月龄以下大型犬，髋关节未脱位，无变性性骨关节病征象。手术包括切开耻骨、坐骨和髂骨，旋转髋臼使之与股骨头形成合适的关节，用骨板固定切开的髂骨。②股骨头和颈切除术，此法适合于任何年龄患有半脱位或变性性骨关节病的犬，能解除关节疼痛。方法是在大转子窝外侧至小转子的连线上切除股骨头和股骨颈。③全髋关节置换术，将股骨头和髋臼用人工材料代替，适用于生长板已经闭合的犬。该技术需要先进的技术专长和设备以及严格的无菌技术。④耻骨肌或腱切除术，切除软组织可以减轻异常的关节活动造成的疼痛。

（十四）骨软骨病

骨软骨病是一种关节软骨发育缺陷性疾病，多种动物均可发病，肩关节、肘关节、膝关节和跗关节为易发部位。多发生4～10月龄生长发育旺盛阶段的大型或巨型犬。较常发生的类型是剥脱性骨软骨炎。

【病因】　在马、猪、人类及其他动物骨软骨病可能是遗传性的，而犬的确切发病原因仍不清楚，可能与遗传、营养、生长速度及创伤有关。

【病理】　骨软骨病是一种软骨内骨化缺陷，导致软骨下骨发育异常。犬的骨骺透明软骨不能成熟转化成骨，则在特定部位关节软骨增厚。缺陷区的软骨无法获得营养而死亡，即形成独立的软骨片。由于关节运动或微小创伤就会破坏软骨，使骨片游离形成骨瓣或关节鼠。由于缺乏血液供应和相继出现的炎性反应使软骨缺陷无法愈合。异常软骨和关节碎屑引起滑膜炎症，由于炎性介质的释放诱发变性性骨关节病。

【症状】　可发生于前肢或后肢，也可两肢同时发生，主要表现为跛行。易发部位是肩关节和肘关节，有不同程度的关节积液。触诊或他动运动时有痛感。

【诊断】　X射线检查可以确诊。外侧位、内侧位或前后位X射线片见发病关节有扁平或凹陷形软骨下骨缺损。可见继发性变性性关节疾病的X射线征象，骨赘形成、软骨下骨硬化。通过关节造影术能找到潜在的病灶和软骨瓣。有些病例虽然见到X射线征象，但可能无临床症状。

【治疗】

(1)保守疗法，对于临床症状较轻，X射线检查未见游离骨片者可采取强制休息6周，做限制性活动，如牵遛散步、做关节的他动运动。

(2)手术治疗，保守治疗无效时可做关节切开术取出软骨瓣或做骨软骨病灶刮除术以刺激纤维软骨形成。

（十五）肘突不连接

【定义与病因】　肘突是位于尺骨近端鹰嘴突的钩状部分，肘突闭合是一种犬的先天性疾病，它与骨软骨病或桡、尺骨发育不一致有关。易发于大型犬，德国牧羊犬具有遗传性。

【病理】　肘突在骨骼发育过程中是一个单独的骨化中心，正常情况20～24周龄时与尺骨连接闭合。肘突在超过这个年龄仍不与尺骨进行骨性连接而仅以纤维组织进行连接，导致中度肘关节不稳定，并发展为变性性关节病。最新迹象表明肘突不连接可能是尺骨远端提前闭合或桡、尺骨生长不一致，导致生物机械力作用于肘突而致。

【症状】 5月龄左右的大型犬前肢跛行,在休息或紧张运动后跛行加重。伸展肘关节或做尺骨近端触诊时有疼痛表现。可能有关节肿胀。

【诊断】 拍摄肘关节屈曲状态下侧位X射线片,如果犬已经超过6月龄,在此种体位拍摄的X射线片仍见未连接的肘突,即可确诊为本病。另外,应拍摄对侧肘关节以做对照并排除双侧发病的可能。侧位片也可能见到继发性变性性关节炎的征象。

【治疗】

(1)肘关节外侧切开术取出未连接的肘突。

(2)也可以采用螺钉固定肘突。

(十六)变性性关节病

变性性关节病是一种渐进性可动关节的慢性、非炎性、退行性疾病。其特征是透明软骨变薄,关节积液及关节周围骨赘形成。引起关节疼痛、僵硬、畸形和功能障碍。

【病因与分类】

原发性:指机体关节长期应力不均而发生退行性变的骨关节病,随年龄的增长,结缔组织易发生退行性变化。软骨的变化最为显著,基质的基本成分软骨素逐年减少,这样就将胶原纤维暴露于外在压力之下而变得脆弱。软骨可因承受不均应力而出现破坏,有的可提前或加快,有的则发生较迟,发展较慢。过多的关节活动,特别是超过限度的活动以及身体过重均可使已存在的退行性变加速发展。

继发性:创伤、畸形、感染、先天性关节异常或发育性疾病等都能造成关节软骨的损害,从而导致日后的变性性骨关节病。产生继发性骨关节病的原因有:①髋关节发育不良;②骨软骨病;③创伤,如关节内骨折、膝关节半月板软骨破裂等;④关节面的后天性不平整,如股骨头缺血性坏死、股骨头软骨溶解;⑤关节外畸形引起的关节对合不良,如膝内翻、膝外翻等;⑥关节不稳定,如韧带、关节囊松弛等。

【病理】 骨关节病的原发病损是透明软骨的退行性变,软骨软化、糜烂,最后骨端暴露,继发滑膜、关节囊和肌肉的变化。

最早的病理变化发生于关节软骨。促发因素刺激发病,从软骨细胞释放降解酶,导致软基质丢失,软骨软化,失去正常的弹性。基质丢失加速软骨破坏,导致进一步的病变,软骨崩解,软骨细胞死亡。软骨的胶原纤维暴露,在关节活动时发生磨损。软骨深层发生裂隙,关节软骨失去原来的蓝白色和光滑的色泽。

磨损最大的关节面上的软骨被擦去,使软骨下骨显露,由于不断摩擦而变得很光滑。磨损较小的外围软骨面出现增殖和肥厚，在关节缘形成厚的软骨圈。通过软骨内化骨形成骨赘。

软骨下骨在承受应力和磨损最大的中央部位发生硬化和增厚；而外围部位所承受的应力较小，软骨下骨发生萎缩而致骨质疏松。

从崩解的软骨细胞中释放的降解酶和前列腺素刺激滑膜，引起疼痛和持续性的炎症，滑液渗增多，关节囊发生纤维变性和增厚。

【症状】 阶段性或持久性跛行，不愿活动，活动时跛行改善；剧烈活动后跛行加重，特别是在休息一段时间跛行也加重。随病情的发展，疼痛和跛行的频率及严重程度均增加。关节活动不灵活，他动运动和触诊时有痛感，关节积液肿胀。

【诊断】 临床症状、病史和体征具有一定的诊断意义。X 射线检查可见关节间隙均匀性或不均匀性狭窄；关节软骨下骨增生致密，关节面磨损凹陷；关节面边缘有唇样骨质增生，关节囊和关节韧带的附着点骨质增生；病程长久者可发展为关节周围骨性愈着。滑液检查见滑液量增加、黏稠度减少、总细胞量增加、其中白细胞占大多数。

【治疗】

(1)积极预防本病的发生，控制诱发因素，如认真仔细地处理受伤关节。

(2)为减轻软骨和骨的负重，应减轻体重。

(3)限制活动或有间隔规律的活动能控制临床症状。

(4)应用药物治疗以减轻临床症状：阿司匹林，10～25 mg/kg，口服，每日 2 次或 3 次；氯咔唑丙酸，2.2 mg/kg，口服，每日 2 次；保太松，13 mg/kg，口服，每日 2 次或 3 次，每天最多 800 mg，不用于猫；皮质类固醇如泼尼松，1～2 mg/kg，口服，每日 2 次，逐渐减至 0.25 mg/kg，每日 2 次。应用上述药物的同时给予西咪替丁，5～10 mg/kg，口服，每日 3 次，防止发生胃溃疡。

(5)手术治疗：关节置换术或关节成形术可有效地减轻疼痛恢复肢体功能。

（十七）化脓性关节炎

关节的化脓性感染称化脓性关节炎，最常见的病原菌为葡萄球菌、链球菌和大肠杆菌。

【病因】

(1)血源性感染：细菌从身体其他部位化脓病灶经血液循环传播至关节腔，常见于幼小动物、老年动物和免疫缺陷动物。原发病灶如肺炎、腹泻、脐带感染和心内膜炎等。

(2)外源性感染：关节创伤后发生污染，细菌经伤口进入关节。创伤的种类包括车祸，枪伤，犬、猫最常见咬伤及其他穿刺伤。

(3)医源性感染：关节手术或关节腔穿刺消毒不严，导致感染。

【病理】 病变的发展大致可分为3个阶段。

(1)浆液渗出期。关节滑膜充血、水肿，有白细胞浸润；关节腔内有浆液性渗出液，液体内有大量白细胞。关节软骨未被破坏。在此期如果治疗恰当，渗出液可完全吸收，关节功能可完全恢复。

(2)浆液纤维蛋白渗出期。渗出液增多，黏稠混浊，细胞增多，内有脓细胞、细菌和纤维蛋白渗出物。滑液中出现酶类物质，滑膜发生炎性反应。随着关节炎症的加重，通过滑膜进入关节腔的血浆蛋白增加。关节内纤维蛋白的沉积可造成关节粘连，妨碍软骨营养代谢。纤维蛋白通过趋化作用将白细胞引入关节内，吞噬纤维蛋白和其他颗粒物质。白细胞释放酶类物质，促进炎性变化。中性多核白细胞可释放大量溶酶体类物质，破坏软骨的基质，使胶原纤维失去支持，在负重和活动时受压力和碾磨而断裂，关节软骨遭受破坏。关节粘连和软骨破坏导致关节功能障碍。

(3)脓性渗出期。滑膜和关节软骨已被破坏，炎症侵犯软骨下骨质。关节囊和周围软组织有蜂窝织炎改变，附近有骨质增生。关节腔内有黄白色脓液，关节活动有严重障碍。

【症状】 患病动物表现一个或多个关节红、肿、热、痛，患肢免负体重。活动关节时有剧烈疼痛，患肢常处于屈曲位。较浅的关节，如膝、肘、踝关节等，局部红、肿、压痛、关节积液均较明显。位于深部的关节如髋关节，因周围有较厚的肌肉，关节肿胀不明显。全身检查体温升高，厌食，精神沉郁。

【诊断】 早期根据局部和全身症状可做出诊断。关节穿刺和关节液检查对早期诊断很有价值，化脓性关节炎时关节液为灰色或混浊，黏度降低，大量白细胞，多形和中性粒细胞占90%以上。X射线检查可见骨溶解，关节面不规则，关节间隙增宽。后期关节软骨破坏则关节间隙变窄或消失，骨面毛糙，可有骨质破坏和增生。可经关节液细菌培养和药敏试验确定感染细菌的种类和选择有效的抗生素。

【治疗】

(1)早期全身应用足量的有效的抗生素，补液，纠正水和电解质代谢紊乱，增强营养，提高全身抵抗力。

(2)关节内抗生素治疗，每日做一次关节穿刺，吸尽关节内液体，用无菌生理盐水冲洗，然后注入抗生素，直到关节积液消退，体温正常。

(3)关节切开减压引流，关节冲洗无效时可行此法。切开关节囊后用温的生理盐水冲洗关节腔，清除纤维块、脓性渗出物和异物，冲洗需用大量液体才能冲洗彻底。开放关节直到出现愈合倾向。在治疗和愈合期间使关节做适当的活动(做他动运动、牵遛散步)以防止关节粘连和强直。

(十八)前十字韧带断裂

犬的前十字韧带在正常情况下能限制胫骨向前移动及向内旋转。对于强度减弱或发生变性的韧带,过度创伤是导致前十字韧带断裂的最常见的原因。有学者认为,免疫介导性韧带变性发生于韧带断裂之前。直腿犬如洛威纳、笃宾犬的异常形态易发本病。

【病因与病理】 本病的发生多因外伤所致,常在激烈的活动中膝关节过度伸展,或胫骨过度旋转引起韧带断裂,多见于赛犬和工作犬。慢性前十字韧带断裂多与膝关节畸形或周围肌肉发育不良有关。突然过度承重导致韧带扭转和断裂,因而发生关节极度不稳和功能异常,会出现内侧半月板受损、关节积液和关节囊周围纤维化。转为慢性后则继发变性性骨关节炎。

【症状】 常见急性后肢跛行。断裂后 72 h 内跛行明显,减负或免负体重,几周后逐渐好转。大约 6 周后随变性性关节炎的发展,又引发逐渐加重的跛行。触诊膝关节有痛感,关节内有不同程度的积液。慢性断裂的动物表现出继发性骨关节炎的症状,如关节肿胀、触诊疼痛、关节活动时发出噼啪的响声。

【诊断】 临床检查时,诊断的依据是诱发前拉运动。检查者的一只手从股骨远端后侧握住股骨,拇指放在股骨髁外侧,其他手指放在髌骨上;另一只手从胫骨近端握住胫骨,拇指放在腓骨头上,其他手指放在胫骨脊上。移动胫骨,胫骨向前移动增加(3～5 mm)表明前十字韧带断裂,如果为部分断裂则表现为屈曲时关节松弛。

腓肠肌紧张试验。屈曲跗关节,同时抬高股骨使之与胫骨成 90°角,胫骨向前移动则表明前十字韧带试验阳性。

慢性病例在损伤后 4～6 周的 X 射线检查可见发展迅速的变性性关节病的征象:前脂肪垫受损或减少;髌骨周围或滑车周围有骨赘形成;胫骨相对于股骨向前脱位。

关节触诊时见关节内侧纤维化(内侧突起形成)是关节不稳定的特征性指标。有条件的地方可用关节镜检查诊断。

【治疗】

(1)小的犬和猫限运动,口服止痛药物。

(2)大型犬和猫需经外科手术治疗。

①小型犬(5～10 kg),应用关节囊外缝合术。用不可吸收缝线或吸收慢的缝线环绕外侧籽骨,然后通过胫骨脊拉紧缝线。

②大于 10 kg 的犬可做腓骨头移位术。用外侧侧韧带阻止胫骨前移或内转位,

将腓骨头前移,用Kirschner丝或骨螺钉固定。

③大于20 kg的犬常用关节囊内修复术。制作外侧张肌筋膜上带,在半月板间韧带下通过,翻到股骨外侧髁上,并固定在外侧髁上。

(十九)后十字韧带断裂

后十字韧带的作用是限制胫骨的后移。单纯性后十字韧带断裂很少发生,在严重病例常与前十字韧带和半月板的损伤同时发生。

【症状】 由创伤引起的急性后肢跛行,关节不稳定程度高于前十字韧带断裂。股胫关节半脱位,关节积液、积血、触诊和运动有痛感。胫骨出现后拉现象。

【治疗】 单纯后十字韧带损伤经笼养休息和限制活动通常症状会消失。如果跛行在1个月以上,可用关节外固定术或用后十字韧带断裂修补术。

(二十)髋关节脱位

关节脱位是指两个关节面失去正常的对和关系。髋关节是犬、猫最容易发生脱位的关节,发育正常的关节脱位的原因,一种是骨盆部受到强大的机械力所致,如车祸、跌落或殴打;另一种为髋关节发育不良所致的病理性脱位。髋关节脱位多数为前外方脱位。

【症状】 患肢跛行,免负体重;运动和触诊时疼痛。关节肿胀,在关节处出现异常肢体成角畸形。患肢变长或变短。

【诊断】 X射线检查即可确诊。可确定脱位方位、程度、股骨头骨折、骨盆及其他部位骨折和髋关节发育异常等情况。

【治疗】

(1)闭合性复位。动物侧卧保定,患肢朝上。术者一只手抓住膝部,另一只手拇指或食指按压大转子。先外旋、外展伸直患肢,使股骨头整复到髋臼水平位置,再内旋、外展股骨,使股骨头滑入髋臼内。如复位成功,可听到或手感觉到复位声音。然后用Ehmer悬吊带或笼内饲养4周,保持整复状态。闭合整复不稳定时,可加用屈曲性外固定器(flexible external fixator)。

(2)闭合整复不成功,可进一步做前外侧入路整复和稳定术,根据情况选择下列方法:基础关节囊修复、转子转位术、关节囊外缝合稳定术、关节贯穿针(transarticular pin)稳定术、Toggle针固定术、坐骨髂骨穿针术和三联骨盆切开术。

(3)带有严重变性性关节病的慢性髋关节脱位可做股骨头和股骨颈切除术或全髋关节置换术。

（二十一）椎间盘突出症

椎间盘突出是指由于椎间盘变性，纤维环脆弱破裂，髓核组织突出进入椎管，压迫脊髓或神经根，引起一系列神经功能障碍的一种脊柱疾病。多发于1岁以上的小型犬，具有品种易发性。临床上以疼痛、共济失调、感觉和运动障碍，甚至瘫痪为特征。

【解剖与生理】　椎间盘位于两相邻椎体之间，由软骨板、髓核和纤维环组成。软骨板为透明软骨，连接于椎体和椎间盘之间，有许多微孔，为椎间盘内水分、营养物质和代谢产物的出入通道，无神经和血液供应。髓核为胶冻样的胶原物质，内有软骨细胞和胶原纤维网状结构。髓核含有80%水分，富于蛋白黏多糖，故具有弹性和膨胀性能。纤维环位于髓核周围，将髓核包裹。纤维环的外层由胶原纤维构成，内层为纤维软骨。各层的细胞和纤维方向各自平行，并有黏合物质结构与纤维交织，使纤维环呈一同心环状多层结构，以增强其韧性和弹性。纤维环的背侧部分最薄，腹侧最厚，约为背侧的2倍，含水量约70%。

由于髓核内的水分具有不可压缩的特性，而纤维环有韧性和弹性，故髓核具有轴承和液压的作用。脊柱各方向的活动使髓核发生位置变化和纤维环与软骨板上的应力变化。因此，椎间盘具有稳定脊柱、吸收和缓冲震动及促进椎体和椎间盘间的液体交换之生理作用。

【病因与病理】　椎间盘突出症的发生与发展通常经过椎间盘变性和髓核突出两个阶段。在正常情况下椎间盘变性是随年龄的增长而逐渐发生的。变性的结果导致明显生化组分的改变，即髓核的蛋白多糖减少、水分丢失，发生软骨样变或纤维样变。因而弹性降低、脆性增加，此时的椎间盘减振作用大为降低，遇到外力作用，背侧纤维环极易破裂，中央的髓核在强大的压力下经纤维环的破裂处向椎管内突出或脱出。可以认为椎间盘变性是本病的基本因素，由于这一潜在因素的存在，动物遇到任何外力作用于脊柱均有发病的可能。致病的外力因素包括跳跃、上下坡路、激烈活动、突然滑倒等。

椎间盘变性是随年龄的增长而渐进性发生的，几乎所有品种的犬均有发生。但以腊肠犬、北京犬、法国斗牛犬、比格犬、美国可卡西班尼犬和法巴塞特犬的发生率最高，病情最严重。这些犬具有其发病的潜在遗传性，属于软骨营养障碍类犬。由于这一潜在遗传因素的存在，构成了本病在发生上有品种特异性。

突出的髓核物进入椎管压迫脊髓或神经根，产生一系列神经功能障碍性临床症状。

【症状】 椎间盘突出在颈部和胸腰部均有发生，但就目前观察以小型犬胸腰部发病最多。胸椎在 T_{10}以后为常发部位；腰部各椎间隙均有可能发生。

颈椎间盘突出时，动物主要表现为疼痛。颈部、前肢过度敏感，触诊颈部肌肉极度紧张。犬不愿行走或前肢跛行。

胸腰部椎间盘突出时，临床上多数表现为以后躯的感觉和运动障碍为主的体征。发病早期表现为腰部疼痛剧烈、弓腰，腰背肌肉紧张，腹壁肌肉紧张，触动身体即会发出叫声，后躯无力、喜卧，强行驱赶时走路不稳，左右摇摆。后期病情加重则表现为后躯瘫痪，肌紧张度降低，针刺后肢感觉迟钝或无感觉。大便秘结，尿失禁或尿潴留。

【诊断】 椎间盘突出症的诊断包括病史、临床检查、神经学检查及 X 射线检查。神经功能方面的检查应着重于步态、姿势反射、屈腱反射，膀胱功能和直肠功能检查，肛门反射等项目。

X 射线检查对于诊断意义重大，检查时应拍摄正、侧位 X 射线片。位置一定要摆正确，否则会出现假象。X 射线平片检查可见发病部位椎间隙狭窄，有的出现钙化；椎间孔也变小且密度增高，影像模糊不清。脊髓 X 射线造影可见椎管内蛛网膜下腔的充盈像在发病部位变细、内陷或中断。

【治疗】

(1)药物保守疗法。发病早期未出现后躯瘫痪时可采用药物治疗。所用药物主要是皮质类固醇，如地塞米松、强的松或强的松龙；镇痛药，如阿司匹林、保太松、布洛芬等。药物治疗的主要目的是使椎间盘突出的部分和受刺激的神经根炎性水肿加速消退，从而减轻或解除神经根的压迫，使疼痛减轻或消退。

(2)已出现瘫痪的病例可采用椎间地塞米松、普鲁卡因和青霉素封闭疗法，隔日 1 次。

(3)中医治疗。已瘫痪的病例也可选用中医针灸加封闭的治疗方法。

(4)所有病犬均需静养，严格限制活动。可将病犬养在笼内一段时间，以 2～3 周为宜。

(5)手术治疗。已瘫痪的严重病例可通过手术摘除突出的椎间盘。手术的方法有开窗术和减压术。开窗术常用于颈椎间盘脱出；减压术用于胸腰椎间盘脱出的治疗，包括偏侧椎板切除术和背侧椎板切除术两种方法。

十二、犬、猫耳病

（一）耳廓外伤(Pinnal trauma)

【病因】　主要是犬、猫因殴斗而致耳廓被咬、抓伤或自身搔抓而致伤，垂耳犬较易发生耳廓外伤。以耳廓皮肤或皮肤与软骨部分撕裂为多见，也可发生部分耳廓全撕脱。

【治疗】　主要措施有清洗创口、清创、缝合、包扎和抗感染。首先剪除创口周围被毛，彻底清洁创围皮肤；用生理盐水、3%双氧水或0.1%新洁尔灭等消毒剂冲洗创面和清创；新鲜创可立即对合缝合皮肤；创口污染严重或已感染时，可行开放治疗，涂上抗生素软膏，或在清创后先用绷带包扎，控制感染后再做缝合。

撕裂创可根据不同情况进行缝合。单纯的皮肤裂创可不缝合，创口取第二期愈合；皮肤撕裂大、呈皮瓣样、有多处创缘时，应分别将创缘对合缝合，注意不能留有死腔；如伤及耳廓软骨，伤口小时可不缝合，创口大时可行垂直钮孔状缝合；耳廓全层撕裂时，应先做全层垂直钮孔状缝合，再分别结节闭合耳廓的内、外皮肤。

对耳廓部分撕脱伤，可采取止血、抗感染的措施，创口不缝合，让其上皮形成。这类创伤愈合后常因耳廓缺损而使外形不美观。因此，对小的撕脱伤可采取部分耳廓截除术，以消除缺损的耳廓，使耳廓接近正常的形状，创缘内、外侧皮肤做连续的对合缝合；耳廓撕脱部分较大者，可施自体皮肤蒂形瓣移植术，修补其缺损。

（二）耳血肿(Otohematoma)

耳血肿是耳部较大血管破裂，血液流至耳软骨与皮肤之间形成的血肿。多发生于耳廓凹面，也见于耳廓凸面或两侧。各种动物均可发生，但多见于猪、犬和猫。

【病因】　机械性损伤，如对耳壳的压迫、挫伤、抓伤、咬伤等均可导致耳血肿；耳部疾患，如外耳道炎等引起耳部瘙痒，动物剧烈摇头、甩耳也能损伤血管而发病。

【症状】　耳廓凹面的耳前动脉损伤时，耳廓凹面迅速形成肿胀，触之有波动及疼痛反应；后因出血凝固，析出纤维蛋白，触诊有捻发音。沿耳廓软骨凸面行走的耳内动脉损伤时，可在耳廓凸面形成相似肿胀。血肿形成后，耳增厚数倍，下垂。耳部皮肤色白者，呈暗紫色。穿刺可见有血液或血色液体流出。肿胀阻塞听道时，可引起听觉障碍。血肿感染后可形成脓肿。

【治疗】　小血肿不经治疗也能自愈。血肿形成的第一天内宜用干性冷敷并结合压迫绷带制止出血。大血肿不宜过早手术，因术后出血较多。一般在肿胀形成数日后，可于肿胀最明显处切开，排除积血和凝血块后密闭缝合(图 11-2)，装置压迫绷带。耳部保持安静，必要时使用止血剂。

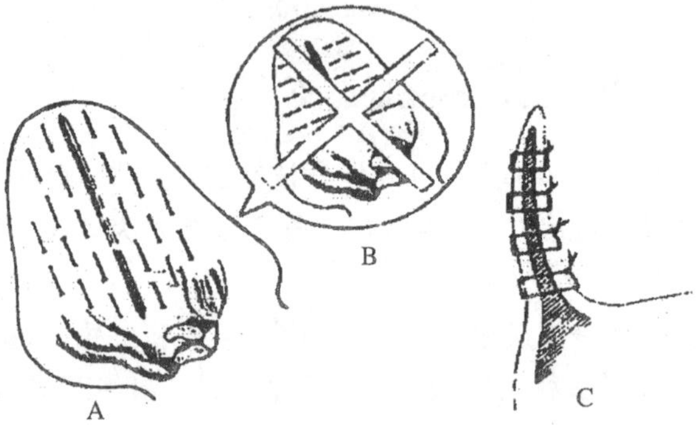

图 11-2 耳血肿切除及缝合方法

A. 正确的缝合方法 B. 不正确的缝合方法 C. 缝线全层通过耳廓，结打在耳凸面

(三)耳裂(Ear fissure)

耳廓自远端耳轮向舟状窝方向裂开，称耳裂。常发生于垂耳犬。

【病因】 多由于耳尖长期摩擦所致，也可与耳缘皮脂溢有关，竖耳犬耳尖皮炎(昆虫叮咬)也可产生耳裂。

【治疗】 首先了解原发病因。属昆虫叮咬的，局部涂擦驱虫药。但已发生耳裂者，药物治疗无效。小的耳裂可修整为新的创缘后加以缝合。慢性耳裂发生创口收缩时，可按耳撕脱创行部分耳廓截除术治疗。

(四)外耳炎(Otitis externa)

外耳炎是指外耳道上皮的急性或慢性炎症。垂耳或外耳道多毛品种的犬、猫更易发生。炎症常影响到耳轮和耳廓，也可通过鼓膜影响中耳。

【病因】

(1)寄生虫感染：螨虫是最常见的耳内寄生虫，猫的外耳炎 50%为螨虫引起，犬为 5%～10%；蠕形螨可能局限于耳廓，但皮肤的其他部位也可能被感染，猫感染时可引起耵聍腺性外耳炎。

(2)细菌或真菌感染：与外耳炎有关的常见细菌有中间型葡萄球菌、表皮葡萄球菌、链球菌、假单胞菌、变形杆菌、大肠杆菌等；马拉色霉菌是最常见的侵害耳的真菌，其他能引起耳病的真菌和酵母菌有念珠菌、曲霉菌、毛癣菌和小孢子菌等。

(3)异物：耳内异物如泥土、毛发、耳垢、水、植物芒刺等可引起外耳炎。

(4)食物过敏：犬食物过敏时，约80%的病例出现过敏性外耳炎。

(5)皮脂溢性疾病：脂肪酸对耳道上皮产生刺激作用而引起外耳炎。

(6)免疫性皮肤病：包括落叶状天疱疮、红斑性天疱疮、皮肤红斑狼疮等引起外耳炎。

(7)其他：耳构型异常、耳道上皮的损伤、耳道阻塞、肿瘤、全身性疾病等。

【症状】 瘙痒是一般的临床症状，病耳下垂，摇头摩擦或搔抓病耳，引起耳充血、破溃，过分摇头还可导致耳血肿。外耳疼痛或破溃、被毛潮湿，常流出淡黄色浆液性或脓性分泌物，粘连耳被毛，并散发异常臭味。病久或未治疗的外耳炎，其耳道上皮肥大、增生，使耳道阻塞，听力减弱。体温间或升高，食欲不振。

【诊断】 特异性病因、异物、耳螨等只有用耳镜仔细检查才能识别。耳垢呈黑褐色，类似鞋油，常与葡萄球菌和糖疹癣菌感染有关；耳垢呈黄褐色、易碎，可能是葡萄球菌、酵母菌、变形杆菌感染；黄绿色水样脓性且有臭味的排泄物可能是变形杆菌或假单胞菌感染；确诊需进行微生物的培养分离。耳镜检查发现小点状白色物体蠕动为耳螨感染。

【治疗】 剪去耳廓及外耳道入口处的被毛，用温灭菌生理盐水或0.1%新洁尔灭清洗耳道，彻底去除耳垢及其分泌物，为防止清洗液进入中耳，可用小镊子缠卷湿棉球擦拭清除，大块的耳垢或其他异物可用耳匙轻轻刮除；分泌物较深时，可用3%双氧水洗耳，最后用干脱脂棉球吸干。

绝大多数外耳炎病例需每天局部用药，大多数外用药为抗生素、抗真菌药及抗寄生虫药的复合剂，使用复合型药物时，应针对病因选用相应的药物，抗菌药的选择应依据细胞学检查或细菌培养及药敏实验而定。

对于急性外耳炎和化脓性外耳炎，可在局部清洗后，局部涂布抗生素软膏和皮质类固醇软膏，每日1次或2次，也可涂布氧化锌软膏，有助于保护收敛；也可用抗生素液滴耳，如新霉素滴耳液等；对寄生虫性外耳炎，可于耳内滴入杀螨剂(阿维菌素)；对顽固性玛拉色霉菌感染应给予抗真菌药物，如酮康唑，5～10 mg/kg，口服，每日1次；对慢性外耳炎，炎性分泌物多，药物治疗时间长，较难根治的，可施行部分外耳道切除术引流；对全身体温升高的病例，应全身应用敏感抗生素。以防继发中耳炎、内耳炎。

(五)外耳道外侧壁切除术(Resection of the lateral wall of the external ear canal)

【适应症】 慢性外耳炎药物治疗无效或反复发作，耳内炎性分泌物不能排出，缺乏通风，外耳道壁增厚但未阻塞水平部外耳道时，适宜做外耳道外侧壁切除术。此外还适于外耳道严重溃疡、听道软骨骨化、听道狭小、肿瘤、先天性畸形等。

【局部解剖】 外耳道始于耳廓底部外耳道口，止于鼓膜。犬全长5～10 cm，直径4～7 cm。外侧部为直外耳道，为软骨性的，其开口呈漏斗形，由耳廓软骨组成，下部为环状软骨。内侧部为水平外耳道，为骨性结构，较直外耳道短。外耳道内壁衬有皮肤，在软骨部有丰富的毛囊、耵聍腺和皮脂腺，后两者分泌耳蜡，呈褐色。

【保定和麻醉】 侧卧位保定，患耳在上，全身麻醉。

【术式】 耳基部和耳廓剃毛、清洗、消毒。用钝头探针探明外耳道的方向、垂直范围，并在外耳道垂直与水平交界处的体表皮肤上做好标记。在与直外耳道相对应的皮肤上做一“U”字形切口，“U”字形的两个顶点分别在耳屏间肌切迹和耳轮肌切迹处，切口的长度为直外耳道长度的1.5倍，即“U”字形的底部在外耳道垂直与水平交界处下方(标记处)等于直外耳道深度1/2的位置。切除皮瓣，钝性分离皮下组织、部分耳降肌和腮腺背侧顶端，暴露直外耳道软骨(图11-3)。与“U”字形皮肤切口相对应，由耳屏处向下剪开直外耳道外侧壁软骨至外耳道垂直与水平交界处(图11-4)。将软骨瓣向下折转，暴露直外耳道，剪去1/2软骨瓣，使其剩余部分正好与下面的皮肤缺损部分相吻合，并做结节缝合，再将外耳道软骨创缘与同侧皮肤创缘结节缝合(图11-5)。

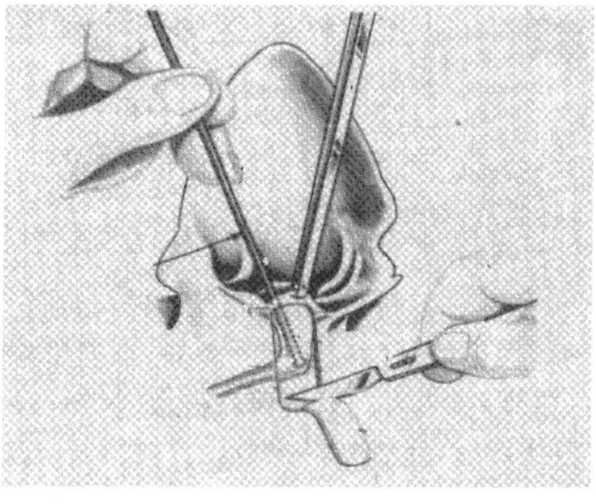

图11-3 暴露直外耳道软骨

【术后护理】 全身应用抗生素、止痛剂，局部清洗，除去坏死组织，保持引流畅通。为防止犬用脚爪抓伤，可装置颈环。术后10～14 d拆线。

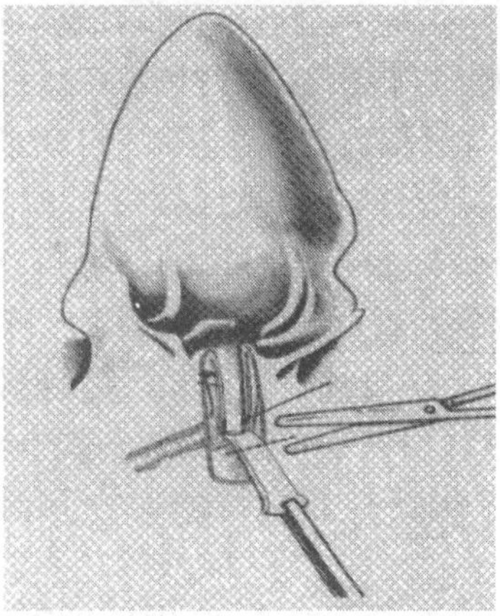

图 11-4　剪开直外耳道外侧壁软骨

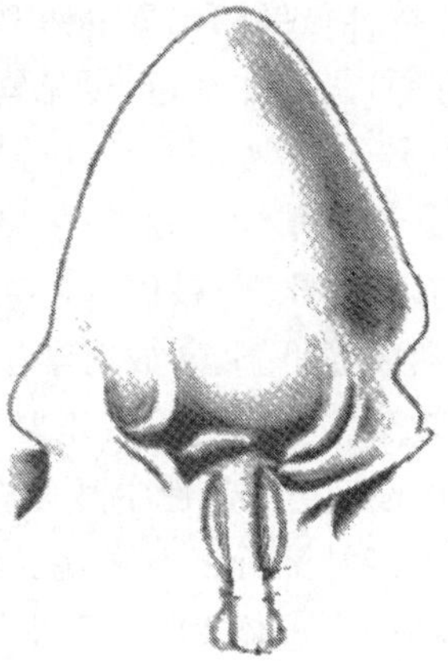

图 11-5　外耳道软骨创缘与同侧皮肤创缘结节缝合

（六）中耳炎（Otitis media）

中耳炎是指咽鼓管和鼓室黏膜的炎症。临床上常见卡他性中耳炎和化脓性中耳炎。

【病因】

①多为严重外耳炎引起。②感染性因素：最常见的病原菌有葡萄球菌（主要是中间型葡萄球菌）、链球菌、假单胞菌及变形杆菌等，病原菌可通过外耳道、咽鼓管蔓延至鼓膜和鼓室或通过血源性感染中耳。③猫的病毒性上呼吸道感染可引起本病。④非感染性因素：咽鼓管的机械性堵塞可引起非感染性或浆液性中耳炎；咽或扁桃体的慢性炎症可波及咽鼓管，或作为病灶向中耳蔓延；犬的持久性双侧中耳炎多为过敏性疾病所致；猫的炎性息肉常起源于鼓室或咽鼓管，引起浆液性或化脓性炎症；鼻咽部和扁桃体的肿瘤转移至中耳，引起咽鼓管阻塞，通常引起单侧性中耳炎。

【症状】　表现外耳炎症状；摇头，头向患侧偏斜，搔抓或摩擦患耳，患耳倾斜下垂，接触患耳时有疼痛，外耳道长期或反复流出有异味的炎性分泌物；吞食硬的食物或张嘴时疼痛；有的表现听力受损；严重病例患侧瞳孔缩小、上眼睑下垂、眼球下陷、第三眼睑突出。

【诊断】

①详细了解病史，并进行全身皮肤和神经系统的检查。②严重化脓性外耳炎或外耳道有植物芒刺应怀疑中耳炎。③触诊耳道、唾液腺、甲状腺、乳突区和颞颌关节有无疼痛和肿胀，检查耳道有无寄生虫、异物、肿瘤等，检查炎症及其性质、分泌物

的数量，并取样做细菌培养、组织学和细胞学检查。④耳镜检查鼓膜，正常鼓膜略向内凹，半透明，呈珍珠灰色，可见锤骨及放射状排列的血管；鼓膜微红色提示急性中耳炎；鼓膜不透明，上有白色小点提示以前可能发生过穿孔；鼓膜呈不透明琥珀色或黄色常见于化脓性中耳炎；鼓膜为蓝色或紫色常见于鼓室内出血；鼓膜突出常见于鼓膜后有脓汁积存；鼓膜的剥离或整体萎缩至骨泡内常见于慢性疾病，提示鼓室半充满或咽鼓管阻塞。⑤放射学检查包括腹背位、侧位、斜位和张嘴时的摄影，张嘴时的影像对于检查骨泡是否正常最有用，慢性中耳炎可发现鼓室内积液及骨泡骨硬变。⑥犬的反复发作性中耳炎应考虑是否存在过敏因素。⑦听力检查，多数中耳炎病例发生传导性听力下降，阻抗听力测定是检查中耳炎引起传导性听力下降的最好方法之一。⑧必要时可手术探查确诊。

【治疗】 原则是除去感染源和中耳内的脏物，保持通路畅通，提供通风和引流，排除和控制诱因，减少并发症、后遗症和复发。

(1)首先局部和全身应用抗生素治疗。外耳道清洗干净后，滴入抗生素药水，并配合全身应用抗生素，以使药物进入中耳腔。用药前，应对耳分泌物进行细菌培养和药敏试验，常用的抗生素有阿莫西林和克拉维酸、第三代头孢菌素、诺氟沙星、新霉素、氯霉素和庆大霉素及类固醇类药物等。抗生素治疗至少连用 7～10 d。应注意药物潜在的超敏反应和新霉素的耳毒性，超敏反应可被同时应用的类固醇药物所掩盖。霉菌感染时，可选用酮唑康或伊曲康唑。

(2)中耳腔冲洗。上述治疗未能使临床症状改善时，可行鼓室冲洗治疗。对耳深部的冲洗需全身麻醉，先用温灭菌生理盐水或其他灭菌溶液冲洗外耳道，再用耳镜检查鼓膜；如鼓膜已穿孔或无鼓膜，可将细吸管插入中耳深部冲洗，直至流出液变清亮，无组织碎片及血液为止；如鼓膜未破，可先施鼓膜切开术或直接用吸管穿破鼓膜，伸入鼓室锤骨后方注液冲洗，冲洗时，吸管不可移动，以防撕破鼓膜。对于外耳道狭窄、病情严重的病例，可隔周进行一次耳道深部冲洗，直至感染被完全控制。

(3)中耳腔刮除。严重慢性中耳炎，上述方法无效时，可施中耳腔刮除治疗。先施外侧耳道切除术和冲洗水平外耳道，用耳匙经鼓膜插入鼓室进行广泛的刮除。其组织碎片用灭菌生理盐水清除掉。术后几周全身应用抗生素和消炎性皮质类固醇药。

(4)伴有鼓泡骨硬化和骨髓炎性中耳炎，需施鼓泡骨切除术。

（七）内耳炎（Otitis interna）

内耳炎或迷路炎指发生在内耳的一组炎症。

【病因】

①中耳炎感染扩散最为常见,病原菌侵入圆窗膜或卵圆窗的环韧带,常见的细菌有葡萄球菌、链球菌、变形杆菌、假单胞菌和大肠杆菌,常见的真菌有玛拉色霉菌、念珠菌、拟青霉菌和曲霉菌。全身性感染的血源性扩散较为少见。②先天外周性前庭综合征,通常发生于年轻的纯种犬、猫,如英国柯克猎犬、德国牧羊犬、比格犬、杜伯曼犬、秋田犬、缅甸猫等。③特发性前庭综合征,见于老龄犬和成年猫。④氨基糖甙类抗生素引起的前庭和听觉感受器变性。⑤肿瘤,如起源于颞骨或鼓室泡的肿瘤,第八脑神经的神经纤维瘤、神经纤维肉瘤、扁桃体和甲状腺的腺瘤、脑膜瘤的转移性肉瘤等。⑥严重的头部损伤引起的颞骨骨折。

【症状】 大多数单侧性内耳炎临床症状表现为不对称性平衡失调,耳痛、耳聋、有耳漏。急性外周性前庭病损时表现头向患侧倾斜、跌倒,向患侧滚转或在小范围内向患侧做转圈运动,自发性或位置性痉挛性眼球震颤(水平或旋转),其方向不随头部位置的改变而改变,犬常有恶心和呕吐,尤其在急性期,蒙住动物的眼睛常可使头部偏斜和前庭性运动失调更为明显。严重的内耳炎炎症可波及面神经和副交感神经,出现面部麻痹、干性角膜结膜炎和鼻黏膜干燥(氨基糖甙类中毒、先天性或特发性前庭综合征无此类症状);如炎症侵及脑膜而引起脑脊膜炎,可导致死亡。

【诊断】 与中耳疾病的诊断相似。

【治疗】

(1)感染性内耳炎。参考中耳炎的治疗部分。根据脑脊髓液或中耳渗出物细菌培养和药敏试验结果,选择抗生素治疗。伴有迷路损害的全身性真菌感染,常用两性霉素 B 和口服抗真菌药物治疗,但治疗困难且常有复发。

(2)非感染性内耳炎。对先天性或特发性综合征,无特异疗法改变其病程;对外伤性病例,可应用皮质类固醇和支持疗法;对迷路或尾窝的肿瘤,一般不予治疗,因确诊时已多为晚期。

(八)耳聋(Deafness)

耳聋指听力的不完全或丧失,可以是单侧性的,也可以是双侧性的,可以是部分也可以是完全丧失。听力障碍依病变部位可分为传导性和感觉神经性。外耳道、鼓膜、听小骨构成听力的传导部分,柯替器官(the organ of Corti)的毛细胞及其神经构成声音的感觉部分。

【病因】

(1)传导性耳聋。外耳道的损伤,如耳垢过多、异物、外耳道阻塞性疾病、外耳道损伤出血等;中耳炎、中耳肿瘤、鼓膜增厚或穿孔、听小骨受损、分泌物流入中耳、外伤引起中耳出血、咽鼓管阻塞引起鼓室内充满液体等。绝大多数传导性耳聋是获得性耳聋。

(2)感觉神经性耳聋。先天性或遗传性耳聋，常见于青年犬和某些蓝眼白毛的猫；传染性迷路炎；损伤，如颞骨岩部骨折、听觉器官损伤、外科手术或高压水冲洗外耳引起；颞骨岩部或第 8 对脑神经的原发性或转移性肿瘤；甲状腺功能衰退；耳毒性毒素，如全身或局部应用氨基糖甙类药物(可导致耳蜗毛细胞的严重变性)、某些耳外用药(多黏菌素 B、洗必泰)、利尿药(速尿、丁苯氧酸)、水杨酸、顺氯氨铂等；柯替器官的退行性变化(老年性耳聋)；严重脑水肿引起听觉大脑皮层损伤。

【症状】 表现外耳或中耳疾患的症状，如耳部疼痛或有渗出物、头部倾斜、眼球震颤、面部轻瘫以及干性角膜结膜炎等。单侧性耳聋的动物的行为近正常，但对声源的定位有困难；双侧性耳聋时，对声音刺激缺乏或无反应，警醒时对声音刺激表现过度吠叫、慌乱，耳廓无活动。

【诊断】 耳镜检查、X 射线摄片检查、神经系统检查、电诊断试验、行为鉴定可确诊耳聋病因。

【治疗】 先天性或遗传性耳聋是不可逆的，无治疗办法，可通过选种选配逐渐消灭；与年龄有关的听力下降也是不可逆的；由外耳、中耳炎引起的，应积极治疗原发病，早期应用抗生素；外耳道内如有堵塞物，应将其清除；药物过敏或中毒引起的，应立即停药，并给予维生素制剂。现有治疗条件下，大多数病例预后不良。

十三、犬、猫眼病

临床上犬、猫的眼病属于比较常见的病例。一般以角膜炎(角膜翳，角膜溃疡，角膜穿孔)、“樱桃眼”、角膜结膜结膜炎、倒睫、白内障和传染性角膜结膜炎等发生率高。由于临床诊断水平的限制、临床经验的差异和对眼睛解剖知识的不同，眼病的临床治疗受到一定的制约。

(一)结膜炎

结膜炎是因外界刺激和感染而引起的眼球结膜和眼睑结膜的炎症。结膜内含有丰富的毛细血管、感觉神经末梢和多量的淋巴细胞，对内在或外来刺激极其敏感。本病常由于外来的或内在的轻微刺激而引起。

【常见的致病原因】

(1)机械性，结膜外伤；各种异物(如灰尘、皮毛、昆虫等)落入结膜囊内或黏在结膜上；寄生虫寄生结膜囊内(如犬结膜吸吮线虫)；眼睑位置改变或结构缺陷；眼睑内翻或外翻、缺损，睫毛异常生长。

(2)化学性，各种化学用品或药品的喷溅、汽熏；给犬、猫洗澡或体毛驱虫时应用的皮毛清洁剂或驱虫剂误入眼内。

(3)继发性，继发于某些传染病，如犬瘟热、传染性肝炎、猫病毒鼻气管炎；还可见继发于邻近组织的疾病，如泪囊炎、角膜炎、窦炎、鼻泪管阻塞等。国内临床病例的不完全统计上显示，猫的衣原体性结膜炎较多，猫的细菌性结膜炎相对较少；干眼病多是由疱疹病毒引起的。

【诊断要点】 主要症状为羞明、流泪、结膜潮红、结膜眼睑痉挛。从内眼角排出浆液性至脓性分泌物。又可分为卡他性结膜炎和化脓性结膜炎。

卡他性结膜炎：临床上最常见的病型，表现为结膜潮红、肿胀、充血，分泌浆液、黏液或黏液脓性分泌物。又可分为急性和慢性两型。急性型：轻度时结膜及穹窿部稍肿胀，呈鲜红色，分泌物少，初期清亮，继而变为黏液性。重度时眼睑肿胀，常有热痛、羞明、充血，甚至见到出血斑。炎症可波及球结膜。慢性型：常由急性型转来，症状往往不明显，羞明程度很轻或没有，轻微充血，结膜呈暗赤色。

化脓性结膜炎：因感染化脓菌或在某种传染病过程中(特别是犬瘟热)发生。除结膜炎的一般症状外，其症状表现更剧烈。以眼内流出多量黏液性或纯脓性分泌物为特征。上、下眼睑缘和睫毛常被黏稠脓性物黏在一起。若炎症较重或持续时间较长，可发生结膜坏死，眼球粘连，甚至角膜溃疡。

猫的衣原体性结膜炎的诊断可以将结膜刮取物制作涂片，姬姆萨染色后发现嗜中性粒细胞、淋巴细胞、浆细胞、巨嗜细胞和含有衣原体包含体的结膜上皮细胞(包含体呈紫色)。

【防治】 除去病因。若为继发则以治疗原发病为主。应用3%硼酸水，0.1%利凡诺尔或生理盐水洗眼。非病毒性感染和角膜完整时，合并滴用氯霉素眼药水和醋酸可的松眼药水，每日 3 次或 4 次；疑为病毒感染时，可滴用疱疹净眼药水或吗啉胍眼药水，最初每 2 h 1 次，症状改善后，每日 5 次或 6 次。对于顽固性化脓结膜炎，选用 1%碘仿软膏，同时用普鲁卡因青霉素做结膜下或球后封闭。

从临床效果上看，应首选广谱性抗生素杆菌肽、氯霉素；效果不理想再选用环丙沙星，犬的干眼病最后时可以选择先锋 4 号。氢化可的松＋抗生素用于非细菌性、过敏或角膜出血，但是病毒性的结膜炎时不能用可的松，尤其是猫。

猫的衣原体性结膜炎可以通过接种疫苗来预防，但是国内现在还没有这种疫苗。

(二)角膜炎

角膜炎主要以角膜组织的病变为特征，以角膜混浊，角膜周围形成新生血管或睫状体充血，眼前房内纤维样沉着，角膜溃疡、穿孔、留有角膜斑翳为特征。多由于外伤(尖锐物体的刺伤,宠物之间的打斗等)或异物进入眼内而引起。角膜暴露,细菌感染、营养障碍,邻近组织病变的蔓延等均可诱发此病。在某些传染病过程中(犬瘟热、犬传染性肝炎等)能并发角膜炎。

【诊断】 临床常见浅表性角膜炎,通常为角膜直接受外来因素刺激所致。表现为角膜表面混浊和呈树枝状新生血管。深层性角膜炎多因眼内感染引起。可见于前色素层炎,以及犬瘟热、犬传染性肝炎、全身性真菌感染等疾病过程中。表现为角膜混浊增厚,新生血管分支少,呈细扫帚状。溃疡性角膜炎时角膜出现溃疡。患眼疼痛导致眼睑痉挛,角膜水肿、表面不规则、有浅表性血管形成,疼痛,流泪。深入基质层的溃疡多呈圆形或椭圆形,边缘因白细胞浸润呈灰白色混浊,容易发生后弹力层突出和角膜穿孔,伴有多量浆液、黏液及脓性分泌物。

用荧光素点眼,在角膜破损处有荧光素存留,必要时可以做细菌培养。

【防治方法】 治疗首先要查出并除去致病原因。急性期的冲洗和用药与结膜炎治疗大致相同。可用氯霉素眼药水、硫酸庆大霉素眼药水、醋酸氢化可的松眼药水或四环素可的松眼膏(角膜不破损时),每日 4～6 次。为防止虹膜粘连可用硫酸阿托品眼药水与以上药物交替使用。角膜水肿严重时,可滴用 2%～5%灭菌氯化钠溶液。对于深在性角膜溃疡,为抑制胶原蛋白溶解,可滴用 5%～10%乙酰半胱氨酸溶液。用 0.3%盐酸普鲁卡因溶液 2 mL 加青霉素 10 万～20 万 IU 或硫酸庆大霉素 2 万～3 万 IU 与地塞米松注射液 1 mL 混合后做结膜下注射或眼球后封闭。同时应用瞬膜瓣保护角膜。硫酸妥布霉素对革兰氏阴性菌感染的角膜炎有效。溃疡性角膜炎时可用氧氟沙星眼药配合素高睫疗眼药,效果较好。

(三)干眼病

干眼病又称角膜结膜炎,是犬的常见眼病之一。病因复杂,涉及细菌、动物品种、先天性角膜异常、犬瘟热后期、药物副作用(长期给予磺胺药)、自身免疫障碍(损坏泪腺),或者是医源性的(哈氏腺摘除的数月或数年后,长期使用阿托品,放射性损伤)、特发性的或老年性的。

【诊断】 临床上可见眼睑痉挛,眼球凹陷,疼痛,有干性或脓性分泌物,角膜泪液丢失,脂质层减少。可以做泪液试纸实验。细菌性干眼病时常见结膜红,角膜干,血管增生,角膜色素沉着,可能溃疡,视力受影响。泪液少,内侧鼻孔干。

【防治】 每日 2 次使用 1%～2%的环孢菌素,使用 1 周才能起效(有时用药 8 周才见效),加少量可的松有益;食物中加入毛果芸香碱,由 2 滴开始、逐渐增多,但注意可能有一些副作用,也可以采用泪腺移植术。

(四)白内障

白内障指晶状体或晶状体前囊发生混浊。由于视路受阻,导致视力减退或丧失。

【病因】 ①先天性白内障。始于胚胎期,由于晶状体及其囊在母体内发育异常,出生后即表现为白内障。②外伤性白内障。由于各种机械性损伤(如角膜透创)致晶状体及其晶状体囊营养发生障碍。③继发性白内障。继发于其他眼病及全身性疾病,如虹膜炎、眼色素层炎、甲状旁腺功能不全、糖尿病等。④老年性白内障。系晶状体的退行性变化,主要见于8～12岁的老龄猫、犬。

【诊断】 病初视力正常。当晶状体失去透明性,进一步发展为晶状体混浊时,瞳孔变为蓝白色或灰色,视力消失或减退。混浊明显时,裸眼检查即可确诊;否则,需要做烛光成像检查或检眼镜检查。当晶状体混浊时,烛光成像看不见第三个影像,第二个影像反而比正常时更清楚。检眼镜检查时,混浊部呈黑色斑点,应与晶状体老化相鉴别。

【防治】 早期针对发病原因治疗,可以口服白内停,中老年犬、猫在发病初期可以选用麝珠明目眼药,一旦混浊就不能被吸收。手术疗法是目前惟一有效的方法,但是发生青光眼时手术很危险。

(五)眼睑内翻

眼睑内翻指睑缘向内侧翻转,导致睫毛刺激眼球的一种异常状态。

【病因】 引起眼睑内翻的原因可分为3类:①先天性。与品种有关,常见于沙皮犬、拳狮犬、金色猎犬、马士提夫犬等仔犬的正常发育过程中。②痉挛性。见于某些急性或疼痛性眼病,如角膜擦伤或溃疡,眼内异物等。③瘢痕性。慢性结膜炎或结膜手术后,化学物质(如酸、碱等)刺激,烫伤、烧伤等引起睑结膜或眼睑瘢痕收缩所致。

【诊断】 主要诊断依据,眼睑面内侧弯曲,睫毛甚至睑缘皮肤对眼球造成持续性刺激。临床表现患眼流泪,频频眨眼,眼睑痉挛,分泌物增加,角膜血管增生,结膜充血,角膜浅层有新生血管形成,严重时发生角膜溃疡。

【防治】 首先确定和消除引起眼睑内翻的原因。怀疑为痉挛性可对患眼表面麻醉或阻滞眼睑神经,观察眼睑是否能恢复正常位置。若确定为痉挛性眼睑内翻,应治疗引起内翻的原发性眼病,同时将睑裂外1/3处暂时缝合,以减轻睑缘内翻程度,消除睫毛的持续性刺激。一般在6月龄之内的患犬,采取药物疗法或上述暂时性部分睑缝合术可缓解症状。

对难以改善的眼睑内翻，可施行手术矫正。在距睑缘 2～3 mm 处切除一椭圆形皮肤条，其长度与内翻睑缘相等，宽度以恰使内翻得到矫正为度，然后将切口两缘拉拢缝合。术后应用消炎药水滴眼防感染，每日 3 次或 4 次。如未发生角膜溃疡，可合并滴用醋酸氢化可的松眼药水。

（六）眼睑外翻

眼睑外翻是眼睑缘向外翻转的异常状态，常见于下眼睑。本病可能是先天性的，或者继发于眼睑的损伤、慢性眼睑炎等病损；部分老龄犬的局部肌肉紧张力下降，也可以引发本病。某些品种的犬，如马士提夫犬、大丹犬、寻血猎犬等，较易患此病。

【诊断】 下眼睑不同程度的外翻，结膜因暴露而充血、发红、肿胀、流泪、眼渗出液多。慢性的病例结膜肥厚，可能发生色素性角膜炎、结膜炎。

【防治】 使用眼药膏可以抑制炎症的发展，但是彻底除去病因则需要实施手术。手术的基本方法有两种：“V”字形切口和三角形切口。V 字形切口是做在下眼睑皮肤处，根据需要缝合成“Y”字形；三角形切口做在外眼眦处，三角形切口切除外眼眦处的部分睑板和睑结膜，三角形的尖端朝向穹隆部，结节缝合皮肤。

（七）瞬膜腺突出

瞬膜腺突出又称“樱桃眼”，以北京犬、西施犬、沙皮犬、西藏狮子犬、马士提夫犬的发生率高，无性别差异。病因复杂，饲喂以高蛋白的动物性饲料为主的犬更易患病，有些病因尚未确定。

【诊断】 多发生在内眼角或下眼角结膜的正中央，为椭圆形红色肿物，呈游离状，有包膜；一般为单侧性的（尤其是下眼角结膜处），有时间隔数天另一侧也发生。结膜充血潮红，眼分泌物增多、流泪，常引起继发感染，出现角膜炎，甚至化脓。

【防治】 手术切除瞬膜腺瘤。全身麻醉，可用“846”、舒泰或噻胺酮；眼部消毒，用弯止血钳夹住增生物的底部下端，剪除瞬膜腺瘤，用小止血钳钳夹小血管止血，术后上眼药 4 d。

（八）视神经炎

视神经炎是一种急性的眼病，可导致双目失明。病因可能是自发的，或者原因不清，也见于犬瘟热、弓形虫病、肉芽肿性脑膜等中枢性视神经系统疾病。

【诊断】 双目突然失明，瞳孔散大而固定；用检眼镜做眼底检查：视神经乳头发炎，肿胀，乳头边缘不清，局部视网膜剥离；眼部其他结构不异常。

【防治】 全身应用皮质类固醇,如口服强的松,每千克体重每日1～3 mg,连用3周;如果3周后症状无改善,则应逐渐停止给药,预后不良。

(九)视网膜炎

本病以视网膜组织水肿、渗出和出血为主,引起不同程度的视力减退;一般继发于脉络膜炎,导致脉络膜视网膜炎症。病因分外源性和内源性,外源性:由细菌、病毒、化学毒素等伴随异物进入眼内,或眼内的寄生虫刺激,引起脉络膜炎、脉络膜视网膜炎症、渗出性视网膜炎等;内源性:继发于某些传染病,如犬瘟热、犬传染性肝炎、钩端螺旋体病等,出现菌血症或败血症,病原微生物经血液转移到视网膜血管,在眼组织中出现脓毒病灶,造成视网膜炎;本病也可能因局部病灶的过敏性反应引起。

【诊断】 眼观症状不明显,主要表现为视力减退,甚至失明。病初,瞳孔缩小,转为慢性时,瞳孔散大。确诊需要用检眼镜做眼底检查:视网膜水肿,透明性差,病初在视网膜血管下出现黄色或青灰色渗出灶,使病变部视网膜出现不同程度的隆起或剥离,病患部静脉出血,小静脉因扩张而弯曲;视神经乳头充血、增大,轮廓不清,乳头的边缘不清楚,进一步发展则萎缩,玻璃体因血液的侵入而混浊;病变后期,病变部血管收缩,病灶表面出现灰白色、淡黄色或者淡黄红色的丘状隆起;慢性病灶可见黄白色的胆固醇结晶沉着。

【防治】 视网膜炎的后期,可以继发视网膜剥离、萎缩、白内障或青光眼。全身应用抗生素,眼部封闭(抗生素＋普鲁卡因＋地塞米松)以控制炎症的发展,治疗原发病在病初非常重要,病情严重者可以摘除眼球。

(十)泪道狭窄或阻塞

泪道狭窄或阻塞是泪液的排泄系统障碍,使泪液从眼睑缘溢出。主要见于泪点、泪小管或鼻泪管的狭窄或阻塞。先天性常见于泪孔闭锁或结膜皱襞覆盖泪孔所引起。后天性见于脱落睫毛、沙粒等异物落入泪道或外伤、炎症引起管腔黏膜肿胀或脱落。另外一些眼球较大的犬种,如北京犬、马尔济斯犬等,泪孔或泪小管受眼球的压迫,泪液不能向鼻泪管排泄也可出现单侧或两侧性流泪。

【诊断】 泪液从一侧或双侧眼睑缘溢出,内眼角下方可见茶褐色泪液痕迹或集聚成黏稠的分泌物。由于该部皮肤长期受泪液的浸渍,可能发生湿疹。诊断可将1%荧光素溶液滴于结膜囊内,10 min之内染料在鼻孔出现,证明泪道通畅。也可在被检眼表面麻醉后,将4～6号钝圆针头插入上泪点及泪小管,连接装有生理盐水的注射器缓慢冲洗,若液体经下泪点排出,证明上、下泪点及泪小管通畅。指压下泪点及泪小管时，若液体流入咽喉(动物有吞咽或逆呕表现)或从鼻孔排出，即证明鼻泪管通畅。

【防治】

①对引起泪溢的先天性下泪点闭锁，可施行泪点重建手术。先做泪道冲洗，冲洗开始时在内眼角下睑缘内侧出现的局限性隆起即为下泪点正常位置，然后在该处切除一小块圆形或卵圆形结膜。术后滴用氯霉素眼药水和醋酸氢化可的松眼药水，每日6～8次，连用10～14 d。②为排除泪道内可能存在的异物或炎性产物，用含青霉素的生理盐水做强力泪道冲洗。③对顽固性泪道狭窄或阻塞，可施行鼻泪管插管，使泪道狭窄部永久性扩张。由于肿瘤压迫的要切除肿瘤。

(十一)犬眼球脱出

犬眼球脱出以北京犬最常见，外伤为主要原因，多因打斗所致。

【诊断】 犬打斗后，眼球部分或大部分脱出至眼眶外，眼部出血，部分眼肌断裂，视神经可能被损伤，眼部肿胀程度不等。

【防治】 避免与其他犬的争斗是预防的措施。治疗时，应该根据具体情况而定。首先应予以全身麻醉，将眼部做仔细的消毒，除去异物和血凝块；眼部肌肉损伤不大的，可以眼部涂布眼药膏后，将眼球还纳复位；一侧眼肌断裂较多而影响复位后眼的外观时，可以在巩膜与眼眶壁间缝合；脱出的眼球肿胀大而不易还纳复位的，可以先消肿再复位；实在无法复位的，可以将外眼角皮肤剪开一部分，将脱出的眼球复位后，再缝合外眼角皮肤；如果视神经已经断裂，则做眼球摘除为易。将上下眼睑缝合利于恢复。术后每天上眼药。

(十二)青光眼

青光眼是由于眼房角阻塞、使眼房液排出受阻导致眼内压增高的一种眼病。犬、猫均可发生，单眼或双眼。本病分原发性、继发性两种：原发性的与犬的品种有关，柯卡犬、波士顿猥、比格犬等易发生；继发性的可出现在任何品种的犬，与眼病、色素层炎、晶状体剥离和出血等因素有关，晶状体剥离引起色素层炎，导致眼房液排出受阻，使眼内压升高。

【诊断】 急性期眼观无异常，但视力减退或无视觉，表现为运步障碍；眼球肿大，从眼侧面观察，眼角膜向外突出，球结膜红、痛，角膜水肿，猫的症状更明显；滴加缩瞳剂1%～2%的毛果芸香碱溶液，瞳孔依然散大或者收缩缓慢，晶状体无变化；用眼压计检查，眼压增大；检眼镜检查，视神经乳头萎缩，慢性者视神经乳头苍白；用手指压眼有坚实感。

【防治】 由于目前尚缺乏特效的治疗手段，本病预后不良。由于数日内眼睛即遭受永久性损害，所以只有急性期的治疗才有临床意义。治疗措施包括用药和手术两种方法。用药包括：静脉输高渗液使眼内压降低；用噻马心安点眼，20 min 后眼内压降低，有一定疗效；用 1%的醋酸可的松点眼、用缩瞳剂 1%～2%的毛果芸香碱溶液点眼，每 6 h 1 次；口服双氯磺酰胺，犬 2.2～4.4 mg/kg，8～12 h 1 次，猫 1～2 mg/kg，12 h 1 次；注意补钾，禁用阿托品。手术方法包括激光、冷冻睫状体、消灭产泪器官等。急性应急措施有角膜穿刺排液以及虹膜周边切除术。如果视神经已经萎缩、血管膜已变性，则治疗困难。

视力丧失后，可以摘除眼球。

（十三）犬眼肿瘤

犬的眼肿瘤病尽管在临床总发病率并不高，但是也不少见。较多发生的有眼眶肿瘤、眼睑肿瘤、角膜和角膜缘肿瘤以及恶性黑色素瘤。

犬的眼眶肿瘤是渐进性的占位性肿块，引起眼球突出、眼睑和结膜肿胀、暴露性角膜炎、斜视和眼球不能复位、疼痛；其中 90%为恶性的，75%发生在眼眶内。超声诊断、头部特殊造影透视可以确定肿瘤的位置，活组织检查可以确定肿瘤的良性与恶性并判断病犬的存活期。治疗一般采用放疗或手术。

眼睑肿瘤中常见睑板腺腺瘤和腺癌，而组织细胞瘤、肥大细胞瘤和乳头状瘤较少见；因睑板腺腺瘤和腺癌的局部刺激作用和局部变形，应实施手术切除；腺瘤和腺癌是前色素层最常见的上皮肿瘤，出现眼前房出血与青光眼；在虹膜后和瞳孔内常有无色素的肿块。皮脂腺癌侵害局部，但是未发现其有转移特性；眼睑黑色素瘤应大面积切除。角膜缘恶性黑色素瘤在进行眼内检查确定巩膜是否穿孔后，实施全切除，同时做巩膜片移植；如果已经出现眼内的扩散，则应该摘除眼球。

淋巴肉瘤是最常见的继发性眼肿瘤，表现为前色素层炎和青光眼。

（十四）猫眼肿瘤

猫的原发性眼肿瘤中眼睑和结膜肿瘤最常见。猫的眼肿瘤以恶性的为主，有侵袭性，较难治疗。

淋状细胞癌呈白色、粗糙的不规则肿块，有时表现为增厚的溃疡，波及眼睑、结膜和瞬膜，以眼睑边缘无色素的白猫更常见；其他的肿瘤包括纤维肉瘤、腺瘤、神经纤维肉瘤和基底细胞瘤，治疗时根据其位置、类型和大小，采用冷冻疗法、放射疗法或者手术切除。猫原发性眼内肿瘤中最常见的是恶性黑色素瘤，可能与外伤性因素有关，治疗方法与犬的治疗相同。

猫的继发性眼肿瘤中最常见的是淋巴肉瘤——白血病综合征，其临床症状多样，角膜水肿发炎，形成新生血管，角膜浸润，基质出血，甚至角膜溃疡；瞳孔异常，对光反射消失，前色素层炎是最常见的临床症状；后色素层炎的变化以视网膜的异常为主，视网膜血管弯曲、视网膜出血、剥落和变性。应该治疗原发病。

（十五）虹膜睫状体炎

虹膜睫状体炎又称前眼色素层炎，病因包括内源性和外源性两种。外伤和全身感染是单侧性虹膜睫状体炎的主要病因，有时眼内肿瘤或眼内蠕虫也可以造成此病；双侧性虹膜睫状体炎常由全身感染和免疫性疾病引起，如猫的传染性腹膜炎、猫的白血病、弓形虫病、全身性真菌病，犬的传染性肝炎、布氏杆菌病、钩端螺旋体病、恶性卡他热和犬的埃利希氏病以及由于免疫性因素造成的全色素层炎伴发的色素消失。

【诊断】 急性症状包括：瞳孔缩小，眼前房内蛋白质和细胞增加，球结膜充血，虹膜肿胀，眼睑痉挛，羞明。可能并发青光眼、白内障和角膜混浊。诊断方法包括：详细的病史调查，眼部是否有外伤，眼部体检，眼房液穿刺培养和细胞学检查。

【防治】 眼部使用阿托品，每日2～4次；如果无细菌感染，局部应用皮质类固醇，每日4～6次。

注意避光以保护眼睛，同时给予前列腺素抑制剂，例如，阿司匹林、保泰松、氟胺烟酸、甲基葡胺等。如果有细菌感染，眼部和全身应用抗生素。如果本病因免疫反应引起，则应全身和眼部均使用皮质类固醇。

十四、犬、猫口腔疾病

临床常见的犬、猫口腔疾病包括：牙结石、牙周炎、口腔溃疡、嗜酸性肉芽肿、面部骨折和口腔异物。口腔疾病的一般共同症状为：吃食谨慎，虽有食欲但是拒绝吃食，流涎，拒绝局部触摸，慢性病时逐渐消瘦。

（一）牙结石

牙结石是黏附于犬、猫牙齿表面的钙化块状物质，由牙菌斑矿化而成。临床上，根据牙结石出现的部位，分为龈上结石和龈下结石：龈上结石位于龈缘外方的牙齿表面，呈黄白色或黄黑色，质度硬；龈下结石位于牙龈沟或者牙周袋内，质度坚硬。

【诊断】 本病的发生与发展是逐渐的过程，四五岁的犬、猫易患病。病初，犬或猫流涎，对冷热食物敏感；此后，逐渐食量下降，直至拒绝进食。打开口腔，可见牙结石，并常伴有口臭，伴发牙龈炎。

【防治】 临床上采用浅麻醉，用洗牙机清除牙结石、机械性方法刮除或夹除牙结石。注意不要伤及牙周组织，去除牙结石后，局部涂布碘甘油，但应注意有些猫对碘甘油过敏。调整食物结构很有必要，平时给予宝路狗粮（干粮）有益于预防牙结石的发生。

（二）牙周炎

牙周炎是涉及牙周即龈缘、齿周袋、齿周韧带和齿槽骨组织的急性或慢性炎症过程。由细菌活动引起的牙周病，常有黏合在牙表面的斑和结石。由于牙斑和结石产生的机械性刺激及细菌的毒性产物释放，斑和结石沿着牙龈缘引起软组织炎症。如不及时治疗，炎症进一步发展引起齿龈和齿槽骨组织退缩，进而引起齿龈萎缩，齿槽骨骼的再吸收，牙齿松动。另外，齿龈组织损伤和牙齿排列不整，低钙饮食或在发病过程中口腔内细菌侵入齿龈，破坏齿根部组织都易引起本病。

【诊断】 口臭、流涎、齿龈红、肿胀、变软、萎缩，牙根暴露，牙齿松动，齿龈处可见脓性分泌物或挤压齿龈流出脓性分泌物。放射学摄片显示出齿槽局限性骨溶解，说明齿根尖脓肿。

【防治】 在麻醉状态下清除牙斑和结石及食物残渣。注意清除齿缘下齿根表面（即齿周袋内）的牙斑和结石。尽可能磨光所有的齿面，防止斑和结石再聚积和黏合。拔除松动的牙齿。对于久治不愈的顽固性牙周炎，应将有关牙齿拔除。若齿龈肥大可用电烧烙除去过多的组织。术后涂以碘甘油。全身应用抗生素、复合维生素 B、烟酸等。

【预防】 要经常进行口腔和齿的检查，用纱布定期清理牙垢，饲喂固体食物，给予大的骨头或犬咬胶等，以锻炼牙齿和齿龈。

许多因素都可以引发口腔溃疡，常见影响因素包括：口腔感染、缺乏维生素 B、局部黏膜坏死或局部血液循环不良、局部外伤等。临床上常见口腔溃疡与长期应用抗生素，使维生素 B（主要是烟酸）缺乏有关。发生口腔溃疡的犬或猫出现吃食谨慎的现象是一般表现，多伴随流涎。

（三）嗜酸性肉芽肿

嗜酸性肉芽肿是一组侵害猫和犬的疾病，病因尚不完全清楚。

【诊断】 猫的嗜酸性肉芽肿综合征包括嗜酸性溃疡、嗜酸性斑和线状肉芽肿 3 种疾病。其中，嗜酸性溃疡是一种不痛、不痒、界线明显的红斑性溃疡，主要出现在上唇。组织学检查表明是溃疡性皮炎，主要有嗜中性粒细胞、浆细胞和单核细胞浸润。

犬的嗜酸性肉芽肿与猫的线状肉芽肿相似，病变组织出现胶原变性，周围有肉芽肿和嗜酸性细胞浸润；如果病变出现在口腔，则表现为溃疡或者增生性团块，偶见斑块或结节；出现在唇及身体的其他部位时呈丘疹的形式。从发病率上看，西伯利亚犬更易感。

【防治】 对于猫，应该首先调查过敏性疾病，在病因不能确定时，按照每 5 kg 体重 4 mg 的剂量每 2 周肌肉注射 1 次醋酸甲基氢化泼尼松，2 次或 3 次为 1 个疗程；也可口服氟羟强的松龙片 1～3 d，4 mg/kg；对于复发的病例，每 6 d 注射一次醋酸氢化泼尼松。病犬的治疗可口服强的松或者强的松龙 0.5～2 mg/kg，3 周后逐渐减量；有些复发的病犬需要每 2 d 口服 1 次低剂量的皮质类固醇。

（四）面部骨折

犬、猫的面部骨折主要是外伤引起的，临床上以车祸、外力打击为主要病因，犬的发生率远高于猫，其中犬的下颌骨骨折占第一位。发生下颌骨骨折的犬下颌部出现不正常的状态，一般有流涎、下颌部歪斜、触痛、拒绝采食、口腔有血液流出等症状，X 射线片上呈现出骨折线的位置，一般需要做骨折内固定手术进行治疗。

（五）口腔异物

猫的口腔异物以家庭用的缝针、缝针带着线、鱼刺等有关，病猫一般张口、躲避触摸口腔或者反抗主人打开口腔的动作，不食；一般采用打开口腔，或者在浅麻醉下打开口腔的办法检查口腔内是否有异物存在，当猫不配合时，可以作浅麻醉，然后检查口腔；如果发现异物，立即取出，根据情况上药。对于造成口腔黏膜损伤的猫，口服消炎药是必要的。常见的口腔异物多扎在靠近咽部的上颚部位。

犬的口腔异物以较大的骨块为主，锐利的骨块（尤其是鸡骨头）是造成犬口腔异物不能下咽而暂时存留在咽部的主要原因。通过打开口腔检查或者拍 X 射线片可以确诊。

十五、犬传染病

（一）狂犬病

狂犬病（Rabies）是由弹状病毒科狂犬病病毒属的狂犬病病毒（Rabies virus，RV）引起的犬、猫和其他所有温血动物及人、畜共患的一种急性传染病，又名“疯犬病”或“恐水症”。发病动物以极度兴奋、狂躁、流涎、意识紊乱，最后麻痹死亡为特征。典型的病理变化是非化脓性脑炎。

由于患病动物或带毒者的唾液内含有大量病毒，故常由咬伤引起或传染，潜伏期的长短与咬伤部位的深浅，伤口距离头部的远近以及病毒的毒力和数量有关。伤口越靠近头部，伤口越深，发病率越高。一年四季均可发生，与年龄、性别无关。

发病犬、猫兴奋不安，狂躁，神经失常，不听使唤，攻击人、畜；有的也有流涎、肌肉震颤，叫声嘶哑等现象，最后麻痹，惊厥昏迷而死亡。

本病重点在于预防。一旦受到可疑动物咬伤或抓伤，立即用肥皂水彻底清洗伤口，然后用浓碘酊消毒伤口，也可注射狂犬病疫苗或血清。经常接触犬、猫或野生动物的人员最好进行预防接种。饲养的犬、猫和野生动物也应每年打一次狂犬病疫苗。

（二）犬瘟热

犬瘟热(Canine distemper)是由副黏病毒科麻疹病毒属的犬瘟热病毒(Canine distemper virus，CDV)引起的犬科、鼬科及一部分浣熊科动物的高度接触性、致死性传染病。以双相热型、鼻炎、结膜角膜炎、支气管炎、肺炎、胃肠炎和神经症状为特征，少数病例在后期出现鼻端和脚垫的角质化。

本病一年四季均可发生，但以寒冷的冬、春季多发，有一定的周期性；各种年龄、性别、品种的犬均可发生，但以1岁以下的幼犬最易感，且病情严重，死亡率高。

病犬是最主要的传染源，其鼻汁、泪液、唾液、血液、脑脊液以及心包、肝、脾、淋巴结和胸腹水、尿液中均含有大量的病毒。传播方式主要是与病犬的直接接触，也可通过空气中飞沫经呼吸道感染。

【临床特征】

(1)早期出现双相热型。体温升至40℃左右(主人往往认为是感冒引起)，持续8～18 h后，降至正常，经1～2 d，体温再次升至40℃左右，此时病情恶化，呼吸、消化、神经系统出现一系列症状。

(2)呼吸系统症状。鼻液由卡他性变为黏液性、脓性，同时出现打喷嚏、咳嗽、呼吸加快，甚至张口呼吸。

(3)消化系统症状。起初食欲不振，大量饮水、便秘，中后期则绝食，反复呕吐，腹泻、便中带黏液，血液，有时混有气泡，恶臭。

(4)神经症状。神经症状不一定在发病的中后期出现，有的一开始就出现。而且神经症状的表现各不相同，有的以咬肌痉挛、口吐白沫、阵发性出现，间隔时间越来越短；有的出现转圈运动或倒地抽搐；有的在后肢、头部等出现轻微的抽搐。本病的神经症状与狂犬病不同的是，一般病犬不攻击人、畜，没有恐水的表现，多数为阵发性神经症状。

(5)眼睛的损害。随着呼吸道分泌物的出现，眼睛的分泌物也由浆液性变为黏液性、脓性，同时可出现角膜混浊或突出呈圆锥状或凹陷，出现溃疡或穿孔，甚至在后期导致失明。

一般根据上述临床症状和特征可做出初步诊断，若与其他疾病混合感染(如犬细小病毒、副流感等)，则临床诊断困难一些，可结合实验室检查进行诊断。

【治疗】 早期大剂量应用高效价血清，同时对症治疗有较高疗法。若出现神经症状以后再进行治疗一般治愈率不高，使用血清的效果也不佳。有人用中和活性很高的犬瘟热单克隆抗体进行治疗似乎比高免血清的效果更好。

【预防】 断奶仔犬及时接种疫苗且按免疫程序定期接种可达80%左右的有效保护。单疫苗比联疫苗的效果好，灭活疫苗比活疫苗安全。对未知免疫状态的犬进行免疫时，可先注射血清或灭活疫苗，再接种活疫苗。

(三)犬细小病毒病

犬细小病毒病是由细小病毒科细小病毒属的犬细小病毒(Canine parvovirus，CPV)引起的一种急性传染病。临床上以出血性肠炎和非化脓性心肌炎为特征。

细小病毒是无囊膜的单股线状DNA病毒，对各种理化因素和消毒剂有较强的抵抗力，在粪便中存活数月或数年。

犬科动物均可感染，病犬和带毒犬是主要的传染源，一年四季均可发生，气温骤变及其他应激因素容易诱发。主要通过直接接触或被污染的饲料、饮水而传染。不分年龄、品种、性别均可感染，以断奶仔犬至90日龄的犬最易感，病情也最严重。

本病在临床主要表现为心肌炎型或肠炎型。少数病例可同时表现出两种类型。

心肌炎型：多发生于50日龄以前的幼犬，往往出现无先兆性死亡或脉快而弱，呼吸困难、轻度腹泻，短时间内衰竭死亡。

肠炎型：以顽固性呕吐腹泻，排出番茄汁样、具特殊难闻腥臭味的稀便为特征。病犬精神沉郁，迅速脱水和消瘦，常于1～3 d急性衰竭而死亡。

根据临床症状一般可做出初步诊断。目前国内广泛使用农业部兽医诊断中心研制的犬细小病毒酶标诊断试剂盒，可在30～40 min检测出患犬粪便中的CPV，准确率很高。

治疗仍应以早期应用足量高免血清或单克隆抗体，结合抗菌消炎，补液，纠正水、电解质、酸碱平衡紊乱等对症疗法，具有较高的治愈率。

（四）犬传染性肝炎

犬传染性肝炎(Infectious canine hepatitis,ICH)是由犬腺病毒Ⅰ型(Canine adenovirus virus typel,CAV-1)引起的一种急性败血性传染病。以体温升高、黄疸、贫血和眼睛疾患为特征。

本病不分年龄、性别、品种,均可发病。仍以1岁以内的幼犬多发,且病情严重,成犬多呈隐性感染。病犬和康复犬是主要的传染源,主要通过直接接触传染源或被污染的物品而传播,尿中含有大量的病毒,也可经胎盘垂直感染。

病犬精神食欲不振,体温升高,有的可出现双相热。有时呕吐,常常腹泻,粪便中带黏液、血液;有的在中后期出现黄疸症状,胸腹部皮肤、眼结膜黄染;贫血、消瘦,被毛干燥,无光泽,一般不出现神经症状。在腹部肝区扪及可见痛感,眼角膜混浊,出现暂时性"蓝眼";如遇外伤或针刺破血管,不易止血。病理剖检可见皮下呈黄色、胆囊壁增厚及混浊腹水。

根据临床症状和病理变化可做出初步诊断,还可采用病毒分离、血清学等方法进行实验室诊断。要注意与犬瘟热、细小病毒病及钩端螺旋体进行鉴别诊断。

犬细小病毒病的拉稀,一般是呈喷射状排泄,粪便颜色呈暗红色的番茄汁样,机体迅速脱水消瘦。传染性肝炎一般无此症状。

钩端螺旋体病具有明显的黄疸症状,但不发生呼吸道和结膜的感染,且其病原为钩端螺旋体,剖检一般没有腹水和胆囊壁增厚现象。

犬瘟热不一定一开始就拉稀,可能是先出现便秘后拉稀,而且眼、鼻还有分泌物,还出现咳嗽、支气管炎、肺炎等症状。

犬传染性肝炎出血后不容易止血,剖检腹水增多,胆囊壁增厚,角膜混浊,犬瘟热无此变化。

犬传染性肝炎的早期治疗主要以早期应用大剂量高免血清为主(中后期应用血清治疗已无多大效果),同时在配合其他支持疗法、对症疗法和抗生素疗法有一定效果。严重病犬还应输血或球蛋白。

（五）犬副流感

犬副流感(Canine parainfluenza,CPI)是由副黏病毒科,副黏病毒属的副流感病毒Ⅰ型(Cainine parainfluenza virus type1,CPIV1/2)引起犬的呼吸道传染病。临床以剧烈咳嗽、流鼻液、卡他性鼻炎和支气管炎为特征。

本病主要通过空气中的飞沫吸入感染。各种犬均可感染,但以幼犬和处于应激状态的犬最易感。当一只犬感染后,同群的其他幼犬迅速被传播,传染性极强。

【症状】 突然发生或暴发，发热，剧烈咳嗽，鼻流大量不透明的黏液性分泌物。病犬疲软无力，传播迅速。若与支原体或支气管败血波氏杆菌混合感染时，病情加重，一部分病犬还出现运动失调、后躯麻痹等神经症状。

【诊断】 副流感是犬主要的呼吸道传染病，在临床诊断时要注意与犬瘟热，犬传染性肝炎，支原体病，呼肠孤病毒感染和疱疹病毒感染鉴别。

（六）犬冠状病毒感染

犬冠状病毒感染是由冠状病毒科、冠状病毒属的犬冠状病毒（Canine coronavirus，CCV）引起犬科动物胃肠炎症状的传染病。临床上以轻重不一的频繁呕吐、腹泻、精神沉郁和厌食等为特征。

CCV 仅感染犬科动物，常发生于寒冷的冬季，不分年龄、性别、品种均易感，但以幼犬的发病率和死亡率较高。常常成窝暴发或引进感染犬时暴发，是危害养犬业的一大传染病。CCV 还常与犬细小病毒、轮状病毒等混合感染。

【症状】 传播极为迅速，数日内即在同窝或同群蔓延。初期精神抑郁、厌食，接着频繁呕吐，粪便呈糊状、半糊状，随后水样腹泻，脱水消瘦，粪便中夹带有数量不等的黏液或血液，临床上很难与犬细小病毒病区别。只是 CCV 感染时间更长，具间歇性，临床症状消失后 14～21 d 又可复发。

【治疗】 治疗仍以止泻、止吐、补液、抗生素等对症疗法为主，使用高免血清有一定效果。

（七）钩端螺旋体病

钩端螺旋体病（Leptospirosis）是由钩端螺旋体引起人和多种动物共患的自然疫源性传染病。临床表现形式主要有发热、黄疸、血红蛋白尿、呕吐、腹泻、流产等。

钩端螺旋体是革兰氏阳性菌，需氧培养，繁殖迅速；在镜检下可见不停地旋转、屈曲、前进或后退；形态纤细，紧密缠绕，一端或两端有钩。

钩端螺旋体病几乎遍及世界各地，几乎所有温血动物均可感染。老鼠是主要的自然疫源宿主，其尿中含有大量的病源，犬吃了鼠尿或被鼠尿污染的食物或饮水而感染；经口、黏膜或皮肤的接触是传播途径。

病犬主要表现为黄疸型和伤寒型。

潜伏期 2～20 d。病犬最初发热，精神委靡、食欲不振，呕吐、腹泻、粪便带血，呼吸加快，肌肉震颤和触痛；第 4 天左右出现黄疸、肝区和肾区敏感；后期咳嗽、脱水衰竭、呼吸困难、结膜炎、鼻炎或扁桃体炎，少尿或无尿，最后昏迷死亡。

出血性黄疸钩端螺旋体引起的犬以黄疸为主，通常侵害幼犬；伤寒型以消化道症状为主。

治疗用青霉素和双氢链霉素是首选药。

十六、猫传染病

(一)猫泛白细胞减少症

猫泛白细胞减少症(Feline panleucopenia)是由细小病毒科细小病毒属的猫泛白细胞减少症病毒(Feline panleucopenia virus,FPV)引起的猫科动物的一种急性、高度接触性传染病,又称猫瘟热、猫传染性肠炎。临床上以突发体温升高,呕吐、腹泻、脱水,白细胞显著减少为特征。

FPV 可使各种年龄的猫受到感染,但以 1 岁以内的幼猫更易感,此外其他猫科动物(如虎、豹、山猫、豹猫)、鼬科动物(如豹、雪豹)及浣熊科动物(如浣熊、长吻浣熊)也可感染致病。

病猫和康复猫是本病的传染源,其粪、尿、唾液、呕吐物等含有大量的病毒,导致环境污染。与这些传染源的直接或间接接触即可造成水平传播;此外妊娠母猫还可经胎盘垂直传播给胎儿,造成畸形胎甚至流产。

冬末春初季节多发,尤以 3 月份为发病高峰。跳蚤和吸血昆虫可成为传播媒介。

最急性型突然出现无症状性倒地而死亡,往往误认为中毒。其余病型出现体温升高,双相热型。不同程度的沉郁,厌食,频繁呕吐,腹泻,血便,迅速消瘦、脱水。眼的分泌物由浆液性变为黏液脓性;怀孕母猫可能流产、死胎或产出畸形胎儿。

循环血液中的白细胞数在出现第二次发热后迅速减少,降低 1 倍以下,有的血液涂片中很难找到白细胞。病理解剖主要是以出血性肠炎为特征。根据临床表现可做出初步诊断。借助病毒分离,血清学试验等可确诊。

病初应用高效价的猫瘟热高免血清进行特异性治疗,综合应用广谱抗生素或磺胺类药物进行抗菌、消炎、止泻、止吐、止血,可取得较好的治疗效果。发病中后期,当血中的白细胞数极低时,大多预后不良。抗生素可选用头孢、氨苄西林,首选止吐药氯丙嗪。

(二)猫的白血病

猫的白血病(Feline leukemia)是由反转录病毒科、肿瘤病毒亚科、C 型肿瘤病毒属的猫白血病病毒(Feline leukemia virus, FeLV)引起的猫的一种传染病。可产生两类疾病:一类表现为淋巴瘤,成红细胞性或成髓细胞性的白血病;另一类是以细胞损害和细胞发育障碍为主的免疫缺陷疾病(也称为猫艾滋病,FAIDS)

不同品种、年龄、性别的猫均可感染,幼猫更易感。既可通过呼吸道、消化道水平传播,也可经胎盘垂直传播。

临床表现多种多样。消化道淋巴瘤型表现饮食欲下降,体重减轻,黏膜苍白,呕吐、腹泻等;多发性淋巴瘤型则表现全身多处淋巴结肿大;胸腺淋巴瘤型则出现呼吸、吞咽困难,胸水增多,病猫虚脱;淋巴白血病型则表现肝、脾、淋巴结肿大,黏膜皮肤出血,机体消瘦。

确诊需要用血清学和病毒学检验。

治疗不易彻底,故有人不赞成治疗,放射性疗法有一定疗效。

(三)猫传染性腹膜炎

猫传染性腹膜炎(Feline infectious peritonitis)是由冠状病毒科、冠状病毒属的猫传染性腹膜炎病毒(Feline infectious peritonitis virus,FIPV)引起的猫科动物的慢性传染病,以腹膜炎、大量腹水聚积和高致死率为特征。

各种年龄的猫均可感染,但以1～2岁的青年猫和11岁以上的老龄猫发病最多。常呈地方性流行。经消化道或昆虫可水平传播,也可经胎盘垂直感染。

该病在临床上分为“干性”(非渗出性)和“湿性”(渗出性)两种病型。干型病例主要侵害眼、中枢神经、肝、肾等组织器官。表现为急性肾功能衰竭,腹部触诊肾肿大,肝受损时可能出现黄疸;中枢受损时,运动障碍,共济失调。湿性病例中后期可见腹部膨胀,在母猫常误认为是妊娠,腹腔穿刺可抽出大量腹水,呈无色至谷草色,还可能含有纤维素,暴露在空气中会凝固。腹膜、肝肾等内脏器官表面也有纤维蛋白附着。有的还出现胸水和呼吸困难等症状。

死前诊断较为困难。根据临床症状和解剖变化可做出初步诊断。渗出物检验,血清学试验及病原分离有助于确诊。

目前尚无有效的治疗药物和疫苗预防。初期补充电解质调节酸碱平衡有一定效果,或病程拖长以后死亡或进行安乐死。

(四)猫上呼吸道感染

猫上呼吸道感染(URTI):90%以上由猫鼻气管炎病毒、疱疹病毒及猫杯状病毒引起,同时常继发细菌感染。

幼猫和处于应激状态或免疫抑制状态的猫易感;病猫、康复猫是主要的传染源,健康带毒可达数年之久。

急性病例常出现发热，打喷嚏，鼻流浆液性、黏液性或脓性分泌物。唾液分泌增多，食欲下降，结膜炎及眼分泌物增多。猫鼻气管炎病毒会引起角膜溃疡、流产和新生幼猫死亡；猫杯状病毒会引起口腔溃疡和肺炎。

慢性持续性病例最显著的表现是鼻流浆液性、黏液性或脓性鼻液。

用抗生素治疗防止继发感染的首选药是阿莫西林(22 mg/kg，每 8～12 h 用药 1 次)或氨苄青霉素(22 mg/kg，每 8 h 1 次)；若怀疑有支原体或衣原体感染，可用氯霉素(10～15 mg/kg，每 12 h 1 次)或强力霉素(5～10 mg/kg，每 12 h 1 次)。

慢性病例可用阿莫西林或三甲氧苄氨嘧啶(15 mg/kg，每小时 1 次)。也可选用氯霉素(10～15 mg/kg，每 12 h 用药 1 次)或强力霉素(5～10 mg/kg，每 12 h 1 次)抵抗许多细菌和支原体/衣原体的感染。恩诺沙星(2.5～5.0 mg/kg，每 12 h 1 次)可用于具耐药性的革兰氏阴性菌的感染。

(五)猫肠道冠状病毒感染

猫肠道冠状病毒感染(Feline enteric coronavirus infectious)是由冠状病毒科，冠状病毒属的猫肠道冠状病毒(Feine enteric corona virus，FECV)引起的猫一种新的肠道传染病，主要引起 42～84 日龄幼猫患肠炎。

FECV 和 FIPV 虽然同属冠状病毒，但其致病性完全不同。FECV 引起 42～84 日龄幼猫肠炎，FIPV 导致 0.5～5 岁猫致死性腹膜炎；FECV 的靶组织只是十二指肠中断至盲肠末端的柱状上皮，尤其亲嗜空肠和回肠。在机体产生免疫反应时，FECV 并不逃逸到其他部位；而 FIPV 亲嗜部位很多，当产生免疫反应时，可从淋巴组织逃逸到小静脉、肝、腹膜、胸膜、眼结膜、脑膜等其他组织，引起广泛的组织损伤。

由于母源抗体的存在，一般 35 日龄以下幼猫很少发病。42～84 日龄猫感染时常表现为肠炎症状，如体温升高、食欲下降、呕吐、腹泻、肛门肿胀、脱水等。成年猫多呈隐性感染。患猫、健康带毒猫可经粪便排出大量病毒；康复猫体内虽可带毒，但在 90～120 d 不会致病。

目前还没有能够确诊本病的实验室诊断方法，只是在肠炎明显时应怀疑本病。由于许多无临床症状的猫可能成为带毒者，所以预防较为困难。只是要特别注意对断奶幼猫分开饲养，加强护理，搞好环境卫生和消毒工作，增强其抵抗力。患病猫可对其进行止吐、止泻、补液、消炎等对症治疗。

(六)猫免疫缺陷病毒感染

猫免疫缺陷病毒感染(Feine immunodeficiency virus infectious)是由反转病毒科慢病毒亚科的猫免疫缺陷病毒(Feine immunodeficiency virus，FIV)引起的危

害猫类的慢性接触性传染病，也称猫艾滋病(FAIDS)，临床上以慢性口腔炎、鼻炎、腹泻及高度虚弱为特征。

本病呈世界范围性分布，猫越密集的地区患病越多。猫相互之间的撕咬被认为是主要的传播途径。大于6岁的猫、公猫、户外活动型猫最易感。生产后的母猫通过授乳可传染幼猫；两性之间的舔食，可经唾液传播；精液能否传播未得到证实。

能观察到的症状是：齿龈炎、口腔炎、腹泻、贫血、血小板减少、眼色素层炎、肾小球肾炎、肾功能不全、肺炎、上呼吸道感染等。常见的神经症状有痴呆，怕见人，狂躁不安，四处游走。后期常因机体免疫机能低下导致弓形虫病、隐球菌病，蠕形螨、耳痒螨病及血液巴尔通氏体病或因外伤继发菌血症而死亡。

诊断可借助病毒分离和血清学试验进行确诊。

本病目前尚无特效治疗药物和方法。抗病毒新药(如叠氮胸苷)虽已成功地用于人艾滋病的治疗，但对猫的疗效甚微。只有使用大剂量抗生素控制细菌继发感染。最好的预防措施是改散养为笼养，防止猫之间的打架撕咬，也可对多数公猫实行阉割去势术，使其温顺。

十七、犬、猫胃肠道疾病

(一)胃炎

胃炎是指胃黏膜的急性或慢性炎症。它经常与肠炎合并发生即称“胃肠炎”。胃炎是犬常发生的一种疾病。慢性胃炎多见于老龄犬或急性胃炎未能及时治疗发展而来。

【诊断】

(1)发病特点：原发性胃炎最常见的是食入腐败变质或不易消化的食物和异物(如破布、骨头、毛发、纸片、鱼刺、玩具等)，饮食过冷过热，投服有刺激性药物(如阿司匹林、硫酸铜、消炎痛等)引起。胃炎也可并发于犬瘟热、犬细小病毒、犬传染性肝炎、急性胰腺炎、胃肠道寄生虫病和应激反应等。

(2)症状：临床上以精神沉郁、呕吐和腹痛为主要症状。初期呕吐食糜、泡沫样黏液或胃液，常混有血液、胆汁或炎性产物，食欲废绝、体温升高、饮欲增强，但大量饮水后，呕吐剧烈，持续呕吐，可引起脱水和电解质紊乱。腹痛不安，前肢向前伸展，抗拒触诊前腹部，喜欢蹲坐或趴卧于凉地上。

(3)根据病史和临床症状可获得初步诊断。单纯性胃炎，特别是急性胃炎，一般经过对症治疗多可奏效，也可作为治疗性诊断。有条件的兽医院可应用X射线照片以便发现异物，或投予造影剂，对其疾病的范围、性质等观察诊断。内窥镜检查胃黏膜的变化情况,可确诊。

【防治】

(1)犬患胃炎,特别是急性胃炎,应尽可能不经口投药,以避免对胃黏膜刺激,诱发反射性呕吐。急性胃炎,首先绝食 24 h 以上,为防止一次大量饮水后引起呕吐,可给予少量饮水,以缓解口腔干燥。病情好转后,先给予少量多次流质食物,如牛奶、鱼汤、肉汤等,逐渐恢复常规饮食。

(2)药物治疗。

①对持续性、顽固性呕吐动物,应给予镇静、止吐并具有抗胆碱药物,如氯丙嗪、阿托品等可减少胃逆蠕动和痉挛,还有止吐作用。也可应用胃复安、爱茂尔等止吐药物。②注意防止机体脱水和碱中毒,应给予等渗盐水,每天每千克体重剂量为 40～60 mL,分 2 次静脉或腹腔注射,给予口服补液盐溶液。③当胃炎较重或继发肠炎时,应给予抗生素,如庆大霉素、普康素、卡那霉素等,必要时肌肉注射地塞米松,剂量每只犬 2～10 mg,以增强机体抗炎、抗毒素等作用。④对严重胃出血或溃疡病例,应用维生素 K 和止血敏等止血药物。同时给予止酸药物甲脂脒胺每千克体重 4 mg,每天 3 次,肌肉注射,以减少胃酸分泌。

(二)高胃泌素血症

高胃泌素血症(Hypergastrinemia)是以血液里胃泌素含量异常增多为特征的综合征。血液里高促胃液素能引起胃的壁细胞分泌胃酸增多,导致胃黏膜损伤。高胃泌素血症不是一种疾病,而是一组疾病的症候群。

【诊断】 能引起高胃泌素血症的,有下列一些疾病:

(1)萎缩性胃炎。此病由于胃壁分泌胃酸的壁细胞数减少,降低了胃酸生成,胃内 pH 值升高,可反射性地引起主要分泌胃泌素的胃幽门腺 G 细胞分泌增多。

(2)肥大性胃炎。由于胃壁黏膜 G 细胞增殖,引起特发性胃泌素释放增多。

(3)胰腺内机能性胃泌素瘤。见佐-埃二氏综合征。

(4)胃扩张-扭转综合征。由于胃扩张引起胃泌素的过多释放。

(5)肾衰竭。肾功能遭破坏,消除胃泌素作用减少,导致血液里胃泌素水平升高。

(6)肝脏疾病。肝疾病时,血液中胆汁酸含量增多,刺激胃分泌胃泌素。另外,肝疾病时,食物中组氨酸经肝代谢产生的组胺,再经肝分流侧支至胃,刺激胃壁细胞分泌胃酸。

正常胃泌素的分泌受食物的硬度、容积、某些化学成分(如蛋白质分解产物),以及胃内 pH 值、胃膨胀等影响。任何原因引起的高胃泌素血症,由于胃酸分泌过多,逐渐会引起胃溃疡、胃黏膜增生,延缓胃的排空作用。

最明显的症状是呕吐。由于高胃泌素血症也是多种疾病的一种表现,临床上还有引起此症的其他疾病的症状。

根据病因,引起高胃泌素血症的不同疾病的临床表现;检验血液中胃泌素水平。

【防治】 治疗引起高胃泌素血症的原发病;应用组胺 H_2 受体阻断药,抑制泌胃液素分泌,如雷尼替丁,犬每千克体重 0.5 mg,口服,每日 2 次,或用西米替丁,犬每千克体重 5～10 mg,口服,肌肉注射或静脉注射,每天 3 次或 4 次;减少食物中蛋白质含量。

(三)嗜酸细胞性胃肠炎

嗜酸细胞性胃肠炎是胃肠道由于嗜酸性细胞浸润而引起的严重慢性炎症性变化,以末梢血液中嗜酸性细胞绝对增多为特征。

【诊断】 本病可能属于过敏性反应,但尚未证明有特定的抗原物质存在。据报道,本病与寄生虫在脏器中移行、与免疫反应等都有重要关系。病犬胃肠、淋巴结及嗜酸性细胞浸润的部位有浆细胞存在。

在临床上病犬食欲减退,呕吐,持续腹泻,常见血便,体重减轻,被毛粗乱,皮肤干燥、弹性降低,逐渐脱水。

病理变化可见嗜酸性细胞绝对增加,白细胞增加,血清总蛋白降低,γ-球蛋白增加。粪便检查,多可见氮含量增加及脂肪便。

根据下述几点可以确诊。

(1)持续顽固性腹泻和血便,投与健胃助消化药、收敛药以及更换食物均无效。

(2)粪便黏液涂片镜检,可见多量嗜酸性细胞。

(3)剖腹取部分肠黏膜做病理检查,可见消化道管壁增厚,嗜酸性细胞浸润,黏膜有溃疡、糜烂和出血。

【防治】 选用肾上腺皮质激素,可有效地缓解本病。醋酸泼尼松每千克体重 2.5 mg,分 2 次口服,连服数日,症状好转后,可改为每千克体重 0.3～0.5 mg,20～30 d 后,间断投药每千克体重 0.5 mg。同时投与硫糖铝片每日 0.5～1.0 g。胃复安 5～10 mg/kg,肌肉注射,每日 2 次。

(四)胃肠溃疡

胃肠溃疡是由多种原因引起的胃肠黏膜的糜烂和溃疡,分为卡他性溃疡和消化性溃疡。主要特征为慢性呕吐、腹部有压痛、吐血、血便以及贫血。犬较少见,无年龄、性别及品种间差异。

【诊断】

(1)卡他性溃疡发生于胃肠黏膜的炎性浸润及黏膜组织出血时。急、慢性胃肠炎都可继发卡他性溃疡,与胃肠炎的病因相同。

(2)消化性溃疡主要发生于胃。当胃的局部血液循环障碍时,酸性胃液不能被碱性肠液所中和,局部黏膜被胃酸和胃蛋白酶自体消化,形成溃疡。临床常见投与阿司匹林、砷、铅、糖皮质激素类药物或慢性尿毒症、肝脏疾病等时。动物实验研究表明,应激因素与消化性溃疡的发生有密切关系。

临床上主要表现为慢性顽固性呕吐,吐血,血便,多饮、腹部有压痛,食欲不振,体重减轻。呕吐常发生于采食后,溃疡造成胃肠穿孔时,可导致急性腹膜炎而休克死亡。

胃肠溃疡的诊断较困难,临床上慢性呕吐黑褐色物,排泄煤焦油样便,提示出血性胃肠溃疡。确切诊断需要 X 射线和胃窥镜检查或病理活检。

【防治】

(1)药物疗法氢氧化铝凝胶 5 mL 灌服,每日 3 次,或硫糖铝 1 g,每日 3 次,食后 3 h 服用。胃疡平每千克体重 1～2 mg 口服,每日 3 次。安络血 10 mg,口服,每日 3 次,或止血敏 100 mg,肌肉注射。减少胃液分泌可选用硫酸阿托品 0.5 mg 或胃复康 0.5 mg 口服,每日 3 次,于喂食前 1 h 投服。

(2)外科疗法对出血多,药物治疗无效的病犬,应切除溃疡病灶。

(3)食物疗法给予软的易消化的营养丰富食物,宜少食,食物中加淀粉酶和胃蛋白酶等量混合剂 0.5～1.5 g,或投服健胃、助消化药,同时限制饮水。

(五)胃出血

胃出血是由多种原因引起的胃黏膜出血,以吐血、便血及贫血为主要特征。

【诊断】 异物(如骨头、木片、塑料片、玻璃等)对胃黏膜的损伤、中毒(如采食磷、砷等化学药物或误食老鼠药等)、传染病(如犬瘟热、钩端螺旋体病等)、严重胃炎、胃溃疡、胃肿瘤等,可引起胃出血。

临床上出现呕血,呕吐物有酸臭味,呈暗红色。血便恶臭似煤焦油样。病犬饮欲增强、倦怠、出汗、步态踉跄,可视黏膜苍白、呼吸加快、心音亢进、呈贫血性杂音等。发病后期嗜眠,四肢冷厥,肌肉震颤而死亡。慢性胃出血除贫血外,还会出现食欲不振、营养不良、皮下水肿、胸腹水等。

红细胞、血色素及红细胞压积均减少。根据贫血程度,可见大小不同的红细胞和幼稚红细胞。吐血和便血提示胃出血。

【防治】 主要在于找出病因,对症治疗。垂体后叶素 10 U,止血敏 100~400 mg静脉注射。

对重度贫血的病犬,以每千克体重 5~7 mL 的量输全血。硫酸亚铁 0.1~0.5 g,口服;叶酸 5~10 mg,皮下注射。大量补液的同时维生素 K_1 每千克体重 0.5~2 mg,皮下注射;10%氯化钙 5~10 mL,静脉注射。病犬要绝对安静,饲喂易消化的食物,少食多餐。也可在食物中加入少量蛋白酶、淀粉酶、脂肪酶或胰酶。

(六)胃肿瘤

犬的原发性胃肿瘤发病较少。据报道,胃的良性肿瘤有腺瘤性息肉、腺瘤、平滑肌瘤;恶性肿瘤有腺癌、平滑肌肉瘤、纤维肉瘤及淋巴肉瘤。犬最易患腺癌。犬的胃腺癌无品种差异,多见于 5~10 岁的雄性犬。癌肿常发生于幽门部,极少数可达基底部。该肿瘤呈单一或数个发生。

【诊断】 病初无明显症状,依病性及肿瘤的部位而表现不同的症状,多以体重减轻、食欲不振、带血的慢性呕吐为特征。呕吐与采食无关,排黑色焦油样血便。触诊胃部有压痛,贫血,消瘦,逐渐陷于恶病质。

随着犬年龄增加而表现慢性胃功能障碍时,可考虑胃的肿瘤。

(1)X 射线检查。口服硫酸钡悬浊液使胃充满时,出现病变的轮廓。胃排空后,钡剂附着在溃疡表面。

(2)胃窥镜检查可直接确认胃内肿瘤。

(3)组织学检查活检或胃切开取病变组织,可确定肿瘤类型。

【防治】 良性肿瘤时,切开胃,摘除肿瘤组织。对恶性肿瘤,为延长寿命,可选用氨甲喋呤每千克体重 0.06 mg,口服,每日 1 次,或每千克体重 0.3 mg 静脉注射,每周 1 次。环磷酰胺每千克体重 6 mg 静脉注射,连用 3 d。

(七)胰腺癌

胰腺癌(Pancreatic adenocarcinoma)在犬、猫腹腔肿瘤中发生率较高。临床上以嗜睡、食欲不振为主,有时出现腹围增大。如肿瘤在十二指肠的入口处压迫胆管,会发生阻塞性黄疸。

本病触诊应注意与肠道病变的区别,因胰腺癌质地硬实,放射检查易诊断。腹腔镜检查可以发现胰腺的一部分组织被多结节的肿块所取代,并与周围组织以及大网膜粘连。肿瘤表面可能已坏死。当诊断为胰腺癌时,其癌细胞基本上已转移至肝,甚至肾或脾,故本病预后不良。

（八）胰腺炎

胰腺炎（Pancreatitis）可分为急性和慢性两种。实际上患胰腺炎的犬、猫较多，但表现临床症状的则较少，多在死后剖检时才发现病变。犬发病率比猫高。急性胰腺炎以突发性腹部剧痛、休克、腹胰炎为特征。

【诊断】 目前病因尚不详。自然病例多为水肿型胰腺炎，试验发病的为急性出血性胰腺炎。病因可能与以下因素有关：

（1）肥胖。急性胰腺炎多发生于肥胖犬，试验发病的肥胖犬病情比瘦犬严重。食物中脂肪过多易发“营养缺乏症”，同时高脂肪食物还可以改变胰腺细胞内酶的含量。因此，高脂肪食物和营养状况成为诱发急性胰腺炎的重要因素。

（2）高脂血症。在急性胰腺炎患犬中，多伴有高脂血症；反之，急性胰腺炎又可诱发高脂血症，并能改变血浆蛋白酶。富含脂肪的食物可产生明显食饵性脂血症（乳糜微粒血症），继而发生胰腺炎。

（3）胆管疾病。由于胆管和胰腺间质的淋巴管相互沟通，胆管疾病可通过淋巴管扩散到胰腺而发病。

（4）传染性疾病。犬、猫发生某些传染病时，胰腺炎成为必发疾病之一，如猫弓形虫病和猫传染性腹膜炎，可损害肝脏诱发胰腺炎。因此，猫肝脏疾病或胰腺炎，有可能是弓形虫病或猫传染性腹膜炎的一个征兆。

（5）十二指肠液逆流。某种原因使十二指肠液或胆汁逆流进入胰腺导管和胰腺间质时，可能是引起急性胰腺炎的原因之一。胆汁中含有溶血卵磷脂和未结合的胆盐，对胰腺有毒性。

（6）药物。许多药物可诱发本病，兽医常用药物包括噻嗪类利尿药、硫唑嘌呤、门冬氨酸酶和四环素等。胆碱酯酶抑制剂和胆碱能拮抗药也可诱发胰腺炎。

（7）其他因素。胰腺创伤、汽车事故、高空摔落及外科手术导致胰腺创伤，诱发胰腺炎。

临床特征为消化不良综合征。急性病例有严重的呕吐和明显腹痛，厌食，无精神，间有腹泻，粪中带血。严重者出现昏迷或休克。病犬消化不良，食欲异常亢进，生长停滞，明显消瘦。排粪量增加，粪便中含有大量脂肪和蛋白。慢性胰腺炎，特征是反复发作，持续性呕吐和腹痛。常见症状是不断地排出大量橙黄色或黏土色、酸臭味粪便，其粪中含有不消化食物。由于吸收不良或并发糖尿病，动物表现贪食。慢性胰腺炎只偶见于猫。

基于对急性胰腺炎尚无确定诊断的特定体征或特定实验室检验指标，故对本病做出确切诊断较为困难，只能通过试验性治疗进行诊断。急性胰腺炎血液检验可见白细胞总数增多，中性粒细胞比例增大，血清淀粉酶和脂肪酶活性升高，血尿素氮增多。尿中含有蛋白及管型。严重胰腺炎可波及周围器官，形成腹水，腹水中含有淀粉酶。测定腹水中的淀粉酶，对胰腺炎具有诊断意义。动物废食出现高脂血症时，也可作为诊断参考依据。

诊断时应注意与急性肾衰竭或小肠梗阻相区别：动物有急性腹痛，可排除肾衰竭。应用X射线照片，胰腺炎左右腹上部密度增加，这可与肠梗阻区别开来。慢性胰腺炎或胰腺发育不全时，由于缺乏胰蛋白酶、脂酶和淀粉酶，使粪便中含有不消化肌纤维、脂肪和淀粉。因此，可采用口服玉米油试验，以区别肠道内缺乏胰蛋白酶所致消化不良与肠道本身吸收机能障碍所致吸收不良。

【防治】

(1)急性胰腺炎首先应禁食以防止食物刺激胰腺分泌。为抑制其分泌也可给予阿托品。禁食时需静脉注射葡萄糖、复合氨基酸，进行维持营养和调节酸碱平衡等对症治疗。必要时给予镇痛新、地塞米松。为控制感染，可选用青霉素、卡那霉素、氨苄青霉素、头孢菌素及喹若酮类药物。

(2)慢性胰腺炎胰腺病变难以恢复，主要靠药物维持其机能。常用食物疗法和补充缺乏的胰酶来减轻临床症状。

①食物疗法：少食多餐，每天至少喂3次，给予低脂肪、易消化的食物。

②变换消化酶疗法：胰酶制剂或胰粉制剂混于食物中连日饲喂，根据食物种类、日量及外分泌机能的障碍程度决定其饲喂量。同时，可给予维生素K、维生素A、维生素D、维生素B、叶酸及钙剂。并发糖尿病时多预后不良。

（九）幽门痉挛

幽门痉挛是指幽门括约肌痉挛性收缩，以无规律性呕吐为特征。多见于短头品种犬及兴奋性高的3岁以下犬。

【诊断】 植物神经机能障碍是主要发病原因。幽门前庭的蠕动波减少或缺乏、括约肌弛缓、十二指肠溃疡及严重胃炎等均可引起本病。

采食或饮水后，间歇性不规律地呕吐。呕吐后食欲正常，但发育迟缓，渐进性消瘦。

主要根据X射线检查确定。观察胃蠕动波(GPW)，如GPW由增强到减弱，且向十二指肠方向移动极弱，用解痉药物有效，则可确诊。

【防治】 采食前30 min，口服东莨菪碱或氯丙嗪等均有一定疗效。

（十）幽门狭窄

幽门狭窄是指幽门括约肌肥厚所致的幽门口狭窄，以持续性呕吐为特征。根据发生原因可分为先天性和后天性狭窄两种。

【诊断】 先天性幽门狭窄是由于幽门括约肌先天性增生，或因胃和十二指肠韧带异常发达所致。但增生的原因目前尚不十分清楚。但产前 20 d 注射胃泌素的母犬，其所产仔犬能发生中度幽门肥厚。据报道，对生后 30 日龄的仔犬注射胃泌素，可造成幽门肥厚及十二指肠溃疡。

本病多见于波士顿㹴和拳师犬。

后天性幽门狭窄，多继发于幽门痉挛、肌变性及胃泌素分泌过多。此型发病率无品种和年龄差异。

患先天性幽门狭窄的仔犬腹部膨大，有食欲，但生长迟缓，一般在断乳期饲喂固形饲料时，表现喷射性呕吐，呕吐发生于食后 24 h 内，呕吐物不含胆汁。若饮水或喂食少量肉汁等流食时，呕吐不明显。患犬持续呕吐，可造成脱水和电解失衡，且逐渐衰竭，最后多因异物性肺炎而死亡。后天性幽门狭窄患犬，表现为由定期呕吐逐渐转为食后喷射性呕吐，呕吐时间不定，大型犬种呕吐物较多。若投与钡剂透视，可见胃排空时间延长。

根据临床症状及 X 射线检查，可以确诊。但要与幽门痉挛相鉴别。X 射线造影做胃内容物排空时间测定(GET)，正常情况下，胃容物排空时间为 60 min，如内容物停滞 5 h 以上，可考虑幽门狭窄和幽门痉挛。

【防治】 本病的根本疗法是切开幽门肌。保守疗法是对幽门痉挛的犬，采食前 20～30 min，投与阿托品每千克体重 0.05～0.1 mg，或食前 30 min 给予氯丙嗪每千克体重 1～21 mg。少食多餐也可缓解症状。

（十一）沙门氏菌病

沙门氏菌病又称副伤寒，是由沙门氏菌属细菌引起的人和动物性传染病的总称。犬沙门氏菌病主要表现为肠炎和败血症，但更多的犬在感染沙门氏菌后只表现为健康带菌，因此临床犬的沙门氏菌病并不常见。

【诊断】

(1)流行特点。患病和带菌动物（包括带菌鼠）是主要的传染源，而且是常在寄生菌，通过污染饲料、水和空气等经消化道与呼吸道传染，也可由于各种应激因素的作用而诱发内源性感染，幼犬更易发生。

(2)症状。潜伏期 3～5 d，主要症状为体温升高到 40～41℃，厌食、呕吐、腹痛和剧烈腹泻，粪便恶臭。有的表现呼吸困难和咳嗽。

(3)实验室检查。

①涂片检查：采取肠内容物、粪便和发热期的肝、脾、淋巴结涂片，革兰氏染色，镜检，可见到革兰氏阳性杆菌；②分离培养：取病料接种 SS 培养基、亚硫酸铋琼脂培养基，37℃培养 24 h，挑选可疑菌落移植三糖铁培养基，然后做进一步的生化和菌型鉴定；③凝集实验：常见平板凝集法，适用于流行病学调查和菌型鉴定。

【治疗】

(1)发现病犬，应立即隔离，加强管理，给予易消化的流质饲料。

(2)抗生素对治疗本病有效。氯霉素口服、每日 4 次，每千克体重0.02 mg，连用 4～6 d，肌肉注射量减半。也可用硫酸卡那霉素每千克体重 0.013 mg，肌肉注射，每日 2 次，连用 4～6 d。磺胺嘧啶每千克体重 0.02～0.04 mg，分 2 次口服，连用 5 d。对重症病犬可与肌肉注射抗生素同时，内服呋喃唑酮或磺胺类药物，疗效更佳。对脱水严重病犬可经消化道补充含 5%葡萄糖的等渗盐水。为清肠止酵，可用 0.1%高锰酸钾液与次硝酸铋混合做深部灌肠。为制止肠道出血，可内服安络血，每次 5～10 mg，每日 4 次，直至出血停止。

(十二)胃内异物

犬胃内长期滞留骨骼、石块、鱼钩、毛球、破布、袜子和玩具等异物，不能被胃液消化，又不易通过呕吐或肠道排除体外、容易使胃黏膜遭受损伤，影响胃的功能，严重时还能引起胃穿孔，继发腹膜炎。

【诊断】

(1)发病特点：幼年或成年犬可吞食各种异物如骨骼、石头、破布、鱼钩等。此外，犬患有某种疾病时，如狂犬病、寄生虫病、维生素缺乏症或矿物质不足等，常伴有异嗜现象，甚至个别犬生来就有吞食石块的现象。

(2)病犬主要表现为急性或慢性胃炎症状、顽固呕吐、腹痛不安、呻吟，触诊胃内疼痛，尖锐物体可刺伤胃黏膜 引起胃出血或穿孔。

(3)可根据病史和临床体检，做出初步诊断。小型犬腹膜较柔软，胃内有较大异物时、用手触诊可察觉到异物。应用 X 射线照片可以帮助诊断，必要时投服造影剂，查明异物的大小和性质。

【防治】

(1)犬可用阿朴吗啡每千克体重 0.04 mg，皮下注射进行催吐，催吐只适用于胃内存有少量光滑异物。胃内异物较大、锐利时，可损伤食道，所以不宜用诱吐药物。

(2)小而尖锐异物,如钉、针、别针等异物存在胃内时,可投服浸泡牛奶的脱脂小棉球(装于胶囊内)或小的肉块等,常可使异物通过肠道排出体外。

(3)上述方法不见效或大异物无法排出时,应进行外科手术,切开胃壁取出,术后注意护理和对症治疗。

(十三)胃扩张-扭转综合征

胃扭转是胃幽门部从右侧转向左侧,并被挤压于肝脏、食道的末端和胃底之间,导致胃内容物不能后送的疾病。胃扭转之后很快发生胃扩张,因此称之为胃扩张一扭转综合征。本病多发生于大型犬及胸部狭长品种的犬,雄犬比雌犬发病率高。临床上以腹部膨胀和腹部剧痛为特征。

【诊断】 胃下垂,胃内食糜胀满,钙磷比例失调,以及可使胃韧带伸长,扭转的因素,如饱食后打滚,迅速上下楼梯时的旋转等,都可使犬发生胃扭转。

该病发生急剧,多数病犬与过食后不久发病,最初表现嗳气和排气,而后腹部膨胀、剧烈腹痛、吠叫不安、大量流涎,比以前腹部膨胀明显。腹部触诊,可摸到球状囊袋,急剧冲击胃下部,可听到拍水音。腹部叩诊呈啰音或金属音。病犬呼吸困难,脉搏频数。多于 24～48 h 死亡。

主要根据临床症状、X 射线或胃插管检查来确诊。

注意要与单纯性胃扩张、肠扭转及脾扭转相区别,通常以插胃管来区分。单纯性胃扩张,胃管插到胃内,腹部胀满可以减轻;胃扭转时,胃管插不到胃内,因而不能减轻腹部胀满;肠扭转及脾扭转时,胃管插到胃内,但腹部胀满仍不能减轻,且即使胃内储留的气体消失,患犬仍逐渐衰弱。

【防治】 单纯性的胃扩张,插入胃导管排出胃内气体、液体,用温生理盐水反复洗胃。

对胃管插不到胃或插入胃管仍不能缓解症状的犬,应尽早进行开腹手术,整复和使胃排空。全身麻醉,切开腹壁(由剑状软骨到脐的后方),由口腔插入粗的胃管,将扭转部整复到正常位置。胃整复困难时,预先用连接吸引装置的穿刺针穿刺,排出胃内气体之后再整复。如果胃内容物洗不出来或胃内有大的肿物,应进行胃切开术。

洗胃或胃切开 24 h 后,可饲喂少量牛奶、肉汁等易于消化的食物,或给予营养膏,饲喂量要逐渐增加,同时可给予健胃、助消化药物。

对休克症状要给予强心剂、呼吸兴奋剂,同时大量补给电解质。

（十四）肠炎

肠炎是小肠黏膜的急性或慢性炎症，常以卡他性炎（黏液性）开始，发展为其他性质的肠炎，临床上以消化紊乱、腹泻、腹痛、发热为特征，传染性肠炎易并发毒血症。

【诊断】

（1）发病特点。肠炎病因与胃炎病因很相似，主要致病因素有：饲养失调。如采食腐败食物，饮用污水，食入有毒物质，过度疲劳或感冒等；使胃肠机能减退；滥用抗生素扰乱肠道菌群等，继发于犬瘟热、钩端螺旋体等传染性疾病及钩虫病、弓形虫病等寄生虫病。

（2）症状。肠炎最为突出的症状是腹泻。十二指肠前部和胃发炎，或小肠患有严重的局限性病症时，均可引起呕吐。患结肠炎时，可出现里急后重，粪便稀软、水样或胶冻状，并带有难闻的臭味。小肠出血性肠炎，粪便呈黑绿色或黑红色；大肠出血性肠炎、粪便表面附有鲜血丝或血块。消化不良性肠炎有顽固性腹泻，肛门周围及尾巴玷污粪便。

病原微生物所致肠炎，体温升高，精神沉郁，食欲减退或废绝。重剧肠炎动物机体脱水，迅速消瘦，电解质丢失和酸中毒。急性病例有弓腰、不安等症状，触诊腹壁紧张、敏感、有些患病动物，由于腹痛、胸腹紧贴冷的地面，举高后躯，呈祈祷姿势。病初肠蠕动音增强，其后出现反射性肠音降低。

慢性肠炎。病变和症状都较急性轻微，由于反复腹泻，动物脱水、消瘦、营养不良，或者腹泻与便秘交替出现，其他症状不太明显。

主要病变肠黏膜轻度充血和水肿，严重的为广泛性肠坏死，肠黏膜上皮脱落，肝、肾实质脏器变性。

根据病史和症状易于诊断，但查明病因需进行实验室检验。如检验粪便中寄生虫卵或培养分离病原菌。白细胞计数及分类计数也有参考意义。

【防治】

（1）病初应先进食 24 h，只许使用清洁饮水或含糖盐水，待病情有所好转、给予易消化的流质事物对消化不良性肠炎特别有效。

（2）抑菌消炎，控制感染

①氯霉素 0.01 g/kg，肌肉注射，上、下午各注射 1 次；②庆大霉素 0.01 g/kg，肌肉注射，上、下午各 1 次；③复方磺胺嘧啶注射液 0.15～0.2 mL/kg，肌肉注射，上、下午各 1 次；④痢特灵 0.01 g/kg，分 2 次口服。

（3）补液纠正电解质平衡紊乱和酸中毒。根据体重大小用林格式液 250～500 mL，50％碳酸氢钠 10～30 mL，静脉或腹腔注射。多次大量补液可避免严重脱水。

(4)腹泻并有呕吐时肌肉注射氯丙嗪每千克体重 5 mg,每日 2 次,阿托品每千克体重 0.05 mg,皮下注射。每日 2 次;腹泻不止,内服次碳酸铋或次硝酸铋每次 0.6～2 g,每日 3 次。

(5)寄生虫性肠炎时,可选用相应的驱虫药。

(十五)小肠梗阻

小肠梗阻为犬的一种急腹症,发病部位主要为小肠。常于小肠肠腔发生机械性阻塞或小肠正常生理位置发生不可逆变化。如套叠、嵌闭和扭转等。小肠梗阻不仅使肠腔机械性不通,而且伴随局部血液循环严重障碍。致使动物剧烈腹痛、呕吐或休克等变化。本病发生急剧,病程发展迅速,预后慎重,如治疗不及时,死亡率高。

【诊断】　小肠梗阻多有骨骼、果核、橡皮、破布、线团、大量寄生虫等,突然阻塞肠腔所致。也可由于肠管手术后结缔组织增生或粘连,或肠腔内新生物、肿瘤、肉芽肿导致肠腔狭窄引起。

犬为肉食动物,由于生理解剖学特点,发生肠扭转较为少见,发生肠套叠却是常见的。主要原因是肠管蠕动机能紊乱引起的,如急性肠炎或寄生虫病等。多发部位是空肠、回肠和回盲结合处。

小肠梗阻部位越接近胃,其临床症状越急剧,病程发展越迅速。最为显著的症状是剧烈腹痛、持续性呕吐、排少量煤焦油样稀便,迅速消瘦,精神沉郁,废食等。

腹痛初期,表现腹部僵硬,抗拒触诊腹部。对于小型犬多能触诊到阻塞物。梗阻发生于前部肠管时,呕吐可成为一种早期症状。初期呕吐物中含有不消化的食物和黏液。随后在呕吐物中含有胆汁和肠内容物。后期体温低下,脱水明显,呈高度衰竭状态。表现电解质紊乱和碱中毒。

慢性小肠梗阻主要表现患病犬逐渐消瘦,体重下降,粪便稀软,呈黑色或带有血丝,并有腹泻久治不愈病史。

根据病史和临床症状,可初步诊断为小肠梗阻。

腹部触诊,常能在梗阻肠段的前方触及充满气体和液体扩张肠管。肠套叠时,腹部触诊有紧张感,后下腹部可触摸到坚实而有弹性的香肠样的套叠肠段。

有条件的兽医院应用 X 射线照片进行辅助诊断。肠套叠可在照片上见到光密度增加的香肠状物体,还可见到由于薄层气体,使肠套叠肠管形成分层的图像。

【防治】　当小肠梗阻确定后,应立即进行外科手术治疗,并相应补充体液和电解质,调整酸碱平衡,选用广谱抗生素控制感染等对症治疗。

(十六)弯杆菌病

弯杆菌病以往称孤菌病,是人和多种动物共患的以腹泻为重要特征的疾病之一。本病由空肠弯杆菌和大肠弯杆菌引起。

【诊断】 本病主要通过直接接触传播，被病畜粪便污染的食物和水也可引起传播。犬的一个重要感染途径是摄取未经煮熟的家禽和其他动物制品。

幼龄犬腹泻严重，临床上犬多表现为排出带有多量黏液的水样胆汁样粪便(可能带有血液或白细胞)，并持续 3～7 d。部分出现厌食，偶尔有呕吐，也可能出现发热及白细胞增多，个别犬可能表现为急性胃肠炎(此时应注意与犬细小病毒感染相区别)。某些病例腹泻可能持续 2 周以上或间歇性腹泻。

本病单凭临床症状难以做出诊断，主要靠实验室检查进行诊断，如粪便直接检查、细菌的分离鉴定、血清学方法等。

【防治】 从动物粪便中分离到空肠弯杆菌并不意味着必须使用抗生素进行治疗。对严重感染的病例或者对人的公共卫生构成威胁时，才使用抗生素进行治疗。

本菌对四环素、链霉素、氯霉素、庆大霉素和红霉素均敏感，尤其对四环素和链霉素更加敏感，同时经对症治疗特别是幼龄犬，需注意补充电解质和体液，一般5～7 d 即可痊愈。

(十七)蛔虫病

蛔虫病又称弓首蛔虫病。寄生于犬的小肠内，主要经口感染，也可通过胎盘感染，常引起幼犬发育不良，生长缓慢，严重感染时可导致死亡。

【诊断】

(1)流行特点。该病对幼犬危害大，感染后症状严重，成年犬多呈隐性经过。

(2)症状。主要症状为渐进性消瘦、食欲不振、营养不良、黏膜苍白、呕吐、异嗜、消化障碍，先下痢尔后便秘。有时呕吐物和粪便中有虫体。偶见有癫痫性痉挛，幼犬腹部膨大、生长发育受阻。

(3)诊断。一方面根据临床症状观察，另一方面则应进行粪便检查，发现蛔虫卵得以确诊。

【防治】

左旋咪唑：按每千克体重 10～15 mg，1 次口服；丙硫咪唑，按每千克体重 5～10 mg，1 次口服；甲苯咪唑：每千克体重 22 mg，内服，每日 2 次；驱蛔灵：每千克体重 100 mg，1 次内服，对成虫有效；每千克体重 200 mg，则可驱除 1～2 周龄的幼犬体内未成熟蛔虫；伊维菌素：每千克体重 0.2～0.3 mg，皮下注射。

(十八)便秘

便秘(Constipation)是犬、猫的一种常见病。由于某种因素致使肠蠕动机能障碍，肠内容物不能及时后送而滞留于肠腔（主要在结肠和部分直肠），其水分进一步被吸收，内容物变得干涸形成肠便秘。犬、猫对便秘都有较强耐受性，有的动物便秘虽已发生数天，但临床上并未有明显症状。便秘时间越久，治疗也越困难，严重的可发生自体中毒或继发其他疾病而使病情恶化。

【诊断】

(1)食物和环境因素。食入骨头、毛发和异物与粪便混合纠缠在一起，难以顺利地通过肠腔；一次食入大量的骨头、肉、肝等，使之消化不充分，易形成便秘。此外，由于环境突然改变，缺乏运动等，破坏动物正常排粪习惯，均可引起便秘。

(2)直肠或肛门受到机械性压迫或阻挡。如会阴痛、直肠息肉或肿瘤、肛门囊疾病、直肠狭窄、骨盆骨折变形、骨盆发育不良、缺钙、腹腔或盆腔新生物、前列腺增大、膀胱积尿等。

(3)其他原因。诸如老年性肠蠕动机能减弱，腰荐神经损伤致使肛门括约肌丧失排便反射。髋关节脱位或四肢骨折时，改变了排便姿势，也可招致肠便秘。另外，某些慢性疾病，如机体脱水、衰弱，或应用抗胆碱药物、抗组胺药、硫酸钡、阿片等，都有可能发生便秘。老年猫直肠便秘较多见。

便秘动物常试图排便，但排不出来。初期在精神、食欲方面多无变化，久之出现食欲不振，直至食欲废绝。患病动物常因腹痛而鸣叫、不安，有的出现呕吐。直肠便秘时，肛门指检常可触及干硬粪便，或触诊腹部发现直肠内有长串粪块。有的动物可见腹围膨大，肠臌气。结肠便秘不全阻塞时，可能发生积粪性腹泻，即褐色水样粪液包裹干涸粪团排出。小型犬、猫通过腹部触诊，常能触摸到粪结块。

根据病史和临床体征，结合肛门内指检和腹部触诊，易于做出诊断。有条件的地方通过 X 射线检查，清晰可见肠管扩张状态，其中含有致密粪块或骨头等异物阴影。

【防治】　对单纯性便秘，可采用温水、2%小苏打水或温肥皂水反复灌肠，并配合腹外适度地按压肠内便秘粪块，一般都能奏效。灌肠用液量应视犬、猫体型大小、肠腔紧张度不同而增减，通常液体量一次为 20～80 mL，切忌灌注量过多，防止肠腔过度扩张使肠壁受伤。灌注后不要让其立即流出，可对肛门稍加按压。必要时相隔 1～2 h 后再次灌肠。

直肠后段或肛门便秘阻塞时，为保证动物安全，防止肠黏膜损伤，可在动物全身麻醉后用镊子、产科钳夹碎干涸粪块，取出。严重结肠便秘，用上述方法不能奏效时，可行外科手术取出肠腔结粪，术后注意护理。便秘治疗应注意对症治疗，采取补充体液、强心等措施。

肠便秘解除后，为防止复发，可投予石蜡油或蓖麻油 5～60 mL，必要时再投予果导片,促使肠内容物排出。平常注意定时定量饲喂,犬、猫适当运动,特别是老年动物,注意每天排便情况,只见吃不见排便时,要留心便秘征兆。可投服植物油10～30 mL,或肛门内注入甘油或开塞露 5～10 mL,促使粪便排出。

(十九)出血性胃肠炎综合征

出血性胃肠炎综合征是犬的一种原因不明的疾病,以突然呕吐和严重血样腹泻为特征。

【诊断】 本病与细菌内毒素引起的内毒素性休克、变应性反应或过敏性反应相类似。有人提出与免疫性结肠炎的发病机理相似。还有人认为梭状芽孢杆菌与本病的发生有关。但目前均无定论。本病多见于 2～3 岁的青年犬,无品种和性别差异。但小型玩赏犬发病较多。

腹泻前 2～3 h,突然呕吐,呕吐物中常混有血液,排恶臭果酱样或胶冻样便。犬精神沉郁、嗜眠,毛细血管充盈时间延长,发热,腹痛,烦躁不安。

由于血液浓缩,红细胞压积(Ht)值明显升高,可达 60%～80%。有的嗜中性粒细胞增加,核左移。

【防治】 组胺球蛋白 0.5～1 mL/次,皮下注射。止血敏 100～200 mg/次,肌肉注射,每日 2 次或 3 次。止吐灵 1～1.5 mL/次,肌肉注射。对 Ht 值 60%以上的病犬要静脉留针滴注乳酸林格氏液加抗生素,速度控制在每千克体重每小时 13～14 mL。间隔 2～3 h 检 1 次 Ht 值,直到毛细血管充盈时间正常(1～2 s)为止。Ht 下降后的 2～3 d,继续滴注乳酸林格氏液。病犬能饮水时,可给予流质食物,逐渐减少输液量。

(二十)蛋白漏出性胃肠炎

蛋白漏出性肠炎是血浆蛋白成分由胃肠黏膜向消化道大量漏出而造成的低蛋白血症,临床表现为腹泻、浮肿、胸水、腹水等。

【诊断】

(1)肠肝循环失衡。在正常生理情况下,肝脏合成的蛋白质部分用于合成组织蛋白,部分漏入胃肠内被分解为氨基酸后,重新用于合成蛋白质。当肝脏合成蛋白增强,血清蛋白又不断漏到胃肠内时,则引起低蛋白血症。

(2)原发性蛋白漏出性胃肠炎。由于肠道淋巴管阻塞或狭窄时,小肠壁淋巴管腔扩张,淋巴漏出的同时,也大量丢失蛋白质。

(3)继发性蛋白漏出性胃肠炎。由于急性胃肠炎、溃疡性结肠炎、嗜酸细胞性胃肠炎、肠淋巴肿瘤等时的胃肠黏膜毛细血管通透性增强,以及淤血性心功能不全,导致血清蛋白漏出。此外，局部纤维素溶解增强，也可使蛋白漏出。

病犬四肢和下腹部发凉、浮肿。肠淋巴管扩张时，出现腹水和腹围增大，腹水呈乳糜性。食欲减退，呕吐，脂肪便。营养吸收不良的犬，体重减轻，消瘦，脱水。后期多因缺钙而引起痉挛。

淋巴细胞减少，血清白蛋白明显降低。

肠黏膜活检对本病的确诊和鉴别诊断极为重要。可与口炎性腹泻(绒毛全萎缩)、淀粉样变性(淀粉样物质沉着)、嗜酸细胞性胃肠炎(嗜酸性细胞浸润、消化道管壁增生)及肠淋巴管扩张症(绒毛缩短及尖端平坦)相鉴别。

证明白蛋白漏出的方法可用^{51}Cr标记的人白蛋白同位素示踪物按每千克体重1.47 uCr 的剂量静脉注射，蛋白由粪便排泄的正常值为每小时 0.61 uCr，患犬可达 10 uCr。

【防治】 给予不含麸质的高蛋白低脂肪食物。投与抗纤维蛋白溶酶的止血环酸每千克体重 60 mg，分 4 次口服(本药注射无效)。柳氮磺胺吡啶每千克体重 80 mg，分 3 次口服。泼尼松每千克体重 0.5～1.0 mg，分 2 次口服，视病情酌减。对症疗法可参照消化吸收不良综合征的治疗。

(二十一)巨结肠症

巨结肠症是指结肠高度扩张和肠壁显著增厚。

【诊断】

(1)该病可分为先天性和继发性两种。先天性巨结肠症是由结肠远端的肠壁神经丛缺陷，使其长期处于收缩状态，妨碍肠内容物后送，进而引起结肠前端扩张，肠壁肌层增厚，继发性巨结肠症可见于肛门囊病、直肠内异物、骨盆骨折、前列腺肥大等妨碍粪便排出的疾病。

(2)先天性巨结肠于生后 2～3 周呈现临床症状，病程较长、病情进行性增重。腹围逐渐膨大，似筒状，触诊有充实粗大的肠管。排粪迟滞，仅排少量附有黏液的粪便，偶有排出褐色水样便。继发性病例，除便秘外，还表现呕吐，脱水等症状。直肠检查常可触及硬实的粪块或扩张的结肠；X 射线检查可确定诊断。

【防治】 用液状石蜡、植物油或温肥皂水灌肠，软化粪便，也可投服泻剂，促进粪便排出，或用分娩钳夹出粪块，必要时实施肠管手术。

(二十二)直肠脱

直肠脱为直肠的后端黏膜或黏膜肌层，通过肛门向外翻转脱出，在肛门处以“香肠”状物突出为特征，脱出的直肠黏膜充血、水肿。各种年龄的犬均可发病。

【诊断】

(1)发病特点 ①直肠先天性发育不全或盆腔组织松弛软弱等;②营养不良,体质衰弱,有长期习惯性拉稀等;③各种引起努责的疾病,如肠炎伴有严重腹泻、直肠里急后重时,或便秘、直肠内异物、肿瘤频频刺激时,或分娩难产高度努责时,均可引发直肠脱。

(2)症状 部分垂脱只在病犬排粪或卧地时,呈圆球形脱出,排粪结束或站立后可自行复位。完全脱出,直肠壁及黏膜脱出于肛门外,不能自行复位。脱出的黏膜水肿,呈暗红色球状、圆柱状或香肠样挂在肛门外口,由于括约肌的压迫,导致循环障碍和肠黏膜溃疡、坏死。

(3)直肠脱 直肠脱易于做出诊断,但应对突出肛门外柱状物进行仔细分辨是直肠脱还是肠套叠性脱出,二者在外形特征上相似,但脱出柱状物与肛门括约肌之间距离有所不同。发生真正直肠脱时,其黏膜后移覆盖在肌层之上,在肛门外形成环状突出物,即脱出物与括约肌之间无间隙,这一点在鉴别上极为重要。肠套叠性脱出,柱状物与肛门括约肌之间有使探针或手指通过的距离。

【防治】 犬直肠脱应在尾椎麻醉或全身麻醉下,将脱出直肠送入肛门内进行整复。对刚脱出的直肠黏膜用0.1%新洁尔灭或0.1%高锰酸钾溶液清洗干净后送回。脱出时间已久、黏膜水肿并坏死,应除去部分水肿和坏死黏膜后送回。为防止再次脱出,在肛门周围做烟包缝合,治愈后再将线拆除。顽固性直肠脱,在外科手术切开腹壁后,对直肠进行腹腔内固定术。术后1～2 d给予流质食物,此外,在直肠内涂擦红霉素软膏等。

(二十三)腹股沟疝

腹股沟疝(Inguinal hernia)指腹腔脏器经腹股沟环脱出至腹股沟处形成局限性隆起。疝内容物多为网膜或小肠,也可能是子宫、膀胱等脏器,母犬多发。公犬的腹股沟疝比较少见,主要表现为疝内容物沿腹股沟管下降至阴囊鞘膜腔内,称之为腹股沟阴囊瘤,以幼年公犬多见。

【诊断】 本病有先天性和后天性两类。先天性腹股沟疝的发生与遗传有关,即因腹股沟内环先天性扩大所致。如中国的北京犬和沙皮犬以及国外的巴圣吉犬和巴赛特猎犬等都有较高的发病率。后天性腹股沟疝常发生于成年犬、猫,多因妊娠、肥胖或剧烈运动等因素引起腹内压增高及腹股沟内环扩大,以致腹腔脏器落入腹股沟管而发生本病。

在股内侧腹股沟处出现大小不等的局限性卵圆形隆肿。疝内容物若为网膜或一小段肠管,隆肿直径为2～3 cm,若为妊娠子宫或膀胱,隆肿直径可达

10～15 cm。疝发生早期多具可复性，触之柔软有弹性、无热无痛。如将动物倒立上下抖动或挤压隆肿部，疝内容物易还纳入腹腔，隆肿随之消失。当压挤隆肿或如前改变动物体位均不能使隆肿缩小时，多是由于疝内容物已与腹膜发生粘连或被腹股沟内环嵌闭所致。嵌闭性腹股沟疝一般少见，一旦发生肠管嵌闭，局部显著肿胀，皮肤紧张，疼痛剧烈，动物迅即出现食欲废绝，体温升高等全身反应。如不及时修复，很快因嵌闭肠管发生坏死，动物转入中毒性休克而死亡。

可复性腹股沟疝临床容易诊断。将动物两后股提举并压挤隆肿部，隆肿缩小或消失，恢复动物正常体位后隆肿再次出现，即可确诊。当疝内容物不可复时，应考虑与腹股沟处可能发生的其他肿胀，如血肿、脓肿、肿瘤、淋巴结肿大等进行鉴别。通过仔细询问病史，细致触摸肿胀部，并结合动物全身表现，不难与上述肿胀进行区别，同时也可对疝内容物做出初步判断。必要时应用 X 射线摄片或造影技术对隆肿部进行检查，有助于确定疝内容物的性质。

【防治】　本病一经确诊，宜尽早施行手术修复。术前最好先对皮肤切口进行定位，提举动物两后肢并压挤疝内容物观察其是否可复，如疝内容物可完全还纳入腹腔，切口选在腹中线旁侧倒数第 1 对乳头附近腹股沟外环处，切口长度2～3 cm；如疝内容物不可复，切口则应自腹股沟外环向后延伸，切口长度为疝囊长度的 1/2～2/3，以便于在切开疝囊后对粘连部分进行剥离。手术步骤为，动物全身麻醉后取仰卧位保定，分开两后肢，腹股沟及其周围常规无菌准备，于腹股沟外环处（或向后延伸）切开皮肤与皮下组织，继续向下分离，充分暴露疝囊及腹股沟外环。在母犬、猫或不留做种用的公犬、猫，当疝内容物完全还纳入腹腔后，在靠近腹股沟外环处结扎疝囊颈部，并将结扎线以外多余部分的疝囊（含公犬、猫睾丸）切除，结节或螺旋缝合腹股沟外环。对欲留做种用的公犬、猫，于还纳疝内容物后注意保护精索。采用结节或螺旋缝合法适当缩小腹股沟外环即可。疝内容物与疝囊发生粘连时，需切开疝囊仔细剥离，将疝内容物还纳入腹腔后螺旋缝合疝囊切口。疝内容物过大或发生嵌闭难以还纳时，需扩大腹股沟外环，方有助于将疝内容物还纳。最后常规闭合皮肤切口。

对于母犬、猫的双侧性腹股沟疝，可经同一腹中线皮肤切口对左右两侧腹股沟癌进行修复，但皮肤切口一般较长。若欲同时施行卵巢、子宫摘除术，则沿腹中线打开腹腔完成。

（二十四）脐疝

脐疝（Umbilical hernia）指腹腔脏器经脐孔脱至脐部皮下所形成的局限性突起，其内容物多为网膜、镰状韧带或小肠等。本病是幼龄犬、猫的常发病，但更多见于幼犬。

【诊断】 本病的发生主要与遗传有关。先天性脐部发育缺陷，动物出生后脐孔闭合不全，以至腹腔脏器脱出，是犬、猫以及其他动物发生脐疝的主要原因。此外，母犬、猫分娩期间强力撕咬脐带可造成断脐过短，分娩后过度舔仔犬、猫脐部，均易导致脐孔不能正常闭合而发生本病。也见于动物出生后脐带化脓感染，从而影响脐孔正常闭合逐渐发生本病。

在临床上脐部出现大小不等的局限性球形突起，触摸柔软，无热无痛。犬、猫脐疝大多偏小。疝孔直径一般不超过 2～3 cm，疝内容物多为镰状韧带，有时是网膜或小肠。较大的脐疝，也可有部分肝、脾脱入疝囊。脐疝多具可复性，将动物直立或仰卧保定后压挤疝囊，容易将疝内容物还纳入腹腔，此时即可触及扩大的脐孔。患有脐疝的动物一般无其他临床症状，精神、食欲、排便均正常。少数脐疝因内容物与疝囊或疝孔缘发生粘连或嵌闭，则不能还纳入腹腔，触诊囊壁紧张且富有弹性，并不易触及脐孔。若嵌闭的疝内容物是肠管，脐部很快出现肿胀、疼痛，动物表现不安，食欲废绝，体温升高，脉搏加快，严重时可能发生休克。

脐疝很容易诊断。当脐部出现局限性突起，压挤突起部明显缩小，并触摸到脐孔，即可确诊。但当疝内容物发生嵌闭或粘连时，应注意与脐部脓肿鉴别。脐部脓肿也表现为局限性肿胀，触之热痛、坚实或有波动感，一般不表现精神、食欲、排便等异常变化。脐部穿刺排出脓液，与脐疝显然不同。

【防治】 犬、猫的小脐疝多无临床症状，一般不用治疗。母犬、猫的小脐疝可在施行卵巢摘除术时顺便整复。较大的脐疝因不能自愈且随病程延长疝内容物易发生粘连，必须尽快施行手术。具体方法是，动物全身麻醉后取仰卧位保定，腹底部和疝囊周围做常规无菌准备。在近于疝囊基部皮肤上做环形切口，打开疝囊，暴露疝内容物。疝内容物如无粘连、未嵌闭，将其还纳入腹腔；如已与疝囊或脐孔缘发生粘连，需仔细剥离粘连，若为镰状韧带或网膜，也可将其切除。肠管发生嵌闭时，往往需要适当扩大脐孔，才易将肠管还纳入腹腔。但若嵌闭肠管已经坏死失活，则需切除坏死肠管做断端吻合术。最后对脐孔进行修整，采用水平褥式或重叠褥式缝合法闭合脐孔，结节缝合皮肤切口。术后 7～10 d 减少饮食，限制剧烈活动，以防腹压过大导致脐孔缝线过早断开，复发本病。

（二十五）腹膜炎

腹膜炎(Peritonitis)是由细菌感染或化学物质刺激所引起的腹膜的炎症。根据临床表现分为急性、慢性腹膜炎；根据腹膜内有无感染病灶，分原发性、继发性腹膜炎；根据炎症的范围或程度又分为局限性、弥漫性腹膜炎。犬多为继发性腹膜炎。

【诊断】

(1)急性腹膜炎主要继发于下列疾病。

①消化道穿孔:如消化道异物、肠套叠、肠破裂及肠梗阻等,消化道内容物漏入腹腔,使腹膜受到刺激和感染。

②膀胱穿孔:主要发生于插入导尿管失误或尿道堵塞使膀胱破裂,尿液刺激腹膜。

③生殖器穿孔:常见于子宫蓄脓及子宫扭转等。

④腹壁穿透创、腹部挫伤、腹部外科手术感染、脏器与腹膜粘连以及肿瘤破裂或腹膜内注入刺激性药物等。

(2)慢性腹膜炎多发生于腹腔脏器炎症的扩散,或由急性腹膜炎,逐步转为慢性弥漫性腹膜炎。

在临床上出现的症状有:①急性腹膜炎主要表现剧烈的持续性腹痛、体温升高。犬呈弓背姿势,精神沉郁,食欲不振,反射性呕吐,呈胸式呼吸。触诊腹壁紧张。压痛明显处有温热感。腹腔积液时,下腹部向两侧对称性膨大,叩诊呈水平浊音,浊音区上方呈鼓音。病情进一步发展,则表现心动过速和其他心律失常、电解质平衡紊乱、凝血功能障碍和血压下降。②慢性腹膜炎常发生肠管粘连,阻碍肠蠕动,表现消化不良和腹痛。X射线检查以腹部呈毛玻璃样、腹腔内阴影消失为特征。腹水中可见白细胞,特别是未成熟的白细胞。血液检查可见白细胞明显增多,其中多形核白细胞占优势。

【防治】　早期应用抗生素,控制感染。常用抗生素有青霉素、氨苄青霉素、头孢菌素、罗红霉素等药物。对于休克病犬,要改善循环,纠正脱水。根据动物的体重,林格氏液100～1 500 mL、地塞米松1～10 mg、头孢菌素100～2 000 mg,静脉注射,每日1或2次。腹腔渗出液过多时,要及时穿刺放液,同时注入0.2%的普鲁卡因青霉素10 mL。静脉注射葡萄糖酸钙溶液20～40 mL,可制止渗出。

(二十六)腹水

腹水(Ascites)指腹腔内液体非生理性储留的状态。储留液分为炎性渗出液和非炎性漏出液。腹水不是一种疾病,只是一种继发症状。

【诊断】

(1)渗出液的储留原因。包括腹膜炎及癌性腹膜炎,腹膜通透性异常增强而再吸收功能降低,淋巴管阻塞造成渗出性腹水。

(2)漏出液的储留原因。

①低蛋白血症:因膜性肾小球肾炎及肾病选择性低蛋白血症引起血清胶体渗

透压降低，使组织间液增多而产生腹水。长期食用低蛋白饮食，亦可引起低蛋白性腹水。

②肝实质障碍：因肝内血流障碍而引起门脉压增高，肝静脉流出障碍，肝淋巴液增加和漏出，肝脏合成蛋白的功能减弱，非活性醛固酮增加，使水、钠储留而发生腹水。

③心脏功能不全：因肾功能减弱，钠排泄障碍，水潴留及毛细血管压升高造成组织间液增多，表现水肿和腹水。

在临床上出现的症状有：腹围膨隆，腹水未充满时腹部呈梨形下垂；腹水充满时腹壁紧张呈筒状。腹部触诊有波动感，随体位变换表现不同的水平面。背侧脊柱和肋骨显露，渐进性消瘦，食欲减退和呕吐，不耐运动。因腹内压增高，横膈膜及腹肌运动受阻而压迫胸腔致使循环障碍、呼吸加速，甚至呼吸困难，脉搏异常增加。

根据特征性的临床症状，结合腹腔穿刺及X射线检查可以确诊。穿刺使用18号注射针，于脐和耻骨前缘之间腹部正中线偏左或偏右刺入，可抽出腹水。注意鉴别漏出液和渗出液。同时要与肥胖症、卵巢肿瘤、子宫蓄脓、膀胱麻痹及渗出性腹膜炎相区别。

【防治】 在治疗原发病的基础上，结合对症疗法。速尿每千克体重2～5 mg，口服，或抗醛固酮制剂每千克体重4 mg，分2次口服，合用效果更佳。为防治低钾血症，可静脉注射10%氯化钾。腹水严重潴留造成剧烈呕吐、呼吸困难的犬穿刺排液量不能超过每千克体重40 mL，而且要缓慢进行。若是漏出液则可静脉或皮下再注射。犬应用葡萄糖醛酸制剂每千克体重40 mL，分3次口服。肾上腺皮质激素类药物也有明显效果。给予高蛋白、低钠的食物，限制饮水等，均可缓解症状。

（二十七）肝脏肿瘤

肝脏肿瘤(Liver tumor)指肝肿瘤和肝癌。本病主要发生于犬，猫发生率较低。由于本病在出现明显的临床症状时其肿块已长得比较大，故其一般预后不良。

【诊断】 临床症状主要有腹胀、食欲差、有时出现呕吐，且病情发展很快。腹腔触诊可发现肿块，直径达数厘米，形状不规则，多数病例伴发腹水。腹腔窥镜检查或剖腹探查可以确诊；超声检查、放射检查和血液生化检查对于本病的诊断也有意义。

虽然肝的肿瘤有良性与恶性之分，但因其肿瘤细胞分化良好，一般在组织学上难以区分其性质。有些病例因肿瘤被膜突然破裂、大出血而突然死亡。

【防治】 本病也可手术治疗，但如肿瘤已转移到邻近淋巴结或肺，则预后不良。

(二十八)犬细小病毒病

犬细小病毒病是由犬细小病毒引起的一种接触性传染病。临床表现以急性出血性肠炎和非化脓性心肌炎为特征。在我国犬群中时有发生,散养犬也多有发生,危害极大。

【诊断】

(1)流行特点。所有犬均可能感染,断奶幼犬最易感染,病情较重。病犬的粪便、尿液、呕吐物以及康复犬和无临床症状的带毒犬,都是重要的传染源。本病一年四季均可发生,多数散发,城市犬的感染率较高,呈地方性流行。

(2)症状。潜伏期为 7～14 d,临床上常见两种类型。

肠炎型:病犬体温升至 40～41℃,精神沉郁,食欲减退,呕吐,排黏液性或脓性粪便。病情恶化时,食欲废绝,剧烈呕吐,腹泻,粪便恶臭,混有多量血液而呈酱油色。血液白细胞明显减少,血清总蛋白含量下降,最后严重脱水,衰竭死亡。

心肌炎型:多见于 3～10 周龄的仔、幼犬,病犬脉搏快而弱,呼吸困难,可视黏膜苍白,心脏听诊有杂音,常因急性心力衰竭而突然死亡,死亡率可达 70%以上。

(3)剖检特征。主要在消化道,以空肠、回肠的变化最明显。肠黏膜坏死、脱落,肠内空虚或混有多量血液。肠系膜淋巴结肿大,充血,出血。心肌炎综合征幼犬,肺脏严重水肿,肺浆膜面出血,心肌和心内膜上有非化脓性坏死灶,心肌纤维严重损伤,有出血性斑纹。

(4)实验室检查。

①粪便电镜检查:将粪便或肠内容物用氯仿处理后进行低速离心,取其上层悬液滴于铜网上,用磷钨酸负染后在电镜下观察,可见到大小一致,散在的病毒粒子,呈聚集状的病毒抗原。

②血清学检查:以血凝试验检测粪便和细胞培养物中细小病毒的血凝效价。血凝抑制试验可用于检测血清抗体。

此外,免疫荧光检查、酶联免疫吸附试验和免疫电泳学方法,也有可靠的诊断价值。

【防治】　该病的特点是病程短急,恶化迅速。心肌炎综合征型病例常来不及抢救即已死亡。肠炎综合征型病例及时合理治疗,可明显降低死亡率。常见的方法是在早期大剂量注射高免血清的同时,进行强心、补液、抗菌、消炎、抗休克等中西结合对症治疗。同时注意保暖、禁食等护理。在腹泻期间,停喂牛奶、鸡蛋、肉类等高脂肪高蛋白性食物,有利于减轻胃肠负担,提高治愈率。补液可根据犬的脱水程度和全身状况,决定所需要添加的其他成分和需要静脉注射的总量。呕吐严重的可肌肉注射爱茂尔、灭吐灵。休克症状明显的可肌肉注射地塞米松注射液。用口服补液盐让其饮水，对纠正酸中毒、电解质紊乱和脱水也可收到明显的效果。

目前国内多用同源或异源灭活苗预防注射，可获得较好的免疫效果。我国研制的犬五联苗及荷兰英特威生产的犬七联苗目前均已在临床上使用。

（二十九）犬瘟热

犬瘟热是由犬瘟热病毒引起的，是感染肉食兽中的犬科（尤其是幼犬）、鼠科及一部分浣熊科动物的高度接触性传染病，病犬早期表现双相热型，急性鼻卡他。随后以支气管炎、卡他性肺炎、严重胃肠炎和神经症状为特征，少数病例出现鼻端和脚垫的高度角化。死亡率有时高达80%以上。康复后还易遗留有麻痹、抽搐、癫痫样发作等后遗症，是当前对犬危害最大的疾病。

【诊断】 病犬是本病最重要的传染源。病毒大量存在于鼻液、唾液中，也见于泪液、血液、淋巴结、肝、脾、胸、腹水中，并能通过尿液长期排毒，污染周围环境。有些病犬临床恢复后，可长时间的向外界排毒，成为不被人们注意的传染源。不少犬场就是因为购进了带毒病犬引起了本病的流行。主要传播途径是病犬与健康犬直接接触，通过空气飞沫经呼吸道感染。犬也可通过胎盘垂直传播，造成流产和死胎。

本病一年四季均可发生，以冬、春季多发，有一定的周期性。据报道，每隔2～3年有一次大的流行。不同年龄、性别和品种的犬均可感染，以不满1周岁的幼犬最易感染，犬群中自发性犬瘟热发生的年龄与幼犬断奶后母源抗体的消失有关。纯种犬和警犬比土种犬的易感性高，且病情严重，死亡率高。康复犬可获得终身免疫。

犬瘟热的潜伏期随传染来源的不同，长短差异较大。来源于同种动物的潜伏期3～6 d，来源于异种动物，因需要经过一段时间的适应，潜伏期可达30～90 d。

犬瘟热的症状表现多种多样，与病毒的毒力、环境条件、犬只的年龄及免疫状态有关。病初体温升高至39.5～41℃，持续1～3 d后体温下降至常温，病犬精神、食欲略有好转，既而再升高持续一定时间，病情恶化，鼻眼有浆液性分泌物流出。病犬打喷嚏、咳嗽、呼吸困难，多呈腹式呼吸，有时出现呕吐，严重腹泻，排带有黏液的稀便，严重时排高粱米汤样的血便，里急后重，最终因严重脱水和衰竭而导致死亡。当中枢系统受侵害时，出现阵发性痉挛、共济失调、癫痫样惊厥及后肢瘫痪，多数患犬腹部和腹内侧出现水疱性、脓包性皮疹，慢性病犬多发生硬足掌。

该病病型复杂，又易与细菌、病毒混合感染或继发感染，所以诊断较为困难。因此，仅靠临床症状和流行病学材料，只能做出初步诊断，最后确诊必须通过病原学和血清学检查。

【防治】 该病无特效治疗方法，感染犬瘟热后出现临床症状之前的最初发热期间给予大剂量高免血清，可使免疫状态增强到足以防止产生临床症状，这样情况仅限于已知感染而刚开始发热的青年犬，当出现神经症状时，使用高免血清则效果不佳。

犬感染犬瘟热后带有继发细菌感染，因此发病后配合使用抗生素和磺胺类药物，可减少死亡，缓解病情。根据病犬的病型和对症治疗。加强饲养管理和注意饮食，结合采用强心、补液、解毒、退热、镇痛等措施，具有一定的治疗作用。

患犬瘟热的康复犬能产生坚强持久的免疫力，因此，防治本病的合理措施是免疫接种。仔、幼犬可自母体胎盘和初乳中获得母源抗体，能维持抵抗感染2～15周。注射疫苗后1～2周产生抗体，4周后达到高峰，母源抗体对弱毒苗的免疫效果有一定的干扰。其免疫程序为：未吃初乳的仔犬，在生后2周接种疫苗，正常哺乳的幼犬在断奶后2周接种。以后每年接种疫苗1次，目前国内广泛使用的是第四军医大生产的犬五联苗和荷兰英特威的犬七联苗。

（三十）犬轮状病毒感染

犬轮状病毒感染主要侵害新生幼犬，以腹泻症状为特征的急性接触性传染病。成年犬多呈亚临床感染。

【诊断】 传染来源主要是病犬和隐性带毒犬。传播途径以消化道为主，含毒粪便污染用具和周围环境而使健康犬发生感染。

病犬一般先呕吐后腹泻，粪便呈黄绿色或褐色，夹杂有中等量黏液，严重病例粪便中混有少量血液。病犬被毛粗乱、肛门周围皮肤被粪便污染，轻度脱水。与其他病毒性疾病不同的是病犬自始至终精神、食欲基本保持正常，可作为临床鉴别的参考。

由于导致犬腹泻的病原很多，因此，依据临床症状只能做出初步诊断，确诊要做实验室检查。

大多采用电镜检查，也可采用免疫荧光及反向免疫电泳试验。近年来，主要采用酶联免疫吸附试验，方法简单，敏感性高，特异性强，可区分各种动物轮状病毒。

【防治】 对该病犬主要进行对症治疗。重点是输液补水、补充电解质。并同时注射抗生素控制继发感染。治疗及时，方法得当，能收到明显效果。补液以林格式液和5%葡萄糖液的1∶2混合液为宜，并根据病犬的皮肤弹性、眼球下陷程度和红细胞压积容量决定补液的量。

本病无疫苗可供使用，注意加强管理，提高犬只的抗病力。

（三十一）犬冠状病毒感染

犬冠状病毒(Canine corona virus，CCV)可使犬发生轻重不一的胃肠炎症状，临床上表现为剧烈的呕吐、腹泻、沉郁、厌食，症状消失后 14～21 d 仍可复发，是当前对养犬业危害较大的一种传染病。

【诊断】 传染来源主要是病犬和带毒犬，病犬排毒时间为 14 d，保持接触性传染的能力为期更长。病犬经呼吸道、消化道随口及鼻液和粪便向外排毒，污染饲料、饮水、器具和周围环境、直接或间接地传给有易感性的动物。

本病一年四季均可发生，以冬季多发，可能与 CCV 对热敏感、对低温有相对的抵抗力有关。较高的饲养密度、较差的饲养卫生条件、断奶、分离、运输等饲养管理条件突然地改变，气温骤变等都会提高感染和临床发病的几率。

本病传播迅速，数日内即可蔓延全群。人工感染潜伏期 24～48 h，自然病例潜伏期 1～3 d，病犬嗜眠、衰弱、厌食、最初可见持续数天的呕吐，随后开始腹泻，粪便呈粥样或水样，黄绿色或橘红色、恶臭、混有数量不等的黏液，偶尔可在粪便中看到少量血液，临床上很难与犬细小病毒区别，只是 CCV 感染时间更长，且具有间歇性，可反复发作。有的幼犬，在发病后 24～36 h 死亡，发病率较高，致死率随日龄增长而降低，成年犬几乎没有死亡。

本病流行特点，临床症状，缺乏特征性变化，在血液学和生物化学方面也没有特征性指标，因此，确诊必须依靠病毒分离，电镜观察和血清学检验。

【防治】 国内外至今尚无疫苗可供使用。发生本病，可采用胃肠炎的治疗措施，以对症治疗为主。如止吐、止泻、补液、用抗生素防止继发感染。肌肉注射地塞米松以治疗微循环障碍和休克等。一般感染不严重，常能自愈。

十八、肿　瘤　病

临床上将肿瘤分成良性和恶性肿瘤两种。肿瘤分类一般根据其来源的组织来进行，每一类别又按照肿瘤细胞的分化程度及其对动物健康的影响而分为良性和恶性肿瘤两类。小动物肿瘤疾病的发生率高，因为小动物尤其是犬、猫、观赏鸟等伴侣动物的寿命不断地延长，造成伴侣动物的发生率明显高于家畜。肿瘤是异常出现的组织（或者细胞群），生长速度比正常组织快，恶性肿瘤对组织和动物的生命影响大。

在世界范围内，犬、猫的皮肤肥大细胞瘤和鳞状细胞癌最为常见。国内的小动物肿瘤的发生率、品种因素和地区性影响等情况尚无可信的资料统计数据。从目前我国小动物临床的肿瘤病例上看，可以见到许多种犬、猫的肿瘤，例如，腺体瘤（尤其是乳腺瘤）、鳞状细胞癌、各种肉瘤、基底细胞瘤、脂肪瘤、纤维瘤、色素瘤、血管瘤、软骨瘤、生殖器官（公犬的阴茎、母犬产道等为主）的肿瘤以及卵巢的种植性肿瘤等，临床的肿瘤手术中，乳腺瘤的比例最大。有些品种的动物肿瘤的发生率较高，尤其是纯种犬。从年龄上看，老龄犬患肿瘤病的比例最高。

肿瘤的命名主要根据以下方法：良性肿瘤是在肿瘤来源组织的名称后加上“瘤”字来命名的，例如，腮腺瘤、血管瘤、脂肪瘤等。恶性肿瘤的命名比较复杂，来源于间叶组织的恶性肿瘤被称为“肉瘤”，例如，淋巴肉瘤、横纹肌肉瘤、血管肉瘤、骨肉瘤等；由上皮组织形成的肉瘤叫做“癌”，例如，耳盯聍腺癌、鳞状细胞癌等；对于来源于神经组织和未成熟的胚胎组织的恶性肿瘤的命名，通常采取在发生肿瘤的组织或者器官的前面加上“成”字构成，也可以在来源组织的后边加上“母细胞瘤”4个字，例如，肾细胞瘤、成神经细胞瘤等；对于某些来源还有争论的恶性肿瘤，一般是在肿瘤的名称之前加上“恶性”来完成命名，例如，恶性黑色素瘤等。

肿瘤的临床诊断方法包括以下几种：

【活组织检查】 简称活检。活检是一种迅速而准确的临床诊断方法，取肿瘤组织块、穿刺物、刮落的或者脱落的细胞碎片在显微镜下由兽医病理专家进行鉴定。在做活检之前，应当了解被检查动物的基本情况，例如，动物种类、性别、品种、年龄、肿瘤的生长部位、生长速度、外观、触诊的情况等，以便有的放矢。

【仪器诊断】 X 射线透视、拍 X 光片是判断肿瘤部位的有效方法，临床上经常采用；如果有必要，B 超诊断可以协助兽医对腹腔肿瘤做出判断。各种窥镜的使用是准确的临床诊断手段，例如，食道、胃窥镜，结肠镜，腹腔镜等已经开始在国内兽医临床上使用。CT 诊断的准确性好，只是设备昂贵。

【免疫病理学检查】 通过检查与肿瘤有关的抗原和抗体来进行。

【组织化学检查】 用来鉴别与正常组织结构和形态相似的肿瘤，在病理实验室进行。

【临床鉴别诊断】 指视诊、触诊和问诊相结合的传统方法，当兽医缺乏必要的仪器时，只能由此方法做临床鉴别，主要问清楚肿瘤的生长速度，表面状况，与周围组织的界限是否清楚，生长方式，是否持续出血，是否发生转移等情况。应当注意，当肿块在 2～3 d 出现，有压痛和发热，一般是细菌感染，经消炎药治疗后退烧，肿块随之缩小。

【肿瘤的治疗】 肿瘤治疗按照学科划分，可以分为：外科肿瘤学，临床主要表现为手术切除；内科肿瘤学，主要包括化疗、生物治疗、基因治疗和中西医结合治疗；肿瘤介入疗法，主要包括颈动脉导管化疗、栓塞治疗、消融治疗等；放射肿瘤学，主要包括各类射线放疗等治疗方式。

肿瘤的治疗在确定了肿瘤的性质和位置之后才能进行。应当考虑动物的年龄和身体机能状态。采用的治疗方法可以是一种或者多种方法相结合来进行。

【药物治疗】 用于手术不宜实施或者手术不能根治的肿瘤,采取药物化疗是一种常见的治疗手段,临床上发展很快,但是目前尚不能很好地解决多数病例的问题,也用于手术治疗的配合措施。

【仪器治疗】 磁疗、放射疗法和超声治疗等是治疗难以通过手术根治的肿瘤病的措施。

【手术摘除】 对于多数良性肿瘤(已经确定了肿瘤范围的),通过手术摘除肿瘤是最有效的临床治疗方法,应用广泛。对于某些非良性肿瘤,如果动物主人要求手术,则手术的切除范围应当比肿瘤的体积大一些,一般超过肿瘤边缘至少 1 cm。手术时应当注意先结扎血管、淋巴管,然后再摘除肿瘤组织块。

【其他方法】 包括非切除性外科治疗、载体导向治疗、中医疗法、免疫疗法等,均在临床上针对不同病例和病例的不同阶段有不同的治疗作用。

【立体定向杀肿瘤】 三维立体定向放疗照射是一种新的治疗方法,效果和对周围组织的影响均好于二维平面放射的方法。临床上已经将三维立体定向放疗照射与传统治疗方法相结合,用于鼻咽癌、前列腺癌、肺癌、肝癌和胰腺癌的治疗,提高了治疗的效果。

(一)小动物皮肤肿瘤概述

小动物(以犬、猫为主)皮肤的肿瘤在临床上比较容易被发现,由于皮肤与外界的直接接触,化学性因素、放射性因素、病毒性因素、激素和遗传性因素都是皮肤肿瘤发生的原因。由于皮肤肿瘤的多样性,一般在临床上将皮肤肿瘤分成以下几类:痣、良性肿瘤、轻度恶性肿瘤和恶性肿瘤。所谓轻度恶性肿瘤在皮肤中呈局部性浸润,通过手术可以切除,切除后常有复发的现象,但是很少转移恶性肿瘤。

小动物的皮肤肿瘤一般呈结节状或者丘疹状,不同的病例中可以见到局部或者全身脱毛、红斑、色素沉着,甚至皮肤溃疡。皮肤的肉芽肿、囊肿和脓肿易与皮肤肿瘤相混淆。临床上鉴别良性与恶性皮肤肿瘤的临床鉴别诊断方法有一定实用性,但是其准确性在某些病例中并不高,例如,有些恶性肿瘤在早期触诊时可以见到有包膜的肿块。因此,皮肤肿瘤的确诊应当通过组织病例学观察或者细胞病理学诊断。

皮肤肿瘤的治疗应当按照以下步骤进行:首先根据肿瘤的发生部位、大小、类别、动物的症状等确定治疗措施,然后选择治疗方法。对于老龄犬,如果确诊为良性肿瘤，而且肿瘤不大、未溃疡、不影响犬的机能，可以暂时不采取治疗手段；对于影响动物正常机能或者外观的良性肿瘤以及侵袭性强的肿瘤，通过手术摘除肿瘤是最佳的治疗手段；如果不能断定肿瘤是良性和恶性的而又必须尽快手术的病例，切除肿块时应当做比肿块多出至少 1 cm 范围的组织切除术，手术结扎要彻底；对于有些不能完全切除的皮肤肿瘤，可以采用冷冻疗法，或者实施部分切除配合化疗、放射等治疗措施。恶性肿瘤的主要治疗方法是化疗，也可以采用激光、光化疗等手段，使动物的生命得到延长。

（二）皮肤乳头状瘤

小动物皮肤乳头状瘤的发生有年龄性因素，青年犬的皮肤乳头状瘤的病因是病毒，虽然已经有关于鱼和鸟的乳头状瘤以及猫非病毒性乳头状瘤的病例报道，但是老龄动物的乳头状瘤的发病原因仍然不详。造成年轻动物皮肤乳头状增生的病毒是乳头状病毒科的小型双链 DNA 病毒，犬和兔各有两种，为直接接触传染，病毒也可以通过污染物和昆虫传播。

青年犬的皮肤乳头状瘤有口腔乳头状瘤和皮肤乳头状瘤 2 种临床类型。口腔乳头状瘤一般呈多发性、灰白色、菜花样，病情严重时影响咀嚼，并造成继发性感染，此时伴发口臭现象。皮肤乳头状肿瘤主要发生在眼睑、面颊、四肢等部位。

手术治疗最好选择在皮肤乳头状瘤的成熟后或者消退时，或者当溃疡和出血发生时，因为在其生长阶段手术可能会刺激其生长和复发。传染性的乳头状瘤可以自愈，但是病程各不相同。

（三）良性非病毒性乳头状瘤

其形态学变化与病毒性乳头状瘤相似。青年犬的发生率比其他动物高。临床上良性非病毒性乳头状瘤以色素沉着、过度角化的丘疹和斑块的形式出现，影响外观，而且容易诱发细菌感染。

面积小的良性非病毒性乳头状瘤可以经过手术除去，面积大的肿瘤一般不做手术，而是采取局部使用角质蛋白溶解剂和润肤剂的控制治疗措施。

（四）基底细胞瘤

基底细胞瘤是一种良性肿瘤，主要发生在中老龄的犬和猫，犬的发生率更高。犬、猫的基底细胞瘤一般来源于表皮，但是缺少表皮附属物，可以发生在皮脂腺、顶浆分泌腺和毛囊内。

基底细胞瘤有色素沉着，呈椭圆形，表面光滑，无毛或者溃疡；肿瘤呈膨胀性生长，有蒂，与周围组织界限清楚，在表皮下的组织中可以移动，质地坚实。犬主要发生在头部、肩部和颈部，可卡犬易发生；猫的发生部位不定，安哥拉猫、暹逻猫、喜玛拉雅猫的发生率较高。

手术切除肿瘤是首选的治疗措施。只有猫的多中心性基底细胞瘤手术后偶见复发。

（五）皮肤鳞状细胞癌

鳞状细胞癌起源于表皮棘细胞或者毛根外鞘的上皮，穿过生发层并且侵害其下的结缔组织，可以进一步扩散到周围的组织甚至骨组织中，但是发生的速度并不快。

犬的鳞状细胞癌主要出现在四肢末梢、头部、颈部、肩部和腹部，病因不详，但是发病率随年龄而增长；苏格兰犬、北京犬、拳师犬、贵妇犬的发生率高。发病初期以局部皮肤苔藓化、角化过度和红斑（光化性角化）为主，逐渐生长并有溃疡，与周围组织界限不明显。

猫的皮肤鳞状细胞癌一般与慢性阳光性皮肤损伤有关，耳廓和眼睑的（白色）皮肤发生率高一些，而非光化性癌变主要出现在趾部。病初的症状与犬的光化性角化症相似，病灶小但是侵袭性强，皮肤局部隆起而边缘坚硬。光过敏性皮炎在猫常见，主要发生在白猫的耳尖和其他暴露的部位，但是肿瘤的发生可能持续几年的时间。

手术完全切除和冷冻手术是两种最常采用的方法。对于分化良好的皮肤鳞状细胞癌可以手术切除，对于分化不好的肿瘤手术后可能出现局部复发或者转移；猫也可以采取放射疗法，而治疗犬的多发性腹部光化性角化症或者鳞状细胞癌不易手术治疗的病例，可以局部应用二硝基氯苯或者5%的5-氟尿嘧啶进行治疗。

（六）皮脂腺瘤

犬的皮脂腺瘤发生率高于猫，并且以老龄犬为主。皮脂腺瘤有5种，或者被称为同一疾病的5个不同的阶段。

【皮脂腺痣】 犬散在地发生，病变呈线状（长几厘米）或者环状（直径数厘米）。

【皮脂腺增生】 主要发生在老龄的猫和犬，主要出现在眼睑、头部和躯干部。眼观呈丘疹状，表面角化，皮脂腺痣的直径小于1 cm。

【皮脂腺瘤】 虽然许多小动物都会出现此病，但是犬（尤其是成年犬）的发病率高。眼观病变与皮脂腺增生相似，主要出现在胸部和腹部；有些品种的犬发病高，例如，猎狐㹴、可卡犬、贵妇犬、比格、猎獾犬、凯利蓝㹴、波士顿㹴、挪威刚毛猎犬等。

【皮质瘤】 即皮脂腺上皮样瘤，是一种良性肿瘤，呈结节状，犬偶见发生，而猫十分罕见。病变处皮肤溃疡，直径可达数厘米，有时可以见到表皮丘疹和色素沉着。

【皮脂腺癌】 一般发生在中老年犬、猫，病变直径基本上不超过 2 cm，表面溃疡，在本病的晚期可以发生转移和扩散。

良性的皮脂腺瘤可以不必治疗，当发生继发性细菌感染时可以对症治疗。皮质腺癌可以手术，但是切除要彻底，同时切除少量周围的健康组织是必要的。一般配合应用放射治疗。少数病例在手术后会出现转移现象，主要转移到局部淋巴结和肺。

（七）良性纤维母细胞瘤

良性纤维母细胞瘤属于结缔组织肿瘤的一种，包括以下几种类型。

【胶原纤维痣】 这种局部性皮肤发育缺陷是由于胶原蛋白过度沉积形成的，犬的发生率高于猫，以中老年犬、猫为主，常见于头部、颈部和四肢下部，结节状隆起，表面呈乳头状，病变偶见于皮下和脂肪组织中。手术可以切除。

【结节状皮肤纤维增生】 临床上常见于 3～5 岁的德国牧羊犬，是因常染色体异常造成的多发性胶原纤维痣，与囊肿性肾癌和多发性子宫平滑肌瘤有关。病变为结节状，主要出现在四肢、爪部、头部和躯干，有时是对称性分布；当皮肤病变出现后，肾脏疾病还会持续 3～5 年，目前尚无阻止肾和子宫平滑肌瘤发生的有效措施。

【纤维瘤】 本病主要是由纤维母细胞的增生性变化引起的，结节状或者丘斑状散在分布，表面无被毛，质地坚实，有波动感。手术可以切除。

而纤维肉瘤则是恶性的肿瘤。

【软垂瘤】 主要出现在老龄犬，大型犬的发病率比小型犬高，病变为单个或者数个不等，乳头状，有蒂，病犬的复发率高。治疗方法包括手术、冷冻和电烫等。

（八）皮肤黑色素瘤

皮肤的黑色素瘤有良性和恶性之分，常见的小动物皮肤黑色素瘤有以下 3 种。

【犬皮肤良性黑色素瘤】 本病的发生以中老年犬为主，有些品种的犬发病率高一些，如苏格兰㹴、笃宾犬、爱尔兰塞特犬以及雪纳瑞犬等。肿瘤一般出现在头部或者前肢。此肿瘤呈斑块状隆起，表面有色素沉着，可能有蒂，有时呈紫色。手术可以摘除肿瘤。

【犬恶性黑色素瘤】 主要发生在唇部、口腔的皮肤与黏膜交界处或者爪垫部，被毛多的部位发生率低，有时出现在腹部和阴囊部，公犬比母犬的发病率高。肿瘤隆起于皮肤，呈溃疡状结节，有色素沉着；唇部皮肤与黏膜交界处的肿瘤呈乳头状，可能有蒂；爪垫部发生肿瘤时局部肿胀，爪甲脱落，爪部的骨组织受到破坏。可以进行手术切除肿瘤，但是常复发。手术后进行多次放射治疗有助于缓解临床症状。

【猫皮肤黑色素瘤】 猫皮肤黑色素瘤的发病率并不高，主要发生在中老年的猫，常见于头部和身体的末梢部位，位置浅，与周围组织的界限清楚，有时直径可达数厘米大小，以良性为主，可以通过手术摘除肿瘤。

（九）皮肤脂肪瘤和脂肪肉瘤

皮肤脂肪瘤和脂肪肉瘤犬的发生率明显高于猫，临床上良性的皮肤脂肪瘤比恶性的脂肪肉瘤发病率高，并且主要发生在中老年的肥胖母犬的腹肋部、胸部、腋窝以及腹股沟的皮下脂肪。

临床上的良性皮肤脂肪瘤外观比较大，界限明显（有一薄的纤维包膜包裹），表面的皮肤无异常现象，触诊柔软，有时感觉似囊状。有些皮肤脂肪瘤侵入到肌肉间。脂肪肉瘤呈弥散性侵袭性生长，团块状，质度坚硬，表皮溃疡。这些肿瘤含有丰富的血管，肿瘤细胞浆中有数量不等的脂滴。

治疗的主要措施是手术。但是，当肿瘤较大时，通过限制犬的饲喂量可以在一定程度上使肿瘤缩小，有利于手术的实施。对于侵入到肌肉间的肿瘤，由于难以保证彻底地切除肿瘤，局部复发的可能性很大，甚至转移到肺，因此需要在手术前向犬的主人交代清楚。

（十）皮肤肥大细胞瘤

犬的皮肤肥大细胞瘤的病因不详，有人认为是病毒感染造成的，但是尚存争议，除了皮肤型的，还有白血型和内脏型肥大细胞瘤。临床发生率占犬肿瘤病例的前几位，有品种易感性。发生部位不定，散在或者成群出现，生长速度不同，柔软或者呈结节性团块状，触摸时感觉似乎有包膜但实际上没有包膜存在。当肿瘤侵入皮肤后可以引起溃疡。

猫的皮肤肥大细胞瘤个体小，有独特的组织细胞型。猫肥大细胞型的肿瘤以头部和颈部为主，呈单个无毛的结节，直径 2～3 cm，多发生在 4 岁以上的猫，有时扩散到皮下脂肪组织。组织细胞型的猫肥大性细胞瘤多见于 4 岁以下的暹逻猫，肿瘤位于皮下，突起，一般直径小于 0.5 cm，但是数量多，分布的区域广，形态各异。

对于犬，生长缓慢、分化良好的肿瘤通过手术可以切除，手术后大部分犬可以痊愈。分化差、生长快的肿瘤易转移，预后慎重。一般将犬的皮肤肥大细胞瘤分型，Ⅰ型的在切除肿瘤结块时，将周围 3 cm 以上的健康组织一起切除掉，如果手术后病理检查发现肿瘤细胞已经扩散到周围组织，必须做二次手术或者采取放射治疗的方法。Ⅱ型的肥大细胞瘤可以手术，也有人采取给予强的松龙和放射疗法。Ⅲ型、Ⅳ型肥大细胞瘤可以按照前 5 d 口服强的松龙 2 mg/kg，之后每天按照 0.5 mg/kg 的剂量继续服用；有人采用病灶内注射氟羟强的松龙的方法，以 1 mg/kg 的剂量应用 2 周。同时以 4 mg/kg 的剂量注射西米替丁，可以防止胃肠溃疡，并且有抗肿瘤活性。

猫的皮肤肥大细胞型的种瘤可以手术切除，术后少数病例出现转移。而组织细胞型的猫肥大性细胞瘤可以自然恢复，不必治疗。

（十一）皮肤血管肿瘤

皮肤的血管肿瘤常见以下 3 种：皮肤血管周细胞瘤、皮肤血管瘤和恶性血管内皮瘤。

【皮肤血管周细胞瘤】　主要见于中老年犬，以四肢的皮下组织为主，表面为灰白色或者灰黄色，呈多叶性、橡皮样团块状，质度坚硬，与周围组织界线清楚；紧贴于皮肤，但是有可能侵害深部组织；虽然生长速度不快，却可以长得很大。

手术可以切除肿瘤，如果手术切除不彻底，会复发。

【皮肤血管瘤】　皮肤血管瘤起源于血管内皮，位于真皮的结缔组织中，以犬为主。常见于背部和腹肋部的皮下组织中，椭圆形，直径 0.5～2.0 cm，界限清楚，表面皮肤可能脱毛。手术可以切除犬的皮肤血管瘤。

【恶性血管内皮瘤】　恶性血管内皮瘤也起源于血管内皮，生长快，侵袭性生长因而与周围组织界限不清楚。可以长得很大，表面溃疡、出血、甚至坏死，质度脆。手术切除不彻底则复发。

（十二）乳腺的肿瘤

临床常见良性混合性乳腺瘤、乳腺瘤和乳腺癌 3 种乳腺系统的肿瘤病。犬的乳腺肿瘤的发病率最高，在国内外犬的肿瘤临床病例中，约 50%是母犬的乳腺瘤病例。

良性混合性乳腺瘤主要发生在中、老年母犬，在发情期结束时肿瘤增长快，一般常见多个乳腺同时发病。良性混合性乳腺瘤的外观凹凸不平，表面光滑，质度坚实，瘤体较大，触诊乳腺瘤可以移动；有时，乳腺瘤的表面皮肤由于与地面摩擦，可能造成破损。

良性混合性乳腺瘤与周围组织的界限清晰，有纤维膜包裹；细胞分化良好，包括由规则的腺泡结构组成的上皮和黏液瘤组织的间质结构等，常见以一种成分为主。由于有恶性发展的趋势，应当在发生肿瘤的早期切除。

乳腺瘤一般是混合性的肿瘤，体积不大，有包膜，与周围组织界限清楚，质度坚实。乳腺癌与周围组织界限不清，生长速度快，容易发生表面溃疡或者继发感染。乳腺瘤和乳腺癌起源于乳腺导管或者乳腺腺泡上皮，与其他动物相比，猫的乳腺瘤和乳腺癌一般是恶性的。

乳腺瘤和乳腺癌的治疗也是以手术为主，良性的肿瘤切除单个乳腺，恶性的肿瘤则应当切除全部乳腺或者乳区，切除时应当将乳腺周围至少 1 cm 的健康组织一并切除；对于恶性的乳腺瘤，应当同时切除卵巢甚至子宫。化疗的临床治疗效果不理想。

在第一次发情之前摘除卵巢，可以大大地降低母犬的乳腺肿瘤发生率。

（十三）卵巢的肿瘤

卵巢的肿瘤有腺瘤和腺癌两种。在临床病例中以犬、猫为主，常见腹部增大，伴发腹水，而一般不引起功能性改变。超声诊断或者腹腔窥镜可以发现肿瘤一般是单侧的，个体比较大。腹腔探查可以发现卵巢肿瘤的存在，外观呈大小不同、数量多的肿块形成囊状，囊内有液体，囊外有包膜包裹。临床上可见，腺瘤的包膜厚，与周围组织界线清楚；腺癌个体大，呈浸润性生长，肿瘤可以扩散到周围与其接触器官的浆膜上，如犬的卵巢类甲状腺素癌。

手术是主要的治疗方法，但是，卵巢癌的转移性大，如果手术时在卵巢周围器官的浆膜上发现有大量的肿瘤结节，应当监测肺脏、肝脏等器官是否有肿瘤的转移；如果卵巢癌已经大面积地转移，应当对动物实施安乐死。

（十四）子宫的肿瘤

子宫的肿瘤主要是良性的，包括子宫腺瘤和腺癌。腺瘤的个体大，突出于子宫内，有蒂，大小不等，呈囊肿样，囊内有液体存在。腺癌呈扁平状，侵袭性生长，与周围组织界限不清楚，常造成被侵袭组织表面溃疡。

子宫的肿瘤可以通过切除整个子宫而治愈。

（十五）阴茎的肿瘤

临床上见到的小动物的阴茎肿瘤主要是犬的传染性交媾性肿瘤。本病的发生有地区性因素，热带地区的发病率高。病灶出现在阴茎黏膜上，偶见于包皮上。肿瘤可以在体内转移，也能通过交配行为传染给母犬。

病灶呈菜花状、有蒂或者结节状、乳头状，也有呈小叶状的病例。肿瘤硬但是容易碎，一般不容易被发现，有时出现尿中带血的现象，不要误诊为尿血。

犬传染性交媾性肿瘤的治疗方法有手术、化疗和放射性治疗。化疗为首选的措施，一般使用硫酸长春新碱治疗 6 周。手术可以切除肿瘤，但是很难确保将全部肿瘤切除干净。

（十六）淋巴肉瘤

淋巴肉瘤是多类型的肿瘤，犬、猫等小动物均有发生，临床上以多中心型、消化型和胸腺型淋巴肉瘤为主。

猫的淋巴肉瘤以消化型和胸腺型多见。消化型淋巴肉瘤的症状包括：严重的腹泻和下痢，厌食和呕吐，贫血；触诊腹腔可以摸到增粗的肠段（有肠道肿瘤），肠系膜淋巴结增大。

犬的淋巴肉瘤类型多，其中多中心型淋巴肉瘤的病例主要症状是外周淋巴结和扁桃体肿大，肝脏和脾脏增大，淋巴结坚硬而且变大，在严重的病例淋巴结可能坏死甚至部分液化。有的病例可以见到结节状肿瘤出现在肝脏、脾脏、心脏和肺脏。犬的淋巴肉瘤主要发生在 4 岁以上的犬。

胸腺型淋巴肉瘤主要出现在幼龄动物和 3 岁以下的动物，常常出现无征兆死亡，有些病例表现为短时间的厌食和呼吸抑制后死亡。

【诊断】 胸腺型淋巴肉瘤的病例从 X 射线片中可以看到胸廓的前半部有一个不透射线的肿块。淋巴结涂片和活组织检查，可以鉴别肿瘤的类型；当感染发生时，白细胞总数增加。

猫的淋巴肉瘤是由反转录 RNA 病毒引起的，用荧光素标记的兔抗猫白血病病毒血清处理猫的外周血液涂片或者骨髓涂片，会出现明亮的绿色荧光，对本病的诊断有临床意义。

【治疗】 药物治疗包括给予强的松龙（可以改善症状，使淋巴结肿瘤消退，但是不能降低死亡率）、环磷酰胺、长春新碱、左旋苯丙氨酸氮芥、胞嘧啶阿拉伯糖苷和天门冬酰胺酶等。但是，从总体上看，当临床确诊后，患病动物一般仅能活几十天，安乐死是可取的方法。

（十七）骨肉瘤

骨肉瘤是一种类骨质瘤或者新生骨瘤，也可能是两种并存的癌；骨肉瘤起源于成骨细胞，细胞的形态多样。

骨肉瘤的发生以老龄犬为主，猫也有一定的发生率；骨肉瘤的发病部位在长骨的骨骺端，大型犬和巨型犬的发病率高于小型犬。

发病犬出现跛行，不愿走动，患病部位的骨骼肿胀、疼痛；临床上的主要发病部位是肋骨近端、桡骨近端和胫骨近端，四肢骨肉瘤的患病动物中 90%以上都出现肺部的转移。由于骨变形、变细，容易发生骨折。骨肉瘤一般有骨膜，出血和坏死不可避免。X 射线检查可见患病部位骨骼出现溶骨和骨骼硬化现象，注意与结核或者放线菌引起的骨骼病灶相区别。

截肢治疗后多数病犬会发生肿瘤转移到肺脏的现象；放射治疗和化疗后，临床症状会出现缓解，但是骨肉瘤不会消失。总之，预后不良。

（十八）肺癌

犬的肺癌有柱状细胞或者支气管源性癌、立方状细胞或细支气管肺泡源性癌。猫的多数肺癌是柱状细胞类型。

原发性肺癌一般是单个的，发生率低于转移性肺脏肿瘤。肺内出现广泛性转移的肿块，患病动物出现咳嗽、发绀、厌食和体重减轻的现象；X 射线检查可见肺脏出现数量不等的不透明团块。

由于肺内容易出现转移，所以预后慎重。

（十九）观赏鸟肿瘤

观赏鸟的肿瘤发生率高，肾腺癌是鹦鹉雄鸟死亡的主要原因，造成幼年雄鸟跛行、体重减轻，触诊腹部可以发现肿块；雌鸟主要发生卵巢肿瘤。性腺肿瘤也有一定发病率。纤维肉瘤主要出现在鸟的翅膀、腿部和面部。淋巴肉瘤和禽白血病样综合征也有发生，金丝雀的脾脏肿大值得注意，并且应该与弓形虫病进行鉴别。

保守疗法会有一定的效果，引流可以缓解性腺肿瘤的症状。手术治疗在适宜的病例中实施率高，但是安乐死也是一种必要的选择。

虎皮鹦鹉的脂肪瘤与肿瘤、甲状腺机能减退、遗传以及肥胖有关，应当控制体重。

泄殖腔乳头状瘤在金刚鹦鹉群中可以传播，脱垂组织呈红斑状，病灶起源于泄殖腔内缘，可以扩展到嘴部和胃肠道上段。用电烙法可以治疗，但是不能根治。

十九、犬、猫寄生虫疾病

（一）眼虫病

犬　♂　4岁　黑背

【主诉】　该犬为护厂犬，近期该犬双眼流泪、闭合、结膜红，应用各种眼药消炎均未见效果。

【检查】 精神尚可，双眼内眼角被毛潮湿、羞明、流泪、结膜充血。2%利多卡因滴眼，3 min后，翻结膜与瞬膜，均可见线状眼虫。

【结果】 眼虫病。

【分析】 呈急性结膜炎症状，但各种治疗未见效果，考虑犬生活在室外，因而做眼线虫检查。

【治疗】 用眼科球头镊子取出虫体，用消炎眼药滴眼。

（二）肝吸虫病

猫 ♀ 6岁

【主诉】 近十多天，食欲越来越差，近3 d不食并发现口角发黄，有吃河鱼史。

【检查】 精神欠佳，被毛粗乱，消瘦、不喜运动，可视黏膜及皮肤黄染，触诊肝稍肿大。尿呈深黄色、消瘦。

【血检】 嗜酸性细胞增高，生化检查碱性磷酸酶340 μ/L，直接胆红素8 μmol/L。

【粪检】 华支睾吸虫卵（＋＋＋）。

【分析】 食少、黄疸，两者相关，碱性磷酸酶、直接胆红素均增高，有胆管堵塞。肝稍肿大已有器质性病变，诊断为华支睾吸虫病。粪检华支睾吸虫卵。这与嗜酸性细胞增高一致。

【治疗】 吡喹酮15～25 mg/kg，隔日服1次。

（三）蛔虫

犬 ♂♀ 3月龄 一窝6只

【主诉】 该6只犬自家母犬繁殖，近月余6只食欲时好时坏，逐渐消瘦，有吃墙皮现象，经常排软便，有时咳，喂幼犬粮，每日4次。

【检查】 精神尚可，营养不良，腹围增大，可视黏膜苍白。

【粪检】 大量蛔虫卵。

【分析】 一窝6只犬同时营养不良，贫血，首先从营养方面考虑，但该主人喂公司生产的幼犬粮，每日4次。营养问题排除，仔犬易受蛔虫侵袭，从粪检结果可确诊为肠内大量蛔虫寄生引起营养不良。

【治疗】 丙硫苯咪唑 10～15 mg/kg 每日1次
左旋咪唑 1 mg/kg 每日1次
汽巴杜虫丸 每1～2 kg体重口服100 mg 每日1次
伊维菌素 0.1 mL/kg 每日1次

(四)钩虫

犬 ♀ 1岁(犬场)

【主诉】 该犬一段时间消瘦，食欲减退，呕吐、消化不好，有时便秘有时腹泻，大便呈黑色，近几日 可见到便血。

【检查】 精神欠佳，营养不良，被毛粗乱，可视黏膜色淡，排出血便。

【粪检】 潜血(+++)。大量钩虫卵，CPV(—)

【分析】 病程较长，腹泻与便秘交替出现。以 CPV(—)，排除细小病毒感染。粪检大量钩虫卵，确诊为钩虫病。

【治疗】 二碘硝基酚，每千克体重 100 mg，1 次内服。双羟萘酸噻嘧啶每千克体重 6～25 mg，1 次内服。伊维菌素每千克体重 0.1 mL，1 次皮下注射。

(五)绦虫病

猫 ♀ 2岁

【主诉】 该猫数月由肛门向外爬出黄瓜籽大小、白色、能屈伸虫子。肛门周围被毛处可见形似芝麻粒状干硬物，有时粪便中可见片状似虫物，有时腹泻。

【检查】 精神尚可，营养状态一般，肛门周围被毛处可见 2～3 粒芝麻粒状干硬绦虫节生，粪检未见虫卵。

【结果】 绦虫病。

【分析】 绦虫的成熟节片常到体外排卵，因而粪便中经常查不出绦虫虫卵。

【治疗】 吡喹酮，15～20 mg/kg；灭绦灵，150～200 mg/kg，1 次口服，服药前绝食 12 h。

二十、马、牛肢蹄病

(一)肩关节炎

肩关节炎为肩关节疾病的总称。按其性质可分为创伤、挫伤、捩伤、滑膜炎、骨关节炎；按其原因可分为外伤性、风湿性、骨软症性；按性状可分为无败性、化脓性和畸形性；按临床经过可分为急性、亚急性和慢性。

【病因】 肢势不正、削蹄和装蹄不良。机械性损伤，如打击、冲撞、踢蹴、滑走、蹉跌、急剧转弯、跳跃障碍等引起关节组成部分的损伤。使役不合理，马过早使役，过重负载，作业的路面不平而疾驰，或疾驰中突然停下等都可造成关节的损伤。骨软症常常引起肩胛关节增大。风湿症亦可侵害本关节。

【症状】 急性关节炎时,可见关节肿大,患肢减负体重,肢伸出于前方,或以蹄尖负重,重症时将肢悬起不负重。运步时,轻症呈轻度和中等度以支跛为主的混合跛行,重度时呈高度跛行。跛行随运动而增剧。触诊关节可感到局部温度增高,指压关节时动物表现疼痛,肩关节他动运动时动物显著疼痛。关节感染化脓时可有全身症候。

慢性关节炎时常有骨关节的增生性变化,在骨膜、软骨、关节囊、骨骺呈现增殖过程。触诊时硬感,温度和疼痛不明显,驻立时关节屈曲,运步时关节强拘,抬不高,迈不远,他动时动物表现疼痛。跛行随运动而增剧。经过充分休息后跛行又可减轻,患畜不愿起卧。

【治疗】 首先让马休息,停止使役。

急性关节炎的治疗原则是制止炎症发展,促进渗出物吸收,局部早期用冷疗法治疗,以后用温热疗法,涂刺激剂或软膏,注射消炎激素,口服或注射止痛剂。

在亚急性和慢性炎症时可用较强的刺激剂或烧烙。

骨软症和风湿病引起的肩关节炎采用相应治疗措施。

(二)臂头肌炎

臂头肌位于颈部两侧,起于臂骨的三角肌隆起和臂骨脊,止于颞骨的乳突,枕骨的枕嵴和第二至四颈椎横突,形成颈静脉沟的上界。此肌盖在肩胛关节前面和侧面。当前肢固定时,臂头肌可使头颈下降,一侧收缩时可使头颈侧偏,当头固定时可引前肢向前。

【病因】 蹄角度太小,蹄铁上弯不足,铁头突出为本病素因。滑倒、摔倒时颈过度弯曲都可引起臂头肌剧伸。马踢蹴,咬噬也常引起肌炎。颈静脉注射刺激性大的药剂,漏出血管外可引起臂头肌炎。臂头肌也常发风湿性肌炎。

【症状】 一侧炎症时斜颈,两侧时低头困难。运步呈典型悬跛,明显的前方短步。轻症时,触压肌肉马匹表现疼痛,重症时局部增温、肿胀,疼痛更为明显。

【治疗】 除去致病原因,急性病例让动物安静,亚急性和慢性时应给予一定运动。急性肌炎时可用温敷,涂中等度的刺激剂和软膏以及封闭疗法。慢性肌炎时,涂擦刺激性较强的刺激剂和软膏,可实行按摩、石蜡疗法、红外线照射与超短波等。臂头肌炎的全身疗法,可口服消炎痛,肌肉注射消炎激素,感染时应用抗生素,已化脓时,可手术切开、排脓、引流。风湿性臂头肌炎时应用抗风湿治疗措施。

本病除应用一般治疗外,可考虑装蹄疗法,在蹄铁多设上弯,便于返回容易,可减少肌肉疼痛。

（三）臂二头肌及其黏液囊炎

臂二头肌在通过臂骨二头肌沟时形成强大的腱质，为了减轻臂二头肌腱质与骨的摩擦，其间有一大的黏液囊，几乎将腱质包起来。

本病常见于马，按临床经过可分为急性和慢性。

【病因】 黏液囊炎的病因，常为肩端受到外力的打击和冲撞或由于肌肉过度剧伸等引起臂二头肌及其黏液囊的炎症。黏液囊挫伤时由于微生物侵入或周围化脓性炎症的蔓延都可形成化脓性黏液囊炎。

【症状】 由于炎症的性质和程度不同，跛行的程度也有所不同。

驻立时，为避免黏液囊压迫紧张，肩胛关节的角度增大，腕关节以下各关节屈曲，以蹄尖立于健蹄的后方，运步时，患肢抬不高，迈不远，呈现前方短步，有时蹄拖步前进，严重的病例呈三脚跳。

本病主要是前进时困难，后退没有明显障碍。被动的伸展肩关节动物不发生疼痛反应，但屈曲肩关节时由于臂二头肌压迫黏液囊而发生剧烈疼痛，马有时用后肢站起来避免疼痛。

触诊肩胛关节前部，臂二头肌两侧有时可发现温热和波动的肿胀，压诊时动物表现疼痛。

慢性炎症时，跛行不明显甚至没有跛行，仅在快步时能发现跛行，局部的症状也不明显，可见臂部的肌肉萎缩。

化脓性黏液囊炎时，局部皮肤常有挫伤的痕迹，有时黏液囊形成瘘管，从瘘管流出脓性渗出物。跛行呈明显的悬跛。化脓性黏液囊炎可引起肌腱坏死，骨、软骨、骨膜的增生性炎症。有时有全身症候。

【治疗】 患畜应该安静休息。

急性无败性炎症时采取消炎止痛措施，如转为亚急性和慢性时应用强刺激剂。化脓性炎症时采用抗生素疗法，必要时手术切开，进行外科处理。

（四）肩胛上神经麻痹

肩胛上神经由臂神经丛前部分出，走向肩胛下肌和冈上肌之间，通过肩胛切迹至肩胛关节外面分布于冈上肌、冈下肌、三角肌等，这些肌肉在前肢支持体重时制止肩关节外偏。肩胛上神经多发于马，常为一侧性。

【病因】 肩胛上神经由于中枢原因而致麻痹者少见，多见于外周性原因。在肩胛骨前缘下 1/3 处，由于打击、冲撞压迫，使神经遭到震荡、挫伤、牵引或断裂，引起一时性麻痹或永久性麻痹。

【症状】 神经麻痹后,冈上肌、冈下肌、三角肌等弛缓,肩关节失去了制止外偏的肌肉,在前肢支持体重时,可见肩关节突然偏于外方并与胸壁离开,以致在胸前出现掌大的凹陷,同时肘关节也向外突出。当肢运动时,提举都没有什么障碍,且在悬垂阶段关节外偏的状况也恢复正常,凹陷完全消失,但在肢着地的瞬间,关节向外偏的现象又重新出现。

本病经 1～2 周后,冈上肌、冈下肌等出现萎缩,冈上肌最为明显,因冈下肌尚有腋神经分布。肌肉萎缩后肩胛冈明显突出。

【治疗】 治疗原则主要是除去病因,促进神经功能的恢复,防止肌肉萎缩。如为脓肿或新生物压迫时,手术切开或摘除。对冈上肌、冈下肌进行按摩,每日 2 次,每次 20 min。按摩后局部涂擦刺激剂。用电针刺激也很有效,有一根针扎在冈上肌,调节到肌肉每次收缩有一定舒张的时间即可,每次 20 min,每日 2 次。

也可试用硝酸士的宁等药物。

配合应用维生素 B_1,每次肌肉注射 500～1 000 mg。

(五)臂三头肌炎

臂三头肌为前肢最大的肌肉,位于肩胛骨后缘、臂骨和肘突之间,分为长头、外头、内头 3 部分。长头起于肩胛骨,外头起于臂骨的外侧面,内头起于臂骨内侧中央,都止于肘头。有伸展肘关节和屈曲肩胛关节的作用。

【病因】 肢势不正,如内向蹄等为本病病因。

马匹疾驰常可引起臂三头肌炎,因为在马匹快跑时,肢着地时肘关节必须处于高度固定状态,且着地时间很短,臂三头肌的负担就比常步时大,常易造成肌肉的剧伸,特别未调教的马和刚使役的马更易发生。

削蹄不良,特别是内侧过削时可造成本病,因为这种蹄型可引起臂三头肌外头的过分紧张。

风湿病亦常侵害本肌肉。

【症状】 肌炎常发于长头和外头的抵止部,长头的中央部亦常发病。在发生肌炎的局部增温肿胀,指压时动物表现疼痛,运步时呈混合跛行,特别在迴转运动时跛行显著,此病常与肩胛关节炎误诊。

【治疗】 同臂头肌炎。

(六)臂肌炎

臂肌炎位于臂肌沟中,由后上方斜向前外下方,起于臂骨掌侧,止于桡骨近侧端的内缘,桡骨的骨间韧带,此肌与臂头肌共同作用使肢前进,并可使桡骨外转。

【病因】 外向肢势的马匹常发臂肌炎。外向肢势时如外蹄踵过削，这样便妨碍了肢的外转作用，因外转时需外蹄踵支地，这时臂肌强力收缩，如再快步前进时，就可能引起炎症。

【症状】 常发炎症的部位在肌肉的上、下端，上端常在臂骨颈附近或肩胛关节附近，下端在桡骨上端。臂肌炎时在上述部位以指压迫，可见马匹有疼痛表现，患肢前伸有困难，表现为悬跛。一般局部没有增温肿胀。

【治疗】 可用臂头肌炎的一些治疗方法。由削蹄不合理引起本病时，应多削内蹄踵，保护外蹄踵。

（七）肩部肌肉风湿症

本病可发于各种家畜，但马多见。常侵害臂头肌、臂二头肌、冈上肌、冈下肌等。经过一般为急性型。

【病因】 确切病因不清。

【症状】 由于侵害的肌肉不同，临床表现的特点也有所差别，但在肩部各肌肉的共同特点是突然发病，患畜出现运步强拘，但跛行可随运动逐步减轻，甚至暂时完全消失。有时疼痛游走于这些肌肉之间，触诊可感到肌肉的质度发硬、紧张，指压时疼痛，时间较久时出现肌肉萎缩。有的患畜可出现体温升高。一侧臂头肌风湿时出现斜颈，两侧时低头困难。臂三头肌风湿时可见肘部肌肉颤抖，驻立时臂三头肌的丰满度消失，显得非常紧张。臂二头肌风湿时，肢前伸非常困难，前方短步非常明显。

【治疗】 首先使马停止使役，充分休息。饲养在温暖，干燥的马厩内。

根据病情，可选用解热、镇痛和抗风湿药物进行治疗。水杨酸制剂是治疗风湿病的常用药物，可用10%水杨酸钠溶液，100～200 mL，静脉注射。

局部可用刺激剂或止痛剂。电疗对风湿病效果也比较好。

（八）肘肿

肘肿是肘结节的皮下黏液囊炎，此黏液囊位于肘突和皮肤之间的结缔组织中。正常时常常达到核桃大，腔内有时被分割成小室，呈多室的黏液囊。

【病因】 常由机械性损伤引起。马卧下时，蹄铁撞击肘结节；马匹饲养在狭窄的厩舍中，厩舍内地面较硬，垫料不足，马卧下时肘结节常与坚硬的地面摩擦；马速步时，腕关节发生过度屈曲，肘结节被蹄铁撞击等都可引起肘肿。特别是马装的蹄铁铁尾过长更容易促使本病发生。

马腺疫和其他传染病时，由于转移也可引起黏液囊炎。

【症状】 在无菌性肘肿时,局部有温热,疼痛,捏粉状的局限性肿胀,如消除原因并及时治疗,渗出液很快被吸收,肿胀显著减小或完全消失。如引起黏液囊炎的原因没有消除,也没有给予及时治疗,病理过程就采取慢性经过,黏液囊的体积可显著增大,但常常无痛。如黏液囊内为浆液纤维素性渗出物时,质度呈捏粉状感觉,如为纤维素性渗出液时则呈坚实的硬度。肿胀周围的皮肤常常有擦伤和溃疡。肘肿时,四肢的机能几乎不表现障碍。

如为化脓性黏液囊炎时,可见到弥散性的疼痛肿胀,最初比较坚硬,以后变得柔软。一般不仅仅是在黏液囊,而且在黏液囊周围的皮下结缔组织中也有炎症发生,这时患畜常常有全身症候,也可出现机能障碍。处理不及时可自行破溃,形成一个或数个瘘管。慢性化脓性黏液囊时,囊壁可显著肥厚。

【治疗】 首先除去致病原因,如为铁尾过长引起时,必须将铁尾截短。然后限制炎症发展,限制黏液囊内渗出物积聚,促进渗出物消散。如果无效时采用手术疗法。

局部可用温敷,或涂碘软膏,鱼石脂软膏等。

黏液囊太大或有纤维蛋白渗出物时,可用手术摘除。

(九)桡神经麻痹

桡神经麻痹比较多见,主要见于马属动物。本症可分为全麻痹,部分麻痹和不全麻痹。

桡神经按其机能来说属于混合神经。桡神经自臂神经丛后向下方分布于臂三头肌,前臂筋膜张肌、臂肌、肘关节。主干在臂骨与臂肌内侧后缘通过肘关节的背侧面,分出桡浅神经和桡深神经。桡浅神经由臂三头肌外头前缘分出,其升支走向臂部外侧面皮肤,其两个降支则走向前臂外侧的皮肤,桡浅神经在腕部与肌皮神经一起分布于掌到指的背内侧面。桡深神经在腕桡侧伸肌的内侧分出许多分支,这些分支分布于指和掌的伸肌,桡深神经也支配肘关节外侧韧带和尺骨骨膜。

【病因】 桡神经麻痹通常为末梢性,中枢性很少。桡神经麻痹的原因主要为外伤性的,损伤通常在其移行于臂骨外髁附近时,比较浅在,易受到外力损伤。此外,桡神经麻痹可能发生于调教和保定家畜,如动物长期横卧于手术台上或硬地上,而肢呈屈曲状态时最易引起桡神经麻痹,倒马时神经被压迫或附近炎性渗出物压迫都可出现麻痹,马匹站立保定时绳子从腋下吊马也可引起麻痹,肋骨骨折时神经易被骨折片损伤。

【症状】 桡神经的临床症状决定于神经损伤的性质和程度。

桡神经全麻痹:驻立时肩胛关节过度伸展。肘关节下降,腕关节形成钝角,此时掌部向后倾斜，球节呈掌屈状态，以蹄前壁接地。运步时，患肢各关节伸展不充分或完全不能伸展，因而患肢不能充分的上举，前伸困难，蹄尖拖地而行，步幅前方短缩，但后退比较容易。因患肢伸展不自由，所以不能超越障碍，在不平地上运动也易摔倒。在患肢负重的瞬间，除肩胛关节外，肢的所有关节都屈曲。本病负重虽然不完全，但人为的将腕关节、球节固定，患肢垂直时即可负重，这点与炎症性疾患不同。如将患肢重心稍加移动，肢又回到不能负重的状态。快步运动时，患肢机能障碍增重，不能负重。触诊臂三头肌及腕、指部的伸肌，可感到肌肉弛缓，皮肤刺激反应减弱，1～2 周后，上述肌肉出现萎缩。

桡神经部分麻痹：桡神经部分麻痹时，主要侵害支配桡腕伸肌和指伸肌的深支，而桡神经浅支所支配的肌肉仍保持其机能。驻立时无明显变化，但沿平地运动时可见腕关节和指关节伸展困难，当快步运动时，特别是沿不平路面或泥泞地运动，上述症状加重，患畜常常蹉跌，此时常以球节和系部的背面触地。触诊桡腕伸肌和指伸肌时可感到肌肉弛缓。

桡神经不全麻痹：不全麻痹可能是原发，也可能是桡神经疾病的最初症状或为全麻痹痊愈的过程。驻立时看不出什么异常。运步时肘关节伸展不充分，患肢向前伸出缓慢，为了代偿麻痹肌肉的功能，臂头肌及肩胛关节的其他伸肌发生强力收缩，可将肢远远的向前伸出。同时在患肢负重的瞬间呈现肩胛关节震颤，患肢也常常蹉跌，当马沿不平地短时间快步时，或在平坦路面上长时间运动时，上述症状可加重。在静止状态或沿平坦道路运步的初期，临床上几乎不见患肢的机能障碍，随着神经所支配的肌肉过度疲劳，机能障碍可以出现。不全麻痹可利用下述方法确诊，提举患畜健肢，变换头的位置，向前牵引患畜或使患畜向后退，转移患畜体躯的重心，当不全麻痹时肘关节及以下所有各关节都发生屈曲。

【治疗】 参照肩胛上神经麻痹的治疗方法。电针时，一针可扎在抢风穴，以刺激臂三头肌收缩。

（十）腕前黏液囊炎

腕前黏液囊炎又名膝瘤或腕部水瘤。

【病因】 腕背侧面受到各种外伤性损伤易引起本病。动物饲养在硬地面，当卧倒和起立时腕关节与地面反复撞击；厩舍太狭小，绳拴得太短，致使腕部经常与饲槽摩擦；马经常在不平道路上使役或四肢软弱，特别是弯膝肢势，由于经常摔倒腕部与地面撞碰都可引起腕前黏液囊发炎。也有某些传染病过程中，由转移引起的。

【症状】 临床症状由于渗出物的量和性质及经过的时间不同而不同。当浆液性黏液囊炎时可见腕关节背侧出现局限性波动性肿胀。浆液纤维素性黏液囊炎时，肿胀的硬度在病初呈捏粉状，以后由于黏液囊中渗出物的增多，变成明显的波动性肿胀，触诊时能感到捻发音，而患肢的机能障碍不大显著。

当慢性浆液性黏液囊炎时，黏液囊中渗出物的数量显著增加，黏液囊壁紧张。纤维素性黏液囊炎时，由于纤维蛋白积聚，肿胀变得硬固。这时触诊动物感到疼痛，临床上也出现机能障碍。

由于黏液囊炎，黏液囊突出其上面的皮肤常常遭受机械性损伤，引起皮肤硬化。

由于感染引起的黏液囊炎其症状比较剧烈。常呈弥散性疼痛性肿胀，肿胀初期坚实，随后呈捏粉状或出现波动，体温可以升高，临床机能障碍也比较明显。

【治疗】　对急性黏液囊炎处理可用温敷加压迫绷带，或彻底消毒后抽出黏液囊中的渗出物，注入复方碘溶液或可的松，用压迫绷带固定，也可采用肘肿的各种治疗措施。

对急性黏液囊炎，也可以手术切除黏液囊。

（十一）腕关节部挫伤

腕关节部挫伤，俗名冠膝。冠膝常发生于背侧，轻则只伤及皮肤，重时可使腕关节发生骨折。

【病因】　弯膝肢势，后踏肢势，突球以及装蹄不良，前肢过度软弱的马匹皆为本病的病因。过度疲劳，跛行马强行使役，或驮载重量超过其所能负担的能力时，或骑乘人骑术差都易造成腕部挫伤。

【症状】　由于损伤的程度和性质不同，其症状也不一样，一般呈现混合跛行，因为碗关节前面没有肌肉，当发生挫伤时伸腱首先被侵害，因而可出现机能障碍。腕关节部挫伤时，皮肤首先遭到破坏，一般有程度不同的擦伤，常在擦伤处，血痂与泥土、砂粒、被毛等结成痂皮。患部的皮下结缔组织中常发生溢血和淋巴外渗。溢血时在局部突然出现局限性肿胀，触诊时柔软，并有波动，局部增温和疼痛，溢血凝固后即可捻发音。淋巴外渗时，并不是在损伤后立即引起明显的肿胀，一般经过24～48 h后出现肿胀，肿胀柔软有波动。伸腱挫伤时，肢的伸展作用被破坏，肢不能提起，拖着腿前进。腕关节的腕骨遭受损伤时，触诊时动物非常疼痛，跛行也比较严重，有的呈三脚跳，恢复的很慢，而且也不易治愈。如感染发生蜂窝织炎时，腕关节部高度肿胀、增温，伴有高度跛行。

【治疗】　首先应注意机械清理，将皮肤擦伤处的泥土、砂粒、被毛等仔细清除干净，剪除周围的被毛，用碘酊彻底消毒，如皮肤破溃时应剪除伤口内的坏死挫灭组织和失去生活力的腱膜等，并用大量消毒液冲洗，创面内撒布碘仿硼酸（1∶1）粉剂或冰片散等进行包扎。

如果只是小的擦伤，皮肤破损不大，可以涂以碘软膏或鱼石软膏，外装压迫绷带。急性炎症消散后，可用温敷，石蜡疗法等。如已形成大的血肿和淋巴外渗，且经过治疗不消散时，可手术切开，用相应的方法治疗。已形成蜂窝织炎，除局部治疗外，应注意应用抗生素和全身疗法。伸腱和骨发生损伤时，局部彻底处理后应装以石膏绷带，并注意应用全身疗法，防止感染。

（十二）腕关节炎

腕关节由桡骨远端，2、3、4 腕骨，内、中、外腕骨，副腕骨和掌骨近端组成。按组成关节的相互关系分为：腕桡关节，由桡骨远端和 2、3、4 腕骨列构成，活动性较大；腕间关节，由 2、3、4 腕骨和内、中、外腕骨列构成，活动范围很小；腕掌关节，由内、中、外腕骨和掌骨近端构成，不能活动。这些骨由关节囊、腕外侧韧带、腕内侧韧带、腕骨间韧带连接起来，由于腕内侧韧带和腕外侧韧带很发达，腕关节不能向两侧运动，只能进行伸屈运动，当关节屈曲内外侧韧变得不紧张时，才能有小范围的旋转运动。

由于腕关节构造上和机能上的这些特殊性，所以当渗出性炎症时，病理过程不是在所有关节中发生，而是在最初开始时主要发生在桡腕关节。

【病因】 骨的代谢性疾病常为本病的病因。腕关节的扭伤，挫伤常为本病的直接原因。

【症状】 腕关节炎渗出物多时在关节背侧面，指外侧伸肌和指总伸肌之间出现波动性肿胀，关节囊在这部位突出呈圆形或椭圆形，在肢负重时不大柔软，肢弛缓时则波动明显。运步时呈混合跛行。腕关节屈曲的程度减小，强行屈曲时动物表现疼痛。但腕关节炎有时渗出物不多，这时外观上看不出肿胀，在速步时可表现为肢跛，腕关节强行屈曲时动物不表现疼痛。

腕关节炎常常以变性性的关节病的形式出现，关节软骨和骨膜常出现病变。如关节软骨的病灶扩大和骨膜增生时，跛行逐步增重，表现为支跛或混合跛行，将腕关节强行屈曲几分钟后让马速步运动时可看到腕关节跛行增剧。随着病程的发展，在关节的前面、内面和外面出现肿胀，肿胀呈坚实感，有压痛。

【治疗】 可用肩胛关节的一些治疗措施。慢性时可用石蜡疗法；急性时可用消炎激素关节内注射的方法进行治疗，装置固定绷带，让患马休息。

（十三）腕部腱鞘炎

在腕关节伸侧的腱鞘有腕斜伸肌、腕桡伸肌、指总伸肌、指外侧伸肌腱鞘，在关节屈侧的有腕桡侧屈肌、腕尺侧伸肌和指浅屈肌，指深屈肌腱鞘。腱鞘炎多为无菌性的，很少为化脓性的。

【病因】 多由于非开放性损伤引起，如腱鞘的压迫和挫伤，腱的剧伸及断裂都可引起无败性腱鞘炎。腱鞘开放性损伤继发感染，或周围化脓性炎症蔓延，都可引起腱鞘炎。某些传染病(如腺疫等)可引起腱鞘炎，盘尾丝虫也可引起寄生虫性的腱鞘炎。

【症状】 临床症状决定于病理过程的性质和被损伤腱鞘的机能。

腕斜伸肌腱鞘炎：在浆液性或浆液纤维素性腱鞘炎时，在腕关节背侧表面可看到局限性肿胀，位置是由前向后斜着走向内侧小掌骨头，有时肿胀被环状韧带分成几小段，驻立时肢势不显异常，慢步运动时，跛行亦不明显，快速运动时可出现跛行。化脓性腱鞘炎的跛行显著。有报道在内侧韧带和腕斜伸肌腱下存在有腱下黏液囊，注意和腱鞘区别。

腕桡伸肌腱鞘炎：在腕关节前面和前臂部下方可见椭圆形肿胀，运步时有轻度悬跛，触诊压迫时动物疼痛。慢性时肿胀显著增大，由前臂部下 1/3 处，扩展到掌部上端，当肢负重时局部显著紧张，肢弛缓时可感到波动，慢性时一般没有跛行。化脓性腱鞘炎时，肿胀呈弥散性，疼痛明显，跛行显著。

指总伸肌腱鞘炎；在桡骨下端前外方出现波动性椭圆形肿胀，有时肿胀由环状韧带分成 2 个，急性时有疼痛，运步时有轻度支跛。慢性时疼痛不明显，压迫一个肿胀时，另一个肿胀更加紧张，但运步没有跛行。化脓性炎症时可出现中度跛行。

指外侧伸肌腱鞘炎：在关节外侧面出现波动性的微痛，或无痛的椭圆形肿胀，无菌性炎症时，常常没有机能障碍。当腱鞘壁变厚时，可见患肢伸展不灵活。

指浅屈肌和指深屈肌腱鞘为：此腱鞘位于腕部屈侧副腕骨和各腕骨形成的沟中。腱鞘可充满大量渗出液，触诊时可见波动的肿胀。驻立时患肢保持屈曲状态，运步时一般没有跛行。

腕桡屈肌和尺腕伸肌和腱鞘炎少见。

【治疗】 急性炎症初期，患畜休息，局部冷敷的同时，装置压迫绷带，制止渗出。

急性炎症缓和后，可应用温热疗法。

如渗出物较多，吸收困难，可严格消毒后，抽出腱鞘内渗出物，注入普鲁卡因青霉素液，压迫绷带包扎。保守疗法无效时，可进行手术疗法，局部严格剃毛、消毒，采取无菌手术的一切措施，切开皮肤，然后再切开腱鞘，皮肤和腱鞘的切口应该错开，清除腱鞘内的血凝块、纤维蛋白以及一切异物，用普鲁卡因青霉素液彻底清洗，最后分别缝合腱鞘和皮肤，装压迫绷带 3 周。全身用抗生素疗法，维持 7 d。

已化脓时，可穿刺排脓冲洗，也可及时的行手术切开治疗，并全身使用抗生素。

（十四）屈腱断裂

屈腱断裂是指（趾）浅屈肌腱、深屈肌腱和悬韧带所发生的开放性或非开放性断裂，3个屈肌腱有时单个发病，有时同时发病。

【病因】 非开放性腱断裂常常由于有骨软症，骨质疏松症等病因，再加上动物跳跃障碍物、蹉跌、怀孕分娩等引起腱抵止处的断裂，常见抵止于蹄骨处的断裂。腱化脓坏死性炎症，化脓性腱鞘炎有时也可引起腱断裂。

开放性屈腱断裂主要由于锋锐物体直接造成外伤而使屈腱断裂，常发生在掌部的屈腱。

【症状】 指（趾）深屈腱完全断裂时，突然发生严重的支跛，安静状态时动物不能以患肢负重或仅以蹄尖部着地，运动时患肢以蹄踵部支持体重，蹄尖部向上翘起，可见到冠关节的不正常运动，如断裂发生在掌部时，系骨可呈水平状态。屈腱断裂时，一般不易发现断端缺损。

指（趾）深屈腱部分断裂时，临床症候常常和急性腱炎及腱鞘炎相似，大部分是发生在腱鞘内。发病后，一般突然发生中度混合跛行，安静状态时，患肢保持为弛缓状态，以蹄尖轻轻着地，系骨此时几乎呈垂直位置，指关节他动运动及腱鞘触诊时疼痛显著。

指（趾）浅屈腱完全断裂时，突然发生支跛，安静状态时，以蹄尖着地，患肢负重时球节显著下沉，蹄尖壁稍离地面向上翘起，但比指深屈腱断裂时程度要轻，断裂处有疼痛性肿胀。

悬韧带腱完全断裂时，动物马上发生严重的支跛，球节在负重时严重的背曲，蹄的前端向上翘起，检查时背曲很容易。在分叉的地方断裂时，触诊有疼痛性肿胀，球节他动运动时有剧烈疼痛。

【治疗】 屈腱开放性断裂时缝合手术效果不理想。非开放性断裂可装加夹板的石膏绷带，尽量使断端连接，并装长尾蹄铁，以加强固定，静养2个月后腱断端可以愈合。

（十五）屈腱炎

屈腱炎是指指（趾）浅屈肌腱，指（趾）深屈肌腱和悬韧带的炎症，由于马属动物前肢负重较大，前肢屈腱炎发病率较高。

指浅屈肌腱，以肌质起于臂骨、桡骨和尺骨，在靠近腕骨处形成腱质。在桡骨掌侧中下部1/3内缘有其附头（上翼状韧带）与骨相连接，在腕关节的腕骨内侧下行，在腕管和指深屈肌腱同包于长的腕腱鞘中。在掌部指浅屈腱变成扁的带状，在系关节籽骨后方又变宽，呈环状包着指深屈肌腱并被指腱鞘所包裹。在系骨部被两侧的板状韧带所固定，在系骨的远端其分为两支，分别抵于冠骨的韧带结节，一部分止于系骨远侧的两侧。此腱当球节下沉时起支持作用，有辅助悬韧带的作用，所以常与悬韧带同时发生炎症，蹄角度大小与此腱没有直接关系。

指深屈肌腱，以肌质起于臂骨的内上髁，由 3 个肌腹构成，此 3 个肌腹在腕关节附近变成扁平腱。另两支肌腹起于尺骨头和桡骨中 1/3 处，在腕关节附近 3 个起点的腱合到一起与指浅屈肌腱共同在腕管内下行。在掌部上 1/3 处其附头（下翼状韧带）与骨及悬韧带相连接。在系关节附近，穿过指浅屈肌的腱环，此后腱又变宽，通过指浅屈肌腱两支之间抵于蹄骨的屈肌面。蹄角度大小对指深屈肌腱有直接影响，角度大时此腱较弛缓，角度小时此腱特别紧张。

悬韧带为仅有少量肌纤维的强韧带，位于掌骨沟中，起于下列的腕骨和掌骨近端掌侧面，在掌骨下 1/4 处分成两支，斜着走向系骨背侧与指总伸肌合于一起，抵止于蹄骨伸肌突。蹄角度大时，悬韧带比较紧张。

屈腱炎多为无败性，极少为化脓性，根据其经过可分为急性和慢性，后者以结缔组织增生为其特征，有时可遇到骨化性腱炎。

【病因】　屈腱炎的原因多半是由于腱在负重时超过其生理的活动范围，结果使腱纤维受到剧伸，常引起分支的部位、抵止的部位发生病理过程。

马体过重而腱软弱，系骨过长、蹄前壁过长、蹄踵过低等，都易引起屈腱炎。另外，削蹄失宜，装蹄不良都可促使本病发生。

跑步或跳越障碍时急剧使球节背屈，急剧向右滑走，蹄陷入穴中或被其他障碍物固定而急欲恢复自由而使屈肌强力收缩，在硬地、不平地、泥泞地急速行进；马年龄幼小就开始服重役等都易造成腱的剧伸。屈腱处偶尔也发生挫伤。盘尾丝虫寄生等也可引起屈腱炎。

【症状】

浅屈腱炎：常发于轻型马，可在掌部掌侧面呈现弥散性肿胀，因为这可能为腱纤维断裂的关系，预后尚良好，如在籽骨直上呈局限性肿胀时，这多为腱纤维束断裂，治疗比较困难，常常变成慢性增生性炎症，呈坚硬的瘢痕组织，常常和深屈腱愈合在一起，呈指大球形硬结。另外，在系骨侧方腱附着部附近有时可发生炎症，在内侧或外侧出现斜的细长的肿胀，治疗也比较困难。

在上述部位视诊时可见肿胀，肢显著向前伸出，系部直立，球节掌屈，运步时表现为轻度或中度支跛，在快步时马有时出现摔跌，以手指触诊压迫时动物非常疼痛，局部可增温。如已变为慢性时，临床炎症症候减轻，但出现腱肥厚或出现坚硬的瘢痕组织。

临床上有时可遇到浅屈腱的上翼状韧带发炎，驻立视诊时可见腕关节屈曲，运步时呈混合跛行，腕关节伸展不充分，屈曲腕关节，在桡骨下1/3处以手指强行压迫韧带处，可见肿胀和动物表现疼痛。跛行可持续很长时间，有时跛行经过一般治疗略有好转，但在服重役和负重后，跛行可又重新出现。

深屈腱炎：深屈腱炎挽马多发，常发于掌部的下翼状韧带附近，在急性深屈腱炎时常伴有小血管断裂。

驻立时减负体重，肢常常以蹄尖立地，伸出于健蹄前方或垂直驻立，运步时呈显著支跛，在下翼状韧带时有时呈现混合跛行，在掌部上1/3处可见明显肿胀，呈虾背样突出，触诊时可感到质度较硬，弛缓状态检查时更为明显，患部皮肤有活动性。慢性时跛行显著减轻，仅在快步时比较明显，系关节伸展不充分，有时患马将患肢的蹄子放在健肢的蹄子上以减轻其负重，触诊时可见腱肥厚，并常与周围组织粘连，有时腱短缩出现突球。

悬韧带炎：可单独发生，但常与浅屈腱并发，常发于籽骨上悬韧带分叉的地方。由于马匹疾走过程中球节过度下沉，韧带过度紧张而超过了其生理范围，引起部分腱纤维断裂，并继发小血管断裂、出血，在球节直上的侧面可见肿胀，有时发生弥散性肿胀。

安静时患肢呈半屈曲状态，腕关节、系关节都屈曲并向前伸出很远，运步时呈现支跛，触诊局部增温疼痛，指压肿胀部动物表现疼痛。慢性时跛行不显著，快步时常摔跌，肿胀部硬而无痛，有时化骨。

有时屈腱内结缔组织中可有盘尾丝虫寄生，在寄生部位首先发生浆液性炎症，但很快就转为纤维素性炎症，寄生虫被包起来。其中可能有石灰盐沉着，这时在腱的径路上某些部位变得肥厚并有不同大小的隆起。

【治疗】 急性腱炎初期可应用压迫冷敷法以制止炎症发展和出血。

冷敷一天以后即可应用温热疗法，以酒精鱼石脂热绷带为好，也可涂擦刺激剂。可的松疗法配合止痛剂也能取得良好效果。

亚急性炎症时可用较强的刺激剂，或用石蜡疗法。

慢性炎症，上述一些疗法无效时可用烧烙术，在腱上用线状烧烙效果较好，在腱的两侧斜线平行烧烙，每线之间距离1～2 cm，以烧到焦黄色为度，据临床经验，最好在健肢屈腱外也进行同样烧烙，但程度要轻些，这样有助于两肢平均负重，对于患肢的机能恢复有所帮助。

屈腱炎时应用装蹄疗法，对于治疗有一定帮助。深屈腱炎时适当垫高蹄的角度，使侧望指轴一致为标准。蹄尖部负面多削，蹄踵部在蹄铁上垫以革片或装厚尾蹄铁。悬韧带炎时如哪侧的分支处发炎，发炎侧蹄踵的负缘多削。

（十六）系部皮炎

本病系发于马匹系部，特别是系凹部的炎症。系凹部有皱襞或皮肤菲薄的马匹易发。

【病因】 机械刺激，放牧或保定时，系部皮肤受到绳索缠缚和压迫；拉车时被套绳缠绕；厩舍不洁，长期受到泥土、粪、尿的污染等。

化学因素刺激，如被酸类、碱类、盐类、石灰、刺激性擦剂或软膏、脓性分泌物刺激等。

微生物侵害，如坏死杆菌病。

【症状】 临床上可分为损伤性皮肤炎、坏疽性皮肤炎和疣性皮肤炎。

损伤性皮肤炎：轻症时皮肤潮红和轻度肿胀，有时可形成薄痂或鳞屑，在刺激物强力或反复作用下，可使皮肤炎症增剧、显著潮红和肿胀，出现脓性渗出物和痂皮，甚至可出现表面性溃烂。慢性经过时渗出物和痂皮减少，患部呈高度炎性浸润，皮下结缔组织硬化，皮肤发生水肿及肥厚，弹性及活动性减小，出现皲裂，皲裂的沟内积有污物及脓性渗出物等，这时为微生物感染创造了条件，临床上出现跛行。

坏疽性皮肤炎：除系凹部外，蹄冠部、蹄踵部甚至掌部和蹠部都可被侵害先出现疼痛性肿胀，动物出现跛行，并可有全身症状，以后肿胀处有的变薄，自行破溃，流出灰色带腐败臭脓汁，有时混有少量血液，大量化脓时，坏死皮肤离断，形成溃疡。坏疽性皮炎常伴有蹄软骨，屈腱坏死，指关节化脓性炎症。

疣性皮肤炎：确切原因还未确定，可以肯定的是与慢性长期的刺激有直接关系，疣性皮肤炎时，皮肤及皮下组织均被侵害，初期皮肤及皮下组织呈现水肿，乳头层显著增殖，以后便在皮肤表面出现各种形状和大小的疣性增殖物，皮下结缔组织呈纤维性肥厚及硬化。疣性皮肤炎常发于后肢，可由系凹部蔓延到蹄踵及蹄冠，甚至达掌部和跖部。患部皮肤肥厚，活动性减低，一部分被毛脱落，皮肤表面被覆有恶臭的污白色或灰白色块状物，这是脓汁和脱落的皮肤上皮细胞融合在一起的分泌物。疣性增殖物渐渐由小变大，呈典型的肉芽肿，有时疣状物相互融合形成菜花样的大结节面。通常无跛行或有轻度跛行。

【治疗】 主要是除去病因，保持皮肤的清洁，及时清除厩舍的粪便，保持厩舍及运动场的干燥，急性皮肤炎机械清洗后，可用氧化锌软膏、龙胆紫、硝酸银溶液等。

龙胆紫硝酸银溶液的配法是龙胆紫 2.5 mg、2%硝酸银溶液 100 mL 配成溶液外用。

慢性皮肤炎可用碘酊、甘油等量外涂。

疣性皮肤炎的初期可用腐蚀剂，10%硫酸铜溶液、过锰酸钾粉末或松节油绷带等。有人建议定期(5～7 d)对患部涂擦5%福尔马林酒精液。不得已时可施行手术疗法，用烙铁、外科刀或电刀切除疣状物，手术后缠以压迫绷带，当创面已被覆有健康肉芽时可撒以水杨酸粉末。

坏疽性皮肤炎时，先用肥皂水将肢彻底洗净，用浸有0.5%升汞酒精液或加有5%鱼石脂的樟脑酒精液湿敷。已发生湿性坏疽出现脓汁时，仔细清除坏死组织后，用高渗盐水或20%硫酸镁溶液湿敷，或用1%～3%高锰酸钾液湿敷。全身可用抗生素疗法。

(十七)球节捻挫(系关节捩伤、扭伤)

球节捻挫是马比较常见的疾病，由于球节在马驻立和运动时都起很重要作用，关节结构上活动范围又有一定限制，如运动超过其活动范围就易引起本病。

【病因】 滑走、踏着不确定、失步、踏空、急速回转、肢被钳留而急速拔出、跳跃、跌倒、保定不合理等，都可使关节活动超过其活动范围，引起韧带和关节囊的损伤，轻则侧韧带损伤，重则关节囊损伤，损伤可从剧伸到部分断裂，甚至完全断裂，严重的关节软骨和骨都可受到损伤。

不正常的肢势，不正确的削蹄和装蹄为其病因。

【症状】 轻度时，驻立减负体重，球节不下沉，或以蹄尖着地，运步时呈以支跛为主的混合跛行。触诊时感到温热，他动运动时，动物表现疼痛，以手指压诊时，特别压韧带起始部疼痛更为明显。

重度时，驻立球节屈曲，系部直立，以蹄尖着地或悬垂。运步时，球节不伸屈，常以蹄尖点地前进，更严重时呈三脚跳。关节明显肿胀，关节轮廓消失，触诊时反应更为明显。

【治疗】 初期用冷敷法，为了制止溢血，可用压迫绷带。2 d后可用温热疗法，同时可内服消炎痛，肌肉注射消炎激素，也可用中药疗法。

为了消炎、止痛，可在掌部行封闭疗法，效果比较满意。也可以用中等程度的刺激剂和软膏，如樟脑酒精液和碘软膏等。

慢性或顽固性跛行时，可采用刺激剂，如碘醚樟脑合剂，或进行烧烙。

有条件时可用短波、超短波电疗。

(十八)球节挫伤

球节挫伤在马也较为常见。

【病因】 常由钝性物体强力打击引起本病,有的由于别的马踢蹴而引起,跌倒在硬地或石子地有时也可发生球节挫伤,有交突缺陷的马匹在球节内侧常引起挫伤。

【症状】 外力作用剧烈时,在受伤后,立即引起球节肿胀,且疼痛剧烈,一天后炎症可达到高潮。由挫伤引起关节溢血时,可形成关节血肿,此时关节囊非常紧张,触诊时可感到波动和捻发音。受伤局部的皮肤也常伴有损伤。驻立时,球节呈半屈曲状态,以蹄尖着地或悬垂。运步时呈中度或高度以支跛为主的混合跛行。触诊时局部温度明显增高,他动运动有明显疼痛。

损伤轻微时,关节肿胀及疼痛都比较轻微,跛行也不甚显著。

球节前发生挫伤时,常引起指总伸肌的黏液囊发炎,黏液囊内充满液体,可有局限性波动性肿胀。

因交突发生的挫伤,常在皮肤上形成肥厚的痕迹,有时形成挫创,可见出血及增生的肉芽。

【治疗】 动物休息、静养。初期用冷敷法及压迫绷带,防止损伤的皮肤感染,局部应涂以碘酊。两天后改用温热疗法,可用消炎激素及消炎痛,也可用碘软膏和鱼石脂软膏。关节血肿较大而不易消散时,可进行关节穿刺。交突引起的挫伤除局部疗法外,可注意装蹄矫正。

(十九)髋关节炎

临床上确诊大家畜的髋关节炎要在发现髋关节变形时才有可能。在急性炎症时,由于该关节隐蔽在强大肌肉之下,临床上很难确诊。

【病因】 关节的捩伤、挫伤,关节不全脱位,组织关节骨的骨折,关节周围组织的炎症过程转移到关节,风湿病等都可引起髋关节炎。

【症状】 急性炎症时,在安静状态下膝关节及跗关节稍屈曲,患肢外展。运步时呈混合跛行,同时患肢向外划弧,拖曳前进,后退比较困难。跛行随运动而增剧。视诊和触诊患部,没有明显异常,他动运动时,可有疼痛表现。

关节内炎性渗出物一般不易吸收,这些渗出物成了经常的刺激因素,结果炎症过程可转为慢性。炎症侵害到关节软骨、关节囊及股骨骨骺时,可使纤维层结缔组织增生,发生骨化性骨膜炎。此时可见两侧臀部显著不对称,关节轮廓明显的突出,臀肌和股二头肌可出现萎缩。运步时为混合跛行,它动运动时非常不灵活,动物具有疼痛表现。

【治疗】 急性炎症时应用消炎激素和止痛剂，局部应用刺激剂或软膏。

在亚急性和慢性时应用强刺激剂或烧烙。

（二十）胫距关节滑膜炎（飞节软肿）

胫距关节滑膜炎是临床上常见的疾病。胫距关节内充满液体，存在着3个波动性一致的肿胀为特征。本病常侵害一个关节，但也有两关节同时发病的。由于关节内积液，临床上叫飞节软肿。

【病因】 关节囊遭受经久性和持续性刺激，如马骡使役过度，长期在泥泞地，不平道路上使役，或幼龄马使役过早和过重，关节囊经常受到牵张，常易引起本病。此外，关节的扭伤和挫伤，关节风湿病也有继发本病的。关节构造不良，发育纤弱常为本病的病因。

【症状】 跗关节的外形改变，在关节的前内侧、内侧和外侧出现3个椭圆形突出的柔软肿胀，对其中的一个压迫时，另两个都感到波动，渗出物从一个憩室自由地转到其他憩室。急性情况下局部有温热，压迫时有疼痛，运步时有轻度及中度混合跛行。在慢性情况下通常没有跛行，但可见关节异常屈曲，患畜在使役中很易疲劳。患畜关节中的滑液有时可达1 500 mL。渗出物中含有大量纤维蛋白时，在运步时可听到捻发音。

【治疗】 应用消炎激素疗法。抽出滑液注入可的松普鲁卡因液，并装以压迫绷带。在急性期也可用镇痛剂，以减轻疼痛。患畜最好完全休息，尽量减少活动，以制止渗出。为了促进渗出物吸收，局部可用热敷，或中药洗烫，或用醋热熨。在洗烫和热熨后，要装以压迫绷带，每日1次。也可用短波或超短波治疗，治疗后最好也装以压迫绷带。

（二十一）跗关节骨关节病和跗关节骨关节炎（飞节内肿）

跗关节是马最常发的疾病，也是临床上很重要的关节疾病，因为它常发生于跗关节内侧，中央跗骨与第三跗骨之间，所以临床上又叫飞节内肿。本病在发生上是由两种根本不同的疾病所引起，即骨关节病和骨关节炎，这两种病在病理解剖上、X射线摄影、发病机制上不同，但临床症状又极为相似。跗关节骨关节病为跗关节的非炎性慢性变性疾病，以关节软骨变性、缺损、骨骺暴露、骨膜骨质反应性增生为特征。在病开始时，关节软骨发生变性并遭受破坏，软骨破坏后露出粗糙的关节面，由于暴露的骨面互相摩擦，骨组织亦遭到损伤，骨边缘的骨膜经常遭到机械性刺激，造成反应性增生，使关节变形。跗关节骨关节炎是跗关节的慢性炎症，常由急性炎症转来，以结缔组织增生和骨的增殖为特征。炎症由骨、关节囊和韧带开始，逐步形成关节的畸形。中央跗骨和第三跗骨多发。

【病因】 许多因素在本病发生上有重要意义，如不正肢势，不合理的削蹄与装蹄、关节骨骼结构与动物体重不相适应等。饲料中维生素和矿物质不足或比例不合适也为本病病因。

诱因是马在不良道路上服重役，快速骑乘，急剧转弯，猛烈后退，跳跃障碍物，交配，幼龄马过早使役，骤然刹车，老龄马过度使役等。跗关节的活动超出了其生理活动范围，特别是有上述病因存在，更易引起本病。

【症状】 本病主要特征为跛行和关节前内侧有骨赘。这 2 个症状由于病性和病程关系，有时表现的非常明显，但有时也缺少某一症状。

患肢在驻立时常呈半屈曲状态，以蹄尖负重，或以蹄前壁着地，明显减负体重；有的患肢伸向前方或前外方，虽以蹄负缘负重，但负重不确定；有的呈提腿状态，特别是骡常表现提腿，膝关节和跗关节高度屈曲，膝关节内收，跗关节外展，球节亦屈曲，蹄尖向内。两侧跗关节患病时则交互负重。运步时，在发病初期，跛行不大明显，快步时可显出跛行，随着关节病变的发展而跛行增剧。跛行表现为轻度或中度的，以支跛为主的混合跛行，也有的表现为支跛。患肢在运动时跗关节伸屈都不充分，常出现后方短步。一般在运动初期跛行较明显，随着运行跛行可逐渐减轻，甚至可能消失，但在休息后又重新出现。患畜长期休息后，跛行亦可减轻或消失，但在重新使役后，跛行仍可出现。

在跗关节前内侧，中央跗骨和第三跗骨的部位可见大小不等、形状不定的骨赘，从跗关节后方斜着观察局部，有骨赘时可见局部明显突出，没有骨赘的马跗部内侧则呈一斜线。触摸骨赘处无热无痛，皮肤多半有活动性，可触摸到骨突出或关节缝不明显。

时间较久后出现臀部肌肉萎缩，蹄变形（蹄前部短缩、蹄踵增长的钝角蹄），蹄尖部或蹄铁前部过度磨灭等现象。

飞节内肿试验可呈阳性。

X 射线摄影检查可客观地反映骨赘的部位、大小和形态，关节愈着的情况，骨关节面的变化情况以及关节周围组织的骨化状态等。

【治疗】 初发病可应用普鲁卡因局部封闭，内服消炎痛。也可局部涂擦刺激剂和软膏。亚急性和慢性病例局部可用强刺激剂。

烧烙疗法效果较好。烧烙以后，可促使增生的骨质停止发展，临床上跛行可消失。围绕骨瘤进行点状烧烙，在骨瘤处可进行穿刺烧烙。

国外有人利用破坏关节面的方法治疗飞节内肿，局部切开皮肤切断楔状腱，找到关节缝，用钻破坏关节软骨，然后清洗缝合，马休息1个月后轻度运动并逐步增加运动量。

也可用切断胫前肌内支(即楔状腱)方法治疗。

(二十二)化脓性跗关节炎

【病因】 化脓性跗关节炎，一般多由外伤性因素引起，而继发化脓性微生物感染，最常见的原因是被马踢伤或其他尖锐物体损伤，也有的由于关节附近组织的化脓性炎症蔓延引起的。在驹子常由沙门氏杆菌、大肠杆菌、化脓性棒状杆菌、衣原体等引起多发性关节炎。

【症状】 外伤性引起的跗关节炎，通常在受伤最初几小时内，以新鲜创伤形式出现，伤口内流出滑液，随着感染，创伤周围迅速出现疼痛性肿胀，继而关节本身也肿胀，关节变形，创口变得窄小，渗出物在关节腔内积聚，所有关节的组成部分皆诱发炎症，有时从伤口流出混有脓汁的滑液，患畜驻立时关节屈曲不能负重，运步时呈现重度跛行。患畜精神沉郁，食欲减退，体温升高。

如发生腐败感染，症状更为剧烈，体温升高显著，食欲可废绝，患肢不能负重，患畜卧倒不起，从创口流出大量脓性腐败性渗出物，恶臭，如治疗不及时，可引起败血症死亡。

由沙门氏杆菌、大肠杆菌、化脓性棒状杆菌引起的驹子多发性关节炎，除跗关节外其他关节也可发病，患畜消瘦，患病关节肿大，有波动，穿刺时可流出不同状态的脓汁，都伴有全身症状。动物常常卧地不起。

由衣原体引起的驹子多发性关节炎，四肢关节都肿胀发热，触诊敏感，体温可达41℃，白细胞总数可达2万以上，其中88%为嗜中性粒细胞，除关节患病外，可伴发腹泻、结膜炎。

【治疗】 应用全身抗生素疗法的同时，必须进行局部治疗。在严格灭菌条件下抽出关节内的脓汁，用消毒防腐液冲洗关节腔。如效果不显著时可切开关节囊，进行外科处理。

腐败性感染时，应切开关节囊，用氧化消毒剂冲洗，并注意全身疗法。驹多发性关节炎时，除局部切开关节囊冲洗外，也应注意全身疗法和抗生素疗法。

(二十三)跗关节骨化性关节周围炎

跗关节骨化性关节周围炎主要见于马，其他家畜比较少见。疾病的特征是在关节骨膜上，关节纤维层及关节韧带内发生炎症过程，然后化骨形成外生骨赘，引起关节愈着，影响关节机能。骨化性跗关节周围炎，常侵害两肢的跗关节。

【病因】 骨软症、骨质疏松症常为本病的病因，关节的机械性损伤常为本病的诱因。

【症状】 跗关节部有弥漫性硬固的肿胀，触诊无疼痛，肿胀有时可达到很大的面积，病理过程可蔓延到各列骨上，跗关节的皮肤常失去活动性，在韧带结节上可触知外生骨赘，关节显著变大，关节的活动性受到限制。

在静止状态下，动物患肢飞节稍呈屈曲。两后肢同时发病时交叉负重，患本病的马匹不愿卧下，卧下时起立困难。运步时呈混合跛行，有时没有跛行，与外生骨赘的部位的大小有关。当骨赘位于关节外时，跛行通常缺如。臀部与股部肌肉很快发生萎缩。

【治疗】 急性和亚急性时用肩关节炎的一些治疗方法。慢性时涂强刺激剂。

(二十四)跗关节部腱鞘炎

马跗部腱鞘有：

趾长伸肌腱鞘——此腱鞘由上列关节间隙到跖骨上端，在关节前面通过，长约18 cm，外缘有约4 cm的系膜。

趾侧伸肌腱鞘——位于跗关节外侧面，与趾长伸肌腱鞘相邻，长约18 cm，在腱后缘有约5 cm的系膜。

趾长屈肌腱鞘——此腱鞘沿跗关节内面通过，是一狭窄的腔洞，长达30 cm，腱系膜宽1 cm，系膜在胫骨附近的腱上。

趾深屈腱腱鞘——此腱鞘的上界在跟结节水平线稍上方，下界在跖部上和中1/3的交界线上，长约25 cm。

【病因】 多因使役过重引起，机械性损伤也发生本病。

【症状】 趾长伸肌腱鞘炎，在跗关节前面呈现长18 cm以上的椭圆形肿胀，被三条横韧带压迫而隔成节段，触诊肿胀处，波动明显并伴有疼痛，运步时可出现混合跛行。如变为慢性则为无疼痛的肿胀。

趾侧伸肌腱鞘炎：跗关节外侧面，有小椭圆形疼痛性肿胀。

趾长屈肌腱鞘炎：通常不出现明显的肿胀，因为该腱鞘为狭长的腔洞。

趾深屈肌腱鞘炎：肿胀可在跗关节内面跟结节附近。触诊有温热、疼痛。静止状态下患肢跗关节呈半屈曲状态，以蹄尖着地，运步时呈混合跛行，变为慢性时，跛行减轻，但不能完全消失。

【治疗】 急性炎症时，在最初的1～2 d应用冷疗并装置压迫绷带，以后应用温热疗法，或在抽出腱鞘液后注入普鲁卡因青霉素，并装以压迫绷带。

化脓性腱鞘炎时，可以实施手术疗法。

（二十五）飞端肿

飞端肿为跟骨头皮下黏液囊炎，俗称“飞端肿”。

【病因】 常因跟部挫伤引起黏液囊发炎。挫伤后感染，可引起化脓性黏液囊炎。

【症状】 急性浆液性黏液囊炎时，在跟结节部出现柔软的圆形肿胀，可由核桃大到苹果大甚至更大，触诊局部增温疼痛。转为慢性时，触诊疼痛消失，黏液囊内可积有大量液体，也有的触之呈捏粉样感觉。如外来的刺激反复作用时，黏液囊壁变得肥厚，皮肤也发生硬化，并失去活动性。本病通常没有机能障碍。

化脓性黏液囊炎时，患部出现弥散性肿胀，触诊有温热，并显著疼痛，此时可出现跛行但很少出现。有时黏液囊可自溃形成瘘管。

【治疗】 病初可用浸有3%～5%醋酸铅溶液的脱脂棉罨敷局部。陈旧性的跟骨头皮下黏液囊炎可应用刺激剂或软膏。

黏液囊内积液较多时，彻底消毒后，抽出积液注入可的松普鲁卡因液。必要时做黏液囊切除手术。

化脓性黏液囊炎时，可穿刺排脓或手术切开以化脓创方法处理。

（二十六）裂蹄

裂蹄又名蹄裂，即蹄壁角质出现裂隙。按其位置分为蹄尖裂、蹄侧裂、蹄踵裂，按裂的程度分为浅层裂和深层裂。按裂开的长度分为蹄冠裂、负缘裂和全裂。按裂的方向可分为纵裂和横裂。裂蹄前肢比后肢多发，冬季比夏季多发。

【病因】 肢势不正，如广踏、外向等。蹄形不正，如举踵蹄、狭蹄、倾蹄、弯蹄等。蹄质干燥、脆弱，蹄型过小而体重过重等。

由于体重压力不平衡，内外侧削蹄不匀、蹄铁装着不良、蹄铁高低不平、蹄踵部间隙过大、蹄角质过分延长、蹄机障碍、过分疾驰都可造成裂蹄。肉冠损伤，如蹄冠蹑伤可使新生角质薄弱，易造成裂蹄。

【症状】 如仅浅层裂开，并不妨碍蹄的正常的生理机能。如裂到深层，在运步时由于裂缘开闭，使真皮发生损伤，导致剧痛或出血，伴发显著的支跛。

【治疗】 除去原因，防止裂隙进一步扩大。其方法为注意护蹄，使蹄裂部减轻负担，减少地面反冲力，也可用手术方法闭合，预防裂隙发展。

为了减轻地面反冲力，减轻裂部负担，可在蹄铁和裂隙负缘之间，留出空隙。为了闭合裂隙，可用各种形式的锔子和铁板闭合。

薄削法是治疗纵裂蹄比较好的方法，蹄冠裂或全裂时采用本法。将蹄冠部角质薄削至生发层，患部中心涂鱼肝油软膏，每日1次，包扎绷带。薄削的范围，随蹄裂大小而定。

造沟法适用于浅层裂或深层裂的不全裂，是在裂部上端造一横沟，深达裂缝消失为止。

也可在削蹄整形或特殊装蹄后，再清洗并整理裂口，用医用高分子黏合剂黏合裂隙。

矫形装蹄也可治疗蹄裂，蹄尖裂时可在裂口的两边设侧铁唇。

（二十七）白线裂

白线裂是白线的角质崩裂和变性腐败，使蹄壁角质和蹄底角质分离。以前蹄蹄侧部及蹄踵部多发。

【病因】 蹄壁倾斜度过大的马匹，如平蹄、广蹄、弱踵蹄等；蹄部长期湿润，厩舍不洁，跣蹄过度磨灭，装蹄不及时，都能引起本病。装蹄不合理也是引起本病的原因之一，如装蹄时过度烧烙、白线切削过多等。某些蹄病如钉伤、蹄底挫伤都可诱发本病。

【症状】 如果裂线浅小时，临床上无机能障碍，只在检查蹄负缘时才能发现，在白线裂沟内有污秽的异物、沙土等。如裂沟较大，达到真皮时，即出现轻度及中度的支跛。

【治疗】 浅小的白线裂，应该仔细地清除裂隙内的异物、泥土，以松馏油麻丝填充，或用黄蜡填充亦可。如为深层白线裂，清除异物泥土后，用3%过氧化氢液冲洗，再进行填充。无论是浅或深的白色裂，都应注意装蹄疗法，在分裂部避免下钉。为了防止蹄壁向外方扩张，可在该部设侧铁唇。如分裂部蹄壁很薄时，可在蹄负面切成半月状空隙。分裂部如过于广泛时，可装连尾蹄铁，以减轻负重。

（二十八）空壁

空壁亦名蚁洞，此病为蹄壁中层与内层的分离，白线裂是由下方向上方蔓延，而蚁洞则是由蹄冠部向下蔓延。

【病因】 继发于蹄叶炎、蹄冠损伤。由于上述疾病使角质剥离，或内壁与角质生长不一致，在其间形成空洞。也可继发于钉伤、白线裂。蹄的干湿剧变，地面和蹄铁对蹄角质的机械撞击作用，均可造成本病。

【症状】 空壁如已达负缘，可在清蹄后看到裂隙，如空壁在上部时，则从蹄负缘找不到所谓蚁洞，可是在蹄壁面可有时看到突隆，叩诊时有空洞音，临床上多无跛行，重症时亦出现支跛。分裂如扩延到蹄的全部时，能使蹄底下垂。

【治疗】 同白线裂。空壁部位装蹄时不能下钉。

（二十九）角壁肿

蹄壁角质呈局限性圆柱状，或圆锥状增殖，叫做角壁肿又叫角柱病。角壁肿可能在部分蹄壁，也可能达到全长。角壁肿的厚度可达3～15 mm。角壁肿可压迫真皮和骨，引起真皮和骨的萎缩，蹄骨出现缺损面。

【病因】 常继发于裂蹄、钉伤、蹄冠蹑伤、挫伤等引起的化脓性疾患，由于对角质的刺激，引起角质的增殖。

【症状】 因角壁肿是逐渐形成的，患畜不呈现显著的跛行，只在角壁肿显著发育时出现跛行。角壁肿达于白线时，在削蹄时可见浅黄色半月状向内突出的隆起，有时从此处有管道向外流污黑色脓样物，此时动物可出现跛行。如角壁肿在蹄壁中部或上部，诊断则比较困难，X射线可以确诊。

【治疗】 无症状者可不必治疗。姑息疗法是装以连尾蹄铁，并在蹄铁与角壁肿直下负缘之间留出空隙。根治方法是使蹄角质软化，用手术切除角壁肿。

（三十）蹄冠外伤

蹄冠外伤，通常称为蹄冠蹑伤，是常见的疾病。多为撕挫伤或挫切创。蹄冠外伤可分为浅层和深层，浅层的只伤及皮肤，深层的可影响到指总伸肌腱、蹄软骨，甚至蹄关节。

【病因】 肢势不正，追突和交突常造成蹄冠外伤，特别在新装的蹄铁，钉头露出过长，或钉花盘的过大，或蹄铁剩缘过大，或装着不合适的铁脐蹄铁，都容易引起蹄冠外伤。造成蹄冠外伤，与使役场地也很有关系。如在沙地、泥泞、深雪、冰地、高低不平的建筑工地、垃圾场、森林地带等，都易引起动物重心不稳，蹄互相践踏，造成外伤。不合理使役也可造成本病，如疾驰、急速回转、在速度很快的进行中突然停止都可引起本病。

【症状】 病症轻微时，特别是浅层的外伤，临床上没有机能障碍，只见蹄冠患部的被毛粘在一起，并附有血迹，不注意检查，很难发现患部。进一步检查时可见创缘非常不整齐，有肿胀和疼痛，时间久时可见肉芽组织。如已感染，则局部创伤内混有不洁的脓汁，伴有气体，这是由于蹄冠部常被泥土粪便污染，引起厌气性感染。深层蹄冠外伤时，可见动物呈现以支跛为主的混合跛行，局部肿胀明显，蹄温增高，伴有剧烈的疼痛，甚至可引起全身体温增高。如果治疗不及时或治疗措施不当，可引起蹄冠蜂窝织炎、蹄软骨坏死、伸腱断裂，甚至化脓性蹄关节炎。如伤及到蹄冠真皮时，可影响角质的生长，造成蹄壁的许多疾病。

【治疗】 治疗蹄冠外伤时，首先应该注意机械清除蹄部污物，将创伤周围的被毛剪除或剃光，然后用大量的消毒防腐液如0.1%过锰酸钾液，或0.1%雷夫奴尔液，或3%双氧水等冲洗，彻底清除创伤内的异物、血块、痂皮、坏死组织等，撒布防腐药品后包扎。

浅层创伤时，机械清理后涂以碘酊即可。

创内有血管出血时，注意止血，能寻找到血管时，进行结扎，寻找不到时可用包扎压迫止血，或烧烙止血。

如果形成蜂窝织炎及其他并发症时，参照相关疾病的治疗方法处理。

（三十一）蹄冠蜂窝织炎

蹄冠蜂窝织炎是发生在蹄冠皮下、真皮和蹄缘真皮以及蹄匣上方邻近皮肤真皮的弥散性化脓性炎症或弥散性湿性坏疽。

【病因】 马匹长时期在泥泞道路、雨天、雪地作业，使组织遭受浸渍，皮肤软化，皮肤上存在的微生物即可侵入，引起感染。

蹄冠蜂窝织炎也可能由深部组织化脓疾患伴发，如化脓性蹄真皮炎、化脓性蹄关节炎、蹄软骨坏死等。也可以继发于蹄冠外伤。

【症状】 在未破溃时即有全身症状，如体温升高、精神沉郁、食欲减退等。

患肢不能驻立，或仅以蹄尖着地，蹄冠隆起，甚至突出于角质。蹄冠部被毛逆立，水肿明显，压迫局部患畜高度疼痛。

以后局部形成一个或数个不同大小的脓肿，并自行破溃，破溃后全身症状好转，局部症状也可减轻。如果不及时治疗常形成长久不愈合的蹄冠溃疡。

蹄冠蜂窝织炎也可能向深部蔓延，引起蹄软骨坏死、蹄关节化脓性炎症，严重时可引起败血症。

【治疗】 首先应将动物放在垫有厚褥草的厩舍内，使其安静，并且经常给以翻身，以免发生褥疮。

治疗上应该注意全身疗法，可以在全身应用抗生素控制感染的同时应用各种支持疗法等。

局部治疗应该先清洗蹄部污物，取除蹄铁，剪除被毛，并涂以碘酊。患病初期可用酒精鱼石脂绷带、酒精樟脑液等湿绷带。如果脓肿已经成熟或过分压迫组织，可以手术切开，使渗出物流出，并除去坏死组织，用消毒液冲洗。手术后包扎10%高渗氯化钠湿绷带。以后可按常规创伤进行处理。

（三十二）蹄底挫伤

蹄底挫伤是由于钝性物体压迫蹄底引起蹄底真皮及深部组织的损伤，通常伴有组织溢血。如果挫伤的组织发生感染，则可引起化脓性过程。马多发生于前肢，因前肢负重较大，而前肢蹄底的穹窿度又比较小。

【病因】 肢势、指轴不正，蹄的某部负担过重。某些变形蹄，如窄蹄、倾蹄、弯蹄、平蹄、丰蹄等。

另外，马匹在不平的、硬的（如石子地、山地等）道路上长期使役，可造成蹄底挫伤；削蹄失宜，特别是过削或削的不均匀，装蹄不良，蹄铁修整不当，蹄铁钉不牢，都可引起负重不均匀，造成挫伤。

【症状】 如果挫伤严重时，则可见不同程度的机能障碍，可看到患肢减负体重，患肢以蹄尖立地，运步时呈现典型的支跛，特别在不平的道路运步时，跛行加重。指动脉触诊亢盛，蹄温增高。以检蹄器压诊时，动物非常疼痛。削蹄检查时，在挫伤局部可看到出血斑，如为毛细血管破裂时，出血呈点状，如为较大的血管时则呈斑状。由于流出的血液分解的关系，可呈现红色、蓝色、褐色或黄色等不同的色彩。重剧的挫伤，可在挫伤部形成血肿。

挫伤部发生感染，可形成化脓性过程，脓汁可蔓延到其他部位，而形成了全蹄内化脓，这时出现全身症状，并可从蹄冠部破溃。一般在局部化脓以后，常从蹄底破溃，流出污灰色脓汁、恶臭。此时跛行减轻，全身症状可消失。

【治疗】 新发的轻度无败性蹄底挫伤，首先应该使动物休息，配合冷疗和可的松肌肉注射，跛行经 2～3 d 即可消除。

如果渗出物积聚很多或已化脓，应该取除蹄铁，用消毒液清洗患蹄后，在挫伤部切开，切口挖成漏斗状，充分排除蹄内渗出物和脓汁，然后灌注碘酊或碘仿醚，装以蹄绷带，防止污染。必要时装以铁板蹄铁，或特制的蹄套。

全身应用抗生素疗法，对于防止感染有着积极的意义。

（三十三）蹄底和蹄叉刺伤

蹄底和蹄叉刺伤是常发的蹄病。

【病因】 在建筑工地、农田、森林、垃圾堆作业的马匹常被钉子、玻片、铁丝、木茬、庄稼茬等扎伤。在刺伤的过程中，致伤物体常把微生物带到创内，引起感染，并造成许多并发症，如破伤风、骨折、化脓性蹄炎、腱韧带坏死等。

【症状】 由于损伤的程度、损伤的部位不同，症状也有所不同，大多数马匹可突然出现跛行。

刺伤比较浅在时，初期症状可能不明显。如果刺伤较深或已经化脓，则出现以支跛为主的跛行。

蹄底检查时可见到出血斑及创孔或者致伤物；时间稍久可见创孔内流出污灰色脓汁，如果脓汁不能从原伤口流出，而蔓延到蹄内软组织，此时全身症状重剧。最后化脓性炎症蔓延到蹄冠，并从蹄冠破溃，流出脓汁，此时症状立即改善。

有时 X 射线检查可有助于诊断。

【治疗】 首先应该做蹄部的机械清理。如果发现异物时不急于拔除，待机械清理做一般消毒后，再拔出异物，以免加重刺伤的感染。

用蹄刀在刺创孔周围削成漏斗状，排除内容物，注入双氧水或碘酊；化脓时，可以扩创后充分排脓，向刺伤内注入 5%碘酊或 1：10 的碘仿醚，装置蹄绷带，或在伤口覆盖浸松馏油的棉花后，再行包扎。全身使用抗生素。

应注意注射破伤风抗毒素，预防破伤风。

（三十四）钉伤

在装蹄时，由于蹄钉损伤和压迫蹄真皮，称钉伤。直接钉伤是蹄钉直接刺入蹄真皮，间接钉伤是因下钉不正，钉身持续压迫蹄真皮所致。

【病因】 下钉时蹄钉的倾斜度与蹄壁的斜度不相一致，而将蹄钉钉入真皮。蹄形不正，如负缘窄、蹄壁缺损、弯蹄、倾蹄等，都易造成钉伤。蹄壁内存在有旧蹄钉，在下钉时容易将旧残留的蹄钉改变方向，钉入真皮。蹄铁不良，如钉孔内偏、钉孔倾斜、铁幅过宽或蹄铁过狭，都可引起钉伤。蹄钉不良，如钉尖分裂、钉刃不正、蹄钉过粗等。削蹄不良，如蹄负缘外侧过削、蹄底削切过度、都易引起下钉不正，造成钉伤。紧钉过度，因而钉入的蹄钉在角质内弯曲，压迫真皮。装蹄时因业务不熟练或工作粗心，出钉太深。家畜骚动，下钉时使钉尖方向改变。

【症状】 如为直接钉伤，在下钉时可以感到动物突然收缩其肢，表现疼痛，同时有钉入豆腐样感觉。动物在钉掌后立刻出现跛行，跛行为典型的支跛。如当时将蹄钉拔出，钉尖上可附有血迹，或直接由钉孔涌出血液。如不将蹄钉拔出，在紧钉节时动物表现疼痛，甚至从钉节处流出血液。

如为间接钉伤，下钉当时不会有特殊感觉，装蹄之后动物也不会出现跛行，但在 2～3 d 后，或更晚则可见蹄温增高，出现肢跛。

发生钉伤后如蹄钉不拔去，经过一段时间后，出现剧烈跛行，蹄温很高，这是化脓的象征。这时拔出蹄钉，则可见蹄钉湿润，或在蹄钉上附有脓汁，甚至可从钉孔流出浆液或脓性分泌物。

【治疗】 发生钉伤后，先将蹄钉拔出，从钉孔注入 5%碘酊，封闭钉孔，如为轻症时,休息 2 d 即可痊愈。如已化脓,则应将钉孔削成漏斗状,使充分排脓后,灌注碘酊或其他防腐剂,如松馏油、福尔马林酒精液等,绷带包扎。

(三十五)蹄叉腐烂

蹄叉腐烂是蹄叉真皮慢性化脓性炎症,并伴发蹄叉角质的腐败分解。此病常发于两后肢,前肢比较少发,也可能一蹄发病,也可能 4 个蹄全发病。

【病因】 护蹄不良,厩舍、系马场不洁、潮湿、粪尿长期浸渍蹄叉,都可引起角质软化;雨季动物经常作业于泥水中,也可引起角质软化;马匹长期舍饲,使役不足;不合理的削蹄,如蹄叉过削、蹄踵壁留的过高、内外蹄踵壁削切不一致等,都可影响蹄叉的机能,使局部的血液循环发生障碍;不合理的装蹄,如马匹装以高铁脐蹄铁,运步时蹄叉不能着地,或经常装着厚尾蹄铁,或连尾蹄铁都会引起蹄叉发育不良;上述一系列原因都可引起本病。某些变形蹄,如狭窄蹄、举踵蹄、蹄叉过分薄弱,都可诱发蹄叉腐烂。

【症状】 最初可在蹄叉中沟和侧沟,通常在侧沟处有污黑色的恶臭分泌物,这时没有机能障碍,只是蹄叉角质腐败分解,没有伤及真皮。

如果真皮发生炎症,则出现临床上的机能障碍,患肢出现支跛,特别在软地时较明显。运步时以蹄尖着地,严重时呈三脚跳。蹄底检查时,可见蹄叉萎缩,甚至整个蹄叉被腐败分解露出肉叉。病变可以扩展至蹄球或蹄冠,继发化脓性蹄真皮炎。

【治疗】 将患畜放在干燥的马厩,使蹄保持干燥和清洁。用 2%漂白粉液,或 1%高锰酸钾液清洗蹄部,削除腐败的角质,以上述新鲜药液充分清洗腐烂部分后用 3%福尔马林酒精液填塞患部。

也可用麻丝或棉花浸松馏油塞入腐烂部,隔日换药,效果也很好。

(三十六)蹄骨骨折

【病因】 常由于马匹有骨软症,而突然受到外力的作用,如撞击、硬地上摔倒、钉伤、蹈创、重载轧压等造成骨折,或蹄钳顿在洞穴或缝隙中,猛力挣扎有时也可造成骨折。

【症状】 蹄骨骨折可有 3 种类型:关节内骨折、关节外骨折(包括蹄骨翼骨折)、伸肌突骨折。

除蹄骨翼骨折外,大多数蹄骨骨折的病例,跛行都立刻发生,而且跛行很剧烈、出汗、颤抖、蹄温增高、指(趾)动脉亢进、蹄压诊时动物表现疼痛、蹄关节他动运动时,动物也非常疼痛。关节内骨折时,蹄关节内有出血,几天后蹄冠部可肿起,伸肌突骨折常发于两前肢,其症状也很不同,有的表现没有跛行,有的表现为悬跛,急性病例跛行一般都明显，患肢负重不确实，蹄冠部可隆起，压迫局部动物表现疼痛，运步时明显提举，呈前方短步。伸肌突骨折后的特点是新生骨广泛增生。

X 射线摄影可以确诊。

【治疗】 用保守疗法治疗各类型的蹄骨骨折，都取得了满意结果。患畜的蹄匣有自然固定作用，将患畜放在松软地面的马厩内，令其完全休息，如能装以石膏绷带对病的恢复有促进作用，可配合灌服治疗骨折的中药。

手术疗法不是理想的方法。

治疗蹄骨骨折时，为了防止发生过多的骨痂形成，在治疗后期(40～45 d)，可进行牵行运动。

(三十七)蹄叶炎

蹄叶炎是蹄真皮的弥散性无败性炎症。某些因素引起蹄内血液循环发生改变，小叶间蓄有大量的浆液性渗出物，表现为剧烈跛行。如转为慢性可使指(趾)骨转位和蹄关节变形。临床上常是两前肢或两后肢同时发病，特别是两前肢更为多见。也有四肢同时发病的。

【病因】 引起本病的确定原因，尚无定论。

工作中大发汗，又突然饮大量冷水，或突然受冷风袭击，或马在出汗时突然过河，或用冷水洗马；突然给以大量新鲜的含有丰富蛋白质饲料，或吃大量的精料，或喂发霉的饲料；马匹过劳，或长途装车运输马匹，或长期在硬地上作业的马匹，或一肢患病，他肢过度负重时，都可发生本病。

继发于某些疾病，特别是疝痛、肠炎常继发蹄叶炎，妊娠和分娩有时也继发蹄叶炎。

装蹄和削蹄不合理，如蹄底和蹄叉过削，蹄踵削的一面高一面低，装蹄时障碍蹄机都可为本病的病因。

【症状】 首先看到的症状是运动机能障碍，突然出现跛行，跛行表现为紧张步样。如为两前肢发病，肢伸出于前方，以蹄踵着地，头高举，使体重移向后方，两后肢伸于腹下，帮助患肢负重。运步时两前肢同时迈出，但每步很短。运动时体躯摇摆，步度强拘，后肢各关节呈屈曲状态，动物很快就出现疲劳、出汗、肌肉颤抖，不能站立而卧倒。

如两后肢发病时，头颈低下，前肢后伸以代替后肢负重，后肢各关节屈曲并伸向前方，用蹄踵着地。运步时，低头弓背，步态强拘。

如四肢都发病时，四肢都伸向前方，站立非常困难，卧下后不愿起立，运步也非常困难。

患蹄蹄壁温度升高，指(趾)动脉异常亢进，感觉特别敏感，以检蹄器压诊或打诊，动物表现疼痛。

患畜全身体温升高，有时可达41℃，脉搏频数，呼吸促迫，可视黏膜充血。

转为慢性经过时，临床症状虽然减轻，但蹄的病理解剖学变化加重。由于急性期时小叶间渗出物积聚，引起角小叶和真皮小叶剥离，蹄骨和蹄匣的联系遭到破坏，此时由于马匹以蹄踵负重，深屈腱高度紧张，加上体重落于蹄骨关节面上的影响，遂引起蹄骨变位。蹄骨尖向下方，蹄骨变成直立状态，蹄骨压迫蹄底下沉，甚至可引起蹄底穿孔。由于蹄骨变位，蹄冠出现下陷，可影响蹄角质的生发层，致使蹄轮出现异常，蹄前壁彼此接近，而在蹄踵部则彼此散开。由于蹄壁表皮生发层发育很快，可产生所谓瘢痕角质，充填原先渗出物所占据的空间，此时角小叶异常发育，使蹄壁变得很厚，因而白线变宽。蹄骨变化的结果，使蹄底真皮生发层乳头改变了与地面直立的方向，而向前曲折。由于上述一系列变化，形成所谓临床上的芜蹄。

X射线检查，可看出蹄骨的位置变化，并可见蹄骨骨质疏松。

【治疗】 首先将动物放在温暖的厩舍内，铺以厚的褥草。另外，应该检查饲料和管理，有无造成本病的因素。

胃管投给石蜡油使动物轻泻，排除毒素以防其吸收。

为了减轻疼痛可给镇痛剂和掌(跖)神经封闭。

为了改善血液循环，使扩张的血管收缩，减少渗出，可静脉放血，蹄部冷浴，静脉内普鲁卡因封闭，应用消炎激素等。

也可应用抗组织胺制剂和灌服中药。

如小叶间渗出物很多时，可在白线处充分消毒后手术扩开，排除渗出物，蹄底装以铁板蹄铁。

如已形成芜蹄，可用装蹄疗法矫正。其方法是锉削蹄尖的隆起，蹄底及负面不削，而多削蹄踵负面。如蹄尖部有疼痛感觉，可在铁头部设侧铁唇，其间并设空隙。应用稍微向后的连尾蹄铁最为合理，装此种蹄铁时，部分体重可由患病的蹄尖部转移到横支上，向后突出的横支可以防止蹄踵负重时患肢向后过度弯曲。为了使过薄的蹄底不着地，也可装铁脐蹄铁。

(三十八)舟状骨病

舟状骨病是舟状骨及其滑膜囊的炎症，是一种涉及不同原因的变性性疾病。多发生于年轻赛马的前肢。

【病因】 确切的病因目前还不清楚。

蹄踵狭窄、蹄叉过高以及蹄壁过长都是本病的病因。系部过长、急速奔驰与转弯、失足蹬空等都是发生本病的诱因。

【症状】 首先出现的症状是患蹄负重时，蹄踵不着地，以蹄尖支持体重；两前蹄同时发病时可见交互负重。运步时患肢指部可有明显的震颤。

急性时，指动脉触诊亢进，增加屈腱负担，跛行加剧，蹄叉部打诊和压诊，患畜疼痛。

由于患蹄常以蹄尖着地运步，使得蹄尖磨灭较多，蹄踵部相对变高，破坏了正常的蹄机。时间稍长可见蹄叉萎缩变小，蹄踵狭窄。

本病的诊断比较困难，放射学拍片有助于确诊本病。

【治疗】 本病早期，单独使用蹄铁矫正即可得到效果，但在病的进行阶段，矫正装蹄只能改善症状。

将马放在软地或草地上饲养可以缓解疼痛。

有研究表明，治疗时改善蹄的血液循环有一定的效果。如应用一些抗凝血药(如华法令)、扩张外周血管药(如盐酸苯氧丙酚胺)等。

也可向舟状骨滑膜囊内注入消炎激素进行治疗。

后期可用神经切断术或舟状骨悬韧带切除术。

二十一、马、牛消化道常见病

消化器官疾病是临床上的常见、多发病。消化系统的机能变化直接影响动物的营养、代谢和生长、发育。消化道常发生炎症、消化不良、阻塞、变位和运动功能异常等疾病。

(一)马、牛胃肠炎

胃肠炎是胃肠表层黏膜及深层组织的重剧炎症过程，多为急性炎症和亚急性炎症。

【病因】 引起胃肠炎的原因多种多样，但饲养管理不当是其主要原因。草料品质差，如霉败、冰冻腐烂等；草料的突然变换，过饥、过饱，饲喂不定时、定量；经常受到应激性刺激或滥用抗菌药，导致肠道正常菌群失调，出现平时腐生于胃肠道的细菌(如大肠杆菌、坏死杆菌等)大量繁殖或发生胃肠道的二重感染(如治疗犊牛、幼驹肺炎时因长期使用土霉素引起胃肠道菌群失调，导致胃肠炎)。

继发性胃肠炎常见于细菌性传染病(如沙门氏菌病、大肠杆菌病、副结核病等)、病毒性传染病(如轮状病毒感染、冠状病毒病等)、寄生虫病(如球虫病、线虫病等)及其他普通病(如食物中毒、肠梗阻等)。

【症状】 患畜精神沉郁、食欲减退或废绝、饮水增加或减少，眼结膜先潮红后发绀或黄染，口干臭、舌苔重，四肢、鼻端等末梢常冷凉。眼球下陷，皮肤弹性减退，脉搏快而弱，后期往往呈不感脉。多数病例体温升高达40℃以上，随着病情恶化，体温逐渐降至常温以下；个别病畜，特别是牛，有时体温始终无明显升高或中后期才出现体温升高；尿量减少，可出现非肾病性尿毒症。犊牛、幼驹或马属动物常有不同程度的腹痛症状。初期，肠音增强，中后期逐渐减弱或消失。牛常出现不同程度的瘤胃臌气，反刍减弱或停止。

腹泻是胃肠炎的常见症状，特别是大肠的炎症，一般均出现腹泻；小肠炎症，腹泻出现较晚，大肠炎症早期出现腹泻。频繁排粪，粪便呈稀粥状甚至水样。粪便中混有血液、黏液和黏膜组织，有时混有脓汁并恶臭，是严重下痢的标志。腹泻的后期，肛门松弛，排粪失禁或痛苦努责，但并无粪便排出，呈现里急后重的现象。犊牛、幼驹腹泻时，粪便常呈灰白色或黄白色。

在马属动物，若以胃和小肠的炎症为主，口腔干臭明显，眼结膜常黄染，有轻度腹痛，体温略有升高，脉搏每分钟80次以上，无力，排粪迟缓、量少，粪球小而干。若以大肠的炎症为主，常为粥状腹泻。全身情况迅速恶化；腹围逐渐增大，肠内容物呈半流体状；脉弱，不感于手，常因大量脱水和毒素中毒而出现急性死亡。

【诊断】 根据全身症状，食欲减退、口干臭、粪便物理性状的异常等，可做出临床诊断；通过流行病学调查，血、粪、尿的实验室化验，可对单纯性胃肠炎和由传染病和寄生虫病引起的继发性胃肠炎进行鉴别诊断。

【治疗】

(1)消除病因。

(2)清理胃肠，保护胃肠黏膜，初期应用缓泻剂以排除胃肠内有毒物质(如口服液体石蜡油或人工盐)；中后期可应用矽炭银片或鞣酸蛋白，以抑制渗出。

(3)抗菌消炎。口服或注射广谱抗菌药。轻症者，以注射为主；重症者，口服与注射并用。抗菌药物也可根据用粪便内细菌做的药敏试验结果进行选择，但首次用药应以平时少用的广谱抗菌药为主，以防因细菌有抗药性而降低疗效。

(4)纠正水、电解质和酸碱平衡紊乱，补液对缓解症状有显著效果，常选用复方氯化钠注射液；腹泻严重的，可补充血浆等胶体性溶液，以维持血浆胶体渗透压。长时间重剧腹泻，常出现代谢性酸中毒，应补充碳酸氢钠。输液时加入维生素C，有利于消退炎症；加入地塞米松，有抗炎、抗休克和强心的作用。

(5)中药方剂对胃肠炎有较好的疗效，临床上常用郁金散和白头翁汤。既可水煎服，也可开水冲粉剂灌服。

(二)牛消化不良

奶牛、肉牛的消化不良是指单纯性消化不良和乳酸中毒的一系列临床综合征。

【病因】 消化不良常与突然变更饲料、饲料变质、过食草料或精料等因素有关。在泌乳高峰期或育肥期常见。过食精料，特别是谷物性精料，可引起乳酸中毒；育肥牛若由低精饲料向高精饲料不是逐渐过渡，而突然改喂高精饲料，易发生乳酸中毒。由花生秧或地瓜秧突然改换青贮玉米或反向突然变换饲草，常发生单纯性消化不良。

【症状】 呈单发或多头动物同时发病。患单纯性消化不良的牛出现厌食或食欲明显减退，产奶量下降；末梢冰凉，直肠温度正常或偏低，心率和呼吸无明显变化。瘤胃蠕动减弱或完全停滞，瘤胃轻度臌气，右下腹出现臌胀(小肠积液扩张)。初期排粪时增加，粪便酸臭，后期发生腹泻。有的牛先发生腹胀，不排粪，易误诊为肠梗阻，但后期腹泻。常出现低血钙，喜卧地。

若发生乳酸中毒，症状较严重，病畜食欲废绝，产奶量急剧下降，脱水症状严重，呼吸和脉搏均增加；瘤胃积液，蠕动停止，皮肤发凉，体温下降，沉郁，常卧地不起。排软粪或稀粪，有时粪便中见有未消化的精料。瘤胃内 pH 值初期为 4.5～5.0，中后期因吞咽唾液 pH 值可升至 6.5～7.0。血液检测可见到白细胞减少和代谢性酸中毒。

在临床上常见到轻度的瘤胃酸中毒，其病因与饲喂易发酵的精料或高酸性饲料有关。发病后出现轻度消化不良，且常继发蹄叶炎和真胃疾病(如真胃弛缓、变位)。

【治疗】 单纯性消化不良，以恢复胃肠正常运动能力和清除胃肠内有害内容物为治疗原则；乳酸中毒病例，以纠正酸中毒和抑制乳酸生成为主。

单纯性消化不良时，应用轻泻、抗酸、促反刍剂，如口服硫酸钠、液体石蜡油、大黄酊、陈皮酊和姜酊等；注射胃复安、小剂量新斯的明或促反刍液(10%氯化钙、10%氯化钠和 20%安钠咖)；口服和注射碳酸氢钠。用药后 24 h 不见好转者，宜用粗口径胃管洗胃，洗胃用近 0.8%温盐水，洗至放出液无酸臭味为止；胃内放置上述酊剂和少量小苏打粉。因机体虚弱而发生消化不良，可试用中药方剂加味四君子汤(党参、白术、茯苓、炙甘草、陈皮、黄芪、当归、大枣、干姜)。

乳酸中毒的病例，当发现偷吃大量精料或易发酵饲料时，应立即做瘤胃切开术；若患畜瘤胃 pH 值低于 5.0，心率超过每分钟 100 次，脱水超过 8%，瘤胃臌胀，表明已严重过食精料；也宜做瘤胃切开术。排空胃内容物，用温水洗涤胃腔后，瘤胃内放置适量轻泻剂、优质干草和健康牛瘤胃内容物。注射钙剂、电解质和碳酸氢钠。但若发病时间超过24 h并出现严重的中毒症状，不宜做瘤胃切开术，可采取强心、利尿、补液、抗菌、纠正电解质和酸碱平衡紊乱、抗休克等保守疗法，根据情况配合大口径胃管洗胃，洗胃后放置抗酸、抗菌药物。

若临床症状轻或吃入少量精料，瘤胃pH值较高、瘤胃尚有一定蠕动能力时，可采用洗胃和口服抗酸、缓泻、抗菌剂，注射钙剂、抗生素、电解质、碳酸氢钠、糖皮质激素和强心剂。

（三）马肠痉挛

肠痉挛是肠壁平滑肌发生痉挛性收缩，患畜出现间歇性腹痛的一种真性疝痛。

【病因】 寒冷和饲养管理不当常是本病的诱因，如气温、气压和湿度的剧变，风寒侵袭，汗后淋雨等条件，可促使本病的发生。不适宜地饮冷水，尤其是服重役或大汗之后立即暴饮，采食霜冻的或发霉的草料等，均促使发病。神经系统机能紊乱，迷走神经异常兴奋，引起肠道平滑肌痉挛性收缩，是本病的根本原因，这常与消化不良、胃肠卡他、毒素或寄生虫寄生等因素有关。

【症状】 间歇性或阵发性腹痛，肠音增强似雷鸣音，大量排软粪或稀粪，体温不高，口腔湿润是本病的临床特征。腹痛由轻转为严重，但后期减轻，不时顾腹、撞地、蹴踢、起卧或卧地滚转，全身出汗。口腔色淡、无恶臭味，间歇期脉搏和呼吸无明显变化。大、小肠音明显增强，连绵不断，排粪次数增加，由粪球变为易碎软粪，继而出现稀粪，排粪量由多渐渐变少。

【诊断】 根据其临床特征，进行诊断；间歇期似健康状态，有饮食欲；在上述病因存在下突然发病；结合直肠检查可与急性胃扩张、肠阻塞和肠变位相区别。

【治疗】 以解除痉挛和止痛为重点，同时清除胃肠道内有毒物质。肌肉注射30%安乃近和0.1%爱茂尔；口服水合氯醛、液体石蜡、姜酊和陈皮酊；或口服水合氯醛加橘皮散。输液对缓解病情、加快恢复有良好作用。

（四）牛皱胃变位

皱胃变位分为左方变位和右方变位。皱胃通过瘤胃下方移到左侧腹腔，置于瘤胃和左侧腹壁之间，称左方变位；皱胃向前方逆时针扭转置于网胃和膈肌之间或向后方顺时针扭转置于肝脏和右侧腹壁之间，称为右方变位。

【病因】 皱胃弛缓是皱胃变位的主要原因。分娩反射、高产奶牛、脓毒性子宫内膜炎、消化不良、过食高蛋白日粮或精料、皱胃溃疡、酮病、产后瘫痪等原因，均可引起皱胃弛缓或运动机能紊乱，导致皱胃积液、积气并发生异常移位。皱胃一旦发生变位，在胃内气体的作用下向上浮动，不易自行复位。

奶牛怀孕时，随胎儿的逐渐增大，瘤胃渐渐移向前方，皱胃则趁机向左方移动；当母牛分娩时，瘤胃向后恢复原位过程中，易将皱胃压在瘤胃的下方或推向上方，皱胃内气体积聚。皱胃在内部气体的作用下逐渐移至瘤胃与左侧腹壁之间，发生左方变位；或皱胃上移，发生右方变位。

【症状】 采食量减少或食欲时有时无，尤其厌食谷物精料。产奶量逐渐下降，可减少 1/3～1/2。排粪量减少，呈糊状，有的出现腹泻。后期病牛消瘦，腹围变小，产奶量减少。有的牛发生酮病，从呼出气体、乳汁和颈部皮肤可闻到酮味。从尾侧观察肋弓，真胃变位的那侧肋弓突起。左方变位时瘤胃被臌气的真胃推向右侧，左侧肋弓突起更为明显；左肷窝触诊瘤胃时，瘤胃不明显。在髋结节与肘结节的连线上叩诊，有高亢的鼓音或“钢管音”，若在叩诊的同时进行听诊，钢管音更为明显；钢管音的范围可由第 8 肋向后延伸至肷窝。在肋弓下冲击触诊的同时听诊，可听到由充满液体的真胃发出的溅水音。严重的左方变位，左肷窝内出现半月状突起。

【诊断】 右方变位与盲肠臌气相区别。盲肠臌气时叩诊区靠后，主要在右侧肷窝，严重的可达第 11～13 肋。右上腹冲击触诊可听到击水音；右肷部或右腹部臌胀，直检时只要腕部伸入直肠即可触及移至盆腔入口处的盲肠尖。

【治疗】 应首选保守疗法，包括口服缓泻剂、促反刍剂、拟胆碱能药、抗酸药，以促进胃肠蠕动和加速胃肠排空。存在低血钙、低血钾的，应及时进行静脉注射或口服钙钾。用药后施行滚转患牛法，先行侧卧，然后将牛转成仰卧姿势，轻轻地进行左右摆动，摆动的角度要大于 70°，其原理是气体上升，液体、固体下降。每次摆动回到正中位置时静止 3～5 min，此时真胃在胃内气体作用下由左侧上浮至腹底部。最后将牛转为左侧卧，瘤胃由于自身重力的作用会从脊柱移到左侧腹壁和肋弓，真胃由腹底上浮到右侧腹腔。当牛站立时瘤胃就会重新下沉至腹底壁，将真胃挡在右侧。滚转法仅适用于左方变位，右方变位不宜应用，原因是易发生真胃扭转。保守疗法复位后，让牛尽可能多地采食干草以填充瘤胃，促进胃肠蠕动和防止复发。经保守疗法无效时可施行手术疗法。根据个人的特长和经验，可选用下列手术疗法。

(1)右腹中线旁真胃固定术。仰卧保定，在腹中线与右乳静脉(皮下腹静脉)之间、胸骨后方做一中线旁切口。打开腹腔后真胃常已自然复位，偶尔需手法复位。用中粗肠线或丝线在真胃大弯处做 2～3 针浆膜肌层缝合，然后在切口右侧 3～4 cm 处将真胃固定于腹膜和腹横肌腱膜及腹底部肌肉上，同时做 3～4 针固定缝合。腹壁切口的闭合应严密，以防发生腹壁疝；术后保持腹底干燥，及时应用抗菌药，以防切口感染。

(2)右腹网膜固定术。站立保定，做右肷部下切口(腰椎横突下方 15～20 cm，最后肋骨后方 10～12 cm)。若皱胃臌气严重,用一带胶管的粗针头对皱胃穿刺放气。左方变位,手自直肠下方伸至瘤胃左侧探查皱胃;术者左手在瘤胃左侧自腹底向右侧推动真胃,右手在右侧腹底牵拉真胃,双手协同用力即可整复左方变位的真胃。在幽门部上方 8～10 cm 处将深浅两层大网膜做一褶皱并将褶皱固定在相邻的腹膜、腹壁肌肉上(做 4～5 个钮孔缝合)。

(3)左侧整复固定术。站立保定,左肷部下切口。打开腹腔后,先行真胃放气、放液,用一长线,两端各穿一长直针,在胃大弯处针穿透浆膜肌层并潜行 3～5 cm,术者手持直针经瘤胃下方达右侧腹底壁,在真胃相对应的白线旁穿出腹底壁(出针处事先做一皮肤小切口,以便于出针),双针的出针孔间隔 2～3 cm。在向上牵拉瘤胃腹囊的同时,向右侧推送真胃,以整复真胃。整复后,抽紧在腹底壁皮下的两根线尾并打结。打结前先置一小乳胶压垫,线结打在压垫上,共做 3～4 个同样的固定缝合;对皮肤小切口消毒后做结节缝合。

(4)左侧、右侧肷部下切口。该方法便于整复和固定真胃,术后并发症少。自右侧固定真胃时,除可采用网膜固定术外,也可采用固定胃大弯的方法。固定时既可采用类似左侧整复固定术,也可直接将真胃浆膜肌层与腹膜、腹壁肌层缝合固定。

(五)肠阻塞与肠套叠(肠梗阻)

肠阻塞是因肠管运动机能和分泌机能紊乱,粪便积滞不能后移,引起某段肠腔完全或不完全阻塞的一种疝痛病,又称结症,阻塞物常为硬粪块、毛球、纤维球和异物等。马属动物较常见,以大结肠和小结肠为多发;牛较少发生,多见于十二指肠阻塞。

肠套叠是一段肠管伴同肠系膜套入与之相连续的另一段肠管内,形成双层肠壁重叠的现象。多见于空肠和回肠。

【病因】 发生肠梗阻的病因尚不明确,常与肠壁局部病变(如牛结节线虫结节、息肉)、饮水不足、饲养粗放、气候剧变、过劳、体弱和各种应激因素有关。同样的诱因,动物是否发病,还取决于机体所处的状态。胃肠功能良好,机体神经、内分泌功能正常,一般不发病。

【症状】 奶牛和马属动物肠梗阻的症状明显,常表现为突然厌食,胃肠蠕动减弱或消失,腹部臌胀,牛以右侧为明显。腹痛,奶牛可踢腹、起卧、弓腰或呈蹲坐姿势,背部下沉,两后肢后伸或交替踏地;马属动物出现急起急卧或打滚。排粪停止,大肠梗阻早期出现排粪停止,努责时排出少量黏液样物质,带有少许粪便;小肠梗阻初期排粪量正常,但以后逐次减少,肠套叠常见到胶冻样粪便中带有血液。牛右下腹冲击触诊有振水音,肠音初期增强,很快出现肠音减弱或消失,出现金属音。叩诊臌气肠管呈鼓音，以此可大体判断梗塞的部位。直肠检查可发现肠系膜紧张，阻塞段肠管前方积气、积液，肠管臌胀；便秘块坚硬，套叠肠段呈圆柱状、火腿肠样硬度。全身情况(如体温、呼吸、脉搏、脱水)呈现进行性恶化，以肠套叠和小肠阻塞的全身症状最为严重。

马属动物大肠阻塞的常发部位是骨盆曲、小结肠、胃状膨大部和盲肠，直肠检查易确诊。骨盆曲阻塞时，在骨盆腔前缘下方可摸到肘样弯曲的粗硬肠管，多位于左侧；小结肠阻塞时，多在耻骨前缘水平线上或体中线的左侧可触到1～2个拳头大、坚硬的粪块，游离性大，肠系膜紧张，可顺着紧张的肠系膜摸到结粪。胃状膨大部阻塞多为不完全性阻塞，间歇性轻度腹痛，多呈公马排尿姿势。排泄水样粪便或松散带水的粪便，手伸至腹腔右前方可摸到半球状、随呼吸而前后移动的阻塞物。盲肠阻塞为不完全阻塞，临床表现类似消化不良，手自右腹胁部伸向腹中间前下方，可摸到盲肠内充满干硬的粪便，腹痛症状与胃状膨大部便秘相似。

小肠阻塞，盲肠不臌气，腹围变化小，很快出现全身情况恶化，病程短，马属动物易继发胃扩张。大结肠和小结肠阻塞，盲肠臌气，腹围变化大，全身情况发展缓慢，病程长。

【治疗】　小肠梗阻应尽早施行手术疗法，以提高疗效；大肠梗阻可先应用保守疗法，待2～3 d保守疗法无效时，也应施行手术疗法。通过直肠检查，一方面可进行确诊，另一方面可进行直肠内破结，因此直肠检查对诊治疝痛病具有重要的意义。

保守疗法包括镇痛、补液(如高渗盐水、钙剂和安钠咖)、口服泻剂和胃肠减压等。马属动物常用水合氯醛镇痛，牛可用安定；补液以复方盐水和葡萄糖为主；小肠梗阻行胃管放气、排液，大肠阻塞行盲肠穿刺放气；小肠阻塞口服油类泻剂，大肠阻塞口服油类、盐类和中药类泻剂，同时加入止酵剂；肠套叠病例立即进行手术治疗。

手术时，打开腹腔，先进行腹腔探查，顺着臌气肠管寻找病变肠段。肠套叠尽量整复，无法整复或肠坏死者，行肠切除术；尽可能隔肠按压便秘块，按压不碎的，可向粪块内注入生理盐水进行浸泡，确实无法压碎的粪块，可行肠侧壁切开术，取出粪块。术后护理的重点是防止腹膜炎和继发感染，治疗肠弛缓，及时纠正水、电解质和酸碱平衡紊乱。

(六)瘤胃臌气

瘤胃内异常发酵，产生过量气体，瘤胃显著臌胀，患畜在上腹和左下腹明显臌胀，严重的，右腹也同时臌胀的现象称为瘤胃臌气。

【病因】　原发性急性瘤胃臌气，主要与采食大量易发酵的饲料有关，例如，采食开花前多汁的嫩豆科植物(如苜蓿、三叶草等);或再生草,白菜叶,鲜地瓜秧,堆积发热的青草,过多的谷物精料,未经处理的豆饼、花生饼,过多的胡萝卜或马铃薯等块根饲料,突然由干草更换为青绿饲料等。食道阻塞可继发急性瘤胃臌气。

慢性瘤胃臌气常与饲喂方法不当有关,例如低纤维日粮,精料过多,犊牛饲喂颗粒日粮等。也可继发于其他疾病,例如,前胃弛缓、胃肠道病变、迷走神经受损、犊牛先天性食管沟反射缺陷引起的乳汁进入瘤胃、长期大量应用抗菌药引起的瘤胃内菌群紊乱等。

【症状】 急性病例表现为突然发病,左腹显著膨大,膨胀范围可达背中线,左肷窝消失,腹内压升高压迫膈肌和胸腔,引起呼吸困难;直检瘤胃臌胀达右侧腹腔。左侧叩诊出现鼓音,单纯气胀时呈砰声,泡沫性臌气砰声不明显。插入胃管后很快放出胃内气体,臌胀消失,但泡沫性臌气时插胃管也放不出气体,胃胀不消失。食道阻塞时大量流涎,胃管插不下。慢性瘤胃臌气的症状较轻,瘤胃轻度臌胀或臌胀时有时无。迷走神经受损引起的腹胀特点为左上、下腹和右下腹同时臌胀,直检瘤胃呈"L"形,严重病例的瘤胃呈"V"形。

【治疗】 首先施行胃管放气,但泡沫性臌气极少有效。泡沫性臌气时经胃管投入植物油和酊剂。胃管插不下的危重病例,可用粗套管针在左肷部穿刺放气。放气后口服或灌服轻泻剂(如大黄苏打片、姜酊、陈皮酊、硫酸镁)、制酸剂(如小苏打)、促反刍剂(如酒石酸锑钾)和止酵剂(如鱼石脂、青霉素),静脉注射钙剂、高渗盐水、浓糖水和安钠咖。顽固性瘤胃臌气,可做瘤胃瘘管或留置放气管,但在放气的同时,应积极治疗原发病,消除臌气的原因。

(七)真胃溃疡

【病因】 真胃溃疡是奶牛和犊牛的常见病,其发生原因与集约化饲养和饲喂大量精料及高碳酸性青贮饲料有关。应激因素促进真胃溃疡的发生,产犊泌乳后4~6周是成年牛的发病高峰期,也是真胃变位和代谢病的多发期。严重的胃溃疡可继发真胃穿孔。由于真胃溃疡临床上不易确诊,随病程的延长常继发真胃穿孔。穿孔后胃内容物漏入腹腔,引起局限性或弥漫性腹膜炎。

【症状】 真胃溃疡时,病牛表现为轻度腹痛,采食量和泌乳量下降,周期性磨牙,食欲不定,有的牛在采食中突然出现停食。周期性粪便潜血(溃疡灶出血);严重的,可出现黑粪症,此时病牛沉郁,食欲废绝,可视黏膜变淡或苍白,脉搏加快(100次/min以上),呼吸浅而快,末梢发凉。真胃穿孔引起的局限性腹膜炎,症状类似创伤性网胃腹膜炎,奶牛不同程度地厌食,体温一般为39.5~40℃,瘤胃蠕动减弱或停滞;腹痛,不愿走动,右腹中线旁腹壁触诊疼痛;有时磨牙;若大量胃内容物漏入腹腔,则引起弥漫性腹膜炎,出现食欲废绝,胃肠蠕动停止,发热(40～41.5℃),皮肤和末梢冰凉,脱水,不愿活动,强迫动物或起立时呼气有咕噜声或呻吟声,广泛性腹痛,心率可达140次/min,高度沉郁,逐渐卧地不起,处于败血症或休克状态。发病急,病程短,常在72 h内死亡。

【治疗】 出血性溃疡若在发展成严重贫血之前能确诊和治疗,预后良好,继发局灶性腹膜炎的穿孔性胃溃疡,经药物治疗,预后也良好,但若继发弥漫性腹膜炎,则预后不良。

日粮中停止添加青贮料、高湿玉米和粉状精料7～14 d或直到临床症状出现明显改善为止,增加纤维成分,如优质干草。若日粮中缺少高能量饲料而有酮病征兆时,可适当饲喂粗质的谷物,减少运动。连续应用广谱抗生素7～14 d或直到动物体温正常48 h后为止,口服抗酸保护剂,应用钙制剂和防治酮病,禁用皮质激素类和非甾体抗炎药(NSAIDs),如地塞米松、消炎痛等,以防加重溃疡。发生大出血的病例,可进行输血疗法。牛的血型较多,一般无输血反应,但在前15 min时应缓慢输注,待无反应时再快速输血。经保守疗法无效的穿孔性胃溃疡,可手术修补,但成功率很低。

(八)马急性胃扩张

马急性胃扩张主要见于马、骡,很少见于驴。原发性胃扩张包括食滞性和气胀性两种,继发性胃扩张常继发于小肠梗阻。

【病因】 采食过量难以消化、容易膨胀的饲料(如大麦、谷物的渣头、豆类、豆饼和收割较晚的青干草等),或易于发酵的青嫩草、堆积发热变黄的青草(如苜蓿、野生青草等)、发霉变质的草料,或偷吃大量精料、饥饿后饱食或饱食后立即剧烈运动等原因,均可引起急性胃扩张。

【症状】 在采食后不久急性发病,沉郁、饮食欲废绝,眼结膜发红至发绀;口腔湿润、黏滑,后期变干燥,味酸臭。呼吸、脉搏加快,但脉搏弱。肠音减弱或消失,初期排粪增加,随后排粪减少或停止。腹痛,初期较轻,呈间歇性腹痛,很快发展为持续性剧烈腹痛,急起急卧,卧地滚转,前蹄刨地,个别出现犬坐式和回头顾腹。插入胃管后,若为气胀性胃扩张,由胃管排出酸臭气体和少量稀糊状食糜,腹痛减轻或消失,但若为食滞性胃扩张,仅放出少量气体,腹痛无缓解。直肠检查,脾脏后移,在左肾前方可摸到膨大的胃后壁,壁有弹性(气胀性的)或内充满坚硬的食物(食滞性的)。继发性胃扩张,胃管放气后腹痛减轻,但仍有腹痛;直检时可摸到臌气 肠管或梗塞部位,严重的,鼻流粪水,或引起胃破裂。

【治疗】 继发性胃扩张,经导胃缓解症状后立即治疗原发病。原发性胃扩张可采取下列措施：

(1)气胀性胃扩张——用胃管排出胃内部分气体后，经胃管投入水合氯醛和少许酒精，继续排气。胃内气体排尽后，灌服石蜡油、小苏打和陈皮酊，肌肉注射胃复安。

(2)食滞性胃扩张——尽量用胃管洗胃，然后灌服普鲁卡因、稀盐酸和石蜡油，肌肉注射胃复安。

(3)补液疗法——复方氯化钠、钙剂、浓糖水和安钠咖同时输注，肌肉注射维生素 B_1，对缓解病情，加速恢复，具有良好作用。

二十二、其他动物的病例

(一)鸟类疾病

鸟类的病例在小动物临床上越来越多，包括鹦鹉，鸽子，孔雀及其他观赏鸟。鸟属于禽类，其解剖，生理，病理及疾病有别于哺乳类动物。欲了解鸟类的疾病，必须了解它们的基础知识。下面简要介绍鸟类与哺乳类的不同之处。

【皮肤】 鸟类的皮肤比哺乳动物的薄而且脆弱，因为它们的外面还有羽毛保护。皮肤表面有一层油脂保护层，其作用包括抑制细菌的生长，保持皮肤柔韧和防止脱水。有些鸟类的皮脂层是由尾脂腺分泌的。鸟类没有汗腺，散热靠腿、爪和呼吸。

【消化系统】 消化系统的特点是多数鸟类的食道入胸腔之前形成一个膨大结构嗉囊(crop)。猫头鹰和企鹅没有嗉囊，嗉囊在消化过程中不起作用，只有鸽子的嗉囊会产生嗉囊液。胃由腺胃和肌胃构成，许多鸟类没有胆囊，如鹦鹉等。

【泌尿系统】 泌尿系统的肾脏存在于对称性的肾窝内，每侧的肾分成 3 个部分(前、中和后肾)，每一个部分又分成许多叶。肾脏的血液供应很复杂，鸟类的氮代谢产物不是尿素氮而是尿酸，尿酸形成于肝脏，小部分由肾小球滤过，90%由肾小管主动分泌到尿液中。鸟类的尿液含有水分、黏液和胶体，形成的尿液随输尿管到泄殖腔中，然后随着泄殖腔的逆蠕动被运送到直肠，甚至可以到达盲肠。在这里储存直到排粪时被一同排出去。在储存过程中，尿液的有些成分和水液被吸收。

【生殖系统】 雌性的卵巢靠近体壁，紧挨着肾上腺和前肾。卵巢内有许多明显的卵泡，通常雌性鸟类只有左侧的生殖系统发育完整并且有生殖功能，雄性有一对睾丸，在许多鸟类右侧的睾丸比左侧的小。

【泄殖腔】 鸟类的泄殖腔是泌尿道，生殖道和消化道的末端开口处有 3 个部分。最外端的开口是直肠末端，即肛门。尿生殖道开口居中而且很小，尿生殖道开口处有两层环形黏膜褶皱。尿道和生殖道开口于此处，尿道开口相对位于背侧。

【心血管系统】 鸟类的心脏比哺乳类动物的心脏大而且搏动快得多，比如，蜂鸟的心脏是其体重的 2.5%，鼠类的为 0.5%；其心跳可达 1 000 次/min，在最大活动量时心输出量是人类和犬、猫的 7 倍。由于心输出量相对较大，其血压也相对高的多，鸟类正常血压为 180/130。鸟类的动脉，静脉系统与哺乳类相似。

【呼吸系统】 鸟类的呼吸系统由气管、肺和 8 个气囊组成，两侧的肺起于气管，止于通入气囊的开口，实际上是连通气管和气囊的通道。鸟类无胸隔膜。鸟类的 8 个气囊，如表 11-4 所示。

表 11-4　鸟类的气囊及名称

气囊名称	个数	气囊名称	个数
颈气囊	1	后胸气囊	2
锁骨下气囊	1	腹气囊	2
前胸气囊	2		

气囊的结构和它们与机体其他部位的联系在不同的鸟类是有区别的，比如在猎鸟，腹气囊连接股骨腔而鹦鹉的则不连通。

【神经系统】 鸟类的神经系统与哺乳类的相似，只是大脑相对较小，大脑皮质相对发育的差一些，鸟类的视觉发达，听觉相对较弱。

（二）鸟类常见疾病

嘴喙疾病：鸟的喙常见疾病包括：先天性发育不良，喙过长，喙断裂等外伤及局部感染。

胃肠道疾病：胃肠道疾病的治疗主要是对症下药，下面列出常见的疾病。

呕吐：嗉囊炎症，念珠菌感染，滴虫感染，异物，重金属中毒，胃肠道疾病等可以引起呕吐。

粪便带血：泄殖腔脱出，卡蛋，泄殖腔及邻近部位乳头状瘤，结石，内寄生虫，严重的细菌感染等。

水泄：食物的突然改变，应激状态，内寄生虫，球虫病，细菌性，病毒性肠炎，系统性疾病。

粪便中带未消化食物：腺胃扩张，肠道疾病，胰腺疾病，肝脏疾病。

粪便颜色变化：绿色表明可能有肝脏疾病，褐色可能未细菌感染，粉色，红色可能由重金属中毒所致。

尿液颜色变化：淡绿色表明可能肝脏有病（衣原体），褐色或带血表明细菌感染，粉色为重金属中毒，病毒感染粪便的颜色可能有多种。

(1)呼吸系统疾病。

上呼吸道：上呼吸道疾病的主要症状有：比如分泌液增多，张口呼吸，眼睑红肿，甩头，呼吸困难，喷鼻等，病因主要有维生素A缺乏、感染性疾病（病毒，细菌，真菌，支原体）、异物等。

下呼吸道：下呼吸道疾病症状为呼吸困难、蜷尾、吸气性呼吸困难、精神沉郁、腹式呼吸等，多为感染因素引起，如病毒、细菌、真菌（黄曲霉菌）、衣原体、寄生虫、霉菌等。

(2)鹦鹉热。鹦鹉热（衣原体感染）是由鹦鹉衣原体（Chlamydia psittacosis）感染所致的一种严重传染性疾病。目前，仍然威胁着宠物鸟类的健康。鹦鹉热很有可能是人、畜共患疾病，因此在诊治宠物鸟类疾病时，特别是对死亡的鸟进行剖检时更应该加倍小心。鹦鹉热常见症状为：精神沉郁，鼻窦炎，结膜炎，呼吸系统症状，绿色粪便及突然死亡。对活鸟进行确诊很难，目前最可靠的方法是对粪便进行PCR（聚合酶链反应）检测。对可疑的病例一定要对主人讲清楚人、畜共患的可能性，而且对可能的病例应采取捕杀的措施。

(3)产蛋相关的疾病。卡蛋临床症状为精深沉郁，里急后重，粪便带血，病因为缺钙，产蛋过多。

(4)啄羽症。鸟类的啄羽症病因很复杂，有时是多因素造成的，诊断时应全面分析和仔细检查。其中最重要的是区分神经性的和疾病性的，大多数病例和营养因素有关。

(5)行为异常。有些宠物鸟类的智商很高，饲养过程中正确的调教很重要，否则会养成不良习惯，训练方法如下。

①让宠物鸟习惯于听从主人的命令；

②训练时一定要在笼子外面进行；

③教会鸟从手上或栖木“上来”“下去”的动作；

④教会鸟听懂“好”与“不好”；

⑤惩罚可以用厉声；

常见行为异常：

①咬人；

②过多的叫声；

③对新鲜事物神经质，恐慌；

④只允许主人接触；

⑤啄羽；

⑥分离焦虑症；

⑦过分护笼；

(6)其他疾病。除以上外，另外有时还可以见到一些疾病，如饮水增多，抽搐，重金属中毒等，需要根据具体情况加以诊治。

（夏兆飞　韩　博　谢富强　丁明星　林德贵　薛　琴
汤小朋　李宏全　彭广能　张海彬　董悦农　施振声）

第十二章　常见临床症状分析

一、呕　　吐

【病因】

1. 消化系统功能异常

(1)口咽受刺激。如人为的诱导,剧咳,咽喉部刺伤、异物等。

(2)胃与十二指肠疾病。感染或化学刺激引起的急性胃肠炎、慢性胃炎、胃内异物、梗阻、急性胃扩张、胃扭转、胃十二指肠穿孔、胃大量出血等。

(3)小肠与结肠疾病。急性肠炎、肠梗阻、嵌闭性疾病、急性出血性坏死性肠炎。

(4)肝、胆、胰腺疾病。急性肝炎、肝硬化、肝脓肿、急性与慢性胆囊炎、胆石症、急性胰腺炎等。

(5)腹膜、肠系膜疾病。急性腹膜炎、膈下脓肿、大网膜扭转,急性肠系膜淋巴结炎、肠系膜动脉栓塞等。

(6)泌尿生殖系统疾病。输尿管结石、急性肾盂肾炎、肾周围脓肿、卵巢囊肿、扭转或破裂、子宫积脓等。

(7)心血管疾病。充血性心力衰竭、急性心包炎、肺梗塞、脾梗塞等。

2. 神经系统疾患

(1)颅内感染性疾病。各种微生物致病菌引起的脑膜炎、脑膜脑炎或脑炎。

(2)颅内占位性疾病。如脑肿瘤、脑脓肿、寄生虫性脑病等。

(3)颅脑损伤。脑震荡、脑挫伤、颅内血肿等。

3. 全身疾病

(1)感染。各种急性病毒性、细菌性、支原体、立克次氏体、螺旋体或寄生虫引起的感染。

(2)内分泌与代谢紊乱。尿毒症、代谢性酸中毒、酮症、甲状旁腺功能亢进等。

(3)休克与缺氧。出血性、中毒性、过敏性、心源性休克、高山病、中暑、日射病、放射反应等。

【药物反应与中毒】

(1)药物反应。阿朴吗啡、强心甙、水杨酸制剂、硫酸链霉素、卡那霉素、庆大霉素、红霉素、烟酸、保泰松、水合氯醛、溴化物、碘化物及各种抗癌药物等引起的药物反应。

(2)中毒。醇、硫酸铜、铅、砷、苯、一氧化碳、有机磷、有机氯、氟乙酰胺等引起的中毒。

(3)精神因素。如犬、猫等动物的晕车、晕船等。

【诊断方法】

1. 了解病史

(1)呕吐与进食的关系。呕吐若发生在进食后不久或骤起或群发，首先应考虑为食物中毒或药物中毒。幽门狭窄、幽门处水肿、充血、痉挛，也常导致进食后不久发生呕吐。消化性溃疡、胃扩张、胃扭转、幽门及十二指肠慢性梗阻等多在进食后较久或几次进食后才出现呕吐。

(2)呕吐物的性质。幽门梗阻的呕吐物含有隔顿或隔日食物，并有酸腐气味，一般含胆汁。呕吐物含多量胆汁者见于频繁剧烈呕吐，如十二指肠或空肠梗阻、套叠等。大量呕吐见于急性胃扩张、胃扭转等。呕吐物有粪臭提示小肠低位套叠或梗阻。呕吐物含大量酸性胃液见于十二指肠溃疡。呕吐物中有蛔虫、异物等，多为消化道寄生虫或胃内异物等。

(3)有无腹痛。呕吐伴有腹痛者多见于急腹症，如肠套叠、肠变位、肠扭转、病毒性肠炎等。若腹痛症状可在呕吐之后获得暂时缓解，多是急性胃肠炎、高位肠梗阻、肠套叠等；但胆囊炎、胆石症、胆道蛔虫症、急性胰腺炎等，则呕吐后不能使腹痛缓解。犬腹痛症状表现为弓腰、腹围紧缩，触摸腹部敏感。

(4)有无手术史。腹部手术后可因腹膜粘连而致机械性肠梗阻，而引起呕吐。

2. 全身检查　应检查有无发热、结膜有无黄染、T、P、R 等正常生理指标。腹部检查重点为有无肝肿大、有无臌气、肠蠕动情况、腹部触诊肠管有无肿块、压痛等。

【鉴别诊断】

1. 依据呕吐出现的时间及频度来判断

(1)采食之后，一次呕吐大量正常的胃内容物，而短时间内不再出现，在猪和犬常为过食所致。

(2)采食之后，或 3～5 h 后，发生呕吐、或干呕、嗳气，在马和犬等动物常为急性胃扩张。

(3)腹痛 3～5 h 后，发生呕吐、干呕或嗳气，马属动物多为小肠便秘或变位继发胃扩张。

(4)频繁多次发生呕吐,并常于采食之后发作,直到内容物呕吐完为止,多见于胃、十二指肠、胰腺顽固性疾病。

2. 依据呕吐内容物性质来判断

(1)呕吐物混有血液,见于出血性胃肠炎、犬瘟热、猪瘟等。

(2)呕吐物混有胆汁,呈黄绿色,碱性反应,见于十二指肠阻塞。

(3)呕吐物混有粪样内容物,见于小肠后部或大肠阻塞。

(4)呕吐物混有寄生虫,见于犬、猫等小动物胃肠道线虫病。

(5)呕吐物混有异物,如毛球、砂石、塑料、布头等,见于犬、猫、猪等胃内异物,肠阻塞等。

【常见伴有呕吐症状的疾病及诊断要点】

1. 犬瘟热 犬瘟热是犬的一种高度接触性传染病,呈世界范围分布,以复相热型、急性肠卡他、支气管炎、卡他性肺炎及严重的胃肠炎为特征。

病犬呕吐(该呕吐与食物无关),呕吐物多为黄色水样胃液。因剧烈、长时间呕吐、腹泻等,患犬脱水。病犬体温升高40～41℃。初期干咳,后变为湿咳、痰多。神经症状一般在感染后1～3周明显,表现为敏感,颈部僵直,肌肉阵发性痉挛。可根据病史(无疫苗接种史,或处于应激状态等)及临床症状可做出诊断。

2. 犬细小病毒性疾病 犬细小病毒感染是犬的一种严重的胃肠道疾病。其主要临床症状有精神沉郁、厌食、呕吐、体温高达40～41℃,排血样稀便,动物严重脱水,体重减轻。

3. 犬冠状病毒感染 犬冠状病毒感染是引起犬胃肠炎的重要疾病之一。临床上主要表现为剧烈的呕吐、腹泻、症状消失后2～3周,还可复发。病犬表现厌食、昏睡、脱水、呕吐等症状。腹泻初期为黄色或黄绿色稀便、有时呈喷射状,后逐渐转为血样稀便。

4. 食道异物、肿瘤 由于异物或食块的刺激而呕吐,呕吐多与采食和吞咽动作同时发生,呕吐物多为食物或食糜。

位于颈部的异物、肿瘤可通过触诊感知,有时可见到肿块。单纯X射线摄影可以诊断出不透性异物(如钓针、骨片)。X射线穿透性异物(如线、塑料纽扣、木片等)或肿瘤,可通过食道造影来诊断。

5. 胃内异物 动物多表现食欲减退或废绝,由于胃内容物不消化而致胃膨满,前部腹围膨大。呕吐轻微,呕吐物多为食物或混有异物。胃触诊可触及胃内异物,压迫胃部有痛感。可用X射线检查。

6. **胃扭转——胃扩张**　多为大型犬、狩猎犬等突然性发病，易发于饲后和剧烈运动之后，频频表现出呕吐的动作，但无呕吐物吐出，并有痛苦的腹痛症状。一定时间后，胃内产生气体，腹围膨满，持续性腹胀，叩诊呈鼓音并有振水声。插胃导管不能插入。一段时间后，病情恶化，突然死亡。

7. **幽门狭窄**　由于幽门狭窄，食物通过受阻而致食欲减退。食后间歇性的喷射性呕吐，呕吐物呈酸败气味，一般不含胆汁。

8. **肠梗阻**　肠梗阻典型症状为呕吐、食欲废绝、脱水、腹部疼痛、腹围膨满。呕吐为持续性，饮水后也马上发生。

9. **肠套叠**　食欲旺盛的幼龄犬多发，或继发于犬瘟热病、犬细小病毒性疾病及其他腹泻性疾病。患犬表现剧烈的呕吐，呕吐物常为水样、大量，并出现血便，或伴有直肠脱或脱肛。触诊可感觉到套叠处呈腊肠样。单纯X射线检查可见有套叠的肠管呈腊肠样，且于前段肠管内存在大量积气。若进行造影时，造影剂的推进速度降低，不能向后段肠管推进。

10. **肠扭转**　突然发生、腹痛剧烈、出现剧烈的呕吐、并能呕出物。腹围膨满，触诊时疼痛。随时间的推移，脱水症状明显。单纯X射线摄影时扭转中央部出现气体像，因肠蠕动加快，故推送造影剂较肠套叠快。

二、厌　　食

当动物发病时，畜主最先发现的是采食异常。通常畜主在动物采食时对动物观察较多，大多数人认为食欲好就表示健康。许多全身性、甚至局部的疾病都会影响采食。采食紊乱并不确指某一特殊的疾病，而是许多疾病中最常见的临床表现。为了有效地处理这个问题，首先应该了解正常情况下动物是如何调节吸收的。

【食物吸收的调节】

饥饿：饥饿是指渴望或想要采食。切除胃的动物，仍有明显饥饿的生理感觉，并且动物仍旧寻找食物。

食欲：在动物中，食欲和饥饿通常作为同义词使用；然而，食欲实际上指对特定食物的饥饿，食欲反应了采食的质，而饥饿反应了采食的量。

厌腻（饱食）：厌腻与饥饿相反，由于胃内充满了食物而产生，特别是当动物的能量和营养需要特别充足时。

1. **饥饿和厌腻的丘脑中枢**　饥饿或采食中枢在丘脑侧部。直接刺激这个区域能触发精神上的驱动，使动物寻找和采食食物，并且可以使动物狼吞虎咽地采食。刺激丘脑下部的腹中核，即使存在刺激食欲因素，也可以引起彻底的饱感，一般认为饱中枢可以抑制采食(饥饿)中枢。破坏丘脑腹中核的神经元可使犬对食物产生厌腻,并且引起体重降低。丘脑中心是通过低级中枢的兴奋活动来控制采食量的。

2. **控制采食的其他机制** 比丘脑下部高的中枢,可能是通过对采食中枢和饱中枢的控制进而影响采食的。这些高级中枢包括杏仁核和大脑皮层,它们与丘脑下部密切相关。杏仁核是嗅觉神经系统的主要部分之一,因此食物的气味可增加采食的欲望。虽然杏仁核可能既刺激又抑制采食,但它的主要功能可能在于区别食物。

营养调节:营养调节主要指维持身体正常需要的营养物质量。身体的营养状态影响丘脑下部的采食中心。一般来讲,营养储存不足促使犬采食,而营养储存过剩时导致饱感。

葡萄糖和氨基酸浓度的作用:血中葡萄糖浓度对采食有重要作用。血糖浓度升高可刺激饱中枢的活性,随后降低饥饿中枢的活性。饱中枢可浓缩葡萄糖,而丘脑下部的其他区域不是这样的,尽管氨基酸的作用不如葡萄糖的作用强烈,但是血中氨基酸浓度升高也可减弱采食欲。

脂肪代谢的作用:身体内的多脂组织数量反向影响采食。当多脂组织比率增加时,采食量下降。血中的游离脂肪酸的量和脂肪代谢量与脂肪在体内的储存量成正比。游离脂肪酸和其他脂肪代谢可能对采食有负反馈调节作用。

消化器官调节:每种短期生理刺激都影响采食。虽然采食量与采食习惯相关,但是与消化道相关的因素也起着重要的调节作用。

胃肠扩张:胃和肠道的扩张抑制采食。由膨胀的消化道壁中的机械感受器产生的神经冲动可以兴奋饱中枢并抑制采食中枢。胃扩张的抑制作用不能通过切除胃壁的神经来完全消除,这可能涉及腹腔的过度拉伸和由肝脏产生的营养信号。但这更具意义,因为肝、胃、小肠和腹腔的疾病经常伴发厌食。

与采食相关的因素:当采食一定量的食物后,与采食相关的各种因素,如咀嚼、唾液分泌、吞咽和品味,也能抑制采食中枢。通过食道瘘管阻止食物进入胃内的试验结果表明,这些因素可以降低有食道瘘管动物的采食欲。

【厌食】

厌食是缺乏采食欲望或对食物根本不感兴趣。在临床术语中,严重的厌食(绝食)是病理性的缺乏饥饿。许多疾病都可通过或者直接抑制或压制饥饿中枢的活动,或者刺激饱中枢的活性导致绝食。厌食可能是病理性的,也可能是生理或心理性的。临床上应决定厌食是哪种性质的。

病理性厌食,许多疾病或生理紊乱都能产生厌食,因为它们能扰乱正常控制饥饿和采食的神经学、内分泌学和机械机制。在一些特殊疾病,如癌症,发生厌食的机制还不完全清楚。已经确定的厌食的原因有些人为化,因为大多数疾病都是多种因素综合起来导致厌食，然而，它提供了一种发现厌食病因的逻辑，特别当此病的其他表现形式还不清楚时。

1. 原发性厌食　为了确诊厌食的性质，首先应考虑是原发性、继发性还是假性厌食。原发性厌食多由疾病影响丘脑下部的食欲中枢引起的，这些疾病也可能是由生理学失调引起的，此时可以直接影响采食的神经控制。

破坏或抑制食欲中枢的疾病都可列于厌食的病因中。食欲中枢的破坏会引起彻底的厌食，如果损伤严重到能够影响脑干的其他神经中枢，可能会出现与丘脑功能异常相关的其他神经症状。全面的神经学检查可能检测到这些异常，这种形式的厌食在犬并不常见。

生理性失调在人类很容易确定，但对犬来讲却很难与其他原因的厌食区分开。能引起恐惧、焦虑和抑郁的因素都可能引起厌食，正常活动环境的改变也可能引起犬厌食。

身体任何部分产生的剧痛都可引起厌食，因为疼痛能抑制食欲中枢。颅内疼痛，即头痛可能是最主要的，然而，它在动物中似乎难以论述。当骨骼肌有病时，投给止痛药可以大大提高食欲。

2. 继发性厌食　引起继发性厌食的疾病常发生于大脑以外区域，并影响控制饥饿的神经内分泌。许多疾病都会产生一些抑制食欲中枢活性的化合物，这是动物厌食的主要原因。厌食常伴有恶心和呕吐，这并不奇怪，因为这些中枢可能有内部神经相连。厌食、恶心和呕吐的刺激类型可能相同，惟一的区别是刺激的强弱不同。

疼痛可能通过抑制食欲中枢的神经刺激而引起厌食，疼痛也抑制饥饿中枢。

消化紊乱，如胃肠扩张，也可通过神经通路或神经机制引发厌食及呕吐，阻塞引起的胃和小肠（十二指肠特别明显）的扩张是厌食的常见原因。内脏的交感神经切除可消除由于肠阻塞引起的呕吐，然而，要消除相关的厌食症状，需要进行迷走神经切断术。

任何腹腔内脏器官、盆腔器官或内脏腹膜的炎症都能经过神经通路到达脑干而抑制食欲，使犬产生厌食。与呕吐不同，肝、胰、小肠和胃的炎症是最常见的厌食原因。子宫积脓或妊娠晚期子宫的急剧扩张，也可能经神经通路，并最终抑制食欲中枢而引起厌食。另外，子宫内产生的有毒物质也能抑制食欲中枢。

无论内源或外源性的有毒物质都是引起厌食和恶心常见的原因。毒素通过两种主要机制，直接影响食欲中枢或间接地通过腹部器官的炎症、坏死和衰退而引起厌食。刺激大脑髓质的化学感受器，能使犬呕吐、恶心和厌食。洋地黄就是通过这种抑制机制发挥作用的，而安非他明是直接抑制食欲中枢。

由于器官衰竭（如肾脏衰竭产生的尿毒症、肝脏衰竭产生的高氨血症和胰岛素缺乏产生的酮病)产生的内源性代谢废物是厌食和与之密切相关的恶心和呕吐的重要原因。微克量的细菌肠毒素即能诱导厌食,这能够解释细菌感染造成厌食的原因。必须考虑内源性致热原是否也有抑制食欲中枢的作用,因为由细菌、病毒、真菌和自身免疫导致发热通常也伴随着厌食。

内分泌紊乱(肾上腺机能衰退引起的糖皮质激素缺乏)通常导致厌食,但是确切的机制还不清楚。艾迪生病(肾上腺皮质机能不全而引起无力、低血压、皮肤变褐色等症状的一种疾病)高血氨和高血钾症会加重糖皮质激素缺乏引起的厌食。各种原因引起的高钾血症可通过未知的机制产生厌食。

肿瘤性疾病对犬来讲是厌食的主要原因。在许多病例,厌食是惟一的临床症状。犬癌症产生的多肽或核苷酸也可抑制采食的调节。伴有采食过度的鼠(通过破坏饱中枢而产生的)在肿瘤转移2周内发生厌食。癌细胞热量的释放和改变味觉对癌症病例的厌食有促进作用。腹腔器官的癌症可以通过以上描述的任何一种机制产生厌食。

各种各样的原因,包括心力衰竭、因患酮病而长期营养不良、晕车和内耳疾病等都是厌食、恶心和呕吐的原因。尽管失去嗅觉的疾病在犬很少见,但是也不能忽略。

假性厌食并不是犬没有采食的渴望,而是患犬没有摄取、咀嚼和吞咽食物的能力。动物剧烈疼痛时,虽有饥饿感,但是不采食。对于假性厌食,通常经过物理学检查就能发现。

【诊断】

因为厌食是许多疾病常见的一个症状,它的诊断要点是找到病因。临床检查是极为重要的,通过仔细检查犬的头、口和喉后,能够发现大多数假性厌食的病因,当患犬接触食物时可能试着去吃,但是常表现出疼痛或不舒适,当开口检查或进行咀嚼肌触诊时,可能找出疼痛的原因。口腔检查能发现异物、牙病、口腔炎或舌下神经麻痹。咽和食道疾病经常表现出吞咽困难和食物反流症状。

检查头部和口腔无异常时,诊断的下一步应考虑厌食是继发的。应进行腹壁触诊,寻找可能存在的异常。如果检查还没有发现病因,应该进行全血计数(CBC)、生化指标和尿液分析以排除各种系统、新陈代谢和内分泌疾病。这些过程中检测到任何的异常对将来的诊断和治疗都至关重要。

上述实验室检测方法检查不到异常时,应该考虑原发性的厌食。对于难以解释的异常进行彻底的神经学检查。如果神经学检查正常,要考虑精神失调的可能性,病史可能会提供致病线索。

三、腹　　泻

腹泻是指肠内容物流动性或容量的增加。涉及小肠或大肠的疾病都可能引起腹泻，此外，其他器官的多种疾病也产生相似的病理生理学变化而导致腹泻。

【发病机理】

腹泻是粪便中水量增加(稀便)。引起粪便中水分增加的几种病理生理机制有：肠液分泌过度、渗透性改变、运动性改变和吸收障碍。小肠源性的腹泻通常是由于排入结肠的液体速度快或量大从而抑制了结肠的吸收能力(结肠负担过重)。大肠源性的腹泻常因为结肠吸收能力下降而使进入结肠的正常的液体未被吸收而引起。

1. *分泌过度*　分泌过度常伴随细菌性疾病。正常时，由在小肠绒毛基部的细胞分泌液体和电解质，这些液体和电解质立即被绒毛顶部的成熟上皮细胞吸收，这个过程被称为“双向流动”。在正常动物中吸收量总是超过分泌量，因此产生的是液体和电解质的净吸收。在某些疾病中，液体分泌量受刺激而增加，从而抑制了小肠和大肠的吸收能力，使粪便中水分增多。另外，大肠杆菌可以产生内毒素，从而导致分泌过度性和水性腹泻。分泌过度也是引起粪便水分增加的原因之一。

2. *渗透性的改变*　多种肠道疾病可在很大程度上改变肠道的渗透性。渗透性发生微小的变化就可以导致分泌富含电解质和低蛋白的液体。如果渗透性变化较大，则形成含有大量血浆蛋白的渗出物。黏膜完整性受破坏后渗透性会发生极度的变化，当肠的渗透性增加 1 000 倍时，就发生出血，并暗示着在很大程度上已经危及了肠道的防御屏障。

3. *运动性的改变*　一般情况下，都把腹泻看成是由于肠道运动过强引起的。确实，在腹泻时肠内容物的运输速度加快。然而，肠道运动过强不是主要的原因，更确切地说，运动过强是肠道对疾病产生的反应。正常情况下肠道有两种运动方式：节律性收缩，分割和蠕动。节律性的分割阻止食糜迅速通过肠道，因此有助于消化和吸收。在腹泻时这种收缩大大减弱，使食糜向下流动的阻力减小。抗胆碱能作用的药物可以进一步降低节律性分割的强度和频率，可以使肠道疾病的运动情况进一步恶化。蠕动波把食糜向远端推进。现在还不能证明腹泻时肠蠕动性加强的说法。实际上，当由于缺乏节律收缩而使对食糜流动性的阻力下降时，肠内容物移动较远距离需要的蠕动活动也很小。总之，有病的肠道运动性低，其对肠内容物向远端运动的阻力下降。

4. *吸收障碍*　结构异常和生化改变都可能导致吸收障碍，能破坏绒毛完整性的疾病(肠道冠状病毒)都能引起液体、电解质和基本营养元素的吸收障碍。另外,还可能发生渗透性改变,运动性过低,甚至分泌过度(发生在疾病的恢复阶段)。绒毛萎缩会降低肠的吸收面积,肠壁的侵入性疾病(炎症或肿瘤)也可能引起吸收障碍。现在在临床上还未发现肠道结构异常的吸收障碍疾病,生化性吸收障碍(某些酶系统缺乏、淋巴管阻塞或机能障碍和主动转运失活)的疾病。

肠道吸收障碍最常见的后遗症是结肠负担过重,它与其他因素一起增加粪便中的含水量。基本营养元素的吸收障碍(如碳水化合物和脂肪酸)会在肠道中产生明显的渗透作用。这些有渗透活性的物质,起到保留肠腔中水的作用,甚至可以刺激肠道向肠腔中分泌液体。细菌作用于肠腔内的碳水化合物和脂肪可能产生有渗透活性、并且对肠黏膜有刺激作用的物质(如乳酸和羟基脂肪酸等)。这些物质通过增强液体和电解质的分泌而使腹泻加重。细菌通过使初级胆汁酸解离而产生对肠黏膜和肝脏有毒的次级胆汁酸,从而使腹泻恶化。另外,初级胆汁酸的吸收障碍使胆汁储存减少,进而可能产生液体分泌过度和脂肪的消化能力下降。

5. 肠道抗病原体作用

免疫学机制:在肠道防御病原体的过程中,体液免疫和细胞免疫都是很重要的。IgA 是由肠壁浆细胞产生的一种分泌型抗体,它含有一种特有蛋白,叫做分泌片,其功能是促进抗体从上皮细胞向黏膜的转移,并且可以保护抗体免受酶的消化作用。虽然 IgA 的细胞调理素作用、补体结合作用和杀菌作用较小,但其主要功能是防止细菌附着在肠黏膜上。其他的免疫球蛋白(IgM、IgG、IgE)在肠腔中的浓度除了当肠壁患炎症时引起它们渗漏较高外,平时都较低。

非免疫学机制:胃酸在某些微生物和它们的毒素到达肠道后段前将其灭活。胃肠黏膜中的黏蛋白是细菌和其毒素的受体,因此通过竞争结合起到保护肠道上皮的作用。另外,溶菌酶和胆汁盐对细菌的生长也有抑制作用。

蠕动有助于防止细菌在肠道内生长。前面已经讨论了肠道运动性改变在腹泻的病理生理中的作用。肠道的微生物菌群是机体抵抗细菌病原的非常重要的机制。正常情况下菌群很稳定,在菌群打乱之后,很快又恢复到以前的状态。对于机体来讲,肠道的正常菌群是病原体的主要防御屏障,因为致病菌必须接触到靶细胞才能产生疾病,细菌通过侵入或分泌内毒素而致病,而肠道中的正常菌群通过占位作用抑制了致病菌与肠道的接触。使用抗生素可以使这种正常菌群数量减少,从而降低了其有益的竞争占位作用,使致病菌与肠道靶细胞发生接触、增殖,并可能侵入到肠黏膜中,但是在临床上针对发生腹泻的病例,常不考虑有无主要对该抗生素敏感的致病菌就投给抗生素药物;相反,有些肠道病原菌,如沙门氏菌在给抗生素时增殖却加强。在某些特定的情况下，如肠阻塞和胰腺外分泌不足(EPI)，细菌生长过度也可能引起腹泻的症状。对于肠渗透性已经增加或有可疑细菌大量生长时，应该限制使用口服抗生素。最好经非口服方式投给抗生素，而不使用吸收率低并且严重影响肠道正常菌群的抗生素。

【病因】 引起急性腹泻的常见病因有如下几种：

1. *病毒性腹泻* 猪病毒性腹泻见于猪传染性胃肠炎、猪流行性腹泻、轮状病毒感染、猪呼肠孤病毒感染等。牛病毒性腹泻见于恶性卡他热、牛瘟、牛病毒性腹泻病(黏膜病)，轮状病毒感染。犬病毒性腹泻见于犬瘟热、犬细小病毒感染、犬传染性肝炎及犬轮状病毒及冠状病毒感染等。

2. *细菌性腹泻* 引起猪腹泻的细菌主要有：大肠杆菌、A 型、C 型产气荚膜杆菌、猪痢疾密螺旋体、猪霍乱杆菌、猪副伤寒沙门氏菌等。引起牛腹泻的细菌有：大肠杆菌、沙门氏菌、B 型和 C 型产气荚膜杆菌，副结核分支杆菌、鹦鹉热衣原体等。引起马腹泻的细菌有大肠杆菌、沙门氏菌、A 型魏氏梭菌等。引起犬腹泻的细菌有：弯曲杆菌、沙门氏菌、钩端螺旋体等。

3. *寄生虫性腹泻* 猪寄生虫性腹泻主要见于球虫病、毛首线虫病、食道内线虫病等。牛寄生虫性腹泻主要见于球虫病，消化道线虫病等。

4. *急性中毒* 化学性毒物包括重金属、有机磷、有机砷、四氯化碳、有机氯、氟乙酰胺等；生物性毒物包括有毒植物、真菌毒素等中毒。

5. *肠道疾病* 如急性肠炎、部分肠梗阻、肠变位、急性胃肠道方面疾病等。

6. *全身性疾病* 如犬瘟热、犬细小病毒感染、犬冠状病毒感染、犬轮状病毒感染、犬沙门氏菌病、大肠杆菌病、钩端螺旋体病、变态反应性胃肠炎、尿毒症等。

7. *泻剂与药物* 泻剂如投给盐类泻剂硫酸钠、人工盐、大黄或油类泻剂等。药物有胆碱、神经节阻滞药物、洋地黄、铁剂、对氨基水杨酸等。

引起慢性腹泻常见的原因有：

1. *消化道慢性疾病* 如线虫病、肠道蠕虫症、球虫病，组织滴虫病、肠结核等。

2. *肠道肿瘤* 如结肠癌、小肠淋巴病等。

3. *小肠吸收不良*

(1)胰源性的小肠吸收不良，如慢性胰腺炎、胰腺癌、胰腺切除、先天性胰酶缺乏症、肠激酶缺乏症等。

(2)肝胆系统疾病，如严重肝病、长期胆道梗阻、胆汁性肝硬化，回肠疾病等。

(3)小肠黏膜病变，如乳糜泻、嗜酸性盲肠炎、小肠缺血、放射性肠炎。

(4)肠道病变，如慢性结肠炎、结肠憩室炎、部分肠梗阻等。

(5)手术后小肠吸收不良,如胃大部分切除后、胃空肠吻合手术后,小肠广泛切除等。

【诊断】 诊断的第一步是判断腹泻在小肠还是在大肠。这可以通过病史调查、临床检查和粪便检查而得出结论。小肠性腹泻的特征是粪便量增加。虽然排便的频率增加,但不是里急后重。除了幼犬外,黏膜性和鲜血性粪便一般不明显。在成年动物中,血液通常被消化而产生黑粪便,伴随腹泻常发生呕吐、快速消瘦和脱水。脂肪痢则是小肠病的特征症状,大肠病时排出的粪便一般是软的、半成形的,偶尔是水多,有时特别的坚硬。大肠病的特征是里急后重,在粪便中有脱落的黏膜上皮碎片和鲜血。在临床中,尽管小肠或大肠都受到影响,但要仔细地鉴别是小肠性还是大肠性腹泻的症状占主要地位。

1. 了解病史

(1)年龄。轮状病毒感染、冠状病毒性腹泻多发于幼犬、犊牛、仔猪等。细菌性痢疾可见于各种年龄,但以壮年多见。结肠癌,胰腺疾病多发于中年或老年动物。

(2)发病与病程。急性腹泻一般以感染性腹泻占大多数。急性菌痢以夏、秋季多发。急性食物中毒性感染常于采食后2～24 h,化学毒物中毒有摄入毒物史。

急性腹泻先为水样,后为脓血便,多为细菌性痢疾。如粪便稀薄如水,则多见于小动物食物中毒性感染。如粪便为暗红色、酱色或血水样,则多为犬细小病毒感染。

2. 鉴别诊断

(1)病毒性肠炎。主要由细小病毒,轮状病毒以及副黏病毒科的一些瘟病毒属的一些病毒引起。一般具有流行的季节性,并有发病急、呕吐、腹泻和体温升高,全身症状明显等特点。粪便镜检无白细胞。

(2)沙门氏菌性肠炎。沙门氏菌易引起仔猪、犊牛、幼驹及小动物的胃肠炎。如仔猪副伤寒,犊牛副伤寒等。具有病急、发热、呕吐、腹痛和腹泻次数多、水样等特点。

四、便　　秘

食物在胃肠道经消化、吸收后,其残渣成为粪便,规则地定期由结肠顺利排出,是机体的基本生理过程。凡粪质干燥坚硬、排便不畅、正常频率丧失,称为便秘。

【排粪生理】 结肠直肠是食物残渣的储场所。通过正常的结肠运动与排便反射,保证了肠道废物的清除。

结肠直肠生理包括:①结肠运动:基本的结肠运动有分节运动、前伸运动与集团运动，均受交感与副交感神经的控制。小肠内容物进入结肠后，由于结肠袋环行肌的不断反复收缩，形成分节运动，又称结肠梭动(Haustral shutting)，使肠腔内容物往返移动，有利于水、钠等电解质被大量吸收，其吸收量以右侧结肠比左侧多，横结肠比降结肠多。又通过结肠的间歇前伸运动，使肠内容物以每分钟1～2 cm 进入结肠，然后激发结肠的集团运动，粪便由结肠运送进入直肠。②排粪反射：正常情况下，直肠空虚。在结肠集团运动出现后，直肠突然被粪便充盈而膨胀，兴奋直肠的压力感受器，产生有效的神经传入冲动，引起便意与排粪反射。此时经副交感神经的作用以增高腹腔压力，骨盆肌先有松弛，而后提肛收缩，压迫直肠，从而完成排便动作。

【病因与发病机理】　排粪生理可受多种因素的影响引起便秘。目前，便秘的病因有多种分类方法。一般可根据结肠直肠的平滑肌功能状态，分为弛缓性便秘与痉挛性便秘。或按解剖部位分为结肠性便秘与直肠性便秘，前者系肠内容物在结肠内运动过于缓慢，后者指粪便在直肠内滞留过久，故又称排粪困难。

1. *食物残渣不足*　对于小动物正常的平衡饮食不仅有碳水化合物、蛋白质、脂肪、矿物质和维生素，还应含有足量的纤维素、半纤维素、水质素等粗糙纤维。粗糙纤维能使粪量增加，成为肠道运动的有效机械性刺激；同时，因它在肠道内有亲水特性而能保留水分，免致粪便过分干燥。因此，如摄食过少，所含纤维素不足，可以引起便秘。临床常见有饮食习惯不良、对食物过于挑剔，甚至是偏食癖及各种原因引起的食欲减退、吞咽困难、幽门梗阻，均可导致便秘。

2. *肠黏膜应激性减退*　通过肠黏膜的正常应激性，食物残渣才可刺激肠道引起结肠运动。特别是在结肠集团运动后，进入直肠的粪便依靠直肠黏膜的正常应激性，产生有效刺激而形成排粪反射。当有某种因素致使肠黏膜的应激性削弱或消失时，则虽有足够的肠道刺激，也不引起肠道运动，或不激起有效的排粪反射，也可导致便秘。

常见病因有：肠黏膜病变，常见于服用泻药已成习惯而致肠黏膜应激性减退，或见于肠道炎症的恢复期、充血性心力衰竭等。

3. *排粪动力缺乏*　排粪动力主要依靠腹肌、膈肌、提肛肌等盆底肌肉及平滑肌的协同作用。如因全身因素或各有关的肌肉衰弱，使排粪动力不足或缺乏，可引起便秘。主要原因有：①全身因素，如长期趴卧、营养不良、消耗性疾病、恶病质等；②局部因素，如大量腹水、腹内巨大肿瘤等所引起的腹肌衰弱，膈神经麻痹、慢性重度肺气肿等引起的膈肌运动减弱，内脏下垂使结肠扭曲、排气不畅从而导致肠平滑肌张力低下。

4. *肠腔闭塞*　肠外压迫、肠本身病变或腔内梗阻等均可导致肠腔闭塞，使肠内容物运进受阻,引起便秘。主要病因包括肠粘连、结肠直肠肿瘤、肠道炎症、肠内蛔虫团块或巨大胆结石等引起的肠腔闭塞。

5. 神经病变　腹腔内炎性病灶可引起病理反射而致痉挛性便秘。脊髓损伤或压迫均可引起便秘。先天性巨结肠(Hirschsprung),由于肠黏膜下层(Meisser)神经丛与肠肌(Auerbach)神经丛的神经节细胞缺失,使肠段主要在肛门上一段直肠内不能通过正常的蠕动,引起近段结肠极度扩张而有顽固性便秘。

6. 其他　甲状旁腺功能亢进因高钙血症而使肠神经肌应激性减退,或甲状腺功能减退、低钾血症等使肠平滑肌张力缺乏,慢性铅中毒、吗啡及颠茄等抗胆碱能药物可使结肠前伸运动受到抑制,碳酸钙、氢氧化铝、次碳酸铋、活性炭、硫酸钡等药物的吸附收敛作用,均可导致便秘。

五、流　涎

流涎(Salivation)指由于唾液分泌过多或吞咽障碍,动物表现出的流涎症状。唾液腺分泌亢进引起的流涎称做真性多涎。唾液吞咽受阻引起的流涎叫做假性多涎。在某些病例,两种情况均可出现,如狂犬病初以真性唾液分泌增多为主,后期因咽麻痹,以假性唾液分泌增多为主。

【病因】 真性多涎常见于:

1. 口腔或咽部受到刺激　如口炎、龋齿、咽炎、扁桃体炎、颊腔异物或损伤、出牙。

2. 药物作用或毒物中毒　作用于副交感神经的药物和苦味药物;汞、砷、有机磷等中毒。

3. 传染病　狂犬病、伪狂犬病、破伤风、牛流行热等经过中。

4. 神经或精神刺激　车船运输和其他引起动物兴奋、紧张、恐惧的环境或因素。

5. 某些代谢性疾病　如产后抽搐、猫肝性脑病。

假性多涎常见于:唇、舌、咽麻痹;颌骨脱位或骨折、食道炎症或阻塞等原因致使口腔不能吞咽、开张或关闭所引起。

【鉴别诊断】

1. 口炎　单纯性口炎无全身症状,咀嚼小心、缓慢,多量唾液流出,呼出气体有异常气味,口腔检查可见黏膜卡他性、水疱性、溃疡性或霉菌性炎症。

2. 咽炎　动物患急性咽炎时可出现流涎症状,常有体温升高,吞咽困难。触诊咽部敏感,颌下淋巴结和咽淋巴结肿大。

3. *食道炎*　食道炎症的急性期流涎明显。患病动物吞咽困难，常有逆呕动作，有时在呕吐物中混有黏液、血液，触诊食管，表现疼痛。食管内窥镜及X射线造影检查，可判断病变类型和程度。

4. *食道梗阻*　突然发生，患病动物惊恐不安，不断伸颈，做吞咽动作，采食后呕吐。在临床上可根据触诊、食管探子探诊确定梗塞位置。X射线检查可确定梗塞物的部位和大小。应用食道内窥镜，可直接观察阻塞部位。

5. *咽麻痹*　患病动物能采食、咀嚼，但没有吞咽动作，咀嚼的食团从口中吐出，食道插管通过咽时无阻力，无吞咽动作。

6. *狂犬病*　兴奋期和麻痹期均出现流涎症状。尽管在不同动物症状有所不同，但通常表现在患病初期体温升高，异嗜，呈间歇性兴奋发作，随后喉头麻痹，后躯软弱。兴奋期犬攻击人、畜，自咬四肢、尾巴和阴部，有的有恐水表现。组织病理学检查，中枢神经系统中有淋巴细胞性血管周围浸润和组织浸润，在肉食动物的海马和草食动物的浦金野氏细胞胞浆内有时可见到内基氏小体(固定毒不产生内基氏小体，约30%的街毒也不产生)。另外还可通过动物接种、免疫荧光检查诊断。

7. *伪狂犬病*　犬、猫患病时，可见流涎，呼吸急促，奇痒，有时出现呕吐与腹泻，常在发病后24～48 h死亡。

8. *破伤风*　常有近期阉割和其他创伤史。患病动物表现牙关紧闭，口流黏稠的泡沫性唾液，腰背、四肢僵硬，角弓反张，呈木马姿势。对外界刺激感应性增高。马属动物还有瞬膜突出。

9. *中毒*　急性中毒时突然出现症状，体温常不高。在群发动物中，常以食欲旺盛的动物多发。不同毒物中毒引起流涎性质(如稀涎、泡沫样涎)、伴随的其他系统的症状及其病理变化也不同。毒物实验室检查有助于确诊。

10. *晕车症*　动物在车、船、飞机等运输过程中，出现流涎和呕吐，站立不安。一旦车、船等停止运行，症状就立即消失。

11. *精神刺激*　有些犬、猫在兴奋、紧张、恐惧时出现大量流涎。避免受刺激时，流涎症状消失。

12. *口蹄疫*　主要发生于偶蹄兽。患病动物体温升高，口腔黏膜、舌面、唇、鼻出现水疱与糜烂，并有大量稀薄涎液流出。趾间、蹄冠常出现红肿、水疱，水疱破后糜烂，蹄匣与蹄真皮分离，乃至蹄匣脱落。严重者两前肢跪立，甚至卧倒不起。

13. *牛恶性卡他热*　体温升高，眼、鼻初为卡他性分泌物，后转为黏液性或黏液脓性分泌物，角膜混浊，甚至穿孔，口鼻黏膜溃疡、假膜覆盖，死亡率高。

另外牛瘟、牛流行热、猪水疱病等也出现流涎，注意鉴别。

六、咳　嗽

咳嗽(Cough)是一种保护性反射,它能够帮助下呼吸道清除病理性分泌物和异物。但是频繁的刺激性咳嗽,可影响动物休息;长期咳嗽可使胸内压增高,导致肺气肿、肺心病;剧烈咳嗽可引起呼吸道出血、肺泡破裂,发生自发性气胸;咳嗽不仅使自体呼吸道内感染扩散,而且将含致病菌的分泌物咳出体外,引起疾病传播。

【病因】

1. 呼吸系统炎症　喉头炎、气管炎、支气管炎、肺炎、胸膜炎、肋膜炎。

2. 传染病　犬瘟热病毒、犬腺病毒菌(Ⅰ和Ⅱ型)、犬副流感病毒、犬呼肠孤病毒、犬疱疹病毒、猫疱疹病毒(Ⅰ型)、牛传染性鼻气管炎病毒、支气管败血博代氏杆菌、巴氏杆菌、结核杆菌、支原体等感染。

3. 寄生虫病　肺线虫病、蛔虫病、弓形虫病、犬恶心丝虫病。

4. 物理刺激　吸入过冷或过热空气,气管异物(如药水、饲料、灰尘等),风寒感冒。

5. 化学刺激　吸入挥发性有刺激性的化学药品:如氨、溴、无机酸等。

6. 呼吸气管肿瘤　见于气管、纵隔、肺、膈等肿瘤。

【鉴别诊断】

1. 感冒　因天气突变、机体受寒引起,动物表现呼吸增快,体温升高,但皮温不均。喷鼻,咳嗽,鼻黏膜充血、肿胀,初流清鼻涕,时间长则鼻汁浓稠。解热镇痛药及时治疗有效。

2. 喉炎　初为强有力的干咳,后常转为短而弱的痛咳。一般体温没有明显改变,但患纤维素性坏死性喉炎时,体温轻度甚至中度升高,呈嘶哑性咳嗽,多有脓性鼻漏,喉周围与耳下腺部肿胀,喉头部有压痛,人工诱咳呈阳性,头颈部淋巴结肿胀,如果波及咽部,出现咽下困难和反流现象。

3. 气管与支气管炎　表现强有力的干咳或湿咳。两侧鼻孔流出浆液性、黏液性或黏液脓性鼻液,且咳嗽时增多。胸部听诊干性或湿性啰音。毛细支气管炎时,咳嗽强度减弱,可伴有呼气性困难和体温升高。X射线检查,肺纹理较粗但无炎性病灶。慢性支气管炎,咳嗽持久,特别在早晚、饮水、采食、稍一运动或气候突变时,常出现剧烈咳嗽。

4. 小叶性肺炎　鼻漏,咳嗽,弛张热,肺部叩诊胸廓前下方常出现小片浊音区,听诊有捻发音,肺泡音减弱或消失。X射线检查出现散在的局灶性阴影。

5. 大叶性肺炎　咳嗽，高热稽留，呼吸困难，在中期有典型的铁锈色鼻漏。肺部叩诊广泛浊音区。X射线检查，可见到有较大面积的阴影。

6. 胸膜炎　咳嗽低沉微弱，体温升高，触压胸壁表现疼痛，胸廓下部叩诊呈现浊音区，纤维素性胸膜炎听诊时可听到胸膜摩擦音，浆液性胸膜炎时可听到拍水音。

7. 犬病毒性呼吸道病　引起感染的病毒有犬瘟热病毒、犬腺病毒（Ⅰ型和Ⅱ型）、犬副流感病毒、犬疱疹病毒、犬呼肠孤病毒等。病原不同，症状表现及病程也有所不同。但均表现干咳，有时咳后出现呕吐，轻微触诊气管可诱发咳嗽，咳嗽往往随运动或气温变化而加重，呈水样、浆液性或脓性鼻漏，有时体温升高。

8. 猫传染性鼻气管炎　由猫疱疹病毒（Ⅰ型）引起，阵发性喷鼻、咳嗽，浆液性、黏液性或脓性鼻液，结膜炎，中性粒细胞减少。血清学检查或病原分离做出诊断。

9. 肺结核病　咳嗽，进行性消瘦，肺部叩诊可发现浊音区，听诊可听到干性或湿性啰音，X射线检查，可见肺结节及钙化灶，皮肤结核菌素试验阳性。

10. 肺线虫病　鼻炎、慢性支气管炎、气管炎，消瘦，贫血，粪便、鼻液虫卵检查确诊。

11. 犬恶心丝虫病　犬、猫及其他野生肉食动物都可感染此病。患病动物咳嗽，但无上呼吸道感染的其他症状。易疲劳，食欲不良，贫血，常伴发结节性皮肤病，血液检查可发现微丝蚴。

12. 弓形虫病　咳嗽，体温升高，流鼻涕，呼吸困难。有时出现胃肠道或神经系统症状。染色试验有助于早期诊断。

13. 牛传染性鼻气管炎　开始干性带痛咳嗽，后为湿咳。高热40℃以上，多量黏液脓性鼻漏，鼻黏膜高度充血、溃疡，鼻窦和鼻镜发炎，有时可见血性稀便。犊牛可发生神经症状。

14. 牛传染性胸膜肺炎　由丝状支原体引起。症状常呈渐进性发展，常在清晨冷空气或饮冷水刺激或运动时发生干咳，咳嗽逐渐增加。随着病程的发展，表现为急性或慢性肺炎或胸膜肺炎症状。剖检典型病例可见大理石肺和浆液纤维素性胸膜肺炎，细菌学及血清学检查做出确诊。早期用九一四、土霉素、链霉素治疗有效。

15. 巴氏杆菌病　发生于多种动物。急性病例出现败血症和炎性出血，一般呈散发性。发生胸膜肺炎时咳嗽症状明显。病料组织或血液涂片用瑞氏、姬姆萨氏法染色镜检，可见两极染色的杆菌。

16. 猪萎缩性鼻炎　支气管败血博代氏杆菌引起。鼻炎、鼻梁变形，鼻甲骨尤其是鼻甲骨的下蜷曲发生萎缩。生长迟缓。

17. 猪气喘病　由猪肺炎支原体引起。咳嗽、气喘，腹式呼吸，病程较长，如无严重的继发感染，体温常没有明显的改变，除呼吸困难病例外，食欲一般变化不大。剖检可见肺心叶、尖叶、中间叶及膈叶前下缘出现淡红色或灰红色的肺炎实变区和肺门淋巴结及纵隔淋巴结肿大。X射线检查可见在肺野的内侧区以及心膈角区呈现不规则的云絮状渗出性阴影。早期用土霉素、卡那霉素治疗有效。

七、眼　　屎

眼屎(Ocular discharge)为积留在眼角、眼睑及其下缘皮肤上的眼分泌物。动物在正常时于眼角眼缘可积留少量眼屎，眼屎异常增多是眼病或全身疾病的症状表现之一。根据眼屎的性状，可将其分为浆液性、黏液性、脓性眼屎。

【病因】

1. 眼部疾病　见于眼睑炎、结膜炎、角膜炎、泪囊炎、前色素层炎、第三眼睑腺增生、吸吮线虫病、浑睛虫病、青光眼、鼻泪管阻塞、眼睑内翻或外翻、牛传染性角膜结膜炎等。

2. 继发于全身性感染性疾病　犬瘟热、犬传染性肝炎、猫泛白细胞减少症、猫病毒性鼻气管炎、猫杯状病毒感染、猪瘟、牛传染性鼻气管炎、恶性卡他热、流行性感冒等。

【鉴别诊断】

1. 眼睑炎　睑缘及周围眼睑充血、肿胀、溃烂，睫毛脱落。

2. 结膜炎　畏光、流泪，结膜充血、肿胀、眼睑痉挛，严重时结膜溃疡。

3. 角膜炎　畏光、流泪、疼痛和眼睑痉挛。角膜混浊，严重时出现角膜溃疡或穿孔。

4. 泪管阻塞　泪液不断地从眼睑缘流出，内眼角下方可见茶褐色泪液痕迹或聚集成黏稠的分泌物。可通过1%荧光素溶液滴入结膜囊内，观察外鼻孔有无染液排出，或采用鼻泪管造影，做出确诊。

5. 前色素层炎　指虹膜和睫状体的炎症。动物视力减退，眼疼痛，角膜轻度或严重混浊，角膜血管新生、充血，虹膜充血、水肿，颜色暗淡，前房液混浊甚至出血和积脓，严重者可发生虹膜粘连和眼球萎缩。

6. 第三眼睑腺增生　在一侧或两侧第三眼睑上出现黄豆或小指头大的半球状红色肿胀物(俗称樱桃肿)。随着肿物增大，可引起结膜充血、发炎，眼睛分泌浆液性或黏液性分泌物。

7. 青光眼　眼结膜潮红、疼痛；角膜轻微模糊乃至水肿。瞳孔散大，对光无反应。眼球突出，触诊坚实而有弹性，眼压显著升高。后期视力减退或丧失。

8. **眼睑外翻** 下眼睑边缘外翻，轻者离开眼球，重者向外翻转，结膜因暴露而充血，眼裂闭合不全，角膜也易发生混浊。

9. **眼睑内翻** 眼睑内翻使睫毛倒向眼球方向，刺激球结膜和角膜，引起该处发生炎症或溃疡，并出现相应症状。

10. **吸吮线虫病** 感染性幼虫进入并寄生眼内，引起结膜炎和角膜炎，严重时角膜混浊、化脓、溃疡，甚至穿孔。虫体有时自动爬至眼球表面，用手使眼睑开闭多次，常可在角膜面发现虫体；用3%硼酸液强力冲洗第三眼睑内侧和结膜囊，可发现被冲出的虫体；或用2%普鲁卡因液滴入第三眼睑下，数分钟后虫体可随眼泪排出。

11. **牛传染性角膜结膜炎** 牛传染性角膜结膜炎又称牛红眼病，临床症状主要局限在眼部，发生严重结膜炎和角膜炎。表现畏光、流泪，结膜潮红、肿胀，巩膜也呈红色，随后角膜混浊，严重者角膜发生溃疡和穿孔。眼结膜囊内分泌物做分离培养，可发现病原菌。

12. **浑睛虫病** 多发生于马，间或发生于牛，患病动物出现虹膜炎、角膜炎，结膜充血，视力减退，不安，头常晃动，摩擦患眼，对光检查患眼时，可见前眼房液中有1～3 条体长 1～5 cm 的白色丝状虫游动；角膜穿刺手术可使虫体与前房液一起流出。

继发于全身疾病的眼屎：除眼部可见炎症变化外，还有相应的原发病的症状。

八、脱毛与瘙痒

脱毛和瘙痒都是症状，许多因素都可以引起犬、猫脱毛或瘙痒。临床上常见的犬、猫瘙痒的病例包括：与季节有关的瘙痒、与年龄有关的瘙痒、有皮屑的瘙痒、有皮疹的瘙痒、与掉毛有关的瘙痒、无掉毛但瘙痒、皮肤苔藓化的瘙痒等一系列与瘙痒有关的病症。

瘙痒症是一种症状而非一种疾病。一般因变态反应、外寄生虫、细菌感染和某些特发性疾病（如脂溢性皮炎等）引起。对于瘙痒的原因，一般认为传递介质是组胺和蛋白水解酶；痒觉经神经末梢传递到脊髓，再经脊髓腹侧的脊髓丘脑通道上升至大脑皮层；真菌、细菌、抗原-抗体反应和肥大细胞脱颗粒时均能释放或产生蛋白水解酶。白细胞三烯、前列腺素、凝血噁烷 A_2（均为花生四烯酸的分解产物）都能诱发炎症的产生，而必需脂肪酸、特别是γ-亚麻酸可以用于消除白细胞三烯和凝血噁烷 A_2 引起的炎症反应。

诊断内容包括临床问诊、视诊和实验室检查等步骤，以区分真菌、细菌、变态反应原等病因，必要时做活组织检查。注意瘙痒症有原发性和继发性的，如内分泌失调出现皮肤病后，可能继发细菌性脓皮病或者脂溢性皮炎，引起皮肤的继发性瘙痒。

由于犬的皮肤是中性的，而人类的皮肤呈弱酸性，长期使用人的洗发香波或者洗澡次数过频都对犬的皮肤不利，是犬脱毛或者皮肤瘙痒的常见病因之一。

针对致病因素给药，可以消除瘙痒。当确诊为特发性疾病后，可以使用皮质类固醇或者非类固醇类抗瘙痒药物（如阿司匹林、抗组胺药或者必需脂肪酸等）。尽管皮质类固醇类的药效确实，但是许多动物可能会终生需要服用以控制瘙痒。因此，先用非类固醇类抗瘙痒药物治疗1个月，如果有临床治疗效果，则可以避免长期服用皮质类固醇类药物给患病动物带来的副作用。而对于有细菌继发感染的病例，应当避免使用糖皮质激素，以免加重细菌的感染。

脱毛时是症状，但是病因不一定相同。局部脱毛和全身性脱毛的情况也有一定的差别。真菌性皮肤病引起局部脱毛为主，病情进一步发展后常引起逐渐扩大的脱毛，常见皮屑。全身对称性脱毛是激素异常引起的（常继发细菌感染），也称作内分泌失调，例如，肾上腺皮质机能亢进，甲状腺机能减退，雄激素过度或者卵巢囊肿等。有红疹的脱毛与细菌、过敏和外寄生虫的感染有关；而有脓疹的脱毛与细菌性感染或者蠕形螨病有关。

因此，对于脱毛或者瘙痒的犬、猫，化验和问诊是必要的，只有以正确的诊断为基础，才能进行进一步正确的治疗。

九、皮肤色素改变

皮肤色素的变化主要表现为：色素过度沉着、色素改变和低色素化等。

色素过度沉着：黑色素在表皮深层和真皮表层过量沉积造成色素沉着，它可能随着慢性炎症过程或肿瘤的形成而出现，而且常常伴随着与犬的一些激素性皮肤病有关的脱毛。在甲状腺功能减退过程中的脱毛与犬色素沉着有关，未脱掉的被毛干燥、无光泽和坏死。

色素改变：色素的变化中以黑色素的变化为主，其色素变化和脱毛可能与雌犬卵巢或子宫的变化有关。

低色素化：色素消失多因色素细胞被破坏，使色素的产生停止。低色素常发生在慢性炎症过程中，尤其是盘形红斑狼疮。

因此，对于皮肤色素改变的犬，应当了解病初的症状和色素改变的部位，色素变化后的发展情况（减轻、加重或者恢复正常）等都对判断色素改变的原因有所帮助。

十、弓　腰

弓腰是一种临床症状，从动物弓腰的症状中可以归纳信息，推断出可能的病因，经过检查和化验得到确诊。

以犬为例，弓腰的病因一般常见：胸腰椎椎间盘错位，腰部外伤，急性胰腺炎，胃异物，母犬的子宫蓄脓（症状不一定明显），泌尿道结石，严重的肠炎和肠道异物等。

临床上诊断弓腰的病例以问诊开始，做可疑部位触诊检查，得到一定结果后，做临床仪器检查和实验室化验。常用B超和X射线做胃肠、尿道异物检查、脊椎诊断和结石的诊断，血液化验在诊断急性胰腺炎和子宫蓄脓上很有临床意义。

十一、多饮多尿

（一）糖尿病

7岁未做绝育的短毛猫，近20天发现食欲明显增加，饮水量增加，尿量及次数比以前增多，但体重由以前的4 kg下降到3 kg。近几天该猫表现很倦怠，不爱活动，食欲减少，有呕吐症状。

【血检】 红细胞(RBC) 7.05×10^{12}/L，比容(HCT) 0.455 L/L，血红蛋白(HGB) 163 g/L，平均红细胞容积(MCV) 64.5×10^{-15}L。白细胞(WBC) 8.0×10^{9}/L，叶状中性粒细胞88%，杆状中性粒细胞2%，单核细胞3%，淋巴细胞6%，嗜酸性粒细胞1%。

【生化检查】 总蛋白68.5 g/L，白蛋白35.5 g/L，丙氨酸氨基转移酶(ALT) 31 U/L，天门冬氨酸氨基转移酶(AST) 40 U/L，碱性磷酸酶(ALP) 499 U/L，肌酸肌酶(CK) 94 U/L，乳酸脱氢酶(LDH) 41 U/L，淀粉酶(AMY) 1 001 U/L，r-谷氨酰转移酶(GGT) 10 U/L，葡萄糖(GLU) 16 mmol/L，总胆红素(T. Bili) 1.1 μmol/L，直接胆红素(D. Bili) 0.3 μmol/L，尿素氮(BUN) 14.2 mmol/L，肌酐(CRE)

104.3 μmol/L,胆固醇(CHOL)7.6 mmol/L。

【尿检】 pH 5.5,比重1.020,潜血(±),蛋白(++),葡萄糖(++++),酮体(+++),上皮0~5个,白细胞2~3个。

【分析】

①根据临床症状,吃、喝、尿明显增多及体重明显减轻的特点,中后期有精神食欲下降及呕吐症状;②血液生化检查,血糖明显升高;③尿检,尿糖(++++),酮体(+++)。

【诊断】 糖尿病。

【治疗】 根据化验结果进行。一般采用药物治疗和食疗相结合的办法。

(二)皮质激素增多症

5岁京巴公犬,因患腰椎椎体骨质增生症,口服醋酸泼尼松、复合维生素B和保泰松多日,疼痛症状明显好转,但近几日出现明显的食欲加强及多饮多尿现象。被毛粗糙无光泽,两腰下部有脱毛,体重由以前的4 kg增加到6 kg。腹围增大,皮下脂肪高度沉积,行路笨拙。

【血检】 红细胞(RBC)$9.5\times10^6/\mu m$,白细胞(WBC)1 $8.0\times10^3/\mu m$,分类:叶状中性粒细胞55%,杆状中性粒细胞2%,单核细胞3%,淋巴细胞40%。

【生化检查】 丙氨酸氨基转移酶(ALT)175.00 U/L,天门冬氨酸氨基转移酶(AST)60 U/L,γ-谷氨酰转移酶(GGT)15 U/L,血糖(GLU)13 mmol/L,胆固醇(CHOL)20 mmol/L。

【尿检】 尿色:清澈透明,比重1.010。

【分析】 根据临床症状及血液检查分析,该犬长时间服用皮质类固醇类药物所造成。因为皮质激素(醋酸泼尼松)可直接引起五高(肝糖原增高、血糖增高、血细胞增高、红细胞增多、血小板增高)二减(淋巴细胞减少、嗜酸性白细胞减少)一怪(脂肪异常分布)现象。

【诊断】 皮质激素增多症。

【治疗】 停止服用皮质类固醇类药物。

(三)慢性肾衰继发尿毒症

8岁未做绝育的公猫,15 d前因患下泌尿道综合征,尿闭2 d,经治疗尿闭症状解除,排尿通畅。但近1周出现大量饮水和大量排尿症状,食欲减少,消瘦,营养不良,精神欠佳,不爱活动。体温37.8℃,心率140次/min,呼吸40次/min。

【血检】 红细胞(RBC)$4.0\times10^6/\mu L$,比容(HCT)27 L/L,血红蛋白(HGB)

90 g/L，白细胞(WBC)15×10^3/μL。

【生化检查】 总蛋白(TB)50 g/L，白蛋白(ALB)24 g/L，尿素氮(BUN)35 mmol/L，肌酐(CRE)735 μmol/L，磷(P)4.3 mmol/L，钙(Ca)1.7 mmol/L，钾(K)9.3 mmol/L，钠(Na)108 mmol/L，氯(Cl)68 mmol/L。

【尿检】 尿色清，比重1.001，pH 6.5，潜血(＋＋)，蛋白(＋＋＋＋)，葡萄糖(－)，尿沉渣：(高倍镜)白细胞(WBC)7个，红细胞(RBC)5个。管型3个，上皮细胞5个。

【分析】

(1)根据临床症状分析，有尿道阻塞2 d的病史，后虽经治疗尿道通畅，但因尿液排出受阻，导致肾小管、肾小球内压力过高血液中的代谢产物积聚，造成肾脏正常的代谢障碍，有毒物质不能排出，造成肾的正常工作单位损伤。

(2)因肾小球和肾小管功能损伤，血液中的有害物质肌酐、尿素氮、钾在体内蓄积引起尿毒症；由于肾小球的滤过能力及保钠排钾作用降低，使钾、磷排除减少而钠、铝、钙的排出增加，故生化显示高磷、高钾、低钙、低钠、低钾的现象。因为肾小球、肾小管的损伤，可造成上皮及管型的脱落。因为肾的部分功能丧失，造成肾的促红细胞生成素减少，出现贫血现象。

(3)尿检：尿蛋白(＋＋＋＋)，沉渣镜检白细胞、红细胞、上皮细胞、管型的出现均是肾病的指标。

【诊断】 慢性肾衰竭继发尿毒症

【病因】

(1)肾前性：①引起肾缺血的病因均可造成肾衰竭，如大出血、烧伤、病毒和细菌引起的腹泻、呕吐、血便、脱水、贫血；全身性感染、败血症；营养不良，维生素微量元素缺乏症；低蛋白血症等。②心源性休克、过敏性休克。③长时间应用对肾有毒性的药物，如庆大霉素、卡那霉素、链霉素、重金属、麻醉药物等。

(2)肾后性：各种原因引起的尿路阻塞，如肾结石、膀胱结石、尿道结石、肿瘤、前列腺囊肿、肾脓肿等。

(3)肾性：肾脏本身的疾病，如肾盂肾炎、肾小球肾炎、间质性肾炎、肾淀粉样变性等。

【治疗】 肾组织的严重损伤是一种永久性功能丧失的疾病。然而，仅有少部分正常肾组织的动物可以长期存活。治疗随症状的严重性而有所不同。临床上轻微异常的动物(诸如间或呕吐)可在家中治疗。经常给予新鲜饮水，限制蛋白质摄入的饮食疗法可以减轻某些症状并有助于减缓肾衰竭进程。犬应按每天每千克体重2 g、猫每天每千克体重3.5 g的水平饲喂高质量的蛋白质，如鸡蛋或肝脏。可以买到用于患慢性肾衰竭猫和犬的商品配合饲料。限制蛋白质和矿物质的饮食也有助于降低血清磷浓度，这样可能有利于延缓疾病发展。如果限制蛋白质摄入的饮食疗法在保持正常血清磷水平方面不成功，应口服含有氢氧化铝的磷酸盐结合性凝胶。服用H2受体拮抗药，如西咪替丁(5 mg/kg，口服每日3次或4次)，来减少胃酸和呕吐，并可降低甲状旁腺激素水平，这样可以降低血清磷浓度。如果动物酸中毒需要口服碳酸氢钠。为补充因排尿而损失的水溶性维生素，应口服复合B族维生素制剂刺激患有贫血的动物红细胞的产生，可给重组红细胞生长素，如羟次甲氧龙或诺龙等合成代谢类固醇；为保持适当的细胞压积，可能需要输血。因患慢性肾衰竭而出现的高血压通过喂给低盐食物至少可部分缓解病情。将食物中正常盐含量变为低盐可防止体液损失，但必须逐步进行。对具有严重尿毒症症状的动物需要静脉补液，如果液体疗法未能改善肾功能和缓解尿毒症症状时建议采用安乐死。

(四)再生障碍性贫血

3个月雄性金毛猎犬，由犬市购入已有15 d，当时该犬表现不爱活动，懒惰，似很温顺的感觉，食欲良好但饮水量大。近5 d表现烦渴症状，呼吸加快，精神倦怠，基本不活动，强制活动时抗拒，呼吸喘粗。

【检查】 体温38.7℃，心率260次/min，呼吸100次/min。眼结膜、口腔黏膜苍白，腹围增大。

【血液检查】 红细胞(RBC)1.5×10^{12}/L，比容0.098 L/L，血色素(HGB)30 g/L。白细胞(WBC)18.9×10^{9}/L，叶状中性粒细胞77%，杆状中性粒细胞10%，单核细胞2%，淋巴细胞8%，嗜酸性细胞3%。另外，可见红细胞大小分布均匀，有少量多染红细胞。

B超检查：腹腔内腹水，肠管漂浮在水中。

当时采取输血疗法，将供血犬和受血犬进行配血试验，血型合格后，1次性输血200 mL，第2天该犬精神明显好转，呼吸次数35次/min，活泼，乏力症状基本消失，多饮症状消失。4 d后，又开始出现精神倦怠、乏力、饮水增加、呼吸频率加快等症状。第2次血检：RBC 2.2×10^{12}/L，HGB 40 g/L，贫血症状再度出现。

【分析】 根据临床症状分析：烦渴是因为高度贫血、血中的胶体渗透压降低、大量的液体漏于腹腔，为了补充血容量反射性引起口渴饮水量增加。因为红细胞大量减少，血红蛋白的携氧量下降，造成机体缺氧，机体只有靠增加呼吸次数来代偿，所以引起呼吸次数加快。输血后症状明显好转，当红细胞衰老死亡后机体不能造血补充再度引起贫血。

【诊断】 再生障碍性贫血。

【治疗】　由于机体造血功能丧失，靠输血疗法只能缓解症状，不能根治本病，建议放弃治疗。

（五）子宫蓄脓

5岁京巴母犬，20 d前发情，近5 d发现精神沉郁、性情懒惰、不爱活动，饮水量增加，尿量增加，食欲减少，表现营养不良、进行性消瘦，（体重由7.5 kg降至5.5 kg），腹围渐进性增大。体温39℃，心率100次/min，结膜口色淡白。

血液检查：白细胞（WBC）$45\times10^{9}/\mu L$，分类：叶状中性粒细胞55%，杆状中性粒细胞25%，淋巴细胞（Lym）15%，单核细胞（Mon）3%，嗜酸性粒细胞（Eos）2%，红细胞（RBC）$4.5\times10^{6}/\mu L$，比容（HGB）55%，血色素（HGB）10 g/dL。

B超：超声波图像显示，腹腔中有一直径5 cm，长20 cm的弱回声区。

X射线检查：X射线片正位显示，腹腔内有2个管状圆形密度中等界线清楚的影像。

【诊断】　根据病因及临床症状可初步诊断，如阴部周围有黏性分泌物粘着，烦渴、尿频、进行性消瘦、腹围增大等。

【血液检查】　所有病犬的白细胞总数可达$40\times10^{9}/L$左右，高的可达$50\times10^{9}/L$以上，杆状中性粒细胞可达30%左右。

B超检查：超声波图像显示，子宫内充满大量的液体。

X射线检查：X射线片显示子宫呈圆形、界线清楚并且密度中等的反射区。

【治疗】

保守疗法：对于早期轻度子宫蓄脓的犬，可先采用保守疗法，先注射己烯雌酚0.1 mg/kg，第2天开始注射缩宫素，每0.5 h注射1次，首次1 U/kg，第2次2 U/kg，第3次1 U/kg，隔日可再同样注射1次。同时注射抗生素，可选用拜有利（Baytril）5 mg/kg，每日1次，连用7 d。如上述疗法没有明显效果应采取手术治疗。

【手术治疗】　846合剂全身麻醉，每千克体重0.1 mL，氯胺酮注射液5 mg/kg混合肌肉麻醉，手术台仰卧保定，腹下部剃毛消毒，切口定位于从脐孔向下5～10 cm。腹白线常规切开，打开腹腔。手指进入腹腔小心将膨大的子宫角取出于切口之外，分别将两侧的卵巢动静脉进行双重结扎，在结扎的交接部剪断，分离子宫阔韧带，在子宫体的部位三钳固定进行双重结扎，将子宫体连同子宫一同摘除。子宫体的断端用剪刀将黏膜剪除，用酒精纱布擦净，最后将子宫体断端的浆膜肌层进行包埋缝合，送回腹腔，常规闭合腹腔。腹部用自制纱布绷带包扎。

【术后护理】　全身抗生素疗法，连续应用5～7 d。

对严重感染的病例，除采取全身抗生素疗法外，还应补液、补充营养和纠正酸碱平衡。另外,应注意清洁卫生,防止继发感染。

术后7～10 d拆线。

【病因】

发情后感染:发情后外阴肿胀,子宫内膜脱落,出血使生殖道抵抗能力降低,同时犬常站坐于地面,往往使阴部被地面的细菌等病原微生物污染,如果主人不注意为犬清洗易造成感染。

配种感染:犬在配种时,动物主人往往在配种前不清洗公犬、母犬的生殖器官,造成配种时引起细菌感染,引起子宫化脓。

母犬激素失调及卵巢疾病(卵巢囊肿、卵巢肿瘤):犬长时间处于激素失调的状态,由于刺激素分泌过多,子宫内膜分泌同时也增加,分泌液中含有大量的白细胞和蛋白,白细胞分解后形成的脓球积存在子宫内造成子宫积脓。

继发感染:周围组织器官的炎症造成子宫感染,如化脓性腹膜炎,膀胱炎、盆腔炎、阴道肿瘤、脓胸等化脓性炎症,化脓菌由血液进入子宫造成子宫化脓。

药物使用不当引起感染:在治疗某些疾病时,大剂量应用地塞米松及其他类固醇药物时,也会引起子宫蓄脓的发生。

产后感染:生产不洁及死胎,胎衣存留不净均可造成子宫感染引起子宫化脓性炎症。

(六)犬低蛋白血症

犬低蛋白血症是犬的蛋白缺乏所引起的一种营养代谢病。临床上主要以腹水、进行性消瘦、全身乏力、贫血为主要特征。

【症状】 6个月的圣伯纳公犬,食物结构以玉米面、麸皮及家庭剩饭菜为主。20 d来,病犬表现为不愿活动,被毛粗乱,无光泽,消瘦,饮水量增加,下腹部稍有膨大。

近10 d腹围明显增大,肷部凹陷,患犬进行性消瘦,精神欠佳,食欲减少,活动无力。

【检查】 腹部触诊有明显波动感,腹腔穿刺可见有清亮透明液体流出。口腔黏膜、眼结膜淡白,有明显的贫血症状。心动过速,胸式呼吸,呼吸较困难,结膜苍白并伴有黄染,心动过速。

【血液及生化检查】 红细胞$4\times10^6/\mu L$,白细胞$6\times10^3/\mu L$。血红蛋白8 g/dL,总蛋白35～43 g/L;白蛋白10～20 g/L,肝功、肾功基本正常。腹腔液检查,比重均在1.010以下,李凡它(—),蛋白20 g/L以下,涂片细菌镜检(—)。

【诊断】

临床症状：贫血，进行性消瘦，腹水。

血常规化验：红细胞比容、血红蛋白明显下降，白细胞总数及其分类变化不明显，嗜酸性粒细胞增高。

生化化验：总蛋白可以下降到35～43 g/L；白蛋白则能下降到10～20 g/L。

B超检查：犬仰卧保定，5M探头对腹腔进行探测检查，可见肠管回声强并漂浮在腹水中。

腹腔液检查：比重均在1.010以下，李凡它(—)，蛋白20 g/L以下，涂片细菌镜检(—)。

剖检：对主人不愿治疗的发病后期犬安乐死后剖检，打开腹腔可见大量腹水涌出切口，网膜发黄，肠管苍白，肝脏高度萎缩，只为正常肝脏的1/3，胆管壁增厚3～4 mm，肝脏呈土黄色，质硬；脾脏肾脏高度萎缩，肾实质发黄，脾颜色无明显变化。

【治疗】 加强饲养管理，增加蛋白质日粮，增加蛋白酶。

对腹围过大的犬可以放腹水，每天每次不超过腹水总量的1/3，多次放出，而且要缓慢进行。静脉输入17种氨基酸20～100 mL、人血白蛋白5～10 g/日和右旋糖酐50～100 mL。另外给予一些维生素C、ATP、CoA以及利尿药。连续静脉注射至蛋白正常症状消除为止。

【讨论】 对于大型犬，主人考虑经济利益，多给犬饲喂猪饲料或者以玉米和麸子为主的日粮，猪是杂食动物，而犬是肉食动物，猪日粮所含蛋白相对于犬来说很低，很难满足犬的需要，结果造成犬蛋白质缺乏，引起血液中的胶体渗透压降低，大量的水分漏出，造成腹水。

对于小型犬，有的主人食素，犬从小与主人一样以面包、米饭和蔬菜为主食，或有的主人以胡萝卜加窝头长期饲喂犬，造成犬蛋白质摄入不足，引起低蛋白血症。有的犬虽然饲喂火腿肠和肉，但由于体内缺乏蛋白酶，影响蛋白质的吸收，结果也可造成低蛋白血症。

在治疗过程中，应采取多次放腹水的方法，不要一次将腹水放净，否则易造成犬急性脱水、休克，甚至死亡。

如果犬通过治疗，情况好转后，主人仍然给犬饲喂原日粮，复发率很高。

十二、尿频、尿闭

(一)尿道炎

尿道炎是尿道因感染或没有感染而发生的炎症。

【症状】 2岁未做绝育的公猫，近3 d表现排尿频率增高，排尿困难，痛性尿淋漓，尿中有时带有血液。犬、猫经常舔包皮和外阴部。腹部触诊，腹部不紧张，膀胱充盈度中下等。全身情况：体温、心跳及呼吸基本正常。血液检查：WBC15×10^9/L，RBC 6.5×10^9/L。尿检：尿色，黄红，轻度混浊，pH 6.5，比重1.35，潜血（+++），蛋白（±），尿糖（—），酮体（—）。尿沉渣：WBC 60～70，RBC35～40 高倍镜。细菌：杆菌。上皮：中等，管型：（—）。X射线检查：X射线片显示未见膀胱尿道高密度阴影。

【分析】 根据临床症状，尿频、尿痛、尿中带血及膀胱充盈度下等。

实验室检查：镜检尿液及尿道分泌物中有嗜中性粒细胞和细菌。

放射学诊断：未见膀胱及尿道中有高密度阴影。

【病因】

1. *感染性尿道炎* 尿道因为细菌引起的下行性感染，开放性子宫蓄脓、阴道炎。上行性感染，细菌性膀胱炎、前列腺炎、肾炎。

2. *非感染性炎症* 因为尿道狭窄、尿道外伤、尿道肿瘤、尿道结石；插入导尿管方法不正确，刺激尿道黏膜引起的炎症。

3. *猫下泌尿道感染综合征。*

【诊断】 细菌性尿道炎。

【治疗】

1. *消炎疗法* 氨苄西林或头孢拉定，每千克体重50 mg、地塞米松每千克体重0.5 mg混合肌肉注射，每日2次。拜有利每千克体重2.5～5 mg，每日1次。也可口服呋喃妥因、吡哌酸或氟哌酸。

2. *对症治疗* 止血。止血敏，每千克体重0.2 mg，肌肉注射，每日2次。

3. *多饮水结合局部热敷。*

（二）膀胱破裂

【症状】 4月龄公犬，3 d前在家中被主人踢了腹部一下，当天未见特别的异常现象，仅有点不爱活动，第2天腹部开始变大，精神沉郁，未见排尿。第3 d腹围明显增大，精神沉郁，食欲废绝，有呕吐症状。检查：体温37℃，胸式呼吸，腹部膨大，触诊紧张。

腹腔穿刺液检查：颜色：微黄、半透明。比重1.028。pH7.0。潜血（+）。蛋白（—）。葡萄糖（—）。尿胆原3.2。肌酐（+）。离心沉渣检查：大量的白细胞、红细胞。未见细菌。

X射线造影检查：未见膀胱影像。

B超检查:腹腔内有大量液体影像,膀胱体积缩小。

【分析】

1. 根据临床症状　有外力作用史,尿闭、腹围渐进性增大,3 d后精神沉郁,食欲废绝,有呕吐症状。后期体温低。

2. X线检查　X光片显示不到膀胱的影像。膀胱充气造影,X光片上见不到充气的膀胱影像。可见气体进入腹腔内。阳性造影剂造影,可见造影剂有破裂孔进入腹腔。

3. B超检查　腹腔中有多量强吸收波的液体,膀胱较小,膀胱轮廓不清晰。

腹腔液穿刺:腹腔液有尿味,化验结果为尿液,如尿胆原、尿胆红素、肌酐阳性。

【病因】

(1)机械性阻塞、尿道结石、膀胱结石。

(2)外力作用性:打、踢、车祸、导尿管插入不当,膀胱穿刺及触压膀胱用力过大等。

(3)前列腺肿瘤、尿道肿瘤、尿道炎性增生、膀胱肿瘤等。

【诊断】　膀胱破裂。

【治疗】

手术治疗:犬仰卧保定,术部剃毛消毒,常规打开腹腔后,将膀胱牵引至切口之外。从尿道插入导尿管。注入加温的生理盐水,找到破裂孔,然后膀胱黏膜连续缝合。肌层浆膜做连续伦勃特缝合。膀胱复位后,闭合手术通路,在膀胱内放置导尿管。手术后输液2 d,3～4 d拔导尿管。为预防尿毒症和酸中毒,可加入地塞米松、苏打水。消炎药连用3～4 d。

(三)膀胱炎

【症状】　母犬曾患有开放性子宫蓄脓疾病,近1周发现有尿频症状,在排尿的后期出现血尿、脓尿,总去排尿努责有时不见尿液排出。腹部触诊,腹壁紧张,触压膀胱时高度敏感,表现不安、抗拒。

尿液检查:尿色:混浊,潜血(+++),比重1.036,蛋白(+),葡萄糖(-)。尿沉渣:高倍镜检大量的白细胞,大量的脓球及大量的革兰氏阴性杆菌。

【分析】　根据临床症状:①有生殖系统化脓性疾病;②尿频、排尿后期有血尿及脓尿;③腹部触诊发现腹壁高度紧张及触压膀胱高度敏感疼痛;④尿液化验:潜血阳性,高倍镜检查发现有大量的白细胞、脓球及大量的革兰氏阴性杆菌。

【病因】

①细菌性:一般是由细菌感染引起,多由大肠杆菌、变形杆菌、绿脓杆菌、链球

菌和葡萄球菌从尿道上行性感染而引起；②病毒性：猫疱疹病毒Ⅱ型可在猫群中引起水平传播，康复的猫常可复发；③机械性损伤：导尿管插入不当，膀胱穿刺，外力作用，膀胱结石刺激；④临近组织器官炎症继发：肾炎、输尿管炎、尿道炎、子宫内膜炎、盆腔炎及前列腺炎等；⑤药物性：化疗药物环磷酰胺常引起出血性膀胱炎。

【诊断】 细菌性膀胱炎。

【治疗】 抑菌消炎、对症治疗。

(1)呋喃妥因每千克体重5～10 mg，口服，每日2次；吡哌酸每千克体重30 mg，口服每日2次；氨苄青霉素每千克体重30 mg，地塞米松每千克体重0.2 mg，混合肌肉注射，每日2次。

(2)对症治疗。有尿血的犬，可给予止血剂，若因尿结石、膀胱结石引起的，可进行手术疗法；其他邻近组织器官炎症继发的，应考虑原发病的治疗。

(四)膀胱麻痹

膀胱麻痹是由于膀胱平滑肌丧失收缩能力，是尿液潴留在膀胱内不能正常排出的一种疾病。

【症状】 4岁怀孕母猫，分娩时发生难产，因胎儿体形过大，在骨盆腔内滞留时间过长，靠人工助产将其娩出。患猫初期表现尿频，常做排尿姿势但只见少量尿液排出。以后表现没有排尿动作，出现尿淋漓和尿失禁现象。有痛苦或不安的表现。外观可见腹下部膨大，腹部触诊时，在下腹部可触及到高度膨胀的膀胱，按压时不敏感，用力挤压时可见有尿液排出。

【分析】 根据临床症状进行分析，该病是因为猫在分娩时由于胎儿过大在盆腔内滞留时间过长压迫盆腔神经和阴部神经，造成神经损伤引起膀胱麻痹。临床表现尿淋漓和尿失禁现象。

【病因】

①中枢神经损伤，由于外力作用或脊髓压迫性疾病，如脑部肿瘤、脊椎骨折、蛛网膜下腔肿瘤、腰椎间盘髓核脱出压迫脊髓，使大脑皮层、脊髓排尿中枢、腹下神经、盆神经和阴部神经的传导机能丧失；②母犬分娩时胎儿压迫膀胱和盆神经，造成麻痹；③尿道阻塞、结石、肿瘤、增生和前列腺增生、前列腺肿瘤等，长时间压迫膀胱使膀胱平滑肌丧失收缩能力，引起尿液潴留不能排出。

【诊断】 膀胱麻痹。

【治疗】 给予神经兴奋药：硝酸士的宁、新斯的明，定时人工排尿、按摩膀胱。

（五）急性肾小球肾炎

肾小球肾炎简称肾炎，是一种感染后变态反应引起的肾弥漫性肾小球损害为主的疾病。临床上以水肿、血尿和蛋白尿为特征。按病程可分为急性和慢性肾炎。

【症状】 病犬精神沉郁、体温升高，厌食，有时有呕吐。肾区触压敏感，肾肿大。病犬不愿活动，站立时，弓腰收腹，四肢缩收于腹下。强迫运动时，步态强拘，小步行走。

病犬尿频，但尿量少。个别犬可见有血尿或无尿。

病程较长的犬，可出现血液循环障碍、全静脉淤血、可视黏膜绀红。眼睑，腹下，四肢末端可见有水肿现象。个别犬可见有腹水症状出现。当出现尿毒症时，临症上可出现呼吸困难、全身肌肉痉挛，意识障碍、体温下降、衰弱无力或昏迷。

【诊断】 尿常规检验、尿量减少，比重上升，尿蛋白上升。尿沉渣中可见有透明的管型。有时可见有上皮管型及散在的红细胞、白细胞、病原菌。

生化检查：肌酐、尿素氮及血磷指标高。

【病因】 肾炎的病因几乎均与免疫机制有关。由于循环血液中的抗原-抗体复合物附着在肾小球附近，当有重新感染时，在肾小球毛细血管基底膜上发生反应，就引起基底膜损伤和肾小球性肾炎的发生。常见的抗原有：①细菌（大多为化脓性细菌），如皮肤脓肿、子宫蓄脓；②寄生虫，如弓形虫、犬恶心丝虫等；③恶性肿瘤；④某些传染病，如犬传染性肝炎、犬细小病毒病、结核病、钩端螺旋体等；⑤中毒性因素，如内源性毒素、毒血症、败血症、菌血症等。

【治疗】 消炎、利尿，抑制免疫反应，防止尿毒症。

（1）消炎。青霉素每千克体重 6 万 U，肌肉注射；氨苄青霉素每千克体重 20～40 mg，肌肉注射，每日 2 次。禁用卡那霉素、庆大霉素和磺胺类药物。因为该药对肾有一定的损害。

（2）利尿。呋喃苯胺酸每千克体重 5 mg，肌肉注射，可根据病情决定给药次数。

（3）抑制免疫反应。用地塞米松每千克体重 0.2 mg，肌肉注射；强的松每千克体重 0.5 mg，口服每日 2 次。

（4）对症治疗。如解毒、强心，补充营养。

（六）肾盂肾炎

肾盂肾炎是肾盂和肾实质的炎性疾病，可能是急性或慢性的、局部性或弥散性的、静止性或活动性的。

【病因】

(1)细菌性:本病感染中最常见的细菌有,革兰氏阴性菌、大肠杆菌、变形杆菌,偶见有葡萄球菌、链球菌、克雷伯氏菌、假单胞菌等。通常以泌尿道上行性感染为主要因素。

(2)机械性阻塞,尿道的硬性及软性阻塞,如尿道结石、尿道软性栓子、尿道狭窄、前列腺增生、前列腺囊肿及前列腺肿瘤等,给细菌造成良好的生长繁殖的条件。

(3)下泌尿道感染性疾病,尿道炎、膀胱炎、导尿及置留导尿管感染。

(4)机体抵抗力低下,如患有传染性疾病,寄生虫性疾病,长期蛋白质,维生素,微量元素缺乏症。长时间使用抗生素或对肾有损伤的抗生素及药物。

【症状】 急性肾盂肾炎,表现为发热、精神沉郁、弓腰收腹。触压肾区疼痛敏感,继发尿毒症时,多饮多尿甚至无尿。

肾盂肾炎很大一部分为亚临床症状,发病时很多动物主人不知道,如食欲差,活动耐力下降,睡眠增多,多饮多尿,机体状况下降,往往有消瘦和营养不良表现。

【诊断】

(1)尿液检查:尿比重可能低,蛋白尿,细菌尿;白细胞,每一高倍镜视野下高于6～8个;颗粒管型、白细胞管型及透明管型;上皮细胞,如肾盂上皮、肾上皮或膀胱上皮;严重的病例可有脓细胞和红细胞。

(2)血清学检查:血液尿素氮(BUN)、血清肌酐和血清磷酸盐升高。慢性感染是血清球蛋白升高。

(3)血细胞检查:急性感染时白细胞总数升高,嗜中性粒细胞升高,核左移现象明显。慢性感染或肾衰竭时可见有贫血现象出现。

(4)尿液培养:应在无菌情况下取尿。细菌数每毫升超过1 000个表明有明显感染。

【治疗】 根据细菌培养和药敏试验,选择高敏药物进行长期的抗生素疗法。建议使用能在肾髓质部间质内达到高浓度的抗生素,如氨苄青霉素、羟氨苄青霉素、先锋霉素,或磺胺类、氯霉素、氨基糖苷类抗生素。这些药物至少要用4周(但在应用时要监测肾功能的情况是否良好,防止药物性肾损伤的发生)。在治疗过程中应经常进行尿液的细菌培养,以便更换有效的抗生素。

调整尿液的pH值,为抗生素提供适宜的环境,如氯化铵50 mg/kg或乌洛托品40 mg/kg(因为青霉素、羟苄青霉素、四环素、呋喃妥因需要酸化尿液)。

严重感染继发尿毒症时,应进行全身性疗法,给予葡萄糖、复方盐水、地塞米松、维生素C和碳酸氢钠等进行静脉输液。

【预后】 本病的治疗时间长,不易痊愈,需按上述疗法坚持治疗,一旦治疗不彻底,复发率高,可继发其他疾病死亡。

（七）猫下泌尿道感染综合征

猫下泌尿道感染综合征是由多种原因引起猫后部泌尿道疾病的症候群。临床上以排尿困难、尿频、血尿、尿闭和尿毒症为特征。临床上多见于2～6岁的猫。

【症状】 2岁未做绝育的公猫，半年来曾多次发生排尿困难，经医生治疗采取导尿、消炎及输液的方法症状消除。这次复发开始尿频，随症状发展导致尿中带血、排尿痛苦、最后尿闭，一天无数次做排尿姿势但不见有尿液排出，患猫不时的舔自己的尿道口及阴茎部。腹部触诊检查，膀胱高度充盈，触压疼痛、敏感不安。人工按摩排尿不见尿液排出。尿道检查：尿道口肿胀，阴茎尿道触压疼痛，尿道口有暗红色黏稠的分泌物。

【诊断】

(1)根据临床症状疾病史进行诊断：尿频、痛性尿淋漓、血尿、尿闭及频舔生殖器等症状。

(2)腹部触诊：应先排除是否因便秘引起。阻塞性尿道阻塞，可触及到高度膨大的膀胱，压迫膀胱时有疼痛不安的感觉，有努责排尿的表现，但不能将尿液排出。

(3)尿道检查：尿道口紫红色，软性阻塞时，尿道口有白色分泌物黏着，压迫阴茎有时可将阻塞物由尿道口挤出，硬性阻塞时，有时可在阴茎后部尿道触压到有结石的感觉。

(4)尿道探诊：由尿道口插入导尿管，如是硬性阻塞尿道管不能插入膀胱，有顶到硬物的感觉。

(5)X射线片检查：平片检查，观察膀胱轮廓及膀胱内有无结石。逆行性尿道造影检查，观察尿道造影剂是否一致、有无断裂、狭窄、凸起或凹陷。

(6)尿液检查：不同程度的血尿，尿比重高，蛋白阳性，有结晶物。微生物培养，细菌性泌尿道感染细菌阳性(90%以上的病猫尿液无菌)。

(7)血液及生化检查：肌酐、尿素氮高于正常值，当继发尿毒症时明显增高，白细胞呈下降趋势。

【治疗】

(1)除去阻塞物(通常需要在镇静的情况下进行)。软性阻塞可进行阴茎按摩结合阴茎冲洗法进行疏通尿道，边冲洗边压迫膀胱，利用压力将阻塞物冲出，疏通后置入导尿管3～4 d。

(2)非阻塞性：抗菌、消炎、利尿疗法。氨苄西林每千克体重0.05 g、地塞米松0.25～0.5 mg，肌肉注射，每日2次，连用5～7 d。口服呋喃妥因每千克体重15 mg，每日2次，连用5～7 d。也可用先锋类抗生素、氨基糖苷类、喹诺酮类抗生素进行治疗。对于继发尿毒症的病例应进行全身性疗法，静脉补充葡萄糖、复方盐水、维生素C、碳酸氢钠等。

(3)手术治疗：对于反复多次出现阻塞病史的猫，除去导尿管后仍不能排尿的猫应进行尿道会阴造口术，造口后大部分猫效果良好。

【病因】

(1)病毒和细菌性感染：疱疹病毒Ⅱ型、大肠杆菌、棒状杆菌、绿脓杆菌、葡萄球菌等。

(2)营养代谢紊乱性因素：日粮配比不合理、蛋白质、钙磷失调、维生素、微量元素缺乏及水长期供应不足等。

(3)病理性因素：尿道软性栓子阻塞，尿石症，尿道结构异常，先天性、医源性，尿道炎、膀胱炎等。

(八)前列腺增生

前列腺增生又叫前列腺肥大，是犬最常见的疾病。只要是未做过绝育的犬，及6岁以上有60%犬都有不同程度的前列腺增生，但多数并不表现症状，前列腺增生是造成会阴疝的主要原因。

【症状】 轻度前列腺增生临床症状不明显，检查时可见到肛门比正常犬的肛门大或外突，没有排便困难。重度前列腺增生时，因为高度增生的前列腺压迫直肠引起排便困难，里急后重、频频努责，可见少量黏液，便秘。泌尿系统表现，频繁排尿、尿少、无尿或血尿。严重时可引起膀胱高度膨大、麻痹或破裂，患犬有双后肢步态变化、跛行或双后肢行路软弱无力。由于犬过度努责，肥大的前列腺进入骨盆腔形成会阴疝，严重的可造成膀胱或肠管的嵌闭。

【诊断】

(1)根据临床症状进行诊断。

(2)直肠检查：手指进入直肠可触到高度增生的前列腺。

(3)X射线拍片检查，在耻骨前膀胱后部可见有密度偏高圆形的前列腺影像。

(4)会阴疝症状出现时便于确诊。

【治疗】

(1)绝育手术是最简单的直接疗法。大多数病例在绝育手术2个月后，前列腺的体积就有明显的缩小。

(2)间断性的给与雌激素疗法对前列腺增生有一定的控制作用，己烯雌酚每次0.1 mg。有助于前列腺的萎缩。

手术疗法：前列腺切除需要良好的外科技术，因为犬的前列腺和尿道的界限不清楚，需要前列腺和尿道一起切除后再施行尿道吻合术才能完成手术。继发会阴疝的病例，在做会阴疝修补术时应同时做绝育术。

【病因】 该病的病因尚不明了。一般认为与雄性激素失调有密切的关系，也与长时间便秘、长时间的憋尿有关。

（九）尿毒症

尿毒症时由肾机能不全或肾衰竭，导致代谢产物和毒素物质不能随尿液排出，在体内蓄积引起的一种自体中毒综合征。

【症状】

尿毒症：血液中的尿素氮、肌酐、尿酸及其他有害物质大量蓄积在组织和血液中所引起的全身性的病理性变化。这种氮血症性尿毒症是肾功能高度衰竭的一种标志。

尿毒症症状发展缓慢，临床表现食欲减退或废绝，开始饮欲增加，后期停饮，无尿液排出（输液后不见尿液排出）；精神沉郁、衰弱无力、意识障碍、呕吐、嗜睡、昏迷，全身散软无力，呼吸困难，呼出的气体有尿气味；兴奋痉挛现象出现，最后全身衰竭死亡。

【诊断】

（1）根据临床症状进行诊断。

（2）血液肾功生化检验：尿素氮、肌酐、尿酸值明显增高；血钾高、血钙、血磷比值倒置。

【治疗】 除去病因、中和及排除毒素、对症治疗。

除去尿路阻塞，因结石引起的应尽快进行导尿疏通或进行手术治疗；膀胱破裂引起的应尽快进行膀胱修补术。

静脉输液疗法：补充营养、电解质液体、能量、维生素、激素、碳酸氢钠及控制继发感染，如葡萄糖、复方盐水、三磷酸腺苷（ATP）、辅酶A（CoA）、维生素C、地塞米松、5%碳酸氢钠、氨苄青霉素。

【病因】 尿毒症主要是由于各种肾脏疾病、尿路阻塞、破裂引起泌尿器官晚期发生的一种综合征，如肾炎、肾盂肾炎、尿道机械性阻塞、膀胱破裂等。

尿毒症的病理变化，主要是血液中的有害物质不能由尿液排出（尿素氮、肌酐、尿酸、酚类、吲哚类等）存留在机体中，损害机体各系统及组织器官的正常机能活动，如代谢性酸中毒，水、电解质平衡失调，内分泌功能障碍，肾素、血管紧张素分泌增多，促红细胞生成素减少，活性维生素D合成障碍等。

(十)肾结石

肾结石是出现在肾盂、肾盏内的结石。临床上以肾绞痛、血尿、弓腰收腹为特征。

【症状】轻度未造成阻塞的结石,动物表现弓腰、收腹、不安、饮食欲下降,血尿明显。出诊肾区疼痛敏感。

结石较大、造成尿路阻塞时,出现肾绞痛症状,腹痛剧烈、吠叫、弓腰收腹,腹壁高度紧张,触诊抗拒,呼吸迫促,心跳加快,有时伴有呕吐和胃肠道症状。

【诊断】

(1)根据临床症状进行诊断,弓腰收腹、血尿、疼痛等症状。

(2)X 射线检查,腹部正位、侧位投照,X 射线片显示:肾区扩大,肾盂内可见有高密度影像。对于X 射线不能穿透的结石可进行静脉肾盂造影检查。

(3)B 超检查,是诊断肾结石的较好方法,并且对身体无影响。

【治疗】

(1)对症治疗,给与镇痛解痉药,如阿托品、山莨菪碱或杜冷丁、吗啡。继发尿路感染时,进行细菌培养和药敏试验,并根据药敏结果选用适当的抗生素进行治疗。

(2)对于结石较小未造成阻塞的病例,可应用中西医结合方法进行药物排石。排石饮液,排石颗粒等。

(3)对于结石比较大、表面不光滑、造成长时间血尿、阻塞的病例应尽快手术治疗。采用肾切开术或肾摘除术。

(4)平时应尽量多饮水,调节尿液的 pH 值,根据结石的性质可口服碳酸氢钠或枸橼酸钠,防止尿液中结晶的形成。

【病因】 引起结石的原因尚未完全明了,可能与下列因素有关。

(1)尿液内某些易于形成结石的晶体(如草酸钙、尿酸钙、磷酸盐等增多)或做为结石核心的胶体基质(Tamm-horsfall 蛋白、脱落的肾上皮细胞等)增多。

(2)尿液中抑制晶体析出的物质(如焦磷酸盐、镁离子、枸橼酸盐等)不足。

(3)先天性发育异常导致尿流缓慢、积尿,尿液中的晶体易于在该处沉积。

(4)与饮食、环境及遗传等因素有关。

(十一)膀胱结石及尿道结石

膀胱结石是多晶体成分形成的,其中有 95%是有机和无机的结晶体成分,5%的是有机基质成分。在猫和犬的结石的分析结果中,含有磷酸铵镁(鸟粪石)、草酸钙、酸性尿酸铵、磷酸钙、胱氨酸、硅酸盐等成分。

【症状】 2.5 岁的母犬，京巴，以前排尿时尿液中经常有小的结石颗粒。20 d 来发现排尿次数增加，近 1 周尿频症状明显，总有排不净尿的感觉，有时在排尿的最后有血液。该犬体温、心跳、呼吸、饮食欲基本正常。

腹部触诊：膀胱无积尿，但膀胱呈球状压迫有坚实感且有疼痛。

X 射线检查：膀胱内有一高密度物体，膀胱壁增厚。

B 超检查：膀胱内有高密度回声区。

尿液检查：尿色 橘红、混浊；比重 1.028；pH 值为 6；潜血(＋＋)；蛋白(－)；葡萄糖(－)；尿沉渣检查有大量的红细胞和磷酸铵镁结晶。

分析：

(1)根据临床症状 尿频、排不净感觉、尿血。

(2)母犬膀胱结石：母犬因为尿道短，一般情况小而表面光滑的结石均可由尿液一同排出，临床所见的母犬膀胱结石大都是比较大的、独立的或是多个的表面光滑的结石，开始尿频，尿液中有时有小的结石出现，中后期，随结石的增大，刺激膀胱黏膜，造成黏膜炎症，黏膜增厚，出现尿血现象，如结石不阻塞在膀胱颈口不会出现尿闭的症状。

(3)X 射线检查：X 射线片显示膀胱内有高密度物体影像。

(4)B 超检查：膀胱内有高密度强回声区。

(5)尿检：大量的红细胞和磷酸铵镁结晶。

【诊断】 膀胱结石。

(1)根据临床症状进行诊断，平时排尿时尿中有小的结石出现；尿频、尿血、尿淋漓、尿闭症状出现。

(2)触诊检查，触摸膀胱内有无硬性物体感，对于犬尿闭时，应进行直肠检查膀胱颈口有无硬性阻塞，公犬前列腺有无异常情况，如增生、囊性肿大等情况。尿道触诊，公犬仰卧保定，触摸尿道有无硬性物体，特别是阴茎骨后方；公猫将阴茎推出包皮之外，触摸尿道。

(3)尿道探诊：将导尿管缓慢的由尿道口插入尿道中，如无阻塞尿管可顺利的插入膀胱，如有结石阻塞尿管不能插入，有顶到硬物体的感觉。

(4)X 射线拍片检查：X 射线拍片检查是诊断膀胱结石及尿道结石的一种确实可靠的方法，确诊率很高，对于有的结石能够透过 X 射线，利用膀胱造影技术也能及时确诊。

(5)超声波诊断：利用超声波进行膀胱扫描也可较准确地诊断出结石。

【鉴别诊断】

(1)排尿困难、尿频和不适当的排尿可由下列原因引起：泌尿道感染、膀胱新生物、猫下泌尿道感染综合征等。

(2)尿血也可由下列疾病引起:肾炎、膀胱炎、尿道炎、前列腺炎、泌尿系统肿瘤、猫下泌尿道综合征。洋葱中毒、双香豆素中毒,血液原虫病、钩端螺旋体病等。

【治疗】 药物化石排石疗法,手术疗法。

药物化石排石疗法效果不定,往往达不到预期疗效。手术疗法将结石取出可达到良好效果,但有部分犬仍可复发。

(1)药物及食物疗法:有些犬的结石可用药物及食物进行治疗和控制。

①磷酸铵镁结石给予溶结石食物,这些食物含有减量的优质蛋白质和低磷低镁食物,并补充食盐促进利尿。在X射线拍片不见结石后再喂给4周,在溶解治疗期间,不喂其他食物及矿物质,否则导致治疗失败。在食疗过程中,尿比重应控制在1.020以下,如高于1.020以上可补充食盐每日(0.5～1.0 g)及利尿剂。pH值高于6.5时,不利于结石的溶解应给予酸化尿液的药物,如氯化铵,犬200 mg/kg分次口服,每日3次。

② 给予溶石药物进行治疗,嘌呤醇每日每千克体重30 mg,分次口服,每日2次,连服1个月,以后每日每千克体重10 mg。排石饮液和利石素有一定的治疗作用。

③尿液微生物培养有细菌时,应进行药敏试验,选用高敏药物进行抗菌治疗。

④对于胱氨酸结石、草酸盐结石、磷灰石、硅结石,药物溶解无效。

(2)手术疗法:手术取出结石的方法是直接有效的疗法。其保定、麻醉及手术方法参照膀胱切开术及尿道切开术。手术后应对结石的成分进行分析,告诫动物主人,提出可行的食物疗法,防止结石的复发。

母猫的膀胱结石临床上多与泌尿道感染的症状相似,尿频、尿血、膀胱不积尿,在给与抗生素及止血疗法后症状消失。触诊时可触到膀胱内有小的硬物感,由于触压造成膀胱黏膜损伤,在排尿时会出现尿血症状加重。

公犬膀胱结石:公犬膀胱结石必然造成尿道结石,因为公犬尿道较长,在尿道和阴茎骨交界部位有狭窄区域。在排尿时,结石在通过尿道狭窄部时不能随尿液一起排出,造成尿道阻塞,出现尿频、尿淋漓、尿血、尿闭症状。膀胱高度充盈,表现十分痛苦。公猫的症状和公犬症状基本类似。

【病因及机理】

(1)磷酸铵镁结石:

①磷酸铵镁结石是犬、猫最常见的一种结石,中国农业大学动物医院将收治的125例结石,送往美国明尼苏达大学结石分析中心进行分析,其结果表明,70%犬和85%猫是磷酸铵镁结石;②与细菌感染有关,尿路细菌感染性疾病,如金黄色葡

萄球菌、大肠杆菌等;③细菌脲酶的作用使尿液的pH和氨浓度升高,促进结石的生成;④有些学者认为结石的形成和遗传因素有关,其发生的机理不清楚;⑤与食物结构不合理、水质、憋尿时间过长等因素有关。

(2)尿酸盐结石(酸性尿酸铵、尿酸结石):

①犬的酸性尿酸铵结石比尿酸结石常见,特别是大麦丁犬多发。当尿液偏碱性时,氨离子浓度升高,尿酸铵变得不容易溶解,易形成结石。②门脉血管畸形和慢性肝病的犬尿酸盐结石的发病率高,这是由于血铵过高、尿铵过多、尿液中尿酸过多引起。

(3)胱氨酸结石:

①先天性胱氨酸代谢缺陷,肾小管将胱氨酸异常运输(重吸收减少),诱发胱氨酸结石的形成;②胱氨酸在碱性尿液中容易溶解。

(4)草酸钙结石:

①草酸钙结石的因素有尿钙过多、尿草酸过多、尿内尿酸过多;②肝内的抗坏血酸、乙醛酸的代谢产物草酸钙过多已形成结石。

(5)硅酸结石:

①硅酸结石可能与食物有关,但具体与哪些特定的食物成分尚不清楚;②德国牧羊犬易发生;③硅结石的形成与pH似乎无关。

(6)磷酸钙结石:

①磷酸钙的结石与代谢有关,如原发性甲状腺机能亢进,肾小管酸中毒和钙、磷摄入过多有关;②除磷酸氢钙外,其他磷酸结石在酸性尿中较容易溶解。

(十二)尿道狭窄

尿道狭窄是指犬、猫因先天性或后天性因素引起尿道的某一段的内径变得小而引起排尿困难的一种疾病。

【症状】 尿频、尿淋漓、尿痛、尿血,患犬、猫不时的舔尿道口。狭窄严重的可出现尿道阻塞和膀胱高度积尿现象。因为膀胱高度积尿,表现不安烦躁,频频做排尿姿势但排出的尿液很少或排不出尿液。由于长时间的膀胱充盈,得不到排空,造成膀胱麻痹,肾负担加重,可引起慢性肾衰,尿毒症死亡。

【诊断】

(1)根据临床症状进行诊断:尿频、尿闭、尿淋漓。

(2)导尿管探诊检查:导尿管插入困难或不能插入。

(3)造影检查:插入导尿管后注入阳性造影剂,X射线片显示,尿道粗细不均,造影剂有断裂现象。

【治疗】 首先进行尿道造影，确定狭窄部位后进行手术治疗。

尿道狭窄分为盆腔内尿道狭窄和盆腔外尿道狭窄。

(1)盆腔内尿道狭窄：全身麻醉，仰卧保定。现有尿道口插入导尿管，在耻骨联合部位切开皮肤，用骨科分离器械打开耻骨联合部位，暴露尿道，找到狭窄部位后切除，将导尿管插入上部尿道对合，用可吸收线进行尿道吻合术。用内固定钢丝进行耻骨联合固定术，缝合皮肤。

(2)盆腔外尿道狭窄：

①会阴部尿道狭窄：插入导尿管，确定狭窄部位。会阴部切开皮肤，分离皮下组织充分暴露尿道，在狭窄部位的上方切开尿道，然后进行尿道造口术。②阴茎骨后方尿道狭窄：仰卧保定，确定狭窄部位，在阴茎骨和阴囊基部之间切开皮肤，分离皮下组织，纵行切开尿道，将尿道黏膜和皮肤进行结节缝合，施行尿道造口。

术后尿道滞留导尿管3～6 d，连续应用抗生素7 d，造口部位每天涂布红霉素软膏。加强护理，防止自行舔咬伤口。

【病因】

(1)先天性因素：在胚胎发育过程中尿道发育障碍。

(2)后天性因素：尿道损伤，外作用性或治疗因素性，如咬伤、打伤、撞伤及骨盆骨折；尿道阻塞、结石刺激、因为炎症猫自舔尿道口造成阴茎及尿道口损伤增生、反复多次的插入导尿管或导尿方法不正确引起尿道黏膜损伤增生。

(3)前列腺疾病，如前列腺增生、前列腺囊肿、前列腺肿瘤引起。

十三、呼 吸 异 常

呼吸次数一般根据胸腹部的起伏动作而测定。胸壁的一起一伏为一次呼吸。也可将手背置于犬鼻孔前的适当位置，感觉呼出的气流来检查。健康犬、猫呼吸数每分钟10～30次。幼犬、猫比成年犬、猫呼吸次数多；妊娠母犬、猫的呼吸次数比未妊娠的犬、猫稍多。呼吸数增多见于发热性疾病、肺炎和严重的心脏疾病等；呼吸数减少见于某些脑病、上呼吸道狭窄和尿毒症等。

【呼吸式检查】 健康犬呈胸式呼吸，即在呼吸时，胸壁运动明显。犬呈现胸腹式或腹式呼吸即为病态，表明病变多在胸部，可见于胸膜炎、心包炎、肺泡气肿和肋骨骨折。

【呼吸节律检查】 吸气和呼气动作很有规律，此外呼吸还有一定的深度和长度，呼气一般要比吸气长些，二者在时间上的比为1：1.6。呼吸节律的病理改变有：

(1)吸气延长：即吸气时间显著延长，是由于空气进入肺脏发生障碍，见于上呼吸道阻塞。

(2)呼气延长：即呼气时间显著延长，是由于肺中空气排出受阻，见细支气管炎和肺泡气肿等。

(3)间断呼吸：在吸气和呼气时，出现多次短促而有间断的动作，见于细支气管炎、慢性肺泡气肿、胸膜炎及胸壁疼痛性疾病。

(4)潮氏呼吸：呼吸由浅小而急促深大，又转为浅小以至呼吸暂停，如此反复交替。潮氏呼吸是呼吸中枢衰竭的早期表现，见于脑炎、心力衰竭、尿毒症、肺炎及中毒。

(5)间歇性呼吸：在正常呼吸之后，突然出现呼吸停止，经短时间后又恢复呼吸，是呼吸中枢兴奋性极度降低的标志，见于脑炎、尿毒症、中毒等。

(6)深长呼吸：呼吸显著延长，次数减少，常见于代谢性酸中毒。

【呼吸困难】

(1)吸气性呼吸困难：表现吸气用力，时间延长，头颈伸展，肘头外展，肛门内陷等，是由于气体通过上部呼吸道发生障碍，见于上呼吸道狭窄。

(2)呼气性呼吸困难：表现呼气用力，时间延长，脊背弯曲，腹部缩小，肛门突出，是由于肺泡弹力减退或细支气管狭窄，致使气体排出受阻，见于细支气管炎及慢性肺泡气肿。

(3)混合性呼吸困难：即吸气和呼气均发生困难，且伴有呼吸次数增加，见于肺炎、胸腔积液及气胸等。

根据以上判断呼吸的改变，可以进行临床鉴别诊断与呼吸有关的疾病。

十四、抽　搐

抽搐(Convulsion)是指一块肌肉或一组肌肉阵挛性或强直性的无意识性收缩。可伴有机体不适、感觉异常或意识障碍。

【病因】

(1)原发性抽搐：指原因不明的一过性脑功能障碍，是由于脑部兴奋性过高的神经元过度放电所致的阵发性大脑功能紊乱，见于真性癫痫。

(2)感染性疾病：各种病毒性、细菌性、寄生虫性、霉菌性感染，如犬瘟热、狂犬病、弓形虫病、破伤风。

(3)占位性病变:肿瘤、血肿、脓肿等。

(4)中毒性:铅、汞、有机磷农药等中毒,或马钱子、肾上腺素等使用剂量过大。

(5)代谢性:脑缺氧、低血糖、低血钙、低血镁、肝性脑病、酮血症、尿毒症等。

(6)其他:脑外伤、脑积水、脑发育不良,以及尿毒症患者。

【鉴别诊断】

(1)原发性癫痫:在临床上分为大发作、小发作和局限性发作3种类型,其特点为突然性、暂时性和反复性发作。适当的治疗与护理可控制症状。

(2)感染性疾病:各种病原所致的脑炎、脑膜炎、脊髓炎均可引起抽搐综合征,多表现癫痫大发作。根据流行病学、全身感染症状、脑脊髓液检查可明确诊断,有条件可查病原。

(3)颅内占位性病变:常有颅内压增高和局灶性症状,CT和MRI有助于诊断。

(4)脑外伤:依据外伤史、临床表现做出诊断。

(5)代谢性疾病:临床上可表现局部性或全身性抽搐,亦可有肌阵挛发作,主要根据病史、临床表现及相应实验室检查做出诊断。

(6)中毒性抽搐:多为全身性抽搐。由于毒物不同,临床表现也不同。如铅中毒表现呕吐、腹泻、全身震颤和痉挛,马钱子中毒出现对外界刺激反应性增高、角弓反张,眼球震颤。毒物检查有助于做出诊断。

十五、体温变化

临床上的动物体温异常变化主要有发热和体温过低。

(一)发热

动物在安静状态下,直肠温度超过正常范围称为发热。

【病因】

(1)感染性发热。急、慢性传染病和急、慢性全身或局灶性感染是引起发热最常见的原因。

(2)非感染性组织损伤。心肌、肺或脾梗死,大面积组织损伤,骨折、外科手术后发热。

(3)中枢神经系统疾病。脑炎、脑充血、脑出血、脑或脊髓外伤、脑肿瘤等。

(4)异体蛋白。如异种动物的血清注射和菌苗的接种。

(5)免疫反应或免疫性疾病。过敏反应(如药物过敏)、血型不合引起的溶血、全身性红斑狼疮、风湿病等。

(6)内分泌疾病。如甲状腺机能亢进。

(7)代谢性疾病。如产后抽搐、严重脱水。

(8)物理性因素。如日射病、热射病。

【诊断】

(1)测温要准确。在测温中除常规注意事项外，还要应尽量避免或减少能使体温升高的偶然性因素。动物运动后一般要休息0.5～1 h再测体温，测量时要避开日光直射、大风吹拂，要尽可能减少动物在测温中挣扎；对住院病例应在每天相同时间测量、记录每日体温，并做体温曲线。体温曲线对确定是否发热及判断热型极为重要。还应注意退热药或肾上腺皮质激素常使原有热型不规则以及神经兴奋性的动物因紧张、兴奋或恐惧所致的体温升高。

(2)温差变化分析。动物体温昼夜之间常在一定范围变动，一般清晨较低，下午较高，温差不超过1℃。年龄不同，温差也不一样，例如，幼龄犬体温变动范围常为38.5～39℃，成年犬体温38～38.5℃。性别、采食、饮水和运动等也影响体温，母畜比公畜稍高，采食后体温稍高，饮水后体温稍低。

(3)起热缓急分析。体温骤升，可能是过敏原、某种特异的致热物质等引起，如输液品中污染菌内毒素，预防接种，有时伴有寒战。体温缓慢升高多是炎症过程的反映，如肺炎、腹膜炎等。突然高热则可能是环境过热(如中暑)、全身抽搐(如产后抽搐)、某种药物(如肾上腺用量过大)等引起。

(4)发热持续时间分析。长期发热(指发热持续超过2周以上者)常见于感染(如犬瘟热、猪瘟、结核、副伤寒、肝脓肿、真菌感染)、肿瘤、全身性红斑狼疮等。在急性传染病或其他细菌、病毒感染引起高热痊愈后，体温调节中枢的功能尚未恢复正常时，可能会有持续的低热，常伴乏力、食欲不振等症状，但临床及实验室检查无异常。

(5)发热的程度分析。发热可分为低热、中热和高热。其划分标准各动物不完全一致，通常以比正常体温高出0.5～1℃者为低热，中热与低热或高热之间也相差0.5～1℃。高热主要见于中暑、大叶性肺炎、产后搐搦、暴发性弓形虫病、传染性胸膜肺炎和某些细菌感染性疾病等；病毒性感染通常表现为低热或中热，有细菌混合或继发感染时可表现高热。

(6)发热热型分析。

①一过性发热：有的体温升高持续1～2 d，甚至持续数小时，再突然降至常温，并不再升高。此时应注意询问有无血清、疫苗注射以及输液等病史，若有这些情况，

则对发热本身无需特殊处理，应着重制止过敏及全身性支持疗法。

②稽留热：持续高热，昼夜体温差不超过1℃者。主要见于犬瘟热(第二相发热期)、猪瘟、牛肺疫、炭疽、血孢子虫病、大叶性肺炎、脓毒败血症、肾炎、化脓性肝炎、水牛类恶性卡他热等。慢性犬瘟热体温常持续在39.5℃左右波动。

③弛张热：持续高热，但昼夜体温差超过1℃者。见于脓毒败血症、小叶性肺炎等。

④间歇热：突然发热并伴有寒战，数小时后退热，间隔一至数日后再次发热，发热与不发热交替出现。见于肾盂肾炎、结核、布氏杆菌病、牛锥虫病、马媾疫、马传染性贫血等。

⑤颠倒热型：呈现上午高，下午低的热型叫颠倒热型，见于马传染性贫血、牛结核等。

⑥不规则热型：热型完全无规律、时高时低。

(7)伴随症状分析。发热时除了具有一般发热症候群(如精神不振，食欲减退，心率与呼吸加快，恶寒，初期多尿，中期少尿)外，常常还伴随有其他症状。将发热与各系统(如呼吸、消化、泌尿生殖、神经系统等)的主要症状联系起来，常可提示较明确的诊断方向，如犬持续高热，同时有脓性鼻漏、咳嗽(呼吸系统)、足底和鼻端角质化(被皮系统)，则提示患有慢性犬瘟热。发热期出现皮疹，多为病毒感染所致。

(8)发热的常规实验室检查。常规实验室检查对发热的鉴别诊断有重要价值。例如，发热伴有白细胞增高及核左移为化脓性细菌感染的特点；白细胞不增高或降低见于病毒感染，某些革兰氏阴性杆菌等感染；嗜酸性粒细胞增高常见于寄生虫病及变态反应性疾病；任何原因发热均可能发现轻度蛋白尿，若出现显著蛋白尿并伴有血尿或脓尿，则可能为尿路受感染、肿瘤或结缔组织病(如风湿病、全身红斑狼疮等)引起；肺部X射线检查对了解心、肺、纵隔以及结核或肿瘤的诊断有重要价值。对原因不明的高热应常规采取血液进行细菌培养，必要时应针对性地采用尿、脓液等培养。细菌学检查应在使用有效抗生素治疗之前进行，血液采样最好在寒战、高热时进行。

(二)体温过低

【原因】 体温过低主要见于幼龄动物受到过冷刺激、休克、某些毒物中毒、甲状腺机能减退症等。

【鉴别诊断】

(1)幼龄动物受到过冷刺激。在寒冷季节因受冷时间过长而突然发病，体表凉，卧地不起，抽搐，经保温后可恢复。

(2)休克。各种动物休克过程中微循环变化可分为3期：微循环缺血期、微循环淤血期、微循环衰竭期。除体温下降外，各期出现相应的临床表现。在微循环缺血期：可视黏膜苍白，四肢末端及耳尖发凉，排尿减少或无尿，动物精神可能没有较大的改变。心跳快。在微循环淤血期，动物精神沉郁，反应迟钝，甚至昏睡。皮肤温度下降，可视黏膜发绀，心跳快，脉搏细弱，呼吸急促，血压下降，排尿减少或无尿。微循环衰竭期，动物意识不清，血压急剧下降，脉细不感手，常有出血倾向，处于濒死状态。

(3)中毒。亚硝酸盐中毒、氢氰酸中毒、苦楝子中毒等可引起。亚硝酸盐、苦楝子中毒和氢氰酸中毒均出现呼吸困难，亚硝酸盐中毒时可视黏膜迅速发生紫绀，氢氰酸中毒时可视黏膜鲜红色。猪苦楝子中毒时嘶叫，腹部迅速膨胀，呕吐，很快全身发绀。毒物分析做出诊断。

(4)甲状腺机能减退。患先天性甲状腺机能减退动物体温低下，呈现呆小病，皮肤干燥、粗糙，精神迟钝，并可见甲状腺肿大。

十六、体重改变

成年犬的体重变化不大，不同品种的不同性别的犬或猫的体重在一定的范围之内变化。当成年犬的体重在一定的时期内出现比较明显的变化后，应当进行临床检查，以查明体重急剧变化的原因。

对于成年猫，闹猫时因为激素的原因，猫的饮食量下降。在闹猫后，公猫的体重可以很快恢复。母猫怀孕后，体重逐渐增加，同时食量也每周增加，直到63 d左右时分娩后，体重下降。

公犬在发情期体重下降与公猫相似。但是怀孕的母犬在妊娠(约9周)的最后3周体重才明显上升(与母猫不同)。

以下多种患病的犬体重逐渐下降：患肿瘤疾病的犬、肝脏疾患的犬、胃炎的犬、患胰腺炎的病犬、患严重的牙结石的病犬、血液寄生虫病严重(贫血)的病犬，长期没有驱虫的病犬。

幼犬或幼猫的消瘦与患严重的消耗性疾病有关。一般最常见的是严重的肠道寄生虫感染，如蛔虫的严重寄生，钩虫或者球虫感染、绦虫感染等。长期食物不耐受也是犬、猫消瘦的一个不容忽视的原因。

体重增加一般与肥胖有关，但是应当考虑其他因素也会使体重在短期内增加，如糖尿病，长期使用皮质类固醇类药物，长期采食过量(营养过剩)，子宫大量蓄脓，缺乏运动而食量不减等。

（刘云　丁明星　薛琴　潘庆山　林德贵）

参 考 文 献

1. Peter H. Beynon. Manual of Reptiles. British Small Animal Veterinary Association, 1994
2. P. Harvey Locke. Manual of Small Animal Dermatology. British Small Animal Veterinary Association, 1993
3. J. M. Wills. The Waltham Book of Clinical Nutrition of The Dog And Cat. Pergamon, 1994
4. Terri McGinnis. The Well Cat Book. Random House New York, 1975
5. Lowell Ackerman. Skin And Coat Care For Your Dog. T F H Pubications, Inc, 1995
6. 林德贵，等译．AKC 世界名犬大全．第 19 版．沈阳：辽宁科技出版社，2003
7. 范国雄．动物疾病诊断图谱．北京：北京农业大学出版社，1995
8. 侯加法．小动物疾病学．北京：中国农业出版社，2002
9. 王洪斌．家畜外科学．北京：中国农业出版社，2002
10. 高得仪．犬猫疾病学．北京：中国农业大学出版社，2001
11. 沈建忠．兽医药理学．北京：中国农业大学出版社，2000
12. 何英．宠物医生手册．沈阳：辽宁科技出版社，2003
13. 林德贵．狗病防治手册．北京：金盾出版社，2002
14. 中国畜牧兽医学会 2003 年学术年会论文集（小动物医学分册）．中国畜牧兽医学会，2003
15. 陈世平．真菌感染学．沈阳：辽宁科技出版社，2000
16. 廖万清，等．真菌病研究进展．北京：第二军医大学出版社，1998

图书在版编目(CIP)数据

动物医院临床技术/林德贵主编．—北京：中国农业大学出版社，2004.5(2024.6 重印)

ISBN 978-7-81066-638-1

面向21世纪课程教材

Ⅰ.动…　Ⅱ.林…　Ⅲ.兽医院-诊疗-技术　Ⅳ.S851.7

中国版本图书馆CIP数据核字(2004)第042340号

书　名　动物医院临床技术

作　者　林德贵　主编

策划编辑　赵玉琴　董夫才　　**责任编辑**　张秀环　郑　丽

封面设计　郑　川　　**责任校对**　陈　莹　王晓凤

出版发行　中国农业大学出版社

社　址　北京市海淀区圆明园西路2号　　**邮政编码**　100193

电　话　发行部 010-62818525,8625　　读者服务部 010-62732336

编辑部 010-62732617,2618　　出　版　部 010-62733440

网　址　http://www.cau.edu.cn/caup　　**E-mail**　caup@public.bta.net.cn

经　销　新华书店

印　刷　北京时代华都印刷有限公司

版　次　2004年5月第1版　2024年6月第6次印刷

规　格　787×980　16开本　31.5印张　580千字

定　价　69.00元